D1703387

Holzfachkunde

für Tischler, Holzmechaniker und Fensterbauer

Bearbeitet von
Ing. grad. Klaus Erkelenz, Heilbronn
Studiendirektor Bernd Wittchen, Berlin
Oberstudienrat Edgar Zeiß, Gießen

3., neubearbeitete und erweiterte Auflage
mit 1026 Bildern, 81 Tabellen, 93 Beispielen,
34 Versuchen und 892 Aufgaben

 B. G. Teubner Stuttgart · Leipzig 1998

Die Deutsche Bibliothek – CIP-Einheitsaufnahme

Erkelenz, Klaus:
Holzfachkunde für Tischler, Holzmechaniker und Fensterbauer : mit
81 Tabellen / Klaus Erkelenz ; Bernd Wittchen ; Edgar Zeiß. – 3.,
neubearb. und erw. Aufl. – Stuttgart : Teubner, 1998
  2. Aufl. u. d.T.: Holzfachkunde für Tischler und Holzmechaniker
  ISBN 3-519-25911-7

© B. G. Teubner Stuttgart · Leipzig 1998
Printed in Germany
Gesamtherstellung: Graphische Betriebe Wilhelm Röck, Weinsberg
Einbandgestaltung: Peter Pfitz, Stuttgart

Liebe Schülerinnen und Schüler,

Sie haben einen Beruf gewählt, in dem Sie mit einem gewachsenen, natürlichen Werkstoff schaffen. Doch Holz ist nicht nur „schön", sondern auch außerordentlich vielseitig verwendbar: Möbel, Treppen, Fenster, Türen und vieles mehr können wir aus Holz herstellen. Behandeln wir unseren Werkstoff jedoch falsch, passen die Werkstücke nicht. Deshalb müssen wir die Eigenschaften des Holzes und der Holzwerkstoffe kennen und verstehen lernen.

Dabei hilft Ihnen dieses Buch. Nach Möglichkeit sind wir bei den Erläuterungen von der Praxis in Betrieben und Werkstätten ausgegangen. Normen und Vorschriften haben wir ebenso berücksichtigt wie die Ausbildungsverordnung und die Rahmenlehrpläne der Bundesländer. Versuche, Beispiele und Abbildungen haben wir zusammen mit unseren Schülern ausgesucht. Sie erleichtern Ihnen das Verstehen. Wichtige Regeln und Sachverhalte haben wir in einprägsamen Merksätzen zusammengefasst. Die Aufgaben am Schluss der Abschnitte wurden nicht zusammengestellt, um Sie zu „ärgern". Vielmehr helfen sie Ihnen, das Gelernte zu kontrollieren, zu sichern und zu festigen.

Kurz: Unser Buch soll Ihnen ein vertrauter und zuverlässiger Begleiter durch die Ausbildung und noch auf dem Berufsweg werden. Es wird Ihnen Fragen beantworten, Probleme lösen helfen und ungeklärte Sachverhalte verständlich machen. Die entsprechende Stelle finden Sie leicht anhand des Sachwortverzeichnisses.

Der Verlag hat diese Auflage komplett neu gestaltet. Besonders das neue Layout, das größere Format und der Einsatz der Farben geben der Überarbeitung ein großzügiges und schülergerechtes Erscheinungsbild.

Dieses Werk folgt der reformierten Rechtschreibung und Zeichensetzung. Ausnahmen bilden Texte, bei denen künstlerische oder lizenzrechtliche Gründe einer Änderung entgegenstehen. Der technische Fachwörterschatz wird von der ausschließlich auf den Allgemeinwortschatz gerichteten Rechtschreibreform nicht berührt.

Schreiben Sie uns bitte über den Verlag, wenn Sie Hinweise und Anregungen geben können oder Grund zu sachlicher Kritik haben.

Wir wünschen Ihnen viel Glück und Erfolg in der Ausbildung und in dem Beruf eines Holzfachmanns!

Frühjahr 1998   K. Erkelenz   B. Wittchen   E. Zeiß

Inhaltsverzeichnis

1 Ihre Berufswelt

Im Gegensatz zu den meisten Handwerkern und Industriefacharbeitern schaffen Sie mit einem natürlichen, gewachsenen Werkstoff. Als künftiger Holzfachmann werden Sie mit offeneren Augen durch den Wald gehen und aus dem täglichen Umgang rasch ein enges Verhältnis zum Holz gewinnen. Holz ist auch in unserer technisierten und automatisierten Welt das geblieben, was es seit Jahrtausenden war: ein „schöner" Rohstoff, der unter den Händen des kundigen und geschickten Fachmanns die reiche Vielfalt seiner Anwendungs- und Gestaltungsmöglichkeiten zeigt.

Je besser Sie die Eigenschaften und Bearbeitung des Werkstoffs Holz in der Berufsausbildung kennenlernen, desto mehr Freude werden Sie an Ihrem Beruf haben. Viele Jahre der Berufstätigkeit liegen vor Ihnen. Jahre, in denen Sie durch überlegte und sparsame Verwendung „Ihres" Rohstoffs Holz Mitverantwortung bei der Pflege und Erhaltung unserer Wälder tragen.

Dass Sie es in Ihrem Beruf nicht nur mit Holz zu tun haben, sondern mit vielen Materialien, zeigt Ihnen die Tabelle **1**.1.

Tabelle **1**.1 Werkstoffe des Tischlers und Holzmechanikers

Hauptwerkstoffe (Materialien, aus denen das Erzeugnis im Wesentlichen besteht)	Nebenwerkstoffe (Zubehörteile zum Erzeugnis)	Ergänzungsstoffe und Materialien (notwendig zur Herstellung des Erzeugnisses)	Verbrauchsstoffe und Hilfsmaterialien (notwendig für den Produktionsablauf)
Vollholz Furniere Holzwerkstoffe andere Plattenwerkstoffe	Glas Kunststoffe Metalle Belagstoffe Textilien	Klebstoffe Dichtstoffe Holzschutzmittel Oberflächenmaterial Möbel- und Baubeschläge Verbindungsmittel	Schleifpapier Fugenleimpapier Putz- und Reinigungsmittel Schmierstoffe Brenn- und Treibstoffe Lösungsmittel

1.1 Berufsausbildung

Schule und Betrieb. Die Rechtsgrundlagen für Ihre Berufsausbildung stehen im Berufsbildungsgesetz (BBIG) vom 14.8.1969 und in den Ausbildungsverordnungen (AO). Ausgebildet werden Sie in Ihrem Ausbildungsbetrieb oder in einer „überbetrieblichen Lehrwerkstätte" und in der Berufsschule (Dualsystem). Der Ausbildungsgang umfasst die Grundstufe (1. Ausbildungsjahr) und die Fachstufe (2. und 3. Ausbildungsjahr). Vielfach wird das 1. Ausbildungsjahr (Grundstufe) im Rahmen eines vollschulischen Berufsgrundbildungsjahres (BGJ) oder einer 1-jährigen Berufsfachschule abgeleistet. Nach Abschluss der Ausbildung legt der Auszubildende vor der Industrie- und Handelskammer (zuständig für Industriebetriebe) oder der Handwerkskammer (zuständig für Handwerksbetriebe) die Facharbeiter- oder Gesellenprüfung ab und erhält ein Abschluss- oder Abgangszeugnis der Berufsschule.

Berufsausbildung im dualen System

Betrieb

Berufsschule

Auszubildender mit Ausbildungsvertrag (BBIG) und AO)

Praktische Ausbildung nach den Ausbildungsrahmenplänen (Bundesrecht)

Berufsschüler nach den Schulgesetzen des jeweiligen Bundeslandes

Theoretische Ausbildung nach den Rahmenlehrplänen der Bundesländer (Landesrecht)

Berufsfeld Holztechnik. Die berufliche Grundbildung im 1. Ausbildungsjahr ist für alle Berufe des Berufsfelds Holztechnik gleich. Sie umfasst Grundkenntnisse und Grundfertigkeiten (z. B. Aufbau und Eigenschaften des Werkstoffs Holz, bestimmte Bearbeitungsverfahren und naturwissenschaftlichen Grundlagen). In der Fachstufe des 2. und 3. Ausbildungsjahrs erhalten die Auszubildenden die Fachausbildung für ihren Beruf. Tabelle **1**.2 zeigt die Berufe, die zu unserem Berufsfeld gehören.

Von der Ausbildungsverordnung nicht erfasst sind die holzverwandten Berufe Holzinstrumentenbauer, Holzbildhauer, Orgelbauer, Parkettleger, Drechsler und Glaser.

Tabelle **1**.2   Das Berufsfeld Holztechnik und seine zugeordneten Ausbildungsberufe

Handwerk	Industrie
Bootsbauer	Fahrzeugstellmacher
Bürsten- und Pinsel-	Holzflugzeugbauer
macher	Holzmechaniker
Drechsler	Modelltischler
Glaser- und Fensterbauer	Sägewerker
Holzinstrumentenbauer	Schiffszimmerer
Modellbauer	Technischer Zeichner
Parkettleger	Möbel und Ladenbau
Rolladen- und Jalousie-	
bauer	
Schiffbauer	
Tischler	
Wagner	

Fortbildung. Ein tüchtiger Holzfachmann will weiterkommen und in seinem Betrieb aufsteigen. Dazu gibt es viele Möglichkeiten.

Nach mehrjähriger Gesellentätigkeit und Besuch von Lehrgängen oder einer Meisterschule können Sie vor dem Prüfungsausschuss der Handwerkskammer bzw. der Industrie- und Handelskammer die *Meisterprüfung* ablegen.

In Fachschulen ist es möglich, nach mehrsemestrigem Vollzeitunterricht oder nach Abendlehrgängen die staatliche *Technikerprüfung* abzulegen.

Der Weg zum Ingenieur, Architekten, Designer oder Gewerbelehrer führt über das Abitur bzw. die Fachhochschulreife und das *Studium* an der Fachhochschule oder Universität.

Meister und Techniker können *Fachlehrer* an einer Berufsschule werden.

> Die Berufsausbildung ist im Berufsbildungsgesetz und in der Verordnung über die Berufsausbildung zum Tischler geregelt. Hier sind Ausbildungsinhalte, Ausbildungsgang, Prüfungsanforderungen u. a. festgelegt.
>
> Gesellen und Facharbeiter können sich zum Meister, Techniker, Fachlehrer, Ingenieur und Architekten weiterbilden.

1.2   Betrieb und Arbeitsplatz

Handwerk und Industrie. Die scharfen Grenzen zwischen Handwerks- und Industriebetrieben sind fließend geworden, seitdem auch Handwerksbetriebe zunehmend mit Maschinen ausgerüstet sind.

Grundsätzlich können wir sagen, dass sich Handwerksbetriebe nicht (oder nur teilweise) auf bestimmte Erzeugnisse spezialisieren. Ein Tischler liefert auf Bestellung Fenster und Türen ebenso wie Möbel, Kästen und Sonderanfertigungen aus ausgesucht edlen Hölzern.

Industriebetriebe haben sich dagegen auf bestimmte Produkte oder Serienmöbel spezialisiert, die sie unter Einsatz entsprechender Spezialmaschinen (bis zur Automatisierung) in großen Mengen herstellen (s. Abschn. 11.3).

Holzverarbeitende Betriebe haben je nach Größe verschiedene Räume oder abgeteilte Bereiche für den Bankraum, den Maschinenraum, das Holzlager und Zubehörlager sowie den Spritzraum. Hierbei sind die Auflagen der Arbeitsstättenverordnung zu erfüllen.

Im Bankraum werden Sie die meiste Zeit Ihrer Ausbildung verbringen, um die handwerklichen Fertigkeiten zu erlernen. Die Einrichtung soll zweckmäßig, Hobelbank und andere Arbeitsmittel sollen der Körpergröße angepasst sein. Dass es sich in einem hellen, trockenen und beheizbaren Raum besser arbeiten lässt als in einem düsteren, feuchten und kalten, ist selbstverständlich. Sauberkeit und Ordnung am Arbeitsplatz sind die wichtigsten Werkstattregeln, von denen auch besonders die Arbeitssicherheit abhängt.

Im Maschinenraum begegnen uns Lärm, Staub und erhöhte Unfallgefahren. Ein Gehörschutz verhindert unheilbare Gehörschäden, seine Benutzung ist für jeden Mitarbeiter verbindlich vorgeschrieben. Lüftungs- und Absauganlagen und Atemschutzmasken schützen vor schädlichem Staub. Die Gefahrenbereiche der Maschinen sind zu kennzeichnen. Auch hier sind Sauberkeit und Ordnung oberstes Gesetz.

Lager. Ein aufgeräumtes, übersichtlich angeordnetes Lager erspart viel Ärger und langes Suchen.

Gestapeltes Schnittholz, Furniere und Holzwerkstoffplatten sind nach Sorten und Abmessungen zu lagern und gegen Umkippen zu sichern. Vorschriftsmäßige Luftfeuchte und Temperatur sowie gute Lichtverhältnisse im Lager sind Voraussetzungen, um Qualitätsminderungen zu vermeiden.

Im Spritzraum steht wiederum die Sicherheit an erster Stelle. Hier herrscht absolutes Rauchverbot. Essen und Trinken sind ebenso zu unterlassen. Lackreste an Spritzgeräten und Arbeitsplätzen müssen aus Sicherheitsgründen von Zeit zu Zeit (am besten sofort) entfernt werden; dabei ist auf eine umweltgerechte Entsorgung zu achten. Belüftungsanlagen sind vorgeschrieben – und auch bei der Arbeit einzuschalten!

Elektrische Anlagen sollten möglichst in einem besonderen Raum stehen und müssen gegen Explosion gesichert sein. Spritzgeräte und -schläuche sind nach der Arbeit gründlich zu reinigen und laut Herstelleranweisung zu pflegen. Feuerlöschanlagen und Handlöschgeräte sind einsatzbereit und in ausreichender Anzahl vorgeschrieben. Zugangswege dürfen nicht zugestellt werden.

> Sauberkeit, Ordnung und Sicherheit sind die wichtigsten Werkstattregeln, um gute Arbeit zu leisten und die Unfallgefahren zu verringern, dabei gilt ein absolutes Rauchverbot für alle Bereiche in der Schreinerwerkstatt.

Normung. Die Abmessungen und Güte der Hölzer, die Konstruktionszeichnungen und Arbeitsverfahren sind durch Normen vereinheitlicht. Die Normen enthalten für alle Fachleute verständliche und verbindliche Regelungen. Normen schaffen Klarheit, ersparen Rückfragen und Fehler. Sie ermöglichen rationelle und damit auch wirtschaftliche Produktionsverfahren. Die Normblätter gibt das DIN Deutsches Institut für Normung e.V. in Berlin heraus (**1.3**). Erarbeitet werden sie für unsere Berufe vom Normenausschuss Holz, dem ehrenamtlich viele Fachleute aus Wirtschaft, Wissenschaft und Verwaltung angehören.

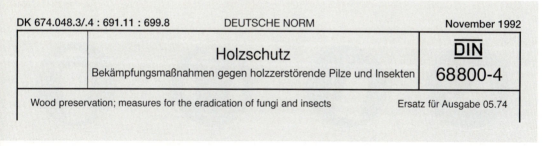

DK 674.048.3/.4 : 691.11 : 699.8	DEUTSCHE NORM	November 1992
	Holzschutz Bekämpfungsmaßnahmen gegen holzzerstörende Pilze und Insekten	**DIN** **68800-4**
Wood preservation; measures for the eradication of fungi and insects		Ersatz für Ausgabe 05.74

1.3 Titel (Kopf) eines DIN-Normenblattes

1.3 Unfallgefahren und Unfallverhütung

Wenn es im Straßenverkehr kracht, hat meist ein Verkehrsteilnehmer „geschlafen" oder eine Verkehrsregel missachtet. Die Polizei nennt das „menschliches Versagen" und bestraft den Schuldigen. Mit Recht, denn er verursacht nicht nur Sachschaden, sondern setzt auch Gesundheit und Leben von Menschen aufs Spiel. Ist das im Berufsleben anders?

Arbeitsunfälle sind häufig. Ursachen sind meist fahrlässiges, unvorsichtiges oder sogar rücksichtsloses Verhalten, Unkenntnis oder Missachtung der Vorschriften, schließlich auch Materialfehler. Arbeitsunfälle bringen dem Betroffenen Schmerzen, Körperschäden und Sorgen, vielleicht gar den Tod. Damit schafft er Leid auch für seine Familienangehörigen. Für den Betrieb bedeutet der Ausfall eines Mitarbeiters Störung und Schaden. Die Unfallkosten (Arzt, Krankenhaus, Kur, Rente) aber hat die Allgemeinheit zu tragen – also wir alle. Sie erhöhen die Soziallast.

Unfallverhütung. Um Unfälle zu vermeiden, muss man die Gefahren kennen. Deshalb haben die Berufsgenossenschaften als Träger der gesetzlichen Unfallversicherung Vorschriften erlassen, die in jeder Werkstatt gut sichtbar angebracht sein müssen. Merkhefte der Holzberufsgenossenschaft geben außerdem wichtige Hinweise. Die von Herstellern und Betreibern, Unternehmern und Arbeitnehmern gemeinsam mit Sachverständigen der Berufsgenossenschaften und Beamten der staatlichen Gewerbeaufsicht erarbeiteten Unfallverhütungsvorschriften sind *gesetzliche Mindestanforderungen* für die Sicherheit am Arbeitsplatz. Technische Aufsichtsbeamte der Berufsgenossenschaften, Gewerbeaufsichtsbeamte und Sicherheitsbeauftragte in den Betrieben überwachen die Durchführung dieser Vorschriften.

> Unfallverhütungsvorschriften sind nicht erlassen, um Ihnen „Ungelegenheiten" zu machen, sondern Gesundheit und Leben zu erhalten. Sie zu beachten und zu befolgen, ist deshalb selbstverständlich.

Versichert gegen Berufsunfälle und -krankheiten ist jeder, der aufgrund eines Arbeits-, Dienst- oder Ausbildungsverhältnisses beschäftigt ist.

1.3.1 Arbeitssicherheit und Gesundheitsschutz

Persönliche Schutzausrüstungen. Wenn Verletzungen oder Gesundheitsgefahren am Arbeitsplatz durch technische und organisatorische Maßnahmen nicht ausgeschlossen werden können, müssen persönliche Schutzausrüstungen vom Unternehmer zur Verfügung gestellt werden. Die Versicherten müssen die persönlichen Schutzausrüstungen benutzen (**1**.4).

1.3.2 Umgang mit Gefahrstoffen

Gefahrstoffe sind Stoffe, Zubereitungen und Erzeugnisse mit gefährlichen Eigenschaften. Gefahrstoffe erkennt man an den Gefahrensymbolen (**1**.5).

Gefahrstoffe müssen immer gekennzeichnet sein (**1**.6).

■ Sicherheitsschuhe

in der Werkstatt und auf Baustellen

■ Schutzhandschuhe

bei Gefahr von Handverletzungen, aber nicht an laufenden Maschinen verwenden!

■ Gehörschutz

muss in Lärmbereichen getragen werden (ab 90 dB(A) Pflicht

■ Atemschutz

z. B. bei Schleif- und Lackierarbeiten

■ Kopfschutz

Schutzhelme: Auf Baustellen oder wenn mit herabfallenden Teilen zu rechnen ist.
Haarnetz: Wenn lange Haartracht getragen wird und in der Nähe von rotierenden Maschinenteilen oder Werkzeugen gearbeitet wird.

■ Schutzbrille

wenn mit Augenverletzungen zu rechnen ist

■ Enganliegende Kleidung

bei Arbeiten an Maschinen. Schmuckstücke dürfen beim Arbeiten nicht getragen werden.

1.4   Persönliche Schutzausrüstungen

Giftige Stoffe

Gefahr: Nach Einatmen, Verschlucken oder Aufnahme durch die Haut treten meist Gesundheitsschäden erheblichen Ausmaßes oder gar der Tod ein.
Vorsicht: Jeglichen Kontakt mit dem menschlichen Körper vermeiden und bei Unwohlsein sofort den Arzt aufsuchen.

Gesundheitsschädliche Stoffe

Gefahr: Bei Aufnahme in den Körper verursachen diese Stoffe Gesundheitsschäden.
Vorsicht: Kontakt mit dem menschlichen Körper, auch Einatmen der Dämpfe vermeiden und bei Unwohlsein den Arzt aufsuchen.

Ätzende Stoffe

Gefahr: Lebendes Gewebe wird bei Kontakt mit diesen Chemikalien zerstört.
Vorsicht: Dämpfe nicht einatmen und Berührung mit Haut, Augen und Kleidung vermeiden.

Reizend wirkende Stoffe

Gefahr: Dieses Symbol kennzeichnet Stoffe, die eine Reizwirkung auf die Haut, Augen und Atmungsorgane ausüben können.
Vorsicht: Dämpfe nicht einatmen und Berührung mit Haut, Augen und Kleidung vermeiden.

Leichtentzündliche Stoffe

Gefahr: Diese Stoffe geben selbst unterhalb Raumtemperatur genügend Dämpfe ab, die von einer Zündquelle entzündet werden können. Die Dämpfe können mit Luft explosionsfähige Gemische bilden.
Vorsicht: Von offenen Flammen, Wärmequellen und Funken fernhalten.

Umweltgefährliche Stoffe

Gefahr: Bei Freisetzung in die Umwelt gefährden diese Stoffe sofort oder langfristig Gewässer, den Boden, die Atmosphäre.
Vorsicht: Produkte oder deren Rückstände sind als gefährlicher Abfall zu entsorgen.

1.5   Gefahrensymbole und ihre Bedeutung

Verdünnung

giftig   leichtentzündlich

Enthält zwischen 20% und 50%
Methanol, Toluol, Butanol

Gefahrenhinweise beachten:
Giftig beim Einatmen und Verschlucken

Sicherheitsratschläge beachten:
Darf nicht in die Hände von Kindern gelangen!
Behälter dicht verschlossen halten!
Von Zündquellen fernhalten – nicht rauchen!
Berührung mit der Haut vermeiden!
Maßnahmen gegen
elektrostatische Aufladungen treffen!
Hersteller, Einführer, Vertreiber

1.6   Aufkleber auf der Verpackung

1.3.3   Betriebsanweisung

Für jeden Gefahrstoff muss im Betrieb eine *Betriebsanweisung* vorhanden sein. Über diese Betriebsanweisungen ist jeder Mitarbeiter vor dem Umgang mit Gefahrstoffen durch autorisierte Personen im Rahmen einer jährlich wiederkehrenden Unterweisung zu informieren. Er hat die erfolgte Unterweisung durch seine Unterschrift zu bestätigen. Auszubildende und Jugendliche dürfen nur unter Aufsicht einer fachkundigen Person mit Gefahrstoffen umgehen.

1.7   Beispiel einer Betriebsanweisung

1.3.4   Sicherheits- und Gesundheitsschutz-Kennzeichnung

Es müssen folgende Warn-, Verbots-, Gebots- und Rettungszeichen angebracht sein (**1.**8). Die für die Ausbildungswerkstatt geltenden Unfallverhütungsvorschriften (UVV) sind an geeigneter Stelle auszulegen.

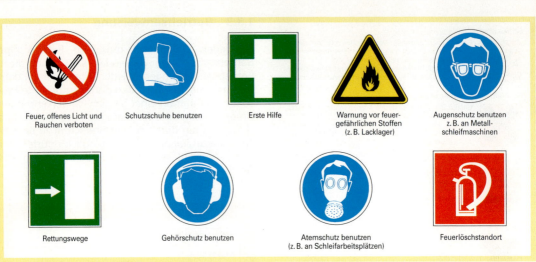

1.8   Sicherheits- und Gesundheitsschutz-Kennzeichnungen

Im *Jugendarbeitsschutzgesetz* (Gesetz zum Schutz der arbeitenden Jugend) sind u. a. Arbeitszeit, Nachtruhe, Urlaub und Pausen geregelt. Das Gesetz verpflichtet außerdem den Arbeitgeber, dem Jugendlichen ohne Entgeltausfall die nötige Zeit zum Berufsschulbesuch zu gewähren.

An Holzbearbeitungsmaschinen dürfen Jugendliche nur beschäftigt werden, soweit sie über 15 Jahre alt sind, die Tätigkeit für das Ausbildungsziel erforderlich ist und unter Schutz und Aufsicht eines Fachkundigen geschieht.
(Auf EU-Gesetzgebung und geänderte Lehr- und Ausbildungspläne achten.)

Weitere Voraussetzungen sind die betriebliche Grundunterweisung an den Maschinen und der überbetriebliche Maschinenlehrgang (TG 4).

Aufgaben zu Abschnitt 1

1. Was lernen Sie in der Grundausbildung und in der Fachausbildung?
2. Welche Möglichkeiten zur Fortbildung haben Sie?
3. Worin unterscheiden sich grundsätzlich Handwerks- und Industriebetriebe?
4. Was regelt die Arbeitsstättenverordnung?
5. Welche Arbeits- und Lagerräume bzw. -bereiche gibt es bei holzverarbeitenden Betrieben?
6. Wie muss ein gutes Lager beschaffen sein?
7. Wozu dient die Normung?
8. Welche Aufgaben hat die Holzberufsgenossenschaft?

9. Welche Gefahren drohen im Maschinenraum? Was ist dagegen zu tun?
10. Welche Sicherheitsvorschriften gibt es für den Spritzraum?
11. Wer erarbeitet die Unfallverhütungsvorschriften, wer überwacht ihre Einhaltung?
12. Wer ist in der Berufsgenossenschaft versichert?
13. Nennen Sie Regeln zur Unfallverhütung.
14. Wie können Sie Berufskrankheiten vermeiden?
15. Was steht im Jugendarbeitsschutzgesetz?

2 Physikalische und chemische Grundlagen

Körper und Stoff. Bei der Bezeichnung „Körper" denken wir sofort an unseren eigenen, den menschlichen Körper. Tatsächlich sind jedoch alle uns umgebenden Dinge Körper – Steine und Häuser, Fahrzeuge, Tisch und Stühle ebenso wie Luft und Wasser. Form, Zustand und Lage der Körper sind verschieden und veränderlich – ein eckiger Körper lässt sich runden, dehnt sich bei Erwärmung und fällt vom Tisch, wenn wir ihn anstoßen.

Der Stoff, aus dem er besteht, ändert sich dabei nicht. Wir können Holz noch so sehr verkleinern, es bleibt doch stets Holz.

> Mit den Körpern und ihren Eigenschaften beschäftigt sich die Physik, mit den Stoffen und ihren Eigenschaften dagegen die Chemie.

2.1 Physikalische Grundbegriffe

Zustandsformen (Aggregatzustände). Erwärmtes Eis schmilzt zu Wasser, erwärmtes Wasser verdampft. Umgekehrt kondensiert abgekühlter Dampf und gefriert Wasser bei Minustemperaturen zu Eis. Körper treten also in drei Zustandsformen auf:

- als Festkörper (z. B. Eis, Holz, Metall, Mauerstein),
- als Flüssigkeit (z. B. Wasser, Leim, Lösungsmittel),
- als Gas (z. B. Wasserdampf, Luft, Sauerstoff).

Masse. Um einen Fußball vom Elfmeterpunkt ins Tor zu treten, braucht man Kraft. Der Torwart braucht ebenfalls Kraft, um den Ball sicher zu halten. Ohne Abschuss bleibt der Ball auf dem Elfmeterpunkt liegen, ohne Torwart fliegt er nach dem Schuss ins Tor. Ein Körper verharrt also in seinem Zustand der Ruhe oder gleichförmigen Bewegung, wenn nicht eine Kraft auf ihn wirkt. Dieses Beharrungsvermögen nennt man Masse (Formelzeichen m). Die Masse eines Körpers ist ortsunabhängig, auf der Erde ebenso groß wie auf dem Mond. Abhängig ist sie dagegen vom Volumen V und von der Stoffart des Körpers – ein langer Holzbalken ist schwerer zu heben als ein dünnes Furnier.

Bestimmt wird die Masse durch Vergleich mit geeichten Wägestücken auf der Balkenwaage. (Eichmaß ist ein in Paris gelagerter Platin-Iridium-Zylinder mit der Masse 1 kg.) 1 kg entspricht der Masse von 1 Liter Wasser bei 4 °C.

Nach dem internationalen Einheitensystem (**S**ystème **I**nternationale d'Unités = SI-Einheiten) ist die Masse eine gesetzlich festgelegte Basisgröße.

Berufshinweis. Bei Berechnungen der Holzmasse (Transportgewicht) muss die Rohdichte in Abhängigkeit vom Feuchtigkeitsgehalt ermittelt werden.

■ **Versuch** 4 Würfel verschiedener Holzarten und Abmessungen werden nummeriert, gewogen (kg) und gemessen (dm³, **2.**1). Das Volumen (dm³) der Würfel wird berechnet und mit dem Gewicht in die Spalten „Volumen" und „Masse" einer Tabelle eingetragen. Die dritte Spalte bleibt noch frei. Aus den Eintragungen von Masse und Volumen lassen sich keine Schlüsse ziehen. Nun teilen wir die Masse durch das Volumen.

Ergebnis Wir erhalten vergleichbare Werte (kg/dm³) – die Dichte jeder Holzart.

> **Masse m**
> - ist die Eigenschaft eines Körpers, sich Veränderungen seines Bewegungszustands zu widersetzen.
> - ist unabhängig vom Ort, aber abhängig von Volumen und Stoff des Körpers.
> - hat die Einheit kg (1 kg = 1000 g, 1000 kg = 1 t).
>
> **Zustandsformen**
> - fest z. B. Eis
> - flüssig z. B. Wasser
> - gasförmig, z. B. Rauch.

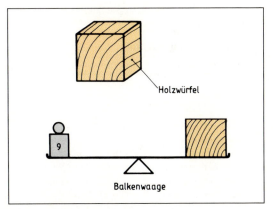

2.1 Bestimmen der Dichte

Die Dichte ϱ (rho, griech. Buchstabe r) ergibt sich, wenn man die Masse eines Körpers durch sein Volumen dividiert ($\varrho = m : V$). ϱ ist für jeden Stoff verschieden, eine ortsunabhängige Werkstoffkennzahl, die uns beim Bestimmen der Holzarten hilft. Doch Holz enthält wie viele andere Werkstoffe Poren und Hohlräume. Deshalb spricht man hier von *Rohdichte* (= einschließlich Poren). Wird das Volumen der *reinen* Holzsubstanz ohne Zellhohlräume, Poren oder Wassergehalt gemessen und zur Masse ins Verhältnis gesetzt, erhält man die *Reindichte*.

Die Reindichte beträgt für alle Holzarten, wegen der gleichartigen Zusammensetzung der Zellwände, etwa 1,5 kg/dm³. Von der *Schüttdichte* spricht man, wenn z.B. Holzspäne oder Sand lose aufgeschüttet werden (Bild **2.2**). Die Dichte einiger Stoffe zeigt Tabelle **2.3**.

> **Dichte** ϱ
> – ist eine ortsunabhängige Werkstoffkennzahl.
> – ergibt sich aus der Division von Masse durch Volumen
> $$\left(\varrho = \frac{m}{V}\right).$$
> – zu unterscheiden sind Rohdichte, Schüttdichte und Reindichte.
> – hat die Einheit kg/dm³ (1 kg/dm³ = 1000 g/dm³, 1000 kg/m³ = 1 t/m³).

■ **Versuch** Wir halten einen Holzklotz mit einer Hand frei an einer Schnur, bevor wir ihn – immer noch an der Schnur – auf die andere Hand legen (**2.4**).

Ergebnis Die Masse des Holzklotzes wirkt als Zugkraft lotrecht nach unten und als Druckkraft auf die Traghand.

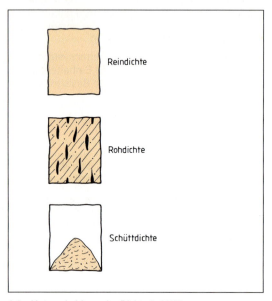

2.2   Unterscheidung der Dichte bei Hölzern

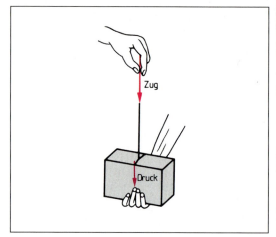

2.4   Gravitations- oder Schwerkraft

Tabelle **2.3**   Dichte einiger Stoffe

Werkstoff	Dichte in kg/dm³	
Stahl	7,85	
Aluminium	2,7	
Glas	2,6	
Beton	2,2	
Wasser bei 4 °C	1,0	
Eiche (lufttrocken)	0,7	(Rohdichte)
Eiche (darrtrocken)	0,66	(Rohdichte)
Fichte (lufttrocken)	0,47	(Rohdichte)
Fichte (darrtrocken)	0,42	(Rohdichte)
Holz allgemein	≈ 1,5	(Reindichte)

Gewichtskraft (Eigenlast). Die spürbare „Eigenlast" eines Körpers nennt man seine Gewichtskraft F_G. Es ist die Kraft, mit der er vom Erdmittelpunkt angezogen wird (Gravitations- oder Schwerkraft, **2.4**). Sie ist auch die Ursache dafür, dass ein frei fallender Körper beschleunigt wird, also immer schneller fällt.

> Im Fernsehen haben wir aber gesehen, dass Astronauten im Weltraum schweben und nicht herunterfallen, obwohl sie eine Masse haben. Woran liegt das?

Die Fallbeschleunigung nimmt mit der Entfernung vom Erdmittelpunkt ab, die Anziehungskraft wird geringer. Wo sich zwei Anziehungskräfte (etwa von Erde und Mond) gegenseitig aufheben, herrscht völlige Schwerelosigkeit.

Bei nicht zu langen Fallstrecken wird die Fallbeschleunigung (g) als gleichbleibend angenommen. Es gilt der Wert $g = 9,80665$ m/s^2. Für Rechnungen wird in der Regel der Annäherungswert $g = 9,81$ m/s^2 verwendet.

Gemessen wird die Gewichtskraft mit der Federwaage, angegeben in Newton (N).

Die Gewichtskraft (F_G) einer Masse (m) und der Fallbeschleunigung (g) wird nach dem Gesetz: $F_G = m \cdot g$ berechnet. Bei einer Masse von 1 kg und der Fallbeschleunigung von ~ 10 m/s^2 ergibt sich eine Gewichtskraft von: $F_G = 1$ kg $\cdot$ 10 m/s^2 = 10 kg m/s^2 = 10 Newton (1 kg m/s^2 = 1 N)

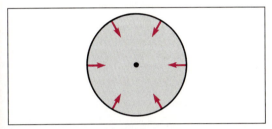

2.5 Die Eigenlast eines Körpers ist zum Erdmittelpunkt gerichtet und in gleicher Entfernung davon gleich groß

Gewichtskraft F_G

– ist die Kraft, die den Körper zum Erdmittelpunkt zieht. ($F_G = m \cdot g$)
– ist ortsabhängig.
– hat die Einheit Newton (N), abgeleitet Dekanewton (daN), Kilonewton (kN) und Meganewton (MN). 1 daN = 10 N, 1 kN = 1 000 N, 1 MN = 1 000 000 N.

Die Wichte γ (gamma, griech. Buchstabe g) ist die Gewichtskraft eines Körpers je Raumeinheit – $\gamma = F_G : V$. Sie ist auch ortsabhängig.

Wichte γ

– ist ortsabhängig und hat die Einheiten daN/dm^3, kN/m^3
– ergibt sich aus der Division von Gewichtskraft durch Volumen eines Körpers
$$\left(\gamma = \frac{F_G}{V}\right).$$

2.2 Kohäsion und Adhäsion

■ **Versuch** Knicken Sie ein Kreidestück und eine Holzleiste gleicher Stärke von Hand, trennen Sie zwei längsverleimte Holzleisten mit dem Stemmeisen in der Leimfuge auf.

Ergebnis Die Körper setzen Ihnen unterschiedlichen Widerstand entgegen. Das verleimte Stück bricht zum Teil in der Leimfuge, zum Teil gibt es reinen Holzbruch. Daraus ist zu schließen, dass die Körper verschieden stark zusammenhängen.

Kohäsion (Zusammenhangskraft). Alle Stoffe sind aus Molekülen aufgebaut (lat. = kleine Masse). Die unvorstellbar winzigen Teilchen werden von der Zusammenhangskraft zusammengehalten. Diese Kohäsion ist bei jedem Körper unterschiedlich, wie der Versuch gezeigt hat, und bestimmt seine mechanischen Eigenschaften (z. B. Bruchfestigkeit, Druckfestigkeit).

■ **Versuch** Eine voll ausgehärtete und eine frische, noch nicht abgebundene Verleimprobe werden mit dem Stemmeisen in der Fuge getrennt.

Ergebnis Um die ausgehärtete Fuge zu trennen, braucht man erheblich Kraft, die frische Verleimung lässt sich dagegen mit geringem Kraftaufwand trennen (Leimbruch).

Nach dem Abbinden (Abwanderung des Dispergiermittels Wasser) und Aushärten des Leimfilms befinden sich nur noch die Leimmoleküle in der Fuge.

Die Kohäsion im Leim ist größer als im Holz. So ist es zu erklären, dass es bei Belastung der Fuge meist Holzbruch gibt.

Daraus ist zu schließen, dass die Kohäsion fester Körper sehr groß ist – hier liegen die Moleküle starr und dicht beieinander. Die Moleküle von Flüssigkeiten sind, wie die frische Verleimung zeigt, beweglicher, ihre Kohäsion ist geringer. Deshalb brauchen wir für Flüssigkeiten ein Gefäß.

Gase schließlich streben eher auseinander als zusammen, wie wir beim Wasserkochen erkennen. Gasmoleküle sind frei, werden praktisch nicht zusammengehalten, so dass wir Gase in verschlossenen Behältern halten müssen.

Die Zustandsformen der Körper sind veränderlich. Folglich lässt sich auch die Kohäsion der Körper durch Zufuhr oder Entzug von Wärme beeinflussen.

Die Zusammenhangskraft wirkt in *einem* Körper. Wie sich zwei oder mehr Körper zueinander verhalten, zeigt uns ein Versuch.

■ **Versuch** Wir drücken je einen Styroporstreifen im trockenen und angefeuchteten Zustand an die Wandtafel.

Ergebnis Der trockene Streifen fällt sofort ab, der angefeuchtete haftet – bei ihm wirkt die Anhangskraft.

Die Adhäsion (Anhangskraft) wirkt zwischen den Molekülen verschiedener und gleicher Körper. Warum nicht zwischen dem trockenen Styroporstreifen und der Tafel? Weil trockenes Styropor Luft enthält, die durch Anfeuchten aus den Poren verdrängt wird. Luft verhindert also eine Adhäsion.

Kohäsion – Anziehungskraft zwischen den Molekülen eines Körpers

Adhäsion – Anziehungskraft zwischen den Molekülen verschiedener und gleicher Körper

Berufshinweis. Auf der Adhäsion und Kohäsion beruht vor allem die Klebkraft des Leims. Das mit Wasser versetzte Leimpulver verdrängt die Luft aus den Poren, füllt Unebenheiten und lässt die Anhangskraft gleichmäßig auf der ganzen Holzoberfläche wirken. Nach dem Verdunsten des Wassers rücken die Leimmoleküle durch Anziehungskräfte zusammen und haften durch die Kohäsion.

2.3 Kapillarität und Diffusion

■ **Versuch 1** Ein weißer Mauerstein wird in eine flache, mit blau gefärbtem Wasser gefüllte Schale gestellt.

Ergebnis Nach kurzer Zeit steigt das blaue Wasser im Stein hoch (**2.6**).

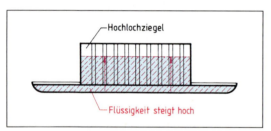

Hochlochziegel

Flüssigkeit steigt hoch

2.6 Kapillarität

■ **Versuch 2** Wir füllen ein Reagenzglas zunächst halb, dann bis an den Rand mit Wasser und beobachten den Wasserspiegel.

Ergebnis Bei halbgefülltem Glas steht der Wasserspiegel am Glasrand deutlich höher als in der Glasmitte. Im randvollen Zustand steigt der Wasserspiegel dagegen vom Rand bogenförmig zur Mitte an.

Kapillarität. Diese Erscheinung (**2.6**) nennt man Kapillarität. In besonders engen Röhren (Haarröhrchen) steigt die benetzende Flüssigkeit entgegen der Schwerkraft nach oben. Je enger die Röhre, umso höher steigt der Flüssigkeitsspiegel am Glasrand. Wie Versuch 1 zeigt, ist die Saugkraft der Kapillaren bei porösen Körpern besonders stark. In Gefäßen mit Flüssigkeiten überwiegt die Adhäsionswirkung an der Gefäßwand, die Kohäsionswirkung dagegen am oberen Gefäßrand. Diese Wechselwirkung von Adhäsion und Kohäsion beeinflusst die Kapillarität und führt zur Ausbildung verschiedener Flüssigkeitsradien.

Berufshinweise. Wenn man Massivholz (z. B. Weinstockpfähle) längere Zeit in einem mit Holzschutz gefüllten Behälter lagert, durchdringt das Holzschutzmittel infolge der Kapillarität nach und nach das ganze Holz. Die Flüssigkeit wird in Wuchsrichtung über das Hirnholz schneller aufgenommen (und gegebenenfalls wieder abgegeben) als quer zur Wuchsrichtung. (Warum?)

Die erhöhte Saugkraft poröser Oberflächen nutzt man beim Auftragen von Klebstoffen und dekorativen Oberflächenmitteln. Durch vorheriges Schleifen rauht man die Oberfläche des Holzes auf und schafft so zusätzlich zu den angeschnittenen Poren feinste Vertiefungen (Kapillaren), in denen die Auftragsmittel aufsteigen und sich besser verankern (**2.7**).

Die Kapillarwirkung ermöglicht den Wurzelhärchen die Wasseraufnahme im Boden.

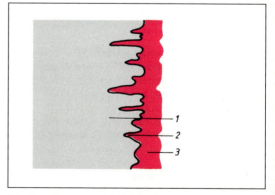

2.7 Verankerung von Auftragsmitteln durch Kapillarität
   1 Untergrund
   2 Poren
   3 Anstrichmittel

Die Kapillarität wirkt zwischen einem Festkörper und einer Flüssigkeit bzw. einem Gas. Wie verhalten sich Flüssigkeiten und Gase mit- und untereinander? Diese Frage soll ein Versuch klären.

■ **Versuch** Wir geben in ein Glas Wasser einen Tropfen Kaliumpermanganat.

Ergebnis Nach kurzer Zeit färbt sich das ganze Wasser gleichmäßig blau-lila (**2.8**).

2.8 Diffusion

Diffusion. Der Versuch zeigt, dass sich Flüssigkeiten vermengen, durchdringen. Das Gleiche gilt für Gase und für Gase mit Flüssigkeiten. Diese Erscheinung heißt Diffusion und spielt eine wichtige Rolle beim Nährstofftransport im Baum.

Gase und Flüssigkeiten durchdringen und vermischen sich auch dann miteinander, wenn sie durch eine dünne, poröse Schicht (z. B. semipermeable Trennwand) getrennt sind. Man bezeichnet diesen Vorgang als *Osmose*.

Kapillarität – Zusammenwirken von Kohäsion und Adhäsion zwischen Festkörper und Flüssigkeit bzw. Gas; verstärkte Saugwirkung bei porösen Festkörpern

Diffusion, Osmose – Gegenseitige Durchdringung von Flüssigkeiten oder Gasen bis zum Ausgleich der Konzentration

2.4 Chemische Grundbegriffe

Bisher haben wir uns mit den Körpern und ihren Eigenschaften, also mit physikalischen Vorgängen befasst. Die Chemie untersucht dagegen die Zusammensetzung, Eigenschaften und Umwandlung der Stoffe.

2.4.1 Gemenge (Dispersionen)

■ **Versuch** In einer Schale werden Eisen- und Schwefelpulver vermischt (vermengt). An das Gemenge halten wir einen Magneten.

Ergebnis Der Magnet zieht das Eisenpulver an und trennt es somit wieder vom Schwefel. Beide Stoffe sind unverändert geblieben.

Gemenge sind Mischungen von Stoffen, die man physikalisch wieder trennen kann, ohne die Stoffe zu verändern. Zu unterscheiden sind Suspensionen, Emulsionen, Lösungen und Legierung.

Suspension. Bei länger lagernden Behältern mit PVAC-Weißleim haben sich die Leimteile deutlich unter dem Wasser abgesetzt. Sie sind schwerer als das Wasser und setzen sich deshalb ab. Beim Umrühren mischen sich beide Stoffe wieder miteinander, so dass der Leim verarbeitet werden kann (**2.8**). Solche Dispersionen, bei denen sich feste Stoffe (Leim) fein in einer Flüssigkeit (Wasser) verteilen, aber nicht lösen, heißen Suspensionen. Ihre Bestandteile trennen sich physikalisch durch Absetzen.

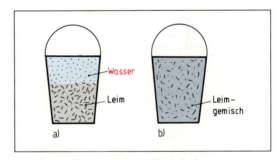

2.9 Suspension a) entmischt, b) gemischt

Emulsion. Wenn sich Flüssigkeiten in feiner Verteilung miteinander vermengen, spricht man von einer Emulsion (z. B. Milch = Rahm in Wasser, Wasser im „Wasserlack"). Auch Emulsionen trennen sich physikalisch durch Absetzen oder Filtrieren.

Lösung. Nitrocellulose-Lack (NC-Lack) lässt sich nur auf ein Möbelstück auftragen, wenn man ihm ein Lösungsmittel (Alkohol oder Ester) beigemischt hat. Man trägt also eine Lacklösung auf. Der Lack verteilt sich im Lösungsmittel so fein, dass er fürs Auge nicht mehr sichtbar ist, er geht in Lösung. Beim Trocknen des Lacks entweicht das Lösungsmittel (verdunstet), und der NC-Lack wird fest (**2.9**).

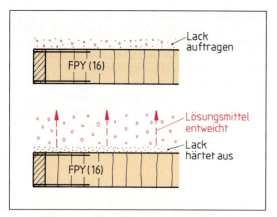

Lack
auftragen

FPY (16)

Lösungsmittel
entweicht

Lack
härtet aus

FPY (16)

2.10 Lösung

Andere Lösungen von festen und flüssigen Stoffen sind
z. B. Zucker oder Salz in Wasser. Im Wein ist Flüssigkeit
(Alkohol) in Wasser gelöst. Solche Lösungen sind einheitliche (homogene) Stoffgemenge, die sich physikalisch
durch Verdampfen oder Destillieren wieder trennen lassen.

Die Legierung ist ein Gemisch von zwei oder mehr
Metallen. Bekannt und vielfach verwendet für
Beschläge ist vor allem Messing, eine Legierung
aus Kupfer und Zink. Beide Metalle werden in
geschmolzenem Zustand vermischt. Die Eigenschaften einer Legierung weichen zum Teil erheblich von denen der Einzelmetalle ab. Durch Einschmelzen lassen sich Legierungen wieder in die
Ausgangsmetalle zerlegen.

Gemenge (Gemische)
– sind Mischungen von Stoffen, die sich
  physikalisch wieder trennen lassen (z. B.
  durch Absetzen, Sieben, Destillieren, Verdampfen, Einschmelzen).
– verändern die Stoffe nicht.
– sind Suspensionen oder Emulsionen
  (Dispersionen).
– sind Lösungen oder Legierungen.

2.4.2 Chemische Verbindungen (Reaktionen)

■ **Versuch** Wir vermengen 4 g Schwefel- und 7 g Eisen-
pulver in einem Reagenzglas und erhitzen es.
Ergebnis Die Mischung glüht auf zu einer spröden
Substanz, die weder die Eigenschaften des Eisens noch
des Schwefels hat. Aus beiden Stoffen hat sich durch
Wärmezufuhr ein neuer Stoff gebildet.

Bei der chemischen Reaktion reagieren zwei oder
mehr Ausgangsstoffe unter Wärmezufuhr oder

Wärmeabgabe miteinander und verbinden sich zu
einem oder mehreren neuen Stoffen (Synthese).
Solche Verbindungen lassen sich nicht mehr physikalisch, sondern nur noch chemisch wieder trennen (Analyse).

Ausgangsstoffe   Synthese   Verbindung
Fe (Eisen) +   ⇄   FeS (Schwefel-
S (Schwefel)   Analyse   eisen)

Das Wort „analysieren" kennen wir auch aus der Politik,
dem Tagesgeschehen und der Technik. Was tun Sie,
wenn Sie etwas analysieren?

Chemische Reaktion – Verbindung von
Ausgangsstoffen unter Wärmezufuhr oder
-abgabe zu neuen Stoffen (Synthese) mit
anderen Eigenschaften
Chemische Verbindungen lassen sich nur
chemisch wieder trennen (Analyse).

2.4.3 Element, Molekül, Atom

Element. Bei der Analyse gelangt man zu Stoffen,
die sich auch chemisch nicht weiter zerlegen lassen. 111 solcher Grundstoffe oder Elemente sind
bisher bekannt. Man bezeichnet sie mit Symbolen
nach ihren lateinischen oder griechischen Namen
(z. B. Fe = ferrum = Eisen, Pb = plumbum = Blei,
O = oxygenium = Sauerstoff, H = hydrogenium =
Wasserstoff).

Elemente sind Stoffe, die sich chemisch nicht
weiter zerlegen lassen.

Moleküle kennen wir schon von der Kohäsion und
Adhäsion her. Sie sind die kleinsten Teilchen einer
chemischen Verbindung. Jedes Molekül hat die
gleichen Eigenschaften wie die ganze Verbindung.
Seine Zusammensetzung drückt sich in der chemischen Formel aus (z. B. FeS = Schwefeleisen). Die
Molekülmasse ergibt sich aus der Masse und
Anzahl der Einzelatome, die miteinander verbunden sind.

Das Atom ist das kleinste Teilchen eines Elements
und daher je nach Element verschieden. Man gibt
es mit dem chemischen Symbol an. Fe bedeutet
also nicht nur Eisen, sondern 1 Atom Eisen. Die
Atommasse ist unvorstellbar klein. Ihre Einheit ist
der 12. Teil der Kohlenstoff-Atommasse. Kohlenstoff hat also die Atommasse 12, Sauerstoff 16
(**2.**11).

Tabelle **2.11** Wichtige Elemente

Gruppe	Name	Zeichen	Atom-masse
Metalle	Schwermetalle		
	Blei	Pb	207
	Chrom	Cr	52
	Eisen	Fe	56
	Gold	Au	197
	Kupfer	Cu	64
	Silber	Ag	108
	Zink	Zn	65
	Leichtmetalle		
	Aluminium	Al	27
	Calcium	Ca	40
Nicht-metalle	fest		
	Kohlenstoff	C	12
	gasförmig		
	Fluor	F	19
	Sauerstoff	O	16
	Stickstoff	N	14
	Wasserstoff	H	1

Den Bau des Atoms kann man sich wegen der Unsichtbarkeit des Atoms nur als Modell vorstellen. Der Atomkern im Zentrum bildet praktisch die gesamte Atommasse. Er enthält die elektrisch positiv geladenen Protonen *p* und die elektrisch neutralen Neutronen *n*. Um den Kern bewegen sich in kreisförmigen Bahnen mit unvorstellbarer Geschwindigkeit die elektrisch negativ geladenen Elektronen der Atomhülle (**2.12**). Die Anzahl der Protonen ist je nach Element verschieden und damit Unterscheidungsmerkmal eines Elements. Weil die Anzahl der Elektronen gleich der Protonenzahl ist, verhält sich ein Atom elektrisch neutral.

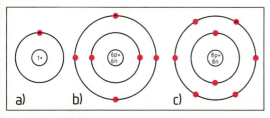

2.12 Atomaufbau
a) Wasserstoffatom nur 1 Elektron, b) Kohlenstoffatom im Kern 6 Protonen + 6 Neutronen, c) Sauerstoffatom

Das Atom
– besteht aus dem Kern mit Protonen und Neutronen sowie der Hülle mit Elektronen,
– ist das kleinste Teil eines Elementes,
– ist elektrisch neutral.

Molekül
– besteht aus mehreren Atomen,
– ist das kleinste Teil einer chemischen Verbindung.

Periodensystem. Nach ihren Eigenschaften – d. h. nach ihrem Atombau – kann man die Elemente in ein Periodensystem ordnen und ihnen eine Ordnungszahl geben. Das System ist einfach: Ausgehend vom Wasserstoff = 1 Proton = Ordnungszahl 1 nimmt die Kernladung von Element zu Element um 1 Proton (und damit auch um 1 Elektron) zu. Kupfer hat die Ordnungszahl 29, also 29 Protonen (und 29 Elektronen).

Erhaltung der Masse. Bei einer chemischen Reaktion ist die Masse der Ausgangsstoffe gleich der Masse der Endstoffe.

Wertigkeit. Die Elemente verbinden sich stets in bestimmten Mengenverhältnissen, nämlich entsprechend ihrer Wertigkeit. Die Wertigkeit bei den Elementen der *Hauptgruppen (Periodensystem)* ist abhängig von der Anzahl der Elektronen auf der äußersten Kernschale, die aufgefüllt oder abgegeben werden.

Ein einwertiges Element kann nur 1 Atom eines anderen Elements binden, ein zweiwertiges 2, ein dreiwertiges 3 usw. Zwei- und Mehrwertigkeit drückt man in einer Zahl zum Symbol des gebundenen Elements aus.

Beispiele $2H + O \longrightarrow H_2O$,
denn Sauerstoff O ist zweiwertig
$4H + C \longrightarrow CH_4$,
denn Kohlenstoff C ist vierwertig

Summen- und Strukturformel. Da die Summe einer chemischen Reaktion unverändert bleibt (Gesetz von der Erhaltung der Masse), kann man die Reaktion in einer Summenformel schreiben und die Mengen berechnen (stöchiometrische Berechnung).

Beispiel Wie viel g Wasser erhält man bei der Verbrennung von 10 g Wasserstoff?
$2H_2 + O_2 = 2H_2O$
$4\,g + 32\,g = 36\,g$
daraus folgt
$4\,g\ H_2 \,\hat{=}\, 36\,g\ H_2O$
$10\,g\ H_2 \,\hat{=}\, x\,g\ H_2O$
$$x = \frac{36\,g \cdot 10\,g}{4\,g} = \textbf{90 g } H_2O$$

Die Zusammensetzung der Moleküle wird noch klarer durch die Strukturformel

Beispiel   1 Molekül   1 Molekül
         (2 Atome)   1 Atom   (3 Atome)

$$H-H \ + \ O \longrightarrow H-\overline{\underline{O}}-H$$

Wasserstoff + Sauerstoff = Wasser

2.5   Luft und Wasser

■ **Versuch**   In einer mit Wasser gefüllten Wanne wird
eine Kerze auf einer schwimmenden Porzellanschale
entzündet und mit einem Becherglas luftdicht über-
stülpt.
Ergebnis   Nach kurzer Zeit erlischt die Kerze, und der
Wasserspiegel im Becherglas steigt um etwa $1/5$ (**2.13**).

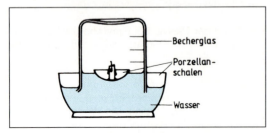

Becherglas
Porzellan-
schalen
Wasser

2.13   Luft unterhält die Verbrennung

Der Versuch zeigt, dass Luft einen Stoff enthält, der
die Verbrennung ermöglicht. Wenn dieser Stoff
verbraucht ist und nicht erneuert wird, erlischt die
Kerze, und in den frei werdenden Raum strömt
Wasser ein. Dieser Stoff ist Sauerstoff. Das Gasgemisch Luft besteht

– zu 78 % aus Stickstoff,
– zu 21 % aus Sauerstoff,
– zu ≈ 1 % aus Edelgasen (Argon, Krypton, Helium) und
  Kohlendioxid.

Luft ist lebensnotwendig. Ohne Luft erstickt alles
Leben, kann nichts verbrennen, kann sich kein
Schall ausbreiten. Ohne die schützende Lufthülle,
die unsere Erdkugel mit dem 500 km breiten Band
der Atmosphäre umgibt, wären wir unmittelbar
den UV-Strahlen der Sonne ausgesetzt. Auch für
die Technik ist Luft eine wichtige Größe. 1 m³ Luft
wiegt bei 0 °C 1,29 kg. Ihre Gewichtskraft erzeugt
den Luftdruck. Da Luft Raum einnimmt, kann man
sie verdichten und zu Antrieben nutzen (z. B. Kompressor). Als schlechter Wärmeleiter eignet sich
Luft besonders zur Wärmedämmung.

Luftverschmutzung bedroht unsere Erde und
unser Leben. Industrieabgase (Kohlendioxid und
-monoxid sowie Schwefeldioxid), Auto- und Heiz-
abgase verunreinigen die Luft in zunehmendem
Maß. Der „Reinigungshaushalt der Natur", worin
die Pflanzen durch Sauerstoffabgabe die Luft sauber halten, ist gestört und überlastet. So wurde es
höchste Zeit, dass Gesetze und Bestimmungen zur
Reinhaltung der Luft erlassen wurden. Die gesetzlichen Auflagen kosten die Industrie viel Geld, aber
sie sind lebensnotwendig für uns alle. Auch jeder
einzelne sollte deshalb Luftverunreinigungen vermeiden.

Nennen Sie Maßnahmen gegen die Luftverschmutzung.
Was können Sie selbst tun, um die Luft reinzuhalten?

Sauerstoff ist nicht nur das häufigste Element, sondern auch eines der wichtigsten. Das Gas ist farblos, geruch- und geschmacklos, brennt nicht,
unterhält aber die Verbrennung und verbindet sich
leicht mit fast allen Elementen. Frei kommt Sauerstoff in der Atmosphäre vor, gebunden in vielen
Verbindungen.

Stickstoff ist ein ebenfalls farb-, geruch- und
geschmackloses Gas. In der Natur kommt es in vielen Verbindungen vor. Stickstoff brennt nicht.

> **Luft**
> – ist ein Gasgemisch aus Stickstoff, Sauer-
>   stoff und Edelgasen.
> – fördert durch den Sauerstoff die Verbren-
>   nung.
> – ist lebensnotwendig und daher vor Ver-
>   schmutzung zu bewahren.

Wasser ist eine Verbindung von 2 Raumteilen Wasserstoff und 1 Raumteil Sauerstoff H_2O). 71 % der
Erdoberfläche sind Meere, Seen und Flüsse. Wasser ist Hauptbestandteil aller Organismen und
lebensnotwendig. Ohne Wasser verdorren die
Pflanzen, verdursten Tiere und Menschen. Wasser
ist aber auch das wichtigste Lösungsmittel.

Zählen Sie Tätigkeiten und Vorgänge auf, zu denen Sie,
Ihre Familie, Ihr Betrieb Wasser brauchen.

Wasserstoff ist das leichteste Element. Es ist ein
farb-, geruch- und geschmackloses Gas, brennt,
unterhält aber die Verbrennung nicht (also gerade
umgekehrt wie Sauerstoff).

Kreislauf des Wassers. Wasser bewegt sich in
einem natürlichen Kreislauf. Durch die Sonneneinstrahlung verdunstet es zu Wasserdampf, wobei
gelöste Salze ausfallen. Der Wasserdampf steigt
hoch und sammelt sich zu Wolken. Bei Abkühlung
oder Sättigung fällt das Wasser als Regen oder Tau
nieder. Ein Teil bleibt als Oberflächenwasser in den
Flüssen, Seen und Meeren. Der größere Teil aber
sickert durch Sand und Kies als Grundwasser ins
Erdreich. Dabei reinigt sich das Wasser durch Fil-
tration von ungelösten Stoffen. Im Erdreich löst es
Mineralien (vor allem Calcium- und Magnesium-
salze = chemische Verwitterung) und sprengt beim
Erstarren Gesteinsschichten (physikalische Verwitterung). Als Quellwasser tritt es wieder an die
Erdoberfläche, und der Kreislauf beginnt von
neuem (**2.14**). Salzfreies Wasser schmeckt fade

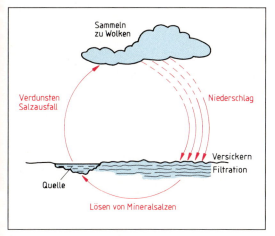

2.14 Kreislauf des Wassers

derschlagsmengen zu Überschwemmungen, die sich vor allem vor Engpässen dramatisch schnell ausbreiten. Die Reinhaltung aller Gewässer (einschließlich des Grundwassers) ist für uns alle ebenso lebenswichtig wie die Luftreinheit. Auch hier hat der Gesetzgeber deshalb Bestimmungen geschaffen.

> Deshalb dürfen Sie verbrauchtes Getriebeöl oder Säuren, Leim- und Lackreste nicht einfach ins Erdreich ablassen. Was können und müssen die Industrie und Sie selbst noch tun, um das Wasser reinzuhalten?

Als Lösungsmittel ist Wasser unentbehrlich. Viele feste, flüssige und gasförmige Stoffe lösen sich in Wasser. Salze z. B. lösen sich ganz darin auf, andere Stoffe (wie Lehm) verteilen sich fein in Wasser. Wasser kann jedoch nur eine bestimmte Menge Stoffe lösen. Wenn der Sättigungsgrad erreicht ist, bleibt der Überschuss ungelöst. In der Technik wird Wasser auch vielseitig als Verdünnungsmittel eingesetzt.

Anomalie des Wassers. Wasser hat nicht wie die anderen Stoffe bei 0 °C, sondern bei 4 °C seine größte Dichte von 1 kg/dm³. Kühlt man es weiter ab, nimmt sein Volumen wieder zu (Anomalie des Wassers). Bei 0 °C gefriert es und dehnt sich dabei um $1/_{10}$ seines ursprünglichen Volumens aus. Bei 100 °C geht es in den gasförmigen Zustand über.

und ist „weich", Quellwasser dagegen ist wegen der gelösten Salze „hart". Zum Waschen muss es enthärtet werden, weil sich die Salze mit der Seife zu unlöslicher Kalkseife verbinden.

Unser Wasserbedarf steigt mit der Ausbreitung der Industrie und dem verbesserten Lebensstandard. Zwar führt man inzwischen das von Industrie und Haushalten benutzte Wasser nach gründlicher Reinigung in Kläranlagen wieder in den natürlichen Kreislauf zurück, doch sinkt wegen des großen Bedarfs der Grundwasserspiegel nach und nach, wozu auch die Bebauung und Versiegelung immer weiterer Flächen beiträgt. Außerdem nimmt die Verschmutzung des Wassers durch Chemikalien zu. Die Kanalisierung von Flüssen und Bächen beseitigt die natürlichen Staustufen. Damit wird der Sauerstoffanteil des Wassers nicht erneuert – Fische und Wasserläufe „sterben". Die zunehmende Bebauung der Flussauen und -täler, die Flusslaufbegradigungen sowie die Monokulturen in Forst- und Landwirtschaft führen bei großen Nie-

---

Wasser
- ist eine Verbindung von Wasserstoff und Sauerstoff und hat die chemische Formel H_2O.
- ist das wichtigste Lösungsmittel für feste, flüssige und gasförmige Stoffe.
- ist lebensnotwendig und daher vor Verschmutzung zu bewahren.

2.6 Oxidation und Reduktion

Oxidation. Sauerstoff ist sehr reaktionsfreudig. Die Reaktion von Sauerstoff mit anderen Elementen verläuft oft sehr rasch. Dabei wird stets Energie (Wärme) frei. Man nennt diesen Vorgang Oxidation und die neue Verbindung Oxid.

Beispiele

Metall	+ Sauerstoff	$\longrightarrow$	Metalloxid (fest)
2 Al	+ 3 O	$\longrightarrow$	Al_2O_3
Nichtmetall	+ Sauerstoff	$\longrightarrow$	Nichtmetalloxid (gasförmig)
S	+ 2 O	$\longrightarrow$	SO_2

Die Reaktion von Eisen mit Sauerstoff und Wasser zu Eisenoxid = Rost geht langsam vor sich, so dass man die Wärme nicht spürt. Verbrennungen sind schnelle Reaktionen, bei denen in kürzester Zeit viel Energie (Wärme) abgegeben wird. Rost ist eines der bekanntesten und „teuersten" Oxide, denn er richtet viel Schaden an. Einige Metalle (z. B. Kupfer, Aluminium) bilden stabile Oxide, die den Grundstoff vor weiterer Zerstörung schützen.

Berufshinweis. Zum Befestigen von Außenwandverkleidungen müssen wegen der Oxidationsgefahr nichtrostende Schrauben und Nägel verwendet werden.

Reduktion ist der umgekehrte Vorgang: Einer Verbindung wird unter Wärmezufuhr der Sauerstoff entzogen, wobei das Reduktionsmittel oxidiert. Ein Beispiel dafür bietet der Hochofenprozess. Dabei entzieht man den Erzen mittels Kohlenstoff und Kohlenmonoxid den Sauerstoff. Das Reduktionsmittel Kohlenstoff oxidiert:

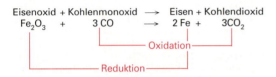

Eisenoxid + Kohlenmonoxid $\longrightarrow$ Eisen + Kohlendioxid
Fe_2O_3 + 3 CO $\longrightarrow$ 2 Fe + 3 CO$_2$
└─────── Oxidation ───────┘
└──────────── Reduktion ────────────┘

Berufshinweis. In der Schreinerei werden häufig Holzoberflächen durch Bleichen aufgehellt. Bei diesem Vorgang wird Sauerstoff entweder angelagert (Oxidation) oder entzogen (Reduktion s. Abschn. 9.1.3).

Redox-Vorgang. Während das Kohlenmonoxid im Hochofenprozess zu Kohlendioxid oxidiert, wird das Eisenoxid gleichzeitig zu Eisen reduziert, wie unsere Reaktionsformel zeigt. Diese Wechselwirkung zwischen Oxidation und Reduktion nennt man Redox-Vorgang. Er spielt, wie Bild **2**.15 zeigt, bei den Atmungsvorgängen in der Natur eine wichtige Rolle.

Bei der Metallgewinnung aus Erzen werden Sulfide und Carbonate durch Rösten in *Oxide* überführt. Danach *reduziert* man die Oxide durch Kohlenmonoxid zu Metallen.

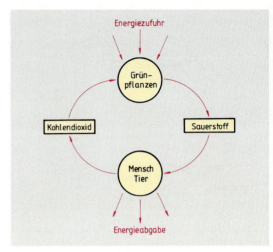

2.15   Kreislauf des Wassers

Oxidation – Verbindung von Sauerstoff mit anderen Elementen unter Wärmeabgabe zu Oxid
Reduktion – Entzug von Sauerstoff aus einer Verbindung unter Wärmezufuhr, wobei das Reduktionsmittel oxidiert
Redox-Vorgang – Wechselwirkung zwischen Oxidation und Reduktion bei einer chemischen Reaktion

2.7 Säuren, Basen, Salze

Welche Vorstellungen verbinden Sie spontan mit den Begriffen Säure und Base bzw. Lauge?

Säuren entstehen, wenn sich Nichtmetalle mit Wasserstoff verbinden oder Nichtmetalloxide in Wasser lösen. So verbrennt bei vielen Fertigungsprozessen der Industrie Schwefel in Sauerstoff zu Schwefeldioxid (SO_2), das sich in der Atmosphäre mit der Luftfeuchtigkeit bzw. dem Regen zu einer Säure verbindet („saurer Regen"). Vom Mineralwasser her kennen wir die Kohlensäure, die sich beim Lösen von Kohlendioxid in Wasser bildet.

Beispiele Nichtmetalloxid + Wasser $\longrightarrow$ Säure
SO_2 + H_2O $\longrightarrow$ H_2SO_2
(schweflige Säure)
CO_2 + H_2O $\longrightarrow$ H_2CO_2
(Kohlensäure)

■ **Versuch** Wir füllen vorsichtig konzentrierte Schwefelsäure in ein Reagenzglas und tauchen darin einen Holzspan bis zur Hälfte ein.
Ergebnis Der Holzspan verkohlt – die Säure entzieht ihm das Wasser.

Vorsicht bei Arbeiten mit Säure!
Grundsätzlich Schutzbrille und Schutzhandschuhe tragen! Beim Verdünnen immer die Säure vorsichtig unter Umrühren ins Wasser geben – niemals das Wasser in die Säure gießen!
Säureflaschen müssen mit Giftetikett versehen sein. Bei Unfällen (Säurespritzer) Säure mit viel Wasser fortspülen.

Säuren sind sauer, greifen die Haut an, zerstören unedle Metalle und verkohlen organische Stoffe. Sie färben blaues Lackmuspapier rot. (Lackmus ist ein Indikator = Anzeiger, ein mit Pflanzenfarbstoff gefärbtes Papier.) Während die Kohlensäure

schwach ist, gehören Salzsäure (HCl), Schwefelsäure (H_2SO_4) und Salpetersäure (HNO_3) zu den
starken Säuren. Da die Luft – besonders in In-
dustriegebieten – Säure enthält, werden unge-
schützte metallische und mineralische Bauteile
angegriffen und zersetzt.

Für die Holzbearbeitung wichtige Säuren

Salzsäure HCl, in Wasser verdünnt, als Bleichmittel und
zum Entfernen von Kalkflecken

Oxalsäure COOH ⎫ zum Ausbleichen von
Zitronensäure (ungiftig) ⎭ Gerbsäureverfärbungen

Säuren

– sind Verbindungen von Nichtmetalloxiden
mit Wasser oder Nichtmetallen mit Wasserstoff.
– färben blaues Lackmuspapier rot.
– greifen Haut und unedle Metalle an, verkohlen organische Stoffe.

Basen (Laugen) entstehen, wenn sich Oxide der
Alkalimetalle (Natrium, Kalium, Calcium) mit Wasser verbinden. Charakteristisch für sie ist der Sau-
erstoff-Wasserstoff-Anteil – die Hydroxidgruppe
OH.

Beispiel Metalloxid + Wasser ⟶ Hydroxid
CaO + H_2O ⟶ Ca(OH)$_2$
(gelöschter Kalk)

Gelöschter Kalk ist ein Mörtelbestandteil und erzeugt auf
gerbstoffhaltigen Hölzern Flecken. Außerdem greift er wie
alle Laugen Aluminium, Zink und Kupfer an, wie folgender
Versuch zeigt.

■ **Versuch** Im Reagenzglas wird etwas Aluminium mit
Natronlauge (NaOH) übergossen.
Ergebnis Das Aluminium wird zersetzt.

Berufshinweis. Aluminiumgriffe an Holzfenstern müssen
beim Einbau in Neubauten durch Kunststoff-Ummantelung
vor Kalkspritzern geschützt werden.

Vorsicht bei Arbeiten mit Laugen!
Sie ätzen. Deshalb Schutzbrille und Schutz-
handschuhe tragen.
Laugenspritzer mit viel Wasser fortspülen.

Basen sind seifig und fühlen sich glitschig an. Sie
ätzen die Haut, greifen unedle Metalle an und lösen
Fette (deshalb verwendet man sie für Seifen).
Rotes Lackmus färben sie blau.

Für die Holzbearbeitung wichtige Basen

Salmiakgeist (NH_4OH) als Bleichmittelzusatz
Natronlauge (NaOH) zum Beseitigen von Farbtonresten
(Totalbleichmittel)

Berufshinweis. In der Schreinerei wird das Holz entharzt,
von den Harzgallen befreit. Durch heiße Kernseifenlösung
(evtl. durch Zusatz von Salmiakgeist verstärkt) wird das in
der Holzfaser eingelagerte Harz verseift und wasserlöslich
gemacht.

Basen (Laugen)

– sind Verbindungen von Metalloxiden mit
Wasser zu OH-Gruppen.
– färben rotes Lackmus blau.
– greifen die Haut und unedle Metalle an,
lösen Fette.

■ **Versuch** Wir füllen verdünnte Natronlauge in ein Reagenzglas und färben sie mit Lackmuslösung blau. Aus
einer Bürette lassen wir so lange verdünnte Salzsäure
zutropfen, bis die Blaufärbung verschwunden ist (**2.16**).
Diese nicht mehr blaue und noch nicht rote, also neutrale Lösung wird eingedampft.
Ergebnis Beim Verdampfen scheiden sich weiße Kristalle aus. Die Geschmacksprobe ergibt, dass es sich um
Kochsalz (NaCl) handelt. Die Reaktion ist nach dieser
Formel verlaufen: NaOH + HCl ⟶ NaCl + H_2O.

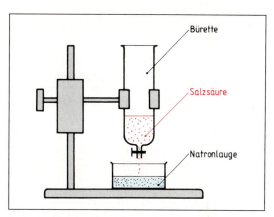

2.16 Neutralisation

Salze können also durch Verbindung (Neutralisation) einer Lauge mit Säure entstehen. Sie bilden
sich aber auch durch Säureangriff auf Metalle oder
Metalloxide (Säurerest).

Beispiele Metall Säurerest
Mg + 2 HCl ⟶ H_2 + $MgCl_2$ (Magnesiumchlorid)
CuO + 2 HCl ⟶ H_2O + $CuCl_2$ (Kupferchlorid)

Benannt werden die Salze nach dem Metall und
dem Säurerest (**2.17**).

Tabelle **2**.17   Säuren, Salze und Laugen

| Säure | | Salz | | |
Name	Formel	Gruppe	Beispiel	Formel
Salzsäure	HCl	Chlorid	Natriumchlorid (Kochsalz)	NaCl
Schwefelsäure	H_2SO_4	Sulfat	Calciumsulfat (Gips)	$CaSO_4$
Salpetersäure	HNO_3	Nitrat	Natriumnitrat (Natronsalpeter)	$NaNO_3$
Kohlensäure	H_2CO_3	Carbonat	Natriumcarbonat (Soda)	Na_2CO_3
Phosphorsäure	H_3PO_4	Phosphat	Calciumphosphat	$Ca_3(PO_4)_2$
Essigsäure	CH_3COOH	Acetat	Natriumacetat	CH_3COONa
Kieselsäure	H_4SiO_4	Silikat	Aluminiumsilikat (im Ton)	$Al_2O_3 \cdot SiO_2$
Laugen				
Salmiakgeist	NH_4OH	–		
Natronlauge	NaOH	–		

Berufshinweise. Die Wirkung der meisten Farbstoffbeizen beruht darauf, dass in der Holzfaser Salze entstehen. Metallsalzverbindungen neigen umso weniger zu Reaktionen mit Holzinhaltstoffen, je neutraler sie sind.

Kalk-, Gips- und Zementflecken auf Naturholz-Oberflächen lassen sich mit verdünnter Salzsäure (eisenfrei) abbürsten (neutralisieren). Nach einigen Minuten wäscht man mit reinem Wasser nach. Dazu dürfen Sie keine metallischen Arbeitsgeräte verwenden und müssen Metallbeschläge vorher entfernen.

> **Salze** sind Verbindungen von Metall mit einem Säurerest (Reaktion einer Säure mit Metall, Metalloxid oder Metallhydroxid = Neutralisation).

Neutralisation ist der Zustand, in dem sich die Wirkungen von Säuren und Basen gegenseitig aufheben: Blaues Lackmuspapier färbt sich nicht rot, rotes nicht blau. Die entsprechenden Salze reagieren weder alkalisch noch sauer.

> Bei Neutralisation heben sich die Wirkungen von Säuren und Basen auf.

Im Zusammenhang mit den Diskussionen um das Waldsterben wird oft vom pH-Wert gesprochen. Was bedeutet dieser Wert?

Der pH-Wert erfasst die Konzentration von freien Wasserstoffionen (H^+) in Flüssigkeiten. Somit gibt er an, ob eine Flüssigkeit eine Lauge, eine Säure oder neutral ist (**2**.18). Das Absinken um 1 pH-Wert (z. B. von pH 6 auf pH 5) bedeutet, dass die Flüssigkeit zehnmal saurer geworden ist. In den letzten Jahren ist ein stetiger Abfall des pH-Wertes im Regenwasser, in Flüssen und Seen festzustellen. Messungen ergaben nicht selten pH-Werte um 4 bzw. darunter. Ein „saurer Regen" (s. Bild **3**.2) mit pH 4 ist tausendmal saurer als neutrales Wasser mit pH-Wert 7! Bei einem pH-Wert 4 ist das Leben von Fischen in einem See bereits stark bedroht, bei geringer weiterer Absenkung unmöglich.

Auch für die Beurteilung von Holzarten und Werkstoffen zur Oberflächenbehandlung ist der pH-Wert von Bedeutung.

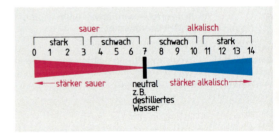

2.18   pH-Wertskala

Aufgaben zu Abschnitt 2

1. Was bedeutet Masse?
2. In welchen Zustandsformen treten Körper auf?
3. Wodurch lässt sich die Zustandsform eines Körpers ändern?
4. Bestimmen Sie die Dichte eines Holzwürfels, der ein Volumen von 30 cm³ hat und 16 g wiegt.
5. Was versteht man unter Wichte?
6. Welche Kräfte wirken in einer abgebundenen Klebefuge?
7. Warum haften zwei aufeinander gelegte Glasplatten?
8. Erläutern Sie, warum poröse Oberflächen besser saugen als glatte. Was ergibt sich daraus für Ihren Beruf?
9. Wo spielt die Diffusion (Osmose) in der Natur eine wichtige Rolle?
10. Worin bestehen die Unterschiede zwischen einem Gemenge und einer chemischen Verbindung?
11. Wie lassen sich Dispersionen (z. B. Weißleim) trennen?
12. Welche Eigenschaften haben Lösungen?
13. Nennen Sie Legierungen.
14. Was versteht man unter Synthese und Analyse? Welcher Zusammenhang besteht zwischen ihnen?

15. Was ist ein Atom? Woraus besteht es?

16. Stoffgemische bestehen aus Molekülen und Atomen. Erklären Sie an einer Skizze die Zusammenhänge zwischen Atomen und Molekülen.

17. Wozu dient die Summenformel?

18. Welche Maschinen und Geräte in der Schreinerei arbeiten mit Luft?

19. Woraus besteht Luft?

20. Warum ist Sauerstoff lebensnotwendig?

21. Schildern Sie den Kreislauf des Wassers.

22. Wozu braucht der Holzfachmann Wasser?

23. Was versteht man unter der Anomalie des Wassers?

24. Erklären Sie die Oxidation und Reduktion.

25. Was versteht man unter Redox-Vorgang?

26. Was bedeutet Korrosion? Wie kommt sie zustande?

27. Zu welchen Arbeiten braucht der Holzfachmann Säuren bzw. Laugen?

28. Wie entstehen Säuren und Basen?

29. Welche Schutz- und Vorsichtsmaßnahmen treffen Sie im Umgang mit Säuren und Laugen?

30. Wann ist eine Flüssigkeit neutral?

31. Wozu dient der pH-Wert?

32. Was bedeutet ein Absinken von pH 5 auf pH 4?

33. Wie viel mal saurer ist pH 4 als neutrales Wasser?

3 Holz und Holzwerkstoffe

3.1 Der Wald

Schreiben Sie in Stichworten auf, was Ihnen zum Begriff „Wald" einfällt. Worin liegt nach Ihrer Meinung der größte Wert des Waldes?

Der Wald ist eine Lebensgemeinschaft und umfasst neben den Bäumen die übrige reiche Pflanzenwelt, Insekten und Pilze, unzählige Kleinstlebewesen, den Boden, die Vögel und das Wild. Der Wald produziert nicht nur den umweltfreundlichen Rohstoff Holz, sondern erfüllt seit Jahrtausenden auch wichtige Umweltfunktionen – er regelt den Naturhaushalt. Wo der Mensch dies missachtet, nimmt er sich selbst die notwendigen Lebensbedingungen. Gerade in unserem Zeitalter der Technik, der sprunghaft zunehmenden Weltbevölkerung und der dadurch ständig steigenden Rohstoffnachfrage sind Pflege und Erhaltung der Wälder besonders wichtig.

3.1.1 Waldverteilung

Waldflächen der Erde. Nach einem Bericht der FAO (= Food and Agriculture Organisation = Ernährungs- und Landwirtschaftsorganisation der Vereinten Nationen) aus dem Jahre 1993 sind noch etwa 26 % der Landfläche unserer Erde mit Wald bedeckt, schätzungsweise 3,4 Mrd. Hektar (ha).

Der jährliche Holzeinschlag in den Wäldern entspricht etwa der Hälfte des Zuwachses im gleichen Zeitraum. Danach könnte die Welt „ernte" bedenkenlos angehoben werden. Doch diese Angaben sind mit Vorbehalt zu betrachten. Warum?

– Die Untersuchungen liegen zum Teil viele Jahre zurück.
– Der Holzbedarf der Industrieländer steigt von Jahr zu Jahr erheblich. Bis zum Jahr 2000 wird mit einer Zunahme des Holzbedarfs weltweit um 30 % gerechnet.
– Durch die enorme Bevölkerungszunahme in den unterentwickelten Gebieten wird der Bedarf an Naturholz, vor allem aber an Brennholz immer größer. Nahezu die Hälfte des eingeschlagenen Holzes wird als Brennholz verwendet!
– Nachrichten aus diesen Ländern melden eine Zunahme der Wüsten- und Steppengebiete infolge des unkontrollierten Einschlags, des Wanderrodungsbaues und der nur zögernden Wiederaufforstung. Bedenken Sie, dass jährlich ca. 15 Mio. ha tropischer Regenwald zerstört werden!
– Nur langsam setzt sich die Erkenntnis durch, dass der Kahlschlag des Regenwalds im Amazonasgebiet und anderen Orten den Wasserhaushalt unserer Erde und die Sauerstoffproduktion stark beeinflusst.

– Jährlich werden große Waldgebiete durch Feuer, Sturm, Schädlingsbefall, neue Wohn- und Industrieansiedlungen und den Straßenbau vernichtet. Jahrhundertstürme warfen z. B. 1990 innerhalb kurzer Zeit allein in der Bundesrepublik 75 Mio. fm bestes Holz zu Boden. Brandrodungen führten 1997 zu verheerenden Waldbränden in Südostasien.

Waldsterben. Nicht zuletzt sei auf das Waldsterben hingewiesen, dessen verheerendes Ausmaß immer deutlicher wird. Auch die neuen Gesetze reichen nach Ansicht der Umweltschutzverbände nicht aus, um die drohende Katastrophe abzuwenden.

Der Waldschadensbericht von 1997 gibt einen Überblick über den Zustand des Waldes in der Bundesrepublik Deutschland.

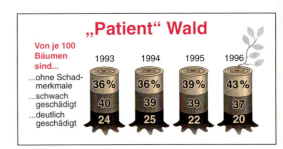

3.1   Waldschäden in Deutschland

Danach sind 20 % des Waldes deutlich geschädigt und 37 % sind schwach geschädigt. Während zu Beginn der 80er Jahre vorwiegend die Nadelhölzer betroffen waren, haben die Schäden an den Laubgehölzen in den letzten Jahren deutlich zugenommen. Besonders schlecht geht es den Eichen, nahezu jede zweite Eiche zeigt deutliche Schäden.

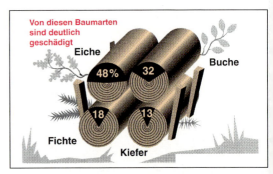

3.2   Schäden nach Baumarten

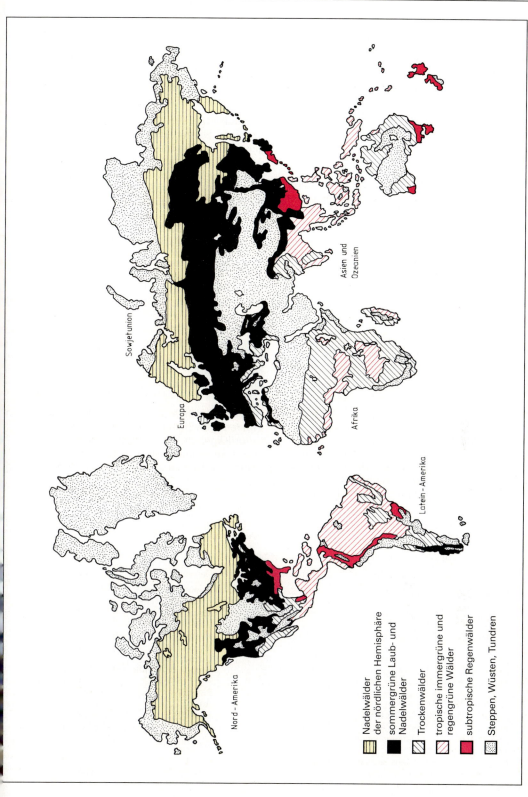

Nadelwälder
der nördlichen Hemisphäre

sommergrüne Laub- und
Nadelwälder

Trockenwälder

tropische immergrüne und
regengrüne Wälder

subtropische Regenwälder

Steppen, Wüsten, Tundren

3.3   Waldformationen der Erde

Hauptschuld tragen nach den bisherigen Erkenntnissen die Luftverunreinigungen durch Kohlekraftwerke, Privatheizungen und Autoabgase. Schwefeldioxide und Stickoxide zerstören als „saurer Regen" die schützende Wachsschicht der Blätter, beeinträchtigen die Fotosynthese (s. Abschn. 3.2.1) und vergiften den Boden (**3**.4). Erhöht wird die Gefahr einer Umweltkatastrophe durch das Sterben von Flüssen und Seen sowie die steigende Kohlendioxid-Produktion bei gleichzeitiger Vernichtung der tropischen Regenwälder als CO_2-Massenverbraucher. Was kommt danach? Überlegen Sie die Konsequenzen auch für Ihren Beruf und damit für Ihre Zukunft! Was können Sie selbst tun, um die Umwelt zu schützen und das Waldsterben aufzuhalten?

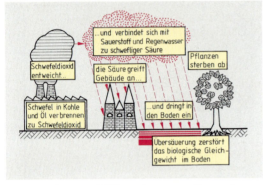

3.4   Entstehung und Wirkung des „sauren Regens"

Planmäßig genutzt werden etwa 23 % der Waldfläche, vor allem in den Ländern der ehemaligen UdSSR, Nordeuropa und Nordamerika. Die Weltkarte **3**.3 auf S. 31 gibt einen Überblick über die Waldarten:

– Nadelwälder der nördlichen Hemisphäre (Erdhälfte),
– sommergrüne Laub- und Mischwälder,
– Trockenwälder,
– tropische immergrüne und regengrüne Wälder,
– suptropische Wälder.

Die Grenzen zwischen den einzelnen Waldgebieten sind durch Einflüsse des Klimas und der Bodenbeschaffenheit sowie durch den Eingriff des Menschen bedingt.

Nutzholzarten. Von den mehr als 30 000 Baumarten der Erde werden nur 700 bis 800 wirtschaftlich genutzt. Tabelle **3**.5 zeigt die meistverwendeten. Amerika und Kanada sind die größten Holzproduzenten der Welt, Lateinamerika (Mittel- und Südamerika) hat die größten Holzüberschussgebiete. Bedeutendster Holzlieferant für Europa und die Bundesrepublik ist Afrika. In Asien gehören Malaysia, Indonesien, Burma (Myanmar) und Thailand zu den wichtigsten Exportländern für Laubholz.

Waldflächen in Europa. Europa verfügt dank seiner günstigen geografischen Lage über ausgedehnte Bewaldungen. Rund 140 Mio. ha bedecken ca. 30 % der Landfläche. Den Bestand bilden etwa 30 Baumarten. Im Norden sind es vorwiegend Nadelhölzer, daneben Laubhölzer wie Birke, Weide, Erle und Pappel. Mittel- und Südeuropa sind vor allem von Laub- und Mischwäldern bedeckt (Buche). Der Mittelmeerraum ist heute – bedingt durch Wärme und Trockenheit sowie radikale Eingriffe des Menschen – nur noch spärlich mit Wald bestanden.

Holz aus europäischen und damit auch heimischen Wäldern gewinnt vor dem Hintergrund
– zurückgehender Waldflächen in den Tropen
– des steigenden Holzbedarfs
– eines veränderten Bewusstseins im Umgang mit überseeischen Holzarten
zusehends an Bedeutung.

Wichtige Angaben zur besonderen Situation des Waldes in der Bundesrepublik Deutschland ersehen Sie aus den nachfolgenden Tabellen **3**.6 bis **3**.8.

Tabelle **3**.5   Verteilung der wichtigsten Nutzholzarten nach Regionen

Europa	Nordamerika	Lateinamerika	Ostasien	Afrika
Ahorn AH	Ahorn AH	Balsa BAL	Japan. Rüster RU	Abachi ABA
Birke BI	Carolina Pine PIR	Greenheart GRE	Lauan, Red. MER	Afrormosia AFR
Birne BB	Douglas Fir DGA	Rio Palisander	Makassar Ebenh.	Afzelia AFZ
Buche BU	Eiche EIW, EIR	PRO	EBM	Ebenholz EBE
Douglasie DG	Esche ESA	Mahagoni MAE	Meranti MER	Framire FRA
Eiche EI	Hemlock HEM	Manio MAO	Merbau MEB	Iroko IRO
Erle ER	Hickory HIC	Pitch Pine PIP	Ostind. Palis. POS	Kosipo MAK
Esche ES	Kirschbaum KB	Pockholz POH	Padouk PBA, PML	Limba LMB
Fichte FI	Nussbaum NB	Rosenholz RSB	Ramin RAM	Makoré MAC
Kiefer KI	Oregon Pine OGA		Sen SEN	Mansonia MAN
Kirschbaum KB	Pitch Pine PIP		Tamo ESJ	Niangon NIA
Lärche LA	Redwood RWK		Teak TEK	Okoume OKU
Linde LI	Rüster RU		Yang YAN	Padouk PAF
Nussbaum NB	Vogelaugenahorn		Zeder CED	Sapeli MAS
Pappel PA	AHZ			Sipo MAU
Tanne TA	Western Red Cedar RCW			Wenge WEN
Rüster RU				Zebrano ZIN

Tabelle **3.**6 Waldverteilung in der Bundesrepublik Deutschland 1994

	alte Bundesländer	neue Bundesländer	Bundesrepublik Deutschland
Landfläche	24,87 Mio. ha	10,83 Mio. ha	35,7 Mio. ha
Waldfläche	7,76 Mio. ha	2,98 Mio. ha	10,7 Mio. ha
Bewaldungsdichte	31,0 %	27,5 %	
Anteil der Laubbäume	37,4 %	24,9 %	
Anteil der Nadelbäume	62,6 %	75,1 %	
Waldbesitz			
– Privatwald	45,5 %	49,1 %	
– Staats- und Körperschaftswald	54,5 %	50,9 %	
Holzeinschlag	30,1 Mio. m³	4,5 Mio. m³	34,6 Mio. m³

Tabelle **3.**7 Anteil der Baumarten (Stand 1997)

Eiche	Buche und andere Laubbäume	Kiefer und Lärche	Fichte, Tanne, Douglasie
8,5 %	25 %	31 %	35 %

Tabelle **3.**8 Bewaldungsdichte in den Bundesländern

Hessen	41 %
Rheinland-Pfalz	41 %
Baden-Württemberg	38 %
Brandenburg	37 %
Bayern	36 %
Saarland	35 %
Thüringen	33 %
Sachsen	27 %
Nordrhein-Westfalen	26 %
Niedersachsen	23 %
Sachsen-Anhalt	23 %
Mecklenburg-Vorpommern	21 %
Berlin	16 %
Schleswig-Holstein	10 %
Hamburg	5 %
Bremen	1 %
insgesamt:	30,4 % = 10,8 Mio. ha

3.1.2 Bedeutung des Waldes

Prüfen Sie noch einmal Ihre Stichworte zum Begriff Wald. Ergänzen Sie sie in Hinsicht auf die Bedeutung des Waldes für die Wirtschaft, die Umwelt und den „gestressten Stadtmenschen".

Wirtschaftliche Bedeutung. Der Wald ist eine wichtige Rohstoffquelle. Er liefert den Rohstoff Holz, der ständig nachwächst – 1993 ca. 58 Mio. m³. Der Wald ist aber auch „Arbeitgeber". 1994 waren 476000 Arbeitnehmer in der Forst- und Holzwirtschaft beschäftigt, der Umsatz der 39000 Unternehmungen lag bei rund 107 Mio. DM.

Schutzfunktion. Ohne *Sauerstoff* gäbe es kein Leben auf der Erde, weder menschliches noch tierisches noch pflanzliches. Doch auch die Technik braucht und verbraucht Sauerstoff. Erzeugt wird dieses lebensnotwendige Gas von den Pflanzen, vor allem den Bäumen.

Jährlich werden Millionen Tonnen gesundheitsschädlicher Verunreinigungen, Staubpartikel und Abgase in die Luft geblasen und fallen von dort wieder auf die Erde zurück. An der *Reinigung* der verschmutzten *Luft* ist wiederum der Wald maßgeblich beteiligt. Seine Äste und Blätter wirken als Staubfänger. Der Regen spült den Schmutz ab, der lockere Waldboden filtert die Verunreinigungen heraus. Doch diese Aufgaben können die Bäume nur so lange bewältigen, wie sie nicht selbst durch Schadstoffe aus der Luft krank werden und eingehen.

Auch das *Klima* wird günstig vom Wald beeinflusst. Über den Wäldern beruhigen sich Luftturbulenzen, Windstärken sind im Wald geringer als im freien Land. Dies wirkt sich auf den Niederschlag aus, auf Tau, Regen und Schnee, und verhindert eine Winderosion (Abtragen des wertvollen Humusbodens durch den Wind). Der Waldboden wirkt infolge seines lockeren Aufbaus wie ein Schwamm. Er saugt das Regenwasser auf und gibt es gereinigt (gefiltert) an das Grundwasser weiter. Das Blätterdach bremst zu heftige Regenfälle ab, das Wurzelgewirr verhindert ein Ausspülen des Bodens. Im Gebirge bilden Waldbestände Schutz gegen Lawinengefahr. Weil Bäume Lärm dämmen, pflanzt man immer mehr Waldstreifen als Lärmschutz zwischen Industrie- und Wohngebiete oder Hauptverkehrsstraßen und Ansiedlungen.

Erholung. Etwa 80 % der Bundesbürger leben in Ballungszentren. Lärm, schlechte Luft, ungünstige Wohn- und Arbeitsbedingungen belasten sie. Erholung vom Alltag finden diese Menschen im Wald.

Aus den vielfachen Bedeutungen des Waldes für den Menschen ergibt sich die Forderung an uns alle, den Wald, seine Pflanzen und Tiere zu schützen.

Was verstehen Sie unter Schutz des Waldes? Geben Sie Stichworte an.

Der Wald
- liefert Holz und gibt vielen Menschen Arbeit,
- erzeugt den lebensnotwendigen Sauerstoff, stabilisiert den Wasserhaushalt, reinigt die Luft und verhindert Erosion,
- dämmt Lärm und schützt vor Lawinen,
- bietet den Stadtmenschen Erholung.

3.2 Aufbau und Wachstum des Holzes

3.2.1 Aufbau

Holz ist einer unserer wichtigsten Rohstoffe und daher von großer volkswirtschaftlicher Bedeutung. Um ihn richtig verwenden und verarbeiten zu können, müssen wir uns mit seinem Aufbau und seinen Eigenschaften vertraut machen.

Stoffwechsel des Baumes. Bäume sind Lebewesen, die zum Wachsen Nahrung, Licht und Luft brauchen. Ihre Hauptbestandteile – Wurzeln, Stamm, Krone – haben dabei bestimmte Aufgaben zu erfüllen. Die Wurzeln verankern den Baum im Boden, aus dem sie zugleich Stickstoff, Magnesium, Eisen, Phosphor, Kalium, Schwefel und andere in Wasser gelöste Mineralsalze aufnehmen. Die Zellwand der Wurzeln ist durchlässig, so dass die Bodenfeuchtigkeit mit den gelösten Salzen in die Zellen eindringen kann (Osmose, s. Abschn. 2.3). Durch den Stamm wird im Splintholzbereich die Flüssigkeit mit ihren Salzen in die Krone zu den Blättern oder Nadeln geleitet (Kapillarität, s. Abschn. 2.3, Osmose). Hier werden die Nährstoffe produziert. Aus der Luft nehmen die Blätter über Spaltöffnungen auf ihrer Unterseite Kohlendioxid (CO_2) auf und zerlegen es mit Hilfe ihres Chloro-

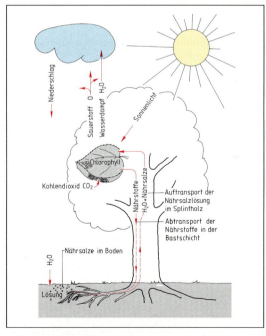

3.9 Assimilation (Fotosynthese) des Baumes

phylls (Blattgrün) und der Sonnenenergie in Sauerstoff und Kohlenstoff. Den Sauerstoff geben sie wieder an die Luft ab („grüne Lunge"). Aus dem Kohlenstoff bilden sie mit den Mineralsalzen und dem Wasser Traubenzucker, Stärke, Zellulose und Eiweißstoffe – die Nährstoffe des Baumes.

Diesen Vorgang nennt man *Assimilation* oder *Fotosynthese* (3.9). Das Wasser verdunstet zum größten Teil, während die Bastgefäße des Stammes die Nährstoffe in der Wachstumsschicht bzw. den Speicherzellen des Baumes verteilen.

Stoffwechsel des Baums

- Die Wurzeln nehmen gelöste Mineralsalze auf.
- Der Stamm leitet sie im Splintholzbereich zu den Blättern.
- Die Blätter der Krone zerlegen durch Chlorophyll unter Sonneneinwirkung das Kohlendioxid aus der Luft und bilden die Nährstoffe (Assimilation oder Fotosynthese).
- Von der Bastschicht aus nach unten verteilen sie die Nährstoffe auf die Zellen der Kambiumschicht. Überschüsse werden in den Speicherzellen eingelagert.
- Wasseraufnahme der Wurzeln und Wasserleitung im Splintholz entgegen der Schwerkraft beruhen auf der Kapillarwirkung, der Osmose und dem bei der Verdunstung in den Blättern entstehenden Sog.

Chemische Zusammensetzung. Die Wissenschaft hat auch die chemische Verwendung von Holz ermöglicht. So werden Textilfasern, Farben, Lacke, Zucker, Kautschuk, Terpentin, Kolophonium, Kosmetika und andere Substanzen aus Holz gewonnen. Außerdem spielt Holz in der Zellstoffindustrie eine große Rolle. Die Grundstoffe (Elemente) des Holzes zeigt Tabelle **3.10**.

Tabelle **3.10** Chemische Elemente des Holzes

Kohlenstoff C 49 bis 50 %	Sauerstoff O 43 bis 44 %	Wasserstoff H etwa 6 %
Stickstoff N 0,1 bis 0,3 %	Mineralstoffe S, Na, Ca, Mg, Ka 0,1 bis 1 %	

Die Holzinhaltsstoffe (0,3 bis 10 %) beeinflussen die Güte und Verwendungseigenschaften des Holzes. Sie bestimmen u. a. Geruch, Farbe, Dauerhaftigkeit, Widerstandsfähigkeit gegen tierische Holzzerstörer oder gegen die Bearbeitung mit Werkzeugen. Außerdem bilden sie eine wesentliche Grundlage für die chemische Holzverwertung.

Zelle. Alle lebenden Organismen sind aus Zellen aufgebaut und wachsen durch Zellteilung. Unter dem Mikroskop sehen wir, wie sich die Baumzellen des Nadelholzes bienenwabenähnlich zu einem Gitter oder Netz ordnen (3.11 a). Die Zellwand aus Zellulose umschließt u. a. das Protoplasma mit dem Zellkern als eigentlichem Lebensträger und den Farbstoffträgern (darunter Chlorophyll (3.11 b). Bei der Zellteilung spaltet sich der Kern, die Zelle schnürt sich ein und bildet um jeden Kern eine eigene Zelle (3.11 c). In älteren Zellen teilt sich der Kern nicht mehr; diese Zellen strecken sich und füllen die großen Hohlräume mit Zellsaft. Untereinander sind die Zellen durch kleine runde oder ovale Öffnungen in den Wänden (Tüpfelchen) verbunden. Die Tüpfelchen regeln zugleich den Stoffaustausch zwischen den Zellen (3.12).

Kohlenstoff-Verbindungen des Holzes

Die Zellulose (40 bis 60 %) ist von stabiler Beschaffenheit und bildet die Wände der Zellen, die den Holzkörper aufbauen.

Das Lignin (20 bis 40 %) lagert sich in den verholzten Zellwänden ein, dient als Kittsubstanz zwischen den Holzfasern und trägt so zur Festigkeit des Holzes bei.

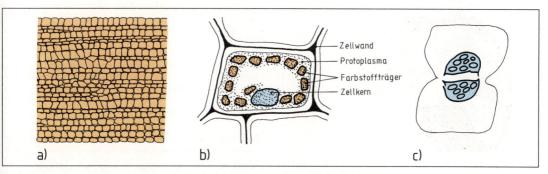

a)   b)

Zellwand
Protoplasma
Farbstoffträger
Zellkern

c)

3.11 Baumzellen a) Mikrobild (Fichtenquerschnitt), b) Zellenaufbau, c) Zellteilung

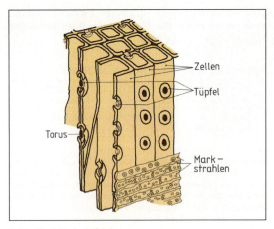

3.12 Nadelholztüpfelchen

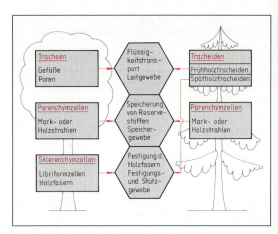

3.13 Zellarten bei Laub- und Nadelholz

Ein Baum ist aus vielen Zellen verschiedener Art und Größe aufgebaut. Grundsätzlich unterscheiden wir (Nährstoff-) Leit- und Speicherzellen sowie (Holz-) Stützzellen, doch ist der Aufbau von Laub- und Nadelhölzern unterschiedlich. Nadelholz ist entwicklungsgeschichtlich älter als Laubholz, sein Aufbau einfacher, wie Bild 3.13 zeigt.

Tracheen sind die zwischen 10 cm und mehreren m langen Leitzellen im Splint der Laubhölzer. Auf den Querschnittsflächen sind sie als *Poren* z.T. mit bloßem Auge sichtbar (Eiche). Die Poren können zerstreut oder ringförmig angeordnet sein. Zerstreutporige Hölzer bilden in den gesamten Wachstumsperioden Gefäße, ringförmige nur im Frühjahr.

Parenchymzellen sind die bei den Laubhölzern stark ausgeprägten Markstrahlen zum Speichern der Nährstoffe.

Sklerenchymfasern sind kleine dickwandige (englumige) Stützzellen zur Festigung des Laubholzes.

Tracheiden bilden rund 90 % der Nadelholzzellen. Sie sind 3 mm lang und dienen beim Frühholz als Transportzellen für die flüssigen Nährsalze, beim Spätholz dagegen als Stützzellen zur Festigung des Holzes.

Parenchymzellen der Nadelbäume sind die meist nur eine Zelle breite Speicherschicht und daher kaum sichtbar.

Die Stammteile zeigt das Querschnittsbild 3.14.

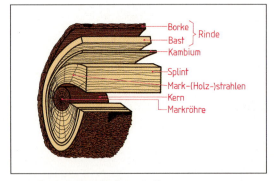

3.14 Systemskizze der Stammteile

Das Mark oder die Markröhre liegt bei normalem Wachstum in der Stammmitte. Es handelt sich um die abgestorbenen Stengelzellen der ersten Wachstumsperiode.

Die Mark(Holz-)strahlen leiten die Nährstoffe in Richtung Stammmitte und dienen der Nährstoffspeicherung. Sie werden im Kambium gebildet und verlaufen radial bis zur Markröhre (primärer Markstrahl) oder enden früher (sekundärer Markstrahl).

Im Kernholz sind die Zellen abgestorben. Die Hohlräume füllen sich mit Ablagerungsstoffen wie Harz und Gerbsäure. Das Lignin hat die Zellen gefestigt und verholzt. Damit wird das Holz fester, dauerhafter und somit weniger anfällig gegen tierische Schädlinge. Die Verfärbung entsteht entweder durch die Ablagerungsstoffe oder erst in Verbindung mit Licht und Sauerstoff. Bäume verkernen in der Regel nach 20 bis 40 Jahren.

Das Splintholz ist der jüngere, saftführende Holzteil. In ihm werden die im Wasser gelösten Nährsalze nach oben transportiert. Bei Nadelholz dient hierfür der gesamte Splintholzbereich, bei zerstreutporigen Laubhölzern nur ein begrenzter Teil von Gefäßen im äußeren Splintholzbereich, bei ringporigen Laubhölzern dagegen das Frühholz der ersten 5 Jahresringe.

Die Kambiumschicht ist für das Dickenwachstum des Baumes verantwortlich. Durch Zellteilung produziert sie nach innen Holzzellen, nach außen Bastzellen.

Die Rinde wird aus Bastschicht (Innenrinde) und Borke (Außenrinde) gebildet.

Die Bastschicht (Innenrinde) umschließt das schleimartige Kambium nach außen. In ihr befinden sich die Siebröhren, die die flüssigen Nährstoffe senkrecht nach unten transportieren und verteilen.

Borke (Außenrinde) aus Korkgewebe schützt als äußerste Schicht den Stamm vor schädlichen Einflüssen und dem Vertrocknen. Die mit zunehmendem Dickenwachstum auftretenden Spannungen lassen die Borke aufplatzen. Form, Aussehen und Dicke der Rinde sind wesentliche Merkmale zur Baumartbestimmung.

Reifholz. Beim Bestimmen der Holzarten werden wir noch sehen, welche Rolle die Färbung spielt. Nicht alle Hölzer bilden z.B. einen dunklen Kern wie die Kernholzbäume. Reifholzbäume zeigen nur

Tabelle **3**.15 Einteilung nach Kern-, Splint- und Reifholz

Kernholzbaum
dunkler, fester Kern; heller,
weicher Splint; widerstandsfähig gegen Schädlinge, arbeitet
weniger als Splintholzbaum
z. B. Eiche, Kirsch-, Nuss- und
Apfelbaum, Pappel, Kiefer,
Lärche

Splintholzbaum
ohne Farbkern, Splint gleichmäßig hell, enge Jahresringe;
wenig widerstandsfest
z. B. Ahorn, Birke, Erle,
Hainbuche

Reifholzbaum
ältere Holzteile „reifen" aus,
sind saftlos und dunkeln kaum,
Splint wie beim Kernholzbaum
z. B. Fichte, Tanne, Linde,
Rotbuche, Birnbaum, Feldahorn

Kernreifholzbaum
Kern ohne bestimmte Färbung,
Reifholz wasserarm und hell
wie Splintholz
z. B. Ulme (Rüster)

wenig Farbunterschied zwischen Kern und Splint, Splintholzbäume haben überhaupt keinen Kern (**3**.15).

Trennschnitte am Stamm machen die Teile sichtbar (**3**.16):

Der Quer- oder Hirnschnitt zeigt die Ringe um das Mark herum und die Markstrahlen als radiale, glänzende Striche von innen nach außen.

Der Radial-, Spiegel- oder Spaltschnitt zeigt eine schlichte Streifenstruktur parallel zur Stammachse und die Markstrahlen als Bandstücke quer zur Faser verlaufend, oft glänzend.

Beim Tangential-, Flader- oder Sehnenschnitt tritt die gefladerte (blumige) Zeichnung mit ihren unterschiedlichen Kurven zutage, während sich die Markstrahlen als kurze, meist dunkel abgesetzte Striche in Faserrichtung zeigen.

Zellenarten: (Nährstoff-)Leit- und Speicherzellen, (Holz-)Stützzellen

Stammteile: Mark, Kern, Splint, Kambium, Bast, Borke

Stammschnitte: Quer-(Hirn-), Radial-(Spiegel-), Tangentialschnitt (Fladerschnitt)

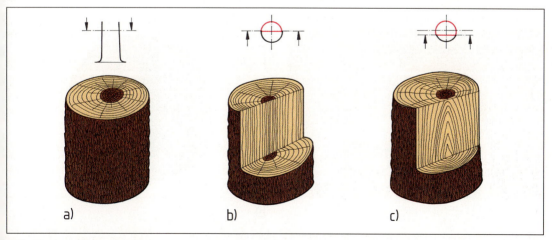

3.16 Trennschnitte am Stamm
   a) Querschnitt, b) Radialschnitt, c) Tangentialschnitt

3.2.2 Wachstum

Ein Baum wird nicht nur höher, sondern auch dicker. Wir sprechen deshalb von einem Längen- und einem Dickenwachstum.

Dickenwachstum. In jedem Frühjahr beginnt bei unseren Bäumen eine neue Wachstumsperiode, teilen sich die Kambiumzellen und bilden nach innen und außen neue Zellen. Vom April bis Ende Mai wächst das Holz schnell und bildet große Zellen mit dünnen Wänden – das weitlumige *Frühholz*. Dann verlangsamt sich das Wachstum, die neuen Zellen werden kleiner und dickwandiger. Sie bilden das englumige *Spätholz*.

Bei Nadelbäumen ist das Frühholz breiter und heller als das Spätholz (**3.**17 b), bei Laubbäumen ist es meist umgekehrt, weil sie erst neue Triebe und Blätter bilden müssen.

Allmählich gehen Früh- und Spätholz ineinander über und bilden so den *Jahresring* oder Jahrring (**3.**17 a). Seine Breite hängt vor allem vom Standort und vom Klima ab.

Bei breiten Jahresringen infolge günstiger Voraussetzungen spricht man von *grobjährigem*, bei dünnen Ringen dagegen von *feinjährigem* Holz. Durch Abzählen der Jahresringe können wir also das Alter eines Baumes ermitteln. Dabei ist allerdings zu bedenken, dass es unter besonders günstigen Bedingungen in einem Jahr auch einmal zwei Ringe geben kann.

In den subtropischen Wäldern ist das Wachstum periodisch nicht begrenzt, hier wachsen die Hölzer das ganze Jahr hindurch. So gibt es keine scharf abgegrenzten Jahresringe. Dafür zeigen unregelmäßige Zuwachszonen die Zeitabstände zwischen Trocken- und Regenzeit (Scheinjahresringe).

Dickenwachstum

weitlumiges Frühholz – englumiges Spätholz

Jahresringe breit → grobjähriges Holz,
Jahresringe schmal → feinjähriges Holz

Längenwachstum. Von den Endknospen des Stammes, der Äste und Zweige aus wächst der Baum durch Zellteilung und -streckung in die Länge.

Warum färbt sich das Laub im Herbst? Unsere Pflanzen haben sich dem Wechsel der Jahreszeiten angepasst. Nach der Winterruhe wachsen und blühen sie im Frühjahr und Sommer. Im Herbst, wenn die Durchschnittstemperatur sinkt, zerfällt das Chlorophyll, und in den Blättern werden die bisher vom Blattgrün überdeckten rötlichen und gelblichen Farbstoffe (Carotin und Xantophyll) sichtbar. Weil sich das Chlorophyll jedoch nicht in allen Blättern, nicht einmal im einzelnen Blatt auf einmal abbaut, färben sich unsere Wälder im Herbst so prächtig bunt. Im Absterben schließlich werden die Blätter braun und fallen ab.

Wie alt werden nach Ihrer Schätzung Bäume? 100, 500, 1 000 Jahre, noch älter?

Das Alter der Bäume lässt sich, wie wir gesehen haben, aus den Jahresringen ablesen. Unsere einheimischen Hölzer werden mehrere hundert, manche bis 500, einige sogar bis 1 000 Jahre alt. In Amerika und Afrika gibt es über 4 000jährige noch lebende Grannenkiefern, Mammutbäume und Zypressen. Sie standen also schon 2 000 Jahre v. Chr.! Solche Riesen erreichen Stammdurchmesser bis 10 m und Höhen von 110 m! Ihre Jahresringe verraten aber noch mehr als das Alter, das man bei ihnen genauer mit der Dendrochronologie oder der Radiokarbonmethode bestimmt. Aus den

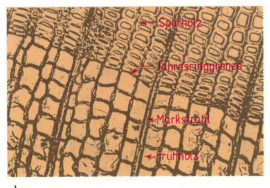

a)

b)

3.17 Dickenwachstum des Baumes (Querschnitt durch eine 15jährige Douglasie)
  a) Früh- und Spätholz (Mikrobild)
  b) Jahresringe mit jeweils hellem Frühholz und dunklerem Spätholz

Breiten der Ringe ergeben sich nämlich Rückschlüsse über Klima und Standortbedingungen sowie Naturereignisse.

Die Dendrochronologie (Dendrologie = Baumforschung, Chronologie = Zeitbestimmung) nutzt die Tatsache, dass die Bäume einer bestimmten Gegend unter gleichen Bedingungen zumindest annähernd gleich breite Jahresringe entwickeln. Diese Breiten misst man mit Hilfe des Mikroskops und überträgt die Werte in Kurven. Für die Altersbestimmung wird der Holzart eine Probe entnommen und dafür eine Kurve angelegt. Durch Vergleich der Kurven ergibt sich das Alter der zu bestimmenden Hölzer (**3.**18). Solche Kurven hat man für die Landschaften der Bundesrepublik und anderer Länder aufgezeichnet.

Das Jahrringlabor der Universität Hohenheim hat für das südliche Mitteleuropa Jahrring-Chronologien der meist verwendeten Holzarten, EI - BU - TA - FI - KI, erstellt, die zumindest die letzten 800 Jahre umfassen.

Die Jahrringmethode wird eingesetzt bei der Ermittlung

- baugeschichtlicher Daten anhand von Hölzern aus Fachwerkhäusern, Holzdecken
- Datierung für die Ur- und Frühgeschichte anhand von Holzfunden aus archäologischen Ausgrabungen
- Datierung von Bildtafeln mittelalterlicher Maler, Holzskulpturen u. a.
- Datierung von Musikinstrumenten wie Geigen, Flügeln.
- Datierung von mittelalterlichen Möbeln.

Bei der Radiokarbonmethode misst man den vom Baum aufgenommenen radioaktiven Kohlenstoff C 14 und kommt so über die entsprechende Halb-

wertszeit zu ausreichend genauen Rückdatierungen über 10 000 Jahre.

3.2.3 Holzfehler, Wuchsfehler (Holzmerkmale)

> Schauen Sie sich beim Waldspaziergang die Bäume genauer an. Da gibt es schief gewachsene oder vom Sturm gebeugte Bäume neben den „kerzengeraden". Andere haben Unregelmäßigkeiten im Wuchs oder können sich bei zu dichtem Bestand nach einer Seite hin nicht recht entwickeln. Schildern Sie solche Unregelmäßigkeiten (Merkmale), die Ihnen begegnet sind.

Im Verlauf seines Lebens ist der Baum vielen Einflüssen ausgesetzt. Witterung, Beschaffenheit des Untergrunds, Beschädigung durch Mensch und Tier, Umfeld und nicht zuletzt Erbanlagen wirken auf sein Wachstum ein. Unregelmäßigkeiten am Baum beleben zwar die Natur und sind manchmal geradezu reizvoll – dem Holzfachmann aber sind sie stets „ein Dorn im Auge". In der Regel mindern sie nämlich den Nutzwert des Stammes. Allein aus dieser Sicht rechtfertigt es sich, für diese Merkmale den sonst falschen Begriff „Holzfehler" zu gebrauchen.

Vollholzigkeit. Maßstab für die Beurteilung von Holzfehlern ist ein möglichst astfrei und gerade gewachsener Stamm von zylindrischer Form mit gesunden Ästen und regelmäßigen Jahresringen. Diese ideale „Vollholzigkeit" finden wir vorwiegend bei Bäumen im Waldverband (Bestandbäume, **3.**19). Sie entwickeln im ständigen Kampf mit ihren Nachbarn um die lebensnotwendige Sonnenenergie ein stärkeres Dickenwachstum im Bereich der verhältnismäßig kleinen Krone. Die untere Stammpartie kommt dabei in der Versorgung mit Aufbaustoffen zu kurz.

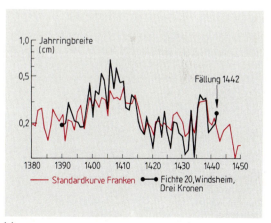

a)

b)

3.18   a) Fichtequerschnitt, b) Standardkurve

Abholzigkeit zeigt sich daran, dass der Stammdurchmesser zum Zopfende hin deutlich sichtbar abnimmt. Als Holzfehler gilt die Abholzigkeit in der Regel, wenn die Stammdicke je laufenden Meter um mehr als 1 cm abnimmt. Bäume im Freistand (**3**.20) oder am Rand eines Bestandes (**3**.21) haben ein stärkeres Dickenwachstum im unteren Stammbereich als Bestandbäume. Ihr abholziger (kegelförmiger) Stamm setzt starker Windbelastung einen größeren Widerstand entgegen als ein normal gewachsener. Beim Einschnitt abholziger Stämme entsteht im Vergleich zu vollholziger Ware ein großer Verschnitt.

Bei Krummschäftigkeit wächst der Stamm in unregelmäßiger Form, häufig verursacht durch starke einseitige Belastung oder hängigen Untergrund. Dabei entstehen merkwürdige Formen, etwa ein *Bajonettwuchs* (**3**.22) oder ein *Posthornwuchs* (**3**.23). Hier hat ein Seitentrieb die Aufgabe des durch Wildverbiss oder andere Beschädigungen zerstörten Haupttriebs übernommen. Im Waldverband krümmen sich die Bäume manchmal durch Wind und Schnee, einseitige Belichtung oder aufgrund genetischer Anlagen zum *Säbelwuchs* (**3**.24). Krummschäftiges Holz ergibt nur kurze Nutzstücke.

3.19   Vollholzige Bestandbäume (Fichten)

3.20   Abholzigkeit im Freistand (Erle)

3.21   Abholzigkeit am Randbaum (Kiefer)

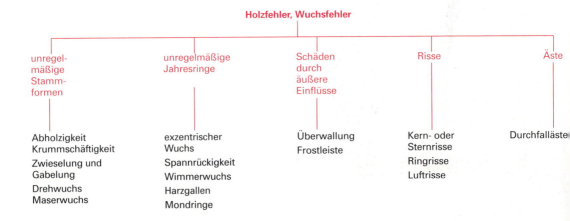

Holzfehler, Wuchsfehler

unregelmäßige Stammformen	unregelmäßige Jahresringe	Schäden durch äußere Einflüsse	Risse	Äste
Abholzigkeit	exzentrischer Wuchs	Überwallung	Kern- oder Sternrisse	Durchfalläste
Krummschäftigkeit		Frostleiste	Ringrisse	
Zwieselung und Gabelung	Spannrückigkeit		Luftrisse	
Drehwuchs	Wimmerwuchs			
Maserwuchs	Harzgallen			
	Mondringe			

3.22 Bajonettwuchs (Kiefer)   **3.23** Posthornwuchs (Kiefer)   **3.24** Säbelwuchs (Kiefer)

Zwieselung und Gabelung. Manchmal wachsen zwei junge Bäume schon am Boden mit den Stämmen zusammen, in anderen Fällen wird der Haupttrieb eines jungen Baumes beschädigt und bildet noch in Bodennähe zwei gleichmäßig dicke Seitentriebe aus – die Zwiesel (echter Zwiesel, **3**.25), bei drei Trieben entsprechend Drillinge). Erbanlagen, Windbruch oder Insekten verursachen häufig in größerer Höhe eine Stammteilung in zwei Seitentriebe (3.26). Diese besonders bei Buchen auftretende Doppelstammbildung nennt man Gabelung (unechter Zwiesel). Im Gabelbereich reißen die Stämme leicht auseinander und ermöglichen so durch Eindringen von Wasser die Fäulnisbildung im Stamm. Die Vertiefungen im Gabelansatz werden als *Wassertöpfe* bezeichnet. Vergabelungen des Stammes unterhalb 8 m Baumhöhe setzen den Wert des Baumes stark herab. Beim Holzeinschnitt findet man unterhalb der Gabel die Doppelkerne (3.27).

3.25 Zwieselung (Linde)   **3.26** Gabelung (Buche)   **3.27** Doppelkern

Bei Drehwuchs verlaufen die Fasern spiralförmig um die Stammachse (**3**.28). Vordergründig dürften Erbanlagen die Ursache für diesen Fehler sein, der vor allem Rosskastanie, Eiche, Birnbaum, Fichte, Buche und Kiefer befällt. Der Drehwuchs kann rechts oder links herum laufen sowie – vorwiegend bei tropischen Hölzern (Sapeli-Mahagoni, Kambala) – die Drehrichtung wechseln. Drehwüchsiges Holz neigt zur Windschiefe und ist daher für die Verarbeitung in der Tischlerei ungeeignet.

Maserwuchs fällt durch Knollenbildung auf der Stammoberfläche auf (**3**.29). Meist entstehen diese Beulen durch Überwucherung unentwickelter Knospen (auch schlafende Knospen oder Augen genannt). Der unregelmäßige Faserverlauf und die eingeschlossenen Knospen erschweren die Bearbeitung des Holzes. Dagegen sind gesunde Maserknollen ein erheblicher Wertzuwachs. Das aus ihnen hergestellte Furnier eignet sich besonders für wertvolle Schreinerarbeiten. Solche gesunden Maserknollen treffen wir häufig bei Linde, Nussbaum, Ulme, Birke und Pappel. Beliebt ist auch der Vogelaugenahorn (Zuckerahorn).

Exzentrischer Wuchs. Wenn Bäume starken einseitigen Belastungen ausgesetzt sind (z. B. Winddruck oder steile Hanglage (**3**.30), produzieren sie unterschiedlich breite Jahresringe, um im Gleichgewicht zu bleiben. Durch den einseitig stärkeren Wuchs liegt die Markröhre nicht mehr zentrisch, sondern exzentrisch (**3**.31). Schnittholz von

3.28   Drehwuchs (Buche)

3.29   Maserwuchs (Linde)

3.30   Exzentrischer Wuchs in Hanglage (Buche)

3.31   Exzentrischer Wuchs am Querschnitt (Eiche)

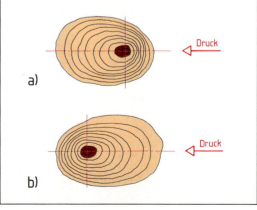

3.32   Reaktionsholz a) Druckholz, b) Zugholz

exzentrisch gewachsenen Stämmen verzieht sich beim Trocknen ungleichmäßig, wenn man es nicht in Stücke mit etwa gleich breiten Jahresringen zerteilt.

Reaktionsholz entsteht durch die ständig asymmetrische Belastung bei exzentrischem Wuchs. Die Reaktion der Nadelbäume und Laubbäume ist unterschiedlich. Nadelbäume bilden Druckholz = Buchs- oder Rotholz, indem sie verstärkt Lignin in den breiten Jahresringen einlagern (**3.**32 a). Laubhölzer bilden durch zusätzliche Zellulosestränge Zugholz = Weißholz (**3.**32 b).

Spannrückigkeit. Während sich beim normalen Stamm die Jahrringe kreisförmig um die Markröhre anordnen, verlaufen sie beim zerklüfteten Spannrücken in unregelmäßig vor- und zurückspringenden Wülsten und Furchen (**3.**33). Manche

3.33 Spannrückigkeit am Querschnitt (Apfelbaum)

Stämme zeigen diese Abnormität in ihrer ganzen Länge. Meist finden wir sie aber nur im unteren Bereich als stark ausgeprägte Stützwurzeln. Die Schnittholzausbeute ist entsprechend gering, die Bearbeitung mit dem Hobel schwierig. Vor allem an Hainbuchen, Robinien, Eiben und Wacholder ist dieser Wuchsfehler zu beobachten (**3.**34).

3.34 Spannrückigkeit am Stamm (Buche)

Wimmerwuchs nennt man den wellenförmigen Verlauf der Jahrringe, der besonders bei Esche, Birke, Ahorn, Kirsche und Nussbaum auftritt (**3.**35). Er ist nicht eigentlich ein Wuchsfehler, sondern mehr eine Abweichung.

Das Furnier solcher Hölzer – wegen des unregelmäßigen Faserverlaufs auch z. B. Riegelahorn oder Riegelesche genannt – ist für die Möbelherstellung sehr gefragt.

Geriegeltes Fichtenholz und Ahornholz verwendet man gern als Resonanzboden im Musikinstrumentenbau.

3.35 Wimmerwuchs

Harzgallen oder Harztaschen sind gehäufte Harzansammlungen an Fichten, Kiefern und Lärchen (**3.**36). Sie entstehen in der Hauptwachstumszeit, wenn zu viel Harz zum Füllen der Hohlräume anfällt. Der Wert des Holzes wird durch Harzgallen stark vermindert. Harzgallen sind daher sorgfältig zu reinigen, notfalls herauszuschneiden und durch ein Stück gleiches Holz zu ersetzen.

Von *Harzleisten* spricht man, wenn nach äußeren Verletzungen eines Baumes Harz ausfließt.

3.36 Harzgallen im Fichtenholz

Mondringe trifft man als nicht verkernte, mehr oder weniger breite (mondsichelartige), helle Ringe im sonst dunklen Kernholz der Eiche an (**3**.37). Hier ist die Verkernung durch Absterben der Zellen (meist infolge Frosteinwirkung) unterblieben. Da gerade das Splintholz der Eiche wegen seiner Anfälligkeit gegen tierische und pflanzliche Schädlinge für den Tischler nahezu unbrauchbar ist, bedeuten Mondringe für die Holzwirtschaft einen großen Wertverlust.

3.37   Mondring (Eiche)

Überwallung. An vielen Bäumen fallen uns äußere Wunden auf, verursacht durch Menschen oder Tiere (Wildverbiss), Maschinen, Blitz oder Frost. Ähnlich wie der menschliche Körper versucht auch der Baum, Wunden zu verschließen, um Schädlingen das Eindringen zu erschweren. Dazu bildet der Nadelbaum eine Kruste aus Harz, der Laubbaum aus Wundgummi.

Je nach Größe der Wundfläche kann es jedoch Jahre dauern, bis die Stelle durch verstärkt gebildete neue Holz- und Rindenzellen geschlossen ist. Dieser Vorgang der Wundschließung heißt Überwallung (**3**.38).

3.38   Teilweise bereits geschlossene Überwallung (Eiche)

Ist die Wunde zu groß, kann der Baum sie nicht völlig schließen (**3**.39); holzzerstörende Pilze und Insekten können leicht eindringen.

3.39   Überwallung nicht gelungen (Douglasie)

Frostleiste. Bei starkem Frost zu Beginn der Wachstumsperiode kann der Saft im Splint gefrieren und den Stamm entlang der Faserrichtung auf-

a)

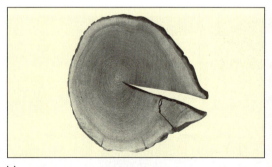

b)

3.40   Frostleiste a) am Stamm einer Buche, b) am Querschnitt einer Esche

reißen. Auch diesen Riss versucht der Baum zu überwallen. Oft reißt diese Überwallung mehrere Jahre hindurch in der Frostperiode erneut auf. Dadurch bilden sich die Frostleisten (**3**.40). Frostrisse treten vor allem bei Buche, Eiche, Esche, Ahorn und Linde auf.

Kern- oder Sternrisse im Stamm entstehen durch Spannungen im Holz oder unmittelbar nach dem Fällen durch ungleichmäßige Trocknung. Sie gehen von der Markröhre aus und verlaufen in Richtung der Markstrahlen (**3**.41). Je nach Größe und Tiefe können sie den Holzwert beträchtlich mindern.

3.41   Kern- oder Sternrisse

Ringrisse verlaufen entlang der Jahresringe (**3**.42). Verursacht werden sie durch Bewegungen (Zerrungen) entlang der Faser, wobei gerade breite Frühholzzonen besonders leicht aufreißen. Durchgehende Ringrisse führen zur *Ringschäle* (**3**.43). Dabei lösen sich ganze Holzteile der Schnittware der Länge nach ab – ein erheblicher Schaden.

Luftrisse (Schwindrisse) bilden sich beim Trocknen des gefällten Holzes (**3**.44). Vorwiegend im jungen, noch unverkernten Holz reißt das Holz auf. Um solche Schäden zu vermeiden, sollte gefälltes Holz umgehend eingeschnitten und fachgerecht gelagert werden.

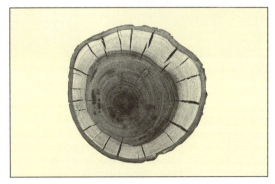

3.44   Luftrisse an einem Pflaumenbaum

Die Äste tragen die Blätter und sind daher für den Baum lebensnotwendig. Sie bilden sich durch Seitenknospen unterhalb des Haupttriebs und haben wie der Stamm Jahrringe. Allerdings entwickelt der Ast ein festeres Zellgefüge als der Stamm, was neben dem verschiedenartigen Faserverlauf die spätere Bearbeitung erschwert. Anzahl, Art und Größe der Äste entscheiden maßgeblich über die Güteklasse des Holzes.

Durchfalläste. Die unteren Äste erhalten oft kein Licht und damit keine Nahrung mehr. Sie sterben, werden morsch und brechen schließlich ab. Die Wundstellen verschließt der Baum durch Überwallung. Diese natürliche Reinigung (Ästung) bildet

3.42   Ringrisse (Fichte)

3.43   Ringschäle

3.45 Gesunder Rundast (Kiefer)   **3.46** Gesunder Flügelast (Kiefer)

zugleich eine Gefahr für den Baum, denn tierische und pflanzliche Schädlinge finden gerade an diesen Stellen gute Voraussetzungen für ihr zerstörerisches Werk. Angefaulte Äste färben sich schwarz, haben sehr oft keinen Verbund mehr mit dem Stammholz und fallen dann beim Schneiden heraus. Je nach Schnittrichtung unterscheiden wir *Rundäste* (quer zur Achse, **3.**45) und *Flügeläste* (schräg zur Achse **3.**46). Kranke Äste müssen auf jeden Fall ausgeflickt bzw. herausgeschnitten und ersetzt werden (**3.**47).

Gesunde Äste sind hell und fest mit dem Holz verwachsen. Man belässt sie, zumal sie als naturgegebene Bestandteile die Oberfläche beleben.

> Als Holzfehler werden Abweichungen vom Normalwuchs und Minderung des Nutzwertes bezeichnet.

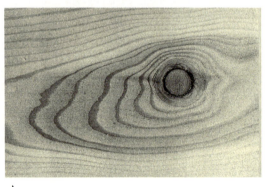

a)   b)

3.47   Durchfallast (Kiefer)
         a) krank, b) herausgeschnitten und ausgeflickt

Aufgaben zu Abschnitt 3.1 und 3.2

1. Ein Wald wird abgeholzt. Welche Gefahren bedeutet dies für die Umwelt?
2. Welche Geschehnisse gefährden den Waldbestand der Welt?
3. Wie groß ist der Prozentanteil der Waldfläche in der Bundesrepublik Deutschland, getrennt nach alten und neuen Bundesländern?
4. Welche Bedeutungen hat der Wald für den Menschen?
5. Erläutern Sie die Rolle des Waldes im Kreislauf des Wassers.
6. Nennen Sie die drei Hauptbestandteile des Baumes und ihre Aufgaben.
7. Was versteht man unter der Fotosynthese eines Baumes?
8. Welches wichtige „Abfallprodukt" entsteht bei der Fotosynthese?
9. Woraus bilden die Bäume ihre Nährstoffe?
10. Aus welchen Elementen besteht Holz? Geben Sie auch die Anteile in % an.

11. Welche Bedeutung haben Zellulose und Lignin für den Baum?

12. Erläutern Sie anhand einer Skizze den Aufbau einer Zelle.

13. Wozu dienen die drei Zellarten des Baumes?

14. Welche Besonderheiten zeigen die Nadelbaumzellen?

15. Wie heißen die einzelnen Stammteile (von innen nach außen)?

16. Wie verlaufen die Mark(Holz-)strahlen?

17. Erläutern Sie die Vorgänge in der Kambiumschicht.

18. Welche Schicht leitet a) die Salze aus dem Boden nach oben, b) die Nährstoffe nach unten?

19. Nennen Sie die Eigenschaften von Kernhölzern und geben Sie Beispiele.

20. Wodurch unterscheidet sich ein Splintholzbaum vom Kernholzbaum und Reifholzbaum?

21. Zählen Sie Reifholz- und Kernreifholzbäume auf.

22. Wie heißen die drei Schnittrichtungen am Stamm?

23. Erläutern Sie die Begriffe Früh- und Spätholz.

24. Woran erkennen Sie das Alter eines Baumes?

25. Was ist grobjähriges Holz? Wann gibt es feinjähriges Holz?

26. Warum haben subtropische Bäume keine typischen Jahresringe?

27. An welchen Stellen wächst der Baum in der Länge?

28. Was lässt sich außer dem Alter noch an den Jahresringen ablesen?

29. Was versteht der Fachmann unter Vollholzigkeit und Abholzigkeit?

30. Welche Holzfehler kennen Sie?

31. Warum sind Bäume im Freistand oder am Bestandrand oft abholzig?

32. Welche Nachteile hat die Gabelung?

33. Nennen Sie Holzarten, die vor allem von Drehwuchs befallen werden.

34. An welchen Holzarten finden Sie Harzgallen? Wie beseitigen Sie sie?

35. Was bewirkt Überwallung?

36. Welche Maßnahmen trifft man gegen Luftrisse?

37. Was versteht man unter Grün- oder Trockenästung?

38. Legen Sie sich eine Sammlung typischer Holzfehler an.

3.3 Eigenschaften des Holzes

Erst genaue Kenntnisse über Merkmale und Eigenschaften der verschiedenen Hölzer sichern den fachgerechten Einsatz, die richtige Be- und Verarbeitung in der Werkstatt. So lassen sich Wert oder Mängel am verarbeiteten Holz nicht damit erklären, dass es „gutes" oder „schlechtes" Holz gibt. Qualität oder Fehler liegen allein in der „richtigen" oder „falschen" Verwendung des Holzes begründet. Und zu Ihren Aufgaben wird später die Entscheidung gehören, welches Holz für welchen Zweck verwendet werden kann und darf.

3.3.1 Allgemeine Eigenschaften

Jedes Holz hat seinen eigenen Charakter. Farbe, Faserverlauf, manchmal ein besonderer Glanz und der Geruch grenzen die Hölzer voneinander ab.

Die Farbe ist ein wesentliches Merkmal. Solange das Holz frisch ist, erlaubt sie auch Aussagen über seine Güte – mit zunehmendem Alter dunkeln fast alle Hölzer unter Licht- und Lufteinwirkung nach. Jedes Holz hat durch die Ablagerung von Farbstoffen in den Zellen eine ihm eigene Färbung. Krankes Holz zeigt eine typische Färbung, z. B. Bläue bei der Kiefer, Rotstreifigkeit bei der Fichte, Rotfäule oder Weißfäule.

Der Faserverlauf (Zeichnung oder Textur) ist für den Einsatz des Holzes von großer Bedeutung. Je

nach Schnittrichtung erhalten wir schlichte, mit Spiegeln versehene oder gefladerte Zeichnungen (3.48 a bis c). Durch Besonderheiten oder Fehler im Wuchs ergeben sich wimmerwüchsige, pyramidenförmige, geriegelte oder gemaserte Texturen (3.48 d bis g). Gesunde Äste beleben die Zeichnung auf eigene Weise (3.48 h).

Der Glanz bietet keine Möglichkeit zur Beurteilung des Holzes. Nur wenige Bäume (Ahorn, Linde) zeigen einen typischen seidigen Glanz auf der Schnittfläche. Andere Hölzer (z. B. Eiche) haben im Bereich der geschnittenen Holz- bzw. Markstrahlen glänzende Spiegelflächen.

Der Geruch ist wichtig zur Holzartbestimmung. Denken wir nur an den typischen Harzgeruch einiger Nadelhölzer oder an den säuerlich-herben Geruch der Gerbsäure im Eichenholz. Im Allgemeinen hat gesundes Holz einen frischen, angenehmen Geruch, der sich aber schon bald nach dem Einschnitt verliert. Krankes, befallenes Holz riecht dagegen meist faulig bis modrig.

Alle diese Eigenschaften betreffen ästhetische (schöne) Gesichtspunkte und sagen nichts über die technische Verwendbarkeit der Hölzer aus. Dazu müssen wir uns mit den mechanischen Eigenschaften beschäftigen.

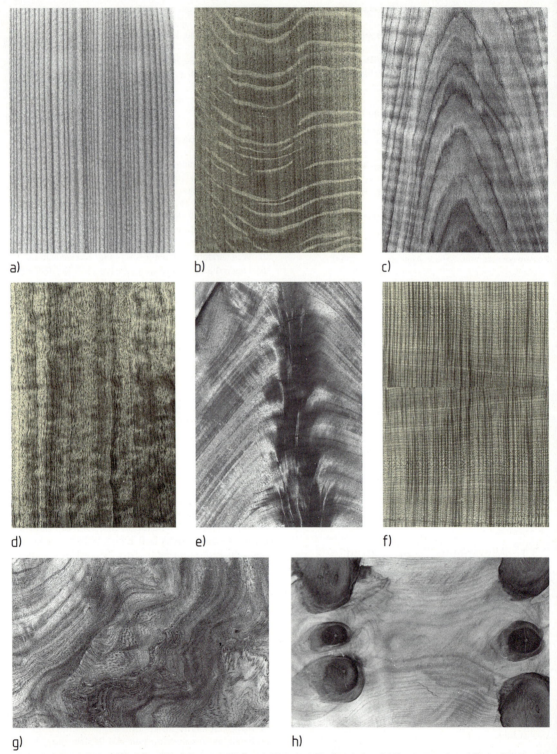

3.48   Zeichnung a) schlichte Streifen (Lärche), b) Spiegel (Eiche), c) Fladerschnitt, d) Wimmerwuchs, e) Pyramidenwuchs
(Sipo-Mahagoni), f) geriegelt (Nussbaum), g) gemasert (Ulme), h) Äste

3.3.2 Rohdichte, Härte, Elastizität

Durchhängende Bücherbretter oder Schrankborde bringen Fehler des Herstellers an den Tag. Dasselbe betrifft wacklige Stühle, Tische oder gar Treppengeländer. Welche Ursachen können zugrunde liegen?

Das Gewicht ist das für die Praxis wichtigste Kennzeichen des Holzes. Zur Unterscheidung und Einteilung verwendet man Raumgewicht und Rohdichte des Holzes. Danach unterscheiden wir nach: sehr leicht (BAL), leicht (LI, PA, TA), ziemlich leicht (FI, KI, LA), mäßig schwer (AH, BU, ES), schwer (HB, WEN, PRO) bis sehr schwer (EBE, POH).

Die Rohdichte wird als Verhältnis der Masse zum Rauminhalt in g/cm^3 angegeben (s. Abschn. 2.1). Während sich die Reindichte ϱ nur auf die Holzsubstanz bezieht und für alle Holzarten etwa 1,56 g/cm^3 beträgt, schließt die Rohdichte ϱ auch die Poren ein. Deshalb ist sie abhängig vom Holzaufbau (Zellenstruktur, Anteil des Früh- und Spätholzes, Splint- und Kernholz) *und* vom Wassergehalt. Dies ist der Grund dafür, dass wir beim Ablesen von Rohdichtewerten aus Tabellen die Holzfeuchte (HF) beachten müssen.

Obwohl die genauesten Werte bei 0 % Holzfeuchte (Darrtrockenheit) erreicht werden, ermittelt man die Rohdichte meist bei 12 bis 15 % Holzfeuchte (Lufttrockenheit). Die Messergebnisse der Hölzer liegen zwischen 0,15 und 1,35 g/cm^3. Dabei beträgt die Rohdichte lufttrockener europäischer Nadel- und Laubbäume weniger als 1,0 g/cm^3 – sie sind leichter als Wasser ($\varrho_R = 1,0\ g/cm^3$) und schwimmen daher.

Je größer die Rohdichte, desto feinporiger und schwerer ist das Holz wie Tabelle **2**.3 zeigt.

Die Härte des Holzes beeinflusst seine Bearbeitung. Je härter es ist, desto stärker widersteht es z. B. dem Eindringen der Werkzeugschneide – aber auch der Abnutzung. Die Holzhärte ist unterschiedlich und wird wie die Rohdichte vor allem vom Zellenaufbau und Wassergehalt bestimmt. So wird sie mit zunehmender Rohdichte größer und mit zunehmender Holzfeuchtigkeit geringer. In der Praxis begnügt man sich mit der Einteilung in weiche und harte Hölzer.

■ **Versuch** Machen Sie mit dem Daumennagel entlang der Faser eine Ritzprobe. Auf der Oberfläche weicher Hölzer wird eine Spur sichtbar.

Der Handel teilt das Holz nach Härtegraden ein. Ermittelt wird die Härtezahl im Prüfverfahren nach Brinell. Sie gibt an, welche Kraft erforderlich ist, um eine Stahlkugel von 1 cm^2 Querschnittsfläche in die Holzfläche bei 12 % Holzfeuchte parallel und senkrecht einzudrücken. Danach unterscheiden wir Holz von sehr weich (LI, PA, WDE, KIW) über weich (FI, KI, TA, ER, DG), mittelhart (LA, LMB) und hart (AH, BU, EI, ES, RU) bis sehr hart (EBE, PRO, POH).

Elastizität. Eine äußere Krafteinwirkung kann den Körper verformen. Nimmt er seine ursprüngliche Form wieder ein, wenn die Kraft aufhört zu wirken, nennt man ihn elastisch. Ein Überschreiten der Elastizitätsgrenze führt zum Bruch oder zu plastischen Verformungen. So „ermüdet" die Holzfaser unter ständiger Belastung und verformt sich.

■ **Versuch** Eine dünne, beidseitig aufgelegte Holzleiste wird mit der Hand in der Mitte belastet und wieder entlastet. Sie federt dann sofort in die Ausgangslage zurück.

Äste und Fehler beeinträchtigen die Elastizität.

> Je größer die Rohdichte, desto feinporiger, schwerer und härter ist das Holz.

3.3.3 Festigkeit

Festigkeit ist der Widerstand eines Körpers gegen die äußere Einwirkung von Kräften. Sie ist darum für die Verwendung des Holzes von großer Bedeutung. Die Festigkeit ist nicht nur bei den einzelnen Holzarten sehr unterschiedlich, sondern auch innerhalb einer Holzart. So ist Kernholz fester als Splintholz, trockenes Holz fester als feuchtes, feinjähriges Holz fester als schnellgewachsenes grobjähriges, älteres Holz schließlich fester als jüngeres. Mit steigender Rohdichte nimmt auch die Festigkeit des Holzes zu.

Überlegen Sie, wie unterschiedlich sich Holz in Faserrichtung und quer dazu bearbeiten lässt. Welchen Einfluss haben Wuchsfehler und Äste auf die Holzverwendung?

Für Bauholz (Deckenbalken, Dachsparren, Pfetten, Pfosten) ist die Art der Beanspruchung besonders wichtig, weil nur ausreichende Hölzer und Holzquerschnitte die Haltbarkeit der Konstruktionsteile garantieren.

Doch auch Tischler, Holzmechaniker und Glaser dürfen die Festigkeit bei den Holzabmessungen nicht außer Acht lassen. Ein Bücherbord darf nicht durchbiegen, ein Stuhl nicht zusammenbrechen, Fenster und Türen müssen vielfältigen Belastungen standhalten, eine Treppe hat vorgeschriebene Belastungen zu tragen. Welche Kräfte auf ein Werkstück einwirken können, zeigt Tabelle **3**.49.

Dauerhaftigkeit erfasst die Zeit, in der das verarbeitete Holz seinem Zweck entsprechend voll gebrauchsfähig bleibt. Dieser Zeitraum ist unterschiedlich lang. Er hängt ab von der Verwendung, Holzart, Gerbstoff- und Harzhaltigkeit, Beschaffenheit und Trocknung sowie vom Standort. Die meisten Hölzer haben im Trockenen eine längere Lebensdauer, doch halten sich einige (z. B. Eiche

Tabelle **3**.49   Beanspruchung auf Festigkeit

Beanspruchungsart/Versuch	Wirkung	
Zug- oder Zerreißfestigkeit ist der Widerstand des Holzes gegen das Zerreißen seiner Fasern. Die Kraft wirkt längs (II) oder quer (⊥) zur Faserrichtung. **Versuch** Ein Stück Furnier längs (II) und quer (⊥) zur Faserrichtung ziehen.	Quer zur Faser reißt das Probestück sofort auseinander. Eine Beanspruchung in dieser Richtung ist daher nicht möglich. Längs zur Faser ist ein Zerreißen 	nicht möglich. Die Zugfestigkeit ist also sehr groß (etwa zehnmal größer als quer zur Faser). ES, BU und RU sind sehr, FI und PA sind wenig zugfest. **Holz niemals quer zur Faser auf Zug beanspruchen.**
Druckfestigkeit ist der Widerstand des Holzes gegen Zerdrücken, Zerquetschen oder Stauchen der Faser. Die Kraft wirkt längs (II) oder quer (⊥) zur Faserrichtung. **Versuch** Proben aus weichem und hartem Holz werden in beiden Richtungen fest in eine Schraubzwinge eingespannt. Nach einigen Minuten lösen wir die Zwingen und untersuchen die Eindrücke im Holz.	Beim Druck in Faserrichtung (Hirnholz) zeigen sich keine oder nur geringe Vertiefungen. 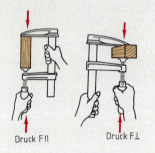 Druck F II Druck F⊥	Quer zur Faser sind die Eindrücke erheblich. Die Druckfestigkeit quer zur Faser beträgt nur 10 bis 15 % der Druckfestigkeit in Faserrichtung. EI, BU und ES haben hohe, PA und FI haben geringe Druckfestigkeit. **Holz kann in Faserrichtung erheblich stärker auf Druck beansprucht werden als quer zur Faser.**
Knickfestigkeit heißt der Widerstand des Holzes gegen seitliches Ausknicken (Biegen) infolge Druckeinwirkung. **Versuch** Holzleisten mit rechteckigem, quadratischem und rundem Querschnitt senkrecht aufstellen und in Richtung der Stabachse belasten.	Die Holzleisten brechen seitlich aus – zuerst die mit rechteckigem Querschnitt, dann die quadratische, schließlich die runde. 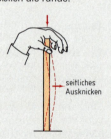 seitliches Ausknicken	**Je schlanker ein Stab ist, desto größer ist die Gefahr des seitlichen Ausknickens. Auf Druck belastete Pfosten und Stäbe müssen durch genügend starke Querschnitte vor dem seitlichen Ausknicken gesichert werden.**
Biegefestigkeit ist der Widerstand des Holzes gegen Durchbiegung und Zerbrechen in Abhängigkeit von Faserverlauf, Rohdichte, Elastizität und Querschnitt des Holzteils. **Versuch** An beiden Enden aufliegende Holzleisten mit rechteckigem Querschnitt, von denen eine z. T. eingeschnitten ist, in Hochkantlage und flacher Lage belasten.	Die im unteren Leistenteil erweiterten und im oberen Teil verengten Einschnitte zeigen, dass die Fasern unten auseinander gezogen (Zug), oben dagegen gedrückt und gestaucht werden (Druck). 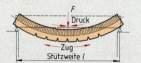 F Druck Zug Stützweite l	FI, TA, EI und ES sind für biegebeanspruchte Teile besonders geeignet. **Biegebeanspruchte Holzleisten mit rechteckigem Querschnitt sollten nur in Hochkantlage verarbeitet werden.**

Fortsetzung s. nächste Seite

Tabelle **3**.49, Fortsetzung

Beanspruchungsart/Versuch	Wirkung
Scherfestigkeit nennt man den Widerstand, den das Holz dem Abschieben bzw. Abscheren von Teilen entgegensetzt. Scherbeanspruchungen treten auf bei Holzverbindungen mit Nägeln oder mit Schrauben, bei Zinken- oder Schwalbenschwanzverbindungen. **Versuch** Zwischen zwei waagerecht aufgehängte dünne Leisten eine dritte schieben und mit beiden durch einen Drahtstift verbinden. Mittlere Leiste auf Zug beanspruchen.	Durch die Zugkraft wird der Drahtstift umgebogen, die Flächen verschieben sich, die Verbindung löst sich durch Abscheren. Die Scherfestigkeit ist quer zur Faser Richtig $\alpha = 78°$ Falsch zu spitzer Scherflächenwinkel α Zugkraft	etwa viermal höher als längs zur Faser. Bei Zinken- und Schwalbenschwanzverbindungen wirkt die Zugkraft in Richtung Holzebene. Je spitzer der Scherflächenwinkel α, desto größer ist die Gefahr des Abscherens. **Scherbeanspruchte Holzteile möglichst quer zur Faser verarbeiten. Scherflächenwinkel nicht zu spitz wählen.**
Spaltfestigkeit ist der Widerstand des Holzes gegen das Auftrennen (Spalten) in Faserrichtung; abhängig von Härte, Holzfeuchte und Faserverlauf.		a) Spaltwirkung radial, in Richtung Markstrahlen am besten; b) Spaltwirkung tangential, in Richtung der Faser weniger leicht; c) Spaltwirkung quer zur Faser nicht möglich. Die meisten Nadelhölzer sowie PA, ER, BU, EI sind wenig spaltfest. ES, AH, RU und HB lassen sich schwer spalten. KB, PLT und Eibe sind sehr spaltfest.
Drehfestigkeit (Torsionsfestigkeit) heißt der Widerstand des Holzes gegen das Abdrehen in der Längsachse (in Faserrichtung).		

und Buche) auch unter Wasser sehr lange. Stetiger Wechsel von Nässe und Trockenheit beeinträchtigt die Dauerhaftigkeit dagegen in jedem Fall. Deshalb ist Buche für Außenverbau überhaupt nicht geeignet.

Umfassende Kenntnisse des konstruktiven und chemischen Holzschutzes setzen die Dauerhaftigkeit des Holzes herauf (s. Abschn. 3.6.3).

3.3.4 Leitfähigkeit

Die Leitfähigkeit von Schall ist ein wichtiges Merkmal beim Beurteilen der Holzgüte. So klingt trockenes Holz beim Anschlagen hell, krankes dagegen dumpf. Von besonderer Bedeutung ist die Schall-Leitung verschiedener Hölzer für die Verwendung als Resonanzholz im Musikinstrumentenbau. Wegen seiner Porigkeit und der damit im Vergleich zu anderen Werkstoffen geringen Dichte hat Holz hervorragende Schalldämmeigenschaften.

Die Wärmeleitfähigkeit ist wegen der Porigkeit sehr gering, so dass Holz auch gute Wärmedämmeigenschaften hat. Ausgedrückt wird die Wärmeleitfähigkeit durch die Wärmeleitzahl (s. Abschn. 10.2.1). Tabelle **3**.50 zeigt deutlich, dass mit steigender Rohdichte auch die Wärmeleitfähigkeit des Holzes zunimmt. Trockenes Holz ist ein schlechter, feuchtes Holz ein guter Wärmeleiter.

Tabelle **3**.50   Rohdichte und Wärmeleitfähigkeit

Werkstoff	Rohdichte in g/cm^3		Wärmeleitzahl in $\dfrac{W}{m \cdot K}$
Rotbuche BU	0,70		0,18
Eiche EI	0,69	bei 12	0,19
Kiefer KI	0,52	bis 15 % HF	0,14
Fichte FI	0,48		0,14

Die elektrische Leitfähigkeit von trockenem Holz ist sehr gering. Mit zunehmender Feuchte steigt sie jedoch, weil Feuchtigkeit ein guter elektrischer Leiter ist. Im Zustand der Lufttrockenheit kann man Holz als Halbleiter verwenden. Mit Hilfe der elektrischen Leitfähigkeit ermittelt man auch die Holzfeuchtigkeit (s. Abschn. 3.3.5).

> Die Schall- und Wärmedämmung des Holzes ist gut. Trockenes Holz hat schlechte, feuchtes Holz gute elektrische Leitfähigkeit.

3.3.5 Holzfeuchtigkeit

> Eine Buche braucht in einer Wachstumsperiode 7 000 bis 8 000 l Wasser. Eine Birke verdunstet an einem Tag über ihre Blätter wenigstens 300 l Wasser. Ein Kubikmeter frisch gefällten Holzes enthält je nach Holzart 200 bis 500 l Wasser. Diese Zahlen machen uns eindringlich die Bedeutung des Wassers für das Gedeihen der Bäume klar. Wie wir in Abschnitt 3.2 erfahren haben, transportiert es die Salze, ist bei der Assimilation beteiligt und verteilt die Nährstoffe.

Holz ist hygroskopisch. Das heißt, es nimmt aus der Luft Feuchtigkeit auf und gibt sie wieder an die Luft ab. Alle Zellhohlräume und Zellwände des Baumes enthalten Wasser, jedoch in unterschiedlicher Menge. Splintholz ist meist feuchter als Kernholz, im Erdbereich enthält der Stamm weniger Feuchtigkeit als im Zopfbereich. Der Feuchtigkeitsgehalt von waldfrischem (grünem) Holz hängt ab von Art, Größe und Alter des Baumes, dem Standort und der Fällzeit. Er schwankt entsprechend zwischen 30 und 200 % der Holzsubstanz. Auch die Rohdichte hat Einfluss darauf:

> Je höher die Rohdichte liegt, je fester also das Holz ist, desto geringer ist der Feuchtigkeitsanteil.

Fasersättigung. Unmittelbar nach dem Fällen beginnt das Holz zu trocknen. Dabei verdunstet zuerst das freie Wasser der Zellhohlräume (auch tropfbares oder kapillares Wasser genannt). Wenn die Zellhohlräume kein Wasser mehr enthalten, ist der Fasersättigungsbereich erreicht. Dann wird der Feuchtigkeitsgehalt (Formelzeichen u) des Baumes nur noch von dem in den Zellwänden gebundenem Wasser bestimmt. Dieser Wert liegt je nach Holzart zwischen 22 und 35 % (**3.51**).

Schwinden und Quellen („Arbeiten des Holzes"). Das in den Zellwänden gebundene Wasser verdunstet langsamer – je nach Holzart, Dicke, Luftfeuchte und Temperatur braucht es Jahre dazu. Verbunden damit ist eine Volumenverringerung – das Holz „schwindet". Wenn es in diesem Stadium unterhalb der Fasersättigung wieder Wasser aus der Luft aufnimmt, bindet es dieses in den Zellwänden und vergrößert dadurch das Volumen – es „quillt". Sobald die Fasersättigung erreicht ist, sammelt sich das aufgenommene Wasser wieder in den Zellhohlräumen (**3.51**). Dabei verändert sich das Holzvolumen nicht.

Holzfeuchtegleichgewicht. Da Holz hygroskopisch ist, passt es sich durch Aufnahme und Abgabe von Feuchtigkeit seiner Umgebung an: Trockenes Holz nimmt bei feuchtem Klima Wasser auf, feuchtes Holz gibt bei trockenem Klima Wasser an die Luft ab, bis ein Gleichgewicht von Holzfeuchtigkeit u, relativer Luftfeuchtigkeit f_r und Lufttemperatur erreicht ist.

Dieser Idealzustand des Holzfeuchtegleichgewichts kommt jedoch bei unserem wechselhaften Klima nur selten vor.

> Luftfeuchtigkeit, relative Luftfeuchtigkeit und Lufttemperatur streben einen Gleichgewichtszustand an, in dem Holz weder schwindet noch quillt.

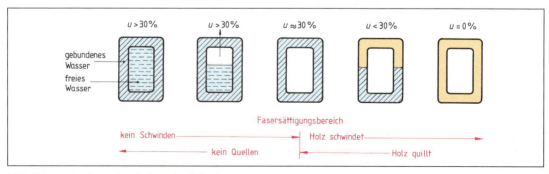

3.51 Wasserabgabe und -aufnahme der Holzzelle

Luftfeuchtigkeit und -temperatur bestimmen also die Holzfeuchte, wie das Diagramm **3**.52 zeigt. Luft enthält immer eine gewisse Menge Wasserdampf. Je höher die Temperatur liegt, desto mehr Wasser kann die Luft aufnehmen. Dies spüren wir deutlich an einem schwülen Sommertag. Bei einem von der Temperatur beeinflussten bestimmten Gehalt ist die Wasseraufnahmefähigkeit der Luft jedoch erschöpft – die Luft ist gesättigt, es bildet sich Kondenswasser oder kommt zu Niederschlägen. Diese Erscheinungen sind uns vom Badezimmer und aus der Natur bekannt.

Fassen wir diese Erkenntnisse zusammen:

> Die relative Luftfeuchtigkeit gibt an, ob die Luft trocken (weniger als 50 % f_r), mittelfeucht (etwa 60 % f_r) oder sehr feucht ist (80 bis 90 % f_r).
>
> Erhöht sich die Lufttemperatur, sinkt die relative Luftfeuchtigkeit. Sinkt sie, steigt die relative Luftfeuchtigkeit.
>
> Je trockener die Luft ist, desto schneller trocknet das Holz. Bei gleicher relativer Luftfeuchtigkeit trocknet Holz in warmer Luft schneller als in kalter.

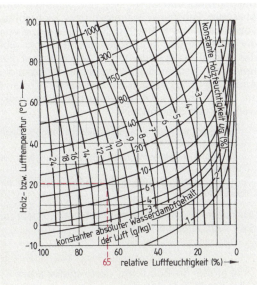

3.52 Feuchtegleichgewicht von Holz

Wir unterscheiden dabei:

– **die absolute Luftfeuchtigkeit** f_{abs} = die in der Luft enthaltene Wasserdampfmenge in g/m³,
– **die maximale Luftfeuchtigkeit** f_{max} = die bei Sättigung in der Luft enthaltene Wasserdampfmenge in g/m³,
– **die relative Luftfeuchtigkeit** f_r = das Verhältnis der in der Luft enthaltenen Wasserdampfmenge zur möglichen Höchstmenge in %:

$$f_r = \frac{f_{abs}}{f_{max}} \cdot 100\ \%$$

– **den Taupunkt** = Sättigungspunkt der Luft = 100 % der relativen Luftfeuchtigkeit.

Beispiel Bei einer Temperatur von 20 °C und 65 % relativer Luftfeuchtigkeit ist das u_{gl} des Holzes = 12 %

Ermitteln der Holzfeuchtigkeit. Holz wird durch Wasseraufnahme nicht nur schwerer und anfälliger gegen zerstörende Pilze, sondern ändert durch Quellen bzw. Schwinden auch sein Volumen. Dies erschwert die Maßhaltigkeit von Holzkonstruktionen. Die Holzfeuchtigkeit ist darum für die Verarbeitung von großer Bedeutung und muss genau ermittelt werden. Dies geschieht mit Hilfe des Darrverfahrens oder des elektrischen Messverfahrens.

Die Darrprobe ist am genauesten. Man wiegt die feuchte Holzprobe (Nassgewicht m_u) und trocknet sie dann im Darrofen bei 103 ± 2 °C so lange, bis die Feuchtigkeit restlos verdampft ist (**3**.53). Durch erneutes Wiegen erhält man das Trocken- oder Darrgewicht m_t und setzt die Werte in die folgende Formel ein:

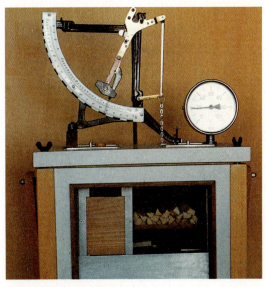

3.53 Darrofen mit Waage

Holzfeuchtigkeit

$$= \frac{(\text{Nassgewicht} - \text{Darrgewicht}) \cdot 100\,\%}{\text{Darrgewicht}}$$

$$u = \frac{m_u - m_t}{m_t} \cdot 100\,\%$$

Beispiel Eine Darrprobe wiegt nass 100 g, trocken 80 g. Der Feuchtigkeitsgrad in % des Darrgewichts beträgt

$$u = \frac{m_u - m_t}{m_t} \cdot 100\,\% \quad = \frac{100\,\text{g} - 80\,\text{g}}{80\,\text{g}} \cdot 100\,\%$$

$$= \frac{2\,000}{80} = 25\,\%$$

3.54 Elektrisches Holzfeuchte-Messgerät

Das elektrische Schnellmessverfahren beruht auf dem Zusammenhang zwischen der Holzfeuchte und dem elektrischen Widerstand des Holzes (s. Abschn. 3.3.4). Der Strom fließt zwischen den Elektroden (die in die Probe eingedrückt werden) durch das feuchte Holz. Das Messergebnis in % ist sofort ablesbar (**3**.54). Für Messungen oberhalb des Fasersättigungsbereichs sind elektrische Geräte nur bedingt zu verwenden.

Die digitale Feuchtemessung (mit Mikroprozessor) ist genauer. Das Gerät hat eine größere Bandbreite für Holzarten und druckt die Werte wahlweise in Blockform und mit Standardabweichungen aus.

Die Schwind- und Quellmaße sind abhängig vom Maß der Feuchtigkeitsabgabe bzw. -aufnahme, von der Art und Rohdichte des Holzes sowie von der Richtung der Volumenänderung. Dabei gibt das Quellmaß die Änderung in % bezogen auf den trockenen Zustand, das Schwindmaß dagegen die Änderung in % bezogen auf den nassen Zustand an. In der Praxis setzt man folgende Näherungswerte für den Schwund ein:

– in Richtung der Fasern (längs = axial oder longitudinal) 0,1 bis 0,3 %,
– in Richtung der Markstrahlen (radial oder senkrecht zur Faser) etwa 5 %,
– in Richtung der Jahresringe (tangential oder quer zur Faser) etwa 10 %.

Dass diese Angaben nur mit Vorbehalt zu gebrauchen sind, zeigt die Tabelle **3**.55.

Je größer die Rohdichte, desto stärker arbeitet das Holz in den drei möglichen Richtungen (axial, radial, tangential).

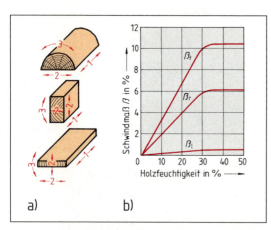

a)   b)

Holzart	in Faser-richtung	in Mark-strahl-richtung	in Jahres-ring-richtung
Fichte	0,3 %	3 bis 4 %	6 bis 8 %
Kiefer	0,4 %	3 bis 4 %	6 bis 8 %
Tanne	0,1 %	3 bis 4 %	7 bis 9 %
Lärche	0,3 %	3 bis 5 %	7 bis 9 %
Rotbuche	0,3 %	6 bis 9 %	8 bis 12 %
Eiche	0,4 %	4 bis 5 %	8 bis 10 %
Ahorn	0,5 %	3 bis 4 %	5 bis 8 %
Esche	0,2 %	4 bis 5 %	7 bis 8 %
Rüster/Ulme	0,3 %	4 bis 5 %	7 bis 8 %

c)

3.55 Schwinden und Quellen des Holzes

a) Schwind- und Quellrichtungen an typischen Querschnitten, b) Schwindmaß dieser Richtungen (Rotbuche), c) Schwindmaße ausgewählter Hölzer (Mittelwerte)

1 Faserrichtung (β_1 = axial)   *2* Markstrahlrichtung (β_r = radial)   *3* Jahresringrichtung (β_t = tangential)

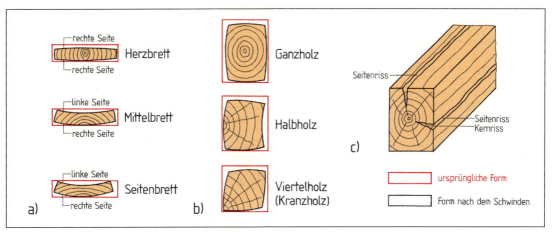

3.56 Typische Verformungen von Schnittholz-Querschnitten durch Schwinden
   a) Werfen an Brettern und Bohlen, b) Verformung von Kanthölzern, c) Risse an einem Ganzholz-Querschnitt

Alle drei Verformungen treten zusammen auf und überlagern sich. Durch das Schwinden kommt es zum Werfen von Brettern und Bohlen, Verformen von Kanthölzern und zu Rissen (**3.56**), die die Maßhaltigkeit von Holzkonstruktionen stark beeinträchtigen. Darum muss das Holz durch Trocknung in einen Zustand gebracht werden, der annähernd dem Klima des vorgesehenen Einsatzorts entspricht. Für Bauholz müssen die in Tabelle **3.57** angegebenen genormten Werte erreicht werden.

Sorgfältige Auswahl und sachgerechtes Verarbeiten der Hölzer sind weitere Maßnahmen gegen die Verformung (**3.58**).

Tabelle **3.57** Feuchtigkeitsgehalt von Bauholz

DIN 18355 (VOB)	Bauholz	u in %
Tischlerarbeiten	Holz für Bauteile an der Außenluft	12 bis 15
	Holz für Bauteile in Räumen	8 bis 12
im Einzelnen	Fenster und Außentüren	12 bis 15
	Möbel, Innentüren, Parkett, Täfelungen	
	– in Räumen mit Ofenheizung	10 bis 12
	– in dauerbeheizten Räumen	7 bis 10
	Furniere, Spanplatten, Schichtholz	6 bis 8

VOB = Verdingungsordnung für Bauleistungen

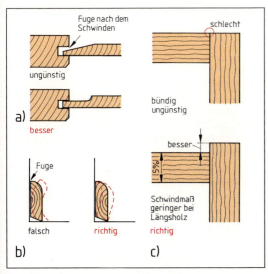

3.58 Maßnahmen, die das Arbeiten des Holzes einschränken
   a) eingenutete Füllung, b) Sockelleiste (Fußsockel), c) richtige Eckverbindungen

Holzauswahl
– Hölzer mit geringem Schwindverhalten und gutem Stehvermögen oder stehenden Jahresringen verwenden,
– Hölzer mit Wuchsfehlern, Ästen und Harzeinschlüssen aussortieren.

Holzverarbeitung
– Vollholzflächen in der Breite verleimen (Kern an Kern, Splint auf Splint), bei Blindholzflächen außerdem die Bretter stürzen,
– bei Dickenverleimung auf gleiche Dicken der Bretter achten und linke Vollholzseiten aneinander fügen,
– Sockelleisten, Türfutter, Bekleidungen und andere Vollholzteile mit der rechten Seite nach außen anbringen.

Aufgaben zu Abschnitt 3.3

1. Nennen Sie Einflüsse auf die Holzfarbe.
2. Nennen Sie Holzarten nach ihrem Gewicht und unterscheiden Sie dabei nach leichten, ziemlich leichten und mäßig schweren Hölzern.
3. Erläutern Sie den Unterschied zwischen Rohdichte und Reindichte des Holzes.
4. Erläutern Sie die Begriffe Darr- und Lufttrockenheit.
5. Warum schwimmen europäische Hölzer?
6. Erklären Sie den Unterschied zwischen Elastizität und Plastizität.
7. Wodurch wird die Elastizität von Holz beeinträchtigt?
8. Welche Kräfte wirken auf ein Bücherregal in Stollenbauweise, raumhoch, mit Zwischenböden?
9. Was versteht man unter Festigkeit? Auf welche Festigkeitsarten kann Holz beansprucht werden?
10. Verarbeiten Sie zugbeanspruchtes Holz quer oder längs zur Faser? Begründen Sie Ihre Antwort.
11. Welche Kräfte werden beim Biegen wirksam?
12. Fertigen Sie eine Schwalbenschwanzverbindung besser mit einem Scherwinkel von 40° oder 100°? Warum?
13. In welcher Richtung lässt sich Holz am leichtesten spalten?
14. Was bedeutet Dauerhaftigkeit des Holzes?
15. Warum ist Buchenholz für den Außenverbau ungeeignet?
16. Worauf beruhen die guten Wärmedämmeigenschaften des Holzes?
17. Warum bestehen die Griffe von Metalltöpfen und -pfannen oft aus Holz?
18. Warum leitet trockenes Holz elektrischen Strom schlechter als feuchtes?
19. Welcher Zusammenhang besteht zwischen der Rohdichte eines Holzes und seinem Wasseraufnahmevermögen?
20. Erläutern Sie die Begriffe freies und gebundenes Wasser.
21. Welche Ursachen und Auswirkungen hat die Wasseraufnahme unterhalb des Fasersättigungsbereichs?
22. Man sagt, Holz arbeitet. Was meint man damit?
23. Wie lautet das Gesetz vom Holzfeuchtegleichgewicht?
24. Wovon hängt die Wasseraufnahmefähigkeit der Luft ab? Was geschieht, wenn die Luft gesättigt ist?
25. Erklären Sie den Einfluss der relativen Luftfeuchtigkeit auf die Holztrocknung.
26. Wie geht eine Darrprobe vor sich? Wie lautet die Formel zum Berechnen des Feuchtigkeitsgehalts?
27. Worauf beruht die elektrische Holzfeuchtemessung?
28. Skizzieren Sie ein Seitenbrett und tragen Sie die Formänderungen infolge Schwinden und Quellen ein.
29. In welche Richtungen schwindet und quillt das Holz? Wo ist die Erscheinung am stärksten?
30. Was bestimmt DIN 18355 über den zulässigen Holzfeuchtegehalt bei Tischlerarbeiten? Unterscheiden Sie dabei nach Holz für den Innen- bzw. Außenverbau.
31. Durch welche Maßnahmen können Sie dem Arbeiten des Holzes entgegenwirken?
32. Fertigen Sie sich 5 Versuchsstücke aus verschiedenen Holzarten in gleichen Abmessungen (etwa 250 mm x 100 mm x 20 mm). Legen Sie diese Proben zwei Tage in Wasser, vergleichen Sie dann die Abmessungen mit den ursprünglichen Maßen und geben Sie Formveränderungen an. Darren Sie die Proben (in einem Blechgefäß im Backofen oder in Darreinrichtungen der Werkstatt) und stellen Sie wiederum Abmessungen sowie Formänderungen fest.

Tragen Sie die Ergebnisse in eine Tabelle ein.

3.4 Trocknung, Lagerung und Pflege des Holzes

Holz darf bei der Verarbeitung eine bestimmte Holzfeuchtigkeit nicht überschreiten. Es muss daher vor dem Verarbeiten getrocknet werden. Die Trocknung beginnt schon nach dem Fällen und beim Lagern. Der gefällte Baum wird an den Waldweg „gerückt" und „ausgeformt" (s. Abschn. 3.7.1), bevor er zu den Lagerplätzen des Handels bzw. der Sägewerke transportiert wird.

Zum Trocknen des Holzes gibt es natürliche und technische Verfahren.

Holztrocknung

natürliche Holztrocknung

Freilufttrocknung auf Lagerplatz
oder im Schuppen

künstliche (technische) Holztrocknung

Niedrigtemperaturtrocknung
Normaltemperaturtrocknung
Sonderverfahren (Kondensations-, Solartrocknung)

3.4.1 Natürliche Trocknung

Die Freilufttrocknung im Wald, auf dem Trockenplatz oder im Trockenschuppen des Holzhändlers
oder Tischlers nutzt die natürlichen Bedingungen:
Lufttemperatur, Luftfeuchte und dauert je nach
Holzart Monate bis Jahre.

Auch unter günstigsten Bedingungen kann das
Holz in unseren Breiten auf natürliche Weise nur
lufttrocknen (u = 15 bis 20 %) und darum lediglich
für bestimmte Zwecke im Außenbau verwendet
werden. Für den Innenausbau muss das Holz
zusätzlich getrocknet werden.

Vorteile der Freilufttrocknung
- keine Energiekosten
- keine Trocknungsanlagen
- Lagerhaltung (Bevorratung) bevorzugter Holzarten
- langsamer Trockenvorgang

Nachteile der Freilufttrocknung
- Zufälligkeiten der Witterung
- Qualitätsminderungen durch lange Lagerung (Risse,
  Verwerfungen, Verfärbungen)
- lange Lagerzeit begünstigt tierische und pflanzliche
  Schädlinge sowie Feuergefahr
- lange Lagerzeiten, große Lagerbestände, langfristig
  gebundenes Kapital
- Trocknung begrenzt auf 15 bis 20 % Holzfeuchte
- großer Lagerflächenbedarf

Lagerplatz. Trotz überwiegender Nachteile wird
die Freilufttrocknung auch künftig eine Rolle spielen. Um befriedigende Ergebnisse zu erzielen, ist
eine fachgerechte Lagerung auf gut vorbereiteten
Lagerplätzen nötig. Der Lager- oder Trockenplatz
soll

- frei und luftig gelegen sein,
- durch geringes Gefälle oder künstliche Entwässerung
  trockenen Untergrund haben,
- keinen Gras- und Unkrautbewuchs haben, sondern möglichst eine Schotterauflage oder aber betonierte Flächen,
- feuerpolizeilichen Vorschriften genügen.

Der Stapelunterbau ist besonders wichtig (**3**.59).

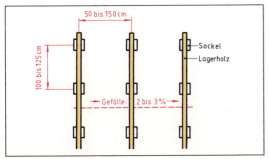

3.59 Stapelunterbau

Beim Stapelunterbau ist zu beachten

- Lagerhölzer stets auf Sockel, möglichst aus Beton oder
  Mauerwerk legen,
- Abstand vom Boden zur Durchlüftung mindestens 40 cm
- durch Sperreinlagen (Bitumenpappe oder Folie) zwischen Sockel und Lagerholz das Eindringen von Bodenfeuchtigkeit verhindern.

Stapel. Zum Trocknen von frischen Schnitthölzern
und wertvollen empfindlichen Holzarten eignen
sich der *Kastenstapel* und *Blockstapel* (**3**.60). Im
Blockstapel wird das unbesäumte Holz in seiner
Stammlage aufgeschichtet. Außerdem gibt es
besondere Stapelarten. Für alle gilt:

- Anlage möglichst quer zur Windrichtung,
- Blockstapel höchstens 3 m, Kastenstapel bis 4 m hoch,
- obere Holzlage gegen direkte Sonneneinstrahlung und
  Regenwasser abdecken,
- Hirnholzflächen durch Anstrich, Metallbänder, Schutzleis-
  ten oder überstehende Stapelleisten vor Austrocknen
  und Reißen schützen,
- empfindliche Hölzer wie Ahorn, Esche, Eiche, Rotbuche,
  Kiefer und Linde überdachen oder in Schuppen trocknen.

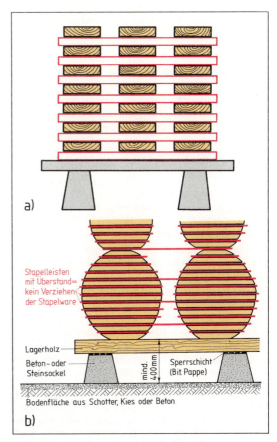

3.60 Stapel a) Kastenstapel, b) Blockstapel

Stapelleisten zwischen den Holzlagen ermöglichen eine gute Durchlüftung des Schnittholzes. Zu beachten ist bei Stapelleisten:

– im Stapel etwa gleiche, quadratische Leisten verwenden (Querschnitt i. M. 20/20 mm),
– Leisten übereinander anordnen, an den Stirnflächen bündig oder leicht vorstehen lassen,
– das Schnittholz muss in der ganzen Breite aufliegen, sonst drohen Verwerfungen,
– der Leistenabstand hängt von der Stapelgutdicke ab (Brettware 50 bis 100 cm, Bohlen max. 150 cm),
– Fichtenholzleisten sind geeignet, weil sich Fichte gut mit anderen Hölzern verträgt (keine Verfärbung).

Freilufttrocknung

– langsam und spannungsarm, u = 15 bis 20 %, Gefahr der Qualitätsminderung bei unsachgemäßer Lagerung,
– besondere Anforderungen an Stapelplatz und Stapel.

Rundholz wird vielfach auch im Wasser gelagert. So verhindert man Pilz- und Insektenbefall; das Holz reißt, „stockt" und „verblaut" nicht, die Holzfaser wird geschmeidig und lässt sich dadurch besser bearbeiten.

3.4.2 Künstliche (technische) Trocknung

Die technische Holztrocknung ermöglicht es, Temperatur, Luftgeschwindigkeit und Luftfeuchtigkeit zu steuern. So gelingt es, das Holz in kurzer Zeit (wenige Stunden oder Tage) ohne Qualitätsminderung auf jeden gewünschten Trockenheitsgrad zu bringen. Dabei werden zugleich tierische und pflanzliche Schädlinge abgetötet, Trockenplätze und damit Kosten gespart. Höchste Wirtschaftlichkeit bei der Kammertrocknung erreicht man mit dem Grundsatz „gleiche Holzart – gleiche Holzdicke – gleiche Zuschnittform – gleiche Anfangsfeuchtigkeit". Trocknungstabellen weisen für die einzelnen Holzarten die entsprechenden Trocknungseigenschaften aus.

Bei der Niedrigtemperaturtrocknung erzeugt man in der Trockenkammer künstlich ein Schönwetterklima. Bei 35 °C, einem eingestellten Holzfeuchtegleichgewicht u_g = 12 bis 14 % und der entsprechenden relativen Luftfeuchtigkeit f_r = 68 bis 76 % erreicht das Holz rasch eine Holzfeuchte von etwa 20 %, bevor es fertig getrocknet wird.

Die Normaltemperaturtrocknung ist das übliche Kammerverfahren. Bei 45 bis 90 °C (oder mehr) und starker Luftumwälzung erreicht das Trockengut schon nach kurzer Zeit die gewünschte Endfeuchte (**3.61**).

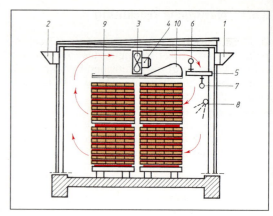

3.61 Hochleistungstrockner

1 Frischluftklappe	6 Heizmedium-Vorlauf
2 Abluftklappe	7 Heizmedium-Rücklauf
3 Axial-Ventilator	8 Sprühleitung
4 Motor	9 Zwischendecke
5 Heizregister	10 Luftumlenkbogen

Der Trocknungsablauf hat fünf Stufen. Die Kammer wird unter Feuchtigkeitszugabe (gegen frühzeitiges Trocknen) auf die nötige Temperatur aufgeheizt. Mittels Durchwärmen (1 Stunde je cm Holzdicke) schafft man in allen Querschnittsbereichen des Holzes eine gleichmäßige Temperatur, bevor man es (um Trockenschäden zu vermeiden) schrittweise trocknet. Feuchteunterschiede nach dem Trocknen werden durch Konditionieren unter Feuchtigkeitszugabe ausgeglichen (2 Stunden je cm Holzdicke). Schließlich kühlt das trockene Holz langsam in der Kammer ab.

Bei der Kondensationstrocknung saugt man die durch Wasserabgabe des Holzes angefeuchtete Kammerluft ab und entzieht ihr die Wärme. Das kondensierende Wasser wird abgeleitet, die entfeuchtete Luft mit der gewonnenen Wärme erneut in den Kreislauf gegeben, bis das Holz die gewünschte Holzfeuchte erreicht hat. Durch die Wärmerückgewinnung spart man bei diesem Verfahren Energie.

Die Solartrocknung steckt noch in der Entwicklung. Sie nutzt die Sonnenenergie und braucht Öl und Gas nur noch zum Antrieb der Ventilatoren. So trocknet man mit Niedrigtemperatur das Holz etwa doppelt so schnell wie durch Freilufttrocknung und erzielt im Sommer eine Holzfeuchtigkeit von 7 bis 9 %. Für den Winter muss die Anlage allerdings mit konventioneller Heizung ausgerüstet werden.

Technische (künstliche) Trocknung

– in nur wenigen Stunden oder Tagen ohne Qualitätsminderung auf jede gewünschte Holzfeuchtigkeit,
– tötet Schädlinge, spart Lagerplätze und Kosten.

3.4.3   Trocknungsschäden

Auch beim Einhalten aller gebotenen Vorsichtsmaßnahmen sind weder bei der natürlichen noch bei der künstlichen Holztrocknung Schäden und damit Wertminderungen auszuschließen. Holz ist schließlich ein organischer Werkstoff mit unterschiedlichen Inhaltsstoffen und Wuchsfehlern, der zudem in drei Richtungen schwindet oder quillt. Zu den möglichen Trocknungsschäden gehören Verschalung, Zellkollaps, Formänderungen, Verfärbungen und Harzausfluss.

Die Verschalung entsteht beim Holztrocknen, wenn die äußeren Bereiche sehr schnell trocknen und im inneren Querschnittsbereich noch viel Feuchtigkeit vorhanden ist. Das Feuchtegefälle führt zu Spannungen im Holz und damit häufig zu Rissen und Formänderungen. *Oberflächenrisse* sind die Folge der Verschalung oder zu starker Sonneneinstrahlung im Freien, *Innenrisse* entstehen durch zu hohe Temperatur bei niedriger Luftfeuchtigkeit. Innenrisse sind kaum zu beseitigen und entwerten das Holz meist völlig. Schwere Laubhölzer wie Eiche und Buche sind besonders gefährdet.

Zellkollaps. Wenn nasses (grünes, also noch mit freiem Wasser angereichertes) Holz bei mehr als 60 °C zu schnell trocknet, entsteht bei Eiche, Rotbuche und anderen Hölzern Zugspannungen, die den Holzquerschnitt sichtbar verformen. Dieses „Zusammenfallen" der Holzzellen (unregelmäßiger Schwund) nennt man Zellkollaps oder Zelleinbruch. Es tritt in der Regel nur im Kernholz auf. Durch starkes Dämpfen in der Trockenkammer kann man bei rechtzeitigem Erkennen den Schaden abwenden. Auch Innenrisse können eine Folge von Zellkollaps sein.

Formänderungen beim Trocknen entstehen vorwiegend durch Holz- oder Wuchsfehler im Holz, unterschiedliches Schwundverhalten in den verschiedenen Richtungen (Anisotropie) und Fehler beim Trocknen. Drehwüchsiges Holz wird windschief, unterschiedlicher Schwund verursacht Werfen oder Schüsseln (Hohlwerden), falsche Lagerung oder Stapelung führt zum Verbiegen der Bretter.

Verfärbungen an der Oberfläche infolge Sprühdampf, Kondenswasser oder Oxidation mit Metall sind weniger gefährlich als Flecken im Holzinnern. Da sie oft sehr tief ins Holz eindringen, mindern sie aber meist erheblich den Holzwert. Innere Verfärbungen sind oft auf zu hohe Luftfeuchte zurückzuführen. Durch niedrige Temperaturen oberhalb des Fasersättigungsbereichs lassen sie sich weitgehend vermeiden. Tabelle **3.62** gibt einige Beispiele von Verfärbungen.

Tabelle **3.62**   Verfärbungen durch Trocknung

Temperatur	Holzart	Verfärbung
30 bis 40 °C	Eiche waldfrisch	braun bis graufleckig, unregelmäßige Streifenbildung
über 60 °C	Ahorn, Buche Birke, Linde Palisander Rüster Kirschbaum, Birnbaum	rötlich gräulich gefleckt lila rot braun
über 90 °C	Nadelhölzer	gelb bis braun

Harzfluss tritt bei Temperaturen über 60 °C auf. Obwohl es sich nicht um einen eigentlichen Schaden handelt, ist die Be- und Verarbeitung verharzter Holzteile mit Schwierigkeiten verbunden.

Trocknungsschäden

– Verschalung → Risse
– Zellkollaps → Verformungen
– Formänderungen → Windschiefe, Werfen, Schüsseln
– Verfärbung und Harzfluss

Aufgaben zu Abschnitt 3.4

1. Warum fällt man Bäume möglichst im Winter?
2. Welche Vor- und Nachteile hat die Freilufttrocknung?
3. Was müssen Sie beim Anlegen eines Trockenplatzes berücksichtigen?
4. Wozu dienen Stapelleisten? Wie werden sie verwendet?
5. Welche Forderungen muss ein Holzstapel erfüllen?
6. Wie schützen Sie die Hirnholzflächen des Schnittholzes gegen Reißen?
7. Wozu braucht man Sperreinlagen beim Stapelunterbau?

8. Welchen Abstand zum Boden muss der Stapelunterbau haben? Warum?
9. Welche Vorteile bietet die technische Holztrocknung?
10. Schildern Sie den Ablauf der Normaltemperaturtrocknung.
11. Worauf sind Innenrisse zurückzuführen, und wie lassen sie sich vermeiden?
12. Was bedeutet Zellkollaps? Wie kommt es dazu?
13. Wodurch wird Schnittholz windschief?
14. Worauf sind innere Verfärbungen zurückzuführen?
15. Welche Folgen hat Harzfluss?

3.5   Holzarten und ihre Bestimmung

3.5.1   Holzarten

Neben unseren gebräuchlichen heimischen Holzarten werden im holzverarbeitenden Handwerk und der Industrie viele Hölzer aus anderen europäischen Ländern und aus Übersee verarbeitet. Die Unterscheidung in Laub- und Nadelhölzer ist für den Einsatz des Holzes nicht ausschlaggebend, sondern dient mehr der Übersicht.

Die folgende Auswahl der Nutzhölzer gibt einen Überblick über Vorkommen, Unterscheidungsmerkmale, Eigenschaften und Verwendungsmöglichkeiten (Tab. **3**.63 und **3**.64). Die Angaben über die Rohdichte ϱ_R beziehen sich auf eine Holzfeuchte von 12 bis 15 % und wurden für einen großen Teil der Holzarten eigens ermittelt. Geringe Abweichungen zu Angaben in vergleichbarer Fachliteratur sind daher leicht möglich. Die im Handel gebräuchlichen Kurzbezeichnungen sind nach DIN 4070 genormt.

Für die Verwendung sind die Eigenschaften des Holzes maßgebend, doch spielen auch Aussehen und Preis eine wichtige Rolle.

Tabelle **3**.63   Wichtige europäische Hölzer (Rohdichte ϱ_R in g/cm³ bei 12 bis 15 % HF)

	Arten und Merkmale	Eigenschaften	Verwendung
Nadelhölzer NH			
Fichte FI	Etwa 40 Arten, Rotfichte (Rottanne) am bekanntesten; bis 50 m hoch, schlank, pyramidenförmig, im Bestand bis 20 m hoch astfrei Rinde dünn, bräunlich-rötlich, im Alter abblätternd; Nadeln rings um den Zweig, immergrün, vierkantig und spitz; hängende, dunkelbraune Zapfen	ϱ_R = 0,47; Reifholzbaum; fast weißes Holz, Spätholz rötlichgelb und scharf abgegrenzt; viele Harzkanäle weich, fest, elastisch, leicht, wenig Schwund; gut zu bearbeiten, zu schnitzen und zu drechseln; mäßig witterungsbeständig, anfällig gegen Pilze (Bläue) und Insekten	Dachkonstruktionen, Innenausbau, Verkleidungen, Dielen, Zäune, Schälfurnier, Papier, feinjährig für Musikinstrumente Grundstoff für Kolophonium und Pech
Tanne TA	Etwa 30 Arten, Weißtanne (Silbertanne); bis 65 m hoch, schlank, kegelförmig mit abgerundetem Wipfel, im Bestand sehr hoch astfrei; Äste dünn, gerade abstehend Rinde grau und glatt, im Alter Risse und Beulen; Nadeln zweireihig, flach, immergrün (oben dunkel, unten hell); Zapfen aufrecht, erst grün, später rötlich	ϱ_R = 0,46; Reifholzbaum; weiß bis rötlichgelb, Spätholz scharf abgegrenzt; keine Harzkanäle weich, zäh, elastisch, leicht, wenig Schwund; gut zu bearbeiten, leichter zu beizen und zu imprägnieren als die harzige Fichte; mäßig witterungsbeständig, anfällig gegen Bläue und Insekten im Splintholzbereich	Bau- und Werkholz, Papier, Kunsthandwerk, Instrumentenbau (Resonanzholz), Verbrettungen, Schiffsbau
Kiefer KI	Etwa 80 Arten, Föhre bedeckt fast ¹/₃ unserer Waldfläche; bis 40 m hoch, unregelmäßige Krone, sehr krumme Äste, hoch astfrei Rinde stark borkig, dick, unten rissig, rot- bis graubraun; Nadeln lang, paarweise und immergrün (blaugrün); Zapfen kegelförmig, gedrungen, dunkelbraun	ϱ_R = 0,50; Kernholzbaum; Kern gelbrot bis braun, nachdunkelnd, Splint weißlich; Spätholz dunkler, deutlich abgegrenzt; viele Harzkanäle weich, fest, elastisch, mäßig schwer, wenig Schwund; gut zu bearbeiten, aber sehr harzhaltig (schlecht zu beizen); mäßig witterungsbeständig, anfällig gegen Bläue und Insekten	viel für Außenarbeit (Fenster, Türen), aber auch Innenausbau, Fußböden, Sperrholz, Furnier Grundstoff für Kolophonium, Pech und Terpentin

Fortsetzung s. nächste Seite

Tabelle **3**.63, Fortsetzung

	Arten und Merkmale	Eigenschaften	Verwendung
Nadelhölzer NH			
Zirbelkiefer KIZ, Sibirische Zeder, Arve	wächst vorwiegend im rauhen Gebirgsklima; bis 20 m hoch Rinde glatt und silbergrau, später graubraun und rissig; Nadeln zu fünft, 5 bis 8 cm lang, unten bläulich; Zapfen rund bis eiförmig, Reifezeit 3 Jahre; Frucht der Arve (Nüsschen) essbar	$\varrho_R = 0{,}40$; Kernholzbaum; Kern rötlichbraun, stark nachdunkelnd; Splint gelblich; viele dunkle Harzkanäle, Jahresringe eng weich, ziemlich leicht und feinfaserig, wenig Schwund; gut zu bearbeiten, zu schnitzen und zu drechseln, schlecht zu beizen und zu imprägnieren (Harzgehalt) viele feste, dunkle (schwarze) Äste	Möbel, Schnitzarbeiten, Modellbau, Furnier, Bauholz schönes, astreiches Holz für Decken und Wandverkleidungen
Lärche LÄ	Etwa 10 Arten, Europäische L. am bekanntesten; bis 30 m hoch, schlank, stämmig; gerade Äste und dünne, hängende Zweige Rinde stark borkig, dick, bräunlich-rötlich; Nadeln in Büscheln, weich und geschmeidig, fallen im Herbst ab; Zapfen aufrecht, eiförmig, hellbraun, abgestorben schwarz	$\varrho_R = 0{,}60$; Kernholzbaum; Kern rötlichbraun, nachdunkelnd; Splint schmal und gelblich; Spätholz dunkler, scharf abgegrenzt; viele Harzkanäle fest und zäh, dauerhaft und wetterbeständig, mäßig schwer, wenig Schwund; gut zu bearbeiten, neigt aber zum Splittern; dauerhaft unter Wasser Borke unterhalb der äußeren Schichten deutlich lila gefärbt	gutes Bauholz für innen und außen, Fenster, Türen, Außenverkleidungen, Möbel, Schiffs- und Wasserbau, Messerfurnier
Douglasie DGA	Douglastanne, -fichte, Oregon Pine, aus Amerika kultiviert; bis 90 m hoch, pyramidenförmig ähnlich Fichte; gerade abstehende Äste; wächst rasch Rinde glatt, dünn und grün, im Alter sehr dick, borkig, rotbraun bis schwarz; Nadeln dunkelgrün mit 2 Längsstreifen auf der Unterseite; hellbraune, hängende Zapfen mit breiten Deckschuppen	$\varrho_R = 0{,}50$; Kernholzbaum; Kern bräunlich-rötlich, nachdunkelnd; Splint weiß bis hellgelb; Spätholz dunkler und scharf abgegrenzt; harzhaltig fest und hart, mittelschwer, wenig Schwund; sehr gut zu bearbeiten	Bauholz für innen und außen, Möbel, Fußböden, Verkleidungen, Schiffs- und Wasserbau, Sperrholz
Laubhölzer LH			
Buche, Rotbuche BU	unser häufigster Laubbaum, bis 40 m hoch, im Bestand vollholzig, bis 20 m astfrei Rinde glatt und grau mit vielen Astnarben (Chinesenbärte); Blatt eiförmig, grün, glänzend, seidig behaart; Blüten einhäusig; Frucht ölhaltige Bucheckern	$\varrho_R = 0{,}66$; Reifholzbaum; zerstreutporig, schlicht, rötlichhell, gedämpft rötlichbraun; braune, glänzende Markstrahlen (tangential sichtbar als kurze braune Striche, radial als Spiegel); oft „falscher Kern" (Rotkern) fest, hart und zäh, stark schwindend, mittelschwer, gedämpft gut biegefähig, Rissneigung durch Dämpfen gemindert; gut zu bearbeiten, zu beizen und zu polieren; anfällig gegen Feuchte, Insekten und Pilze, verstockt leicht	Schul- und Büromöbel, Treppen, Parkett, Werkzeugbau, Schälfurnier für Holzwerkstoffe, Holzkohle, Zellstoff, getränkt für Schwellen

Fortsetzung s. nächste Seite

Tabelle **3**.63, Fortsetzung

	Arten und Merkmale	Eigenschaften	Verwendung
Laubhölzer NH			
Eiche EI	**Stiel- oder Sommereiche**, Stein-, Trauben- oder Wintereiche, Rot-, Weiß-, Korkeiche; unser mächtigster und wertvollster LB; Alter oft bis 500, manchmal bis 1 000 Jahre, Nutzholzreife 200 Jahre im Bestand schlanker, astreiner Stamm, im Freistand knorriger Stamm mit breiter Krone Rinde stark borkig; Blatt einfach, lappig oder keilförmig gezahnt; Blüten einhäusig; Frucht Eicheln	$\varrho_R = 0{,}70$; Kernholzbaum; ringporig (Poren im Querschnitt als Löcher längs als ritzartige Vertiefungen sichtbar); helle Markstrahlen (im Längsschnitt als Spiegel, im Hirnholz als radiale Linien sichtbar), Kern bräunlich, Splint gelblichweiß; stark gerbsäurehaltig fest, hart, dauerhaft, schwer, mäßiger Schwund; gut zu bearbeiten, zu drechseln und zu biegen; Splint sehr anfällig gegen Schädlinge und nicht wetterfest, daher als Nutzholz nur begrenzt tauglich	Bauholz, Innenausbau, Möbel, Fenster, Türen, Parkett, Holzpflaster, Sperrholz, Furnier Mooreiche (dunkel bis schwarz) für wertvolle Möbel und Innenausbau Brücken- und Wasserbau
Ahorn AH	Spitz-, Feld-, Silber-, Zucker-, **Bergahorn** (Vogelaugenahorn); bis 30 m hoch, stattlich Rinde glatt, graubraun, im Alter abblätternd; Blatt einfach, langgestielt, lappig und gefingert; Blüten traubenförmig, ein- oder zweihäusig; doppelte Flügelfrucht, in der Mitte der Samen (Nüsschen)	$\varrho_R = 0{,}61$; Berg- und Spitz-A. Splintholzbäume, Feld-A. Reifholzbaum; weiß bis rötlichweiß, glänzend, feinporig, zerstreut sehr fest, mäßig hart, zäh, wenig Schwund, Rissneigung; sehr gut zu bearbeiten, zu drechseln, zu biegen, zu beizen und zu färben; nicht witterungsfest, anfällig gegen Pilze und Insekten	Berg- und Spitz-A. für Möbel und Innenausbau, Sportartikel, Musikinstrumente, Haushaltsgeräte, wertvolles Furnierholz Riegel-A. mit wellig, wimmrig verlaufenden Fasern
Esche ES	**Gemeine Esche**, Ungarische Esche; bis 40 m hoch, schlank, astfrei Rinde dick, leicht borkig; Blatt bis zu 15 Fiederblätter am Stiel; Flügelfrucht mit länglichem Samen (Nüsse)	$\varrho_R = 0{,}62$; Kernholzbaum, ringporig; Kern hellbraun, dunkelt nach; Splint breit und weißlich fest, hart, besonders zäh und elastisch, schwer, langfaserig, starker Schwund, Rissneigung; gut zu bearbeiten, zu drechseln und zu biegen, schwer zu beizen; wenig witterungsbeständig, anfällig gegen tierische Schädlinge	Möbel- und Innenausbau, Turn- und Sportgeräte, Werkzeugstiele und -hefte, Hobel, Holzhammer wegen dekorativer Fladerung beliebtes Furnierholz
Ulmer, Rüster RU	Berg-, Flatter-, **Feldulme**; bis 30 m hoch und 400 Jahre alt, im Bestand astfrei Rinde dick und rissig (gefurcht), im Alter dunkelbraun; Blatt einfach, meist doppelt gesägt mit schiefem, ungleichem Rand; Blüten zwittrig mit dünnem, glockenförmigem Kelch; Flügelfrucht länglich oder abgerundet	$\varrho_R = 0{,}65$; Kernreifholzbaum, ringporig; Kern schokoladenbraun, Splint schmal, gelblichweiß; Reifholz mit grünlichen Streifen fest, hart, mäßig schwer, wenig Schwund, schwer spaltbar; neigt zum Werfen und Reißen; gut zu nageln, schrauben, drechseln, biegen, beizen und polieren; nicht witterungsbeständig, anfällig gegen tierische Schädlinge	Möbel, Innenausbau, Treppen, Parkett, Sportgeräte, Modellbau, Furnier, Drechslerarbeiten

Fortsetzung s. nächste Seite

Tabelle **3**.63, Fortsetzung

	Arten und Merkmale	Eigenschaften	Verwendung
Laubhölzer LH			
Erle ER	Schwarz-, Rot-, Weiß-, Grünerle; bis 30 m hoch, gerader langer Stamm Rinde glatt und grünlichbraun, später schwarzbraun und rissig; Blatt einfach, wechselständig, rundlich und doppelt gezähnt; eiförmige, im Alter schwarze holzige Zäpfchen, gestielt	$\varrho_R = 0{,}55$; Splintholzbaum mit rötlichweißer bis oranger Färbung, nachdunkelnd; zerstreutporig, Jahresringe verschieden breit und undeutlich, oft Markflecken leicht, weich und biegsam, mäßiger Schwund, leicht spaltbar, gutes Stehvermögen; gut zu bearbeiten, beiz- und polierbar; nicht witterungsfest	Möbel- und Stuhlbau, Musikinstrumente, Holzschuhe, Bleistifte, Schnitzarbeiten als Schälfurnier für Sperrholz, gefärbt als Imitationsholz für Ebenholz, Nussbaum u. a.
Linde LI	Winterlinde (Steinlinde), Sommerlinde (Frühlinde); bis 30 m hoch, im Freistand mit dichter Krone und dickem, kurzem Stamm Rinde glatt und grau, später längsrissig und graugrün; Blatt einfach, wechselständig, herzförmig mit gezähntem Rand; Winterlinde klein-, Sommerlinde großblättrig; kantige Nüsschen, einsamig	$\varrho_R = 0{,}55$; Reifholzbaum, zerstreutporig mit weißlicher bis rötlichgelber Färbung, Jahresringe undeutlich, Markstrahlen gut sichtbar leicht, weich und zäh, schwindet wenig, trocknet schnell; gut zu bearbeiten, zu biegen und zu spalten; nicht dauerhaft, sehr anfällig gegen Pilz- und Insektenbefall	Holzwerkstoffe, Blindholz, Reißbretter, Schnitzholz, Holzschuhe, Streichhölzer, Spielwaren, Instrumentenbau für Holzwolle und Zeichenkohle, Blüten als Teegetränk
Pappel PA	Schwarz-, Silber-, Pyramiden-, Zitterpappel (Espe); bei günstigen Bedingungen bis 50 m hoch, vollholzig, wächst schnell Borke stark rissig, grau- bis schwarzbraun; Blatt einfach, wechselständig, langgestielt und bewimpert, nahezu dreieckig; kleine, nach der Reife aufspringende Kapseln	$\varrho_R = 0{,}45$ bis $0{,}56$; Kernholzbaum mit weißlichem Splint und hellbraunem bis graubraunem Kern; Jahresringe deutlich, Markstrahlen kaum sichtbar; Zitterpappel = Splintholzbaum leicht, sehr weich und poröse, gutes Stehvermögen, mäßiger Schwund; Kern weniger dauerhaft als Splint; nicht witterungsfest	Furnier (Maserfurnier der Schwarzpappel), Holzwerkstoffe, Blindholz, Reißbretter, Streichhölzer, Verpackungen, Kistenbau, Schnittholz, Papierholz
Birnbaum BB	kleine Bäume bis 15 m Höhe und geringen Durchmessern Rinde graubraun und rissig; Blätter wechselständig, ei- bis herzförmig gesägt und lang gestielt; Kernfrüchte	$\varrho_R = 0{,}72$; Reifholzbaum, zerstreutporig, blassgrau bis rötlichbraun; undeutliche Jahresringe, feine Spiegel, oft Markflecken, häufig geflammt fest, hart, oft spröde (Rissneigung), ziemlich schwer; gut zu bearbeiten, beiz- und polierbar; nicht witterungsbeständig, anfällig gegen Insekten	Möbel- und Innenausbau, Furniere (geflammte Furniere besonders wertvoll), daneben Werkzeuge, Drechsler- und Schnitzarbeiten, Musikinstrumente, Zeichengeräte

Fortsetzung s. nächste Seite

Tabelle **3**.63, Fortsetzung

	Arten und Merkmale	Eigenschaften	Verwendung
Laubhölzer LH			
Birke Bl	Weißbirke, bis 100 Jahre alt, 20 m hoch Rinde braun, später weiß, im Alter borkig und schwarz; Blatt wechselständig, dreieckig klein, zugespitzt und doppelt gesägt; Kätzchen im Alter hängend, Flügelnüsschen, gelbbraun	ϱ_R = 0,65; Splintholzbaum, zerstreutporig, weißlich bis blassrötlich-gelb; Fasern oft wellig und unregelmäßig (geflammt) fest, hart, zäh und elastisch, geringer Schwund, Werf- und Rissneigung; gut zu bearbeiten, zu beizen und zu polieren; nicht witterungsbeständig, sehr pilz- und insektenanfällig	Stühle und Tische, Drechslerarbeiten, vor allem Sperrholz und Furnier (bes. wertvoll Maserbirke und geflammte Birke), ferner für Instrumente, Fässer, Haarwasser, Kaminholz
Hain-, Weißbuche HB	Hagebuche, Hornbaum; geringe bis mittlere Größe (i. M. 20 m), selten im Reinbestand; Stamm oft krumm und spannrückig; langsam wachsend Rinde hellgrau, glatt und wellig; Blatt einfach, wechselständig und eiförmig, doppelt gesägt; einsamige Nüsschen, hartschalig, Fruchtkätzchen an einer Triebspitze	ϱ_R = 0,86; Splintholzbaum, zerstreutporig; Kern und Splint gelblich- bis grauweiß; Jahresringe, Gefäße, Markstrahlen undeutlich oder kaum sichtbar fest, sehr hart, zäh, elastisch, schwer; neigt zum Schwinden, Werfen und Reißen; gut zu bearbeiten, aber schwer zu nageln, zu hobeln und zu sägen; gut beiz- und polierbar; pilzanfällig	stark beanspruchte Stühle, Parkett, ferner Furnier und Drechslerarbeiten, Turngeräte, Werkzeuge, Geräte Kaminholz mit großem Heizwert
Kirschbaum KB	Süßkirsche, Traubenkirsche; kleiner Baum bis 25 m hoch Rinde glatt und graubraun, löst sich in Querbändern ringförmig ab; Blatt einfach, wechselständig, länglich-eiförmig mit doppelt gesägtem Rand; kugelige Steinfrucht	ϱ_R = 0,60; Kernholzbaum, halbringporig mit rötlichweißem Splint und gelblichbraunem Kern; deutliche Jahresringgrenzen, Markstrahlen als glänzende Spiegel sichtbar mäßig hart, fest und schwer, feinfaserig und biegsam, schwindet wenig; gut zu bearbeiten, beiz- und polierbar; nicht witterungsfest, anfällig gegen Pilze und Insekten	Furnier oder Vollholz im Möbel- und Innenausbau dekoratives, oft geflammtes oder gestreiftes Furnier Schnitz- und Drechslerarbeiten, Musikinstrumente, Kunstgewerbe
Nussbaum NB	Walnussbaum, französischer, italienischer oder amerikanischer Nussbaum (NBA); bis 30 m hoch, große reichbelaubte Krone Rinde glatt, hell, später tief längsrissig, braun; Blatt zusammengesetzt, wechselständig, langgestielt, länglicheiförmig; kugelige Steinfrucht, einsamig	ϱ_R = 0,65 bis 0,75; Kernholzbaum, zerstreutporig; Splint hellgrau, Kern matt- bis dunkelbraun je nach Herkunft; Markstrahlen als Spiegel deutlich sichtbar; oft gestreift oder geriegelt mäßig hart, fest, zäh und biegsam, schwindet mäßig, sehr dauerhaft; gut zu bearbeiten, beiz- und polierbar	dekoratives Furnier- oder Vollholz für Möbel- und Innenausbau (bes. wertvoll Furnier aus Maserknollen oder Wurzelstöcken), Drechslerarbeiten, Musikinstrumente, Kunstgegenstände

Tabelle **3.**64   Wichtige außereuropäische Hölzer

Name und Kurzzeichen nach DIN 4076	Herkunft, Merkmale und Eigenschaften	Verwendung
Nadelhölzer NH		
Brasilkiefer, Parana Pine PAP (Brasilianische Arancarie)	Lateinamerika, ϱ_R = 0,55; Kernholzbaum; Splint gelblich-grau, Kern gelblich bis hellbraun; seidiger Glanz, schlicht strukturiert mit kleinen dunklen Spiegeln dicht, mäßig fest, hart, geringes Stehvermögen, Schwund mäßig bis stark, keine Harzkanäle; gut zu bearbeiten, guter Anstrichträger; gering witterungsbeständig	Innenausbau, Fuß-böden, Schälfurnier für Sperrholz
Hemlock, Schierlingstanne HEL	Nordamerika, ϱ_R = 0,51; Splint schmal, gelblich-grau, Kern kaum dunkler, nachdunkelnd bei Licht; deutliche Jahresringgrenzen feinjährig, weich, gutes Stehvermögen, mäßig schwindend, harzfrei; gut zu bearbeiten, zu beizen und zu lackieren; nicht witterungsfest	Innenausbau, besonders Sauna-bau, Blind- und Rahmenholz
Pitch Pine PIP	Nordamerika, ϱ_R = 0,71; überwiegend Kernholz verschiedener Kiefernarten; gelblichbraun bis braun mittelschwer, fest, hart, ziemlich gutes Stehvermögen; gut zu bearbeiten; weitgehend säurefest, wenig witterungsbeständig	chemische Industrie, Schiffsbau, Fenster, Tore, Fußböden
Red Pine PIR	Lateinamerika, ϱ_R stark schwankend; Splintholz verschiedener Kiefernarten; gelblichweiß bis blassbraun, deutliche Jahresringgrenzen. Weiteres s. Pitch Pine	Innenausbau
Red Cedar Western RCW	Nordamerika, ϱ_R = 0,44; Splint schmal, weiß mit grau-braunen Streifen; Kern gelblichbraun bis dunkelbraun, mattglänzend, nachdunkelnd; klare Zuwachszonen, manchmal welliger Jahresringverlauf, zederartig riechend weich, leicht, mäßig bis stark schwindend, harzfrei, gutes Stehvermögen, gute Wärmedämmung; gut zu bearbeiten und in der Oberfläche zu behandeln; witterungs-, pilz- und insektenfest	außen für Wand-verkleidungen, Tore, Fensterläden Innenausbau, Wand- und Decken-verkleidungen
Redwood, Sequoia RWK	Nordamerika, ϱ_R = 0,45; Splint schmal, weiß- bis gelb-lichgrau; Kern rötlich bis violett, nachdunkelnd; deut-liche Jahresringgrenzen, gleichmäßig strukturiert weich, leicht, gutes Stehvermögen, harzfrei, gut wär-medämmend; gut zu bearbeiten und in der Ober-fläche zu behandeln; schwer entflammbar; witte-rungs-, pilz- und insektenfest	außen für Fenster und Verkleidungen, Innenausbau, Wand- und Deckenverklei-dungen, Verpackun-gen, Instrumentenbau, Masten, Schwellen
Weymouthskiefer, Strobe	Nordamerika, Europa, ϱ_R = 0,40; Splint gelblichweiß; Kern gelbbraun, stark nachdunkelnd; großporig mit breiten Jahresringen	Rolläden, Schindeln, Kisten, Zündhölzer
Yellow Pine KIW	weich, leicht, gutes Stehvermögen, stark harzhaltig, wenig Schwund; gut zu bearbeiten, aber schwierige Oberflächenbehandlung (Harzgehalt); anfällig gegen Pilz- und Insektenbefall	Blindholz, Papierholz, Holzwolle
Abachi ABA	Afrika, ϱ_R = 0,47; weißgrau bis blassgelb; zerstreutpo-rig, Markstrahlen als Spiegel sichtbar weich, fest, gutes Stehvermögen, geringer Schwund; gut zu bearbeiten; anfällig gegen Insekten	Absperr- und Blind-furnier, Verpackun-gen, Modell- und Instru-mentenbau, Türfutter und -bekleidungen
Afrormosia AFR	Afrika, ϱ_R = 0,76; Kernholzbaum; Splint weißlich bis hell-grau, Kern gelblichbraun, nachdunkelnd; zerstreutporig dicht, fest, gutes Stehvermögen; korrosionsgefährdet	Innenausbau, Fenster, Parkett

Fortsetzung s. nächste Seite

Tabelle **3**.64, Fortsetzung

Name und Kurzzeichen nach DIN 4076	Herkunft, Merkmale und Eigenschaften	Verwendung
Laubhölzer LH		
Afzelia AFZ	Afrika, ϱ_R = 0,76; Kernholzbaum; Splint gelblichgrau, Kern gelb bis hellbraun, nachdunkelnd; zerstreutporig mit großen, sichtbaren Poren hart, sehr fest, spröde, geringer Schwund, sehr gutes Stehvermögen; witterungsbeständig	Fenster, Zäune, Parkett, Treppen, Arbeitstische
Balsa, Leichtholz BAL	Lateinamerika, ϱ_R = 0,16 bis 0,25; weißlich bis rötlich; zerstreutporig mit großen, sichtbaren Poren und Markstrahlen als Spiegel sehr leicht und weich, gutes Stehvermögen, geringer Schwund, hohe Wärmeleitzahl; nicht witterungsfest, anfällig gegen Pilzbefall	Modellbau, Schwimmkörper, Isolierungen, Verpackungen, Korkersatz
Ebenholz Afrika: Msambu Asien: Makassar EBE-EBM	Afrika, Ostasien, ϱ_R = 1,05; Splint breit, blass-rötlich, Kern dunkelbraun bis schwarz; Gefäße nicht sichtbar, Markstrahlen nur im Splint erkennbar; Faserverlauf unregelmäßig; Makassar auffällig glänzend sehr hart und fest, aber spröde – neigt zum Reißen und Splittern; nur Kernholz als Nutzholz verwertbar; witterungsfest **Vorsicht: Schleifstaub ist gesundheitsschädigend!**	wertvolles Möbelholz, Kunstgegenstände, Instrumentenbau
Framire FRA	Afrika ϱ_R = 0,56; Kern blassgelb bis hellbraun, nachdunkelnd; Splint etwas heller, leicht glänzend; zerstreutporig, Zuwachszonen deutlich sichtbar, Markstrahlen als Spiegel erkennbar weich, fest, gutes Stehvermögen, schwindet mäßig, reißt wenig; guter Anstrichträger	Möbelbau, Treppen, Parkett, als Limbaoder Eichenersatz, Schälfurnier für Plattenwerkstoffe
Ilomba ILO	Afrika, ϱ_R = 0,52; durchgehende, gleichmäßige Farbe, anfangs hellrosa, später gelblichbraun; zerstreutporig, Markstrahlen als Spiegel, regelmäßiger Faserverlauf, gleichmäßig strukturiert leicht, weich, mäßig schwindend; gut zu bearbeiten; guter Anstrichträger; pilz- und insektenanfällig	Schälfurnier für Sperrholz, Vollholz für Leisten
Iroko Kambala IRO (Koto)	Afrika, ϱ_R = 0,68; Splint schmal, gelblichgrau, Kern grüngelb bis hellbraun, nachdunkelnd; zerstreutporig mit deutlichen Poren schwer, fest, mäßig schwindend, gutes Stehvermögen, dauerhaft; gut zu bearbeiten; nicht anfällig gegen Pilze und Insekten	Fenster, Außentüren und Außentore, Parkett
Limba LMB	Afrika ϱ_R = 0,56; durchgehend hellgelblich (helles Limba); zerstreutporig mit deutlichen Poren mäßig hart und schwer, mäßiger Schwund; gut zu bearbeiten, zu beizen und zu polieren; anfällig gegen Pilz- und Insektenbefall	Schälfurnier für Sperrholz, Türen, Büro- und Schulmöbel
Makoré MAC	Afrika, ϱ_R = 0,68; Splint graurosa, Kern hellrot bis rotbraun; zerstreutporig mit deutlichen Poren, häufig Faserabweichungen mäßig hart, sehr biegefest und elastisch, mäßig schwindend, gutes Stehvermögen; vielseitige Oberflächenbehandlung; witterungsfest **Achtung: Schleifstaub reizt die Atemwege!**	Möbel- und Innenausbau, Sperrholz, Treppen, Parkett

Fortsetzung s. nächste Seite

Tabelle **3**.64, Fortsetzung

Name und Kurzzeichen nach DIN 4076	Herkunft, Merkmale und Eigenschaften	Verwendung
Laubhölzer LH		
Mahagoni Amerikanisches = echtes M. MAE	Lateinamerika, ϱ_R = 0,60; Splint schmal, hellgrau, Kern rotbraun, nachdunkelnd; zerstreutporig mit deutlichen Poren mäßig leicht, hart, wenig Schwund, überdurchschnittliches Stehvermögen; gut zu bearbeiten und in der Oberfläche zu behandeln; witterungsfest	hochwertiges Holz für Möbel- und Innenausbau, Fenster, Türen, Schiffsbau
Mansonia, Bete MAN	Afrika, ϱ_R = 0,68; Splint schmal, weißgrau, Kern dunkelgraubraun, verblasst bei Lichteinwirkung; zerstreutporig, gleichmäßig strukturiert mäßig hart, gering schwindend, gutes Stehvermögen, mäßig schwer; gut zu bearbeiten; gering anfällig gegen Schädlinge **Achtung: Schleifstaub reizt die Atemwege!**	Möbel- und Innenausbau, Sitzmöbel, Parkett
Meranti – Light Red M. – Dark Red M. – White M. – Yellow M. MEG–MER–MEW	Asien, ϱ_R = 0,47 bis 0,80; Splint schmal, gelblich bis grauweiß, nur bei Dark Red M. deutlich vom Kern abgesetzt; Kern gelblich bis rötlichbraun Stehvermögen befriedigend, geringe Dauerhaftigkeit, Dark Red M. harzhaltig; gute Oberflächenbehandlung, gut zu bearbeiten; gering witterungsfest	Dark Red M. und Light Red M. für Fenster White M. und Yellow M. für Sperrholz
Okoumé, Gabun OKU	Afrika, ϱ_R = 0,46; Splint graurosa, Kern blassrosa, später dunkelrosa bis rötlichbraun wenig fest, weich, elastisch; gut zu bearbeiten und in der Oberfläche zu behandeln; wenig witterungsfest	Innenverkleidungen, Rückwände, Sperrholzerzeugnisse
Padouk PAF	Afrika, ϱ_R = 0,80; Splint weißlichgelb, Kern purpurrot, nachdunkelnd; zerstreutporig mit deutlichen Poren hart, schlagfest und elastisch, dicht, schwer, gutes Stehvermögen; gut zu bearbeiten	für anspruchsvollen Innenausbau, Parkett, Sitzmöbel, Instrumentenbau
Palisander – Ostindisch POS – Rio PRO	Asien, Lateinamerika, ϱ_R = 0,87 bis 0,95; POS: Splint gelblich, Kern dunkelbraun bis violett mit dunklen Farbstreifen; PRO: Splint weißlich, Kern schokoladenbraun, schwarz gestreift; riecht süßlich alle sehr hart und fest, schwer spaltbar, gering schwindend; gut zu bearbeiten, aber schwierige Oberflächenbehandlung (PRO harzhaltig)	dekoratives Holz für Innenausbau und Stilmöbel, Drechsler- und Schnitzarbeiten, Instrumentenbau
Pockholz POH	Lateinamerika, Asien, ϱ_R = 1,23; Splint schmal, hellgelb, Kern braun bis olivbraun, oft ins grünliche nachfärbend; zerstreutporig sehr schwer und hart, stark schwindend, mäßiges Stehvermögen, sehr dauerhaft, harzhaltig; schwer zu bearbeiten; säurefest	Vollholz für Maschinenlager, Schraubenwellen, Zahnräder, Hämmer, Hobelsohlen
Ramin RAM	Ostasien, ϱ_R = 0,65; Splint schmal, gelblich, Kern blassgelblich; zerstreutporig, schlicht mit schmalen Spiegeln mäßig schwer und hart, gering schwindend; gut zu bearbeiten und zu beizen; bläuegefährdet	Leisten, Bretter, Rundstäbe, Schäl- und Messerfurnier, Möbelbau
Sapeli, S.-Mahagoni MAS	Afrika, ϱ_R = 0,65; Splint hellgrau bis blassgelb, Kern rosa, später rotbraun nachdunkelnd; zerstreutporig; wegen häufigen Wechseldrehwuchses gerade verlaufende Glanzstreifen im Längsschnitt, dadurch Zeichnungen wie Pommelé, Frisé, Moiré mäßig schwer, hart und fest, mäßig schwindend, gutes Stehvermögen; sehr gute Oberflächenbehandlung	Innenausbau, Treppen, Parkett, Fenster

Fortsetzung s. nächste Seite

Tabelle **3**.64, Fortsetzung

Name und Kurzzeichen nach DIN 4076	Herkunft, Merkmale und Eigenschaften	Verwendung
Laubhölzer LH		
Sen SEN	Ostasien, ϱ_R = 0,52; Splint schmal, weißlich bis gelblichbraun, Kern graugelb bis blassbraun; ringporig mit deutlichen Poren, glänzend mäßig leicht, fest und zäh, elastisch, nicht sehr dauerhaft, mäßiger Schwund, gutes Stehvermögen; gute Oberflächenbehandlung	Messerfurnier im Möbelbau, Paneele, Vertäfelungen
Sipo, Utile, S.-Mahagoni MAU	Afrika, ϱ_R = 0,66; Splint schmal, hellgrau, Kern hellrosa-braun, später dunkelbraun; oft Glanzstreifen durch Wechseldrehwuchs mäßig hart, gutes Stehvermögen; gut zu bearbeiten und zu polieren; widerstandsfähig gegen Pilze und Insekten	außen als Fenster, Türen und Bretterungen Möbel- und Innenausbau
Teak TEK	Ostasien, ϱ_R = 0,75; Splint schmal, gelblichweiß, Kern dunkelbraun, nachdunkelnd; von schwarzen Adern durchzogen, ölig/wachsig glänzend; ringporig mit deutlichen Poren mäßig schwer, hart und fest, gering schwindend, sehr gutes Stehvermögen, fettig-wachsig, kautschukhaltig; gut zu bearbeiten, Oberflächenbehandlung mit Spezialmitteln	anspruchsvoller Möbel- und Innenausbau, Fenster, Fußböden, Sitzmöbel, Kunstgewerbe
Wenge WEN	Afrika, ϱ_R = 0,86; Splint schmal, gelblichweiß, Kern braun, braunschwarz nachdunkelnd; matt glänzend, zerstreutporig schwer, gering schwindend, gutes Stehvermögen, dauerhaft; gut zu bearbeiten, Oberflächenbehandlung schwierig; witterungsfest	dekoratives Holz für Möbel- und Innenausbau, Parkett, Treppen, Fenster, Türen
Zebrano, Zingana ZIN	Afrika, ϱ_R = 0,80; Splint weiß, Kern dunkelbraun mit olivbraunen, matt glänzenden Streifen; zerstreutporig mittelhart, fest und elastisch, schwer spaltbar; gut beizbar und polierbar, Splint nicht als Nutzholz verwendbar; witterungs- und insektenfest	Möbel- und Innenausbau, Teak- und Nussbaumersatz, Kunstgewerbe

3.5.2 Bestimmen von Holzarten

Jede Holzart hat eine Reihe besonderer, ihr eigener Erkennungsmerkmale. Diese Artmerkmale ermöglichen es dem Fachmann in der Regel, die Hölzer zu bestimmen. Bei der Fülle der von uns verarbeiteten und zu verarbeitenden Holzarten werden wir dabei immer wieder „auf die Probe" gestellt. Um die Frage „Welches Holz ist es?" zu beantworten, müssen Sie intensiv und ständig die verschiedenen Merkmale beobachten und sich einprägen. Anfangs ist das „echt schwierig". Mit der Zeit und Übung wird es immer leichter, und schließlich macht es sogar Spaß.

Bei den einheimischen Stämmen wird die Artbestimmung erleichtert durch die Baumgestalt, Rinde, Blätter, Blüten und Früchte. Schwieriger wird es bei eingeschnittenem Holz und den zahlreichen überseeischen Hölzern. Farbe, Geruch, Zeichnung, Harzgehalt, Gewicht, Härte und Spaltbarkeit bilden hier wichtige Anhaltspunkte. Zur völlig eindeutigen Bestimmung dient das Mikroskop. Doch hat nicht jeder Praktiker ein Mikroskop, speziell angefertigte Dünnschnitte und Bestimmungsschlüssel.

Tabelle **3**.65 gibt einen Überblick über die mit bloßem Auge erkennbaren Unterscheidungsmerkmale. Die angeführten Holzarten beschränken sich dabei auf die wichtigsten bereits behandelten einheimischen Hölzer.

Beispiel Es liegt ein Brettstück einer inländischen Holzart mit folgenden Merkmalen vor:

Farbe: zweifarbig; breiter, brauner Kern; schmaler, gelblich-weißer Splint

Zeichnung: Jahresringe deutlich sichtbar, Poren groß und ringförmig angeordnet

Spiegel: sichtbar

Harzgänge: nicht vorhanden

Geruch: leicht säuerlich, herb

Härte: mit dem Fingernagel nicht einzuritzen

Gewicht: schwer

Lösung zweifarbige Hölzer = Kernholzbäume sind KI, LÄ, DG, EI, ES, RU

davon haben einen schmalen Splint LÄ, DG, EI, RU

Jahresringe sind deutlich bei EI, ES, RU, KI, LÄ, DG

Poren in ringförmiger Anordnung haben nur EI, ES, RU

deutlich sichtbare Spiegel gibt es bei EI, RU

herber, säuerlicher Geruch bei EI

Die gesuchte Holzart, bei der alle Merkmale auftreten, ist die Eiche (EI).

Tabelle **3.65** Merkmale zur Holzartbestimmung

am stehenden Baum	am eingeschnittenen Holz
Baumgestalt – wipfelwüchsig (Stamm geht durch bis zur Spitze): FI, TA, KI, DG, LÄ – besenkronig (Stamm teilt sich schon nach wenigen Metern „besenartig"): EI, ES, RU, AH **Rinde** – glatt: BU, junge AH, TA, FI, DG – schuppig: AH (Berg-AH), FI – borkig: EI, AH (Spitz-, Feld-AH), RU, ES, KI, LÄ **Blätter** – einfach: EI, AH, BU, RU – mehrfach: ES – genadelt: KI, FI, TA, LÄ, DG **Blüten und Früchte** – Flügelfrüchte: RU, ES, AH – Kapselfrüchte: BU (Bucheckern), EI (Eicheln) – Zapfen: KI, FI, TA, LÄ, DG	**Holzfarbe** – einfarbig (Splint- oder Reifholz): BU, FI, TA, AH – zweifarbig (Kern- oder Kernreifholz): EI, ES, KI, DG, LÄ, RU **Zeichnung** – Jahresringe deutlich: EI, ES, FI, TA, KI, LÄ, DG – Jahresringe schwach/undeutlich: AH, BU – Poren ringporig → EI, ES, RU, zerstreutporig → AH, BU – Poren nicht vorhanden: FI, KI, LÄ, TA, DG – Spiegel deutlich: EI, BU, RU, AH – Spiegel undeutlich: ES, FI, TA, KI, LÄ, DG **Harzgänge** – vorhanden: FI, KI, LÄ, DG – nicht vorhanden: TA, EI, ES, BU, AH, RU **Geruch** – harzig: FI, KI, LÄ – säuerlich: EI, TA **Mechanische Eigenschaften** – hart: AH, EI, ES, BU, RU – weich: FI, TA, KI, LÄ, DG – sehr leicht bis leicht: FI, TA, KI, LÄ, DG – mittelschwer bis schwer: AH, EI, ES, BU, RU

Aufgaben zu Abschnitt 3.5

1. Nennen Sie Merkmale, nach denen sich Bäume bzw. Hölzer unterscheiden. Trennen Sie dabei in Merkmale am stehenden Baum und am eingeschnittenen Holz.

2. Bearbeiten Sie je ein europäisches Laubholz und Nadelholz und außereuropäisches Holz nach Ihrer Wahl unter diesen Gesichtspunkten:

a) Woran erkennt man den Baum in der Natur?

b) Welchen Eindruck macht der Baum? (schlank, dick, Astansatz, Wipfelform usw.)

c) Wie sehen seine Blätter, Früchte und Rinde aus?

d) Welche Eigenschaften hat das Holz?

e) Für welche Zwecke wird es verwendet?

Ergänzen Sie die Ausarbeitung durch Skizzen und Fotos sowie durch Blätter, Früchte, Schnittholzstücke, Furniermuster u. a.

3.6 Holzschädlinge und Holzschutz

3.6.1 Holzzerstörende Pilze

Sicher sind Ihnen schon Bäume aufgefallen, die inmitten ihrer begrünten Artgenossen kahl und trostlos dastanden. Dafür gibt es verschiedene Ursachen. Äußere Einwirkungen können den Nährstofftransport unterbunden haben, der Baum kann krank oder überständig (altersschwach) sein. Durch sein langsames Sterben lässt er viele andere Lebewesen gedeihen. Vögel, Insekten und Pilze nisten sich bei ihm ein und ernähren sich von ihm – er zerfällt allmählich, wird zerfressen, abgebaut und zerlegt. In diesem ständigen Kreislauf des Werdens und Vergehens kommt den Pilzen große Bedeutung zu. Machen sie sich jedoch an wirtschaftlich wertvollem, gesundem Holz zu schaffen, werden sie zu Schädlingen, die große Zerstörungen anrichten und daher bekämpft werden müssen.

Pilze sind Schmarotzer. Aus Abschn. 3.2.1 wissen wir, dass der Baum als Pflanze höherer Ordnung seine Aufbaustoffe durch Assimilation erhält: Mit Hilfe des Sonnenlichts und des Blattgrüns (Chlorophyll) wandelt er anorganische Stoffe in organische um (Zucker, Stärke, Eiweiß). Dagegen gehören die Pilze einer niedrigen Ordnung an. Sie haben kein Chlorophyll und können darum keine körpereigenen Stoffe aufbauen. Stattdessen ernähren sie sich auf parasitäre Weise – sie schmarotzen von den Aufbaustoffen der Bäume. Dabei gedeihen sie um so besser, je feuchter und wärmer es ist. Doch nicht alle Pilze sind Feinde des Baumes. Auch Pilze sind Teil im Ernährungshaushalt der Pflanzen, indem sie organische Stoffe in anorganische umwandeln, die z. B. auch von den Bäumen gebraucht werden.

Anzeichen der holzzerstörenden Pilze sind ihre Fruchtkörper und Gewebe (Mycel). Das Mycel besteht aus einer großen Zahl kleinster Keim- oder Pilzfäden, den Hyphen. Sie dringen ins Holz ein und zerstören das feste Gefüge durch Abbau der Inhaltsstoffe oder der Holzsubstanz. Festigkeitsminderung und Farbveränderung am Holz sind die Folgen. Verbreitet werden die Pilze durch unzählige mikroskopisch kleine Keimzellen (Sporen).

Arten. Von den zahlreichen holzzerstörenden Pilzarten sollen hier die für den Tischler wichtigsten Schädlinge behandelt werden.

haftes und ungesundes Holz kann er in der Regel nicht verwenden.

Holzzerstörende Pilze bauen die Zellulose und das Lignin ab, also die Hauptbestandteile des Holzes.

Braunfäule liegt vor, wenn die Zellulose abgebaut wird. Das Kernholz nimmt eine bräunliche bis rötlichbraune Farbe an. Durch das Aufspalten in drei senkrecht zueinander stehende Richtungen wird es „würfelbrüchig" und schließlich völlig zerstört. Da der Pilz die helle Zellulose der Zellwände zerstört, nennt man den Befall auch Destruktionsfäule = Abbaufäule (3.66). Verursacher sind u. a. Leberpilz, Fäulepilz und Wurzelschwamm am Nadelholz, Schwefelporling am Laubholz, Echter Hausschwamm u. a. am verbauten Holz.

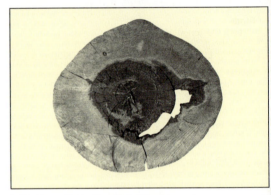

3.66   Braunfäule, Kernfäule (Kirschbaum)

Weißfäule (Korrosionsfäule) entsteht, wenn die Pilze das Lignin abbauen. Die Holzstruktur bleibt dabei erhalten. Durch den Abbau bilden sich Spalten und Löcher im Holz, die mit dem weißlichen bis bräunlichen Mycel des Pilzes ausgefüllt sind.

Holzzerstörende Pilze

am lebenden Baum	am frei gelagerten Holz	am verbauten Holz
Stammfäulen	Lagerfäulen	Hausfäulen
Braunfäule		Echter Hausschwamm
Weißfäule	Stockigkeit	Keller- oder Warzenschwamm
Baumkrebs	Verfärbungen	Blättlinge
Astfäule		Weißer Porenschwamm

Bläue (kein Holzzerstörer)

Stammfäulen am lebenden Baum. Der Tischler verarbeitet ausgesuchtes, gesundes Holz. Trotzdem sind Kenntnisse über die Erreger von Krankheiten am Baum auch für ihn wichtig, denn schad-

Gesundes und krankes Holz sind durch dunkle Linien scharf voneinander getrennt (3.67). Neben dem Kiefernbaumschwamm sind Zunderschwamm, Buchenschleimrübling und Hallimasch die Hauptverursacher der Weißfäule.

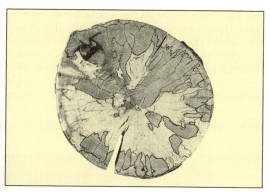

3.67 Weißfäule (Birke)

Baumkrebs. Im Bereich aufbrechender Knospen dringt Pilzgeflecht ein und ruft im äußeren Stammbereich (Rinde und Bast) beulenartige Anschwellungen hervor (**3.**68). Der Baum versucht, den Krankheitsherd zu überwallen. Obwohl die Holzsubstanz nicht zersetzt wird, ist der befallene Baum stark gefährdet, denn an den Krebsstellen können leicht andere holzzerstörende Pilze eindringen. Außerdem entzieht der Baumkrebs dem Baum Nährstoffe und kann dadurch Wachstumsstörungen, ja sogar das Absterben des Baumes verursachen.

3.68 Baumkrebs (Tanne)

Astfäule. Die Überwallung von Wunden im Bereich abgebrochener Äste geht nur langsam voran. In dieser Zeit können leicht Pilze in den Stamm eindringen und erhebliche Fäulnisschäden verursachen.

Lagerfäulen und Verfärbungen. Wenn Stämme nach dem Fällen längere Zeit in unmittelbarer Berührung mit dem feuchten Erdreich bleiben, zeigen sie häufig Oberflächenfäulen, Innenfäulen

oder Verfärbungen. Als Erreger kommen viele Pilze in Frage. Durch raschen Einschnitt gefällter Stämme und sachgemäße luftige Lagerung des Schnittholzes lassen sich Lagerfäulen und Verfärbungen vermeiden.

Stockigkeit ist vorwiegend bei Buchen, Birken, Ulmen und Erlen zu finden. Stockflecken zeigen sich auf den Hirnflächen als weiße, rötliche und bräunliche Verfärbungen (**3.**69).

3.69 Stockigkeit (Buche)

Bläue tritt vor allem bei frisch gefälltem und unsachgemäß gelagertem Schnittholz auf (**3.**70). Erreger sind die Bläuepilze, die sich sehr schnell vermehren. Sie leben von den Inhaltsstoffen der Zellen nur im Splintbereich, sind also keine Holzzerstörer. Daher ist es nicht richtig, von Blaufäule zu reden. Das dunkel gefärbte Mycel verursacht die Holzverfärbung. Die kleinen oft flaschenförmigen Fruchtkörper durchbrechen und zerstören Lack- und Farbschichten. Bei stärkerem Bläuebefall kann mehr Feuchte in das Holz eindringen und dadurch kann auch unter dem Anstrich Fäulnis entstehen. Verblautes Holz wird nicht im Außenbereich verwendet.

3.70 Durch Bläue verursachter Anstrichschaden

Hausfäulen am verbauten Holz. Vorwiegend in älteren, oft nur unzureichend gegen Feuchtigkeit abgesperrten Häusern, aber auch bei erhöhter Baufeuchtigkeit in Neubauten bilden sich Schwammarten. Sie mindern nicht nur erheblich den Wohnwert des Gebäudes, sondern beeinträchtigen auch die Gesundheit der Bewohner.

Der echte Hausschwamm ist der gefährlichste dieser holzzerstörenden Pilze. Seine Zerstörungskraft ist besonders groß, der Schaden nur unter erheblichem Aufwand zu reparieren (**3.71** a). Er tritt vorwiegend in Keller- und Erdgeschossen von Altbauten auf und bevorzugt Nadelholz. Das befallene Holz muss restlos ausgebaut und verbrannt werden. Bevor man neues Holz einbaut, muss die Schadensursache beseitigt werden. Meist kündigt sich der Pilz durch modrigen Geruch des Holzes an. An schlecht belüfteten, dunklen Stellen im Haus, wo Holzteile mehr als 20 % Feuchtegehalt haben, findet man das weiße, watteähnliche Pilzgeflecht (**3.71** a). Auf der Suche nach Holz und anderen zellulosehaltigen Materialien (z. B. Papier, Teppiche, Stroh) wachsen die Mycelstränge oft meterweit. Dabei machen sie auch vor Mauerwerk keinesfalls Halt, sondern durchwachsen Fugen und Ritzen. Durch den Abbau der Zellulose und Zellinhaltsstoffe verliert das Holz seine Tragfähigkeit, wird mürbe und zerfällt würfelartig (brüchig). Im Trockenzustand lässt sich das zerstörte Holz leicht zwischen den Fingern verreiben.

a)   b)

3.71   a) Echter Hausschwamm, b) Schadenserkennung

> Der Echte Hausschwamm ist der gefährlichste holzzerstörende Pilz. Befallenes Holz muss ausgebaut und verbrannt werden.
>
> Echter Hausschwamm ist in den meisten Bundesländern anzeigepflichtig!

Der Kellerschwamm ist für das verbaute Holz im Haus nicht minder gefährlich als der Hausschwamm (**3.72**). Jedoch braucht er neben den genannten Wachstumsbedingungen erheblich mehr Feuchtigkeit (30 bis 60 % Holzfeuchte). Sein Vorkommen ist daher meist auf Kellerräume und in Bodennähe verbaute Hölzer beschränkt. Wegen der warzenförmigen Erhebungen auf dem Fruchtkörper nennt man ihn auch *Warzenschwamm*.

3.72   Brauner Keller- oder Warzenschwamm

Blättlinge sind vorwiegend an Außenbauteilen zu finden. Über 90 % der Schäden an Fenstern werden durch Blättlinge verursacht. Sie bevorzugen feuchtes Holz und können daher Innenbauteile befallen, die häufig Feuchteeinwirkungen unterliegen. Blättlinge vertragen auch hohe Temperaturen und zeitweiliges Austrocknen. Das beige bis braune Mycel wächst nur im Holzinnern, so dass der Befall erst spät erkannt wird. Die Fruchtkörper wachsen leisten- und konsolenförmig aus Holzspalten. In frischem Zustand sind sie dunkelbraun bis schwärzlich. Auffallend sind die deutlich sichtbaren Lamellen (**3.73**).

3.73   Charakteristisches Wachstum von Blättlingen aus Trockenrissen

Der Weiße Porenschwamm befällt vorwiegend Nadelholz mit hohem Feuchtegehalt und kommt im Freien als auch im gelagerten oder verbautem Holz vor. Sein weißes Oberflächenmycel wächst eisblumen- oder fächerartig. Auch dieser Pilz ist für die Baumfäule verantwortlich, die zu einer völligen Zerstörung des Holzes führt.

3.74 Weißer Porenschwamm

3.6.2 Holzzerstörende Insekten

Zu den natürlichen Feinden des Holzes gehören neben den Pilzen auch Insekten und ihre Larven, Säugetiere und Vögel. Ihre Schäden machen Holz für die Weiterverarbeitung in der Schreinerei vielfach unbrauchbar, mindern auf alle Fälle den Gebrauchswert. Zur Vorbeugung, aber auch zum Beseitigen von Schäden sind Kenntnisse über die wichtigsten Schädlinge nötig.

Forstschädlinge

Immer wieder lesen und hören wir von Waldkatastrophen. So erreichten die Sturmschäden zum Jahresbeginn 1990 ein in der Bundesrepublik Deutschland bisher nicht gekanntes Ausmaß. Nach vorsichtigen Schätzungen sind mehr als 30 Mio. m³ Holz ein Opfer der Stürme geworden. Doch nicht nur diese Großschäden bereiten der Forstwirtschaft Probleme. In jedem Jahr gibt es erhebliche Nutzholzverluste durch Feuer, Schneebruch, Insektenfraß und andere Einflüsse.

> Überdenken und diskutieren Sie die Behauptung, der Mensch sei der größte Schädling für das Ökosystem Wald.

Säugetiere, wie Hoch- und Niederwild, beschädigen die Bäume im Bereich der Wachstumsschicht. Die Verletzungen können zum Absterben oder zu Überwallungen der Bäume führen und begünstigen in gefährlichem Maß das Eindringen von holzzerstörenden Pilzen.

Vögel, besonders Spechte, schlagen die Bäume bei der Nahrungssuche im Rindenbereich auf oder bauen tiefe Nistlöcher in den Stamm (**3.75**). Solche Verletzungen sind häufig Ausgangspunkt für Stammfäulen.

3.75 Nistloch eines Spechtes

Tierische Schädlinge

am lebenden Baum

Forstschädlinge

Säugetiere
Vögel
Insekten

am gelagerten oder verbauten Holz

Technisch bedeutsame Schädlinge

Hausbock
Gewöhnlicher Nagekäfer
Splintholzkäfer
Holzwespen
Großer Eichbock
Pappel- und Fichtenbock

Insekten und ihre Larven führen durch Kahlfraß oder Fraßgänge zu Wachstumsstörungen am Stamm (s. Abschn. 3.2.3, Verletzung der Haupttriebe → Posthornwuchs, Überwallung). Von den zahlreichen holzzerstörenden Insekten nennen wir die gefährlichsten: Nonne, Kiefernspinner und Borkenkäfer.

Der Kiefernspinner ist ein Falter, dessen Raupen sich von den Nadeln ernähren. Treten sie in größeren Mengen auf, kommt es zum Kahlfraß und damit zum Absterben des Baumes.

Die Nonne, ebenfalls ein Falter, befällt vorwiegend Fichten, aber auch Laubhölzer. Ihre Raupen ernähren sich von den Nadeln bzw. Blättern. Befallene Fichten sterben ab.

Borkenkäfer befallen in der Regel nur erkranktes Holz. Einige Arten dringen ins Holz ein und werden so zu technischen Schädlingen (Holzbrüter). Die meisten Käferarten ernähren sich von der Rinde oder der Bastschicht (Rindenbrüter). Treten sie in großen Mengen auf, können ganze Waldbestände zum Sterben verurteilt sein. Zu diesen Schädlingen gehört der Buchdrucker, der seinen Namen dem eigentümlichen Fraßbild verdankt (**3**.76).

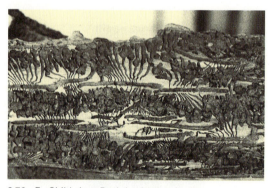

3.76   Fraßbild eines Buchdruckers

Technisch bedeutsame Schädlinge. Die Bekämpfung der Forstschädlinge ist in erster Linie Aufgabe des Försters. Dagegen hat der Tischler vorwiegend mit Holzschädlingen zu tun, die im gelagerten oder verbauten Holz wirken. Ihre Fraßgänge machen das Holz für viele Verwendungszwecke unbrauchbar oder mindern den Wert der Holzerzeugnisse.

Entwicklungsstadien der Insekten. Da Larven oder Raupen die eigentlichen Holzzerstörer sind, wollen wir die Entwicklung der Insekten betrachten.

Aus dem Ei schlüpft die Larve oder die Raupe. Ihr „Appetit" kennt keine Grenzen. In diesem Stadium, das den größten Zeitraum in der Entwicklung zum

Vollinsekt einnimmt, zerstören die Larven das Holz, die Raupen machen sich über Nadeln und Blätter her. Erst nach mehreren Jahren verpuppen sich Larve und Raupe. Und schon wenige Wochen später schlüpfen der fertige Käfer oder Falter. Sie verlassen das Holz, erfüllen die Aufgabe der Fortpflanzung und schließen damit den Kreislauf (**3**.77).

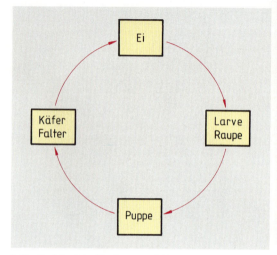

3.77   Kreislauf der Insektenentwicklung

Der Hausbock ist der gefährlichste Käfer für das verbaute Holz (**3**.78). Seine Larven befallen Nadelhölzer (seltener Laubhölzer) und finden sich daher im Holz der Dachkonstruktion, in Fachwerk, Deckenbalken und oft auch in Fensterrahmen. Meist nimmt man den Befall erst wahr, wenn sich ein Entwicklungskreislauf geschlossen hat. Der ausschlüpfende Käfer hinterlässt nämlich auf der Holzoberfläche 4 bis 7 mm große ovale Löcher. Da ein Hausbockweibchen im Durchschnitt 200 Eier legt und die Larven 4 bis 10 Jahre für die Entwicklung im Holz brauchen, ist das Ausmaß der Schä-

a)   b)   c)

3.78   Hausbock
        a) Larve, b) Insekt, c) Schadensbild

den sehr groß. Zur sicheren Erkennung eines Befalls gehört die Holzuntersuchung: Ein stumpfer Klang beim Anschlagen weist darauf hin, durch Abbeilen der Kanten werden die Fraßgänge dicht unter der Oberfläche freigelegt.

Statisch nicht mehr tragfähige Bauteile sind auszuwechseln, die Fraßgänge gründlich auszubürsten und sorgfältig mit chemischen Holzschutzmitteln zu behandeln.

> Der Hausbock ist der gefährlichste tierische Holzschädling. Befallene Bauteile sind nicht mehr tragfähig und müssen ausgebaut werden.

Der Gewöhnliche Nagekäfer (Anobium punctatum), im Volksmund auch als „Holzwurm" bezeichnet, ist der bekannteste Käfer (3.79). Er befällt verbautes Nadel- und Laubholz, besonders dort, wo höhere Feuchtigkeit und mäßige Temperaturen gegeben sind (also in Kellerräumen und Fußbodennähe, Wandflächen, Museen). Die weiblichen Käfer legen in Holzritzen oder Fluglöchern 20 bis 50 Eier ab, aus denen nach einigen Wochen die Larven schlüpfen, die das Holz bis in den Kern zerstören können. Die Larven leben 2 bis 8 Jahre im Holz. Nach der Verpuppung verlassen die meist bräunlich gefärbten Käfer das Holz durch kreisrunde, schrotschussartige Fluglöcher. Diese Fluglöcher kennen wir von alten Möbeln und Kunstgegenständen her. Häufig treten Anobien auch in Wandverkleidungen, Treppen, Dielen, Holzbalkendecken, an Möbeln und Korbgeflecht auf. Ausgeworfene Bohrmehlhäufchen zeigen oft den lebenden Befall an.

Die Schutzmaßnahmen sind dieselben wie beim Hausbock. Kunstwerke sollten Spezialisten (Restauratoren) behandeln.

Splintholzkäfer. Neben dem Splintholz- oder Parkettkäfer tritt häufig der mit Tropenholz eingeschleppte Braune Splintholzkäfer auf (3.80). Er gefährdet alle Hölzer, die Stärke als Holzspeicherstoff und genügend Eiweiß enthalten. Das ist bei einigen oft verarbeiteten Tropenhölzern der Fall (z. B. Limba und Abachi). Aber auch einheimische Holzarten wie Eiche, Esche, Nussbaum, Rüster sind zumindest im Splintteil anfällig gegen Splintholzkäfer. Nadelhölzer bleiben in der Regel verschont. Das Weibchen legt Dutzende Eier vorwiegend in Holzporen.

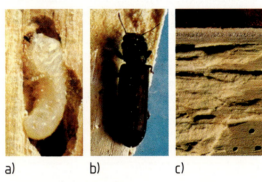

3.80 Brauner Splintholzkäfer
a) Larve, b) Käfer, c) Schadensbild

Die Larven verstopfen ihre Fraßgänge mit puderfeinem Fraßmehl, so dass ein Befall nur schwer erkennbar ist. Die Entwicklungsdauer der Käfer richtet sich nach dem Nährwert des Holzes und dem Klima; sie kann wenige Monate, aber auch mehrere Jahre betragen. Die Fluglöcher sind kreisrund und haben 1 bis 1,5 mm Durchmesser. Die Käfer sind braun, flach, stäbchenförmig. Sie laufen und fliegen in der Dämmerung. Bekämpft werden sie wie der Hausbock.

Holzwespen befallen das Holz noch im Wald oder im gelagerten Zustand. Verwundete Bäume und frisch entrindetes Nadelholz werden bevorzugt.

3.79 Anobien
a) Larve, b) Insekt, c) Schadensbild

3.81 Holzwespe
a) Larve, b) geschlüpfte Wespe, c) Schadensbild

Die Larven haben eine Lebensdauer von 2 bis 4 Jahren und beenden ihre Entwicklungszeit nicht selten im schon verbauten Holz (**3**.81). Die

geschlüpften Wespen bilden keine Gefahr mehr für das verbaute Holz. Es genügt daher, die etwa 4 bis 7 mm großen Fluglöcher zu verschließen.

Aufgaben zu Abschnitt 3.6.1 und 3.6.2

1. Welche sinnvolle Aufgabe erfüllen Pilze im Haushalt der Natur?
2. Was ist ein über(be)ständiger Baum?
3. In welche Gruppen teilt man die pflanzlichen Schädlinge ein?
4. Erläutern Sie die Destruktions- und die Korrosionsfäule.
5. Welche Gefahr löst der Baumkrebs aus?
6. Wie vermeiden Sie Lagerfäulen?
7. Woran erkennen Sie Stockigkeit und Roststreifigkeit?
8. Beschreiben Sie die Wirkung der Bläue.
9. Wo ist der Echte Hausschwamm anzutreffen?
10. Warum ist er so gefährlich?
11. Welche Maßnahmen sind beim Befall mit Echtem Hausschwamm zu treffen?
12. Lagern Sie Kaminholz mit Pilzbefall in Ihrem Keller? Begründen Sie Ihre Antwort.
13. Welche Pilze können an den Fenstern wachsen?

14. In welche Gruppen teilt man die tierischen Schädlinge ein?
15. Welchen Schaden richtet der Kiefernspinner an?
16. Worin besteht der Unterschied zwischen Rindenbrütern und Holzbrütern?
17. Schildern Sie die Entwicklung der Insekten.
18. In welchem Entwicklungsstadium schädigen die Insekten das Holz?
19. Wo findet man den gefährlichen Hausbock?
20. Wie erkennt man Hausbockbefall?
21. Mit welchen Maßnahmen bekämpft man den Hausbock?
22. Woran erkennen Sie den Befall mit Klopfkäfern?
23. Warum lässt sich der Splintholzkäfer-Befall nur schwer feststellen?
24. Wie lange können sich die Larven der Holzwespe im Holz aufhalten?

3.6.3   Holzschutzmaßnahmen

Holz unterscheidet sich durch seine Schönheit, Dauerhaftigkeit, gute Bearbeitbarkeit, hohe Festigkeit u. a. m. von vielen anderen Werkstoffen. Diese Vorzüge bleiben jedoch nur dann langfristig erhalten, wenn das Holz vor schädigenden Einflüssen bewahrt wird. Jährlich werden riesige Mengen Holz durch tierische und pflanzliche Schädlinge, Feuchtigkeit, Feuer und mechanische Einwirkungen zerstört. Was ist dagegen zu tun?

Schon durch richtige Auswahl sowie fachgerechte Be- und Verarbeitung des Holzes lassen sich Schäden vermeiden. Diese vorbeugenden technisch-konstruktiven Maßnahmen werden ergänzt durch viele Mittel und Verfahren der chemischen Industrie.

> Baulicher Holzschutz hat Vorrang vor chemischen Maßnahmen. Vorbeugender Schutz ist einfacher, wirkungsvoller und billiger als nachträgliche Behandlung oder Erstbekämpfungsmaßnahmen.

Der bauliche Holzschutz erstreckt sich auf alle konstruktiven und bauphysikalischen Maßnahmen, die eine unzuträgliche Veränderung des Feuchtegehaltes von Holz- und Holzwerkstoffen (z. B. werden so die Voraussetzungen für einen Pilzbefall geschaffen, oder übermäßiges Quellen oder Schwinden beeinträchtigt die Brauchbarkeit einer Konstruktion) oder den Zutritt von holzzerstörenden Insekten verhindern sollen.

Holzschutz

Vorbeugen   Nachbehandeln   Bekämpfen

baulich   chemisch
(technisch-konstruktiv)   vorbeugende   chemische Maßnahmen
– vorbeugende   chemische Maßnahmen
bauliche Maßnahmen

Der Schutz des Holzes vor Feuchtigkeit beginnt bereits beim Einschlagen. Das Fällen im Winter (saftarme Zeit), der rasche Abtransport und baldiges Entrinden verhindern den Befall durch Schädlinge, fachgerechtes Lagern schützt das Holz vor Feuchtigkeit, wie Abschn. 3.4.1 gezeigt hat. Dazu kommen

Bauliche Maßnahmen zum Feuchteschutz

– weite Dachüberstände, zurückliegende Türen, Fenster und Wandverkleidungen halten Niederschläge fern;
– senkrechte Fugenanordnung bei Verkleidungen verhindern das Eindringen von Wasser im Bereich von Nut und Feder;
– Abdeckungen, Tropfkanten und Regenschienen leiten das Wasser ab;
– Spritzwasser durch Niederschläge und Bodenfeuchtigkeit hält man durch entsprechend hohe Abstände fern; Abstände und Sperrschichten (Folien, Dichtungsmassen) verhindern die Feuchtigkeitsübertragung ins Holz durch angrenzende Bauteile;
– Hinterlüftungen, Dampfsperren und Dämmschichten lassen Kondenswasser nicht ins verbaute Holz eindringen;
– Holz und Holzwerkstoffe sind mit möglichst dem Feuchtegehalt einzubauen, der während der späteren Nutzung als Mittelwert zu erwarten ist. Die nach DIN 1052-1 und der DIN 4074 festgelegten Richtwerte für Holz sollten auch für Spanplatten und Sperrholz zugrunde gelegt werden. Bei Faserplatten liegen diese Werte um ca. 3 % niedriger;
– weiter sind besondere bauliche Maßnahmen nach DIN 68800-2 über Feuchtediffusion und Beispiele zur Vermeidung von Pilz- und Insektenbefall zu beachten.

Gegen Feuer schützt schon das Rauchverbot im Sägewerk, auf dem Holzlagerplatz und in der Werkstatt. Leichtentzündliche Stoffe dürfen nicht in der Nähe von Holz gelagert werden. Feuerlöschgeräte in ausreichender Zahl, richtiger Anordnung und Funktionsbereitschaft sind Vorschrift.

Obwohl Holz brennbar ist, zeigt es beim Brand eine beachtliche Widerstandsfähigkeit. Es bildet nämlich an der Oberfläche durch Verkohlen eine Schutzschicht, die den Sauerstoffzutritt hemmt und damit das weitere Brennen verzögert. Außerdem verhindert das schlechte Wärmeleitvermögen des Holzes ein schnelles Ausbreiten des Feuers.

Bauliche Maßnahmen zum Brandschutz schreibt DIN 4102 „Brandverhalten von Baustoffen und Bauteilen" für alle Baustoffe vor (s. Abschn. 10.2.6). Dazu gehören:

– glatte Oberflächen, abgerundete oder gebrochene Kanten;
– rissefreies Holz und große Holzquerschnitte;
– Mindestabstände des Holzes von Schornsteinen und offenen Feuerstellen;
– Verdecken oder Verkleiden der Holzteile durch nicht brennbare Plattenwerkstoffe oder Verputz.

3.6.4 Chemische Holzschutzmaßnahmen

Chemische Holzschutzmittel werden eingesetzt, um tierische und pflanzliche Schädlinge an einer Zerstörung des Holzes zu hindern. Die Wirksamkeit der Mittel wird durch die giftigen Substanzen (Biozide) gewährleistet. Bei ihrem Einsatz sind unerwünschte Nebenwirkungen für Menschen, Tiere, den Boden und das Wasser nicht auszuschließen. Der Einsatz von chemischem Holzschutz ist daher soweit wie möglich einzugrenzen. Es ist unbedingt erforderlich, vor dem Einsatz die Gebrauchsanweisungen sorgfältig zu lesen und sich gegebenenfalls zusätzliche technische Merkblätter von den Herstellern zu beschaffen.

Wichtige Grundlagen zu Fragen des Holzschutzes sind enthalten

– in der DIN 68800-2 – Vorbeugende bauliche Maßnahmen,
– in der DIN 68800-3 – Vorbeugender chemischer Holzschutz,
– in der DIN 68800-4 – Bekämpfungsmaßnahmen gegen holzzerstörende Pilze und Insekten,
– in der DIN 68800-5 – Vorbeugender chemischer Schutz von Holzwerkstoffen,
– im „Merkblatt für den Umgang mit Holzschutzmitteln", Herausgeber ist der Industrieverband Bauchemie und Holzschutzmittel e.V.,
– im Holzschutzmittelverzeichnis des Deutschen Institutes für Bautechnik,
– in den Landesbauverordnungen
  – im Bundesimmissionsschutzgesetz (BImSchG)
  – in der Gefahrstoffverordnung (GefStoffV)
  – im Chemikaliengesetz (ChemVerbotsV)
  – im Abfallgesetz (AbfBestV)
  – sowie in weiteren Gesetzen, Normen und der einschlägigen Fachliteratur.

In der DIN 68800 wird chemischer Holzschutz nur bei statisch beanspruchten Bauteilen gefordert. In allen anderen Bereichen liegt der Einsatz im Ermessen der Anwender. Prinzipiell kann durch geeignete Maßnahmen (**3.**83) im Innenbereich von Wohnhäusern die Gefährdungsklasse GK 0 (**3.**82) erreicht werden und damit ist der Verzicht auf chemischen Holzschutz gegeben.

Gefährdungsklassen. Zur Charakterisierung des Ausmaßes einer Gefährdung von Holzbauteilen durch Holzschädlinge sind in DIN 68800-3 Gefährdungsklassen definiert, nach denen Bauteile in bestimmten Anwendungsbereichen zugeordnet sind. Tabelle **3.**82 gibt diese Zuordnung wieder.

Die natürliche Dauerhaftigkeit verschiedener Holzarten kann den Einsatz von chemischen Holzschutzmaßnahmen einschränken oder gar überflüssig werden lassen. In DIN 68800-3 wird auf die Resistenzklassen Bezug genommen, genauer und ausführlicher informiert dazu die Europäische Norm EN 460. Tabelle **3**.83 informiert in Anlehnung an diese Norm über die natürliche Dauerhaftigkeit einer Holzart gegen Pilzbefall. Tabelle **3**.84 nennt einige wichtige Holzarten und deren Zuordnung (Angaben gemäß EN 350-352).

Tabelle **3**.82   Gefährdungsklassen (GK) und zugeordnete Bauteile nach DIN 68800-3

Gefähr-dungs-klasse	Anwendungsbereiche	Gefährdung durch			
		Insekten	Pilze	Aus-waschung	Moder-fäule
0	Bauteile wie in GK 1, die aber entweder allseitig durch eine geschlossene Bekleidung vor Insektenbefall geschützt oder die zum Raum hin so offen angeordnet sind, dass sie kontrollierbar bleiben	nein	nein	nein	nein
1	Innenbauteile bei einer mittleren relativen Luftfeuchte bis 70 % und gleichartig beanspruchte Bauteile	ja	nein	nein	nein
2	Innenbauteile bei einer mittleren relativen Luftfeuchte über 70 % und gleichartig beanspruchte Bauteile Innenbauteile in Nassbereichen, Holzteile wasserabweisend abgedeckt Außenbauteile ohne unmittelbare Wetterbeanspruchung	ja	ja	nein	nein
3	Außenbauteile mit Wetterbeanspruchung ohne ständigen Erd- und/oder Wasserkontakt Innenbauteile in Nassräumen	ja	ja	ja	nein
4	Holzteile mit ständigem Erd- und/oder Süßwasserkontakt auch bei Ummantelung	ja	ja	ja	ja

Erläuterungen zu den Gefährdungsklassen der Tabelle **3**.82
GK 0 – kein chemischer Holzschutz erforderlich
GK 1 – Chemischer Schutz gegen Insekten erforderlich. Prüfprädikat Iv.
GK 2 – s. GK 1, zusätzlicher Schutz gegen Pilze erforderlich. Prüfprädikate Iv und P
GK 3 – s. GK 2, zusätzlicher Schutz vor Auswaschung. Prüfprädikate Iv, P und W
GK 4 – s. GK 3, zusätzlicher Schutz gegen Moderfäule. Prüfprädikate Iv, P, W und E

Tabelle **3**.83   Festlegung der je nach Gefährdungsklasse erforderlichen natürlichen Dauerhaftigkeit gegen Pilzbefall (nach EN 460)

Gefährdungs-klasse*	Dauerhaftigkeitsklasse				
	1	2	3	4	5
2	I	I	I	(I)	(I)
3	I	I	(I)	(I)-(x)	(I)-(x)
4	I	(I)	(x)	x	x

* GK 1 ist nicht aufgeführt, da dort definitionsgemäß keine Gefahr eines Pilzbefalls besteht; entsprechend ist in GK 1 die Dauerhaftigkeit aller Holzarten ausreichend gegen Pilzbefall.

I   Natürliche Dauerhaftigkeit ausreichend.

(I)   Natürliche Dauerhaftigkeit üblicherweise ausreichend, aber unter bestimmten Gebrauchsbedingungen (hohe Feuchtebeanspruchung, z. B. Schwellen) kann eine Behandlung mit Holzschutzmitteln empfehlenswert sein.

(I)-(x) Natürliche Dauerhaftigkeit kann ausreichend sein (z. B. Fichtenholz bei einer hinterlüfteten Außenverbretterung), aber in Abhängigkeit von der Kombination Holzart, Durchlässigkeit und Beanspruchung im Gebrauch kann eine Behandlung mit Holzschutzmitteln notwendig sein (z. B. Kiefernsplintholz an einer schlecht hinterlüfteten Westfassade)

(x)   Eine Behandlung mit Holzschutzmitteln ist üblicherweise empfehlenswert, aber unter bestimmten Gebrauchsbedingungen kann die natürliche Dauerhaftigkeit ausreichend sein (z. B. amerikanisches Douglasienkernholz in einem trockenen Boden).

x   Eine Behandlung mit Holzschutzmitteln ist notwendig.

Arten. Je nach der gewünschten Wirksamkeit wird unterteilt nach Fungiziden (= gegen Pilzbefall) und Insektiziden (= gegen Insektenbefall).

Nach der Beschaffenheit unterscheidet man wasserlösliche, ölige und andere Holzschutzmittel.

Wasserlösliche Holzschutzmittel dienen vorwiegend zum Randschutz für halbtrockenes Holz (20 bis 30 % Holzfeuchte) und trockenes Holz (< 20 % HF). Sie lassen eine Beschichtung mit anderen Oberflächenmitteln zu, sind meist geruchlos und erhöhen nicht die Brandgefahr. Da das Wasser das Holz quellen lässt, sind die Einsatzmöglichkeiten dieser Schutzmittel begrenzt. Vor dem Anwenden löst man sie in Wasser und benutzt sie vor allem für Bauholz, Verbrettungen und Masten.

Nicht fixierende Salze, wie Bor- oder Fluorverbindungen, bleiben wasserlöslich und können somit ausgewaschen werden. Holzteile, die Niederschlägen, Erdfeuchte oder direktem Kontakt mit Wasser ausgesetzt sind, sind daher nur mit *Fixierenden Salzen* zu behandeln. Diese wandeln sich im Holz in nur sehr schwer wasserlösliche Verbindungen um.

Ölige Holzschutzmittel verwendet man vorwiegend für Hölzer mit < 20 % HF. Da sich Öle nicht mit Wasser verbinden, dringen sie sofort tief ins Holz ein. Je trockener das Holz, desto besser ist sein Aufnahmevermögen. Diese Schutzmittel verändern die Holzmaße praktisch nicht, wirken zudem wasserabweisend und witterungsbeständig, sind

Tabelle **3.**84   Beispiele für Holzarten mit unterschiedlicher natürlicher Dauerhaftigkeit gegen Pilzbefall (Angaben nach EN 350-2). Die Angaben gelten nur für das Kernholz (dunkler, innerer Holzbereich). Das Splintholz (äußerer Holzbereich) ist als „nicht dauerhaft" einzustufen.

Klasse	Handelsname	Wissenschaftlicher Name	NH LH	Dichte kg/m^3	Splintbreite cm	Herkunft
1 sehr dauerhaft	Jarrah [1] Teak *	*Eucalyptus marginata* [1] *Tectona grandis*	LH LH	830 680	2 bis 5 2 bis 5	Australien SO. Asien
1 bis 2	Iroko Robinie	*Milicia excelsa* *Robinia pseudoacacia*	LH LH	650 740	5 bis 10 <2	W/O. Afrika Europa
2 dauerhaft	Bongossi * Edelkastanie **Eiche** * Western Red Cedar	*Lophira alata* *Castanea sativa* *Quercus robur* *Thuja plicata*	LH LH LH NH	1060 590 710 370	2 bis 5 2 bis 5 2 bis 5 2 bis 5	Afrika Europa Europa N. Amerika
2 bis 3	Sipo/Sipo-Mahagoni Dark Red Meranti [2] Yellow Cedar *	*Entandrophragma utile* *Shorea sp.* *Chamaecyparis nootkatensis*	LH LH NH	640 680 480	5 bis 10 2 bis 5 2 bis 5	W/O. Afrika SO. Asien N. Amerika
3 mäßig dauerhaft	Douglasie * [3]	*Pseudotsuga menziesii*	NH	530	2 bis 5	N. Amerika
3 bis 4	**Douglasie** * [3] **Kiefer** * **Lärche** * Light Red Meranti [2]	*Pseudotsuga menziesii* *Pinus sylvestris* *Larix decidua* *Shorea sp.*	NH NH NH LH	510 520 600 520	2 bis 5 2 bis 10 2 bis 5 5 bis 10	Europa Europa Europa SO. Asien
4 wenig dauerhaft	**Fichte** * **Tanne** * Southern Pine * Western Hemlock *	*Picea abies* *Abies alba* *Pinus elliottii* *Tsuga heterophylla*	NH NH NH NH	460 460 450 490	** ** 5 bis 10 **	Europa Europa Z/N. Amerika N. Amerika
5 nicht dauerhaft	**Buche** * Esche Pappel Southern Blue Gum [1]	*Fagus sylvatica* *Fraxinus excelsior* *Populus sp.* *Eucalyptus globulus* [1]	LH LH LH LH	710 700 440 750	*** *** *** ***	Europa Europa Europa Europa

Die Einstufung beruht auf Versuchen mit Erdkontakt. Da Holz ein Naturprodukt ist, sind gewisse Schwankungen möglich. Die jeweilige Klassifizierung dient in erster Linie zu einem gegenseitigen Vergleich der Holzarten, insbesondere von unbekannten mit bekannten Holzarten.

Es sind die allgemein gebräuchlichen **Handelsnamen** aufgeführt. Regional können Unterschiede auftreten. Die in DIN 1052-1 aufgeführten Holzarten sind durch * gekennzeichnet, heimische Bauhölzer sind fett gedruckt.
** Hier besteht kein deutlicher Unterschied zwischen Kern und Splintholz
*** Kein Unterschied über den Holzquerschnitt, nicht relevant.
[1] Es gibt mehrere Hundert verschiedene Eukalyptusarten
[2] Bei Meranti handelt es sich um ein Handelssortiment, keine bestimmte Holzart
[3] Die Dauerhaftigkeit ist je nach Herkunft unterschiedlich.

jedoch nicht geruchsfrei. Die Beschichtung des Holzes mit anderen Mitteln ist begrenzt. Erhältlich sind ölige Schutzmittel in flüssiger, gebrauchsfertiger Form. Korrosionsgefahren bestehen nur für Kunststoffe. Bei den heute gebräuchlichen öligen Holzschutzmitteln handelt es sich in der Regel um organische Wirkstoffe, die in organischen Lösemitteln gelöst sind.

Auf dem deutschen Markt werden ca. 1000 verschiedene Holzschutzmittel angeboten. Für alle Holzschutzmittel, die zum Schutz von tragenden Bauteilen eingesetzt werden, ist das Prüfzeichen des Deutschen Institutes für Bautechnik (DIBt) erforderlich. Dieses Prüfzeichen wird erst dann vergeben, wenn der zweckgebundene Eignungsnachweis erbracht wurde. Neben der Bewertung der Wirksamkeit und der gesundheitlichen Folgen werden im Prüfbescheid Bedenken gegen Anwendungsbereiche sowie vorgeschriebene Einbringmengen genannt.

Die Wirksamkeit wird mit den Prüfprädikaten aus Bild **3.**85 beschrieben.

V	=	gegen Insekten vorbeugend
P	=	gegen Pilze vorbeugend
W	=	auch für Holz, das der Witterung ausgesetzt ist, jedoch nicht in ständigem Erdkontakt
E	=	auch für Holz in extremer Beanspruchung (ständiger Erd-/Wasserkontakt)

3.85   Prüfprädikate

Die Gebinde tragen das *Überwachungszeichen (Ü-Zeichen)* der die Produktion überwachenden Materialprüfanstalt. Alle Präparate mit gültigem Prüfzeichen (derzeit etwa 120) werden in dem jährlich erscheinenden Holzschutzmittelverzeichnis veröffentlicht.

Holzschutzmittel, die für den Schutz von nichttragenden Bauteilen vorgesehen sind, können bislang ohne entsprechenden Nachweis verkauft wer-

3.86   Überwachungszeichen für Holzschutzmittel mit Prüfzeichen des DIBt

den. Nach DIN 68800-3 sollen aber auch in diesen Anwendungsbereichen nur Präparate mit den entsprechenden Prüfprädikaten verwendet werden. Die Hersteller haben sich in der Gütegemeinschaft Holzschutzmittel e.V. zusammengeschlossen und vergeben auf Antrag ein *Gütezeichen RAL-Holzschutzmittel* (**3.**87). Derzeit werden etwa 100 Präparate mit dem RAL-Gütezeichen angeboten, sie werden im Anhang des Holzschutzmittelverzeichnisses aufgeführt und sind ferner als gesondertes Verzeichnis erhältlich.

3.87   RAL-Gütezeichen Holzschutzmittel

Präparate ohne Gütenachweise können geeignet sein, doch alle Herstellerangaben sind wegen des fehlenden Nachweises mit Vorsicht zu betrachten. Produkte mit dem *Umweltzeichen „Blauer Engel"* enthalten keine Biozide und sind dadurch in ihrer Wirksamkeit fragwürdig. Diese Mittel mit einem geringen Lösemittelanteil ($\leq$ 10 %) dienen ausschließlich dem Schutz vor Witterung oder der Holzveredelung.

3.88   Umweltzeichen „Blauer Engel"

Anwendungsverfahren. Für das Einbringen der Holzschutzmittel stehen verschiedene Verfahren zur Verfügung. Dabei ist die Frage der Eindringtiefe der Schutzmittel von besonderer Bedeutung (**3.**89).

Kurzzeitiges Tauchen des Holzes (Kurzzeitverfahren), **Spritzen** oder **Streichen** ist als **Oberflächenschutz** anzusehen. Die Schutzmittel dringen je nach Holzart und Arbeitsaufwand nur wenige Millimeter in das Holz ein.

Bei der **Tauchimprägnierung** (Langzeitverfahren) wird das Schnittholz Stunden bis Tage in Trogtränkanlagen eingelagert. Die Eindringtiefe kann von wenigen Millimetern bis mehreren Zentimetern gehen. Durch die hohen Schutzauflagen erfolgt die Tauchimprägnierung nur in Fachbetrieben.

Bei der **Druckimprägnierung** (Kesseldrucktränkung, Vakuumtränkung) werden die Holzschutzmittel durch Druckunterschiede in das Holz gepresst. Hierbei wird das Splintholz völlig, Kernholz dagegen wegen seiner besonderen Beschaffenheit nur bedingt durchtränkt (**3.89**).

Mit Sonderverfahren bekämpft man befallene Holzteile und behandelt sie nach. Beim *Injektionsverfahren* wird das Mittel mit Hilfe von Spritzen oder Kännchen unmittelbar in die Fraßlöcher eingebracht. Nach der Behandlung verschließt man die Löcher mit Wachs. So arbeitet man vorwiegend bei der Möbelrestauration. Ebenfalls beim Aufarbeiten alter Möbel und Kunstgegenstände aus Holz nutzt man die *Begasung*. Dabei wirkt das Gas unter luftdichtem Abschluss längere Zeit auf das Holz ein.

Beim *Bohrlochverfahren* bohrt man in vorgeschriebenem Abstand Löcher in die befallenen Holzteile (Deckenbalken, Pfetten), füllt das Mittel ein und verschließt die Löcher mit Holzdübeln. Besser lässt sich die Schutzmittellösung unter Druck (z. B. 20 bar) ins Holz pressen. Zum Sanieren von befallenen Dachstühlen dient häufig das *Heißluftverfahren*. Bis zu 100 °C erhitzte Luft wird in den Dachraum geblasen. Nach 6 bis 10 Stunden Behandlung sind die tierischen Holzzerstörer abgetötet.

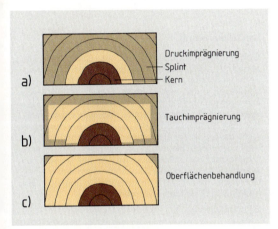

a)

b)

c)

Druckimprägnierung
Splint
Kern

Tauchimprägnierung

Oberflächenbehandlung

3.89 Eindringtiefen bei verschiedenen Einbringverfahren

Chemischer Holzschutz gegen Feuer ist immer vorbeugend. Er macht das Holz schwerentflammbar. DIN 4102 teilt die Baustoffe nach ihrem Brandverhalten in nicht brennbare und brennbare ein (**3.89**).

Tabelle **3.90** Baustoffklassen nach dem Brandverhalten

A	Nichtbrennbare Baustoffe
A 1 A 2	z. B. Kalk, Sand, Beton mit organischen Bestandteilen (z. B. Gipskartonplatten ab 12,5 mm Dicke)
B	Brennbare Baustoffe
B 1 B 2	schwerentflammbare Baustoffe normalentflammbare Baustoffe (z. B. Holz und Holzwerkstoffe > 2 mm Dicke)
B 3	leichtentflammbare Baustoffe (z. B. Holz < 2 mm Dicke)

Durch Behandeln mit den amtlich geprüften und zugelassenen Brandschutzmitteln können Bauteile aus Holz und Holzwerkstoffen schwerentflammbar gemacht werden. Zu unterscheiden sind Feuerschutzsalze und schaumschutzbildende Brandschutzmittel.

Anorganische Feuerschutzsalze (FEA) mit Phosphaten und anderen anorganischen Bestandteilen schützen das Holz von innen heraus. Sie werden im Kesseldruckverfahren, manchmal auch handwerklich eingebracht, sind nicht witterungsbeständig und führen bei Metall und Glas zu Korrosion. Die wasserlöslichen Salze wirken gleichzeitig gegen tierische und pflanzliche Schädlinge.

Schaumbildende Feuerschutzmittel (FES) werden als wässrige Lösung auf innenverbaute Holzteile gesprüht oder gespritzt. Unter Feuereinwirkung schäumt die Oberfläche auf und bildet so eine Schaumschicht, die den Zutritt von Sauerstoff unterbindet und damit die Entflammbarkeit verzögert. Entsprechend dieser Feuerwiderstandsfähigkeit spricht man von Bauteilen F 30, F 60, F 120, F 180. F 30 bedeutet, dass die Bauteile dem Feuer 30 Minuten lang widerstehen.

Holzwerkstoffe werden mit entsprechenden Sonderpräparaten geschützt. Eingesetzt werden Salze und auch organische Wirkstoffe mit fungizider Wirkung. Holzwerkstoffe, die Schutzmittel enthalten, sind durch Hinzufügen des Buchstabens „G" zum Plattentyp gekennzeichnet, z. B.

V 100 G = Flachpressplatte mit begrenzt wetterbeständiger Verleimung, geschützt gegen holzzerstörende Pilze.

Die Oberflächenbehandlung mit Anstrichmitteln kann unterschiedlichen Zwecken entsprechen.

Anstrichmittel für die Behandlung von Holzoberflächen stehen für unterschiedliche Ansprüche zur Verfügung. Biozidfreie Produkte sollen das Holz vor Feuchteaufnahme und Vergrauen schützen und werden als *Wetterschutzmittel* bezeichnet. Soll die Schutzwirkung gleichzeitig gegen Holzschädlinge gerichtet sein, kommen *Holzschutzgrundierungen* und *Holzschutzlasuren* zum Einsatz. Diese Produkte enthalten dann jedoch Biozide. Im Innenbereich soll Holz in der Regel vor mechanischen und chemischen Einflüssen geschützt werden und darüber hinaus eine dekorative Wirkung haben. Diese, ebenfalls biozidfreien Anstrichmittel, bezeichnet man als *Holzveredelungsmittel*.

Zur Veredelung der Oberflächen und für den Wetterschutz sind farblose, lasierende und deckende Anstrichmittel erhältlich. Dabei wird der Einfluss der UV-Strahlung auf die Holzoberfläche von den Pigmentbeimengungen beeinflusst.

Farblose Anstrichmittel sind wegen fehlender Pigmente für den Wetterschutz ungeeignet (UV-Strahlen können ungehindert auf die Holzoberfläche einwirken), dienen dagegen der Holzveredelung.

Lasierende Anstrichmittel werden entsprechend ihrem Bindemittelanteil in Dünnschichtlasuren und Dickschichtlasuren unterteilt. Sie sind sowohl als Wetterschutz als auch zur Veredelung der Oberflächen geeignet.

Dünnschichtlasuren sind offenporig und wasserdampfdurchlässig. Der dünne Film lässt die Holzmaserung sichtbar bleiben.

Dickschichtlasuren bilden auf der Holzoberfläche einen lackartigen, weitgehend dampfundurchlässigen Film. Das Quellen und Schwinden des Holzes wird eingeschränkt.

Bei deckenden Anstrichmitteln handelt es sich um seidenglänzende Kunststofflacke in dekorativen Farbtönen. Acryllasuren und Acryllacke auf wässriger Basis lösen mehr und mehr die lösemittelhaltigen Produkte ab.

Holzschutzgrundierungen kommen zum Einsatz, wenn zu den genannten Forderungen der Schutz vor Holzschädlingen erforderlich ist. Die niedrigviskosen, biozidhaltigen Bindemittellösungen sollten mit einem giftfreien Schlussanstrich überzogen werden.

Holzschutzlasuren sind als Dünnschichtlasuren mit biozidem Zusatz und geringem Kunstharzanteil erhältlich. Grundierungen und Lasuren als Dispersion auf wässriger Basis stellen eine Alternative zu den lösemittelhaltigen Produkten dar.

Als biologische Holzschutzmittel werden Substanzen aus natürlichen Rohstoffen bezeichnet (Zitronenschalenöl, Holzessig, Bienenwachs u. a.). Ihre Anwendung ist ökologisch und gesundheitlich unbedenklich, die Beurteilung der Schutzwirkung unterliegt jedoch noch anderen Maßstäben als bei der Verwendung biozidhaltiger Substanzen. Der derzeitige Entwicklungsstand lässt jedoch erwarten, dass ein ungiftiger und nebenwirkungsfreier Holzschutz in absehbarer Zeit zum Standard werden kann (Abschn. 9.34).

Vorsichtsmaßnahmen. Der richtige Umgang mit Holzschutzmitteln und mit behandeltem Holz dient dem Schutz der Menschen und der Umwelt. Da die Wirksamkeit der chemischen Holzschutzmittel auf Giften beruht, muss umsichtig und sorgfältig damit umgegangen werden. Die jeweilige Gefährlichkeit der Stoffe geht aus dem Gefahrensymbol im schwarzen Druck auf orangegelbem Feld mit Kennbuchstaben und Gefahrenbezeichnung hervor (3.91).

Holzschutzmittel, die unter den Anwendungsbereich der Gefahrstoffverordnung fallen, müssen auf dem Gebinde mit einem *Kennzeichnungsfeld* versehen sein (3.92). Dieses enthält Angaben über Gefährlichkeit (Gefahrensymbol), Warnhinweise im Hinblick auf den Umgang mit dem Produkt, Sicherheitsratschläge, Produktangaben (Bezeichnung, Art und Menge der Wirkstoffe) sowie Name und Anschrift des Herstellers.

Kennzeichnung nach Gefahrstoffverordnung
Produktbezeichnung: ...... CKB

T

Enthält: 38% Kaliumdichromat (380 g/kg)
34% Kupfersulfat   (340 g/kg)
25% Borsäure   (250 g/kg)

Giftig

50 kg netto

Herstelleranschrift

Gefahrstoffverordnung Gruppe III. Giftig beim Einatmen, Verschlucken und Berührungen mit der Haut. Reizt die Augen, Atmungsorgane und die Haut. Sensibilisierung durch Hautkontakt möglich. Kann Krebs erzeugen in Form atembarer Aerosole. Darf nicht in die Hände von Kindern gelangen. Von Nahrungsmitteln, Getränken und Futtermitteln fernhalten. Bei der Arbeit nicht essen, trinken, rauchen. Berührungen mit der Haut vermeiden. Bei der Arbeit geeignete Schutzhandschuhe und Schutzkleidung tragen. Bei Unwohlsein ärztlichen Rat einholen. Exposition vermeiden – vor Gebrauch besondere Anweisung einholen. Verpackung nicht wiederverwenden.

Chargen-Nr.

3.92 Beispiel eines Kennzeichnungsfeldes: hier für ein festes Holzschutzmittel

Auch wenn kein Kennzeichnungsschild vorhanden ist, ist der sachgerechte Umgang mit dem Holzschutzmittel notwendig.

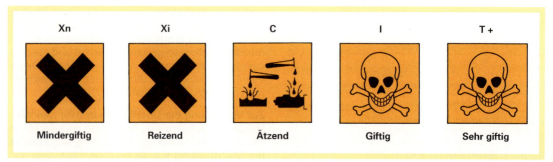

3.91 Gefahrensymbole der Holzschutzmittel

Regeln für den Umgang mit Holzschutzmitteln

- Herstellervorschriften genau befolgen!
- Schutzmittel nur in dafür vorgesehenen Behältern aufbewahren und so lagern, dass sie für Unbefugte (Kinder!) unerreichbar sind!
- Giftige und sehr giftige Schutzmittel (Totenkopf) unter Verschluss bringen!
- Verarbeitung nur in gut be- und entlüftbaren Räumen, dabei unbedingt Schutzbrille, Gummihandschuhe und Schürze tragen! Für einige Schutzmittel sind Atemschutzgerät und Schutzanzug vorgeschrieben!

- Während des Arbeitens mit Schutzmitteln nicht rauchen, essen oder trinken, danach gründlich Hände reinigen.
- Maßnahmen treffen, um ein Eindringen der Holzschutzmittel in das Erdreich, das Grundwasser, die Kanalisation oder das Oberflächenwasser zu verhindern.
- Reste von Schutzmitteln oder behandelten Hölzern sind nach der Abfallbestimmungsverordnung umweltgerecht zu entsorgen.

Aufgaben zu Abschnitt 3.6.3 und 3.6.4

1. Was ist unter baulichem Holzschutz zu verstehen?
2. Nennen Sie bauliche Maßnahmen zum Feuchteschutz und Brandschutz.
3. Welche Grundlagen (Gesetze, Verordnungen u. a.) zum chemischen Holzschutz sind Ihnen bekannt?
4. Welche Besonderheiten und Unterschiede kennzeichnen ölige und wasserlösliche Holzschutzmittel?
5. Erläutern Sie die Kurzzeichen Iv, P, W und E.
6. Welche Holzschutzmittel werden mit dem Prüfzeichen des Deutschen Institutes für Bautechnik ausgezeichnet?
7. Welche Verfahren zum Einbringen von Holzschutzmitteln sind Ihnen bekannt? Ergänzen Sie dazu die jeweiligen Eindringtiefen der Schutzmittel in das Holz.

8. Welche Forderungen werden an Anstrichmittel für die Behandlung von Holzoberflächen gestellt?
9. Nennen Sie Besonderheiten und Unterschiede von Dünn- und Dickschichtlasuren.
10. Welche Sonderverfahren des Holzschutzes in Dachstühlen sind Ihnen bekannt?
11. Was bedeutet die Angabe F 90?
12. Beschreiben Sie das Gefahrensymbol für sehr giftige Schutzmittel.
13. Welche Regeln für den Umgang mit Holzschutzmitteln kennen Sie?

3.7 Handelsformen

Bauholz unterteilt man in Rund- und Schnittholz.

3.7.1 Rundholz

Winterfällung. Der Weg des Holzes beginnt mit dem Einschlag, d. h. dem Fällen. Dazu nutzt man nach Möglichkeit den Winter, also die Wachstumspause. In diesen Monaten stehen der Forstwirtschaft in waldreichen Gegenden auch mehr Arbeitskräfte zur Verfügung, die während des Sommers in der Landwirtschaft tätig sind. Das saftarme Winterholz lässt sich ohne Gefährdung durch Pilze und Insekten einige Zeit lagern. Es kann darum langsamer austrocknen. Nicht zuletzt sind die Transportbedingungen (Rücken des Holzes) im Winter günstig (gefrorene Waldwege).

Sommergefälltes Holz sollte dagegen unmittelbar nach dem Einschlag abtransportiert, eingeschnitten und sorgfältig gelagert werden. Liegt es zu

lange auf dem Waldboden, erstickt es oder wird stockig (Buche, Ahorn), Kiefern verblauen, Fichten und Tannen werden leicht rotstreifig. Pilze und Insekten finden günstige Lebensbedingungen.

Gefällt wird heutzutage überwiegend mit der Motor(Ketten)säge und mit Spezialmaschinen,

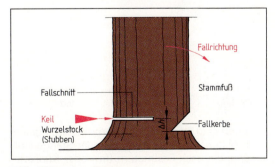

3.93 Fällen eines Baumes

seltener mit der Axt oder der Handsäge. Das Fällen erfordert umfangreiche Sachkenntnis und viel Geschick. Es gilt Unfälle zu vermeiden und Beschädigungen an anderen Bäumen auszuschließen. Auf der Fallseite wird der Fallkerb angebracht, auf der gegenüberliegenden Seite etwas höher der Fallschnitt (**3**.93). Ein hinter der Säge eingeschlagener Keil verhindert das Klemmen der Säge und fällt nach weiterem Eintreiben den Baum.

Ausformen. An das Fällen schließt das Ausformen an. Die Äste werden vom Schaft abgetrennt, der Schaft wird „abgelängt" (vermessen und zerschnitten). Das ausgeformte Rohholz wird nach Stärke, Güte und geplantem Verwendungszweck sortiert und gekennzeichnet (**3**.94). Grundlagen für die Sortierung und Kennzeichnung sind folgende Vorschriften:

– EWG-Richtlinien vom 23.1.1968,
– Gesetz über gesetzliche Handelsklassen für Rohholz vom 25.2.1969 (HKS = Handelsklassensortierung),
– ergänzende oder abweichende Regelungen der einzelnen Bundesländer.

Nach dem Rohholzsorten-Gesetz vom 25.2.1969 ist Rohholz gefälltes, entwipfeltes und entastetes Holz, auch wenn es entrindet, abgelängt oder gespalten ist.

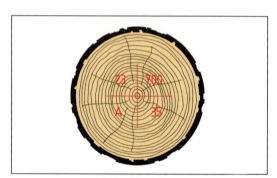

3.94 Rohholz-Kennzeichnung
    23   = Stammnummer
    7,00 = Stammlänge in m
    35   = Mittendurchmesser in cm
    A   = Güteklasse

Langholz sind Stämme oder Stammteile, eingeteilt nach Mittenstärke-, Heilbronner oder Stangensortierung, die nach Festmetern (fm) oder Kubikmetern (m³) gehandelt werden.

Bei der Mittenstärkesortierung wird das Stammholz auf ganze, halbe oder zehntel Meter abgelängt und nach dem Mittendurchmesser (ohne Rinde) in Stärkeklassen eingeteilt (**3**.95 und **3**.96).

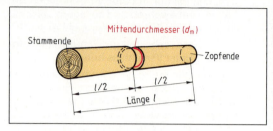

3.95 Mittendurchmesser d_m

Tabelle **3**.96 Mittenstärkesortierung

Klasse	Mitten-Ø in cm
L0	bis 10
L1 a	10 bis 14
L1 b	15 bis 19
L2 a	20 bis 24
L2 b	25 bis 29
L3 a	30 bis 34
L3 b	35 bis 39
L4	40 bis 49
L5	50 bis 59
L6	über 60

Bei der Stangensortierung unterteilt man das Langholz nach dem Durchmesser mit Rinde, gemessen 1 Meter über dem dickeren Ende (**3**.97 und **3**.98).

Tabelle **3**.97 Stangensortierung

Klasse	Durchmesser in cm	Länge (Nadelholz) in m
P1	bis 6	–
P2	7 bis 13	–
P2.1	7 bis 9	über 6
P2.2	10 bis 11	über 9
P2.3	12 bis 13	über 9
P2.4	12 bis 13	über 12
P3	über 14	–

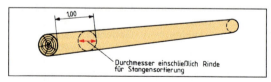

3.98 Durchmesser einschließlich Rinde für Stangensortierung

Schichtholz wird im Allgemeinen rund oder gespalten in Längen von 1 m, 2 m, seltener 3 m geschnitten und gestapelt. Je nach Bundesland unterscheidet man dabei noch nach Industrie- oder Brennholz.

Gütesortierung. Das Stamm-Rohholz wird im EWG-Raum einheitlich in 4 Güteklassen eingeteilt. Dabei sind Wuchsform, Astigkeit und Holzfehler entscheidend (**3.99**).

Tabelle **3.99** Güteklassen

Klasse	Beschreibung
A/EWG	Gesundes Holz mit ausgezeichneten Art-eigenschaften, fehlerfrei oder nur mit unbedeutenden Fehlern, die die Verwendung nicht beeinträchtigen.
B/EWG	Holz von normaler Qualität einschließlich stammtrockenem Holz mit einem oder mehreren Fehlern wie schwache Krümmung und schwacher Drehwuchs, geringe Abholzigkeit, einige gesunde Äste von kleinem oder mittlerem Durchmesser (nicht grobastig!), geringe Anzahl kranker Äste von geringem Durchmesser, leicht exzentrischer Kern, einige Unregelmäßigkeiten des Umrisses oder andere durch eine gute allgemeine Qualität ausgeglichene Fehler.
C/EWG	Holz, das wegen seiner Fehler nicht zu den Güteklassen A und B gehört, jedoch gewerblich verwendbar ist. Hierunter fallen z.B. starkastige, stark abholzige oder stark drehwüchsige Stücke sowie abholzige oder astige Zopfstücke und kranke Stücke mit tiefgehenden faulen Ästen, Rot- und Weißfäule (aber nicht kleinen Faulflecken) oder anderen wesentlichen Pilz- oder Insektenzerstörungen sowie Stücke mit weitgehender Ringschäle.
D	Holz, das wegen seiner Fehler nicht in die anderen Güteklassen gehört, jedoch mindestens noch zu 40 % gewerblich verwendbar ist.

Bei den Güteklassen A, B und C kann man den Zusatz EWG weglassen. In jedem Fall ist Langholz der Güteklassen A/EWG, C/EWG und D dauerhaft zu kennzeichnen. Dazu sind Nummer, Länge in m, Mittendurchmesser in cm und Kennzeichen anzuschreiben oder anzuschlagen. Holz ohne besondere Gütenklassenbezeichnung gehört in die Klasse B. Furnierholz (F) ist der Güteklasse A zuzuordnen.

Nach der Verwendung gibt es Schwellen- und Industrieholz.

Schwellenholz ist gesundes, auch astiges Rohholz für Eisenbahnschwellen. Es wird in die Güteklassen SW 1 bis SW 4 eingeteilt.

Industrieholz ist Rohholz, das mechanisch oder chemisch zu Schicht- oder Langholz aufgeschlossen werden soll. Man teilt es ein in drei Güteklassen.

Aufmaß und Berechnung des Rundholzes. Der Stamm bildet einen Kegelstumpf – er verjüngt sich nach oben. Deshalb berechnen wir das Stammvo-lumen (mit oder ohne Rinde) nach der Formel des Kegelstumpfes (Näherungsformel):

$$\text{Volumen} \approx \text{Mittendurchmesser}^2 \cdot \frac{\pi}{4} \cdot \text{Länge}$$

$$V = d^2 \cdot \frac{\pi}{4} \cdot l$$

Übliche Formel: $V = d^2 \cdot 0{,}78 \cdot l$

Den Mittendurchmesser ermittelt man bei Stämmen bis 19 cm Durchmesser durch einmaliges Kluppen (Messen), ab 20 cm durch zweimaliges Kluppen senkrecht zueinander (**3.100**).

Die Maße werden nach unten auf ganze Zentimeter abgerundet. Für zweimaliges Kluppen lautet die Formel:

$$V = \left(\frac{d_{m1} + d_{m2}}{2}\right)^2 \cdot \frac{\pi}{4} \cdot l$$

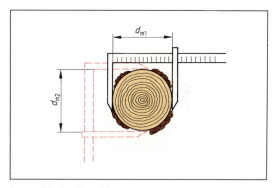

3.100   Zweimaliges Kluppen

Beispiel Ein Eichenstamm mit einer Länge von 7,50 m wird zweimal gekluppt. d_{m1} ist 30 cm, d_{m2} 32 cm. Berechnen Sie den Stamminhalt (Volumen) in m³.

Lösung $V = \left(\dfrac{d_{m1} + d_{m2}}{2}\right)^2 \cdot \dfrac{\pi}{4} \cdot l$

$\qquad = \left(\dfrac{0{,}30\ \text{m} + 0{,}32\ \text{m}}{2}\right)^2 \cdot 0{,}785 \cdot 7{,}50\ \text{m}$

$\qquad V = 0{,}31\ \text{m}^2 \cdot 0{,}785 \cdot 7{,}50\ \text{m} = \mathbf{0{,}566\ m^3}$

3.7.2   Schnittholz

Schnittholz entsteht durch Zersägen von Rundholz parallel zur Stammachse. Daraus ergeben sich z.B. Bretter, Bohlen, Kanthölzer und Balken.

Einschnitt im Sägewerk. Unter Berücksichtigung der bestmöglichen Verwertung längt man im Sägewerk die Stämme noch einmal auf handelsübliche odor in Aufrag gegebene Längen ab. Auf Kreissägen besäumt man mit mehreren großen Sägeblättern (Vielblattkreissägen) Bohlen und Bretter oder schneidet sie zu Latten

Die Einschnittarten richten sich nach den gewünschten Querschnittsmaßen (**3.**104).

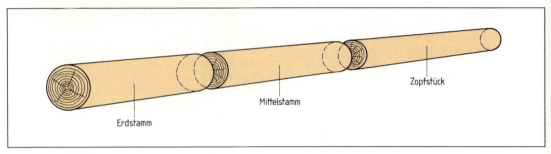

3.101   Stammteile

Dabei unterscheiden wir nach Bild **3.**101.
- **Erdstamm,** wertvolles, astreines Holz für Blockware,
- **Mittelstamm,** gutes Holz für Kanthölzer, Balken, Bohlen und Bretter,
- **Zopfstück,** sehr astiges Holz für Kanthölzer und Balken.

Um die Stämme optimal auszunutzen, fertigt der Rundholzteiler vor dem Einschneiden eine Skizze an. Zum Einschneiden dienen Band-, Kreis-, Ketten-, vor allem aber Gattersägen. Das Vertikal- oder Senkrechtgatter zerschneidet in einem Durchgang den Stamm nach Anzahl der eingehängten Sägeblätter und ihrem Abstand voneinander (**3.**102).

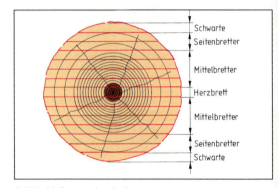

3.103   Vollgattereinschnitt

Tabelle **3.**102   Gatterschnitte

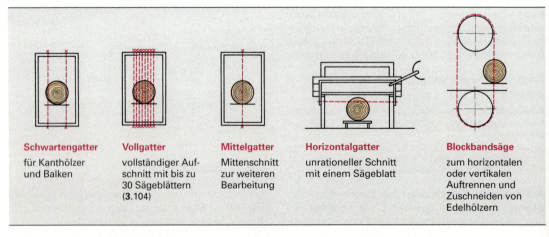

Schwartengatter	**Vollgatter**	**Mittelgatter**	**Horizontalgatter**	**Blockbandsäge**
für Kanthölzer und Balken	vollständiger Aufschnitt mit bis zu 30 Sägeblättern (**3.**104)	Mittenschnitt zur weiteren Bearbeitung	unrationeller Schnitt mit einem Sägeblatt	zum horizontalen oder vertikalen Auftrennen und Zuschneiden von Edelhölzern

Tabelle **3**.104 Schnittarten

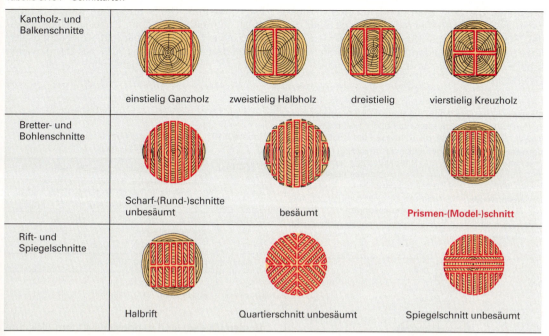

Kantholz- und Balkenschnitte	einstielig Ganzholz	zweistielig Halbholz	dreistielig	vierstielig Kreuzholz
Bretter- und Bohlenschnitte	Scharf-(Rund-)schnitte unbesäumt	besäumt		**Prismen-(Model-)schnitt**
Rift- und Spiegelschnitte	Halbrift	Quartierschnitt unbesäumt		Spiegelschnitt unbesäumt

Beim Einschnitt ist die Holzfeuchte zu berücksichtigen. Das *Sägemaß* ergibt sich daher aus dem *Nennmaß* zuzüglich Schwindmaß des Holzes bis zur Maßbezugsfeuchte. Dagegen ist das *Sollmaß* nach Maschinenschnitt bei einem bestimmten Feuchtigkeitsgehalt zu erreichen.

Das Volumen des Schnittholzes ergibt sich aus den Normmaßen Dicke mal Breite mal Länge in m^3, auf drei Stellen hinter dem Komma genau (z. B. 0,753 m^3).

Besäumtes Schnittholz. Beim Scharfschnitt bleibt die Baumkante stehen – das Holz ist unbesäumt (**3**.105 a). Seine Breite b_m wird in der Mitte gemessen, bei Dicken < 40 mm auf der Schmalseite (nach DIN 68371 nicht zwingend vorgeschrieben), > 40 mm als Mittelwert aus den Breitenmaßen beider Seiten. Bei *parallel* besäumtem Schnittholz werden die Bretter parallel beschnitten, so dass die Ware in der ganzen Länge gleich breit ist (**3**.105 b). Dicke und Breite misst man an beliebiger Stelle, mindestens jedoch 15 cm von den Hirnholzenden entfernt. Bei *konisch* besäumtem Schnittholz verlaufen die Besäumschnitte an der Baumkante entlang (**3**.105 c). Der Abfall ist geringer, die Ware aber

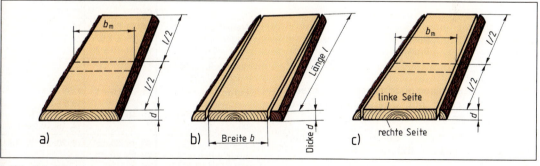

3.105 Schnittholz
a) unbesäumtes Schnittholz, b) parallel besäumtes Schnittholz, c) konisch besäumtes Schnittholz

nicht gleich breit. Gemessen wird ihre Breite in der Brettmitte. Die dem Stamminneren (Kern) zugewendete Seite bezeichnet man als *rechte Seite*, die der Stammoberfläche (Splint) zugewendete als *linke Seite*. Je nach Lagerung und Zuschnitt unterscheidet man Block-, Vorrats-, Dimensions- und Listenware.

Blockware zeigt Bild **3**.106. Die Bohlen und Bretter werden an ihrer Oberseite gemessen – die obere Hälfte des Blocks also auf der Schmalseite, die untere auf der Breitseite.

Vorratsware sind Querschnitte, die bevorzugt verwendet und daher im Sägewerk und Handel vorrätig gehalten werden. Für den Tischler und Holzmechaniker bedeutet dies kurze Lieferzeiten und Kosteneinsparungen.

Dimensionsware ist Schnittholz in nicht handelsüblichen, nur auf Bestellung gefertigten Abmessungen.

Listenware ist Schnittholz in normalerweise nicht vorrätigen Abmessungen.

Kanthölzer, Balken und Dachlatten werden in Holzlisten mit ihrer Breite und Höhe (durch Schrägstrich getrennt) angegeben. Dabei liegt halbtrockener Zustand zugrunde. Der mittlere Feuchtigkeitsgehalt darf also höchstens 30 % des Darrgewichts betragen (Fasersättigungsbereich). Tabelle **3**.107 gibt die Abmessungen der Hölzer an.

Tabelle **3**.107   Bauschnittholz-Abmessungen
                   nach DIN 4070

Kantholz	A_{min} = 36 cm², A_{max} = 288 cm² 6/6, 6/8, 6/12, 8/8, 8/10, 8/12, 8/16, 10/10, 10/12, 12/12, 12/14, 12/16, 14/14, 16/16, 16/18, 14/16 **cm**
Balken	A_{min} = 100 cm², A_{max} = 480 cm² 10/20, 10/22, 12/20, 12/24, 16/20, 18/22, 20/20, 20/24 **cm**
Dachlatten	24/48, 30/50, 40/60 **mm**

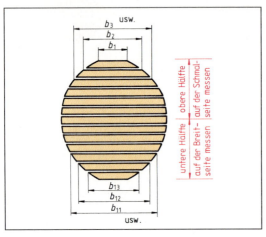

3.106   Blockware (Bloche)

Bohlen (Dielen) sind mindestens 40 mm dick, ihre große Querschnittseite ist wenigstens doppelt so groß wie die kleine.

Bretter haben eine Dicke zwischen 8 und 39 mm und eine Breite von wenigstens 80 mm.

Die Maße gelten bei 14 bis 20 % HF, also bei Lufttrockenheit. Die Normallängen liegen zwischen 1500 und 6000 mm bei Abstufungen von 250 und 300 mm. Bei Stamm- und Blockware beträgt die Abstufung 100 mm, bei Dimensionsware 10 mm. Die Tabelle **3**.108 zeigt die Abmessungen.

Kanthölzer haben einen quadratischen oder rechteckigen Querschnitt mit Querschnittseiten von mindestens 6 cm.

Balken sind Kanthölzer, deren größere Querschnittseite mindestens 200 mm beträgt.

Dachlatten haben eine Querschnittfläche bis 32 cm².

Tabelle **3**.108   Werkholz-Abmessungen

		Bohlendicke in mm	Bretterdicke in mm
Nadelholz, ungehobelt nach DIN 4071		44, 48, 50, 63, 70, 75, ± 1,5; 63, 70, 75 ± 2	16, 18, 22, 24, 38 ± 1
Nadelholz, gehobelt nach DIN 4073			
	Europäische Ware	41,5, 45,5 ± 1	13,5, 15,5, 19,5 ± 0,5
	Nordische Ware	40, 45 ± 1	9,5, 11, 12,5, 14, 16, 19,5 ± 0,5
Laubholz, ungehobelt nach DIN 68372 bei 18 % HF		40, 45, 50, 55, 60, 65, 70, 75, 80, 90, 100	18, 20, 26, 30, 35

Beispiele   Ungehobelte Bretter und Bohlen aus Nadelholz
Brett DIN 4071

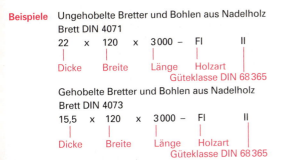

22 x 120 x 3000 – FI   II
Dicke Breite Länge Holzart
Güteklasse DIN 68365

Gehobelte Bretter und Bohlen aus Nadelholz
Brett DIN 4073

15,5 x 120 x 3000 – FI   II
Dicke Breite Länge Holzart
Güteklasse DIN 68365

Tabelle **3**.109   Güteklassen für Bauschnittholz nach DIN 4074

Güteklasse	I	II	III
Schnittklasse mind.	A	B	C
Tragfähigkeit	besonders hoch	gewöhn- lich	gering

Schnitt- und Güteklassen für Bauschnittholz. DIN 4074 legt die Anforderungen fest. Für vielseitig und parallel geschnittenes Bauholz gibt es nach Breite der zulässigen Baumkante vier Schnittklassen (**3**.110). Die Güteklassen berücksichtigen Fehler und Krankheiten sowie Tragfähigkeit des Holzes (**3**.109).

Halbfertigerzeugnisse, auch Halbzeuge oder Halbfabrikate genannt, brauchen nur noch abgelängt und oberflächenbehandelt zu werden. Hergestellt werden sie für besondere Zwecke aus den gängigen Bauschnitthölzern. Ihre Abmessungen und Qualitäten sind weitgehend genormt. Wegen großer Stückzahlen lassen sie sich rationell und daher preisgünstig fertigen. Die Aufstellung **3**.111 gibt einen Überblick über Halbfertigerzeugnisse aus europäischen (nichtnordischen) Hölzern.

Brettschichtholz (BSH). Nach DIN 1052 besteht BSH aus mind. drei, beidseitig formparallel verleimten Brettern aus Nadelholz. Es wird in die Güteklassen I und II unterteilt. Es darf nur von Betrieben hergestellt werden, die eine entsprechende Leimgenehmigung erhalten haben (Leimlizenz).

Brettschichtholz darf bei der Herstellung nur eine Holzfeuchte von ≦15 % besitzen. Je nach späterem Anwendungsbereich werden die einzelnen Schichten mit unterschiedlichen Leimen (z.B. Bauteile, die der Witterung ausgesetzt sind, mit Resorcinharzleim) verbunden.

Vorteile von BSH: Hohe Holzqualität für höhere Beanspruchungen, Einsatzmöglichkeiten weit über die Verwendung von Vollholz hinausgehend, geringes Quell- und Schwundverhalten.

Tabelle **3**.110   Schnittklassen für Bauholz nach DIN 4074

Schnitt- klasse	Bezeichnung	Form, Abmessung	Darstellung am Ganzholzquerschnitt
S	scharfkantig	keine Baumkanten zulässig	
A	vollkantig	Baumkanten sind zulässig, ihre größte Breite darf $\frac{1}{8}$ der größeren Querschnittseite nicht überschreiten, von jeder Querschnittseite müssen mindestens $\frac{2}{3}$ von Baumkanten frei bleiben.	
B	fehlkantig	Baumkanten sind zulässig, ihre größte Breite darf $\frac{1}{3}$ der größeren Querschnitte nicht überschreiten, von jeder Querschnittseite muss mindestens $\frac{1}{3}$ von Baumkanten frei bleiben.	
C	sägegestreift	der Querschnitt muss auf allen vier Seiten durchlaufend von der Säge gestreift sein	

Tabelle **3.**111   Halbfertigerzeugnisse

Art	Beschreibung und Abmessung in mm D = Dicke, B = Breite, L = Länge
Gespundete Bretter (NH)	Bretter mit Nut und angehobelter Feder D 15,5, 19,5 ± 0,5; 25,5, 35,5 ± 1,0 B 95, 115 ± 1,5; 135, 155 ± 2,0 L 1500 bis 4500 Stufung 250, 4500 bis 6000 Stufung 500 $^{+50}_{-25}$ DIN 68 122
Fasebretter (NH)	gehobelte und gespundete Bretter mit Nut und angehobelter Feder D 15,5, 19,5 ± 0,5 B 95, 115 ± 1,5 L wie gespundete Bretter DIN 68 122
Stülpschalungsbretter (NH)	gehobelte und gespundete Bretter mit Nut und angehobelter Feder D 19,5 ± 0,5 B 115 ± 1,5; 135, 155 ± 2,0 L wie gespundete Bretter DIN 68 123
Fußleisten (NH, LH)	zum Fugenabschluss zwischen Fußboden und Wand und zum Tapetenschutz **Beispiel** Fußleiste 15 x 73 x 3000 DIN 68 125 – FI
Profilbretter mit Schattennut (NH, LH)	gespundetes Brett mit Nut und angehobelter Feder **Beispiel** Profilbrett DIN 68 126 – 12,5 x 96 x 3000 – FI II
Akustikbretter (NH, LH)	gehobelte Bretter mit glatten oder genuteten Kanten für schallschluckende Verkleidungen von Wänden und Decken **Beispiel** Glattkantbrett 19,5 x 94 x 3000 DIN 68 127 – PIR (Redpine)
Balkenbretter (NH, LH)	vierseitig gehobelte Bretter, Kanten rechtwinklig (Form A), gefast (Form B) oder abgeschrägt (Form C) **Beispiel** Brett DIN 68 128 – B 27 x 143 x 3000 – FI II

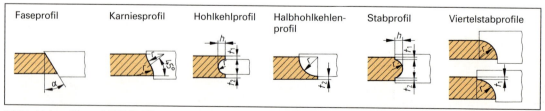

Faseprofil   Karniesprofil   Hohlkehlprofil   Halbhohlkehlenprofil   Stabprofil   Viertelstabprofile

3.112   Holzprofile nach DIN 68 120

1. Warum fällt man Holz lieber im Winter als im Sommer?
2. Was versteht man unter Ausformen des Holzes?
3. Wie heißen die nach Stärke sortierten Rohhölzer?
4. Welche Sortierungsmöglichkeiten gibt es für Langholz?
5. Was besagt die Gütesortierung A/EWG?
6. Welcher Gütesortierung gehört Holz an, bei dem die Angabe der Güteklasse fehlt?
7. Erläutern Sie die Angabe 7,50/35 auf der Hirnholzfläche gefällter Stämme.
8. Was versteht man unter Industrieholz?
9. In welchen Fällen müssen Sie den Mittendurchmesser zweimal kluppen?
10. Für welchen Einschnitt setzt man das Vollgatter ein? Wie sieht das Schnittbild aus?
11. Skizzieren Sie a) drei Kantholz- und Balkenschnitte (Systemskizze), b) einen Prismen- oder Modelschnitt, c) einen Spiegelschnitt.
12. Erläutern Sie anhand einer Skizze die Unterschiede von unbesäumtem, parallel und konisch besäumtem Schnittholz.
13. Welche Seite nennt man rechte und linke? Erläutern Sie dies an einer Skizze.
14. Was ist Vorratsholz? Welche Vorteile bietet es?
15. Wie wird Blockware aufgemessen?
16. In welchen Handelsformen ist Schnittholz lieferbar?
17. Welcher Unterschied besteht zwischen Kanthölzern und Balken?
18. Wodurch unterscheiden sich Bretter und Bohlen voneinander?
19. Nennen Sie einige häufig verwendete Brettarten.
20. Was versteht man unter Halbfertigerzeugnissen?
21. Welche Bedingungen erfüllt Bauschnittholz der Güteklasse II?
22. Nennen Sie Halbfertigerzeugnisse.
23. Skizzieren Sie verschiedene Holzprofile.
24. Beschreiben Sie Brettschichtholz.

3.8 Furniere und Furniertechnik

In den Museen finden Sie antike Möbel und Wandverkleidungen mit schmückenden Darstellungen aus verschiedenfarbigen Hölzern. Wenn Sie genau hinschauen, stellen Sie fest, dass diese Hölzer in Vertiefungen eingelegt sind. Die Kunst dieser Einlegearbeiten oder Intarsien stand einst in hoher Blüte.

Schon vor mehr als 4000 Jahren war das Furnieren bekannt. Funde aus dem alten Ägypten zeigen, wie hervorragend die Handwerker die Furniertechnik beherrschten. Sogar die Herstellung von Sperrholz lässt sich im Altertum nachweisen. Auch im Mittelalter wurde furniert. Viele mit kunstvollen Intarsien versehene Möbel aus der Renaissance, dem Barock und Rokoko sind uns erhalten geblieben. Mit dem Messer oder Stecheisen arbeitete der Künstler Vertiefungen in die Holzoberfläche und füllte sie mit Hölzern, aber auch mit Metallen, Perlmutt, Bernstein oder Elfenbein. Heute stellt man Furniere in weitgehend automatisierten Industriebetrieben her.

Die Verwendung von Furnier stellt sowohl ökonomisch als auch ökologisch eine sinnvolle Nutzung des natürlichen Werkstoffes Holz dar. Der sparsame Umgang mit dem Naturprodukt Holz ist beeindruckend: so lassen sich aus einem Kubikmeter (m³) Holz 16 komplette Schlafzimmeroberflächen fertigen. Erzeugnisse werden damit für viele Menschen erschwinglich. Furnier ist gleichzeitig ein moderner Werkstoff mit einem hohen Gestaltungspotential.

Im Möbel- und Innenausbau werden heute vorwiegend Furniere für die Gestaltung der Oberflächen verwendet.

Gründe für das Furnieren
– Der Rohstoff Holz wird immer knapper und damit auch teurer.
– Massives Holz arbeitet, neigt also zum Reißen und Verziehen.
– Die dekorative Wirkung edler Hölzer lässt sich besser nutzen.

3.8.1 Furnierherstellung und -arten

Zur Furnierherstellung ist nur ausgesuchtes Rundholz verwertbar. Geschulte Holzeinkäufer sind

3.113 Rundholz auf dem Lagerplatz

daher in der ganzen Welt unterwegs, um solche Stämme einzukaufen oder zu ersteigern. Alle Stämme werden im Werk gezeichnet, d.h. mit einer Nummer, mit Eingangsdatum, Herkunftsland und Maßangaben versehen (3.113). Die Stämme werden an den Hirnenden von den „Schmutzscheiben" getrennt, in die gewünschten Längen eingeteilt und entrindet. Auf der Blockbandsäge oder der Kreissäge richtet man den Stamm zu, trennt ihn also in Halb-, Drittel- oder Viertelblöcke (Quartiers) auf. Durch Kochen und Dämpfen in Dämpfgruben oder -kammern wird das Holz geschmeidig gemacht, damit man einen sauberen Schnitt erzielt. Einige Hölzer verändern beim Dämpfen mit gesättigtem Wasserdampf den natürlichen Farbton. Kochen beeinträchtigt den Farbton dagegen weniger. Bei der Herstellung unterscheidet man Sägen, Messern und Schälen.

Sägefurnier hat heute keine wirtschaftliche Bedeutung mehr. Bei diesem ältesten Verfahren werden die Furniere ohne Vorbehandlung (also auch ohne Verfärbung) vom Furniergatter in 1 bis 4 mm Dicke eben und daher rissefrei geschnitten. Der Holzverlust durch den Sägeeinschnitt (50 % und mehr!) und der große Zeitaufwand erfordern einen hohen Preis. Daher wird Sägefurnier nur noch für besonders hochwertige und stark beanspruchte Teile in der Möbelrestauration und im Instrumentenbau verwendet. Geriegelter Ahorn wird z. B. nach dieser Technik für den Instrumentenbau aufgearbeitet.

Messerfurnier wird spanlos mit einem Messer vom Stamm geschnitten. Die auf der Blockbandsäge zugerichteten Stammabschnitte werden nach dem Dämpfen oder Kochen auf zwei Seiten glatt und parallel gehobelt, dann durch horizontale oder vertikale Messermaschinen in Furnierblätter zerlegt. Beim horizontalen Aufarbeiten gleitet das Messer waagerecht und im Schrägschnitt über den auf einem Tisch fest eingespannten Block und schneidet so etwa 50 Blatt in der Minute. Dabei werden vorwiegend größere Blöcke verwendet, Starkschnittfurniere und besondere Furniere (z. B. Pyramidenfurnier) erzeugt. Häufiger setzt man die vertikale Messermaschine ein. Hier bewegt sich der Stamm bis zu 100 Schnitten in der Minute senkrecht an einem feststehenden Messer vorbei. Je nach Zurichtung des Stammholzes erhält man beim Messern gefladerte (blumige) oder streifig gezeichnete Furniere. Messerfurniere krümmen sich beim Schneiden so stark, dass an der Unterseite Haarrisse auftreten. Idealerweise werden sie darum bei schmalen Werkstücken mit der Unterseite aufgeleimt. Bei breiten Werkstücken werden durch Stürzen der Furnierblätter dekorative Flächen erzielt, die kaum sichtbaren Haarrisse werden durch die Behandlung der Oberfläche für den Laien nicht mehr sichtbar.

Wir unterscheiden 4 Methoden des Messerns:

Beim Flachmessern wird der Halbblock mit der Kernseite auf dem Tisch eingespannt. Je nach Schnittlage erhält man *verschiedene* Strukturen – von der lebhaften Fladerung der Außenseite bis zur schlichten Streifigkeit in Kernnähe (3.114 a).

Beim Echt-Quartier-Messern geht der Schnitt senkrecht zu den Jahresringen und ergibt daher eine *streifige* Struktur (3.114 b).

Beim Flach-Quartier-Messern werden die Jahresringe flach angeschnitten. Das Ergebnis sind *Fladerstrukturen* (3.114 c).

Beim Faux-Quartier-Messern (sprich: foh) schneidet man die Jahresringe nur an einer Seite flach an und erhält so Furniere mit einer *halbblumigen* Textur (3.114 d).

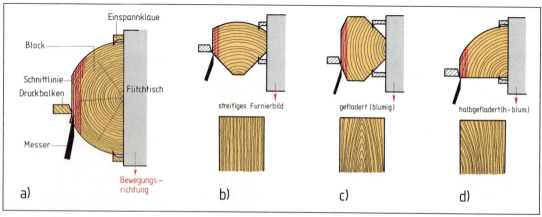

3.114 Messern
a) Flachmessern, b) Echt-Quartier-Messern, c) Flach-Quartier-Messern, d) Faux-Quartier-Messern

Das Schälfurnier ist ein wirtschaftlich wichtiges Verfahren. Der gedämpfte oder gekochte Stamm wird zentrisch in die Maschine gespannt. Während er sich um seine Achse dreht, trennt ein feststehendes Messer ein zusammenhängendes Furnierband in der eingestellten Dicke ab. Das Furnierband wird sofort aufgewickelt oder zerteilt, die Schälgeschwindigkeit liegt bei max. 250 m/min. Man erhält Furniere mit unregelmäßig gefladerter Textur. Dünnschnittfurniere lassen sich bis 0,2 mm Dicke herstellen, für Stäbchensperrholz (stäbchenverleimte Tischlerplatten) schält man Furniere bis 10 mm Dicke ab. Auch hierbei gibt es verschiedene Techniken. Auf der Unterseite zeigen sich ebenfalls dünne Haarrisse.

Das Rund-Endlosschälen, das wir eben besprochen haben, wendet man hauptsächlich für großflächige Furniere zur Sperrholzherstellung an (**3.**115). Vorwiegend schält man ausländische Hölzer wie Abachi, Limba, Koto, Gabun und europäische wie Birke, Esche, Rotbuche, Tanne, Fichte, Kiefer und Pappel.

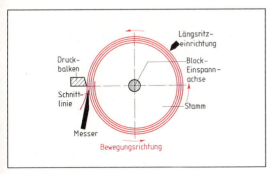

3.115   Rund-Endlosschälen

Rundschälen Blatt für Blatt. Sollen hochwertige Holzarten geschält werden (z. B. Vogelaugenahorn, Rüster, Nussbaum, Esche, Myrte), wird der Block in Längsrichtung (*axial*) eingeritzt. Dadurch entsteht nach jeder Umdrehung des Stammes ein Blatt mit annähernd der gleichen Zeichnung des Vorblattes. Mit abnehmendem Durchmesser des Stammes verkürzen sich die Blattbreiten.

Beim Exzentrisch- oder Halbrundschälen spannt man den Block nicht in der Mittelachse (zentrisch), sondern außerhalb (*exzentrisch*) ein (**3.**116). Beim Drehen gegen das feststehende Messer werden Blätter abgeschält, deren Textur gemesserten Furnieren ähnelt.

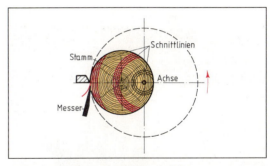

3.116   Exzentrisch- oder Halbrundschälen

Beim Stay-Log-Schälen spannt man den Stamm in den Stay-Log ein. Diese Spannbalkenvorrichtung ermöglicht einen größeren Schälradius und eine bessere Holzausnutzung, besonders bei geringerem Stammdurchmesser. Wie beim Messern kann man Stammsegmente (Flitches) einspannen und damit interessante Texturen erzielen (**3.**117).

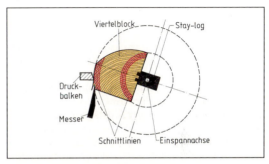

3.117   Stay-Log-Verfahren

Trocknen und Beschneiden. Die gemesserten oder geschälten Furniere werden (z. B. im Bügeltrocknungsverfahren) auf 6 bis 8 % Holzfeuchte heruntergetrocknet, um Verwerfungen und Risse, aber auch Verfärbungen oder Schimmelbildungen zu vermeiden. Danach setzt man die Blätter der Reihe nach in Bündeln bzw. Paketen auf und besäumt bzw. beschneidet sie allseitig. Fehlerhafte Stellen durch Äste, Risse oder Farbabweichungen lassen sich dabei beseitigen. Die Pakete werden gebündelt, mit der Nummer ihres Stammes versehen und in der ursprünglichen Stammform aufgesetzt (**3.**118).

3.118   Furnierlager

Taxieren und Lagern. Erfahrene Fachleute beurteilen die fertigen Furniere nach Gesamteindruck, Farbe, Zeichnung, Struktur, Fehlern und Verwendungsmöglichkeiten, um den Preis festzusetzen. Die Furnierpakete werden kühl (15 bis 20 °C) und mäßig trocken (10 bis 12 %) gelagert. In warmen und trockenen Räumen würden sie schnell austrocknen, brüchig und rissig, in feuchten Räumen dagegen stockig werden. Abdeckungen schützen sie vor Staub- und Lichteinwirkungen.

Edelfurniere lagern wir in Regalen. Radial- und Maserfurnier lagert man zwischen Holzwerkstoffplatten, damit sie nicht wellig werden.

Normen und Arten. Nach der Verwendung unterscheidet man Deck-, Unter- und Absperrfurnier (**3.**119).

Deckfurnier bildet die Sichtfläche furnierter Holzteile. Dabei bedeckt das *Außenfurnier* die äußeren Deckflächen, das *Innenfurnier* die inneren (**3.**120).

Unter- oder Blindfurnier liegt unter dem Deckfurnier. Es verhindert ein Reißen der Oberfläche und erhöht die Formstabilität.

Absperrfurnier ist die erste Furnierlage und stabilisiert die Form des Werkstoffs.

Als Deck- oder Außenfurnier finden wir auch *Maser-* und *Pyramidenfurniere*. Sie haben, wie die Namen sagen, eine bestimmte Maserung oder Textur. *Radialfurnier* verwendet man als Außenfurnier für runde Tischplatten. Nach dem Prinzip des Bleistiftspitzens schält man sie von kegelförmigen Stammteilen ab. *Wurzelmaserfurniere* werden aus den ausgekesselten Wurzelstöcken wertvoller Hölzer (z B. Nussbaum, Kirschbaum) hergestellt.

Finelinefurniere. Die Blätter werden zu Blöcken aufeinander geleimt und verpresst, von denen man (nach dem Prinzip der Mittellagen) senkrecht zur Furnierfuge im Messerverfahren die Blätter abnimmt. Durch Verwendung von genoppten Pressplatten in der Presse und anschließendem Messern der Blöcke parallel zur Furnierfuge können Finelinefurniere mit künstlichen Vogelaugenmaserungen hergestellt werden.

Ansonsten haben Finelinefurniere eine betont starke Streifenstruktur.

Furnierverwendung
- als sichtbares Deckfurnier (Außen- und Innenfurnier)
- als Unter- oder Blindfurnier, um ein Reißen der Oberfläche zu verhindern
- als Absperrfurnier zur Stabilisierung

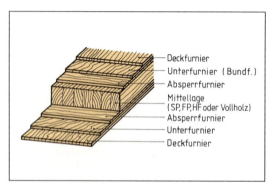

3.119   Aufbau einer furnierten Platte

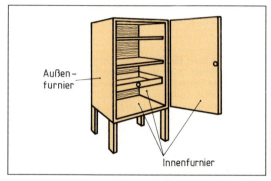

3.120   Außen- und Innenfurnierflächen

DIN 4079 legt die Furnierdicken und den zulässigen Feuchtigkeitsbereich (Messbezugsfeuchte 11 bis 13 %, bezogen auf das Darrgewicht) fest. Die Norm erfasst Dicken bis 1 mm. Größere Furnierdicken (z. B. für Absperrfurniere oder Mittellagen bis zu 10 mm) sind nicht berücksichtigt. Laubhölzer werden in Dicken von 0,50 bis 0,75 mm, Nadelhölzer von 0,90 bis 1 mm, Maserfurnier von 0,55 bis 0,65 mm gemessen.

Beispiel Normgerechte Bezeichnung eines Messerfurniers (Langfurnier L) von 0,65 mm Dicke aus Eiche:
Messerfurnier L 0,65 DIN 4079 - EI

3.8.2 Furnieren

Beim Furnieren wird eine dünne Holzschicht auf eine Trägerplatte aus Holz oder Holzwerkstoff geleimt.

Auswahl. Der Fachhandel bietet eine reiche Auswahl an Hölzern zum Deck-, Blind- und Absperrfurnieren – mehr als 200 Arten stehen für alle Anforderungen (Verwendungszweck, Beanspruchung, Aussehen) zur Verfügung.

Auch Trägerplatten aus Holz und Holzwerkstoffen gibt es in großer Auswahl. Vor allem nimmt man Sperrholz-, Span- und Holzfaserplatten.

Vorbereitung. Die Trägerplatte oder Mittellage muss sauber und eben sein. Unebenheiten zeichnen sich auf der furnierten Fläche ab, Verunreinigungen verursachen Verleimfehler. Bei Holzwerkstoffen müssen die Kanten verdeckt werden. Bei hochwertigen Möbeln empfiehlt es sich, vor dem Furnieren Anleimer aus Vollholz anzubringen (Vollholzkante), damit keine Fugen zwischen Furnier und Anleimer sichtbar werden (3.121).

Meist versieht man die Kanten mit Furnierumleimern oder Kunststoffumleimern, die in der Regel mittels Kantenleimmaschine aufgeleimt werden. Bei sehr dünnen Deckfurnieren oder bei Papierverwendung wird die Trägerplatte vor dem Furnieren geschliffen.

Stürzen. Die Furnierblätter sind in der Reihenfolge zu verarbeiten, wie sie vom Stamm abgenommen wurde. Nur dann ergibt sich ein einheitliches und gleichmäßiges Bild. Wenn die Oberfläche schlicht gezeichnet ist, leimen wir die Furnierblätter mit der Unterseite auf (3.122 a). Damit verdecken wir Haarrisse. Bei blumigen, gefladerten Furnierbildern muss dagegen jedes zweite Blatt umgeklappt werden (3.122 b). Dieser Vorgang heißt Stürzen und ergibt eine spiegelbildliche Wirkung.

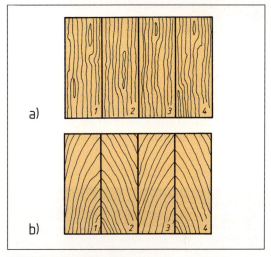

a)

b)

3.122 Furnieranordnung
a) streifige Zeichnung, rissefreie Seite oben
b) gefladerte Zeichnung, Blatt *2* und *4* gestürzt

Furnierfehler können bei der Herstellung oder Lagerung auftreten. Eingerissene Furnierblätter bessert man leicht durch Überkleben der Risse aus. Äste, Wuchsfehler oder Flecken lassen sich mit Hilfe eines Ausschlageisens entfernen und ausflicken. Vermesserte und durch Fehler beim Dämpfen verfärbte Furnierblätter müssen jedoch aussortiert werden.

Wir erkennen die vermesserten, dünneren Zonen, wenn wir das Blatt gegen das Licht betrachten. Wellige Furniere werden kurzzeitig in der beheizten Presse geglättet.

Fügen. Die Furniere werden von Hand oder mit Maschinen mit möglichst wenig Verschnitt zugeschnitten, gefügt und zusammengesetzt. Für den Zuschnitt kleiner Mengen von Hand dienen die Furniersäge oder/und das Intarsienmesser (3.123).

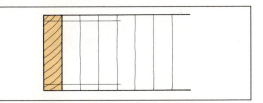

3.121 Überfurnierter Kantenleimer aus Vollholz

3.123   Zuschneiden mit der Furniersäge

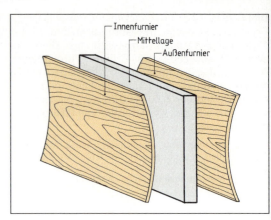

3.125   Furnieren einer Trägerplatte

Damit sich die Blätter möglichst fugenlos zusammensetzen, werden sie „gefügt". Dazu spannen wir sie zwischen Leisten ein und begradigen sie auf der Abricht-Hobelmaschine oder mit der Rauhbank (**3**.124).

3.124   Fügen mit der Rauhbank

Zusammensetzen. Nach dem Fügen setzt man die Blätter zusammen. Je passgenauer, also dichter sie aneinander gereiht werden, umso eher vermeidet man unschöne Fugen und Ritzen auf der Oberfläche. Fugenpapier (Klebstreifen, von Hand oder maschinell aufgeklebt) verbindet die Blätter miteinander. Bei der industriellen Fertigung übernimmt die Furnier-Zusammensetzmaschine diese Aufgabe mit Fugenpapier, Leim oder Leimfäden.

Aufleimen. Nach dem Prinzip des Absperrens (s. Abschn. 3.9.1) wird die Trägerplatte oder Mittellage beidseitig mit der Furnierschicht beleimt. Damit sie

sich nicht verzieht, verwenden wir auf beiden Seiten die gleiche Furnierart und -dicke (**3**.125). Je nach Leimart arbeitet man im Kalt-, Warm- oder Heißverfahren. Bei kleinen Flächen presst man das Furnier mittels Zwingen zwischen Druckausgleichsplatten oder hydraulisch auf (**3**.127). Der Leim ist genau nach Herstellerangabe zu verarbeiten. Man trägt ihn mit dem Kunststoff-Leimkamm (Zahnspachtel), dem Leimroller oder einer Leimauftragmaschine dünn und gleichmäßig auf (**3**.126).

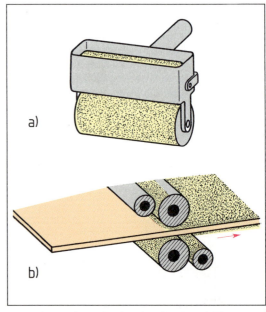

3.126   Leimauftrag a) mit Leimroller, b) mit Vierwalzen-Leimauftragsmaschine

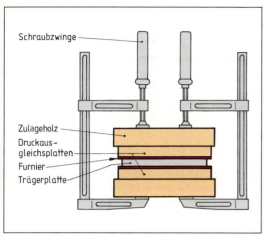

3.127 Furnieren von Hand

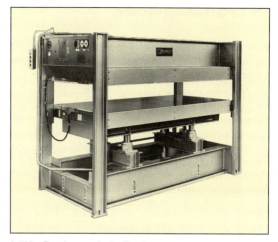

3.128 Furnieren mit der Furnierpresse

Verleimfehler entstehen durch unsachgemäßen Leimauftrag:

– Zu wenig Leim oder ungleichmäßiger Pressdruck führen zu ungeleimten Flächen, zu *Kürschnern* (**3.**129 a). Diese Stellen müssen aufgeschnitten und neu verleimt werden.

– Zu viel Auftrag von zu dünnem Leim, fehlerhafte oder zu grobporige Furniere oder aber ein zu hoher Pressdruck können zu *Leimdurchschlag* führen (**3.**129 b). Bei einem

PVAC-Leim (Weißleim) lässt sich der Leimdurchschlag unmittelbar nach dem Pressen durch Bürsten entfernen – nicht aber bei Kondensationsleimen (Harzen)! Zur Vorbeugung empfiehlt es sich hier, die Leimflotte in der Holzfarbe einzufärben.

– Ungleichmäßiger Leimauftrag oder dickflüssiger Leim können *Leimwülste* verursachen (**3.**129 c). Auch sie lassen sich nur bei PVAC-Leimen durch Aufschneiden, Leimlücke entfernen und Nachleimen beseitigen.

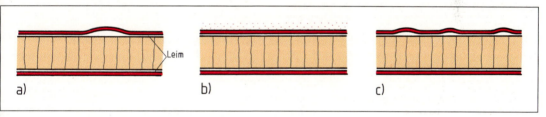

3.129 Verleimfehler a) Kürschner, b) Leimdurchschlag, c) Leimwülste

---

Aufgaben zu Abschnitt 3.8

1. Was sind Furniere? Wozu dienen sie?
2. Welche Gründe sprechen für die Verwendung von Furnieren gegenüber Vollholz?
3. Welche Herstellungsverfahren für Furniere kennen Sie? Erläutern Sie die Techniken.
4. Nach welchem Verfahren stellt man Furniere für Sperrholz her?
5. Warum dämpft oder kocht man das Holz vor der Verarbeitung?
6. Welche Bedingungen muss ein Lagerraum für Furniere erfüllen?
7. Warum darf die Reihenfolge der Furniere in den Paketen nicht geändert werden?
8. Was versteht man unter Deckfurnier?

9. Welche Aufgaben haben Blindfurnier und Absperrfurnier?
10. Was sagt DIN 4079 über die Furnierdicken aus?
11. Nach welchen Gesichtspunkten wählen Sie ein Furnier aus?
12. Warum bringt man vor dem Furnieren hochwertiger Möbel Vollholzkanten (Anleimer) an?
13. Was versteht man unter Stürzen der Furniere?
14. Wie bessern Sie eingerissene Furnierblätter, Wuchsfehler oder wellige Furniere aus?
15. Warum sollen Sie möglichst beide Seiten mit gleichem und gleich dickem Furnier bekleben?
16. Beschreiben Sie typische Verleimfehler und ihre Beseitigung.

3.9   Plattenwerkstoffe

Zu den Plattenwerkstoffen zählen die Holzwerkstoffe, die Kunststoffe, Gipskartonplatten und viele andere, wie die untenstehende Übersicht zeigt.

Welche Werkstoffe werden in Ihrem Betrieb hauptsächlich verwendet? Wie groß sind etwa die Anteile von Vollholz und Holzwerkstoffen? Tatsächlich verarbeitet man heute erheblich mehr Holzwerkstoffe als Vollholz. In Deutschland wurden allein 1993 rund 8 Mio. m^3 Spanplatten, 630 000 m^3 Faserplatten (einschl. MDF) und rund 320 000 m^3 Sperrholz produziert. Einer Schätzung nach wurden die rund 140 Mio. m^2 Spanplatten zu 56 % im Möbel- und Innenausbau, 35 % im Bauwesen und 9 % für andere Zwecke eingesetzt.

Holzwerkstoffe können somit wichtige Aufgaben bei der Erfüllung verschiedener Bedürfnisse der Menschen übernehmen. Ohne sie wäre die Versorgung mit wesentlichen Gütern unserer Gesellschaft stark reduziert und viel zu teuer. Ihre Grundlage bildet das stetig nachwachsende heimische Holz, insbesondere Durchforstungs- und Schwachholz, aber auch Bearbeitungsreste aus Säge- und Hobelwerken und seit einiger Zeit auch in gewissen Mengen sauberes Gebrauchtholz.

Holzwerkstoffe ermöglichen einen schonenden Umgang mit dem Rohstoff Holz, der Energieaufwand zur Herstellung ist relativ gering, Entsorgungsprobleme werden zusehends unproblematischer.

Leichte Bearbeitung, einfache Herstellung von Verbindungen, eingeschränktes „Arbeiten" und gute mechanische Eigenschaften sind weitere Gründe, die Holzwerkstoffe in vielen Bereichen dem Vollholz vorzuziehen. Die ständige Weiterentwicklung der Holzwerkstoffe verlangt eine Anpassung der entsprechenden DIN-Normen.

Im Rahmen der Verwirklichung des gemeinsamen Binnenmarktes in Europa ist schon in Kürze mit der Herausgabe von Euro-Normen (EN) zu rechnen.

Die Auswahl richtet sich nach dem Verwendungszweck und der vorgesehenen Beschichtung (z. B. Furnier oder Kunststoff), der Oberflächenbehandlung und den Kosten.

Plattenwerkstoffe

Holzwerkstoffe

Sperrholz DIN 68705, Teile 2-5	Holzspanplatten DIN 68763, 68761 Teile 1+4, DIN 68762 u. a.	Holzfaserplatten DIN 68753, 68750, 68754 u. a.	Andere Holzwerkstoffplatten	Andere plattenförmige Werkstoffe
Furniersperrholz FU, SN, BFU, BFU-BU Multiplex	Flachpressplatten FPY, FPO, V 20, V 100, V 100 G, LF	Harte Holzfaserplatten HFH, HFE, HFM	Schichtholzplatten SCH Schichtholzformteile	Schichtpressstoffplatten HPL
Stab- und Stäbchensperrholz ST u. STAE BST u. BSTAE	Strangpressplatten SV, SR, SV1, SV2, SR1, SR2, LR, LRD	Mitteldichte Faserplatten MDF	Pressschichtholz PSCH	Hartschaumplatten Gipskartonplatten Gipsfaserplatten
Sperrholzformteile		Poröse Holzfaserplatten und mittelharte Holzfaserplatten HFD, BPH, SBW	Hohlraumplatten	Acryl-Mineralwerkstoffe
Zusammengesetztes Sperrholz Beschichtetes Sperrholz Großflächen-Schalungsplatten SFU	Kunststoffbeschichtete dekorative Fachpressplatten KF Anwendungsorientierte Spezialplatten wie Verlege-, Bekleidungsplatten, Paneele und Kassetten, Spanformteile, OSB-Platten Spantischlerplatten	Kunststoffbeschichtete dekorative Holzfaserplatten KH		Dämmstoffe aus Mineralfaserstoffen Linoleum, Fliesen, Marmor u. a.

3.9.1 Sperrholz

Weil Holz hygroskopisch ist (s. Abschnitt 3.3.5), können wir sein Schwinden und Quellen niemals völlig ausschließen. Wenn wir es jedoch in Schichten zerlegen und diese erneut unter Wechsel der Faserrichtung zusammenbringen (verleimen), erhalten wir alle Vorzüge des gewachsenen Holzes, verringern aber das Arbeiten.

> Als Sperrholz werden alle Platten aus mindestens drei übereinander liegenden Holzlagen bezeichnet, deren Faserrichtung jeweils um 90° zueinander versetzt ist.

Durch die kreuzweise Anordnung schränken die Lagen gegenseitig ihr Schwinden und Quellen ein – sie „sperren" unerwünschte Bewegungen. Die einzelnen Lagen können aus Furnieren (in der Regel Schälfurnieren), Stäben aus Vollholz oder Stäbchen aus Furnier bestehen.

Sperrholz wird je nach Verwendungszweck und Eigenschaften in Furnier-, Stab- und Stäbchensperrholz (früher Tischlerplatten) und Sonderprodukte unterteilt.

Bei Furniersperrholz (Furnierplatten, FU) bestehen alle Lagen aus Furnieren. Die Mindestzahl von 3 Lagen sichert, dass sich die Platten nicht werfen (**3.**130). Die Decklagen zu beiden Seiten der Mittellage sind symmetrisch angeordnet, vielfach ist die Mittellage dicker als die Decklagen. Durch das Aufbauprinzip (3, 5, 7 oder mehr Lagen) entsteht eine ungerade Lagenzahl. Bei geraden Zahlen liegen die beiden mittleren Schichten parallel zueinander. Die Furnierdicke schwankt zwischen 0,5 und 5 mm. Je nach Leimart werden die Furniere auf 6 bis 10 % Holzfeuchte heruntergetrocknet, auf das gewünschte Format zugeschnitten, Fehler ausgebessert. Leimauftragsmaschinen bringen den Kleb-

stoff auf. Die zur Platte zusammengelegten Furniere werden maschinell bei etwa 170 °C gepresst, anschließend besäumt, geschliffen und nach Qualität der Deckfurniere sortiert. Zur Herstellung von Sperrholz dienen in Deutschland vorwiegend Fichte, Buche, Birke und Pappel, daneben einige ausländische Hölzer wie Gabun, Limba, Abachi. Furniersperrholz wird im Möbelbau u. a. für Rückwände, Schubkastenböden und Füllungen, aber auch für Wand- und Deckenverkleidungen eingesetzt. Es lässt sich gut bearbeiten, beschichten und furnieren. Gegenüber Vollholz hat es höhere Form- und Maßbeständigkeit. Für Sonderzwecke hält der Handel entsprechende FU bereit:

Sternholz (SN) sind Furnierplatten, bei denen die Faserrichtung benachbarter Furnierlagen einen spitzen Winkel bilden. SN bestehen aus mindestens 5 Lagen und werden vorwiegend im Maschinenbau für Zahnräder und Riemenscheiben verwendet.

Bau-Furniersperrholz (BFU) setzt man für tragende Zwecke im Bauwesen und im Innenausbau ein.

Bau-Furniersperrholz aus Buche (BFU-BU) nach DIN 68 705 -5, ist besonders hochwertiges Sperrholz für tragende Zwecke im Bauwesen, für Maßnahmen im Innenausbau und andere mehr.

Multiplexplatten sind Furnierplatten mit mehr als 5 Lagen und Dicken über 12 bis 80 mm. Sie werden vor allem im Modellbau eingesetzt, aber auch für Möbelgestelle und Werkstatt-Arbeitsplatten.

Stab- und Stäbchensperrholz (früher Tischlerplatte) besteht aus der Mittellage und mindestens zwei parallel liegenden Absperrfurnieren. Nach dem Absperrprinzip sind die Lagen kreuzweise angeordnet. Bei 5 Lagen wird das Absperrfurnier noch mit einem Deckfurnier versehen, dessen Faser parallel zur Mittellage verläuft. Je nach Ausbildung der Mittellage heißen die Platten:

Stabsperrholz (ST) mit gesägten, plattenförmig aneinander geleimten Holzleisten von 24 mm Breite, höchstens 30 mm. Stabsperrholz wird nur noch selten im Blockverfahren (**3.**131 a) hergestellt. Heute bildet man vorwiegend die Mittellage durch (oft punktweises) Verleimen von Brettstäben in einer sogenannten „Leisten-Zusammensetzmaschine".

Stäbchensperrholz (STAE) mit plattenförmig aneinander geleimten Stäbchen aus 5 bis 8 mm dicken Rundschälfurnieren (**3.**131 b).

Streifenplatte (SR) mit Holzleisten wie bei Stabsperrholz, jedoch *nicht* untereinander verleimt; nicht genormt (**3.**131 c).

Bau-Stabsperrzolz (BST) und **Bau-Stäbchensperrholz (BSTAE)** mit dicken Absperrfurnieren aus Buche oder Macoré.

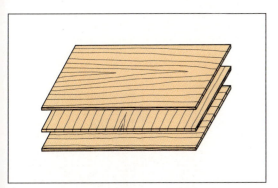

3.130   Aufbau und Herstellung von Sperrholz

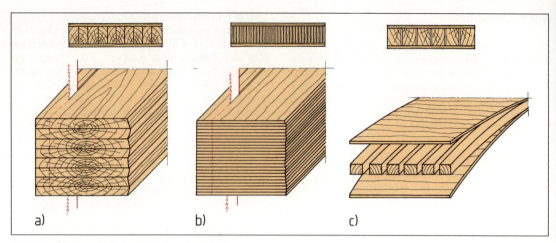

3.131   Aufbau von Stab- und Stäbchen-Sperrholz
        a) Stabsperrholz (ST), b) Stäbchensperrholz (STAE), c) Streifenplatte (SR)

Für Mittellagen verwendet man vorwiegend Fichte, Kiefer, Abachi, Pappel und Limba, für Absperrfurniere Rotbuche, Limba, Abachi, Fichte und Erle. Platten aus Stab- und Stäbchensperrholz haben gute Biege-Eigenschaften und durch die stehenden Jahresringe der Holzleisten ein günstiges Schwind- und Quellverhalten. Sie sind gut zu bearbeiten, zu furnieren und haben ein geringes Gewicht. Im Möbel- und Innenausbau werden sie vielfach verwendet. Damit sich die Platten im Plattenlager nicht verziehen (durchbiegen), lagert man sie flach mit Bodenabstand oder stehend an der Wand. Die entsprechenden Bauplatten eignen sich vor allem für den Fertighausbau, für Container und Betonschalungen.

Sperrholzformteile (DIN 68707) werden in Spezialformpressen meist aus Rotbuchefurnier gefertigt und sind besonders formbeständig. Rückenlehnen und Sitze für Stühle, Gehäuse für Radios und Möbelteile bestehen daraus.

Beschichtetes Sperrholz wird angeboten mit fertigen Oberflächen aus Kunststoff-Folien, imprägniertem Papier und Kunstharzfilm-Überzügen oder beidseitig beplankt (beschichtet) mit Metallplatten(-folien).

Kunstharz-Pressholz (KP) besteht aus Furnierplatten (Rotbuche-Schälfurnier), die mit 10 bis 30 % Phenolharz angereichert und unter hohem Druck in hydraulischen Pressen zu Platten gepresst werden. Dabei verdichten sich die mit Harz gefüllten Poren. KP verwendet man für Formpressteile, Bohrschablonen und andere technische Zwecke.

Großflächen-Schalungsplatten aus Furniersperrholz nach DIN 68792 (SFU) werden vorwiegend als Schalungsplatten im Betonbau eingesetzt.

Paneelplatten sind auf der Sichtseite z. B. edelholzfurniert und dienen zur Bekleidung von Wänden und Decken.

Die üblichen Klebstoffe für die Sperrholzherstellung sind Kunstharze, z. B. Harnstoff-, Melamin- und Phenol-Formaldehydharze. Sie besitzen unterschiedliche Resistenz gegen Feuchtigkeitseinfluss.

Einteilung nach der Verleimung (Klebung)
IF Verleimung nur beständig in Räumen mit im Allgemeinen niedriger Luftfeuchte. Nicht wetterbeständig.
AW Verleimung beständig, auch bei erhöhter Feuchtigkeitsbeanspruchung. Bedingt wetterbeständig.

Tabelle **3.**132   Sperrholz-Vorzugsmaße nach DIN 4078

Plattenart	Dicke in mm	Länge (in Faserrichtung) in mm	Breite (quer zur Faser) in mm
FU	4, 5, 6, 8, 10, 12 (gebräuchliche Lagermaße) 15, 18, 20, 22, 25, 30, 35, 40, 50, ... (Multiplexplatten)	1220, 1250, 1500, 1530, 1830, 2050, 2200, 2440, 2500, 3050	1220, 1250, 1530, 1700, 1830, 2050, 2440, 2500, 3050
ST, STAE	13, 16, 19, 22, 25, 28, 30, 38	1220, 1530, 1830, 2050, 2500, 4100	2440, 2500, 3500, 5100, 5200, 5400

Einteilung nach Güteklassen. Sperrholz für allgemeine Zwecke wird nach Beschaffenheit der Deckfurniere in drei Güteklassen eingeteilt. Güteklasse 1 bezeichnet beste Qualität, 2 darf geringe, 3 größere Fehler aufweisen.

Unterschiedliche Güteklassen auf Vorder- und Rückseite der Platten sind üblich (z. B. 2–3).

Baufurnierplatten müssen den sogenannten Holzwerkstoffklassen 20, 100 oder 100 G angehören (s. Plattentypen Abschn. 3.9.2).

Beispiele zur Bezeichnung von Sperrholzplatten

Sperrholz DIN 68 705 – FU –   AW

Furniersperrholz (FU) für   Verleimung
allgemeine Zwecke nach
DIN 68 705

2-3   –   18

Güteklasse der   Dicke in mm
Deckfurniere

Sperrholz DIN 68 705 – ST –   IF –

Stabsperrholzplatte (ST)   Verleimung
für allgemeine Zwecke
nach DIN 68 705

1–2   –   19

Güteklasse der   Dicke in mm
Deckfurniere

Furniersperrholz	**Stab- bzw. Stäbchensperrholz** (früher Tischlerplatten)	**Zusammengesetztes Sperrholz**
– alle Lagen aus Furnieren kreuzweise angeordnet	– Mittellage aus Holzleisten oder Schälfurnieren, Deck- und Absperrfurnier	– enthält mind. 1 Lage, die nicht aus Furnier, Stäben oder Stäbchen besteht, nicht genormt
– z. B: FU, SN, BFU, KP, Multiplexplatten, Formsperrholz	– z. B. ST, STAE	– z. B. HF, FPY
– für Wohn-, Sitzmöbel, Werkstatt- und Schultische, Einbauschränke, Wand- und Deckenbekleidungen, Verpackungen, Fahrzeugbau	– für Wohnmöbel, Einbauschränke, Regale	– für Möbel und Innenausbau

3.9.2 Holzspanplatten

Herstellung. Dünne Stämme (Durchforstungsholz), Äste sowie Reste aus Handwerk und Industrie (Späne, Schwarten, Furnierreste usw.) werden zu Spänen geschnitzelt (zerspant) und auf 3 bis 5 % Holzfeuchte heruntergetrocknet. Dabei ist der Hartholzanteil stetig zurückgegangen wegen der gesundheitsschädlichen Staubbildung. Im Mischer verbindet sich das Spanmaterial mit dem Bindemittel (6 bis 12 % synthetischer Klebstoff). Vorwiegend dient Harnstoffharz als Bindemittel, daneben Phenolharz und in zunehmendem Maß PMDI (ohne Formaldehyd). Das Spanmaterial wird durch Wurf oder Wind aufgestreut. In Etagen-, kontinuierlichen oder Kalanderpressen presst man die

Formlinge unter hohem Druck bis 350 N/cm^2 und Temperaturen von 140 bis 240 °C zu Platten. Nach einigen Tagen der Reifelagerung werden die Platten besäumt und beschnitten.

Während Holzspanplatten ausschließlich aus zerspantem Holz bestehen, können Spanplatten auch holzartige Materialien, z. B. Flachs, enthalten.

Holzspanplatten bestehen aus zerspantem Holz. Die Späne werden mit synthetischem Klebstoff versehen, in Schichten angeordnet und gepresst.
Ihre Rohdichte liegt je nach Holzart und Plattendicke zwischen 0,55 und 0,75 g/cm^3.

Bei Flachpressplatten (FPY) liegen die Späne parallel zur Plattenebene (3.133 b). Sie sind aus 1, 3 oder 5 Schichten aufgebaut oder mit stetigem Übergang hergestellt. Bei mehrschichtigem Aufbau bestehen die Deckschichten aus dünneren, feineren und höher verdichteten Spänen als die gröberen Mittelschichtspäne. Nach dem Herstellungsverfahren, dem Bindemittel und Zusätzen an Holzschutzmitteln unterscheiden wir

Plattentypen

FPY   Flachpressplatte für allgemeine Zwecke (DIN 68 761-1)

FPO   wie FPY, jedoch mit einer bestimmten Feinspanigkeit in der Oberfläche (DIN 68761-4)

Plattentypen nach der Verleimung

V 20   Flachpressplatten für das Bauwesen DIN 68 763. Beständig in Räumen mit im Allgemeinen niedriger Luftfeuchtigkeit. Nicht wetterbeständig. Bindemittel: Aminoplaste

V 100   Wie V 20, jedoch beständig gegen hohe Luftfeuchtigkeit. Begrenzt wetterbeständig. Bindemittel: Phenol und Phenolresorcinharze, PMDI u. a.

V 100 G Wie V 100, jedoch mit einem Holzschutzmittel gegen holzzerstörende Pilze versehen.

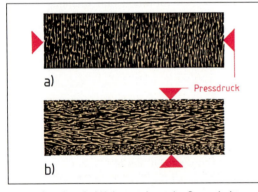

3.133   Spanlage bei Holzspanplatten im Querschnitt
        a) Strangpressplatte, b) Flachpressplatte

Abmessungen. Neben den handelsüblichen Dicken von 6, 8, 10, 13, 16, 19, 22 und 25 mm gibt es Dicken zwischen 3 und 80 mm. Die Breiten- und Längenabmessungen sind nicht genormt und je nach Hersteller unterschiedlich. Handelsüblich sind Breiten von 1250 bis 2600 mm und Längen von 2500 bis 5500 mm. Die Herstellverfahren erlauben praktisch den verschnittarmen Zuschnitt aller gewünschten Abmessungen.

Bei der Strangpressplatte liegen die Späne vorwiegend senkrecht zur Plattenebene (3.133 a). Nach diesem Verfahren, bei dem das Spänegemisch einschichtig zwischen zwei Heizplatten zu einem endlosen Plattenstrang gestopft wird (daher auch Stopfplatte), werden Vollplatten (SV) und Röhrenplatten (SR) gefertigt. Wir verwenden sie vorwiegend in der Türenfertigung als Einlagen, für Schallschluckplatten und in der Paneelfertigung. Strangpressplatten sind erhältlich als Rohplatten (SV und SR) oder beplankte Platten (SV 1, SV 2, SR 1, SR 2). Die Beplankung mit Furnieren, Furniersperrholz oder Holzfaser-Hartplatten verbessert die Eigenschaften der Platten erheblich (Biegefestigkeit). Als Deck- oder Absperrfurniere werden u. a. verwendet: BI, BU, FI, KI, TA, MAC, LMB.

Sonderausführungen

Leichte Flachpressplatte (LF) mit oder ohne Beschichtung oder Beplankung mit höherer Schallabsorption; verwendet als Akustikplatte und zur Dekoration.

Strangpress-Röhrenplatten (LR oder LRD) sind beidseitig beschichtet oder beplankt. LRD hat eine durchbrochene Oberfläche und höhere Schallabsorption als die LR mit geschlossener Oberfläche.

Außerdem gibt es Strangpressplatten für das Bauwesen und die Tafelbauart.

Kunststoffbeschichtete dekorative Flachpressplatten (DIN 68 765 (KF) sind mehrschichtige, höher verdichtete Platten mit melaminharzgetränkten Beschichtungen. Die Oberfläche ist dekorativ und fleckenunempfindlich, ziemlich beständig gegen Laugen und Säuren, beständig gegen erhöhte Wärmeeinwirkung (Kochtopf) und gut zu pflegen. Verwendet werden KF vor allem im Küchen-, Büro- und Labormöbelbau. Am besten eignen sich hartmetallbestückte Werkzeugschneiden beim Verarbeiten. Die Norm gilt für Platten bis 50 mm Dicke. Je nach Schichtdicke und Abriebwiderstand unterscheidet man dabei nach verschiedenen Anwendungsklassen.

Anwendungsorientierte Spezialplatten

Bekleidungsplatten, mit Nut- und Federprofil versehene, harnstoffharzverleimte Spanplatten meist der Normtypen FPY, FPO und V20.

Paneele und Kassetten, auf der Oberfläche dekorativ veredelte Holzwerkstoffe, z. B. Spanplatten. Als Beschichtungen kommen Furnier, Kunststoff- und Metallfolien in Frage.

Fußboden-Verlegeplatten, Spanplatten des Normtyps V100 (V20 nur in begründeten Einzelfällen), in der Regel mit Nut- und Federprofil versehen.

Spanholz-Formteile (z. B. Werzalit), Formteile aus Spanholz, die in Stahlformen unter Zusatz von Melaminharz bei hohem Druck und Temperaturen um 170 °C gepresst werden. Sie eignen sich wegen ihrer Beständigkeit gegen Hitze, Witterung, Säuren und Holzschädlingen für Gartentischplatten, Tabletts, Außenverkleidungen, Zäune, Fensterbänke sowie für den Möbel- und Innenausbau (Kassettenplatten).

Holzwolle-Leichtbauplatten (L) bestehen aus langfaseriger, längsgehobelter Holzwolle und einem mineralischen Bindemittel (Normzement, Baugips oder Magnesit). Nägel, Unterlagscheiben, Draht und andere Stahlteile zur Verarbeitung dieser Platten müssen verzinkt sein – sonst rosten sie. Holzwolle-Leichtbauplatten sind porös und haben daher gute Wärmedämmeigenschaften. Die rauhe Oberfläche macht sie zu ausgezeichneten Putzträgern. Verwendet werden sie als verlorene Schalung im Mantelbetonbau, im Flachdachbau, für schwimmende Estriche, leichte Trennwände, Rollladenkästen, wärmedämmende Schalen und Putzträger. Gefertigt werden sie in sechs Formaten: 52 cm breit, 2 m lang und 15, 25, 35, 50, 75, 100 mm dick. Zunehmend kombiniert man sie mit Schaumkunststoffen zu Mehrschicht-Leichtbauplatten, die die guten Eigenschaften beider Baustoffe vereinigen. Holzwolle-Leichtbauplatten sind in DIN 1101, Mehrschicht-Leichtbauplatten in DIN 1104 genormt.

Die zementgebundene Spanplatte ist ein Baustoff aus Nadelholzspänen (65 %), Portlandzement (25 %) und fertigungsbedingten Zutaten (z. B. Wasser). Die Dichte ist etwa 1,25 g/cm³.

Bei der magnesitgebundenen Spanplatte sind Holzspäne und Magnesit gebunden. Die Dichte beträgt 1,05 bis 1,15 g/cm³.

Beide Plattentypen eignen sich für Fußbodenerneuerungen, Feuchtraumverkleidungen bei erhöhten Anforderungen an den Schall- und Brandschutz. Sie lassen sich wie andere Holzspanplatten bohren, fräsen, sägen, furnieren, beschichten. Sie sind feuchtebeständig, unverrottbar, pilzbeständig, frei von chemischen Bestandteilen, geruchsneutral, schwerentflammbar, schalldämmend.

OSB-Platten (**O**riented **S**trand **B**oard) sind Spanplatten mit verhältnismäßig langen und breiten gerichteten Spänen und dadurch hohen Festigkeitseigenschaften in einer Richtung.

Span-Tischlerplatten vereinen die Vorteile beider Holzwerkstoffe. Die Mittellage besteht aus Stabsperrholz, während die Außenfurniere durch Flachpressplatten (Kalanderplatten) ersetzt werden. Das Material hat so die Festigkeitseigenschaften des Vollholzes im Inneren und die Feinporigkeit der Flachpressplatte im Deckbereich. Es wird im Möbel- und Innenausbau eingesetzt.

Holzspanplatten sind nach DIN 4102 für feuerhemmende Bauteile (z. B. F 30) geeignet. Sie fallen in die Baustoffklasse B 2. Ihre Wärmeleitfähigkeit ist sehr gering (2 = 0,17), ihre Rohdichte liegt je nach der verwendeten Holzart zwischen 0,55 und 0,75 g/cm³

Beispiele   zur Bezeichnung von Holzspanplatten

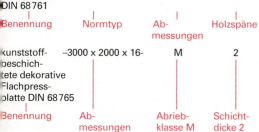

Flachpressplatte   FPY   -19 x 5000 x 2000-   H
DIN 68761

Benennung   Normtyp   Ab-   Holzspäne
                                messungen

Kunststoff-   –3000 x 2000 x 16-   M   2
beschich-
tete dekorative
Flachpress-
platte DIN 68765

Benennung   Ab-   Abrieb-   Schicht-
              messungen   klasse M   dicke 2

Formaldehyd ist ein bei höherer Konzentration in der Raumluft stechend riechendes Gas. Es entsteht durch Verbrennung organischer Substanzen (z. B.

Zigarettenrauch, Autoabgasen, Ölfeuerungen) sowie im Stoffwechsel von Mensch, Tier und Pflanze.

Die einfache chemische Verbindung besteht aus Kohlenstoff, Wasserstoff und Sauerstoff (HCHO). Formaldehyd verwendet man als Reaktionskomponente für die Herstellung von Klebstoffen, Lackharzen, Textilimprägnierungen sowie direkt für Konservierungen und Desinfektionen.

Formaldehyd wirkt geruchsbelästigend und ist als krebsverdächtig eingestuft. Es reizt die Augen und Schleimhäute der Atemwege.

Die bisher gültigen Richtlinien zur Begrenzung der Formaldehydkonzentration in der Raumluft von Aufenthaltsräumen liegen seit Juni 1994 in einer Neubearbeitung vor unter dem Titel:

„Richtlinien über die Klassifizierung und Überwachung von Holzwerkstoffen bezüglich Formaldehydabgabe."

Der Geltungsbereich erstreckt sich auf Holzwerkstoffplatten, insbesondere Spanplatten, Faserplatten und Sperrholz. Die früheren Emissionsklassen E 1, E 2 und E 3 waren ohnehin bereits auf die Klasse E 1 beschränkt worden.

Im Sinne dieser neuen Richtlinie wird zukünftig unterschieden in:

Die Emissionsklasse E 1

Sie kennzeichnet unbeschichtete und beschichtete Holzwerkstoffplatten, die geeignet sind, bei der Untersuchung im Prüfraum eine Ausgleichskonzentration von max. 0,1 ml/m³ (ppm) Formaldehyd einzuhalten.

Die Emissionsklasse E 1b

Sie kennzeichnet unbeschichtete Holzwerkstoffplatten, die erst nach Beschichtung geeignet sind, ebenfalls eine Ausgleichskonzentration von max. 0,1 ml/m³ (ppm) Formaldehyd einzuhalten.

Der Emissionswert ppm bedeutet parts per million = Teile pro Million. 1 m³ Luft = 100 cm x 100 cm x 100 cm = 1 000 000 cm³. 1 ppm bedeutet: 1 Teil pro 1 Mio. Teile, also 1 cm³ pro 1 Mio. cm³.

Rohplatten (unbeschichtete Holzwerkstoffplatten) werden entweder werkmäßig beschichtet, z. B. mit melaminharzgetränktem Papier oder mit z. B. Deckfurnier beschichtet und lackiert. In jedem Fall muss die Eignung der Beschichtung den Richtlinien entsprechen.

Flachpressplatten	Strangpressplatten	Sonderausführungen und anwendungsorientierte Spezialplatten
– Späne liegen parallel zur Plattenebene – FPY, FPO, V 20, V 100, V 100 G, KF u.a.	– Späne liegen einschichtig senkrecht zur Plattenebene – SV, SR, SV 1, SR 1, SV 2, SR 2	– Flachpress- oder Strang- pressplatten – LF, LR, LRD, L, Spanholz- Formteile, Paneele, Beklei- dungsplatten, Verlegeplat- ten, OSB, Span-Tischler- platten – zementgebundene Holz- spanplatten (keine üblichen Spanplatten) – magnesitgebundene Holz- spanplatten (keine üblichen Spanplatten) – Innenausbau, Bauwesen
– Wohn-, Büro- und Küchen- möbel, Einbauschränke, Innenbekleidungen, Bau- wesen, (Rohbau, Ausbau, Türen usw.)	– Türeinlagen, Spezialplatten	

3.9.3 Holzfaserplatten

Zur Herstellung werden Sägewerks-Resthölzer und Durchforstungsholz (Nadel- und/oder Laubholz), teils mechanisch, teils chemisch unter Dampfeinwirkung zerfasert. Bei dem vorwiegend angewendeten Nassverfahren mahlt man den Faserbrei und mischt zur Qualitätsverbesserung Chemikalien bei. Den Faserbrei formt man unter Zugabe von Kunstharzen zu großflächigen Platten und entwässert sie durch z.T. hohen Druck auf einem engmaschigen Sieb. Der Eigenharzgehalt des Holzes wirkt als Bindemittel. Je nach Plattenart (porös, hart, kunststoffbeschichtet) unterscheiden sich die Produktionsabläufe. Neuentwickelte Faserplatten wie MDF arbeiten im Trockenverfahren, ein Klebstoffzusatz zu den Fasern ist erforderlich.

> Holzfaserplatten bestehen aus verholzten Fasern mit oder ohne Bindemittel-Zusatz.

Normtypen

Poröse Holzfaserplatten oder Holzfaser-Dämmplatten (HFD). Hier wird das Faservlies in Trockenkanälen getrocknet. Die vorgeformten Platten (Vlies) behalten dabei ihre Dicke und müssen nur noch auf die gewünschten Maße zugeschnitten werden. Die Rohdichte beträgt 230 bis 250 kg/m^3. Verwendet werden HFD als Akustikplatten (Dämmplatten) zum Luftschall- und Wärmeschutz. Löcher oder Schlitze in der Oberfläche vergrößern die schallabsorbierende Wirkung erheblich.

Poröse Bitumen-Holzfaserplatten (BPH) erhält man, indem man dem Faserbrei 10 bis 30 % Bitumen beimischt. Sie sind dadurch in besonderer Weise für den Einsatz in Feuchträumen geeignet. BPH 1 hat 10 bis 15 % Bitumen, BPH 2 15 bis 30 %.

Beispiel zur Bezeichnung einer BPH 1

Platte	12	x	2440	x	1220	BPH 1 DIN 68752
Hersteller- angabe	Dicke		Länge		Breite	Normtyp

Für Harte Holzfaserplatten oder Holzfaser-Hartplatten (HFH) wird das Rohmaterial in hydraulischen Pressen unter hohem Druck (etwa 70 N/cm^2) und Temperaturen zwischen 180 und 210 °C gepresst. So erhalten die Platten ihr typisches Aussehen: eine sehr glatte Oberfläche durch Abdeckung mit einem hochglanzpolierten Blech und einer Unterseite mit gewebeähnlichem Siebdruck. In Kammern können die Platten bei etwa 160 °C mehrere Stunden nachgehärtet und dann zugeschnitten werden. Ihre Rohdichte liegt bei mehr als 800 kg/m^3. Wir verwenden HFH im Möbelbau und Innenausbau z. B. als Rückwände oder Schubkastenböden. Außerdem nutzt man sie beim Beplanken von Spanplatten, als Verpackungsmaterial und bei der Türenherstellung.

Mittelharte Holzfaserplatten (HFM) werden im Nassverfahren ähnlich wie HFH hergestellt. Sie können beidseitig glatt produziert werden.

Mitteldichte Faserplatten (MDF) werden ähnlich den Spanplatten im Trockenverfahren hergestellt. Es handelt sich um Einschichtplatten mit einer höheren Verdichtung im Außenbereich. Verwendet werden nur Nadelhölzer im entrindeten Zustand (daher die helle Farbe). Für eine 16 mm dicke Platte wird ein Faserkuchen von nahezu 1 m Dicke aufgeschüttet und verpresst. Als Bindemittel dient vorwiegend Harnstoffharzleim.
Breitflächen (Oberflächen) und Schmalflächen (Kanten) sind geschlossen und können so – ähnlich dem Vollholz – profiliert werden. Die gute Fräsbarkeit ermöglicht die Herstellung von Softkanten. MDF-Platten eignen sich gut für Beschichtungen (Furnier, Papier, Kunststoff, flüssiger Lack u. a.). Rundungen und Kanten sind jedoch vor der Behandlung mit Oberflächenmaterialien vorzubehandeln (zu isolieren). Zum Bearbeiten müssen wegen des 25 % höheren Verschleißes der Werkzeugschneiden hartmetallbestückte oder Diamantwerkzeuge verwendet werden. Der feine

Staub zwingt zu Vorsichtsmaßnahmen. Die Biegefestigkeit der Platten liegt bis doppelt so hoch wie bei Holzspanplatten, die Rohdichte bei $\geq$ 600 kg/m³.

Extraharte Holzfaserplatten (HFE) stellt man her, indem man harte Holzfaserplatten nachträglich mit Öl tränkt und bei hohen Temperaturen mehrere Stunden lang nachhärtet. Sie werden vor allem dort eingesetzt, wo mit hoher Feuchtigkeit zu rechnen ist, ferner als Fußbodenbeläge und Betonschalungen.

Kunststoffbeschichtete dekorative Holzfaserplatten (KH) sind harte Holzfaserplatten, die bei der Fertigung ein- oder beidseitig beschichtet werden. Die dekorativen Beschichtungen aus melaminharzgetränkten Papierfilmen ergeben einen festen Verbund mit der Trägerplatte. Vielfach wird in der Möbelindustrie auch die Lackplatte verwendet (flüssig beschichtete Hartplatte). KH-Platten setzt man u.a. als Wandverkleidungen in Küchen und Bädern ein.

Die Abmessungen gibt Tabelle **3.**134.

Tabelle **3.**134   Vorzugsmaße der Holzfaserplatten

Plattenart	Dicke in mm	Länge in mm	Breite in mm
HFD	5 bis 30	bis 6000	bis 3000
HFH	1,2 bis 6	bis 5500	bis 2100

Poröse (Bitumen-) Holzfaserplatten	**Harte Holzfaserplatten**	**Kunststoffbeschichtete Holzfaserplatten**
– HFD – für Schall- und Wärmedämm-platten, BPH in Feuchträumen und im Außenbereich	– HFH, HFM, MDF, HFE – für Möbelrückwände und Schubkastenböden, Türen, Verpackung; HFE für Feuchträume und Fußbodenbeläge; MDF im Möbel- und Innenausbau	– KH – für Wandverkleidungen in Küchen und Bädern, im Möbelbau

3.9.4 Schichtholz und Hohlraumplatten

Schichtholz (SCH) gehört zu den Furnierplatten, jedoch nicht zu den Sperrhölzern. Im Gegensatz zu diesen verlaufen beim SCH die (mindestens 7) Furnierlagen faserparallel. Bei dünnen Furnierlagen legt man ab und zu eine Querlage ein (z. B. an 5. oder 10. Stelle). Birke, Buche und Pappel eignen sich besonders für Schichtholz, das in Dicken zwischen 4 und 100 mm angeboten wird. Verwendet wird SCH im Flugzeug- und Maschinenbau, im Modell- und Sportgerätebau.

Schichtholzformteile unterscheiden sich vom Formsperrholz nur durch den gleichgerichteten Faserverlauf in den Furnierlagen.

Pressschichtholz (PSCH) s. Kunstharz-Pressholz in Abschn. 3.9.1.

Schichtholz ist nicht mit Mehrschicht-Sperrholz identisch! Normen, Typen und Abmessungen entsprechen denen des Furniersperrholzes.

Hohlraumplatten (HO) sind Verbundplatten aus einer Mittellage mit Hohlräumen und den beidseitig aufgebrachten Decklagen (-platten). Die Mittellage (bei Türen: Einlage) kann aus Latten- bzw. Leistenkonstruktionen (Holz und Holzwerkstoffe) bestehen oder aus Füllstoffen wie Papier, Schaumstoffen. Die Decklagen fertigt man aus Holzfaserplatten, Flachpress-/Kalanderplatten, Spanplatten oder Furniersperrholz. HO wird im Möbelbau verwendet, vorwiegend aber für Sperrtüren (s. Abschn. 10.7.3).

3.9.5 Andere Plattenwerkstoffe

Zunehmend begegnen wir Kunststoffplatten. Daneben haben Gipskartonplatten ihre Bedeutung.

Schichtpressstoffplatten (HPL, früher DKS, DIN EN 438, T1) sind dekorative Kunststofferzeugnisse. Zur Herstellung dienen mit verschiedenen Harzen (Phenol-, Melaminharz) getränkte Papierbahnen. Bei hohem Druck und Temperaturen von 150 °C werden die Bahnen zu einer Kunststoffplatte verpresst (Duromere). Der Handel hält sie in vielen Farben und Mustern vorrätig. Die Dicken liegen bei 0,5, 0,8 und 1,0 mm, doch sind auch Sonderdicken lieferbar. HPL-Platten sind sehr hart, sehr druckfest, abwaschbar, wasserfest und unempfindlich gegen viele Chemikalien. Meist klebt man sie auf Spanplatten, Trägerplatten aus Stäbchensperrholz oder Furniersperrholz, Hartholz-Faserplatten, seltener auf Vollholz. Dazu eignen sich u.a. PVAC-Leime und Harnstoffharzkleber. Zum Bearbeiten von HPL-Platten sollte man nur hartmetallbestückte (HM-) Werkzeuge verwenden. Je nach Herstellungsart werden HPL-Platten unterschieden nach

– HPL = diskontinuierlich verpresste Schichtstoffplatten (auf stationären Pressen)
– CPL = kontinuierlich verpresste Schichtstoffplatten

Plattenarten:

– Typ S für den allgemeinen Gebrauch
– Typ F schwer entflammbar
– Typ P nachformbare Platten

Verwendet werden HPL-Platten im Küchen- und Laborbau, für Türen, Trennwände und Verkleidungen.

Hartschaumplatten entstehen durch Aufschäumen von Kunststoffen oder durch chemische Reaktion aus Polystyrol (PS) und Polyurethane (PUR). Sie sind in Verbindung mit anderen Werkstoffen als Verbundplatten oder als Styropor-, Poresta- und PUR-Schaumplatten im Handel und werden bei der Schall- und Wärmedämmung sowie im Kühlmöbelbau eingesetzt.

Gipskartonplatten sind beidseitig mit Karton (Pappe) gefertigte Gipsplatten, die in verschiedenen Stärken geliefert und im Innenausbau vielfach verwendet werden. Als Mehrschichtplatten kombiniert man Gipskarton- oder Gipsplatten häufig mit Hartschaumplatten. Verwendet werden die Platten als Wand- und Deckenverkleidungen (z. B. zum Verbessern der Wärmedämmung). Gipskarton-Bauplatten (GKB) sind nach DIN 18 180 genormt.

Gipsfaserplatten werden aus Naturgips und Zellulosefasern unter Zugabe von Wasser mit hohem Druck zu Platten gewalzt. Da keine chemischen Bindemittel enthalten sind, ist die Verwendung der Platten baubiologisch unbedenklich. Einsatzgebiete: Fußboden (Trockenestrich), Wand- und Deckenverkleidungen, im Feuerschutz- und Feuchtraumbereich und – als Verbundplatte mit Schaumkunststoff – im Schall- und Wärmedämmbereich.

Acryl-Mineralwerkstoffe wie Paracor oder Corian sind Massivplatten und Formteile, massiv, porenlos und homogen, robust wie Stein, gestaltbar wie Holz.

Asbestzementplatten werden, seit Asbestfasern als krebserregend erkannt wurden, mehr und mehr durch asbestfreie Plattenmaterialien ersetzt. Harmlose Stoffe mit gleichwertigen Eigenschaften finden u.a. Verwendung bei Dämmstoffen, im Brand-, Schall- und Feuchteschutz, bei Klebstoffen, im Beton- und Mörtelbereich (s. Abschn. 3.9.2).

Dämmstoffe aus Mineralfaser. Zur Herstellung presst man flüssiges Glas oder Basaltstein durch feine Düsen zu feinen Fäden. Je nach Weiterverarbeitung erhält man Glas- oder Steinwollematten bzw. -platten und setzt sie zur Schall- und Wärmedämmung bzw. im Brandschutzbereich ein.

Aufgaben zu Abschnitt 3.9

1. Welche Bedeutung haben Holzwerkstoffe in der Möbelfertigung?
2. Welche Eigenschaften der Holzwerkstoffe stechen gegenüber Vollholz hervor?
3. Was versteht man unter Sperrholz? Woher kommt der Name?
4. Aus welchen Hölzern fertigt man Furniersperrholz?
5. Erläutern Sie die Herstellung von FU.
6. Für welche Zwecke wird Furniersperrholz verwendet?
7. Wie stellt man KP her? Wozu verwendet man es?
8. Wodurch unterscheiden sich ST, STAE und SR?
9. Nennen Sie Eigenschaften und Verwendungsmöglichkeiten von ST und STAE.
10. Sie sollen zwei Briefkästen aus Sperrholz bauen, einen für außen, den anderen für innen. Welchen Normtyp wählen Sie jeweils?
11. Erläutern Sie die Bezeichnung Sperrholz DIN 68705 – FU – AW – 2-3 – 18.
12. Woraus bestehen Holzspanplatten?
13. Erläutern Sie anhand einer Skizze den Aufbau einer dreischichtigen Flachpressplatte FPY.
14. Wodurch unterscheiden sich Flachpressplatten von Strangpressplatten? Welche Arten sind Ihnen bekannt?
15. Erklären Sie die Bezeichnung Flachpressplatte DIN 68 761 – FPY – 19 x 5000 x 2000 – H.
16. Was versteht man unter kunststoffbeschichteten dekorativen Flachpressplatten? Wofür verwendet man sie?
17. Warum ist die Begrenzung der Formaldehydkonzentration wichtig?
18. Erläutern Sie Aufbau und Herstellung von HFH und HFD.
19. Wie erhalten HFE ihre hohe Härte?
20. Erläutern Sie die Bezeichnung (Herstellerangabe) 3,2 x 2440 x 1220 HFH 20 DIN 68754.
21. Was ist Schichtholz?
22. Welche Plattenwerkstoffe sind Ihnen bekannt, denen kein Holz, sondern andere Grundstoffe zugrunde liegen?
23. Nennen Sie Eigenschaften und Verwendung von HPL-Platten.
24. Wofür verwendet man Hartschaumplatten?

4 Holzbearbeitung mit Handwerkszeugen

4.1 Messen und Anreißen

Vor Beginn der Holzbearbeitung im Betrieb oder auf der Baustelle müssen die Werkstücke gemessen und angerissen werden.

Durch Messen werden physikalische Größen (z. B. Längen, Winkel, Temperaturen, Holzfeuchten, Luft- und Öldrucke) mit festgelegten Maßeinheiten verglichen.

Durch Anreißen markiert man diese Maße mit einem Bleistift, Streichmaß oder Spitzbohrer auf dem Werkstück.

Messen und Anreißen sind die Voraussetzung, um Zeichnungen oder Brettrisse so auf den Werkstoff zu übertragen, dass daraus maßstabsgerechte und passende Werkstücke gefertigt werden können.

Beispiel Aus einem unbesäumten Brett sollen Türfriese herausgeschnitten werden. Beim Anreißen ist zu beachten, dass die Türfriese später auf das endgültige Fertigmaß in Breite und Dicke gehobelt werden (**4.1**).

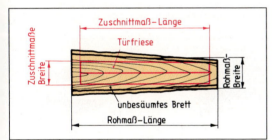

4.1 Unbesäumtes Brett

Genaues Messen und Anreißen erleichtert das Arbeiten, verhindert Nacharbeiten und spart Werkstoff (Ausschuss).

Toleranz. In der Fertigungspraxis ist es nicht immer möglich, Zeichnungsmaße ganz genau einzuhalten, weil z. B. der Anschlag nicht genau im Winkel ist. Eine bestimmte Maßabweichung muss man deshalb hinnehmen, „tolerieren". Für den Metallbereich wurden die zulässigen Maßabweichungen als *ISO-Toleranzen* von den Normeninstituten der Industrienationen international festgelegt (ISO = International Organization for Standardization).

Austauschbau. Welche Vorteile bietet das Toleranzsystem? Wie in anderen Industriezweigen führen fortschreitende Kostenentwicklung und moderne Fertigungsverfahren auch in der Holzindustrie (etwa im Möbel-Serienbau) zum Austauschbau. Die einzelnen Teile werden nicht mehr von *einem* Facharbeiter hergestellt und zusammengebaut, sondern von mehreren, oft zu verschiedenen Zeiten und in verschiedenen Betrieben gefertigt. Nicht selten produziert man Teile „auf Lager", die der Kunde kauft und selbst zusammenbaut. Damit alle diese Einzelteile problemlos zusammengebaut werden können, dürfen sie nur innerhalb der zulässigen Toleranz abweichen.

Die Toleranz gewährleistet, dass alle Einzelteile ohne Nacharbeit zusammenpassen.

Nennmaß und Abmaß. In den Fertigungszeichnungen nach DIN 919-2 sind deshalb zu den Einzelmaßen = Nennmaßen jeweils die oberen und unteren Abmaße = Toleranzen angegeben (**4.2**). Die Toleranz ist auf die erreichbare Fertigungsgenauigkeit abgestimmt und so ausgelegt, dass die Teile mit den tolerierten Istmaßen zusammenpassen.

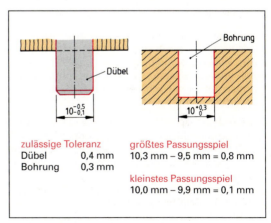

4.2 Toleranzpassung bei einer Dübelverbindung

In der Praxis lassen sich auch bei großer Sorgfalt Maßabweichungen nicht vermeiden. Abmaße geben den Fertigungsspielraum an.

4.1.1 Längen-, Breiten- und Dicken-messzeuge

In der Praxis verwendet man Messzeuge mit unterschiedlichen Genauigkeitsgraden. Auf der Baustelle werden in der Regel keine so hohen Anforderungen an die Genauigkeit gestellt wie etwa in der Möbelserienfertigung. In einzelnen Betrieben ist es heute noch üblich, ein häufig verwendetes Messgerät auf dem staatlichen Eichamt eichen zu lassen, damit die Maße genau eingehalten werden.

Das Meter (m) ist die Basiseinheit für Längen, Breiten und Dicken. Es ist seit 1972 in Deutschland eingeführt. Als Bezugsgröße gilt heute das Isotop des Elements Krypton (1 m = 1 650 763,73-faches der Wellenlänge des Krypton-Isotops 86 im Spektrum). Nach dem Dezimalsystem erhalten wir bei Multiplikation mit 10 die nächstgrößere, bei Division mit 10 die nächstkleinere Einheit. Anders ausgedrückt: 1 m = 10 dm, 1 dm = 10 cm, 1 cm = 10 mm. Ausgenommen davon ist der Kilometer: 1 km = 1 000 m.

Der Gliedermaßstab aus Holz, Kunststoff oder Leichtmetall mit einschnappbaren Federgelenken ist 1 oder 2 m lang und hat eine Millimeterteilung. Bei längerem Gebrauch nutzen sich die Federgelenke ab und bekommen ein Spiel, das zu ungenauen Messergebnissen führt (2 bis 3 mm). Es sollte darum wenigstens ein geeichter Gliedermaßstab im Betrieb vorhanden sein.

Feste Maßstäbe bestehen aus geätztem Federbandstahl in Dicken von 0,3 bis 0,5 mm und Längen von 100 bis 500 mm mit Millimeterteilung. Man setzt sie für die Prüfung von Fixmaßen und zum Einstellen von Maschinenanschlägen ein.

Das Rollbandmaß aus Federbandstahl mit Millimeterteilung ist 2 bis 5 m lang, leicht gewölbt und hat einen Winkelanschlag. Es wird knickfrei in ein Stahl- oder Kunststoffgehäuse mit Innenfeder eingezogen und eignet sich besonders für Messungen an gekrümmten Teilen (**4.3**).

Das Bandmaß mit 10 bis 50 m Länge und Zentimeterteilung besteht aus Stahlband oder Kunststoff mit Glasfasern verstärkt. Es eignet sich vor allem für Diagonal-Messungen beim Prüfen der Winkeligkeit von Räumen oder Raumecken. Die Messgenauigkeit ist sehr unterschiedlich. Sie hängt vom Material des Maßbands (Metalle dehnen sich bei Wärme aus), von der Luftfeuchte und der Lufttemperatur ab. Bei einigen Geräten sind die Abweichmöglichkeiten am Gehäuse angegeben.

Die Messlatte aus Hartholz, geeicht oder selbst hergestellt, hat eine Dezimalteilung und wird besonders zum Messen von Schnittholzprodukten

beim Holzhändler verwendet. In der Schreinerei und auf der Baustelle benutzt man sie gern zum raschen Zuschneiden als verlangerten Meterstab.

Der Teleskop-Messstab dient zum Messen von Lichtmaßen (Tür- und Fensteröffnungen).

Bei allen diesen „Strichmesswerkzeugen" kann es durch Ungenauigkeit leicht zu Messfehlern kommen (wenn Sie z. B. nicht genau senkrechten Blickwinkel haben). Diese Gefahr besteht weniger bei den „anzeigenden Messgeräten": Bei Messlehre und Messschieber.

Mit der Messlehre kontrollieren wir vor allem regelmäßig wiederholende Maßabstände (z. B. Dübelloch-Abstände, Breite und Länge von Möbelteilen) (s. Abschn. 4.11, Vorrichtungen).

Der Messschieber (Schieblehre) ist ein Universalmessgerät, z. B. für Längen-, Breiten- oder Dickenmessungen, Außen-, Innen- und Tiefenmessungen von Fälzen, Nuten und Bohrungen. Mit der Noniusteilung erreicht man bei der Kontrolle von Plattendicken eine Messgenauigkeit von 1/10, 1/20 oder 1/50 mm (**4.5**).

Der Nonius ermöglicht das Ablesen von Maßen, die zwischen der vorgegebenen Millimeterteilung der Schiene liegen. Sein Nullstrich wird als Komma gelesen und trennt je nach Teilung die ganzen von zehntel, zwanzigstel oder fünfzigstel mm. Beim Zehntel-Nonius sind 9 mm in 10 Teile geteilt. Wir lesen zuerst die ganzen Millimeter auf der Hauptteilung H ab, dann nach dem Komma die Zehntelmillimeter auf dem Nonius N (**4.4**).

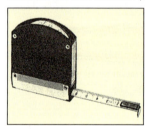

4.3 Rollbandmaß

4.4 Ablesebeispiel beim ¹/₁₀-Nonius

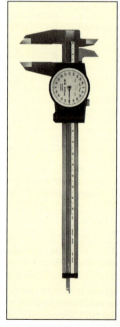

4.5 Messschieber mit Messuhr

Dickenmesser mit Messuhr ist geeignet für Zehntelmillimeter genaue Dickenmessungen bei Furnieren und Platten. Der Messbereich liegt in der Regel zwischen 0 bis 30 mm (**4.6**).

Einstell-Messlehren verwenden wir beim Einstellen von Maschinenwerkzeugen. Je nach Werkzeug (Fräser, Hobelmesser, Sägeblätter) lassen sich so der Messerflugkreis kontrollieren oder die Schnitttiefe einstellen.

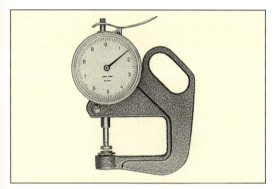

4.6 Dickenmessuhr

Vorsicht bei Einstell-Messlehren! Weil das Werkzeug meist eingebaut ist, muss die Maschine gegen plötzliches Einschalten gesichert werden!

Beim Einstellen mit Hilfe einer Messlehre, ohne Probelauf, besteht keine Unfallgefahr.

4.1.2 Richtungsmesszeuge

Beim Einsetzen von Türen und Fenstern ist es wichtig, senkrecht und waagerecht einzubauen.

Mit der Schlauchwasserwaage ermittelt und überträgt man *Waagerechte*, z.B. um zwei gegenüberliegende Anschlusspunkte einer Wandverkleidung genau in die gleiche Höhe zu bringen. Man nutzt dabei die Eigenschaft des Wassers, in den hochgehaltenen Enden eines (bis zu 20 m langen) Schlauchs gleichhoch zu stehen. Auf die beiden Schlauchenden setzt man je ein Glasröhrchen mit seitlichen Markierungsstrichen (**4.7**).

Die Wasserwaage ist heute das Universalmessgerät für senkrechte *und* waagerechte Messungen auf der Baustelle. Sie kann in Verbindung mit der Richtlatte (Richtscheit) oder Richtschnur das Lot und die Schlauchwaage weitgehend ersetzen. Wasserwaagen werden aus Leichtmetall oder

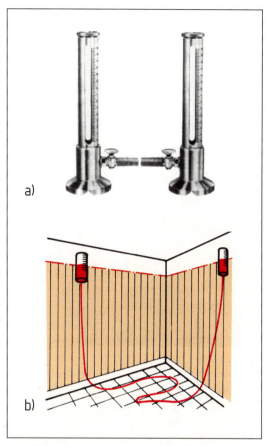

4.7 Schlauchwasserwaage (a) und ihre Verwendung (b)

Harthölzern gefertigt. Wenn sich die Prüffläche genau in der waagerechten bzw. senkrechten Lage befindet, steht die Luftblase in der markierten Mitte der Libelle.

Neuerdings gibt es Wasserwaagen mit integriertem batteriebetriebenem Laserstrahl. Damit lassen sich auf der Baustelle, durch einen erzeugten Lichtpunkt, waagerechte und senkrechte Messungen über mehrere Meter exakt übertragen.

Die Richtschnur dient dazu, zwei voneinander entfernte Höhenpunkte an einer Wand durch eine waagerechte Linie miteinander zu verbinden. Dazu wird die in einem mit Farbkreidestaub gefüllten Behälter aufgerollte Schnur abgezogen und von Höhenpunkt zu Höhenpunkt gespannt.

Ist sie gut gestrafft und waagerecht (Kontrolle mit der Wasserwaage), wird sie kurz „angezupft", so dass sie gegen die Wand schlägt und eine farbige waagerechte Markierung hinterlässt. Der Bautischler setzt die Richtschnur zusammen mit der Schlauchwasserwaage und Wasserwaage ein, um eine rings um den Raum laufende waagerechte

Höhenmarkierung zu bekommen, an die die Unterkonstruktion (Schattenfugenbrett) einer Deckenverkleidung anschließt.

Der Baulaser erzeugt einen gebündelten Lichtstrahl, der auf einen Punkt gerichtet werden kann
oder automatisch um 360° rundläuft. Beim Rund-
lauf ergibt der Lichtstrahl eine horizontal liegende
Bezugsebene. Beim Innenausbau können so mehrere Tischler gleichzeitig an allen vier Wänden
eines Raumes die Unterkonstruktion für eine
abgehängte Decke ansetzen (**4.**8).

4.8   Baulaser

Laserstrahlen sind gefährlich! Wer mit ihnen
arbeitet, muss über die Gefahren belehrt
worden sein. **Niemals mit ungeschützten
Augen in den Laserstrahl blicken!** Es können
unheilbare Schäden der Netzhaut entstehen.
Der Laser muss durch ein Warnschild
gekennzeichnet sein.

4.1.3   Winkelmesszeuge

Das Einhalten bestimmter Winkelmaße, meist des
rechten Winkels, bildete schon immer die Grundlage bauhandwerklicher Arbeit. Eine Vorfertigung
bestimmter Teile wie Möbel, Fenster und Türen in
der Werkstatt wäre nicht möglich, wenn nicht der
rechte Winkel am Bau schon im Rohbau berücksichtigt worden wäre.

> Grundlagen der Winkelmessung ist die 360-Grad-Tei-
> lung des Kreises. In den SI-Einheiten entsprechen 360°
> = 400 gon, d. h. 90° = 100 gon.

Winkel und -maße bestehen aus Zunge und
Anschlag. Genaue Winkel stellt man aus Leichtmetall oder Stahl her. Bei den in der Tischlerei üblichen Winkeln besteht der Anschlag aus Palisan-
derholz, das auf den Kanten mit Metall belegt ist,
und einer Stahlzunge (**4.**9a). Wir prüfen Winkel,

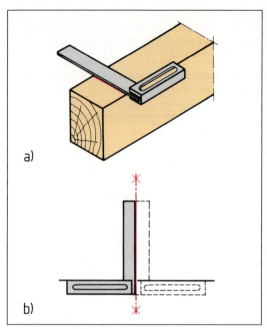

4.9   a) Anreißen eines rechten Winkels
           b) Prüfen eines Winkels

indem wir sie an einer geraden Kante anschlagen
und entlang der Zunge anreißen. Nach Umklappen
des Winkels muss der Riss mit der Zungenkante
deckungsgleich sein (**4.**9b).

Gehrungsmaße bilden zwischen Zunge und
Anschlagskante einen Winkel von 45° bzw. 135°.
Sie sind im Aufbau ähnlich wie Winkelmaße.

Die Schmiege hat eine bewegliche Zunge, die in
einem Langloch mit einer Flügelmutter festge-
klemmt werden kann (**4.**10). Mit ihr lassen sich
beliebige Winkel abnehmen, prüfen und übertragen.

Der Winkelmesser erlaubt im Gegensatz zur
Schmiege das genaue Feststellen und Ablesen von
Winkeln zwischen 0° und 180° (**4.**11).

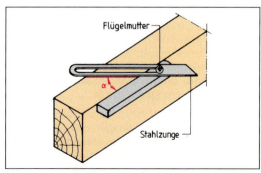

4.10   Anreißen eines Winkels mit der Schmiege

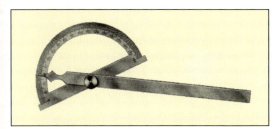

4.11 Winkelmesser

Arbeitsregeln beim Messen
– Messgeräte von Zeit zu Zeit auf Genauig-
  keit prüfen.
– Beim Ablesen auf senkrechte Blickrichtung
  achten.
– Stets rechtwinklig zur Bezugsebene mes-
  sen.
– Winkelmessungen immer an der gleichen
  Anschlagkante durchführen.

4.1.4 Anreißwerkzeuge

Je nach der Werkstoffeigenschaft und geforderter
Genauigkeit setzen wir verschiedene Werkzeuge
zum Anreißen ein.

Der gut gespitzte Bleistift beschädigt das Werkstück nicht.

Den Spitzbohrer (auch Reißnadel genannt) setzt
man für scharfe Risse z. B. auf Kunststoff-Flächen
oder oberflächenbehandelten Teilen ein, wo der
Bleistift keine Markierung hinterlässt (**4.12**).

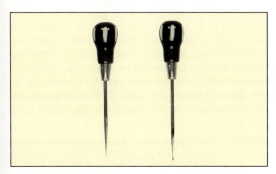

4.12 Spitzbohrer

Das Streichmaß dient zum Übertragen gleich bleibender Maße auf Werkstücke, z. B. beim Anreißen
von Verbindungen. Meist besteht es aus zwei
gegeneinander verschiebbaren Zungen, die mit
einem Anreißstift versehen sind und in der

Führung (dem Anschlag) mit einer Stellschraube
fixiert werden (**4.13**a). Beim Anreißen drückt man
den Anschlag fest an die Werkstückkante, so dass
der Anreißstift auf der Werkstückoberfläche einen
parallelen Riss dazu hinterlässt. Sie können das
Streichmaß an geraden und (mittels aufgesetzter
Kurvenanschläge) an gekrümmten Kanten anschlagen (**4.13**b und c).

a)

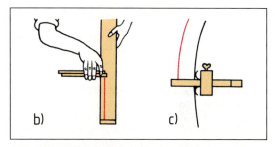

b)   c)

4.13 a) Streichmaß, b) Anreißen parallel zu einer geraden
         Kante, c) Anreißen parallel zu einer gekrümmten
         Kante

Für Sonderaufgaben verwendet der Tischler noch andere
Mess- und Anreißwerkzeuge, z. B. Spitzzirkel, Stangenzirkel
und Ellipsenzirkel (**4.14**).

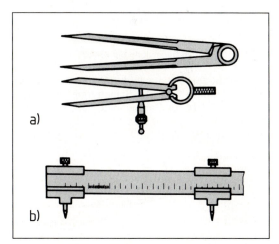

a)

b)

4.14 Spitzzirkel (a) und Stangenzirkel (b)

1. Was bedeuten Messen und Anreißen?
2. Warum gibt es Maßtoleranzen?
3. Warum ist die Messgenauigkeit von Rollbandmaß und Bandmaß nicht immer gleich?
4. In einer Zeichnung steht das Maß 24 + 0,4 − 0,2.
   a) Wie groß ist das Toleranzmaß?
   b) Nennen Sie das Kleinst- und Größtmaß.
5. Wozu dient der Nonius beim Messschieber?
6. Erläutern Sie das Ablesen eines Maßes am Messschieber.
7. Welches Messzeug nehmen Sie,
   a) um den Durchmesser eines Dübellochs auf $^1/_{10}$ mm genau zu messen?

b) um einen Winkel von 90° zu kontrollieren?
c) um zu prüfen, ob eine Wand senkrecht steht?
d) um zu prüfen, ob der Fußboden eines Raumes waagerecht ist?
e) um einen vorgegebenen Winkel auf ein Werkstück zu übertragen?
8. Wie prüfen Sie ein Winkelmaß auf Genauigkeit?
9. Womit reißen Sie auf einer Vollholzfläche an?
10. Was wird mit dem Baulaser gemessen oder geprüft?
11. Was wird mit dem Teleskop-Messstab gemessen?

4.2   Mechanische Grundlagen

Bei der Holzbearbeitung werden viele Werkzeuge gebraucht (z. B. Sägen, Bohrer, Hammer, Schraubendreher, Zwingen). Im Lauf der Jahrhunderte hat der Mensch für jeden Arbeitsgang das entsprechende Werkzeug entwickelt. Doch bevor wir diese Werkzeuge behandeln, müssen wir Näheres über „Kräfte" erfahren, um die Wirkungsweise unserer Werkzeuge zu verstehen.

Kraft haben wir im Abschn. 2.1 als Gewichtskraft (Folge der Erdanziehung) behandelt. Kräfte können aber auch ein Werkstück verformen oder die Bewegung eines Wagens ändern. Gekennzeichnet werden Kräfte durch ihre Größe, ihre Richtung und ihren Angriffspunkt. Entscheidend ist also, wo eine Kraft einwirkt, wie stark sie ist und in welcher Richtung sie wirkt (**4**.15). Beim Stemmvorgang setzt

Angriffspunkt der Kraft	F = Kraft Länge = Größe der Kraft	Richtung der Kraftwirkung

4.15   Zeichnerische Darstellung der Kraft F

sich die auf das Heft ausgeübte Schlagkraft bis zur Schneidenspitze fort – der Schlag treibt die Spitze ins Werkstück (**4**.16). Daraus folgt, dass sich Kräfte auf ihrer Wirkungslinie verschieben lassen. Andererseits setzt das Werkstück dem Stemmeisen mit

seiner Kohäsionskraft Widerstand entgegen. Daraus schließen wir, dass es zu jeder Kraft auf der gleichen Wirkungslinie eine gleich große Gegenkraft gibt, die in entgegengesetzter Richtung wirkt.

Kraft F

- wird bestimmt durch Größe, Richtung und Angriffspunkt,
- lässt sich auf ihrer Wirkungslinie beliebig verschieben,
- hat eine gleich große, entgegengesetzt wirkende Gegenkraft. Kraft = Gegenkraft

Kräfte auf einer Wirkungslinie. Wie Bild **4**.15 zeigt, werden die Kräfte zeichnerisch als *Pfeile* dargestellt. Dazu wählt man einen geeigneten Kräftemaßstab (z. B. 1 cm ≙ 10 N), Wenn drei Personen einen Wagen vorwärts schieben, greifen mehrere Kräfte in einem Angriffspunkt in gleicher Richtung an (F_1, F_2, F_3). Diese Kräfte kann man zu einer Gesamtkraft der *Resultierenden* (F_R) addieren. Wirken sie auf derselben Wirkungslinie entgegengesetzt, erhalten wir die Resultierende durch Subtraktion.

Beispiel 1 Zwei Körper haben, wie die Auswägung ergibt, 0,8 bzw. 1,2 N Gewichtskraft. Beide zusammen haben dann eine Gewichtskraft von 0,8 N + 1,2 N = **2 N**

$$F_R = F_1 + F_2$$

Beispiel 2 Die Federkraft der Rückholfeder eines Spannzylinders beträgt 5 N, die pneumatisch übertragene Druckkraft auf den Kolben 150 N. Dann ist die wirksame Spannkraft 150 N − 5 N = **145 N**

$$F_R = F_1 − F_2$$

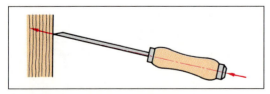

4.16   Zeichnerische Darstellung der Kraft F

Wirken Kräfte in gleicher Richtung auf einer Wirkungslinie, addiert man sie zur Resultierenden: $F_R = F_1 + F_2$.
Wirken Kräfte entgegengesetzt auf einer Wirkungslinie, erhält man die Resultierende durch Subtraktion: $F_R = F_1 - F_2$.

Wirken Kräfte auf verschiedenen Wirkungslinien, setzt man sie mit Hilfe des Kräfteparallelogramms zu einer Resultierenden zusammen.
Auf dem umgekehrten Weg wird eine Resultierende in zwei Einzelkräfte mit gegebenen Richtungen zerlegt.

Was geschieht, wenn z. B. beim Tauziehen beide Mannschaften gleich stark sind?

Gleichgewicht. Wenn die auf einer Wirkungslinie entgegengesetzten Kräfte gleich groß sind, heben sie sich gegenseitig auf. In diesem Fall ist die Resultierende = 0, die Kräfte sind im Gleichgewicht.

Kräfte auf verschiedenen Wirkungslinien. Wenn zwei Personen den Wagen an Seilen in verschiedene Richtungen ziehen, wirken ihre Kräfte nicht auf *einer* Wirkungslinie. Trotzdem können wir auch diese Kräfte zusammensetzen. Wir ermitteln sie zeichnerisch, indem wir die bekannten Wirkungslinien zu einem Kräfteparallelogramm ergänzen. Die Diagonale in diesem Parallelogramm ist die Resultierende (**4.**17). Der Vorgang heißt Kräftezusammensetzung.

Beispiel 1 Zwei Kräfte $F_1 = 10\,\text{N}$ und $F_2 = 5\,\text{N}$ greifen an einem Punkt in verschiedenen Richtungen an. Wie groß ist F_R?
Die Größe der gesamten Resultierenden ergibt sich zeichnerisch zu **14 N**.

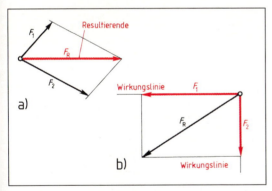

a)

b)

4.17 Kräfte auf verschiedenen Wirkungslinien
a) Zusammensetzen, b) Zerlegen

Umgekehrt kann man mit Hilfe der Diagonalen im Kräfteparallelogramm auch Kräfte zerlegen (**4.**17 b).

Beispiel 2 Die resultierende Kraft F_R beträgt 25 N. Die Wirkungsrichtungen der Teilkräfte $F_1 + F_2$ sind bekannt. Durch Parallelzeichnung erhalten wir die Pfeillängen $F_1 + F_2$ und messen sie zu $F_1 = \textbf{21,75 N}$, $F_2 = \textbf{13 N}$.

Keilkräfte. Wenn wir unsere Werkzeuge näher betrachten, bemerken wir, dass alle Schneiden die Grundform eines Keils haben. Der Kraftaufwand beim Einschneiden hängt von der zu überwindenden Kohäsionskraft und von der Keilform ab. Beim Schneidenkeil dient die Schlagkraft (Vortriebskraft) als Resultierende, die wir unter einem Angriffswinkel in die Spaltkräfte F_1 und F_2 zerlegen können. Je kleiner dieser Keilwinkel β ist, desto größer sind die Spaltkräfte – ein schmaler Keil dringt bei gleichem Kraftaufwand auch tiefer in den Werkstoff ein als ein breiter Keil (**4.**18).

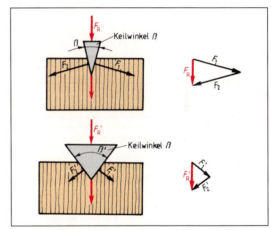

4.18 Keilwinkel und Spaltkräfte am zweischneidigen Keil
Keilwinkel $\beta < \beta'$ Spaltkraft $F_1, F_2 > F'_1, F'_2$
Schlagkraft $F_R = F'_R$

Ist der Keilwinkel allerdings zu klein, verringert sich seine „Standzeit", er wird schneller abgenutzt und stumpf als ein Keil aus weicherem Werkstoff mit größerem Keilwinkel. Außerdem klemmt eine schmale Schneide leichter fest als eine breitere.

Der Keil übersetzt Kräfte.
Die erzeugte Trennkraft nimmt zu durch Vergrößern der Vortriebskraft oder Verringern des Keilwinkels.
Höhere Werkstoff-Festigkeit erfordert einen größeren Keilwinkel.

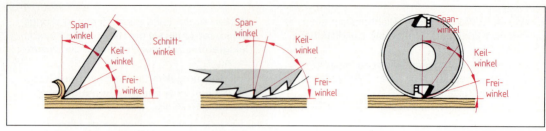

4.19   Schneidewinkel am einseitigen Keil

In der Praxis ist die Schonung des Werkzeugs wichtiger als ein geringerer Kraftaufwand. Deshalb nimmt man den Keilwinkel eher etwas größer als zu klein. Meist haben Werkzeugschneiden einen *einseitigen* Keil (**4.19**). Dadurch bilden sie auch unterschiedliche Spaltkräfte und somit unterschiedliche Gegenkräfte im Holz – die Schneide verläuft in Richtung der Spiegelfläche (z. B. Stecheisen). Einseitige Keile kann man auch zum Spannen von Werkstücken einsetzen (**4.20**).

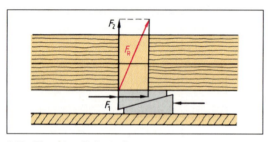

4.20   Einseitiger Keil zum Spannen

Hebel und Kraftmoment (Drehmoment). Ein langstieliger Hammer hat eine größere Schlagkraft als ein kurzstieliger. Warum? Weil sein Griff, sein „Hebelarm", länger ist. Was ist ein Hebel? Ein um eine Achse drehbarer starrer Körper, an dem Kräfte wirken können. Scheren und Zangen sind Werkzeuge mit zwei gegeneinander drehbaren Hebeln, die die Kräfte vergrößern. Diese Drehkraft heißt Kraft- oder Drehmoment. Ihr Angriffspunkt ist der Drehpunkt (beim Schraubenschlüssel z. B. die Schraubenkopfachse). Das Kraftmoment steigt,

wenn der Hebelarm verlängert oder/und die angreifende Kraft vergrößert wird. Daraus ergibt sich die Formel (**4.21**a)

> **Kraftmoment = Kraft · Hebelarm**
>
> $M = F \cdot l$ Einheit: Nm

Beispiel   Ein Schraubenschlüssel hat die Hebellänge 20 cm und wird mit einer Kraft von 200 N betätigt. Wie groß ist das Kraftmoment?

$M = F \cdot l = 200\,\text{N} \cdot 0{,}20\,\text{m} = \textbf{40 Nm}$

Hebelgesetz. Wirkt die Kraft vom Drehpunkt aus im Uhrzeigersinn, nennt man sie *rechtsdrehendes*∗, umgekehrt dagegen *linksdrehendes*∗∗ Kraftmoment. Ein Hebel befindet sich im Gleichgewicht, wenn die linksdrehenden Momente gleich den rechtsdrehenden sind. So lautet das

> **Hebelgesetz**
>
> rechtsdrehendes Moment = linksdrehendes Moment
>
> $F_1 \cdot l_1 = F_2 \cdot l_2$ oder $\Sigma M^* = \Sigma M^{**}$
>
> (Σ = Sigma, griech. Buchstabe S für Summe)

Beispiel   Bild **4.21**b zeigt die Abmessungen einer Kneifzange. Wie groß ist die Kraft F_2 an der Schneide, wenn F_1 = 200 N beträgt?

$F_1 \cdot l_1 = F_2 \cdot l_2$

$F_2 = \dfrac{F_1 \cdot l_1}{l_2} = \dfrac{200\,\text{N} \cdot 0{,}15\,\text{m}}{0{,}03\,\text{m}} = \textbf{1 000 N}$

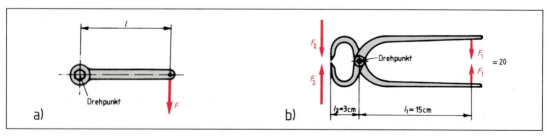

4.21   Hebel
        a) einseitiger Hebel, b) zweiseitiger Hebel

Hebelarten. Liegt der Drehpunkt wie beim Schubkarren oder Schraubenschlüssel bei der Last, handelt es sich um einen *einseitigen* Hebel. Liegt er zwischen den Kräften wie bei der Kneifzange, ist es ein *zweiseitiger* Hebel (**4.21**).

Reibung

Jeder Praktiker hat es schon erlebt, dass die Einzugswalze an der Dickenhobelmaschine das Werkstück nicht mehr transportiert. Die Vorschubwalze dreht sich zwar weiter, doch wird das Werkstück nicht mehr eingezogen. Ursache ist meist eine verharzte oder verunreinigte Tischfläche. Abhilfe bringt der Auftrag von Gleitmitteln: er vermindert die Reibung der Werkstücke auf der Tischfläche.

Um einen vollbeladenen Plattenhubwagen in Bewegung zu setzen, brauchen wir mehr Kraft, als einen bereits rollenden Wagen in Bewegung zu halten.

Reibungskraft. In beiden Fällen muss die Reibungskraft F_R überwunden werden (**4.22**). Ihre Größe hängt von der Gewichtskraft und der Oberflächenbeschaffenheit der Körper ab: Einen schweren Schrank zu verschieben, erfordert mehr Kraftaufwand als einen leichten; bei rauhem Boden müssen wir stärker schieben als bei glattem, während sich der Schrank auf Rollen fast mühelos bewegen lässt. Entsprechend unterscheiden wir drei Reibungsarten:

Haftreibung = Widerstand eines ruhenden Körpers,
Gleitreibung = Widerstand eines bewegten Körpers,
Rollreibung = Widerstand eines rollenden Körpers.

Aus dem Schrankbeispiel ergibt sich das Verhältnis Haftreibung > Gleitreibung > Rollreibung.

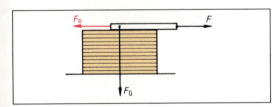

4.22 Reibungskraft F_R

Die Reibungszahl μ (mü, griech. Buchstabe m) zeigt das Verhältnis der Reibungskraft F_R zur Gewichtskraft F_G: $\mu = \dfrac{F_R}{F_G}$

Reibungskraft F_R
- ist der Widerstand eines Körpers gegen Bewegung,
- hängt ab von seiner Gewichtskraft und den Oberflächen,
- ist gleich Gewichtskraft F_G mal Reibungszahl μ.

Arbeit

Beispiel Ein mit Spanplattenabschnitten beladener Wagen soll 50 m weit transportiert werden (**4.23**). Die Masse der gesamten Ladung (einschließlich Eigenlast des Wagens) beträgt 200 kg $\triangleq$ 2 000 N, die Reibungszahl für Haftreibung 0,5, für Rollreibung 0,03.

Um den Wagen in Bewegung zu setzen, brauchen wir

$F_R = F_G \cdot \mu_{Haft} = 2\,000\,N \cdot 0,5 = \mathbf{1\,000\,N}$

Um den Wagen in Bewegung zu halten, brauchen wir ständig

$F_R = F_G \cdot \mu_{Roll} = 2\,000\,N \cdot 0,03 = \mathbf{60\,N}$

Um den Wagen 50 m zu transportieren, ist an Arbeit erforderlich

$W = F_R \cdot s = 60\,N \cdot 50\,m = \mathbf{3\,000\,Nm}$

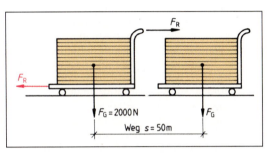

4.23 Arbeit

Das Produkt aus Kraft und Weg ergibt die mechanische Arbeit W. Je größer der Kraftaufwand und der zurückgelegte Weg sind, desto größer ist also auch die verrichtete Arbeit.

Arbeit = Kraft · Weg $W = F \cdot s$
Einheiten: W in Nm, F in N, s in m
1 Nm = 1 J = 1 Ws

Schiefe Ebene. Aus der Formel $W = F \cdot s$ schließen wir, dass wir durch einen längeren Weg Kraft sparen können. Diesen Vorteil nutzt man vor allem beim Heben und Senken schwerer Lasten: Statt sie

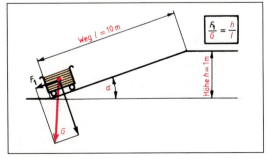

4.24 Schiefe Ebene

senkrecht zu heben oder zu senken, schieben wir sie über eine schräge Rampe (= schiefe Ebene) hinauf bzw. herab.

> Die schiefe Ebene ist eine einfache Vorrichtung, um Kraft auf Kosten des Wegs zu sparen. Wir wenden sie an als Rampe, Keil oder Schraube.

Die Schraube ist eine besonders wichtige Anwendung der schiefen Ebene. Die Schraubenlinie entsteht, wenn wir eine schiefe Ebene um einen Zylinder wickeln (**4.25**). Die Steigung *h* entspricht der Hubhöhe, der Schraubenumfang etwa dem Weg *s*. Je geringer die Gewindesteigung *h* ist, desto weniger Kraft brauchen wir zum Eindrehen der Schraube (vgl. Holz- und Metallschraube). Allerdings erhöht sich die Anzahl der Schraubenumdrehungen. In Richtung der Schraubenachse können durch kleine Gewinde große Druck- oder Hubkräfte übertragen werden (Schraubzwinge).

Im Handwerksbetrieb werden heute im Wesentlichen 2 Schraubenarten als Verbindungsmittel eingesetzt. Die normalen Holzschrauben mit Schlitzkopf haben im Vergleich zu den heute meistens verwendeten Spax-Schrauben mit Kreuzschlitzkopf eine andere Gestaltung (Form). Die Spax-Schrauben haben ein durchgehendes Gewinde bis zum Kopf, wobei die Gewindegänge tiefer eingeschnitten und damit der Schraubenkerndurchmesser geringer ausfällt, als bei den älteren Holzschrauben.

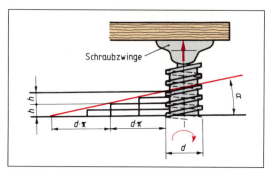

4.25 Schraubenlinie

Leistung (Energie)

Der Kollege, der den Wagen befördert, verrichtet Arbeit. In der betrieblichen Praxis bedeutet dies, dass er gearbeitet hat, doch wissen wir nicht, wie *schnell* der Wagen am Bestimmungsort angekommen ist. Erst die dazu aufgewendete Zeit bzw. die Geschwindigkeit sagt uns, wie wirkungsvoll die Arbeit war. So ergibt sich die Formel

$$\text{Leistung} = \frac{\text{Arbeit}}{\text{Zeit}} = \frac{\text{Kraft} \cdot \text{Weg}}{\text{Zeit}}$$

$$P = \frac{W}{t} = \frac{F \cdot s}{t}$$

Einheiten: P in $\dfrac{\text{Nm}}{\text{s}}$, t in s

$$1\,\frac{\text{Nm}}{\text{s}} = 1\,\frac{\text{J}}{\text{s}} = 1\,\text{W}$$

Beispiel Wenn der Wagen in 20 Sekunden 50 m transportiert wird, ergibt sich:

$$P = \frac{F \cdot s}{t} = \frac{60\,\text{N} \cdot 50\,\text{m}}{20\,\text{s}}$$

$$= 150\,\frac{\text{Nm}}{\text{s}} = 150\,\frac{\text{Ws}}{\text{s}} = \mathbf{150\ W}$$

Wird der Wagen von einer elektrisch betriebenen Transportkette gezogen, muss sie dieselbe Leistung aufbringen.

Energieumwandlung. Der Antriebsmotor der Transportkette wandelt die im Generator erzeugte elektrische Leistung des Stroms in mechanische Leistung um. Ebenso lässt sich die elektrische Leistung durch einen Heizstrahler in Wärmeenergie oder die chemische Energie des Kraftstoffs durch Verbrennen im Motor in mechanische Energie umwandeln. Energieformen lassen sich also umwandeln.

Wirkungsgrad. Bei diesen Umwandlungsvorgängen wird ein Teil der Energie (Leistung) von der Lagerreibung verbraucht und kann daher nicht mehr genutzt werden. Solche Leistungsverluste drückt man mit dem Wirkungsgrad η (eta, griech. Buchstabe e) aus. Er ist das Verhältnis der abgegebenen Leistung P_{ab} zur aufgenommenen Leistung P_{auf} und wird jeweils auf dem Leistungsschild eines Elektromotors angegeben. Weil P_{ab} immer kleiner ist als P_{auf}, ist der Wirkungsgrad kleiner als 1.

$$\text{Wirkungsgrad} = \frac{\text{abgegebene Leistung}}{\text{aufgenommene Leistung}}$$

$$\eta = \frac{P_{ab}}{P_{auf}} < 1$$

Beispiel Ein Elektromotor nimmt vom Netz 1,5 kW auf und gibt an die Arbeitswelle 1,35 kW ab. Wie groß ist der Wirkungsgrad?

$$\eta = \frac{P_{ab}}{P_{auf}} = \frac{1,35\,\text{kW}}{1,5\,\text{kW}} = \mathbf{0,9}$$

1. Wodurch wird eine Kraft bestimmt?
2. Was gilt für mehrere Kräfte auf der gleichen Wirkungs-linie?
3. In welchem Fall ist die Resultierende Kraft = Null?
4. Welche Regel gilt für Kräfte auf verschiedenen Wir-kungslinien?
5. Welche Größen werden zur zeichnerischen Darstellung von Kräften gebraucht?
6. Wie ist die Trennkraft eines Keils zu vergrößern?
7. Welche Gefahr droht bei zu kleinem Keilwinkel?
8. Erläutern Sie die Begriffe Hebel und Kraftmoment.

9. Wodurch nimmt das Kraftmoment zu?
10. Wie lautet das Hebelgesetz?
11. In welchem Fall spricht man von einem ein- bzw. zwei-seitigen Hebel?
12. Welche Reibungsarten sind beim Verschieben eines Tisches zu überwinden?
13. Wovon hängt die Reibungskraft ab?
14. Was versteht man in der Mechanik unter Arbeit und Leistung?
15. Wandeln Sie 1 W in andere Energieformen um.
16. Erläutern Sie den Begriff Wirkungsgrad.

4.3 Sägen

Vor der handwerklichen Bearbeitung wird das Werkstück angezeichnet und mit der Säge geschnitten. Je nach dem Verlauf des Sägeblatts zur Holzfaser erhält man Längs- oder Querschnitte.

Sägevorgang. Sägen trennen Holz und Holzwerk-stoffe durch Zerspanen einer schmalen Schnittfu-ge. Der keilförmige Sägezahn dringt beim An-drücken im Vorwärtsstoß (Stoß) ins Holz ein, indem er die Fasern mit der Hauptschneide auf-reißt. Rechts und links vom Sägeblatt wirken die Kanten der Zahnbrust als Nebenschneiden und trennen die Fasern ab (**4.26**b). Die Zahnlücken transportieren die Fasern, bis sie beim Zurückzie-hen (Zug) der Säge herausfallen.

> Sägen ist Spanen mit vielen hintereinander angeordneten Sägezähnen. Die Wirkung der Säge beruht
> - auf der Keilform der Zähne,
> - auf dem Zusammenwirken von Haupt- und Nebenschneide.

Schnittwinkel. Hart- und Weichholz, Quer- und Längsschnitt erfordern unterschiedliche Säge-zahnarten. Maßgebend ist der Schnittwinkel δ (delta = griech. Buchstabe d). In der Regel ist er um so kleiner, je weniger Widerstand der Werkstoff den Sägezähnen entgegensetzt. Wie Bild **4.26**a zeigt, besteht der Schnittwinkel aus dem Freiwin-kel α und dem Keilwinkel β. Hinzu kommt der Spanwinkel γ.

Der Spanwinkel γ (gamma = griech. Buchstabe g) ist posi-tiv, wenn der Schnittwinkel $\delta < 90°$ ist (Schneidewirkung mit geschlossenem Span). Bei $\delta > 90°$ ist γ negativ (Schabwir-kung mit Scherspan).

Der Freiwinkel α (alpha = griech. Buchstabe a) lässt die Zahnlücke für den Rücktransport der Fasern.
Der Keilwinkel β bleibt unverändert 60°.

Zahnteilung. Weil der Keilwinkel des Sägeblatts konstant ist, muss man die unterschiedliche Fes-tigkeit der Werkstoffe durch mehr oder weniger Zähne auf dem Sägeblatt berücksichtigen. Ent-sprechend größer oder geringer sind die Zahnab-stände t (grob t = 5,5 bis 9 mm, mittel t = 3 bis 5

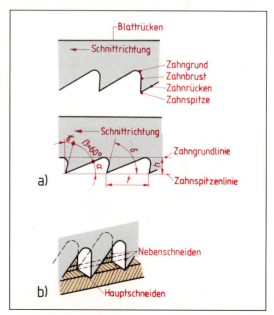

4.26 Sägezahn
   a) Bezeichnung (h = Zahnhöhe, t = Zahnteilung, α = Freiwinkel, β = Keilwinkel, γ = Spanwinkel, $\delta = \alpha + \beta$ = Schnittwinkel) $\alpha + \beta + \gamma = 90°$
   b) Funktion von Haupt- und Nebenschneiden

mm, fein t = 1,5 bis 2,5 mm). Von dieser Zahnteilung hängt zugleich die Sauberkeit der Schnittfläche ab.

> Je weniger der einzelne Zahn zu zerspanen hat, desto feiner wird die Schnittoberfläche.

Schnittwirkung. Optimal ist eine stark auf Stoß gestellte Sägezahnform, die jedoch viel Kraft erfordert und daher nicht von Hand betätigt werden kann, sondern den Sägemaschinen vorbehalten bleibt. Selbst die auf Stoß gerichteten Zähne sind zu schwer zu handhaben. Die Handsägen des Tischlers und Holzmechanikers sind auf Stoß und Zug oder schwach auf Stoß geformt (**4.**27). Die auf Zug (zum Körper hin) eingestellten Zähne werden nur selten gebraucht.

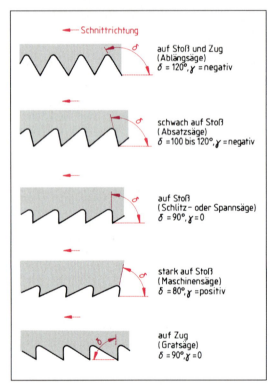

4.27   Zahnformen

> Schnittwinkel, Zahnteilung und Zahnform bestimmen die Schnittwirkung.

Schränken. Damit sich das Sägeblatt durch den Reibungswiderstand in der Schnittfuge nicht verklemmt, sind die Zähne geschränkt, nämlich im

oberen Drittel mit dem Schränkeisen oder der Schränkzange abwechselnd nach links und rechts gebogen (gefluchtet, **4.**28). Dabei müssen die Zähne des im Feilkloben eingespannten Blatts nach beiden Seiten gleich weit gebogen werden, denn bei einseitiger Schränkung verläuft die Säge. Die maximale Schränkweite beträgt das Doppelte der Sägeblattdicke.

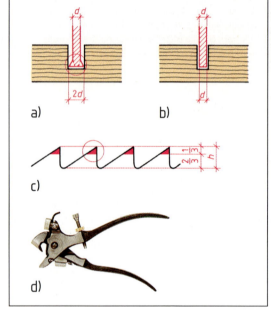

4.28   Schränken
    a) geschränkter Zahn, b) nicht geschränkter Zahn,
    c) Schränkung im oberen Drittel, d) Schränkzange

Das Abrichten ist erforderlich, wenn die Zahnspitzen ungleich abgenutzt oder gefeilt sind. Dazu klemmen wir das Sägeblatt in den Feilkloben und feilen die Spitzen mit einer Flachfeile in Längsrichtung ab (**4.**29).

4.29   Sägeblatt im Feilkloben

Geschärft wird das Sägeblatt grundsätzlich nach dem Schränken, damit der feine Schleifgrat nicht beschädigt wird. Das Blatt klemmt man dazu in den Feilkloben. Den Keilwinkel von 60° und den runden Keilgrund erhalten wir durch Feilen mit einer abgerundeten gleichseitigen Dreikantfeile (**4.** 30).

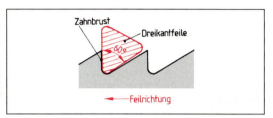

4.30 Schärfen

Sägeblätter erst nach dem Schränken und Abrichten schärfen.

Sägearten. Bei den Handsägen unterscheidet man *Handvorspannsägen* (Gestellsägen) und *ungespannte* Sägen. Die Sägeblätter von Handvorspannsägen erhalten ihre Steifigkeit durch die Vorspannung in einem Rahmen, Boden oder Gestell (**4.**31). Ungespannte Sägen haben ein freies, nicht

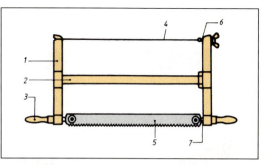

4.31 Gestellsäge (gespannt)
  1 Sägenarm
  2 Steg
  3 Griff oder Hörnchen
  4 Spanndraht
  5 Sägeblatt
  6 Spannschraube mit Flügelmutter
  7 Angel

eingespanntes Sägeblatt, das in einem Griff oder Heft mündet (4.32).

Handvorspannsägen müssen vor dem Sägen erst in die richtige Lage (Kontrolle durch Fluchten) gebracht und gespannt werden, da die Säge sonst verläuft. Bei längerem Nichtgebrauch sind die Sägen zu entspannen.

Tabelle **4**.32 Handsägearten

Handvorspannsägen		
Bügelsäge Zähne auf Stoß vorwiegend für Längs- und Querschnitt von Vollholz	**Absetzsäge** klein, handlich, feine Zahnteilung, Zähne *schwach auf Stoß* für saubere und genaue Schnitte	**Schweifsäge** schmales Sägeblatt, mit feiner Zahnteilung für Kurvenschnitte (Schweifen)
Ungespannte Handsägen		
Fuchsschwanz trapezförmiges Sägeblatt, Zähne *schwach auf Stoß* für Montagearbeiten	**Stichsäge** schmaler und dicker als Fuchsschwanz, Zähne *auf Stoß* für kleine geschweifte Plattenausschnitte	**Rückensäge** mit aufgesetzter aussteifender Rückenschiene, Zähne *schwach auf Stoß* für feinere Arbeiten

Fortsetzung s. nächste Seite

Tabelle **4**.32, Fortsetzung

Ungespannte Handsägen		
Gerade Feinsäge Zähne *schwach auf Stoß* für feine Schnitte	**Gekröpfte und umlegbare Feinsäge** Zähne *auf Stoß und Zug* rechts oder links gekröpft	**Gratsäge** Zähne *auf Zug* für Gratnuten
Furniersäge auswechselbar, ungeschränkt, gekröpfter Griff, gerundetes Blatt, Zähne zur Spitze hin geschliffen zum Ablängen von Furnieren	**Gehrungssäge** Zähne schwach auf Stoß, Blatt gespannt und geführt für Gehrungsschnitte	

Arbeits- und Unfallverhütungsregeln beim Sägen

– Die richtige Säge für den jeweiligen Werkstoff verwenden, auf geeignete Sägezahnform achten.
– Werkstück nicht federnd, sondern fest einspannen.
– Blattspannung gespannter Sägen vor Benutzen kontrollieren.

– Säge vorsichtig neben dem Riss ansetzen und zunächst auf Zug, ohne Druck sägen (Rissgefahr).
– Abfallende Stücke festhalten, letzte Sägestöße vorsichtig und leicht ausführen (Riss- und Abgleitgefahr).
– Säge sicher aufbewahren, Handvorspannsägen entspannen. Sägeblatt nur mit Blattschutz transportieren.

4.4 Hobeln

Gehobelt wird heute in der Regel maschinell. Für Montagearbeiten in der Werkstatt oder auf der Baustelle braucht man nach wie vor den Handhobel, den wir hier besprechen wollen.

Hobelvorgang. Beim Hobeln wird ein scharf angeschliffenes Messer (Hobeleisen) in einer Führungsvorrichtung (Hobel) über das Werkstück bewegt, um seine Fläche oder Kante zu ebnen, zu glätten und auf ein bestimmtes Maß zu begrenzen. Wir halten den Hobel mit beiden Händen und bewegen ihn mit leichtem Schwung und Druck möglichst in Faserrichtung über die Holzfläche (**4.**33 a). Dabei hebt das keilförmig angefaste Hobeleisen Späne ab. Beim Ansetzen und Ausfahren darf der Hobel nicht abkippen, sonst werden die Kanten rund. Das

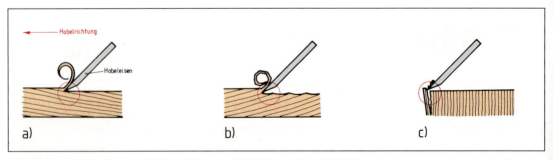

4.33   Hobelvorgang a) mit der Holzfaser, b) gegen die Holzfaser, c) am Hirnholz

Messer darf auf der Holzoberfläche keine Spuren hinterlassen, sondern soll einen geschlossenen Span abheben. Schwierig ist das Bestoßen von Hirnholzflächen („über Hirn"), weil der Hobel dann nicht wie beim Längsholz über das Hirnholzende hinausgefahren werden darf – sonst besteht Einreißgefahr (**4.**33 c). Man kann den Hobel auch wenden und gegen den Körper ziehen.

Hobeln ist Spanen mit einem keilförmigen Hobeleisen

Hobelteile und -wirkung. Auf den Hobelkasten aus Rotbuchenholz ist die Hobelsohle aus Weißbuche oder Pockholz mit Zahnprofil aufgeleimt (**4.**34).

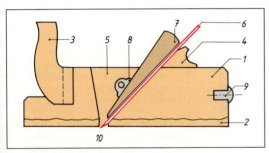

4.34   Hobel

1 Hobelkasten	6 Hobeleisen
2 Hobelsohle	7 Keil
(aufgeleimt)	8 Keilwiderlager
3 Nase (Griff)	9 Schlagknopf
4 Handschoner	10 Hobelmaul
5 Spanloch	(Spandurchgang)

Zum Führen des Hobels dienen die Nase vorn und der Handschoner hinten. Das Hobelmaul in der Hobelsohle erweitert sich nach oben zum Spanloch, worin ein Holzkeil mit Abstützung am Keilwiderlager das Hobeleisen festklemmt. Das Hobel-

maul sollte nach Einbau des Hobeleisens noch eine Spandurchgangsöffnung von 0,5 bis 2,0 mm haben. Damit das vom Messer vorgespaltene Holz nicht einreißt, wird es an der Vorderkante des Hobelmauls (Spanbrecherkante) gebrochen (**4.**35 a). Eine bessere Schnittwirkung – vor allem gegen die Faserrichtung – erreicht man mit dem Doppelhobeleisen. Dazu schraubt man auf das Hobeleisen eine verstellbare Klappe, die nur 0,5 bis 1,0 mm hinter der Schneide die Späne bricht (**4.**35 b).

Den Schnittwinkel bilden Hobelsohle und Eisenschneide. Der Keilwinkel wird für Hartholz größer gewählt als für Weichholz (**4.**36)

Die Schnittwirkung des Hobels geht bei größerem Schnittwinkel in Schaben über.

Einstellung des Hobeleisens. Die Spandicke stellen wir durch den Überstand des Hobeleisens an der Hobelsohle ein. Durch leichte Hammerschläge auf das Eisenende tritt das Messer hervor und nimmt entsprechend dickere Späne ab. Durch einen leichten Schlag auf den Schlagknopf tritt es zurück und nimmt dünnere Späne ab. Die richtige Einstellung prüfen wir durch Hobelversuche, bevor wir den Holzkeil mit einem Hammerschlag endgültig festklemmen.

Je geringer die Spandicke, desto feiner die Bearbeitung. Bei zu geringer Einstellung gibt es keinen geschlossenen Span mehr.

Pflege. Die Spanbrecherkante der Hobelsohle und das Messer nutzen sich durch die Reibung allmählich ab, werden stumpf, bekommen Riefen und Rillen. Dann stellt man das Messer zurück und schleift die Sohle an einem über den Maschinentisch

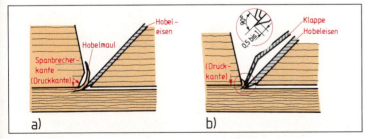

4.35   Hobeln
a) Zusammenwirken von Druckkante und Hobeleisen beim Schlichthobel
b) Zusammenwirken von Klappe und Hobeleisen beim Doppel- bzw. Putzhobel

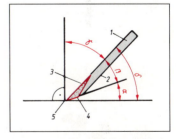

4.36   Hobeleisen und Hobelwinkel

1 Brust	α Freiwinkel
2 Rücken	β Keilwinkel
3 Spiegel	γ Spanwinkel
4 Fase	δ Schnittwinkel
5 Schneide	

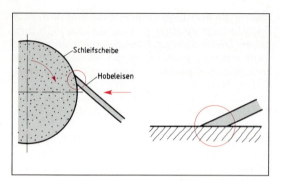

4.37   Schärfen und Abziehen des Hobeleisens

gespannten Schleifpapier wieder plan. Anschließend wird die Sohle eingeölt. Das Hobeleisen muss besonders sorgfältig behandelt werden. Bei Lagerung und Transport wird es zur Schonung zurückgeklopft. Zum Schärfen halten wir es mit der Fase an die gegenlaufende Schleifscheibe und kühlen zweckmäßig mit Wasser, denn die Fase darf nicht durchglühen. Der Keilwinkel von 25° ± 5° muss eingehalten werden. Der entstandene Grat wird auf einem feuchten Abziehstein abgezogen (**4**.37). Fasenlänge = 2 x Eisendicke

Hobelarten. Je nach den Anforderungen in der Praxis stehen uns verschiedene Hobel und Hobeleisen zur Verfügung (**4**.38).

Tabelle **4**.38   Hobelarten

Hobel	Merkmale	Verwendung
Flächenhobel		
Schrupp- oder Schropphobel	ovale, in der Mitte vorstehende Eisenschneide, einfach oder doppelt, 33 mm breit (DIN 5146); Schnittwinkel 45°	für besonders grobe Arbeiten (Abrichten alter Massivholzflächen, Oberflächengestaltung rustikaler Möbelfronten) Bearbeitung nicht in, sondern quer zur Faserrichtung („zwerch")
Schlichthobel	einfaches Hobeleisen (ohne Klappe), meist 48 mm breit (DIN 5145); Schnittwinkel 45°	für Grobarbeiten (Ebnen des noch rauhen Holzes)
Doppelhobel	mit Spanbrechklappe, meist 48 mm breit (DIN 5145) Spandurchgang 1 mm; Schnittwinkel 45°	vielfache Verwendung: zum Ebnen, besonders zum Glätten grob vorgehobelter Flächen
Zahnhobel	feine Rillen in der Spiegelfläche des Eisens = zahnförmige, schabende Schneide (nicht mehr genormt); Schnittwinkel 75° bis 80°	zum Aufrauhen und Ausgleichen von Unebenheiten in gehobelten Flächen
Rauhbank	600 mm langer Hobel mit und ohne Klappe, Haltegriff hinter und Schlagloch vor dem Spanloch, Eisen 57 oder 60 mm breit (DIN 5145); Schnittwinkel 45°	zum Glätten und Ebnen (Abrichten) großer Flächen und zum Anfügen rechtwinkliger Kanten
Putzhobel	handlicher Hobel mit Klappe, Feineinstellung und Wendemessern (WS); Eisen 48 mm breit (DIN 5145), Schnittwinkel 49°	zum Feinglätten, Verputzen, Bestoßen und Bündighobeln besonders für furnierte Flächen

Fortsetzung s. nächste Seiten

Tabelle **4**.38, Fortsetzung

Hobel	Merkmale	Verwendung
Reformputzhobel 	feinste Einstellung des Hobeleisens mit Klappe (DIN 5149); Eisen 48 mm breit, Feineinstellung mit Einstellschraube, Schnittwinkel 49°	für feinste Putzarbeiten in Faserrichtung
Formhobel Simshobel	verschiedene Messerbreiten mit und ohne Klappe, Messerbreite = Hobelbreite, vordere Hobelsohle durch Flügelschrauben verstellbar zum Einsetzen des Eisens; Schnittwinkel 49°	für Fälze von Türen und Fenstern
Grathobel 	schräg eingebautes Eisen mit verstellbarem Anschlag und rechtwinkligem Anschliff	für Gratfedern an Leisten und Brettkanten
Grundhobel 	Hakeneisen, durch Flügelschraube verstellbar	zum Ausarbeiten der eingeschnittenen Gratnut
Falzhobel 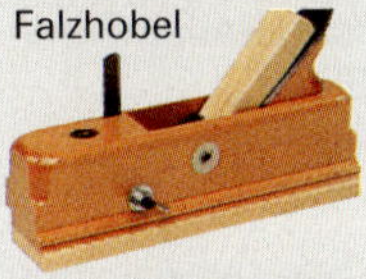	Eisen einseitig abgefälzt, mit Vorschneider und Anschlagschiene	für Fälze
Nuthobel 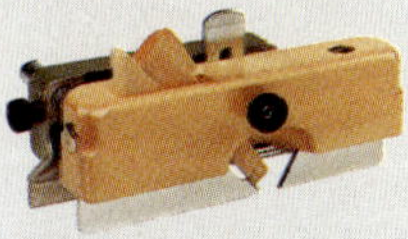	schmale, auswechselbare Hobeleisen, 2 mm Stahlschiene als Hobelsohle, einstellbarer Anschlag und einstellbare Tiefe	zum Ausheben einer Nut
Schiffshobel 	Doppelhobel, Sohle ohne Nase, anpassbar auch an runde Werkstücke	für grobe und feine Bearbeitung runder Flächen
Bestoßhobel für Hirnholz 	mit oder ohne Feineinstellung des Doppeleisens, meist 45 mm breit, Schnittwinkel 49° Metallsohle	für Hirnholz und Kunststoffkanten

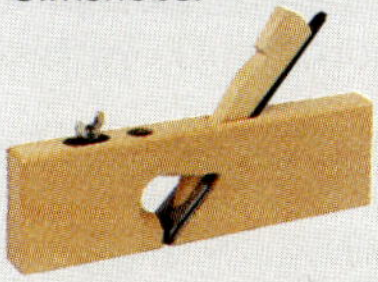

Fortsetzung s. nächste Seite

Tabelle **4**.38, Fortsetzung

Hobel	Merkmale	Verwendung
Absatz-Simshobel	mit und ohne Klappe, ohne Vorderstück, Schnittwinkel 49°	für Nacharbeiten von Tür- und Fensterrahmenfälzen
Schabhobel	mit geradem oder gebogenem, einfachem Eisen, gebogener Griff, Schnittwinkel 45°	für Bearbeitung geschweifter Kanten oder Rundstäbe

Hobelfehler können Sie leicht vermeiden, wenn Sie sich diese Regeln einprägen:

– Stets *mit* der Faser hobeln.
– Das Hobelmaul darf nicht zu groß sein, die Spanbrecherklappe muss richtig eingestellt werden – sonst reißt die Holzoberfläche ein.
– Das Hobelmaul darf nicht zu klein sein und die Spanbrecherklappe nicht zu dicht auf dem Hobeleisen sitzen – sonst verstopft der Hobel.
– Die Hobelsohle muss gut gepflegt werden – saubere und glatte Oberfläche.

– Das Hobeleisen muss immer rechtwinklig angeschliffen werden – sonst ist die gehobelte Oberfläche uneben.

Die Spanbrecherkante (Klappenkante) muss absolut dicht auf der ganzen Breite der Spiegelfläche aufliegen (Blickkontrolle), sonst wird der Span nicht gleichmäßig gebrochen (**4**.39). Feine Spanteile dringen zwischen Klappe und Spiegelfläche des Hobeleisens ein und verstopfen allmählich das Hobelmaul.

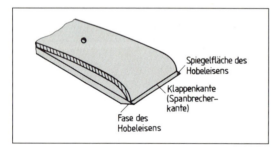

4.39   Spanbrecherklappe

Spiegelfläche des Hobeleisens
Klappenkante (Spanbrecherkante)
Fase des Hobeleisens

Arbeitsregeln beim Hobeln

– Zum Transport und Lagern Hobeleisen zurücknehmen und nur leicht verkeilen.
– Hobelsohle regelmäßig auf gerader Unterlage abschleifen und einölen.
– Fase beim Schleifen nicht blau anlaufen lassen (kühlen).
– Beim Abziehen müssen Spiegelseite und Fase des Eisens vollflächig aufliegen.
– Zum Einstellen des Hobels nur leicht auf Keil (Eisen) oder Schlagknopf schlagen.

4.5   Schaben

Durch Schaben werden letzte kleine Unebenheiten auf der Holzoberfläche beseitigt. Das Schaben entspricht dem Hobeln mit einem Schnittwinkel > 90° (negativer Spanwinkel). Die Ziehklinge lässt sich schieben oder ziehen, soll aber nicht durchgebogen werden (andernfalls bilden sich Unebenheiten).

Schaben entspricht dem Hobeln mit einem Schnittwinkel > 90°.

Die Ziehklinge aus Werkzeugstahl dient zum Nachputzen gewölbter Teile oder Oberflächen, denen mit dem Hobel schlecht beizukommen ist. Beim Schaben werden die Fasern stark zusammengedrückt. Deshalb müssen wir die mit der rechteckigen oder ovalen Ziehklinge bearbeiteten Vollholzflächen vor der weiteren Oberflächenbehandlung wässern (**4**.40 a).

Beim Ziehklingenhobel (**4**.40 b) wird eine Ziehklinge in eine Halterung gespannt. Er dient zum Verputzen gewölbter Teile oder zum Entfernen von Leimfugenpapier.

a)

b)

4.40   a) Ziehklingen, b) Ziehklingenhobel

Pflege. Ziehklingen bewahrt man leicht geölt oder gefettet auf. Vor dem Schärfen werden sie abgefeilt und abgerichtet. Dazu spannen wir die Klinge zwischen zwei Hartholzklötze oder in einen Feilkloben. Die überstehenden Längskanten werden mit einer feinen Flach- oder Dreikantfeile rechtwinklig abgefeilt und so lange mit dem Abziehstein abgezogen, bis keine Feilhiebe mehr erkennbar sind. Auf Kante und Fläche wird auch der Grat abgezogen, so dass die Kanten schartenfrei sind. Um den Klingengrat

anzuziehen (zu schärfen), legen wir die Ziehklinge so auf die Hobelbank, dass die Längskante etwas vorsteht. Mit dem dreikantigen Ziehklingenstahl fahren wir unter Druck leicht schräg von unten nach oben über die Längskante, so dass oben ein scharfer Grat entsteht (**4**.41 a). Dieser Schärfvorgang setzt handwerkliches Geschick voraus; einfacher geht es mit dem Ziehklingen-Gratzieher (**4**.41 b). Er wird mit leichtem Druck vor- und rückwärts über die eingespannte und eingefettete Ziehklingenkante bewegt.

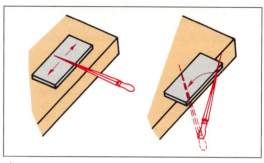

a)

b)

4.41   a) Schärfen der Ziehklinge
         b) Ziehklingen-Gratzieher

Aufgaben zu Abschnitt 4.3 bis 4.5

 1. Welche Winkel gibt es am Sägezahn?
 2. Welcher Teil des Sägezahns soll geschränkt werden?
 3. Warum schärft man stets *nach* dem Schränken?
 4. Woran liegt es, wenn die Säge verläuft?
 5. Warum müssen die Sägezähne vor dem Schränken und Schärfen evtl. abgerichtet werden?
 6. Warum wird die Furniersäge nicht geschränkt?
 7. Nennen Sie die Sägearten und ihre Verwendung.
 8. a) Warum hat die Feinsäge mit umlegbarem gekröpftem Griff eine Zahnform auf Stoß und Zug?
    b) Welche Handsäge hat eine Zahnform „auf Zug"?
 9. Welche Kontroll- und Einstellarbeiten sind an einer Absetzsäge vor Arbeitsbeginn durchzuführen?
10. Wie verhüten Sie Sägeunfälle?

11. Wozu dient die Hobeleisenklappe?
12. Erläutern Sie das Schärfen des Hobeleisens.
13. Worin unterscheiden sich Schlicht- und Doppelhobel?
14. Welchen Hobel benutzen Sie, um kleine Unebenheiten auf einer gehobelten Fläche auszugleichen?
15. Für welche Arbeiten nehmen Sie die Rauhbank?
16. Sie sollen ein rauhes Werkstück glätten und ebnen. Welche Hobel verwenden Sie nacheinander?
17. Warum ist beim Simshobel die vordere Hobelsohle verstellbar?
18. Für welche Arbeiten benutzen Sie die Ziehklinge?
19. Welchen Schnittwinkel halten Sie beim Arbeiten mit der Ziehklinge ein?
20. Wie wird der Ziehklingengrat von Hand abgezogen?

4.6 Stemmen

Stemmvorgang. Durch Stemmen mit einem keilförmig angeschliffenen Eisen werden Löcher aus-
gehoben (Loch oder Zapfen), Zinken (Schwalben)
ausgestemmt und Beschläge eingelassen. Das
Werkzeug besteht aus einer Klinge mit Griff und
wird von Hand (Stechen) oder mit dem Schreinerklüpfel gegen das Holz bewegt. Da die Schneide
die Form eines einseitig wirkenden Keils hat, wird
sie immer bestrebt sein, in Richtung der Spiegelfläche und nicht in der Schlagrichtung des Stemm-
eisens vorzudringen. Dies kann man durch
geschicktes Ansetzen des Messers oder durch
Gegendrücken im Griff ausgleichen. Sicherheits-
halber stemmen wir zunächst nicht direkt am Riss
vor. Die zu bearbeitenden Werkstücke dürfen nicht
federn, sondern müssen fest eingespannt werden.
Beim Durchstemmen über die gesamte Holzdicke
(bei Zinken oder Schlitzen) reißt das Holz leicht aus,
wenn wir nicht von *beiden* Seiten anreißen und je
zur Hälfte ausstemmen. Beim Stemmen in Längsholz kann das Holz leicht spalten (**4.42**).

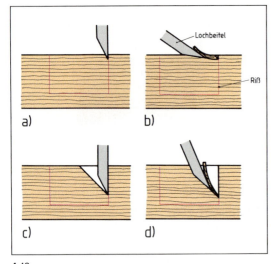

4.42
Arbeiten mit dem Lochbeitel
a) Beitel vor dem Riss ansetzen
b) Beitel schräg mit Spiegelfläche nach oben ansetzen,
   Holz ausstemmen
c) Beitel erneut und näher am Riss ansetzen
d) Holz ausstemmen, bis die gewünschte Tiefe erreicht ist

Werkzeug. Für Stech- und Stemmarbeiten verwendet der Tischler Stechbeitel (Stecheisen), Lochbeitel und Hohlbeitel. Die Klingen bestehen aus Werkzeugstahl, die Benennung zeigt Bild **4.43**.

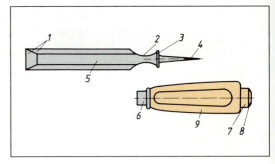

4.43   Stechbeitel

1 Fase	*6* untere Zwinge
2 Hals	*7* obere Zwinge
3 Krone	*8* Schlagknopf
4 Angel	*9* Heft (Griff)
5 Klinge	

Den Stechbeitel gibt es in Breiten zwischen 3 und 50 mm.
Meist enthält unser Werkzeugkasten einen Satz von 4 bis 6
Stechbeiteln mit den Breiten 6, 10, 16, 20, 22 und 26 mm.
Die Klinge hat gerade oder gefaste Kanten (**4.44**a), der Keil-
winkel beträgt 25°.

Der Lochbeitel dient zum Ausstemmen tieferer Löcher.
Wegen der erhöhten Biegebelastung (Hebelwirkung) ist
seine Klinge dicker als breit geformt und verjüngt sich zum
Griff hin in der Breite (**4.44**b). Der Keilwinkel beträgt 25°, die
gebräuchlichsten Breiten sind 4, 5, 6, 8, 10, 12, 13 und 16
mm.

Der Hohlbeitel hat eine gewölbte Klinge, um Profile nach-
zustechen, Schalen auszustemmen oder runde Beschlagteile einzulassen (z. B. Schlösser, **4.44**c). Den Hohlbeitel gibt
es in Breiten von 4 bis 26 und 30 bis 32 mm.

Das Fitscheneisen wird nur noch selten verwendet (**4.44**d).
Es hat einen Metallgriff und ist in seiner Dicke auf das Einlassen von Fitschenbändern ausgerichtet, entspricht also
der Beschlagdicke. Fitschenbandschlitze werden heute
meist maschinell ausgearbeitet.

Das Riegellocheisen eignet sich zum Ausstemmen von
Schlossriegellöchern bei Schubkästen oder kleinen Klapp-
türen, wo der Stechbeitel zu lang ist (**4.44**e).

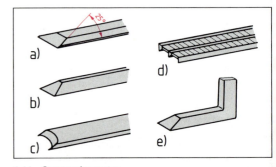

4.44   Stemmeisenarten
a) Stecheisen (Stemmbeitel), b) Lochbeitel, c) Hohlbeitel, d) Fitscheneisen, e) Riegellocheisen

Der Schreinerklüpfel, ein Hammer aus Hartholz, wird bei Stemmarbeiten eingesetzt, weil er die Werkzeughefte schont (**4**.45). Er wiegt 0,5 bis 1 kg und kann auch eine Metalleinlage haben.

4.45   Schreinerklüpfel

Pflege. Beitel werden wie Hobeleisen geschärft und abgezogen. Wichtig ist, dass die Schleifschei-

be keinen zu kleinen Radius hat und der Keilwinkel dadurch zu klein wird (optimal 25°) – sonst wird die Messerschneide nach dem Abziehen zu schwach und bricht leicht aus. Die Schneide muss rechtwinklig angeschliffen werden. Vorsicht – die Kanten glühen leicht durch! Im Gegensatz zu den Loch- und Hohlbeiteln dürfen Sie Stemmeisen nicht freihändig schärfen. Beim Beitelschärfen müssen Sie eine Schutzbrille tragen.

4.7 Bohren

Bohrarbeiten hat der Tischler täglich auszuführen. Er muss Dübellöcher und Beschläge (Topfbänder) bohren, Schrauben vorbohren, Äste ausflicken. Bei Möbelkorpusteilen aus Spanplatten ist die Dübelverbindung die günstigste Eckverbindung (s. Abschn. 7.1.3). In der Fertigung bohrt man wegen der Genauigkeit (Maßtoleranz) überwiegend elektrisch oder pneumatisch an feststehenden Maschinen. Nur noch im Bankraum oder auf Montage kommen Bohrwinde, Handbohrmaschine oder Akkuschrauber zum Einsatz.

Bohrvorgang. Bohren ist ein spanabhebender Arbeitsvorgang, bei dem sich das Schneidewerkzeug durch Drehen um seine Längsachse schraubenförmig in das Werkstück vorarbeitet. Die Holzfasern werden durch die keilförmige Schneide abgehoben und über die wendelförmige Förderschnecke (Transportschlange) aus dem Bohrloch transportiert. Weil Vollholz leicht ausreißt, haben die meisten Bohrer eine Vor- oder Nebenschneide, die die Fasern am Lochumfang vorritzen, bevor sie der Schneidenkeil am Lochgrund abhebt (**4**.46). Damit der Bohrer beim Ansetzen nicht „verläuft", hat er in der Regel eine Zentrierspitze. Den Vorschub auf das Werkstück in Richtung Bohrerachse erzeugen wir durch senkrechten Druck. Bei Bohrern ohne Zentrierspitze empfiehlt es sich, mit dem Spitzbohrer oder der Reibahle von Hand (in Hartholz mit dem Hammer) vorzustechen.

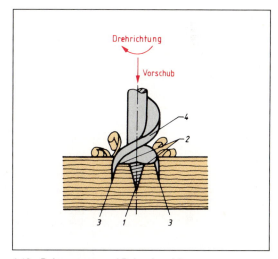

4.46   Bohrvorgang und Bohrerbezeichnungen
  1 Zentrierspitze mit Gewinde
  2 Hauptschneiden
  3 Nebenschneiden (Vorschneider)
  4 Transportschlange

Beim Bohren heben keilförmige Schneiden das Holz ab und transportieren es über die Förderschnecke ab.

Werkzeug. Wir unterscheiden Handbohrer, Bohrer für Bohrwinden und Handbohrmaschinen sowie für feststehende Bohrmaschinen. Handbohrer werden nur noch zum Vorbohren verwendet. Den Bohrer spannt man mit seinem Vierkantschaft ins Backenfutter der Bohrwinde oder Handbohrmaschine. Eine Bohrwinde mit *Knarre* lässt sich auch in Ecken und an Wänden einsetzen. Die Knarre stel-

len wir so ein, dass sich der eingespannte Bohrer nur vor- oder rückwärts mitdreht. Tabelle **4**.47 gibt einen Überblick über die Bohrerarten. Bohrmaschinen lernen wir in Abschn. 5 kennen.

Bei Handbohrmaschinen ist darauf zu achten, dass die auf Werkstoff und Bohrerdurchmesser abgestimmte richtige Drehzahl eingestellt wird.

Tabelle **4**.47   Bohrerarten

Bohrer	Merkmale	Verwendung
Schneckenbohrer Handschneckenbohrer Windenschneckenbohrer Vierkantschaft 	konisch verlaufende Spitze, die Nadelholz beim Eindrehen leicht spaltet zum Einsetzen in Bohrwinden	zum Vorbohren von Nagel- und Schraubenlöchern
Zentrumsbohrer Vorschneider Form A Spanabheber Zentrierspitze ohne Gewinde	kurzer, leicht verstopfbarer Spandurchgang dreikantige Zentrierspitze, Vorschneider und Spanabheber	nicht für tiefere Bohrungen kaum noch verwendet
Form B Zentrierspitze mit Gewinde	schraubenförmige Zentrierspitze	saubere und genaue Bohrlöcher
Form C verstellbares und auswechselbares Messer	Vorschneider und Spanabheber verstellbar (Millimeterteilung)	für Bohrlöcher von 13 bis 40 mm bzw. 22 bis 70 mm Ø
Schlangenbohrer Form C (Irwin) 	Gewindespitze, zwei Vorschneider, Spanabheber und Transportschlange für Späne; symmetrischer Aufbau, daher gute Führung (verläuft nicht) zwei Spanabheber, jeweils mit Transportschlange	für tiefere Löcher eingängige Bohrer für Weichholz, zweigängige für Hart- und Hirnholz
Form G (Lewis) 	breitere Transportschlangen als Form C	s. Form C
Holzspiralbohrer mit Dachspitze mit Zentrierspitze	zwei Vor- und Hauptschneiden, ein oder zwei Spannuten	für Löcher mit glatten Wandungen in Längs- oder Hirnholz (Dübellöcher) für Metall (Vorstechen oder Vorbohren erforderlich) für Holz

Fortsetzung s. nächste Seite

Tabelle **4**.47, Fortsetzung

Bohrer	Merkmale	Verwendung
Metallspiralbohrer Spiralbohrer mit Hartmetall-schneiden	kleinerer Spitzenwinkel als Holzspiralbohrer nur für Hand- oder Schlagbohrmaschinen	zum Nachbohren in Metallteilen für Mauerwerk oder Beton (Unterkonstruktion für Decken- und Wandverkleidung, Türfutter)
Stufenbohrer	Holzspiralbohrer mit Zentrierspitze (kleiner Durchmesser) und aufgesetztem Spiralbohrer ohne Spitze (großer Durchmesser) mit Klemmschraube	zum Bohren von zwei verschiedenen Durchmessern mit unterschiedlichen Lochtiefen in einem Arbeitsgang
Versenker (Krauskopf, Ausreiber)	kegelförmige Spitze, Spitzenwinkel 90°, Schneidenkopf mit mehreren Schneiden	zum kegelförmigen Erweitern von Bohrlöchern, um Schraubenköpfe oberflächenbündig einzudrehen oder Dübel leichter einzusetzen
Aufsteckversenker	wird mit Klemmschraube in gewünschter Höhe am Schnecken- oder Spiralbohrer befestigt	zum Bohren und Versenken in einem Arbeitsgang

Pflege. Bohrer werden einzeln in Holzkästen, einfachen Steckvorrichtungen oder Taschen so aufbewahrt, dass sich die Schneideteile nicht berühren. Bei Steckvorrichtungen steckt der Schaft im Loch, steht also der Schneidenteil nach oben. Für Bohrer mit Hartmetallschneiden gibt es besondere Aufsteckhülsen. Mit Harz oder Leim verschmutzte Bohrer reinigt man in Nitrolösung, Petroleum oder heißem Wasser – nicht durch Abkratzen mit Metallgegenständen! Anschließend werden die sauberen Bohrer eingefettet oder eingeölt.

Kunst- und Forstnerbohrer werden bei den Maschinenbohrern im Abschn. 5.2.7 Tab. **5**.73 behandelt.

Bohrer mit beschädigter Gewindespitze sind unbrauchbar.

Das Schärfen erfordert je nach Bohrerart verschiedene Techniken und viel handwerkliches Geschick, denn die Bohrdurchmesser und die Wirkung von Haupt- und Nebenschneiden dürfen nicht verändert werden. Die meisten Bohrer schärft man mit Feilen und prüft die Spitzenwinkel vorsichtshalber mit Schleiflehren. Spiralbohrer mit Dachspitze können wir nur an der Schleifscheibe schleifen. Vorschneider müssen auch nach dem Schärfen noch über die Spanabheber vorstehen. Die Übergänge zwischen Spanabheber und Einzugsgewinde dürfen nicht verändert werden. Nach dem Feilen bzw. Schleifen ziehen Sie alle bearbeiteten Bohrerteile mit einem Abziehstein nach, um Feilhiebe zu entfernen.

Arbeitsregeln beim Bohren

– Werkstück fest einspannen.
– Für jeden Werkstoff den richtigen Bohrer einsetzen.
– Bohrer mit Vierkantschaft nur für die Bohrwinde, mit rundem Schaft nur für Bohrmaschinen verwenden. Alle Spannstellen mit dem Schlüssel festziehen.
– Anreißen, vorstechen, ankörnen oder vorbohren, damit der Bohrer nicht verläuft.
– Bohrlochansatz prüfen, Bohrer nicht verkanten.
– Nach Gebrauch Bohrer reinigen und so aufbewahren, dass die Schneiden nicht beschädigt werden.
– Zum Schärfen stets das richtige Werkzeug benutzen.
– Beim Bohren besteht erhöhte Unfallgefahr! Deshalb Arbeitsregeln beachten und Vorsicht walten lassen.

4.8 Raspeln und Feilen

Raspeln und Feilen wurden früher vielfach für Nacharbeiten von gesägten oder gestemmten Verbindungen (z. B. Schlitz und Zapfen), vorgesägten Ausschnitten und Schweifungen eingesetzt. Mit der Raspel wird grob vor-, mit der Feile fein nachgearbeitet.

Der Feilvorgang lässt sich mit einem flächig wirkenden Sägen vergleichen. Die Schneiden (Zähne) von Raspel oder Feile sind neben- und hintereinander versetzt angeordnet. Druck wird nur beim Vorwärtshub leicht schräg zur Fläche ausgeübt, sonst stumpfen die Schneiden zu schnell ab (4.48). Das Werkstück muss fest eingespannt sein.

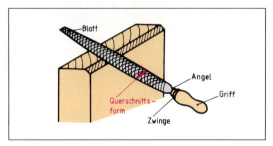

4.48   Raspeln oder Feilen

Feilen und Raspeln dienen mit ihrer flächigen Sägewirkung zur Nacharbeit.

Werkzeug. Raspeln und Feilen bestehen aus dem Blatt, das sich nach vorn verjüngen kann, und der Angel. An der Angel wird das Blatt mit einer Zwinge im Holz- oder Kunststoffgriff befestigt. Achten Sie stets auf den festen Sitz des Blattes!

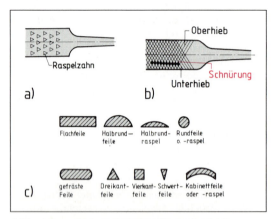

4.49   a) Raspelhieb, b) Feilenhieb (Doppel- oder Kreuzhieb), c) Querschnittsformen

Raspeln haben verhältnismäßig weit auseinander stehende eingehauene Zähne (Hiebe) (4.49). Wir unterscheiden 3 Hiebarten (Hiebnummern):

Hieb 1 = grob   Hieb 2 = halbschlicht   Hieb 3 = schlicht

Bei gleicher Raspellänge nimmt die Feinheit also mit steigender Hiebnummer zu. Bei zunehmender Raspellänge wird der Hieb jedoch bei gleicher Hiebzahl gröber, denn die Hiebzahl wird je cm^2 Raspelfläche ausgedrückt (4.50). Eine höhere Hiebnummer bedeutet deshalb nicht immer eine größere Feinheit!

Tabelle **4.50**   Raspelhieb

Raspel- länge in mm	Hieb-Nr. 1	Hieb-Nr. 2	Hieb-Nr. 3
		Hiebzahlen je cm^2	
150	14	20	28
200	11	16	22
250	9	12	18
300	7	10	14

Nach der Form unterscheidet man flachstumpfe, halbrunde Kabinett- und runde Raspel (4.49 c). Die *Sägeraspel* hat mehrere gezahnte Stahlstreifen, durch die die Späne abfließen können. Die Hobelfräserraspel und -feile haben ein auswechselbares Blatt.

Feilen haben gefräste oder gehauene Zähne, die enger zusammenstehen als bei der Raspel (4.49 b). Es gibt Einhieb- und Doppelhiebfeilen (Kreuzhiebfeilen). Einhiebfeilen setzt man vorwiegend für die Bearbeitung von Aluminium ein.

Doppelhiebfeilen haben einen Unter- und einen Oberhieb, die in verschiedenen Winkeln angeordnet und unterschiedlich grob ausgeführt sind. Die versetzt angeordneten Zahnreihen nehmen beim Feilen sehr kurze Späne ab.

Wie bei den Raspeln geben die Hiebzahlen (hier 1 bis 4) unterschiedliche Feinheitsgrade nach Feilenlänge an. Eine Feile mit der Hiebzahl 3 ist also gröber als eine kürzere Feile mit derselben Hiebzahl.

Nach der Form unterscheiden wir: Dreikantfeile (z. B. zum Schärfen von Sägezähnen), Flach-, Halbrund-, Rund-, Vierkant-, Schwert-, Kabinett- und Hohlfeilen (4.49 c).

Pflege. Raspeln und Feilen sollen immer nur für einen bestimmten Werkstoff verwendet werden. Sie müssen sauber sein. Mit Harz oder Leim verschmutzte Blätter legt man in heißes Wasser, Petroleum oder Nitroverdünnung und reinigt sie dann mit einer speziellen Feilenbürste. Die Griffe müssen aus Sicherheitsgründen fest auf der Angel sitzen.

4.9 Schleifen

Gehobelte, gesägte oder gepresste Holz- und Holzwerkstoff-Oberflächen werden durch Schleifen eingeebnet (egalisiert) oder zur Weiterbehandlung aufgerauht. Furniere und bedruckte Papiere sind heute so dünn, dass die Trägermaterialien (Span- oder Sperrholzplatten) vor dem Leimauftrag geschliffen (egalisiert und kalibriert) werden müssen, damit das Furnier beim folgenden Fertigschliff nicht durchgeschliffen wird. Andererseits rauht man die Oberfläche von Werkstoffen auf, um die Leimfläche zu vergrößern und damit die Haftung der Teile zu verbessern. In vielen Fällen ist heute der Maschinenschliff an die Stelle des Handschliffs getreten.

Der Schleifvorgang ähnelt dem Raspeln und Feilen, die er zunehmend verdrängt. Schleifen ist ein flächiges Schaben von vielen neben- und hintereinander liegenden Schneiden (Schleifkörnern) mit einem Schnittwinkel > 90°. Wir schleifen vor allem bei später sichtbaren Holzflächen in Faserrichtung, weil sich quer zur Faser Schleifrillen (Riefen) ergeben. Wichtig ist, dass die Kanten erhalten bleiben. (Weitere Verarbeitungshinweise s. Abschn. 9.1.2.)

Als Schleifmittel dienen Schleifpapiere mit aufgeleimten natürlichen oder künstlichen Schleifkörnern. Natürliche Schleifmittel bestehen aus Flint,

Granat, Naturkorund oder Quarz (Sandstein), für künstliche Schleifkörner verwendet man Elektrokorund, Siliciumcarbid, Bornitride, Glas und künstliche Diamanten. Je nach der Streudichte der aufgeleimten Körner unterscheidet man die offene, halboffene und geschlossene Streuung (**4.**51). Für

4.52 Schleifklotz

weiche und harzreiche Hölzer empfiehlt sich eine offene Streuung, weil sie den klebrigen Schleifstaub gut aufnimmt. Als Unterlage dienen beim Handschleifen von Holzoberflächen Schleifklötze aus Holz oder Kork (**4.**52).

Die Körnung (Korngröße) wird mit Nummern von 16 (grob) bis 500 (sehr fein) angegeben und kennzeichnet die Anzahl der Sieböffnungen je Zoll (1 Zoll ≙ 25,4 mm) Kantenlänge eines Siebes. Richtwerte s. Tabelle **9.**1.

4.51 Aufbau von Schleifpapier a) offene Streuung, b) geschlossene Streuung

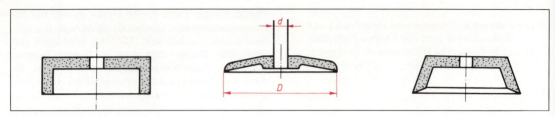

4.53   Scheibenformen

Schleifen von Schneidewerkzeugen. Geschliffen werden jedoch nicht nur Holz und Holzwerkstoffe, sondern auch Werkzeugschneiden. Dazu verwenden wir Schleifscheiben (**4**.53). Die Standzeiten der Schneidewerkzeuge sind recht unterschiedlich, wie wir schon festgestellt haben. Stumpfe Schneiden müssen an der Schleifscheibe geschärft werden. Dabei unterscheiden wir den Nass- und Trockenschliff.

Zum Nassschliff eines Handwerkzeugs verwendet man nach wie vor natürliche Sandsteine. Wichtig ist die gleichmäßige Kühlung durch Wasser, damit Scheibe und Werkstück nicht zu heiß und die Scheibenporen gut gespült werden. Die feuchten Stellen der Schleifscheibe nutzen sich rasch ab und müssen daher regelmäßig mit Steinmaterial nachgerichtet werden. Andere natürliche Schleifmittel für Handwerkzeuge sind Scheiben aus Aluminiumoxid (Schmirgel, Naturkorund).

Trockenschliff. Für sehr harte Schneiden aus HSS-Stahl oder Hartmetall nahm man früher Naturdiamanten. Sie sind heute zu teuer und wurden darum durch künstliche Schleifmittel ersetzt, die meist im Trockenschliff arbeiten. Dazu gehören Elektrokorund (Normal- und Edelkorund) und Siliciumcarbid. Der Aufbau dieser Scheiben ist genormt.

Beispiel   Topfscheibe   D   120   EK-54-K-8-Ke
                Außendurchmesser
                Schleifmittel
                Körnung
                Härtegrad
                Gefüge
                Bindung

Die Körnung wird wie beim Schleifpapier mit einer Zahl angegeben. Mit steigender Zahl nimmt die Feinheit zu.

Der Härtegrad einer Schleifscheibe gibt die Kraft an, die nötig ist, um ein einzelnes Korn aus dem Verband zu lösen. Die Hersteller kennzeichnen die Härte mit Großbuchstaben von A (äußerst weich) bis Z (äußerst hart).

Das Gefüge gibt den Anteil des Porenhohlraums am Gesamtvolumen des Schleifkörpers an. Bei dichtem Gefüge liegen die Schleifkörner eng beisammen und lassen wenig Hohlraum.

Künstliche (synthetische) Schleifscheiben müssen Sie regelmäßig mit Diamanten oder Spezialgeräten abrichten, um die Körner wieder griffig zu machen bzw. zu erneuern.

Arbeits- und Unfallverhütungsregeln an der Schleifscheibe

– Herstellerangaben (Bindungsart, Abmessungen, zugelassene Drehzahl, Körnung, Härte, Prüfvermerk) beachten.
– Drehzahl der Maschine richtig einstellen, bei ausgewechselter Scheibe Probelauf.
– Keine beschädigten Scheiben verwenden (evtl. Klangprobe).
– Beim Schleifen Schutzbrille tragen und Schutzvorrichtungen verwenden.

Abziehen. Nach dem Schärfen ziehen wir Handwerkzeuge ab, um Grate zu entfernen. Dazu gibt es natürliche und künstliche Abziehsteine. Der *Belgische Brocken* ist ein natürlicher Stein mit sehr feinem Gefüge. Als Gleitmittel verlangt er Wasser. Der *Arkansasstein* braucht dagegen ein Petroleum-Öl-Gemisch als Gleitmittel und wird darin auch gelagert.

Aufgaben zu Abschnitt 4.6 bis 4.9

1. Welche Beitel verwendet der Tischler und Holzmechaniker?
2. Warum ist der Lochbeitel dicker als der Stechbeitel?
3. Was müssen Sie beim Durchstemmen von Löchern beachten?

4. Bei welchen Bohrern stechen Sie mit dem Spitzbohrer oder der Reibahle vor?
5. Wozu dient die Knarre an der Bohrwinde?
6. Welchen Nachteil haben Zentrumsbohrer?

7. Worauf müssen Sie beim Bohren nicht durchgebohrter Löcher in Längsholz mit Schlangenbohrern achten?

8. Warum verlaufen Spiralbohrer mit Dachspitze leicht beim Ansetzen? Wie können Sie dies verhindern?

9. Erläutern Sie die verschiedenen Aufgaben von Haupt- und Nebenschneiden beim Zentrumsbohrer.

10. Wozu dient der Aufsteckversenker?

11. Erläutern Sie das Schärfen eines Bohrers.

12. Welcher Bohrer muss an der Schleifscheibe geschliffen werden?

13. Wovon hängt die Hiebfeinheit der Raspel oder Feile ab?

14. Wodurch unterscheiden sich Einhieb- und Zweihiebfeilen?

15. Welche Regel gilt für das Raspeln und Feilen harter und weicher Werkstoffe?

16. Wie reinigen Sie Raspeln und Feilen?

17. Worin besteht der Unterschied zwischen einer offenen und einer geschlossenen Streuung der Schleifmittel?

18. Für welche Hölzer nehmen Sie eine offene Streuung? Warum?

19. Was gibt die Zahl 80 auf dem Schleifpapier an?

20. Für welche Handwerkszeuge verwendet man beim Schleifen Nass-, für welche Trockenschliff?

21. Was bedeutet der Härtegrad?

22. Welche Regeln müssen Sie bei der Arbeit am Schleifstein einhalten?

23. Welche Abziehsteine kennen Sie?

24. Welche Sägezahnform erhalten Furniersägen?

4.10 Furnierbearbeitungswerkzeuge

Bevor Furniere bearbeitet werden, ist Feuchtigkeit, Farbe und Zustand (eben oder wellig) zu prüfen. Der Feuchtegehalt sollte zwischen 6 bis 10% liegen. Wellige Furniere können in der Furnierpresse bei 40 °C, nach vorherigem Anfeuchten, mit geringem Druck eben gepresst werden. Zur Aufnahme der Feuchtigkeit dient eingelegtes farb- und druckfreies Papier.

Zur Furnierbearbeitung im engeren Sinne gehören das Zuschneiden, Anfügen, Ausflicken und Verkleben (s. Abschn. 3.8.2).

Die Furniere werden schneidend getrennt, ohne dabei zerspant zu werden.

Die **Furniersäge** (Tab. **4**.32) dient dem gröberen Längs- oder Querschnitt. Die Säge, deren Zahnspitzen auf Zug und seitlich angeschliffen sind, wird entlang einem Anschlagslineal gezogen.

Der **Fugen- und Streifenschneider** (**4**.54) wird zum absolut genauen Längs- und Querschneiden verwendet. Die Fugen können ohne Nachhobeln sofort gefügt oder geklebt werden.

Mit dem **Furnieraderschneider** (**4**.55) können Furnieradern verschiedener Breite und Tiefe passgenau geschnitten und ausgeräumt werden. Beliebige Radien, Bögen oder Randabstände sind einstellbar und bei voller Sicht auf Vorschneider und Räumer ausschneidbar.

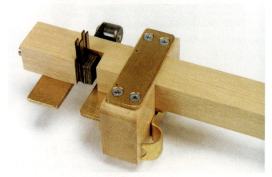

4.55 Furnieraderschneider

Das **Furnier-Ausschlageisen** (Lochstanze) wird zum Ausflicken (Ausstanzen) von Fehlstellen eingesetzt. Die Ausflickstelle sollte vorher durch Klebestreifen quer zur Faserrichtung des Furniers an den Rändern gegen Einrisse gesichert werden.

4.54 Fugen- und Streifenschneider

4.11 Spannwerkzeuge und Vorrichtungen

Wo Werkstücke gemessen, für nachfolgende Bearbeitungsvorgänge fixiert oder geführt und für Verklebungen gespannt werden müssen, werden Spannwerkzeuge oder Hilfsvorrichtungen benötigt.

Die Hobelbank ist das wichtigste Hilfsmittel des Tischlers zum Festhalten und Verleimen von Werkstücken. Sie besteht aus einer stabilen Buchenarbeitsplatte, die auf dem kräftigen Gestell liegt. Mit der Vorder- und Hinterzange werden die Werkstücke eingespannt.

Längere Werkstücke erfordern eine durchgehende Auflage und werden zwischen den Bankhaken mit der Hinterzange eingespannt. Schwere und lange Werkstücke (z. B. Korpusseiten) klemmt man mit der Vorderzange ein und unterstützt sie zusätzlich mit dem höhenverstellbaren *Bankknecht*.

Für besondere Arbeiten gibt es zusätzliche Geräte: Seitenbank- und Spitzbankhaken, Hilfsspann- (**4**.56) und Parallelschraubstock (**4**.57).

Zwingen und Spanner sind bei der täglichen Arbeit unentbehrlich.

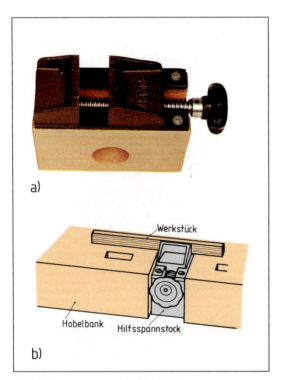

4.56 Hilfsspannstock (a) im Einsatz (b)

4.57 Parallelschraubstock (a) im Einsatz (b)

Die mechanische Schraubzwinge aus Metall ist das Universalwerkzeug zum Spannen und Festklemmen. Sie wird von Hand betätigt, hat eine starre Gleitschiene, je einen festen und beweglichen Spannarm (**4**.58). Im beweglichen Spanner sitzt eine Schraubspindel mit einem Holzgriff am oberen Ende und einer Kugeldruckplatte am unteren. Die Druckplatte liegt beim Spannen immer flächig

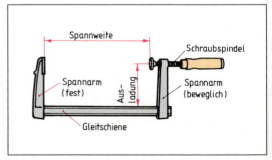

4.58 Schraubzwinge

auf und kann mit einer Kunststoff-Schutzkappe versehen sein. Die normale Schraubzwinge gibt es in Spannweiten von 120 bis 300 mm und einer Ausladung bis Mitte Spindel von 60 bis 250 mm. *Schraubknechte* unterscheiden sich davon nur durch größere Abmessungen. Ihre Spannweite reicht von 400 bis 2 000 mm, ihre Ausladungen gehen jedoch nur von 80 bis 250 mm.

Außer der Universalzwinge gibt es verschiedene Sonderformen für Spezialzwecke:

Korpuszwingen zum Spannen von flächigen, fertigbehandelten Werkstücken ohne Zulagen (**4**.59).

Schlagzwingen genügen, wenn weniger Pressdruck nötig ist und nicht so genau angesetzt werden muss (z. B. auf der Baustelle).

Klemmzwingen eignen sich für Umleimer oder Leisten, wo es auf geringen Anpressdruck, jedoch schnelles Ansetzen und Festklemmen ankommt. Die Spannarme bestehen aus Hartholz, der Spanndruck wird mit einem Exzenterhebel erzeugt (**4**.60).

Leim- oder Spannklammern haben bewegliche Druckbacken, so dass auch konische Werkstücke und schräge Kanten gespannt werden können. Für Gehrungen gibt es Spannklammern ohne Backen. Der Anpressdruck entspricht dem einer leichten Schraubzwinge. Angesetzt werden die Klammern mit einer Spreizzange.

Gehrungsspanner haben bewegliche Spannbacken für Winkelverbindungen von 45° bis 120° und werden im Rahmenbau zum Spannen der Rahmeneckverbindungen eingesetzt (**4**.62).

4.62 Gehrungsspanner

Rahmenpressen-Vorrichtung, bestehend aus vier Korpuszwingen, ergeben eine rechtwinklig geführte und verstellbare Rahmenpresse (**4**.63).

Sonderspannzwingen gibt es für Rundbogen und Längsverleimungen sowie andere Stellen, an denen normale Schraubzwingen zu umständlich anzusetzen wären.

Bandleimzwinge mit Kurbel dient zum Spannen von Werkstücken mit geschlossenem Umfang (**4**.64).

 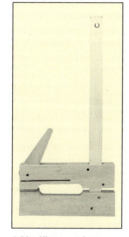

4.59 Korpuszwinge   **4**.60 Klemmzwinge

Die Kantenzwinge wird wie eine Schraubzwinge angesetzt (**4**.61).

Gehrungs-Kantenzwingen gibt es in verschiedenen Ausführungen, um schräg zueinander stehende Leimflächen zu spannen.

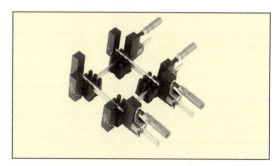

4.63 Rahmenpressen-Vorrichtung

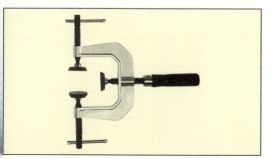

4.61 Kantenzwinge

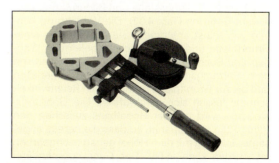

4.64 Bandleimzwinge mit Kurbel

Türspanner brauchen wir beim Verleimen größerer Vollholzflächen wie Tisch- und Arbeitsplatten. Sie bestehen aus einem I-Profil mit einem verstellbaren und einem festen Backen, der mit Stahlspindel und Kurbel ausgestattet ist. Die Spannweiten reichen von 800 bis 2500 mm. Mit Türspannern lassen sich erheblich höhere Drücke als mit Zwingen oder Knechten erzielen.

Türfutterstreben dienen zum Spannen bzw. Fixieren von Türfuttern beim Ausschäumen. Sie können schon in der Werkstatt angesetzt und justiert (ausgerichtet) werden. Doch ist wegen der verschiedenen Anschläge und Maßskalen auf den Stahlstreben auch auf der Baustelle ein genaues Ansetzen möglich (**4**.65).

4.66   Gehrungsstoßlade

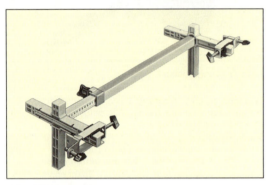

4.65   Türfutterstrebe

Arbeitsregeln. Spannwerkzeuge dürfen nicht direkt auf den zu verleimenden Werkstücken angesetzt werden, sondern nur mit Zwischenlagen (Zulagen). Diese müssen genügend steif sein und die Druckkraft der Zwinge auf eine möglichst große Fläche verteilen. Allerdings darf der Druck in der Leimfuge nicht zu klein werden, sonst gibt es Fehlverleimungen. Die Druckflächen der Zwischenlagen müssen glatt und frei von Verschmutzungen wie Leimspritzern sein.

Gehrungswerkzeuge. Mit der *Gehrungsschneidlade* sägen wir Füllungsstäbe und Bilderrahmenprofile auf Gehrung (Tab. **4**.32). Die Vorrichtung können wir selbst anfertigen. Sie besteht aus einer Grundplatte und zwei seitlich aufgeleimten Wangen aus Buchenholz. In die Wangen werden mit dem Gehrungsmaß (45°) Einschnitte angerissen und bis zur Grundplatte gesägt. Auch Rechtwinkelschnitte lassen sich durchführen. Die *Gehrungsstoßlade* wird auf der Hobelbank zwischen den Bankhaken eingespannt, so dass die bereits angesägte Gehrung mit dem Hobel genau nachgearbeitet werden kann (**4**.66). Der *Gehrungsschneider* (Gehrungsstanze) arbeitet mit einem eingespann-

ten Messer. Mit ihm schneiden wir vorzugsweise Leistenmaterial so sauber, dass keine Nacharbeit (Bestoßen, Schleifen) mehr erforderlich ist. Auch 90°-Winkel lassen sich schneiden.

Vorrichtungen können *mechanisch* (mit Handkraft), *pneumatisch* (mit Luftüber- oder -unterdruck), *hydraulisch* (mit Öldruck) oder *elektrisch* (Vorschubapparat) arbeiten. Sie dienen folgenden Zwecken:

– sich wiederholende Bearbeitungsvorgänge zu vereinfachen
– die Maschinenrüst- und Maschinenbearbeitungszeiten zu verkürzen
– sich wiederholende notwendige Messvorgänge zu verkürzen
– die Bearbeitungsgenauigkeit zu erhöhen
– den körperlichen Arbeitsaufwand zu senken
– die Arbeitssicherheit zu erhöhen.

Bei *mechanisch* arbeitenden Vorrichtungen werden Keile, Hebelarme, Kniehebel oder Senkrecht- und Waagrechtspanner mit Handkraft betätigt. Entsprechend den folgenden Bearbeitungsvorgängen werden die Werkstücke in Aufnahmevorrichtungen gelegt, fixiert und festgespannt. Viele dieser Spanner oder Halter können auch an Druckluft angeschlossen werden.

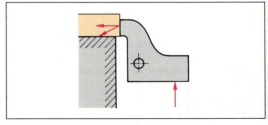

4.67   Umlenkung größerer Kräfte mit Hebel

Messlehren, die teilweise selbst angefertigt werden, dienen dem wiederholten Überprüfen gleich bleibender, aber auch veränderlicher Werkstückabmessungen (Toleranzen).

Damit die Werkstücke in Serienfertigung ihre Genauigkeit, auch bei großen Stückzahlen, behalten, werden Vorrichtungen oder Schablonen zum Zuführen und Bearbeiten so ausgebildet, dass sie als verdeckte Anschlagkante für Kopierstifte (Fräsarbeiten) oder entlang einem Anschlag (Winkel, Anlaufringe) als Führung dienen.

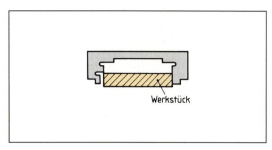

4.71   Grenzlehre für Außenmaße

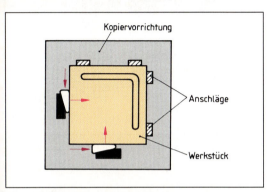

4.68   Werkstückfixierung mit einseitigen Keilen

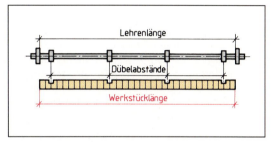

4.72   Dübelbohr-Schablone

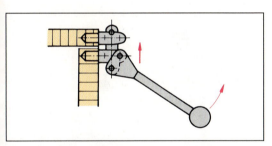

4.69   Kniehebeverschluß

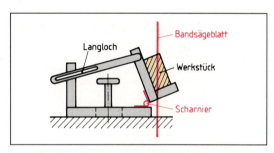

4.73   Schrägauftrennvorrichtung für Bandsäge

4.70   Senkrechtspanner

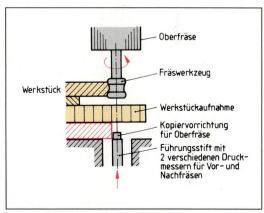

4.74   Kopiervorrichtung für Oberfräse

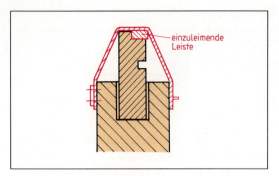

4.75   Spannen mit Gummiband oder Gurten

Selbst konstruierte Vorrichtungen erlauben einfache, aber auch schwierige sich wiederholende Ver-
leimvorgänge rationell durchzuführen (**4.75/4.76**).
Pneumatisch oder *hydraulisch* arbeitende Verleimständer sind auch im Kleinbetrieb flexibel einsetzbar, um Rahmen, Böden oder Kanten unterschiedlicher Länge, Dicke und Breite schnell und sicher zu
verleimen (**4.77/4.78**).

Bohrvorrichtungen zum Bohren von Dübel und
Beschlägen wird sich der Praktiker im Lauf der Zeit
selbst anfertigen. Bei der Werkstoffwahl für diese
Hilfswerkzeuge muss er die erforderliche Arbeits-
genauigkeit und die Fertigungsstückzahl berücksichtigen. Früher wurde häufig Buchenholz ver-

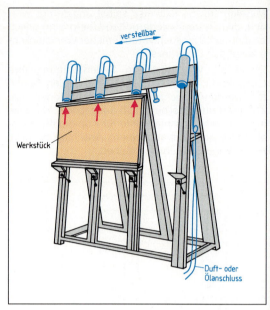

4.77   Doppelseitiger Verleimständer für Rahmen- und
       Kantenverleimung

wendet, heute bevorzugt man schichtverleimte
Plattenwerkstoffe. Alle Vorrichtungen sind so aufzubewahren, dass sie jederzeit greifbar sind.

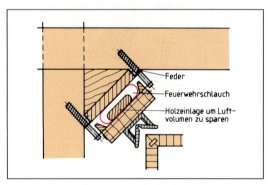

4.76   Vorrichtung für Gehrungseckverleimung mit Druck-
       luft

4.78   Vakuum-Arbeitstisch

Aufgaben zu Abschnitt 4.10

1. Nennen Sie drei Bankzubehörteile und erläutern Sie ihre
   Anwendung.
2. Womit spannen Sie lange dünne Leisten auf der Hobelbank fest?
3. Worin besteht der Unterschied zwischen Schraubzwingen und -knechten?

4. Wodurch schützen Sie die Holzoberfläche beim Spannen
   mit Zwingen?
5. Nennen Sie Gehrungswerkzeuge und erklären Sie ihre
   Verwendung.
6. Welcher Winkel kann mit der Gehrungsstoßlade ange-
   hobelt werden?

5 Maschinelle Holzbearbeitung

Hauptmotive für den technischen Fortschritt sind das Streben nach besseren Lebens- und Arbeitsbedingungen sowie der Zwang zu kostensparender Produktion. Die Erfindung der Dampfmaschine und die Nutzung der elektrischen Energie waren wichtige Stationen auf diesem Weg.

> Betrachten wir eine Holzbearbeitungsmaschine, etwa eine Bandsäge. Ein Elektromotor entnimmt dem Stromnetz elektrische Energie und wandelt sie in kreisförmige Bewegung um. Riemenscheiben und ein umlaufender Riemen verbinden den Motor mit einer Bandsägerolle. Zwischen den Bandsägerollen ist das Sägeblatt eingespannt. Die Kraft des Elektromotors treibt über den Riemen die Bandsägerollen und damit das Sägeblatt an. Diese Kraft ist um vieles größer als unsere Muskelkraft. Sie wirkt schneller, „pausenloser" und genauer als die menschliche Kraft.

Die Antriebskraft für unsere Geräte und Maschinen liefert der elektrische Strom. Deshalb müssen wir uns mit der Elektrotechnik beschäftigen, bevor wir die Geräte und Maschinen behandeln.

5.1 Elektrotechnik

5.1.1 Elektrotechnische Grundlagen

> Zählen Sie die Vorgänge in Ihrem Tagesverlauf auf, zu denen Sie elektrischen Strom brauchen. Wie sähe unsere Welt ohne elektrische Energie aus? Denken Sie dabei an die Industrie, den Verkehr, die Versorgungseinrichtungen. Was ist überhaupt Elektrizität? Wie entsteht sie? Wo begegnet sie uns in der Natur?

Elektrizität. Um diese Fragen zu beantworten, kommen wir auf den in Abschn. 2.4.3 besprochenen Aufbau des Atoms zurück. Um den Atomkern bewegen sich Elektronen. Die Anziehungskraft zwischen Atomkern und Elektronen verhindert, dass die Elektronen durch die Fliehkraft aus der Bahn geschleudert werden – Anziehungs- und Abstoßungskräfte sind gleich stark.

■ **Versuch 1** Wir reiben einen Hartgummistab mit einem Wolltuch und hängen ihn in der Mitte an einem Faden auf. Dann behandeln wir einen zweiten Hartgummistab mit dem Wolltuch und nähern ihn einem Ende des aufgehängten Stabs. Was geschieht?

■ **Versuch 2** Wir nehmen einen mit Wolltuch geriebenen Hartgummistab und einen mit Seide geriebenen Glasstab in gleicher Versuchsanordnung (**5**.1). Was beobachten Sie?

In Versuch 1 herrscht Ladungsgleichgewicht – die Körper stoßen sich ab. Doch wie Versuch 2 zeigt, sind die Elektronen nicht immer im Gleichgewicht.

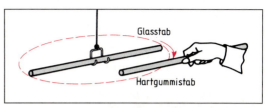

5.1 Kraftwirkung zwischen elektrisch geladenen Körpern

Hier hat ein Körper Elektronenüberschuss, der andere dagegen Elektronenmangel. Die überschüssigen Elektronen streben zu einem Körper mit Elektronenmangel. Dieses Streben nach Ladungsausgleich nennt man elektrische Spannung (Formelzeichen U). Ursache der Elektrizität ist also die zwischen ungleichartig geladenen Körpern bestehende Spannung – durch Ladungsunterschiede entsteht eine Spannung.

> Gleichartig elektrisch geladene Körper stoßen sich ab, ungleichartig geladene ziehen sich an.
>
> Ein Körper mit Elektronenmangel ist elektrisch positiv (+), einer mit Elektronenüberschuss negativ (–) geladen. Das Ausgleichsbestreben heißt elektrische Spannung.

In unseren Versuchen haben wir die Spannung durch Reiben erzeugt. In der Elektrotechnik reicht die Reibungselektrizität jedoch nicht aus. Hier erzeugt man die Spannung in Generatoren durch Induktion (Umwandlung mechanischer in elektrische Energie mit Hilfe eines Magnetfelds) oder im galvanischen Element und in Akkumulatoren durch chemische Vorgänge.

Strom, Stromkreis. Ein einfacher elektrischer Stromkreis besteht aus der Spannungsquelle, einer Glühlampe sowie den Verbindungsleitungen (Hin- und Rückleitung) zwischen Spannungsquelle

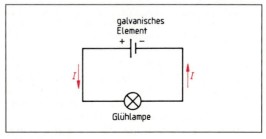

5.2 Stromkreis

und Glühlampe. Bei geschlossenem Stromkreis fließt der Elektronenstrom von der negativen zur positiven Klemme. Leider hat man früher die Rolle der Elektronen als „Ladungsträger" nicht richtig erkannt und hatte daher international die technische Stromrichtung von Plus nach Minus vereinbart. Sie wurde beibehalten. Stromstärke, Spannung und Widerstand sind die Grundgrößen in einem elektrischen Stromkreis. Ein Stromkreis lässt sich durch einen Schalter ein- und ausschalten, eine Sicherung schützt die Leitungen vor Überlastung und Brand. Die Bauelemente werden durch Schaltzeichen dargestellt.

Warum ist ein Stromschlag im Wasser viel gefährlicher als auf trockenem Boden? Warum ist man auf trockenem Gummiboden bei Stromschlägen weniger gefährdet? Antwort geben uns zwei Versuche.

■ **Versuch 1** In die Versuchsanordnung **5.**3 a mit Spannungsquelle (Batterie), Schalter und Glühlampe als Verbraucher spannen wir nacheinander ein Stück Eisendraht, Kupferdraht, Glas, Kohle, trockenes und feuchtes Holz, Gummi und Papier.

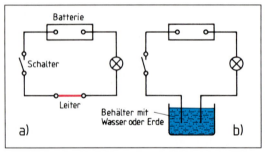

5.3 Elektrische Leitfähigkeit
    a) zum Versuch 1, b) zum Versuch 2

■ **Versuch 2** Nach der Versuchsanordnung **5.**3 b leiten wir den elektrischen Strom nacheinander durch feuchte Erde, Öl, destilliertes Wasser und die wässrige Lösung einer Säure oder eines Salzes.
Ergebnis Die Lampe leuchtet mal hell, mal weniger hell, mal gar nicht auf, wenn der Stromkreis durch den Schalter geschlossen wird. Hell wird sie bei den Metallen. Weniger hell leuchtet sie bei Kohle und Erde sowie den wässrigen Säure- und Salzlösungen. Bei Glas, trockenem Holz, Gummi, Papier, destilliertem Wasser und Öl leuchtet die Lampe nicht auf.

Leiter und Nichtleiter. Aus den Versuchen schließen wir, dass die Stoffe den elektrischen Strom unterschiedlich gut leiten: am besten die Metalle (helle Lampe), Kohle und feuchtes Holz weniger – Glas, trockenes Holz, Gummi und Papier gar nicht. Auch destilliertes Wasser und Öl leiten den Strom nicht – feuchte Erde und wässrige

Lösungen von Salzen, Laugen und Säuren dagegen sehr gut.

Metalle, Kohle und wässrige Lösungen von Säuren, Basen und Salzen sind Leiter.
Glas, Gummi, trockenes Holz und Papier, Kunststoffe, destilliertes Wasser und Öl sind Nichtleiter (Isolatoren).
Achtung! Auch der Erdboden und der menschliche Körper enthalten Lösungen von Säuren, Basen und Salzen in Wasser und sind daher Leiter!

Ursache für das unterschiedliche elektrische Verhalten der Stoffe sind die *freien Elektronen* bei Metallen (Atombindung). Jede Elektronenschale eines Atoms nimmt nur eine bestimmte Anzahl Elektronen auf, wie das Bild **5.**4 zeigt: die kernnächste Schale 2, die folgende höchstens 8, die dritte 18, die vierte 32 usw. bis zur 7. Schale. Keine Außenschale kann aber mehr als 8 Elektronen aufnehmen. Meist hat sie weniger, ist also nicht voll besetzt und strebt daher den stabilen Zustand der Vollbesetzung an. Volle Besetzung erreicht sie, indem sie ihre „freien" Elektronen an andere Atome abgibt oder – wenn nur wenige zur Vollbesetzung fehlen – freie Elektronen von anderen Atomen aufnimmt. Leiter haben viele freie Elektronen, Nichtleiter oder Isolatoren dagegen nur sehr wenige. Nichtleiter können praktisch keinen Ladungstransport durchführen. Nicht chemisch reines Wasser enthält Salze und andere Stoffe, auch Säuren und Laugen, deshalb leitet es den elektrischen Strom. Es gelangen negative und positive *Ionen* ins Wasser. Geladene Atome oder Moleküle nennt man Ionen. Eine Flüssigkeit in der sich Ionen befinden, nennt man einen Elektrolyten.

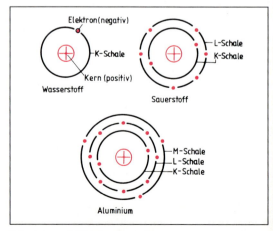

5.4 Atom mit Elektronenschalen

Widerstand. Leiter lassen den Strom nicht ohne Reibungswiderstand durchfließen. Wir spüren diesen Widerstand daran, dass sich der Leiter erwärmt. Widerstandsmessungen zeigen, dass der Widerstand (Formelzeichen *R*) vor allem vom *Leiterwerkstoff* abhängt. Man spricht deshalb von einem „spezifischen Widerstand". Kupfer z.B. hat einen geringen spezifischen Widerstand und eignet sich darum besonders gut als Leiter. Eisen hat einen größeren Widerstand, und bei Nichtleitern ist er so hoch, dass bei üblicher Spannung kein Strom mehr fließt.

Der Widerstand eines Leiters wird außerdem von seinem *Querschnitt*, seiner *Länge* und *Temperatur* bestimmt. Mit zunehmendem Querschnitt verringert sich der Widerstand, mit zunehmender Länge steigt er. Temperaturänderungen wirken sich bei den einzelnen Stoffen unterschiedlich aus.

Der spezifische Widerstand eines Leiters wird nach dem Gesetz

$$R = \varrho \cdot \frac{l}{A}$$

ϱ Dichte des Leitermaterials
l Länge des Leitermaterials
A Querschnittsfläche des Leiters

Strom- und Spannungsmesser. Ein Spannungsmesser wird stets an den Stromkreis (parallel zu Spannungsquelle und Verbraucher), ein Strommesser dagegen in den Stromkreis geschaltet (**5.5**). Die Einheiten für die drei elektrischen Grundgrößen zeigt Tabelle **5.6**.

Ohmsches Gesetz. Spannung und Widerstand beeinflussen die Stromstärke. Bei gleich bleibendem Widerstand steigt die Stromstärke im gleichen Verhältnis wie die Spannung. Bei gleich bleibender Spannung verringert sich die Stromstärke im umgekehrten Verhältnis zum steigenden Widerstand. Dieses Verhältnis heißt nach dem deutschen Naturforscher Ohm das Ohmsche Gesetz.

Ohmsches Gesetz

$$\text{Stromstärke} = \frac{\text{Spannung}}{\text{Widerstand}} \qquad I = \frac{U}{R}$$

Einheit: $1\,A = \dfrac{1\,V}{1\,\Omega}$

Durch Umstellen der Formel erhalten wir $U = R \cdot I$ und

$$R = \frac{U}{I}$$

Sind uns zwei Größen bekannt, können wir nun die fehlende berechnen.

Beispiel   Wie groß ist der Widerstand einer Glühlampe mit dem Aufdruck 3,5 V/0,2 A?

$$R = \frac{U}{I} = \frac{3{,}5\,V}{0{,}2\,A} = \mathbf{17{,}5\,\Omega}$$

Tabelle **5.6**   Stromstärke, Spannung, Widerstand

	Formelzeichen	Einheit	Umrechnungen
Stromstärke	I	Ampere A	1 A = 1000 mA (Milliampere)
Spannung	U	Volt V	1000 V = 1 kV (Kilovolt)
Widerstand	R	Ohm Ω (omega, griech. Buchstabe o)	

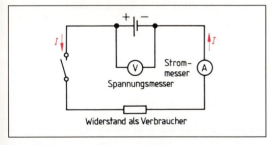

5.5   Schaltung von Strom- und Spannungsmesser

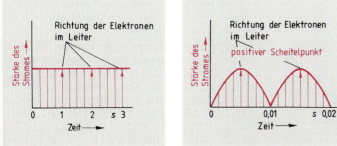

5.7   Gleichstrom

5.8   Pulsierender Gleichstrom

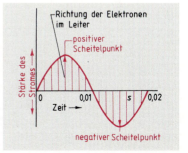

5.9   Sinusförmiger Wechselstrom (dargestellt *eine* Schwingung = Periode)

Spannungsarten. Wenn die Polung der Spannung unverändert bleibt, ändert sich auch die Stromrichtung nicht, so dass sich ein *Gleichstrom* ergibt (**5**.7). Die Werte von Gleichspannungen und Gleichstrom bleiben in der Regel gleich (konstant). Wenn sich das durch die Spannung entstehende elektrische Feld in einem bestimmten Takt ändert, sprechen wir von einem pulsierenden Gleichstrom (**5**.8). Ändert aber die Spannung in einem bestimmten Takt die Polung, ändert sich auch die Stromrichtung, und wir erhalten *Wechselstrom.*

Beim Wechselstrom haben die Klemmen (Pole) abwechselnd Elektronenüberschuss und Elektronenmangel: Wechselspannung und Wechselstrom haben einen sinusförmigen Stromverlauf mit einmal positivem, einmal negativem Scheitelpunkt (**5**.9). Eine Schwingung entspricht einer Periode des Wechselstroms.

Den Verlauf beider Spannungsarten zeigen die Diagramme **5**.8 und **5**.9. Die Anzahl der Schwingungen (Perioden) in der Sekunde heißt *Frequenz* und wird nach dem deutschen Naturforscher *Heinrich Hertz* in Hertz (Hz) angegeben.

Drehstrom. Um in einem Generator eine Wechselspannung von 1 Hz zu erzeugen, muss das Polrad in 1 Sekunde eine Umdrehung machen (in 1 Minute also 60 Umdrehungen, bei 50 Hz mithin 3000 U/min). Bei 3 räumlich gegeneinander versetzten Spulen entstehen drei Wechselspannungen (**5**.10 a), deren Verlauf zeitlich gegeneinander

verschoben ist, wie das Diagramm **5**.10 b zeigt. Statt eines einfachen Wechselstroms (Einphasenstrom) erhalten wir einen Dreiphasenstrom. Man nennt ihn Drehstrom, weil sich zwischen den drei versetzt angeordneten Magnetspulen ein sich drehendes Magnetfeld (Drehfeld) bildet. Drehstrom ist heute die Regel, weil er sich mit 3 oder 4 Leitern übertragen lässt (3 Außen-, 1 Neutralleiter, **5**.11). In einem Drehstrom-Vierleiternetz stehen so zwei verschiedene Spannungen (meist 230 V und 400 V) zur Verfügung.

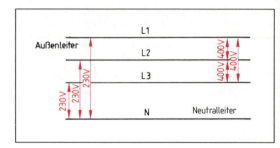

5.11   Drehstromübertragung (Vierleiternetz)

Bei Gleichstrom ist die Stromrichtung konstant, bei Wechselstrom ändert sie sich in einem bestimmten Takt (Frequenz).

Drehstrom ist ein dreiphasiger Wechselstrom. Drehstromnetze sind heute für die Verteilung elektrischer Energie üblich.

5.1.2   Elektromotoren

Elektrische Leistung und Arbeit. Elektromotoren setzen die dem Netz entnommene elektrische Energie in mechanische Energie um. Die Leistung *P* eines Motors ist seine wichtigste technische Angabe. Sie steht als *Bemessungsleistung* auf dem Leistungsschild (**5**.12).

Die elektrische Leistung *P* ergibt sich aus dem Produkt von Spannung und Stromstärke und hat die Einheit Watt (W). Wird die elektrische Leistung *P* eines Motors über eine bestimmte Zeit in Anspruch genommen, wird Arbeit verrichtet. Die elektrische Arbeit *W* ist das Produkt von elektrischer Leistung und Zeit. Ihre Einheit ist die Wattsekunde (Ws) oder das Joule (J). Gemessen wird die Arbeit durch den Elektrizitätszähler in Kilowattstunden (kWh).

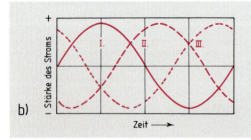

5.10   a) Drehstromgenerator, b) die 3 zeitlich gegeneinander verschobenen Ströme des Drehstromsystems

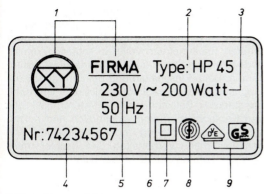

5.12 Leistungsschild
1 Hersteller
2 Typ
3 Bemessungsleistung
4 Geräte- oder Seriennummer
5 Bemessungsspannung und Bemessungsfrequenz
6 Betriebsmöglichkeit
7 Schutzklasse
8 Funkstörschutz
9 Sicherheitsprüfzeichen

Elektrische Leistung
= Spannung · Stromstärke $P = U \cdot I$

Einheit W (1 kW = 1000 W) $1\,W = 1\,V \cdot 1\,A$

Elektrische Arbeit
= elektrische Leistung · Zeit $W = P \cdot t$

Einheit Ws = J (1 Kilowattstunde kWh =
3 600 000 Ws oder J) $1\,Ws = 1\,W \cdot 1\,s$

Wirkungsgrad. Ein Teil der aufgenommenen elektrischen Leistung wird durch Reibungswiderstände in den Lagern und die Wärmeentwicklung des Elektromotors verbraucht. Die an der Motorwelle zur Verfügung stehende Leistung ist daher um diese Reibungs- und Wärmeverluste verringert. Das Verhältnis der abgegebenen zur aufgenommenen Leistung drückt man durch den Wirkungsgrad η aus (Eta, griech. Buchstabe e). Er ist stets kleiner als 1 und liegt bei Elektromotoren zwischen 0,7 und 0,9.

$$\text{Wirkungsgrad} = \frac{\text{abgegebene Leistung}}{\text{aufgenommene Leistung}}$$

$$\eta = \frac{P_{ab}}{P_{auf}} \leqq 1$$

Um die Wirkungsweise von Gleichstrom-, Wechselstrom- und Drehstrommaschinen zu verstehen,

müssen wir vom elektromagnetischen Feld ausgehen.

Elektromagnetisches Feld. Ein einfacher Versuch zeigt, dass die Magnetnadel eines Kompasses durch elektrischen Strom aus ihrer Nord-Süd-Richtung abgelenkt wird. Strom hat also eine magnetische Wirkung. Von Dauermagneten (Stabmagneten) wissen wir, dass sie Eisen anziehen, dass sich ihre gleichnamigen Pole abstoßen und die ungleichnamigen anziehen. Ein Versuch bestätigt dies.

■ **Versuch** Auf einen mittig durchbohrten, ebenen Karton streuen wir Eisenfeilspäne. Durch das Loch führen wir einen Stromleiter. Was passiert, wenn im Leiter ein Strom fließt?

Die Eisenfeilspäne ordnen sich zu zusammenhängenden konzentrischen Kreisen um den Leiter, und zeigen damit deutlich ein magnetisches Feld an. Dieselbe Wirkung erzielen wir bei einer stromdurchflossenen Spule. Ihre magnetische Wirkung verstärkt sich noch, wenn wir einen Eisenkern in die Spule legen. Bewegen wir in diesem Magnetfeld eine Leiterschleife, entsteht ein Strom.

Stromdurchflossene Leiter sind von einem Magnetfeld umgeben.

Ein Elektromotor besteht aus dem fest mit dem Gehäuse verbundenen Ständer und dem sich drehenden Läufer. Durch das vom Drehstrom in der Ständerwicklung erzeugte Drehfeld entsteht ein Strom im Läufer. Sein Magnetfeld erzeugt ein Drehmoment und versetzt so den Läufer in Bewegung. Die entstandene mechanische Energie kann an der Überträgerwelle abgenommen werden. Die Drehfelddrehzahl des Ständers und die Läuferdrehzahl sind ungleich, deshalb nennt man diesen Motor Asynchronmotor.

Asynchronmotoren werden wegen ihres einfachen Aufbaus am häufigsten verwendet (5.13). Sie eignen sich für Geräte und Maschinen mit größeren Leistungen, besonders für Holzbearbeitungsmaschinen. Der unempfindliche, fast wartungsfreie Motor braucht allerdings einen hohen Anlaufstrom beim Einschalten. Deshalb setzt man ihn durch eine Stern-Dreieckschaltung herab (△): Der Motor läuft auf der Schaltstufe Stern (人) mit einer Spannung von 230 V an jeder Wicklung an (etwa $\frac{1}{3}$ Vollleistung) und wird bei Erreichen der Bemessungsdrehzahl (gleich bleibendes Motorengeräusch) auf Dreieck (△) weitergeschaltet. Dann

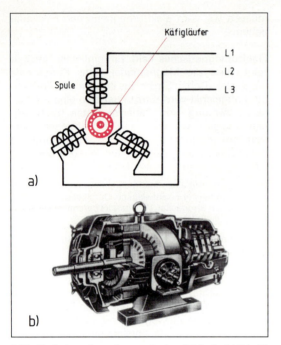

a)

b)

5.13   Drehstrom-Asynchronmotor im a) Prinzip, b) Schnitt

liegt an jeder Wicklung die volle Bemessungsspannung von 400 V, und der Motor kann seine volle Leistung abgeben.

Gleichstrommotoren kommen in unseren Betrieben kaum vor.

Der Universalmotor ist für Gleich- und Wechselspannung geeignet und leistet 0,3 bis 1,5 kW. Er wird für Küchengeräte, Staubsauger und Handmaschinen (Bohrmaschine, Handkreissäge) verwendet. Der Läufer besteht meist aus geschichtetem Blech, die Leiterwicklung aus Kupfer (5.14). Über Bürsten, die auf einem Kollektor schleifen, nimmt der Läufer den Strom auf. Die Drehzahl ist lastabhängig: Beim Einschalten und bei geringer Belastung läuft der Universalmotor mit hoher Drehzahl, bei stärkerer Belastung mit geringerer. Kollektor und Kohlenbürsten sind empfindlich und nutzen sich ab. Ihre Reinigung und Auswechslung sind dem Fachmann vorbehalten. Der Tischler muss aber den Lüftungsschlitz sauber halten.

Motorschutz. Bei Überlastung können an den Wicklungen Schäden durch zu starke Erwärmung entstehen. Dagegen sichert man die Motoren durch Motorschutzschalter und Schmelzsicherungen. Die Wärmebeanspruchung wird indirekt über die Stromaufnahme festgestellt.

Überstromschutz vor Überlastung und Kurzschluss. Ein Kurzschluss entsteht, wenn man die Pole einer Spannungsquelle nicht über einen Verbraucher, sondern direkt verbindet. Dabei ergeben sich u. U. sehr hohe Stromstärken. Eingebaute „Schwachstellen" im Stromkreis, wie Schmelzsicherungen und Leitungsschutzschalter, unterbrechen in solchen Fällen sofort den Stromkreis.

Die Schmelzsicherung besteht aus einer Porzellanpatrone mit Sand und einem dünnen Schmelzleiter aus leicht schmelzbarem Metall (z. B. einer Widerstandslegierung, **5**.15). Die Dicke des Schmelzdrahts richtet sich nach dem Querschnitt der zu schützenden Leitung und der für sie zugelassenen Stromstärke. Die entsprechenden Angaben finden

5.14   Universalmotor

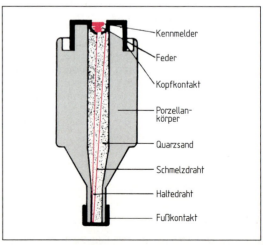

5.15   Aufbau einer Schmelzsicherung

wir auf dem Sicherungseinsatz und zusätzlich durch Farbe gekennzeichnet. Zu unterscheiden sind *flinke* und *träge* Sicherungen. Träge Sicherungen sind weniger wärmeempfindlich als flinke und vertragen kurzzeitig höhere Belastungen. Deshalb eignen sie sich besser für die hohen Anlaufströme der Motoren.

> **Durchgebrannte Schmelzsicherungen nicht flicken, sondern auswechseln!**

Leitungsschutzschalter (LS-Schalter) sind Sicherungsautomaten, die den Stromkreis bei Überlastung durch ein Bimetall abschalten. Bei Kurzschluss unterbrechen Auslöser elektromagnetisch sofort den Stromkreis. Wenn der Schaden behoben ist, kann man den Stromkreis wieder einschalten. Reparaturen an LS-Schaltern dürfen nicht vorgenommen werden!

5.1.3 Unfallschutz

Der menschliche Körper ist, wie wir erfahren haben ein guter Stromleiter. Schon Stromstärken über 0,05 A können lebensgefährlich sein. Sie können bei Spannungen über 50 V auftreten. Herzkammerflimmern, Verbrennungen, Zerstörung von Körperzellen, Schocks und Tod sind die Folgen solcher Unfälle.

> **Spannung und Strom sind nicht direkt erkennbar und darum besonders gefährlich!**

VDE-Schutzmaßnahmen. Für die Installation elektrischer Anlagen sind Schutzmaßnahmen vorgeschrieben und unbedingt einzuhalten. Erarbeitet wurden sie vom Verband Deutscher Elektrotechniker (VDE). Das VDE-Zeichen auf dem Leistungsschild gewährleistet, dass dieses Gerät oder diese Maschine den Vorschriften entsprechen (**5.16**). Der Zusatz GS bedeutet, dass auch das „Gesetz über technische Arbeitsmittel" (Gerätesicherheitsgesetz) erfüllt ist. Tabelle **5.17** nennt die Schutzmaßnahmen.

5.16   Sicherheitsprüfzeichen

> **Feuchtigkeit und Nässe erhöhen die Gefahr bei Berührungsspannung!**

Isolierung. Alle spannungsführenden Teile von elektrischen Anlagen und Geräten sind betriebsmäßig so isoliert, dass weder Mensch noch Tier gefährdet werden.

Die Schutzisolierung (**5.18 a**) trennt alle spannungsführenden Teile durch eine vollständige und dauerhafte Isolierung von berührbaren Metallteilen. Schutzisolierte Geräte haben meistens eingegossene Stecker, sogenannte Konturenstecker. Die leitfähigen Gehäuse der elektrischen Betriebsmittel sind an den (grün-gelben) Schutzleiter angeschlossen. Fließt in einem Fehlerfall Strom über das Gehäuse, dann trennt die vorgeschaltete Sicherung das Gerät vom elektrischen Stromnetz (*Schutz durch Abschaltung*).

Tabelle **5.17**   Maßnahmen zur Vermeidung und gegen das Bestehenbleiben zu hoher Berührungsspannungen (Auswahl)

Schutz gegen direktes Berühren	Schutzmaßnahmen	
Isolierung aktiver Teile		
Gitterschutz (z.B. Heizstrahler, Bohrmaschinenkollektor)	**ohne Schutzleiter**	**mit Schutzleiter**
Abstand (z.B. Freileitung)	Schutzisolierung (5.19 a)	Schutz durch Abschaltung (im TN-Netz)
Zusätzlicher Schutz durch Fehlerstromschutzeinrichtungen	Schutzkleinspannung Schutztrennung	Fehlerstromschutzschaltung (5.19 b)
Schutz bei indirektem Berühren		
Schutz durch Abschaltung oder Meldung Schutzisolierung Schutztrennung		

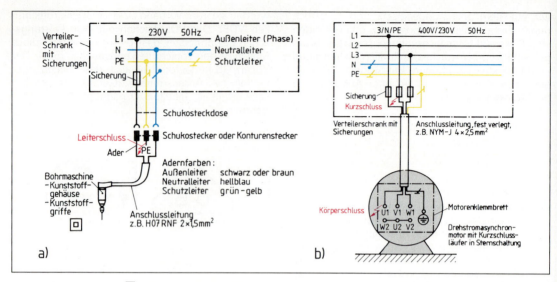

5.18   a) Schutzsicherung ▫, b) Schutzmaßnahme *mit* Schutzleiter

Unfallgefahren und Unfallverhütung

– nur einwandfreie Kabel und Stecker verwenden.

– Reparaturen darf grundsätzlich nur der Fachmann ausführen.

– Heizgeräte nicht unbeaufsichtigt eingeschaltet lassen. Keine leicht brennbaren Stoffe in der Nähe lagern.

– Elektrische Geräte bei Störungen (z.B. schmorende Leitung, Rauch oder Geruch) sofort abschalten.

– Absicherungen nicht verändern.

– Motoren regelmäßig von Schmutz und Staub befreien (mit Druckluft durchblasen).

Erste Hilfe bei elektrischen Unfällen

– Stromkreis unterbrechen, Strom abschalten.

– Sind Schalter, Sicherungen oder Steckverbindungen nicht erreichbar, muss der Verunglückte aus dem Stromkreis befreit werden. Dazu sich selbst isoliert aufstellen, Hände mit trockenen Tüchern umwickeln.

– An Ort und Stelle künstliche Atmung durchführen – und zwar so lange, bis die Atmung wieder einsetzt oder der sofort herbeigerufene Arzt den Tod feststellt. Wiederbelebungsversuche führen manchmal erst nach mehreren Stunden zum Erfolg.

Aufgaben zu Abschnitt 5.1

1. Was ist Voraussetzung, damit ein Strom fließen kann?
2. Wovon hängt die elektrische Leitfähigkeit des Holzes ab?
3. Wobei nutzt man die Leitfähigkeit des feuchten Holzes?
4. Nennen Sie Leiter und Isolatoren.
5. Welche Einheiten haben Strom, Spannung und Widerstand?
6. In welchem Verhältnis stehen diese drei elektrischen Grundgrößen zueinander? (Ohmsches Gesetz)
7. Erläutern Sie Gleich- und Wechselstrom.
8. Erklären Sie das Zustandekommen eines Drehstroms.
9. Welche Vorteile bietet der Drehstrom?
10. Wie berechnet man die elektrische Leistung und Arbeit?
11. Was versteht man unter dem Wirkungsgrad eines Elektromotors?

12. Welche Aufgabe hat der Stern-Dreieckschalter beim Elektromotor?
13. Warum dürfen Sie den Asynchronmotor nicht sofort auf Dreieck schalten?
14. Wodurch entsteht ein Kurzschluss?
15. Welchen Vorteil hat der LS-Schalter gegenüber der Schmelzsicherung?
16. Warum verwendet man bei Elektromotoren träge Sicherungen?
17. Warum erhöhen Feuchtigkeit und Nässe die Unfallgefahren mit elektrischem Strom?
18. Nennen Sie Schutzmaßnahmen gegen Berührungsspannungen.
19. Was tun Sie, wenn ein Kollege einen Elektrounfall erlitten hat?

5.2 Arbeitsmaschinen

5.2.1 Antrieb, Geschwindigkeit, Übersetzung

Arbeitsmaschinen werden von Kraftmaschinen angetrieben. Die Antriebskraft der im Abschn. 5.1.2 behandelten Elektromotoren (Kraftmaschinen) wird direkt oder indirekt über Riemen auf die Arbeitswelle der -maschine übertragen (5.19). Bei Handmaschinen nutzt man wegen der Handlichkeit vor allem den Direktantrieb (Handkreissäge), bei den ortsfesten Holzbearbeitungsmaschinen dagegen den indirekten Antrieb über kurze Riemen,

– weil Überlastungen der Arbeitsseite nicht direkt auf den Motor zurückwirken, sondern den Riemen schleifen oder abspringen lassen (Motorschutz);
– weil durch verschiedene Riemenscheibendurchmesser höhere Drehfrequenzen möglich sind.

Zahnrad- und Stirnradantriebe gibt es an unseren Maschinen kaum.

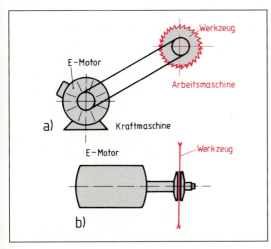

5.19 Antrieb
a) indirekter Antrieb, b) Direktantrieb

Riemen unterscheiden wir nach dem Querschnitt in Flach- und Keilriemen (5.21). *Flachriemen* bestehen aus Leder oder Gummi mit Nylonfaserverstärkung. Sie sind geschichtet aufgebaut und überlappend verklebt. Flachriemen haben einen größeren Schlupf als Keilriemen, d.h. höhere Gleitverluste

5.20 Riemenarten
a) Flachriemen, b) Keilriemen

und damit einen geringeren Wirkungsgrad. Der *Keilriemen* aus Gummi und eingelegten Zugverstärkungen sitzt beim Lauf nicht auf dem Grund der ein- oder mehrrilligen Riemenscheibe auf (5.21).

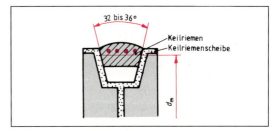

5.21 Keilriemen mit Scheibe

> Bei Schlupf gleitet der Riemen ohne Haftreibung über die Riemenscheibe. Flachriemen haben einen größeren Schlupf als Keilriemen.

Riemenscheibe. Der Riemen muss beim Lauf eine bestimmte Spannung haben, um die Drehbewegung der (treibenden) Motor-Riemenscheibe durch Reibung auf die (getriebene) Arbeitswelle zu übertragen. Hat ein Riemen nicht genügend Spannung, gleitet er über die Scheibe, hat *Schlupf*. Durch die Motorwippe oder durch Spannrollen kann man die Riemenspannung beeinflussen. Die freilaufenden Riementeile heißen je nach der Drehrichtung ziehendes oder gezogenes Trum, bei der angetriebenen Riemenscheibe entsteht der *Umschlingungswinkel* (Umfassungswinkel, 5.22). Je größer dieser Winkel ist, desto größer ist auch die kraftübertragende Reibfläche, desto kleiner ist andererseits der Schlupf. Abhängig ist der Umschlingungswinkel von den unterschiedlichen Durchmessern und von den Abständen der Riemenscheiben. Bei waagerecht angeordneten Riemenscheibenachsen vergrößert man daher den

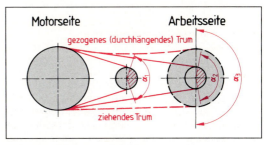

5.22 Umschlingungswinkel ($\alpha_1 < \alpha_2 < \alpha_3$)

Umschlingungswinkel zusätzlich, indem man das (durchhängende) gezogene Trum nach oben legt.

Auswahl und Anordnung der Riemenscheibendurchmesser beider Wellen richten sich nach der gewünschten Schnittgeschwindigkeit. Was ist Schnittgeschwindigkeit? Wie kann man sie messen?

Geschwindigkeit. Vom Mofa, Moped und Auto her kennen wir alle den Tachometer, der die Fahrgeschwindigkeit anzeigt. Wenn wir den Geschwindigkeitsmesser kontrollieren wollen, müssen wir eine genau abgemessene Strecke durchfahren und die Zeit stoppen.

Beispiel In 1 min werden 1000 m zurückgelegt = 1 km
in 60 min werden 60 · 1000 m zurückgelegt
= 60 km
Fahrgeschwindigkeit also 60 km/h

Am Anfang und Ende dieser „Geschwindigkeitskontrolle" stand das Fahrzeug. Also kann die Fahrgeschwindigkeit nicht ständig 60 km/h betragen haben. Nach dem Start muss das Fahrzeug erst beschleunigt und vor dem Ziel wieder gebremst werden. Zeichnen wir den Fahrtverlauf auf, ergibt sich das Bild **5.23.** Daraus folgt:

– Die berechnete Geschwindigkeit von 60 km/h ist die Durchschnittsgeschwindigkeit.
– Die Geschwindigkeit lässt sich nur genau berechnen, wenn sie gleichförmig verläuft.

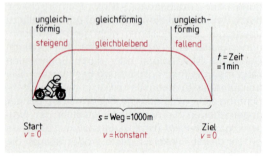

5.23 Geschwindigkeitstest

Die Formel dafür lautet:

$$\text{Geschwindigkeit} = \frac{\text{Weg}}{\text{Zeit}}$$

$$v = \frac{s}{t} \text{ in km/h, m/min oder m/s}$$

Beim Dickenhobeln wird das Brett geradlinig durch die Maschine vorgeschoben, während sich die Hobelmesser kreisförmig bewegen (Messerflugkreis). Auch die Handkreissäge wird geradlinig an das Werkstück herangeschoben, während die Schneiden eine Kreisbewegung machen. Diese

Regel gilt für die meisten Holzbearbeitungsmaschinen:

Vorschubbewegung – Vorschubgeschwindigkeit – geradlinig

Schneidebewegung – Umfangs- oder Schnittgeschwindigkeit – kreisförmig

Die Vorschubgeschwindigkeit V_v berechnet man nach der Grundformel in m je min.

Vorschubgeschwindigkeit

$$V_v = \frac{s}{t} \text{ in m/min}$$

Die Schnitt- oder Umfangsgeschwindigkeit der Werkzeugschneiden wird ebenfalls nach der Grundformel berechnet. Wie groß ist dabei der Weg? Nach Bild **5.24** liegt die Schneidenspitze auf dem Messer- oder Schneidenflugkreis. Macht die Hobelmesserwelle eine Umdrehung, hat sie den Umfang des Messerflugkreises zurückgelegt ($s = d \cdot \pi$). Tatsächlich macht die Welle aber in einer Minute nicht nur *eine* Umdrehung, sondern (beim Direktantrieb) so viel wie die Umdrehungszahl n des Motors, die auf dem Leistungsschild in 1/min angegeben ist. So bekommen wir die Formel $s = d \cdot \pi \cdot n$. In der maschinellen Holzbearbeitung gibt man die Schnitt-/Umfangsgeschwindigkeit nicht wie bei der Metallbearbeitung in m je min, sondern in m je s an. Darum müssen wir das Produkt unserer Formel durch 60 dividieren und erhalten so die vollständige Formel für Holzbearbeitungsmaschinen:

Schnitt-/Umfangsgeschwindigkeit

$$V_s = \frac{d \cdot \pi \cdot n}{60} \text{ in m/s} \quad \textbf{Faustformel: } V_s \approx \frac{r \cdot n}{1000}$$

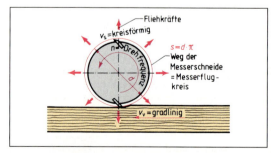

5.24 Schnitt-/Umfangsgeschwindigkeit (v_s) und Vorschubgeschwindigkeit (v_v)

Fliehkräfte. Fährt man zu schnell in eine Kurve, treiben die Fliehkräfte das Fahrzeug nach außen. Auch bei der kreisförmigen Bewegung der Maschinenwerkzeuge wirken die Fliehkräfte radial nach außen, wie Bild **5.24** zeigt. Abhängig sind die Fliehkräfte von der Werkzeugdrehzahl, der Werkzeugmasse und dem Durchmesser des Werkzeugs oder Werkzeugträgers. Je höher diese Werte liegen, desto stärker wirken die Fliehkräfte. Sie belasten vor allem die Schneiden und den Werkzeugträger (Welle). Die nach allen Seiten wirkenden Fliehkräfte müssen gleich groß sein, sonst ist das Werkzeug unwuchtig. Dies ist beim Schärfen und Einbau der Werkzeuge auf den Werkzeugträger zu beachten.

Übersetzungsverhältnis. Betrachten wir die Umdrehungen der beiden Riemenscheiben in Bild **5.25** genau, stellen wir fest, dass sich die Scheibe

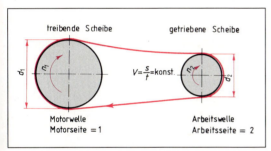

5.25 Übersetzungsverhältnis $d_1 > d_2$ $n_1 < n_2$

mit kleinerem Durchmesser häufiger um ihre Achse dreht als die Scheibe mit größerem Durchmesser. Sie hat einen kleineren Umfang und legt darum bei einer Umdrehung einen kleineren Weg zurück als die große Scheibe. Folglich muss sie sich häufiger drehen. Da die Zahl π konstant ist, hängt die Umdrehungszahl nur vom Durchmesser der Riemenscheibe ab. Nach Bild **5.25** ergibt sich daraus die Beziehung

$$v_1 = \frac{d_1 \cdot \pi \cdot n_1}{60} \quad ; \quad v_2 = \frac{d_2 \cdot \pi \cdot n_2}{60}$$

$$v_1 = v_2 = v \quad \text{daher}$$

$$\frac{d_1 \cdot \pi \cdot n_1}{60} \quad ; \quad = \frac{d_2 \cdot \pi \cdot n_2}{60} \quad ; \quad \frac{\pi}{60}$$

$$d_1 \cdot n_1 = d_2 \cdot n_2 \quad \text{oder} \quad \frac{n_1}{n_2} = \frac{d_2}{d_1}$$

Die Durchmesser verhalten sich also umgekehrt wie die Drehzahlen. Setzt man die Drehzahlen beider Scheiben ins Verhältnis ergibt sich das Übersetzungsverhältnis i.

$$\text{Übersetzungsverhältnis } i = \frac{n_1}{n_2} \quad \text{oder } i = \frac{d_2}{d_1}$$

Riemenantriebe sind eine Gefahrenquelle, besonders für den Lernenden. Deshalb prägen wir uns diese Regeln ein:

Unfallverhütung

– Riemenantriebe möglichst verkleiden, Verkleidungen nicht entfernen!
– Riemen nur im Stillstand auflegen oder abnehmen!
– Riemen ausreichend spannen, Laufflächen sauber halten!

5.2.2 Schnittbewegung und Schnittgüte

Schnittbewegung. Bei der maschinellen Holzbearbeitung wird der Werkstoff im Gleichlauf oder Gegenlauf zerspant (**5.26**). Die Maschinenwerkzeu-

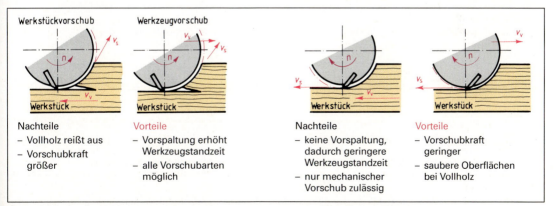

Nachteile	Vorteile	Nachteile	Vorteile
– Vollholz reißt aus – Vorschubkraft größer	– Vorspaltung erhöht Werkzeugstandzeit – alle Vorschubarten möglich	– keine Vorspaltung, dadurch geringere Werkzeugstandzeit – nur mechanischer Vorschub zulässig	– Vorschubkraft geringer – saubere Oberflächen bei Vollholz

5.26 Schnittbewegung a) im Gegenlauf (gegen die Faser), b) im Gleichlauf (mit der Faser)

Tabelle **5.27**   Schnittrichtungen eines rotierenden Werkzeuges bei der Holzbearbeitung

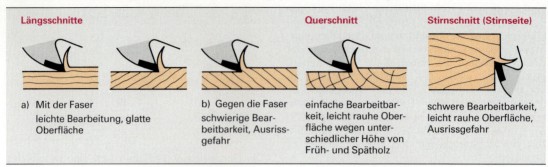

Längsschnitte		Querschnitt	Stirnschnitt (Stirnseite)
a) Mit der Faser leichte Bearbeitung, glatte Oberfläche	b) Gegen die Faser schwierige Bear- beitbarkeit, Ausriss- gefahr	einfache Bearbeitbar- keit, leicht rauhe Ober- fläche wegen unter- schiedlicher Höhe von Früh- und Spätholz	schwere Bearbeitbarkeit, leicht rauhe Oberfläche, Ausrissgefahr

ge können sich kreisförmig (rotierend), geradlinig umlaufend oder hin und her bewegen.

Beispiele   Kreissäge – kreisförmig, Bandsäge – geradlinig umlaufend, Stichsäge – geradlinig hin und her

Schnittgüte. Nach der Bearbeitung soll die Oberfläche des Werkstücks glatt und eben sein, so dass weitere Bearbeitungen überflüssig sind. Die geradlinig hin und her gehenden Werkzeuge verursachen meist gerissene Späne und darum eine rauhe, nachzubearbeitende Oberfläche. Glatter arbeiten die kreisförmigen Maschinenwerkzeuge. Die Schneidewirkung kann verbessert werden, wenn die Schneiden einseitig oder wechselseitig schräg angeordnet sind (Achswinkel, ziehender Schnitt). Durch die Erhöhung der Schnittgeschwindigkeit kann der Einfluss des Faserverlaufes vermindert und eine bessere Oberflächengüte erreicht werden (Tab. **5.**27). Um die Mulden, die durch den Messerschlag der Hobel- und Fräswerkzeuge verursacht werden, möglichst klein zu halten, kann man die Vorschubgeschwindigkeit, die

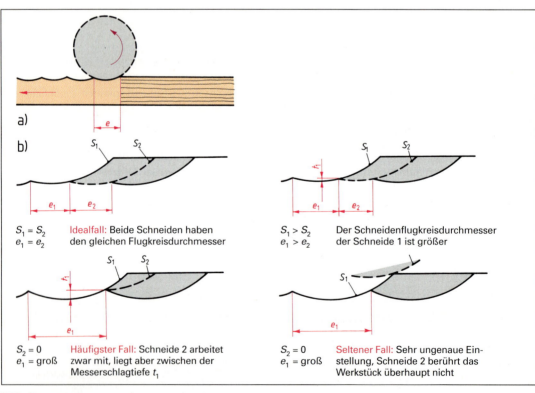

$S_1 = S_2$
$e_1 = e_2$ **Idealfall:** Beide Schneiden haben den gleichen Flugkreisdurchmesser

$S_1 > S_2$
$e_1 > e_2$ Der Schneidenflugkreisdurchmesser der Schneide 1 ist größer

$S_2 = 0$
e_1 = groß **Häufigster Fall:** Schneide 2 arbeitet zwar mit, liegt aber zwischen der Messerschlagtiefe t_1

$S_2 = 0$
e_1 = groß **Seltener Fall:** Sehr ungenaue Einstellung, Schneide 2 berührt das Werkstück überhaupt nicht

5.28   Zerspanung

a) Schema, b) unterschiedliche Messerschlagbreiten (Muldenbreiten) *e* und -tiefen *t* in Abhängigkeit von der Einstellgenauigkeit der Schneidenflugkreise (Schneiden S_1 und S_2)

Schnittgeschwindigkeit oder die Schneidenzahl verändern. Die Schneidenzahl ist durch die Bauform des Werkzeugs = Messerwelle mit 2 oder 4 Messern festgelegt. Stellt man die Vorschubgeschwindigkeit zu schnell ein, werden die Abstände der Messerschlagbögen zu groß, und die Oberfläche wird nicht glatt genug (**5.28**a). Wird sie zu langsam eingestellt, wird die Oberfläche zwar glatt, weil die Messerschlagabstände kaum noch zu erkennen sind – aber die Schneiden arbeiten zu wenig. Sie schaben teilweise nur die Oberfläche. Bei mehreren Schneiden ist es in der Praxis ohnehin schwierig, alle genau auf *einen* Messerflugkreis-Durchmesser einzustellen (**5.29**b). Maßgebend für die Einstellung sind Werkstückmaterial, geforderte Oberflächengüte sowie Schneidenmaterial und -schärfe.

5.2.3   Unfall- und Gesundheitsschutz

Nur 20 % der Unfälle bei der Holzbearbeitung werden durch Material, Transport oder Maschinen verursacht – 80 % verursacht der Mensch selbst! Besonders gefährdet sind die Hände.

Vorbeugender Unfallschutz. An kraftbewegten Maschinenteilen können böse Quetsch-, Scher-, Schneid-, Stich-, Stoß-, Fang-, Einzug- und Auflaufstellen entstehen. Die beabsichtigte oder unbeabsichtigte Berührung solcher Teile muss durch Verkleidung, Verdeckung (Bild **5.29**a), Umwehrung (**5.29**b) oder Schaltfunktionen ausgeschlossen werden. Wichtigste Aufgabe des vorbeugenden Unfallschutzes ist es daher, Maschinen, Werkzeuge, Vorrichtungen und Verkleidungen sicher, einfach in der Handhabung und aufeinander abgestimmt zu konstruieren. Die Hersteller müssen die entsprechenden Vorschriften befolgen – aber auch der Tischler, Holzmechaniker und Fensterbauer die Unfallverhütungsvorschriften bei Maschinenarbeiten kennen und strikt befolgen!

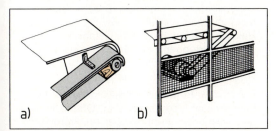

5.29   Schutzeinrichtungen an Holzbearbeitungsmaschinen
   a) Verdeckung eines Riemens,
   b) Umwehrung eines Riemenantriebs

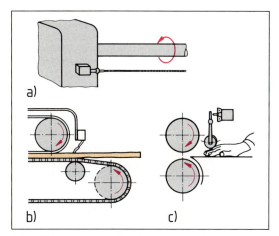

5.30   Sicherung an Holzbearbeitungsmaschinen
   a) Gefahrenschalter bei mechanischem Vorschub
     (z. B. am Doppelendprofiler)
   b) Tastschalter bei mechanischem Vorschub (z. B. an
     der Breitbandschleifmaschine)
   c) Kontaktleiste (z. B. an der Vierseitenhobelmaschine)

Dazu gehört, dass die Schalter (Sicherungsmöglichkeiten) abschalten bzw. abschaltbar sind, bevor die Gefahrenstelle erreicht wird (**5.30**). Schutz- und Arbeitsvorrichtungen müssen übersichtlich und rasch greifbar unmittelbar neben den Maschinen angeordnet werden. Nach Gebrauch werden sie sofort wieder an den vorgesehenen Platz gelegt (Umrisse markieren, **5.31**).

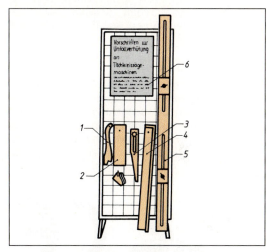

5.31   Vorrichtungseinheit für Schutz- und Arbeitseinrichtungen (z. B. Tischkreissäge)
   1 Schiebestock
   2 Schiebeholz für schmale Leisten
   3 Abweisleiste für kleine abgeschnittene Stücke
   4 Hilfsanschlag für schmale Werkstücke
   5 Anschlag für Einsetzschnitte
   6 Informationsplakat der Berufsgenossenschaft

Aber nicht nur durch Unfallgefahren der Maschinen wird der Mensch bedroht. Die zunehmende Automatisierung unseres Lebens, der wachsende Straßenverkehr – aber auch die übermäßig laute Unterhaltungsmusik in Diskotheken verursachen unerträglichen Lärm.

„Berufskrankheit Lärm" (s. a. Abschn. 10.2.4). Wer jahrelang täglich mehrere Stunden Lautstärken über 85 dB ertragen muss, hat mit unheilbaren Gehörschäden, ja Taubheit zu rechnen. Dieser Geräuschpegel wird von Holzbearbeitungsmaschinen in der Regel weit überschritten. Die Unfallverhütungsvorschrift „Lärm" legt daher für alle Unternehmen verbindliche Richtlinien fest. Danach hat der Unternehmer alle Lärmbereiche zu ermitteln und zu kennzeichnen, in denen der Geräuschpegel 90 dB oder mehr beträgt. Er muss den dort Beschäftigten persönliche Schallschutzmittel (Gehörschutzstöpsel oder -kapsel) zur Verfügung stellen, die jeder Mitarbeiter benutzen *muss*. Außerdem dürfen in Lärmbereichen nur Personen beschäftigt werden, die durch Vorsorgeuntersuchungen überwacht werden und gegen deren Tätigkeit keine ärztlichen Bedenken bestehen.

Die Zunahme der maschinellen Holzbearbeitung erhöhte auch die Staub- und Späneentwicklung und führte zu immer aufwendigeren Absauganlagen. Von Holzstaub und Holzspänen am Arbeitsplatz gehen verschiedene Gefahren aus (s. Abschn. 11).

Um die Gesundheit der Mitarbeiter im Betrieb zu erhalten, wurden Grenzwerte der Staubkonzentration in der Atemluft am Arbeitsplatz (MAK-Werte für verschiedene Stoffe) festgelegt, die im Jahresmittel nach dem heutigen Stand der Technik nicht überschritten werden dürfen. Außerdem gibt es Grenzwerte für den Reststaubgehalt der zurückgeführten Reinluft bzw. bei der Abluft ins Freie, von Absauganlagen (s. Abschn. 11). Diese Grenzwerte werden immer wieder überprüft und dann gegebenenfalls dem neuesten Stand angepasst. Neugeplante Absauganlagen sollten deshalb so ausgelegt werden, dass sie diese Grenzwerte möglichst weit unterschreiten, um auch dann noch dem Stand der Technik zu entsprechen, wenn diese Werte abgesenkt oder sich durch zusätzlich angeschlossene Maschinen der Reststaubgehalt geringfügig erhöht. Die Holzbearbeitungsbetriebe werden regelmäßig beraten und kontrolliert durch den Technischen Aufsichtsdienst der Holz-Berufsgenossenschaft und durch die örtlichen Gewerbeaufsichtsämter.

Grundsätze des vorbeugenden Unfallschutzes

– Die Unfallverhütungsvorschriften der Holz-Berufsgenossenschaft (Plakate) sind unmittelbar neben den jeweiligen Maschinen auszuhängen.

– Die Anleitung zur Ersten Hilfe sollte zentral ausgehängt werden.

– Der Unternehmer hat die Versicherten über die Vorschriften zu unterrichten, sie einzuweisen und die Benutzung der Schutzvorrichtungen zu veranlassen. Er muss die Betriebseinrichtung (Maschinen und Werkzeuge) auf dem Stand der Technik (Vorschriften) einrichten und erhalten.

Die Kennzeichnung geprüfter Maschinen mit GS-Zeichen (1) (geprüfte Sicherheit) bzw. CE-Zeichen (2) (auf europäischer Ebene) (5.32).

– Der Arbeitnehmer hat die Unfallverhütungsvorschriften und die Anweisungen des Unternehmers zu befolgen und damit für seine und seiner Kollegen Sicherheit zu sorgen.

– Die Feuer- und Brandschutzvorschriften sind zu beachten.

– Das Rauchverbot ist strikt einzuhalten, Alkoholgenuss zu unterlassen.

– Vorgeschrieben sind persönliche Schutzausrüstungen wie eng anliegende Arbeitskleidung, Schutzbrille bei Gefahr von Augenschädigungen, Gehörschutz im Lärmschutzbereich sowie Handschuhe beim Umgang mit ätzenden Stoffen.

– **Erste Hilfe:** In jedem Betrieb muss ein Verbandskasten vorhanden sein. Offene Wunden verbinden. Fremdkörper nur vom Arzt entfernen lassen. Bei stumpfen Bauchverletzungen sofort den Arzt rufen.

5.32 a) GS-Zeichen, b) CE-Zeichen

Unfallschutz an Maschinen

- Maschinen und Geräte dürfen nur von Befugten benutzt werden. *Jugendliche* unter 16 Jahren dürfen nach dem Jugendarbeitsschutzgesetz nicht an Maschinen beschäftigt werden. Jugendliche über 15 Jahren dürfen an einer Maschine arbeiten, wenn die Tätigkeit zur Erreichung des Ausbildungsziels erforderlich ist und unter Aufsicht eines fachkundigen Mitarbeiters geschieht.
- Werkstücke müssen sicher aufliegen und geführt werden oder fest eingespannt sein!

- Die vom Hersteller angegebene Drehzahl darf nicht überschritten werden!
- Vor dem Beseitigen von Störungen, vor Wartungs- und Reinigungsarbeiten grundsätzlich Maschine stillsetzen und gegen unbefugtes Einschalten sichern!
- Umgang mit Druckluft: Größere Druckbehälter alle 4 Jahre durch den TÜV kontrollieren lassen, Behälter gegen unbeabsichtigtes Auslösen der Spannvorrichtungen sichern, keine Kleidung am Körper ausblasen.

5.2.4 Sägemaschinen

Die modernen Tischlereien und Industriebetriebe arbeiten mit Säge-, Hobel-, Fräs-, Schleif-, Bohr- und Sondermaschinen. Aufbau und Wirkungsweise dieser Maschinen müssen Sie kennen, um die Maschinen richtig einzusetzen.

Arten. In holzbearbeitenden Betrieben gibt es je nach Verwendungszweck sehr verschiedene Sägemaschinen. Ein Teil gehört zur Grundausstattung jedes Betriebs, andere sind auf ganz bestimmte Arbeiten spezialisiert.

Grundausstattung

Tischband-, Tischkreissägemaschine
Kapp-, Stichsägemaschine
Handkreissägemaschine
Schattenfugensägemaschine

Spezialausstattung

Besäumkreissägemaschine
Vielblattkreissägemaschine
Doppelabkürz-Kreissägemaschine
Zapfenschneid- und Schlitzmaschine
Plattenformat-Kreissägemaschine
Pendelkreissägemaschine
Füge-Feinschnittmaschine

5.2.4.1 Tischbandsägemaschine

Die Tischbandsägemaschine gibt es in ortsfester und fahrbarer Ausführung. Sie dient zum Zuschneiden, Ablängen, Besäumen, Auftrennen, Schlitzen und Schweifen.

Aufbau. Der Ständer trägt den gusseisernen Tisch, die Sägerollen, den Motor und die Schutzvorrichtungen (5.33). Der Sägetisch ist bei einigen Ausführungen bis 45° abschwenkbar. Er hat einen verstellbaren Anschlagwinkel, manchmal auch eine Schwalbenschwanzführung für das Gehrungslineal.

Die Laufrollen sind ausgewuchtet und haben 300 bis 1000 mm Durchmesser. Ihr Umfang ist mit einer Bandage aus Gummi oder Kork versehen, um die Sägezähne zu schonen und die Reibung zu

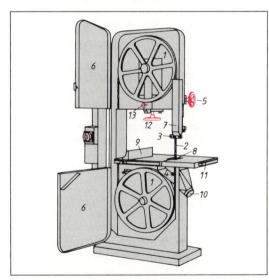

5.33 Tischbandsägemaschine

1 Bandsägerollen
2 abwärtslaufender Teil des Sägeblattes
3 obere Sägeblattführung
4 untere Sägeblattführung
5 Verstellung der oberen Sägeblattführung
6 Verkleidung der Bandsägerollen
7 verstellbare Verdeckung des Sägeblattes
8 Tischeinlage
9 Parallelanschlag
10 Absaugstutzen
11 Befestigungsschiene für Tischvergrößerung
12 Spannvorrichtung für das Bandsägeblatt
13 Neigungsverstellung der oberen Bandsägerolle

erhöhen. Das Sägeblatt läuft in einem mit einer Einlage (Holz, Kunststoff, Aluminium) ausgekleideten Schlitz des Sägetisches.

Obere und untere Bandsägenrollen-Verkleidung müssen so ausgeführt sein, dass die Bandsägenrollen bei Stillstand der Maschine kontrolliert und gereinigt werden können.

Arbeitsweise. Angetrieben wird die Tischbandsäge direkt oder indirekt über Keilriemen auf der unteren, fest gelagerten Sägerolle. Die obere Rolle ist beweglich und elastisch gelagert, damit sich die Blattspannung mit einem Handrad regulieren lässt und Stöße aufgefangen werden. Die Bandgeschwindigkeit liegt zwischen 19 und 29 m/s. Die leicht ballige Form und das Material der Sägerollenbandage sichern einen ruhigen Lauf und ein selbsttätiges Ausrichten des laufenden Sägeblatts zur Bandagenmitte hin. Die geschränkten Sägezähne liegen frei auf der Bandage. Über und unter dem Sägetisch wird das Sägeblatt geführt. Im Tisch sind Hartholzplättchen eingesetzt, die obere Führung ist wegen der unterschiedlichen Schnitthöhen verstellbar. Sie soll immer knapp über dem Werkstück sitzen. Dazu gibt es verschiedene Ausführungen. Sie haben eine rückwärtige und zwei seitliche Führungsrollen (5.34). Die rückwärtige Rolle (am Sägeblattrücken) läuft nur beim Sägen mit. Die seitlichen Rollen dürfen die Sägezähne auch beim Sägen nicht berühren. Durch die große Masse der beiden Bandsägenrollen dauert es etwas länger, bis das Bandsägeblatt nach dem Einschalten die Bemessungsdrehzahl erreicht.

Das Bandsägeblatt aus unlegiertem Werkzeugstahl (WS) richtet sich in den Abmessungen nach dem Rollendurchmesser und der Sägeaufgabe. Die Blattdicke soll $^1/_{1000}$ des Rollendurchmessers

nicht überschreiten, sonst besteht Bruchgefahr. Löt- oder Schweißstellen (Verbindungsstellen) sind Schwachstellen! Sie müssen sauber gearbeitet und dürfen kaum sichtbar sein. Die Zahnform hängt vom Werkstoff ab und ist meist auf Stoß geschärft. Der Zahngrund muss rund geschliffen sein, damit das Sägeblatt nicht einreißt und die Späne besser transportiert werden. Wegen der Laufruhe dürfen die Sägeblätter nicht schlagen und werden daher maschinell geschärft und geschränkt. Die Schränkweite beträgt in der Regel das Eineinhalbfache der Blattdicke. Für feuchtes, weiches Holz wählt man eine größere Schränkweite als für hartes und trockenes.

Für Schweifarbeiten verwendet man ein schmales, gut geschränktes und geschärftes Sägeblatt (**5.35**). Seine Breite wird vom kleinsten Krümmungsradius des vorgesehenen Schnittverlaufs bestimmt. Die obere Blattführung stellen wir so tief herab, wie es die Werkstückdicke zulässt. Beim Zurückziehen in der Schnittfuge besteht die Gefahr, dass das Bandsägeblatt abspringt und reißt. Einschnitte quer zur Schweifung erleichtern die Arbeit und verringern die Unfallgefahr.

Beim Auftrennen am Anschlag nehmen wir ein breites Sägeblatt. Den Parallelanschlag richten wir nach dem Sägeblatt aus. Zum sicheren Führen schmaler Werkstücke dient ein Zuführholz, zum sicheren Verschieben ein Schiebestock.

Unfallverhütung. Das Sägeblatt von Tischbandsägen ist bis auf die größtmögliche Schnitthöhe verkleidet und darf beim Reißen nicht herausschlagen. Bis auf den Schneidbereich muss es innerhalb der größtmöglichen Schnitthöhe verdeckt sein. Die Verdeckung reicht über die Zahnung und die äußere Blattseite und ist höhenverstellbar. Bei Bandsä-

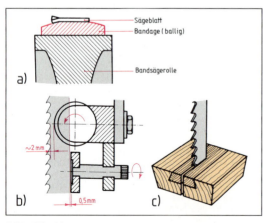

5.34   Sägeblatt
a) Bandage, b) obere Sägeblattführung, c) Hartholzplättchen im Tisch eingelassen

5.35   Arbeiten an der Bandsägemaschine

gemaschinen mit einem Rollendurchmesser über 315 mm ist die obere Blattführung mechanisch zu verstellen. Vorgeschrieben sind Bremseinrichtungen, die das Sägeblatt innerhalb von 10 Sekunden zum Stillstand bringen.

Arbeitsregeln und Unfallverhütung

- Sägeblatt bis auf den Schneidbereich verdecken.
- Rundhölzer drehsicher einspannen.
- Finger beim Sägen stets seitlich vom Sägeblatt halten!
- Kurze Werkstücke mit dem Schiebestock vorschieben, beim Hochkantschneiden mit der Winkelstütze arbeiten!
- Späne und Holzsplitter absaugen.
- Bei längerer Arbeitspause (Wochenende) Sägeblatt entspannen und entsprechend kennzeichnen.

Andere Bandsägearten sind die ebenso aufgebauten, aber schwereren und größeren Trennband- und Blockbandsägemaschinen. Sie sind mit breiten Spezialsägeblättern bestückt.

5.2.4.2 Tischkreissägemaschine

Die Tischkreissäge ist eine der wichtigsten und leider auch unfallreichsten Maschinen in der Tischlerei. Jeder holzbearbeitende Betrieb braucht sie als Universalmaschine für alle vorkommenden Sägearbeiten wie Quer-, Längs- und Formatschnitte, zum Besäumen, Zuschneiden, Ablängen. Mit der Tischkreissägemaschine können wir auch Nuten, Fälzen, Schlitz und Zapfen herstellen.

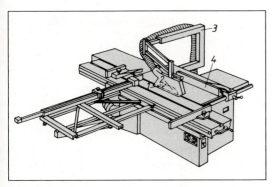

5.36 Tischkreissägemaschine
  1 Spaltkeil
  2 Schutzhaube mit Absauganschluss
  3 Schutzhaubenträger
  4 Parallelanschlag

Tischkreissägemaschine

Typisch für die Tischkreissäge ist der über dem Maschinenständer angeordnete allseitig geschlossene Maschinentisch mit der Austrittsöffnung für das Sägeblatt in der Mitte. Da das Werkstück beim Bearbeiten über den Tisch bewegt wird, ist bei großen Formaten oft keine sichere Auflage gewährleistet, Besäumschnitte erfordern besondere Führungsvorrichtungen. An den kastenförmigen Maschinenständer lässt sich seitlich ein Rolltisch anbringen, der die Auflagefläche vergrößert.

Formatkreissäge

In holzverarbeitenden Betrieben hat sich heute als Grundausstattung die Formatkreissäge wegen ihrer Vielseitigkeit, Eignung für Besäumschnitte sowie hohen Präzision bei Format- und Parallelschnitten weitgehend durchgesetzt.

Aufbau. Charakteristisch ist der neben dem Maschinentisch geführte Doppelrollwagen, auf dem das Werkstück während der Bearbeitung fest aufliegt. Die Antriebsaggregate und die Mechanik zur Höhen- und Schrägverstellung sind staubgeschützt im Maschinenständer angebracht. Seitenanschlag, Höhen- und Schrägverstellung sind heute weitgehend motorgetrieben. Die Bedienelemente sind in einem drehbaren Schaltkasten oberhalb der Arbeitsfläche übersichtlich und gut erreichbar angeordnet. Digitale Anzeigen ermöglichen hohe Präzision und Zeitersparnis. Für Parallelschnitte und zum Besäumen liegt das Werkstück fest auf dem Zuschneidewagen (Doppelrollwagen mit Aluprofilen), für Querschnitte auf einem Querschlitten, der am Rollwagen eingehängt und durch einen Teleskoparm abgestützt wird. Mit ausziehbaren Längenanschlägen bis 3200 mm sind auch großformatige Platten millimetergenau und sauber zuzuschneiden. Mit Hilfe eines Gehrungsanschlages kann man Gehrungsschnitte auf dem Querschlitten ausführen. Rechts vom Sägeblatt befindet sich der Parallelanschlag. Das gewünschte Maß für

5.37 Formatkreissägemaschine

den Breitenzuschnitt wird auf einer Tastatur eingegeben, nach Knopfdruck wird der Anschlag automatisch positioniert. Für Schrägschnitte und große Platten nimmt man den Anschlag ab. Für beschichtete Platten kann ein Vorritzaggregat eingebaut werden, das ein ausrissfreies Schneiden an der Unterseite beidseitig beschichteter Platten ermöglicht. Das Material wird vom Vorritzer nur ca. 2 mm eingeschnitten und dann vom Hauptblatt durchtrennt. Hauptblatt und Blatt des Vorritzers müssen dabei in genauer Flucht liegen.

Zur Kraftübertragung vom Motor zur Sägewelle dient ein Keilriemen. Durch manuelles Umlegen des Riemens oder Polumschaltung des Motors lässt sich die gewünschte Drehfrequenz einstellen (Berücksichtigung von Materialart und Sägeblatt).

Zur sicherheitstechnischen Grundausstattung jeder Tischkreissägemaschine gehören

– ein Spaltkeil, gegen Kippen gesichert, senkrecht und waagerecht verstellbar (**5.38**). Er verhindert, dass das Werkstück verklemmt und zurückschlägt.
– die Schutzhaube, getrennt vom Spaltkeil befestigt (**5.40**), als Sicherung gegen Berühren des Sägeblatts und gegen herausfliegende Späne.
– das bis auf die Schnittstelle oben und unten vollständig verkleidete Sägeblatt.
– Absaugung von Spänen und Staub am Sägeblatt von oben und unten.
– Beträgt der Abstand zum Anschlag weniger als 12 cm, benutzen wir den Schiebestock zum Vorschieben. Eine Abweisleiste verhindert, dass kurze Werkstücke zurückschlagen. Für die sichere Führung sorgen Anschlag, Keilschneideloch und Besäumbrett.

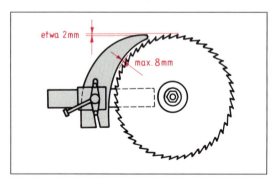

5.38 Spaltkeil

Tabelle **5.39a** Schnittgeschwindigkeit (Richtwerte)

Stahlsägeblätter (HSS)	60 m/s
Verbundsägeblätter (HM-bestückt)	
Längsschnitt, Vollholz	80 bis 90 m/s
Querschnitt, Vollholz	70 bis 80 m/s
Span- und Sperrholzplatten	70 bis 80 m/s
Kunststoffbeschichtete Platten	70 m/s
Kunst- und Schichtstoffplatten	70 bis 80 m/s
Nichteisenmetalle (AL)	20 bis 50 m/s

Tabelle **5.39b** Verbundkreissägeblätter

Schneidplattenformen	Verwendung und Ausführungsbeispiele
FZ = Flachzahn	Längs- und Querschnitte in Vollholz, Platten
WZ = Wechselzahn	Trenn- und Formatschnitte in Vollholz, Pressschichthölzer
HZ = Hohlzahn	Trenn- und Formatschnitte in Platten mit und ohne Belag
TZ = Trapezzahn	Trennschnitte in Platten mit Belag, Kunststoffprofile
ES = einseitig spitz	Trenn- und Formatschnitte in Vollholz, quer zur Faser

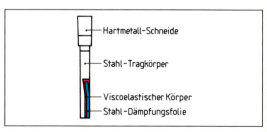

5.39c Antischall-Sägeblatt

Sägeblatt. Die Wahl des Sägeblatts richtet sich nach dem Werkstoff, der Schnittgeschwindigkeit und der Schnittgüte. Heutige Maschinen erlauben Blattdurchmesser bis zu 450 mm bei einem Bohrungsdurchmesser von 30 mm. Auch die Sägezahnform wird vom Werkstoff bestimmt. Man unterscheidet Tragkörper (Grundkörper) und das Schneidenmaterial. Sägeblätter aus *einem* Material bestehen aus legiertem und unlegiertem Werkzeugstahl ("Einteilige Werkzeuge", SP, HLS). Bei "Verbundwerkzeugen" setzt man mit Hartmetall (HM) oder polykristallinem Diamant (PKD) bestückte Sägeblätter ein.

Hartmetallbestückte (HM-)Zahnformen können für fast alle Werkstoffe eingesetzt werden. Sie haben eine erheblich höhere Standzeit als Blätter aus Werkzeugstahl und gleichen dadurch die höheren Anschaffungskosten wieder aus. Bis 4 mm Schnittbreite eignen sie sich für alle Vorschubarten. Die verschieden angeschliffenen Schneideplättchen können auf den Tragkörper des Sägeblatts aufgeklebt oder aufgelötet sein. Sie verjüngen sich zur Sägeblattmitte hin und sind immer breiter als die Sägeblattdicke. Deshalb müssen die Sägezähne nicht geschränkt werden. Als Zahnform dient der Wolfszahn. Das Antischall-Hartmetall-Kreissägeblatt reduziert den Lärm um ca. 10 dB. Dies wird erreicht durch eine einseitig in den Stahlgrundkörper des Sägeblattes versenkte viskoelast. Schicht abgedeckt mit einer Stahldämpfungsfolie (**5.39c**).

Arbeitsregeln

– Nur scharfe und gleichmäßig geschränkte Sägeblätter verwenden! Sägeblätter sorgfältig und nicht zu fest aufspannen.
– Spaltkeil auf das richtige Maß einstellen (maximal 8 mm Abstand zum Sägekranz).
– Schutzhaube entsprechend der Werkstückdicke einstellen (**5.40**).

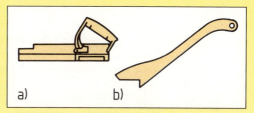

5.41   Schiebehandgriff (a) und Schiebestock (b)

5.40   Schutzhaube

– Schnitthöhe so einstellen, dass der Zahnkranz das Werkstück maximal 10 mm überragt. Günstigste Schnittgeschwindigkeit 70 bis 80 m/s, bei HM 100 m/s.
– Arbeitsstellung einnehmen, Körper außerhalb des Gefahrenbereichs. Für kurze und schmale Werkstücke Schiebestock benutzen (**5.41b**).
– Für Verdecktschnitte Spanhaube entfernen, Spaltkeil ≈ 2 mm unter der höchsten Sägezahnspitze festmachen.
– Abweisleiste für schmale Werkstücke auf dem Tisch befestigen.

– **Zum Besäumen und Auftrennen** Längsschnitt-Kreissägeblatt verwenden. Das Besäumbrett so auf den Maschinentisch auflegen, dass es sicher in der Führungsnut geführt wird (**5.42a**). Unebene Werkstücke mit hohler Seite nach unten auf das Besäumbrett legen und durch Vorschieben sicher in der vorderen Haltevorrichtung befestigen (Niederhalter, Stahlspitzen). Die Hände liegen flach auf dem Werkstück, Finger geschlossen, Daumen anliegend. Der rechte Handballen übt den Vorschubdruck aus. Hände in Werkzeugnähe außerhalb der Schneideebene auflegen.
– **Zum Querschneiden kurzer Werkstücke** ein feinzahniges Kreissägeblatt verwenden. Parallelanschlag oder Hilfsanschlag so einstellen, dass das Werkstück nur bis zum Beginn des Schnitts anliegt. Werkstück nur mit einem Querschieber oder Queranschlag zuführen (**5.42b**). Der aufsteigende Teil des Zahnkranzes muss durch eine Abweisleiste gesichert sein.

Arbeitsregeln, Fortsetzung

a)

b)

c)

5.42   Arbeiten an der Tischkreissägemaschine

a) Längsschneiden – Besäumen

Den Besäumniederhalter auf dem Schiebetisch einsetzen und festklemmen. Das Werkstück ausrichten und unter den Besäumniederhalter schieben. Beim Vorschieben, die Hände liegen mit geschlossenen Fingern flach auf dem Werkstück, das Werkstück gegen den Niederhalter drücken.

b) Querschneiden – Herstellen kurzer Werkstücke

Den Parallelanschlag oder Hilfsanschlag so weit zurückziehen, dass sich das hintere Ende vor dem Zahnkranz des Kreissägeblattes befindet – vermeidet ein Verkanten des Werkstückes. Eine Abweisleiste anbringen und die Werkstücke mit dem Schiebestock aus dem Gefahrenbereich entfernen.

c) Verdecktschneiden – Nuten, Fälzen, Absetzen

Auch beim Verdecktschneiden den Spaltkeil benützen – Maßeinstellung im Stillstand vornehmen.

Unfallverhütung

Spaltkeil. Der gegen Kippen gesicherte, zwangsgeführte Spaltkeil muss senkrecht und waagerecht verstellbar sein. Maximalabstand zum Sägeblattzahnkranz 8 mm. Spaltkeilspitze nicht höher als die Zahnspitze des obersten Sägezahns – etwa 2 mm darunter und nie tiefer als die Zahngrundhöhe des obersten Sägezahns einstellen. Der Spaltkeil soll dicker als das Sägeblatt, aber dünner als die Schnittfuge sein.

Schutzhaube getrennt vom Spaltkeil befestigen. Dies gilt für alle Maschinen, auf denen Sägeblätter von mehr als 250 mm Durchmesser verwendet werden können (ab Baujahr 1980).

Durchtrittsöffnung für das Sägeblatt im Tisch so schmal wie möglich halten – beiderseits des Werkzeugs nicht mehr als 3 mm! Die den Werkzeugschneiden zugewandten Seiten der Öffnung müssen aus einem leicht zerspanbaren Werkstoff bestehen und auswechselbar sein.

Das Sägeblatt muss unter dem Tisch vollständig verkleidet sein.

– Begrenzung der Auslaufzeit des Sägeblattes auf max. 10 Sekunden.

Der Parallelanschlag muss so eingestellt werden können, dass sein hinteres Ende zwischen den vorderen Sägeblattzähnen und der Sägeblattmitte liegt. Er muss außerdem so gestaltet sein, dass er als niederer Anschlag auch bei schmalen Leistenzuschnitten die obere Sägeblatt-Schutzhaube nicht beeinträchtigt (ab Baujahr 1980). Bei schrägstellbarem Maschinentisch muss er beidseitig vom Sägeblatt verwendbar sein.

Wartung und Pflege. Stumpfe Werkzeuge erfordern erheblich mehr Antriebskraft, haben eine größere Rückschlagskraft und sind deshalb gefährlicher als scharfe Werkzeuge. Kreissägeblätter müssen darum regelmäßig geschärft und geschränkt werden. Bei den hohen Geschwindigkeiten ergeben sich starke Fliehkräfte. Schon eine kleine Unwucht kann das Sägeblatt zerspringen lassen. Darum muss es *maschinell* mit dem Schärfautomat geschärft werden (**5**.43). Dazu gibt es speziell eingerichtete Schärfereien. Als Richtwert für die Schränkweite gelten $1/_3$ Blattdicke oder $1/_{1000}$ Blattdurchmesser. Hinterschliffene Sägeblätter werden nicht geschränkt.

5.43 Schärfen eines hartmetallbestückten Sägeblatts

Überhitzung. Beim Lauf erhitzen sich die Sägeblätter (besonders stumpfe) durch die Reibung. Überhitzungen erkennen wir am ruhenden Sägeblatt durch kreisrunde Brandflecken oder Beulen. Bei örtlicher Überhitzung dehnen sich die Blattzonen unterschiedlich stark aus, das Sägeblatt verliert seine Spannung, wird wellig und flattert beim Sägen. Bei der Arbeit mit solchen Sägeblättern können lebensgefährliche Risse entstehen. Kreissägeblätter können vom Hersteller nachgespannt oder von vornherein mit Dehnungsfugen im Zahnkranz versehen werden. Beträgt die Resthöhe oder Restdicke der HM-Schneidplatten weniger als 1 mm, sollte das Sägeblatt nicht mehr verwendet werden.

HM-bestückte Sägeblätter erfordern besondere Sorgfalt. Die aufgelöteten oder aufgeklebten Schneideplättchen können in der Fuge Haarrisse bekommen und die spröden Spitzen absplittern, wenn man das Sägeblatt beim Rüsten unvorsichtig auf den Tisch legt. Auch durch die Fliehkräfte oder einen harten Ast können sie sich lösen. Bei der Wartung werden HM-bestückte Sägeblätter zunächst durch Lösungsmittel von Harz- und Leimflecken befreit, bevor man die Zahnrücken freischleift und die Spanflächen schleift. Zum maschinellen Schleifen verwendet man z.B. Doppelbelag-Diamant-Schleifscheiben (**5**.43).

Rissige oder formveränderte Sägeblätter nicht mehr verwenden, sondern aus den Betriebsräumen entfernen!

Sägeblätter mit beschädigten HM-Schneideplättchen nicht mehr verwenden!

Kreissägeblätter nach dem Ausschalten nicht durch seitliches Gegendrücken bremsen!

5.2.4.3 Andere Kreissägemaschinen

Die Ein- und Vielblattkreissägemaschine dient zum Auftrennen von Schnittholz in Leistenmaterial (z.B. bei der Herstellung von Sperrholzmittellagen). Die Sägewelle liegt über dem Werkstück und kann bis zu 5 Sägeblätter mit Distanzscheiben aufnehmen. Der mechanische Vorschub erfolgt über eine Transportkette mit Gliederrückschlag-Sicherung wie bei der Dickenhobelmaschine. Neuere Maschinen haben eine zweite, im Tisch eingelassene Rückschlagsicherung.

Mit der Doppelabkürz-Kreissägemaschine können wir Fensterrahmen-, Schnitthölzer und Plattenwerkstoffe in einem Arbeitsgang beidseitig auf Länge oder Breite schneiden. Die Werkstücke werden auf die Auslegerarme gelegt oder gespannt und durch Verschieben der Ausleger von Hand bearbeitet. Beim Zurückfahren rücken bei einigen Ausführungen die Sägen automatisch 1 oder 2 mm zurück. Für Schrägschnitte sind sie bis 180° schwenkbar. Bei beschichteten Platten setzt man Ritzsägen ein, die beim Zurückfahren automatisch abgesenkt werden. Die Breite lässt sich auch elektrisch verstellen.

Die Zapfenschneid- und Schlitzmaschine ist eine Weiterentwicklung dieses Typs. Sie wird in der Fensterfertigung eingesetzt (**5**.44).

5.44 Zapfenschneid- und Schlitzmaschine

5.45 Plattenformat-Kreissägemaschine

Plattenformat-Kreissägemaschinen trennen in vertikaler und horizontaler Arbeitsweise großformatige Platten auf. Der handwerkliche Betrieb bevorzugt die „stehende Maschine" (5.45). Auf dem etwas nach hinten geneigten Ständer lassen sich die Platten direkt aus dem stehenden Plattenlager ziehen und auf Rollen leicht verschieben. Das Sägenaggregat sitzt auf einem oben und unten geführten, vertikal verschiebbaren Sägewagen. Es lässt sich um 90° schwenken, so dass wir auch waagerechte Schnitte ausführen können. Die Schnitttiefe geht bis 45 mm. Bei den neuesten Maschinen sind Sägeschnitte programmierbar. Die Zuschnitte erfolgen nach Programmen, die den geringsten Verschnitt ermöglichen.

Horizontal arbeitende Plattenformat-Kreissägemaschinen gibt es vorwiegend in der Industrie. Die längslaufende Säge sägt (je nach Dicke) bis zu 5 Platten übereinander in einem Durchgang. Der Auflagetisch kann zum Beschicken und Drehen der Plattenstapel mit einer Luftkissen-Einrichtung versehen werden.

Spezielle Ablängsägemaschinen gibt es für Betriebe, in denen viel Schnittholz abgelängt wird. Dazu gehören die *Pendelkreissäge* und die *Gehrungskappsäge* für Winkel- und Schrägschnitte mit obenliegender Sägewelle sowie die *Untertischkappsäge* mit untenliegender Welle. Wird die laufende Säge mechanisch (elektrisch oder pneumatisch) durch Hand- oder Fußauslösung bewegt, während das Werkstück aufliegt, sprechen wir von *kraftbetriebener Schnittausführung*. Für diese Maschinen gelten besondere Sicherheitsvorkehrungen der Holz-Berufsgenossenschaft.

Die Füge- und Feinschnittmaschine hat ein von Hand geführtes oder kraftbetriebenes Sägenaggregat. Die Werkstücke, Platten oder Furnierpakete werden fixiert und pneumatisch mit einem Spannbalken festgespannt, bevor man das untenliegende Sägeblatt auf einer Längsschiene daran entlang führt. Der Drehstrommotor (Direktantrieb) arbeitet mit einer Drehfrequenz von 9000 U/min, so dass eine saubere Schnittoberfläche entsteht, die nicht nachbearbeitet werden muss. Die Furniere lassen sich anschließend sofort fügen. Die Schnitthöhe reicht bis 45 mm. Außer den besprochenen Sägen gibt es Handmaschinen: die Handkreissäge-, die Schattenfugen- und die Stichsägemaschine.

Die Handkreissägemaschine ist handlich und leicht. Gern wird sie zum Aufteilen von Plattenwerkstoffen nach Riss verwendet. Bei Vollholz eignet sie sich besonders zum Ablängen von Bohlen und Brettern. Auf der Baustelle ist sie unentbehrlich zum Ablängen von Latten, Profilriemen und

5.46 Handkreissägemaschine

a) b)

5.47 a) Vorritzen, b) Trennen

Abdeckleisten. Bei Montagearbeiten kann man sie mit einem Zusatzgerät in eine ortsfeste kleine Tischkreissägemaschine umrüsten und damit Winkel- und Schrägschnitt durchführen. Das Sägeblatt lässt sich bei einigen Typen bis zu 60° schrägstellen (**5.46**), die Schnitttiefe mit einem Tiefenschlag von 0 bis 80 mm einstellen. Schutzhauben verhindern unbeabsichtigtes Berühren der Sägeblattzähne. Nach dem Schnitt kann die Maschine sofort abgelegt werden. Der Spaltkeil sitzt verdeckt hinter der Schutzhaube (maximal 5 mm hinter dem Sägekranz) und ist für Einsatzschnitte abschraubbar.

Für beschichtete Plattenmaterialien wird die Maschine auf einer Führungsschiene, entgegen der üblichen Sägerichtung *gezogen* und vorgeritzt, anschließend nach Einstellung der Schnitttiefe wieder *geschoben* (**5.47** a, b).

Mit der Schattenfugensägemaschine lassen sich eingebaute Wand- oder Deckenverkleidungen parallel zur Wand bzw. Decke absägen (**5.48**).

Die Stichsägemaschine hat ein hin und her gehendes Sägeblatt. Sie dient zum Aussägen von Ausschnitten in verschiedenen Formen (**5.49**): Mit ent-

> **Arbeitsregeln**
>
> – Immer darauf achten, dass unter dem Werkstück noch genügend Luft ist.
> – Bei Ablängschnitten das Werkstück so unterlegen, dass das Sägeblatt nicht festklemmt.
> – Möglichst stets am Anschlag sägen. Mit einem Parallelanschlag lassen sich planparallele Längsschnitte ausführen.
>
> **Gesundheitsschutz**
>
> Alle Handmaschinen ohne integrierte Absaugung sind an eine geeignete Absaugung anzuschließen (Ausnahme: Bohrmaschinen).

sprechenden Sägeblättern oder Raspeln bestückt, bearbeitet sie auch Metalle und Kunststoffe. Vor dem Ausschnitt bohrt man vor. Beim Aussägen hält ein Spänebläser die Schneidspur sauber. Mit einigen Typen sind auch Schrägschnitte bis 45° möglich. Die Schnitttiefe reicht bei Holzwerkstoffen bis 60 mm.

5.48 Schattenfugensägemaschine

5.49 Stichsägemaschine

1. Warum werden ortsfeste Holzbearbeitungsmaschinen meist indirekt angetrieben?
2. Welche Vor- und Nachteile haben Flach- und Keilriemen?
3. Was versteht man unter Riemenschlupf?
4. Was versteht man unter dem Umschlingungswinkel?
5. Welcher Geschwindigkeit in km/h entspricht eine Schnittgeschwindigkeit von 63 m/s?
6. Welche Geschwindigkeiten werden bei der Vorschub- und der Schneidebewegung wirksam?
7. Ein Vorschubapparat arbeitet mit einer Vorschubgeschwindigkeit von 12 m/min. Wie viel lfm Werkstücklänge können in 1 Stunde gesägt werden?
8. Durch welche 3 Maßnahmen kann die Messerschlagbogenlänge e verändert werden?
9. Erläutern Sie den Begriff Übersetzungsverhältnis.
10. Wie verhindern Sie Unfälle mit Riemenantrieben?
11. Unter welchen Voraussetzungen darf ein Jugendlicher unter 16 Jahren an Maschinen arbeiten?
12. Wozu verwendet man Tischbandsägemaschinen?
13. Erläutern Sie die Arbeitsweise der Tischbandsägemaschinen.
14. Wozu dient der Schiebestock?
15. Wozu dient die Tischkreissägemaschine?
16. Erläutern Sie den Aufbau der Tischkreissägemaschine.
17. Welche Sägezähne gibt es für Tischkreissägemaschinen?
18. Nennen Sie die Sicherheitseinrichtungen der Tischkreissägemaschine.
19. Welche unfallverhütende Vorrichtungen gibt es noch?
20. Was bedeuten RS und HM?
21. Wie muss die Schnitthöhe bei der Tischkreissägemaschine eingestellt werden?
22. Erläutern Sie das Besäumen und Auftrennen mit der Tischkreissägemaschine.
23. Wie sind schmale Werkstücke an der Tischkreissägemaschine zu bearbeiten?
24. Wie schneiden Sie auf der Tischkreissägemaschine kurze Werkstücke quer?
25. Welche Bedingungen muss der Spaltkeil erfüllen?
26. Wie groß darf die Durchtrittsöffnung für das Sägeblatt am Tisch höchstens sein?
27. Welche Vorschriften gelten für den Parallelanschlag?
28. Warum müssen Stahlsägeblätter regelmäßig geschärft und geschränkt werden?
29. Woran erkennen Sie ein überhitztes Sägeblatt? Warum dürfen Sie es nicht mehr verwenden?
30. Warum werden HM-bestückte Sägeblätter nicht geschränkt?
31. Welchen Vorteil haben HM-bestückte Sägeblätter gegenüber anderen Sägeblättern?
32. Nennen Sie spezielle Kreissägemaschinen und ihre Aufgaben.
33. Zu welchen Arbeiten setzen Sie die Handkreissägemaschine ein?
34. Was müssen Sie beim Arbeiten mit der Handkreissägemaschine beachten?
35. Welche Sägemaschine nehmen Sie, um Ausschnitte auszusägen?
36. Sie sollen eine Deckenverkleidung parallel zur Wand absägen. Welche Säge nehmen Sie?

5.2.5 Hobelmaschinen

Das Hobeln oder Glätten eines Werkstücks ist meist die letzte materialabtragende Bearbeitung im Fertigungsablauf. Sie hängt von der erreichbaren Oberflächengüte und der evtl. folgenden Oberflächenveredlung ab (z. B. Lackieren oder Beschichten mit Folien). Deshalb kommt ihr besondere Bedeutung zu. Wir kennen bereits die Handhobel. Dazu kommen folgende Hobelmaschinen:

Ortsfeste Hobelmaschinen
– Abrichthobelmaschine (Abrichte)
– Dickenhobelmaschine (Dickte)
– Kombinierte Abricht- und Dickenhobelmaschine
– Mehrseitenhobelmaschine (Kehlautomat)

Handmaschinen
– Handhobelmaschine

Oberflächengüte. Je feiner die Messerschläge, desto kleiner sind die Hobelmulden und desto glatter wird die Oberfläche. Die Messerschläge werden bestimmt von der Vorschubgeschwindigkeit, der

Drehzahl, der Messerzahl und -einstellung (s. Abschn. 5.2.2).

5.2.5.1 Abrichthobelmaschine

Sie wird eingesetzt, um sägerauhe, nicht rechtwinklig zueinander stehende Kanten und Flächen zu hobeln. abzurichten und zu fügen. Vorzugsweise werden Bohlen, Bretter und Kanthölzer bearbeitet.

Aufbau und Arbeitsweise (5.52). Die Abrichte besteht aus dem gusseisernen *Ständer*, der die Laufruhe gewährleistet. Zugleich trägt er die schwere Zwei- oder Viermesserwelle, die zwischen den beiden Abrichttischen liegt. Der *Aufnahmetisch* (Aufgabetisch, Vordertisch) ist etwas länger als der *Abnahmetisch* (Hintertisch) hinter der Messerwelle. Beide Tische lassen sich mit einer Schnellverstellung über eine Keilführung horizontal und vertikal verstellen. Dabei bestimmt der Aufnahmetisch die Spanabnahme, während die Oberfläche des Abnahmetisches genau auf der Höhe

5.52 Abrichthobelmaschine
  1 Ständer
  2 Aufnahmetisch
  3 Abnahmetisch
  4 Messerwelle
  5 Fügeanschlag (Anschlagslineal)
  6 Messerwellenverdeckung vor dem Anschlag
  7 Bedienelemente
  8 Höhenverstellung Aufnahmetisch
  9 Höhenverstellung Abnahmetisch

des Messerflugkreises liegt – sonst ergibt es keine ebene Fläche. Deshalb vor dem Einschalten der Maschine mittels einer geraden Leiste prüfen, ob Messerflugkreis und Abnahmetisch in einer Linie sind. Der Abnahmetisch ist teilweise in seiner Längsrichtung (zur Horizontalen) zu neigen, so dass Hohl- oder Spitzfugen entstehen (5.53). Das *Anschlagslineal* bildet einen verstellbaren Winkel,

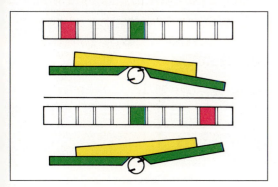

5.53 Elektrische Hohlspitzfugenanzeige

der auf den Tischen oder mit einer eigenen Führung befestigt ist. Den Abschluss der Tische zur Messerwelle bilden die *Tischlippen*. Sie können zur Lärmdämmung gezahnt oder gelocht sein und sind möglichst dicht an den Messerflugkreis heranzuführen (max. Abstand 5 mm). Die runde *Sicherheitsmesserwelle* gibt es mit parallel zur Achse oder für geräuscharmen Betrieb mit spiralig über den Wellenumfang eingesetzten und mit

Wendemessern (Tersa-Welle), für rasches Auswechseln (5.54). Angetrieben wird sie indirekt mit Keilriemen von einem im Ständer eingebauten Drehstrommotor (bis zu 5000 U/min). Das Werkstück wird beim Abrichten im Gegenlauf *über* die Messerwelle vorgeschoben. Einige Maschinen haben am äußeren Ende des Tisches einen Absatz, so dass mit der Stirnseite der Messerwelle Fälze beschränkter Falztiefe gehobelt werden können.

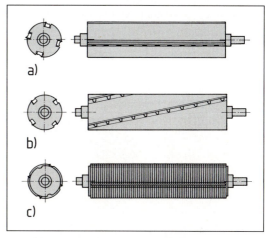

5.54 Messerwellen für Abricht- und Dickenhobelmaschine
  a) Messerwelle für Streifenhobelmaschine
  b) Messerwelle für Spiralmesser
  c) Messerwelle für Wendemesser (Tersa-Welle)

Die Hobelmesser richten sich in den Abmessungen nach der Messerwelle. In der Regel arbeitet man mit *Streifenhobelmessern*. Die 2 oder 4 Streifenmesser setzt man in eine Vertiefung der Längsnut ein, wo sie von einer keilförmigen Druckleiste festgehalten und durch Druckfedern nach oben gedrückt werden. Die angeschliffenen Messerschneiden dürfen nicht über die verlängerte Oberkante des Abnahmetisches hinausstehen, sondern sollten in einer horizontalen Linie liegen. Die Druck-

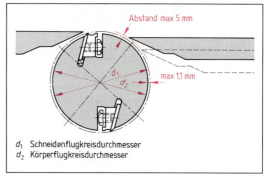

d_1 Schneidenflugkreisdurchmesser
d_2 Körperflugkreisdurchmesser

5.55 Abmessungen der Messerwelle

leiste muss den auftretenden Fliehkräften widerstehen. Außerdem bricht sie den Span und wird
darum so eingesetzt, dass die Messerschneide nur
um 1,1 mm übersteht (**5.55**).

Beim Einsetzen der Messer achten Sie darauf, dass
alle Schneiden auf einem Flugkreis liegen. Dies
erreichen Sie mit einer Einstelllehre (**5.56 a**) und
gleichmäßigem Anziehen der Schrauben von der
Mitte nach außen. Andere Systeme arbeiten
hydraulisch. Wendemesser werden lediglich seitlich in die vorgesehenen Nutprofile eingeschoben
und spannen sich dann durch Fliehkraftwirkung
der Keilleiste beim Einschalten selbst fest (**5.56 b**).

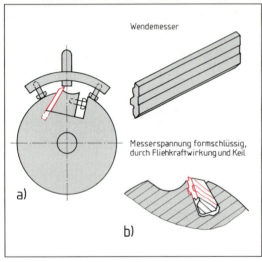

5.56   a) Einsetzen von Streifenhobelmessern mit der Ein-
          stelllehre
       b) Messerspannung durch Fliehkraftwirkung

Wartung und Pflege. Hobelmesser müssen regelmäßig geschärft und abgezogen werden. Zum
Schärfen verwenden wir Hobelmesser-Schärfma-
schinen mit Nassschliff (keine Ausglühgefahr).
Dabei führen wir das aufgespannte Messer mechanisch an der Schleifscheibe vorbei. Geschliffen
wird mit Topfscheiben gerade oder hohl. Zum
Abziehen führen wir den Ölstein von Hand (ähnlich
wie beim Handhobeleisen) am Messer entlang.
Wegen der Rostgefahr werden die Messer sorg-
sam in Ölpapier eingewickelt und vor Beschädigungen geschützt aufbewahrt. Die Streifenhobelmesser sollen immer paarweise aufbewahrt werden. Die zu einem Satz gehörenden Hobelmesser
müssen in Breite und Gewicht gleich sein, um
Unwucht zu vermeiden.

Beim Abrichten breiter Werkstücke stellen wir
zunächst die Maschinentische auf die vorgesehene
Spanabnahme ein. Dann legen wir das Werkstück
mit der hohlen Seite auf. Bei unebenen Werkstück-

5.57   Messerwellenverdeckungen

flächen beginnen wir stets mit geringer Spanabnahme. (*Warum?*) Die Messerwelle wird, entsprechend den Werkstückabmessungen, vor und hinter
dem Anschlag verdeckt. Beim Vorschub drücken
wir in Tischrichtung.

Beim Abrichten kurzer Werkstücke werden die
Maschinentische ebenfalls auf geringe Spanabnahme eingestellt. Dann legen wir das Werkstück
in die Zuführlade oder vor das Schiebeholz und
schieben es mit beiden Händen vor (**5.58**).

5.58   Arbeiten mit der Abrichte

5.2.5.2   Dickenhobelmaschine

Auf das Abrichten folgt in der Regel das „auf-Dicke-oder-Stärke-Hobeln" an der Dickenhobelmaschine. Dabei dient die schon abgerichtete Fläche als Auflage. Im Gegensatz zur Abrichte werden die Werkstücke hier *unter* der Messerwelle durchgeschoben. Bearbeitung wie bei der Abrichte im Gegenlauf, Vorschub mechanisch mit einer Einzugs- und Auszugswalze. Die Spanabnahme stellt man über eine Tischflächenverstellung mit Handrad oder maschinell ein.

Aufbau und Arbeitsweise (5.59). Die Dickenhobelmaschine besteht aus einem stabilen *Gussständer*, damit sie erschütterungsfrei läuft. Im Ständer sind die Rundmesserwelle sowie die Einzugs- und Aus-

zugswalzen gelagert. Der Arbeits- oder *Auflagetisch* ist in der Höhe verstellbar. Er bestimmt die Spanabnahme und ist auf 1 bis 4 Tragspindeln kippsicher gelagert.

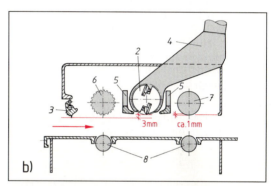

5.59   Dickenhobelmaschine (a) und Schnitt (b)
  1 Stellteile (EIN – AUS, NOT – AUS)
  2 Messerwelle
  3 Greiferrückschlagsicherung gegen Durchpendeln gesichert
  4 Absaugung (der Anschlustrichter zum Absaugrohr verhindert den Zugriff zur Messerwelle)
  5 Druckbalken
  6 Einzugswalze
  7 Auszugswalze
  8 Tischwalzen

Nachdem die Holzdicke am Handrad eingestellt ist, wird das Werkstück auf den Arbeitstisch gelegt und vorgeschoben. Die *Rückschlagsicherung* verhindert mit ihrer Sperrstange, dass die Messerwelle ungleich dicke Werkstücke zurückschleudert. Anschließend wird das Werkstück von der oben sitzenden, gefederten und geriffelten *Einzugswalze* (Gliederdruckwalze) erfasst. Gleichzeitig läuft unten die Gleitwalze mit und vermindert so die Reibung. Die Gliederdruckwalze und die untere Gleitwalze gewährleisten, dass unterschiedlich dicke und breite Werkstücke gleichmäßig erfasst werden. Von hier ab transportiert die Maschine das Werkstück. Kurz vor der Messerwelle drückt der vordere *Druckbalken*, hinter der Messerwelle dagegen der hintere Druckbalken das Werkstück durch Federkraft fest auf die Tischfläche, damit die eingestellte Holzdicke erzielt wird. Einige Maschinen sind mit Gliederdruckbalken ausgestattet und drücken auch ungleiche Werkstücke gleichmäßig an. Die *Messerwelle* ist wie bei der Abrichte mit 2 oder 4 Streifenhobelmessern bestückt. Über ihr sitzt die *Späneauswurfhaube*. (Stattdessen kann man auch eine Absaughaube für die zentrale Späneabsauganlage montieren.) Das gehobelte Werkstück wird mit der obenliegenden glatten *Auszugswalze* weitertransportiert, wobei die zweite Gleitwalze mitläuft.

Angetrieben wird die Messerwelle indirekt über Keilriemen. Die Vorschubgeschwindigkeiten liegen gestuft zwischen 8 und 16 m/min. Es gibt auch Maschinen mit Messerwellenantrieb und Vorschub durch *einen* Motor (über verschiedene, miteinander gekoppelte Riemenscheiben). Wird die Messerwelle durch zu viel Spanabnahme überlastet, geht ihre Geschwindigkeit zurück, die Vorschubwalzen laufen mit verminderter Geschwindigkeit weiter. Deshalb muss eine Transportausrückung eingebaut sein.

Wartung und Pflege. Messerwelle und Messer sind im Prinzip dieselben wie bei der Abrichte. Dasselbe gilt für ihre Wartung und Pflege.

Beim Hobeln schmaler Werkstücke stellt man die Tischhöhe auf die Werkstückdicke ein und wählt die richtige Vorschubgeschwindigkeit. Bei starren Einzugswalzen und Druckbalken sollen jeweils nur zwei Werkstücke gleichzeitig bearbeitet werden (Werkstücke an den Außenseiten der Einschuböffnung wie im Bild **5.**60 a zuführen). Bei Maschinen mit Gliedereinzugswalzen und -druckbalken können wir dagegen mehrere schmale Werkstücke gleichzeitig bearbeiten.

Sollen kurze Werkstücke ausgehobelt werden, was man vermeiden sollte, wird das Werkstück zuerst ausgehobelt und anschließend in kurze Werkstücke aufgetrennt. Beim Auflegen und Zuführen der Werkstücke nie dahinter, sondern stets daneben stehen.

a)

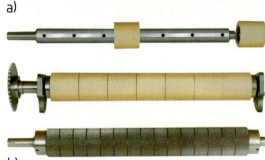

b)

5.60   a) Hobeln an Dickenhobelmaschine
      b) Ein- und Auszugswalzen

5.2.5.3   Andere Hobelmaschinen

Die kombinierte Abricht- und Dickenhobelmaschine eignet sich besonders für kleinere Schreinereien. Ihr Aufbau gleicht der Dickenhobelmaschine: schwerer Gussständer, verstellbarer Arbeitstisch unter der Messerwelle, mechanischer Vorschub (**5.**61). Die etwas kürzeren Abrichttische lassen sich seitlich vom Ständer hochklappen und schwenken. Zum Abrichten nehmen wir die aufgesetzte Späne-schutzhaube ab, klappen den Abnahmetisch und dann den Aufnahmetisch ab, weil darauf das Anschlagslineal befestigt ist. Die Tische werden arretiert (festgestellt) und lassen sich nun wie Abrichttische verstellen.

5.61 Kombinierte Abricht- und Dickenhobelmaschine
   1 Abrichttische
   2 Klemmhebel für Abrichttische
   3 Arretierung der Abrichttische

Arbeitsregeln und Unfallverhütung

– Während des Laufens nicht umrüsten. Schutzhaube nicht bei laufender Messer-welle einsetzen oder entfernen.
– Die klappbaren Tische gegen Zurückfallen sichern.
– Vor dem Dickehobeln prüfen, ob die Abrichttische arretiert sind. Messerwelle mit Schutzhaube abdecken.
– Beim Abrichten Messerwellenabdeckung auflegen.

Die Mehrseitenhobelmaschine (Kehlautomat) ist eine weiterentwickelte Dickenhobelmaschine. Sie stellt in einem Durchlauf vier rechtwinklig zueinander stehende gehobelte Flächen her. Dazu dienen zwei hintereinander arbeitende horizontale Mes-serwellen (Abricht- und Dickenhobelwelle) und zwei parallel arbeitende (senkrechte) Spindeln. Auf die Spindeln können Profilfräser (z. B. Nut- und Federfräser) aufgesetzt werden. So lassen sich in einem Durchlauf Fensterprofile oder Paneelen her-stellen. Die Kehlautomaten haben bis zu 4 Horizon-talwellen und 4 Spindeln. Sie werden bevorzugt in der Parkettindustrie und in Hobelwerken zur Ferti-gung von Profilriemen eingesetzt. Hierzu gehören auch die *Profilfräsautomaten* für profilierte Leisten (Sockelleisten) und Stäbe (**5.**62).

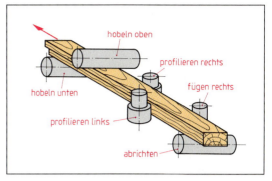

5.62 Prinzip Kehlautomat

Die Handhobelmaschine nutzt man für Handarbei-ten, bei denen der Handhobel zu viel Zeit erfordert (**5.**63 a). Viel verwendet wird sie auf der Baustelle, z. B. zum Abhobeln von Türkanten und Deckenbal-ken sowie zum Fälzen. Mit einer Hilfsvorrichtung lässt sie sich in eine stationäre Hobelmaschine umbauen (**5.**63 b). Die Hobelbreite beträgt je nach Fabrikat 75 bis 250 mm. Ausgerüstet sind die Handhobelmaschinen mit verstellbaren Füge- und Falzanschlägen.

a)

b)

5.63 a) Handhobelmaschine
   b) in stationärer Einrichtung

1. Welchen maximalen Schneidenüberstand dürfen die Messer der Abrichthobelmaschine haben?
2. Warum gibt es keine Einmesserwelle?
3. Wie stellen Sie bei der Abrichte die Spandicke ein?
4. Was versteht man bei der Abrichte unter Spitz- und Hohlfuge?
5. Welche Sicherheitsvorkehrungen müssen Sie beim Abrichten kurzer Werkstücke treffen?
6. Wozu dienen die Tischlippen der Abrichte? Warum sind sie gelocht oder geschlitzt?
7. Welchen Tisch der Abrichte müssen Sie höher einstellen? Warum?
8. Was ist beim Einsetzen und Spannen der Streifenhobelmesser zu beachten?
9. Wie können Streifenhobelmesser geschärft und abgezogen werden?

10. Worin unterscheidet sich die Abrichte bei der Werkstückbearbeitung grundsätzlich von der Dickenhobelmaschine?
11. Wie stellen Sie bei der Dickenhobelmaschine die Spandicke ein?
12. Welche Aufgaben haben die Druckbalken der Dickenhobelmaschine?
13. Warum ist die Einzugswalze der Dickenhobelmaschine untergliedert und federnd gelagert?
14. Welchen Vorteil hat es, wenn Vorschub und Messerwelle der Dickenhobelmaschine von zwei Motoren angetrieben werden?
15. Nennen Sie die Vor- und Nachteile der kombinierten Abricht- und Dickenhobelmaschine im Vergleich zu den Einzelmaschinen.
16. Wie werden Wendemesser in die Messerwelle eingebaut?

5.2.6   Fräsmaschinen

Fräsmaschinen bearbeiten den Werkstoff mit mehrschneidigen Werkzeugen (Fräser) in einer kreisförmigen Schnittbewegung. Sie sind die vielseitigsten Holzbearbeitungsmaschinen. Mit ihnen werden Holzverbindungen, Nuten, Fälze und Profile gefräst, mit Schablonen und Anlaufringen auch Einsätze. Wegen dieser Vielseitigkeit erfordert die Fräsmaschine unsere besondere Aufmerksamkeit. Eingesetzt werden

– Tischfräsmaschine (Standardmaschine mit 1 oder 2 Spindeln)
– Oberfräsmaschine
– Zinkenfräsmaschine (Keil- und Schwalbenschwanzzinken)
– Kettenfräsmaschine
– Mehrspindelige Fräsmaschine (Zapfenschneid- und Schlitzmaschine, Kantenleimmaschine, Doppelendprofiler)
– Handfräsmaschinen (Ober-, Kitt- und Nutfräsmaschine).

Die Oberflächengüte beim Fräsen hängt wie beim Hobeln von der Vorschubgeschwindigkeit, Drehzahl, Messerzahl und -einstellung ab.

5.2.6.1   Tischfräsmaschine

Aufbau (5.64). Der *Ständer* aus Stahl gewährleistet guten Stand und ruhigen Lauf. Er umschließt die Spindel und den Antrieb. Die *Tischplatte* aus Stahlguss ist rechteckig. In der Mitte hat sie eine runde Öffnung, aus der die Frässpindel herausragt. Je nach Werkzeugdurchmesser wird die Öffnung durch Einlegen von Ringen verkleinert oder durch Herausnahme vergrößert. Die *Frässpindel* (-welle) muss ausgewuchtet, sicher gelagert und für den

5.64   Tischfräsmaschine
   1 Tisch
   2 Tischöffnung mit Einlegringen
   3 Fräsdorn mit Zwischenringen (auf Frässpindel)
   4 Anschlagslineal
   5 Spindelfeststellung
   6 Hintere Werkzeugverdeckung
   7 Handabweisbügel

Werkzeugwechsel mit einem Hebel arretierbar sein (5.65). Angetrieben wird die Maschine indirekt über Keilriemen durch einen polumschaltbaren Drehstrommotor (wahlweise Rechts- oder Linkslauf), der über verschiedene Riemenscheiben-Durchmesser 3000/6000 bis 4500/9000 U/min lie-

5.65 Frässpindel mit Werkzeug

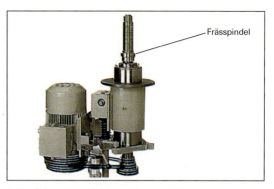

Frässpindel

5.67 Fräsmotor mit Doppelriemenantrieb

fert (**5.**67). Neue Maschinen haben eine Bremse zum Stillsetzen der Spindel („Notaus") und schwenkbare Frässpindeln. Durch die Schrägstellung der Spindel im Arbeitszustand erreicht man verschiedene Frästiefen und Profile bzw. Winkel. Wegen der verstellbaren Spindel müssen auch Antrieb und Absaugungsanschluss flexibel sein.

Der *Fräsdorn* ist meist über eine konische Passung (Morsekegel) spielfrei in die Frässpindel eingesetzt und durch eine Überwurfmutter mit Differentialgewinde gesichert (**5.**66).

Das *Fräswerkzeug* wird mit Zwischenringen auf die gewünschte Höhe gebracht und mit einer Mutter am oberen Dornende fest angezogen.

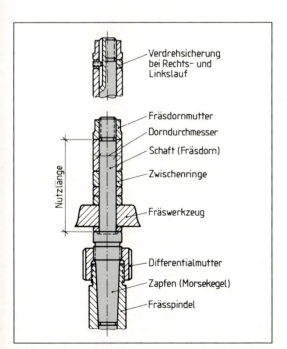

Verdrehsicherung bei Rechts- und Linkslauf

Fräsdornmutter
Dorndurchmesser
Schaft (Fräsdorn)
Zwischenringe
Nutzlänge
Fräswerkzeug
Differentialmutter
Zapfen (Morsekegel)
Frässpindel

5.66 Frässpindel mit Dorn

Für sehr große Werkzeugdurchmesser oder wenn das Werkzeug weit über die Tischplatte hinausragt, muss ein Oberlager auf der Tischplatte montiert oder ein Dorn mit 40 mm Durchmesser verwendet werden. Bei einigen Bauarten ist die Frässpindel bis 45° nach vorn neigbar. Das *Anschlagslineal* aus zwei Hartholz- oder Kunststoffbacken lässt sich je nach Werkzeugdurchmesser in der Längsrichtung verstellen. In den Anschlagsbacken befinden sich durchgehende Bohrungen für die vordere Werkzeugverdeckung. Hinter dem Anschlagslineal sitzt die hintere Werkzeugverdeckung. Das Anschlagslineal können wir mit Griffschrauben auf die gewünschte Spanabnahme einstellen. Die Anschlagsbacken müssen so dicht wie möglich an das Werkzeug herangeführt werden. Für Formfräsarbeiten kann man das Anschlagslineal herunternehmen.

Einigen Maschinen kann man Schiebeschlitten oder Rolltische (z. B,. für die Herstellung von Schlitz- und Zapfenverbindungen) aufsetzen.

Werkzeug. Die Vielseitigkeit der Fräsmaschine ergibt sich aus den verschiedenen Werkzeugen. Um uns einen Überblick zu verschaffen, betrachten wir zunächst nur die Fräserbauarten und unterscheiden

– einteilige Werkzeuge,
– zusammengesetzte Werkzeuge,
– Verbundwerkzeuge,
– Werkzeugsätze.

Einteilige Werkzeuge (Massivwerkzeuge, **5.**68a) bestehen durchgehend aus dem gleichen Werkstoff (z. B. aus durchgehärtetem Vollstahl SP, HLS oder HSS) und haben keine lösbaren Teile. Es gibt Falz- und Nutfräser, Grat- und Hobelfräser. Bei ihnen besteht keine Gefahr, dass Messer verrutschen oder durch die Fliehkräfte herausfliegen. Berücksichtigen müssen wir, dass der Fräskörper durch das Nachschärfen allmählich abgenützt wird. Achten Sie deshalb auf Härte und Schärfrisse.

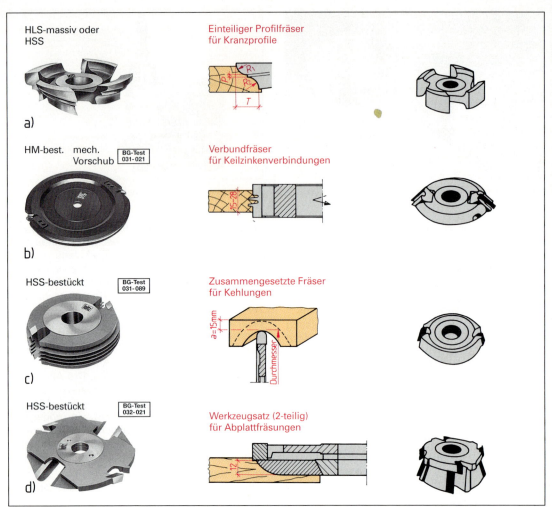

HLS-massiv oder HSS

Einteiliger Profilfräser für Kranzprofile

a)

HM-best. mech. Vorschub [BG-Test 031-021]

Verbundfräser für Keilzinkenverbindungen

b)

HSS-bestückt [BG-Test 031-089]

Zusammengesetzte Fräser für Kehlungen

c)

HSS-bestückt [BG-Test 032-021]

Werkzeugsatz (2-teilig) für Abplattfräsungen

d)

5.68   Fräserarten a) einteiliges Werkzeug, b) zusammengesetztes Werkzeug, c) Verbundwerkzeug, d) Werkzeugsatz

Zusammengesetzte Werkzeuge bestehen aus einem Tragkörper und auswechselbaren Schneideteilen (Messer, Schneidplatten, **5**.68 b). Die Schneiden (HM-, HSS- oder Stellit-bestückt und massiv) sitzen form- und kraftschlüssig festgespannt im Schneidenträger.

Das ist z. B. eine keilförmige Leiste mit Spannbacken, Bohrungen im Messer und entsprechenden Nocken in der Backennut. Der Schneidenträger ist lösbar mit dem Tragkörper verbunden. Vorteilhaft ist, dass der Tragkörper nur einmalig angeschafft werden muss; geschärft und damit auch verbraucht werden nur die Messer. Außerdem kann man in den Schneidenkörper verschiedene Profilmesser einsetzen (z. B. Wendemesser) und ihn dadurch vielseitig nutzen. Wichtig ist die sichere (formschlüssige) und genaue (Messer-

flugkreis) spandickenbegrenzte Befestigung der Schneiden.

Die Verwendung mehrseitig profilierter Messer ist verboten!

In der Praxis finden wir Werkzeuge zum Fälzen, Nuten und Profilieren.

Verbundwerkzeuge (bestückte Werkzeuge, **5**.68 c) bestehen aus einem Tragkörper und durch Löten unlösbar verbundenen Schneidkörpern. Die Tragkörper sind ungehärtet oder vergütet, die Schneidkörper aus HSS oder HM. Hierher gehören z. B. HM-bestückte Sägeblätter und Bohrer sowie Falzfräser. Ihr Nachteil ist, dass sie jeweils nur ein Profil fräsen.

Der Werkzeugsatz besteht aus mehreren gemeinsam aufgespannten Einzelwerkzeugen der genannten Arten (**5.**68 d). Es können also einteilige, zusammengesetzte oder Verbundwerkzeuge sein. Man verwendet solche Sätze bei der Fensterprofil-Herstellung. Um die Rundlaufgenauigkeit der Fräser noch zu steigern, wurde ein hydraulisches Spannsystem entwickelt. Zwischen Fräswerkzeugbohrung und Frässpindel gibt es ein montagebedingtes Passungsspiel, das bei hohen Drehzahlen und großen Fräswerkzeugdurchmessern (Fliehkraft) evtl. noch verstärkt wird. Ein Spannelement aus nach innen und nach außen spannender Zentrierbuchse mit Zwischenraum für das Druckmittel-Fett dient als Aufnahme für die Fräswerkzeuge. Ist das Fräswerkzeug auf der Buchse fixiert, wird mittels einer Hochdruckfettpumpe ein Druck bis zu 450 bar im Zwischenraum erzeugt, dabei drückt die innere Hülse gegen die Frässpindel und die äußere Hülse gegen die Bohrung des Fräswerkzeuges.

Das Schärfen des Werkzeuges erfolgt im hydraulisch gespannten Zustand auf einem Spezialschleifdorn (**5.**69).

5.69 Hydraulisches Fräswerkzeugspannsystem

Unfallgefahr! Das Arbeiten an Tischfräsmaschinen ist gefährlich. Ursachen sind die hohen Drehzahlen (Schnittgeschwindigkeit, Fliehkräfte), die Werkzeuge (Schneidenüberstand) und die dadurch verursachten hohen Rückschlagkräfte.

Beispiel Arbeitet ein zusammengesetzter Fräser mit einem Flugkreisdurchmesser von 120 mm und einer Drehzahl von 9000 1/min, erreicht er nach der Formel

$$v = \frac{d \cdot \pi \cdot n}{60} = \frac{0{,}12 \text{ m} \cdot 3{,}14 \cdot 9000 \text{ 1/min}}{60 \text{ s/min}} = 56{,}5 \text{m/s}.$$

Das entspricht einer Geschwindigkeit von 203,4 km/h! Löste sich bei dieser Geschwindigkeit ein Messer oder bräche ein Stück ab, flöge es wie ein Geschoss heraus.

Bei der Messerbefestigung unterscheidet man kraft- und formschlüssige Befestigung.

Bei der kraftschlüssigen Befestigung wird die Schneide nur durch Anpressdruck (Reibung) der Spannschraube am Tragkörper gehalten (**5.**70 a).

Beispiel Streifenmesser der Hobelmesserwelle

Bei der formschlüssigen Befestigung wird das Messer durch seine Form oder Anordnung gegen Verrutschen oder Herausfliegen gesichert (z. B. drückt ein Nocken beim Spannen in eine Bohrung des Messers, **5.**70 b).

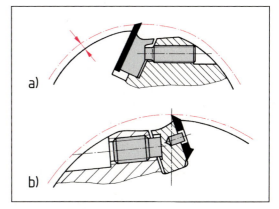

5.70 Messerbefestigung
 a) kraftschlüssige Befestigung, b) formschlüssige Befestigung

Zusammengesetzte, sich drehende Fräswerkzeuge müssen eine formschlüssige Messerbefestigung haben.

Die Vorschriften der Holzberufsgenossenschaft (UVV) legen aus Gründen der Arbeitssicherheit die Vorschubart und die darauf abgestimmte Bauform des Fräswerkzeuges fest (**5.**71). Man unterscheidet Werkzeuge für **Handvorschub** (BG-Test, EN-Norm: MAN) und für **mechanischen Vorschub** (Mech. Vorschub, EN-Norm: MEC).

Für den Handvorschub geeignete Werkzeuge erfüllen folgende Anforderungen:
Rückschlagarm, Spandickenbegrenzung auf 1,1 mm, weitgehend kreisrunde Form, engbegrenzte Spanlücke.

Fräswerkzeuge müssen ab Baujahr 1988 den Hersteller sowie den Drehzahlbereich angeben und außerdem mit der Vorschubart gekennzeichnet

Tabelle **5.**71 Vorschubarten bei Fräsmaschinen

	Handvorschub	**mechanischer Vorschub**
Zufuhr und Vorschub	nur von Hand (z. B. Fräsen am Anschlag mit Vorschubapparat, Fräsen mit Schiebeschlitten)	durch kraftbetriebene Spann- und Zuführvorrichtungen (z. B. Doppelendprofiler, Vierseitenhobelmaschine)
Bedingungen und Merkmale	Spandicke max. 1,1 mm, weitgehend kreisrunde Form, engbegrenzte Spanlückenweite, rückschlagarm	keine Begrenzung
Prüfzeichen	BG-Test, MAN oder Handvorschub	dauerhafter Aufdruck „Mech. Vorschub" MEC

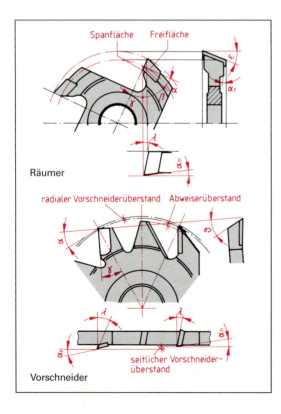

Räumer

radialer Vorschneiderüberstand Abweiserüberstand

seitlicher Vorschneider-
überstand

Vorschneider

5.72 Schneidengeometrie und Werkstoffe

Winkel an Fräswerkzeugen

α = Freiwinkel: Winkel zwischen Tangente an den Flugkreisdurchmesser und Freifläche.

β = Keilwinkel: Winkel zwischen Spanfläche und Freifläche.

γ = Spanwinkel: Winkel zwischen Spanfläche und der Durchmesserlinie.

λ = Achswinkel: Brustschräge.

ε = Fasewinkel: am Holz gemessen.

αn = Flankenwinkel: seitliche Freistellung der Schneide.

θ = Rückenschrägungswinkel: nur bei Vorschneidern.

αr = Unterstechungswinkel: radiale Freistellung.

Tragkörper

Für Tragkörper (auch Grundkörper genannt) von Verbund- und zusammengesetzten Werkzeugen werden verwendet: Stahl, legiert und unlegiert, warmverformt, wärmebehandelt, Leichtmetall-Legierungen, geknetet, wärmebehandelt.

Schneidenwerkstoffe

SP	=	Spezialstahl, legierter Werkzeugstahl.
HL	=	Hochleistungsstahl, hochlegierter Werkzeugstahl.
HSS	=	Hochleistungsschnellstahl.
Stellit	=	vorteilhafte Anwendung bei Exoten- und Harthölzern.
HM	=	Hartmetall, nach unserer Wahl, bestgeeignet für den jeweiligen Verwendungszweck, insbesondere für Plattenwerkstoffe mit Beschichtung.
DIA	=	Polykristalliner Diamant.

sein. Der angegebene Drehzahlbereich muss eingehalten werden. Ist bei älteren Werkzeugen nur die max. zulässige Drehzahl angegeben, darf eine Schnittgeschwindigkeit von 40 m/s nicht unterschritten werden (erhöhte Rückschlaggefahr).

> Fräsdorne für Tischfräsmaschinen müssen mindestens 30 mm Durchmesser haben. Zwischenhülsen beim Aufspannen sich drehender Werkzeuge sind nur zulässig, wenn sie die gleiche Passung wie Werkzeuge und Werkzeugträger haben.

Wartung und Pflege. Die Werkzeuge sollten rechtzeitig gewechselt, regelmäßig gereinigt, geschärft und sorgfältig aufbewahrt werden. Fräser schärft man nur auf Werkzeugschleifmaschinen mit Teileinrichtung. Dabei dürfen keine Winkel verändert werden. Profilmesser sollten vor dem Anschärfen aufgezeichnet werden. Grundsätzlich sind die Vorschriften der Werkzeughersteller zu beachten.

Pflegegrundsätze

– Stumpfe Werkzeuge arbeiten schlecht und sind gefährlich.

– Schadhafte Werkzeuge (z. B. abgenützte Schrauben, Risse) nicht mehr verwenden.
– Verharzte Werkzeuge säubern.
– Werkzeuge nur auf weichen Unterlagen (z. B. Holz) ablegen und sofort nach Gebrauch wieder an ihren Platz zurückbringen.

Zum Fräsen von Längsseiten mit Handvorschub verwenden wir ein für Handvorschub geeignetes spandickenbegrenztes Werkzeug. Für das Probefräsen nehmen wir ausreichend lange und breite Werkstücke und beginnen immer an der Werkstückvorderkante. Einsatzfräsen vermeiden wir oder verwenden eine den Werkstückabmessungen angepasste Rückschlagsicherung. Bei langen Werkstücken zusätzliche Tischverlängerung anbringen, um ein Abkippen des Werkstückes zu verhindern (5.74 a auf S. 174). Nicht bei laufender Maschine den Anschlag verstellen!

Beim Einsetzfräsen kurzer Werkstücke arbeitet man mit Werkzeugen für Handvorschub (5.74 c)! Nach dem Einstellen der Tischfräse stellt man die Spannlade nach den Abmessungen des Werkstücks ein. Tischverlängerungen mit Queranschlägen anbringen. Die Stahlstifte müssen in das Werkstück eindringen, damit es sicher in der Spannlade liegt. Die Lade wird an die linke Anschlaghälfte angelegt – beim Einschwenken ist auf die ständig

Unfallverhütung

– Gefahrenbereiche kennen (**5.73**).
– Richtiges und passendes Werkzeug wählen (Vorschubart und Werkstückmaterial beachten)!
– Vor Aufspannen des Werkzeugs die Spindel arretieren, den Schneidezustand prüfen und die Tischöffnung durch Einlegeringe dem Werkzeugdurchmesser anpassen.
– Die Drehzahl der Spindel richtet sich nach dem Werkzeug und dem Arbeitsgang. Sie muss mit dem Herstellerzeichen dauerhaft

angebracht sein und darf nicht überschritten werden (**5.71**).
– Schnitthöhe und -tiefe nur im Stillstand einstellen. Die Anschlagslineale möglichst dicht am Schneideflugkreis feststellen.
– Handabweisbügel entsprechend Werkstückhöhe anbringen, hintere Werkzeugverdeckung schließen, Probefräsung durchführen.
– Auslaufzeit der Spindel durch Bremseinrichtung auf 10 s begrenzen.
– Stets den Gehörschutz tragen.

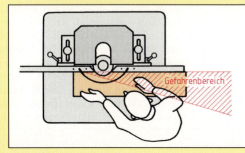

5.73   Gefahrenbereiche

feste Anlage des Einsteckbolzens zu achten. Beide Hände befinden sich rechts vom Fräsdorn.

Das Bogenfräsen mit Schablone geschieht ebenfalls mit Werkzeugen für Handvorschub (**5**.74 b).

Der Anlaufring oder Bogenanschlag wird so über dem Werkzeug montiert, dass er die Schablone

a)

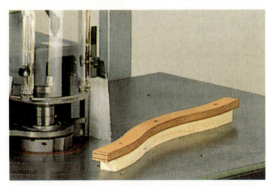

b)

c)

5.74   Arbeiten an der Tischfräsmaschine
    a) Fräsen von Längsseiten mit Handvorschub,
    b) Bogenfräsen mit Schablone,
    c) Einsetzfräsen kurzer Werkstücke

sicher führt. Die Werkzeugverdeckung muss den Schneidenflugkreis des Fräswerkzeuges im Arbeitsbereich um mindestens 15 mm überragen.

Die verlängerte Schablone wird mit Stiften oder Spannern auf dem Werkstück befestigt, langsam am Anlaufring bis zum Beginn der Zerspanung vor- und dann gleichmäßig weitergeschoben. Bei Gegenholz setzen wir den Fräsvorgang durch Abdrehen fort. Beim Fräsen am Anlaufring ohne Schablone befestigen wir die Zuführleiste so, dass sie ein Mitdrehen des Auflaufrings verhindert. Die Zuführkante der Leiste muss gerade sein.

Arbeitsregeln

– Werkzeug prüfen und aufspannen.
– Schutzvorrichtungen prüfen und anwenden.
– Auflagetisch sauber halten.
– Anschlag nach dem Einstellen sicher befestigen.
– Beim Fräsen bogenförmiger Werkstücke das Werkzeug stets von oben verdecken.
– Arbeitsstellung und Handhaltung beachten.
– Auslaufzeit der Freispindel auf max. 10 Sekunden begrenzen.

5.2.6.2   Andere Fräsmaschinen

Stationäre Oberfräsmaschinen

Sie werden zum Kopieren von Formen und zum Einlassen von Beschlagsteilen eingesetzt. Besonders eignen sie sich für die Fertigung von Massenartikeln aus Holz, Kunststoff, Plexiglas und ähnlichen Werkstoffen mit Einfräsungen, Bohrungen und Nuten. Meist kopiert man dabei nach untergelegter Negativschablone (**5**.77).

Der Aufbau ähnelt dem der Ständerbohrmaschine (**5**.75). Der Graugussständer dämpft die Erschütterungen, der Auflagetisch ist über ein Handrad höhenverstellbar. Die Frässpindel sitzt an einem Auslegerarm und ist bei einigen Fabrikaten bis 90° nach rechts und links schwenkbar. Bei anderen Maschinen lässt sich der Auflagetisch schwenken. Die Frässpindel bewegt sich durch einen Support (Vorschubeinrichtung) auf und ab. Der Vorschub geschieht durch das Werkstück. Den Direktantrieb der Frässpindel erzeugt ein Mittelfrequenzmotor (200 bis 300 Hz), der über einen eingebauten Frequenzumformer gespeist wird. Durch Umschalten der Frequenz erreicht man wahlweise 12000 und 18000 U/min.

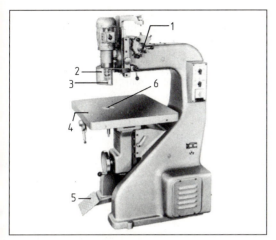

5.75 Stationäre Oberfräsmaschine
1 Handrad, 2 Schutzbügel, 3 Frässpindel, 4 Auflagetisch, 5 Fußhebel, 6 Kopierstift

Als Werkzeuge verwenden wir meist ein- und zweischneidige Fräswerkzeuge, die zentrisch oder exzentrisch ins Spannfutter eingesetzt werden. Es können auch andere Spannfutter aufgesetzt werden. Bei exzentrischen Fräsern können die Fräslochdurchmesser verändert werden.

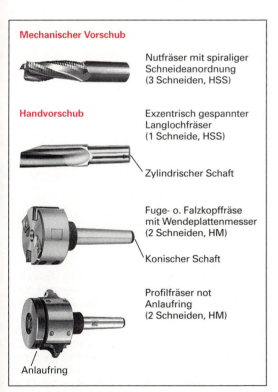

Mechanischer Vorschub

Nutfräser mit spiraliger Schneideanordnung (3 Schneiden, HSS)

Handvorschub

Exzentrisch gespannter Langlochfräser (1 Schneide, HSS)

Zylindrischer Schaft

Fuge- o. Falzkopffräse mit Wendeplattenmesser (2 Schneiden, HM)

Konischer Schaft

Profilfräser not Anlaufring (2 Schneiden, HM)

Anlaufring

5.76 Fräswerkzeuge für Oberfräsmaschine

Es gibt Oberfräserwerkzeuge (Schaftwerkzeuge) für Rechts- und Linkslauf. Außen- und Innenfräsungen. Für Bohrungen werden Werkzeuge zum Einbohren, Innen- und Außenfräsen verwendet. Durch den Einsatz von Hartmetall-Wendeschneidplatten erhöht sich die Standzeit, die Schneidengeometrie und die Werkzeugdurchmesser bleiben erhalten. Der Werkzeuggrundkörper muss nur einmal beschafft werden (**5.76**).

Beim Kopieren trägt die Negativschablone auf der Oberseite das Werkstück und hat auf der Unterseite die Einfräsung für die gewünschte Form des Werkstücks (**5.77**). Wir schieben die Frässchablone am *Kopierstift* (der mit dem Werkzeug eine Achse bildet) so entlang, dass das Werkzeug das Werkstück genau in Form der Negativschablone bearbeitet. Der Kopierstift ist höhenverstellbar und für verschiedene Durchmesser auswechselbar.

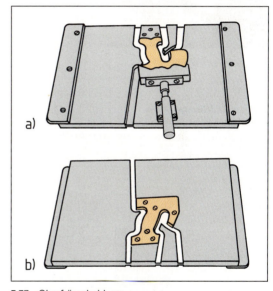

5.77 Oberfrässchablone
a) Oberseite mit dem Werkstück (hier Werkzeuggriff), b) Unterseite mit Negativform

Unfallverhütung

– Werkzeugverdeckung anbringen und einstellen.
– Werkstück entweder über die Schablone am Kopierstift oder auf dem Tisch montierte Anschläge führen. Dabei stets außerhalb des Zerspanungsbereichs bleiben.
– Beim Werkstückvorschub Gleichlauffräsen vermeiden.

Die Zinkenfräsmaschine gibt es in verschiedenen Ausführungen

– zur Herstellung von schwalbenschwanzförmigen Zinken als Eckverbindung für offene, halb- oder ganzverdeckte Zinken, Gratnuten und -leisten sowie Gehrungsfederverbindungen.
– zur Herstellung von Keilzinken für Längsholzverbindungen im Fenster- und Gestellbau.

5.78   Zinkenfräsmaschine

Die Kettenfräsmaschine (Kettenstemm-Maschine, 5.79) dient zum Fräsen von Einfach- und Doppelschlitzen im Fensterbau sowie zum Ausfräsen von

Schlosskasten und Riegeln bei Türen. Sie wird als Wand- oder Ständermaschine gebaut. Der Maschinenständer trägt im Oberteil den Führungsschlitten, der durch einen Handhebel nach unten bewegt wird. Im Oberteil sitzen der Antriebsmotor und das umlaufende Fräskettenwerkzeug. Durch Federzug wird der Führungsschlitten mit dem Werkzeug wieder nach oben bewegt. Unter der Fräskette befindet sich der nach rechts und links sowie nach vorn und hinten verstellbare Aufspanntisch.

Das Werkzeug ist eine umlaufende Sägezahnkette, die regelmäßig mit einem Spezialgerät nachgeschärft werden muss. Neuere Maschinen haben eine Kettenschmierung, die auch bei laufender Fräskette schmiert.

Unfallverhütung

– Vor Beginn Schutzstangen und Fräskettenspannung prüfen (**5**.80).
– Prüfen, ob die Sicherung bei unbeabsichtigtem Einrücken anspricht.
– Werkstück sicher einspannen.
– Mit der rechten Hand den Frässchlitten absenken (Griff), mit der linken das Werkstück bewegen (Hebel).
– Niemals beim Bearbeiten die Hände auf das Werkstück legen!

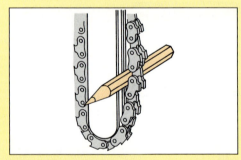

5.80   Prüfen der Kettenspannung

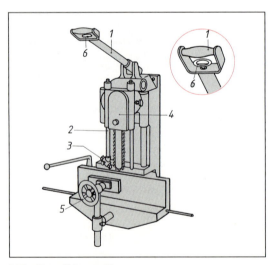

5.79   Kettenfräsmaschine
    1 Bedienungshebel
    2 bewegliche Schutzstangen zum Einstellen der Arbeitshöhe
    3 Spanbrecher an der Schutzstange
    4 Antriebsverkleidung
    5 Spanneinrichtung
    6 Sicherung gegen unbeabsichtigtes Ingangsetzen

Profilfräsmaschinen haben mehrere Spindeln (5.81). Sie fräsen Rundstäbe (Dübelstangen), Viertelstäbe, Profilleisten, Sockelleisten, Führungsstäbe usw. in einem Arbeitsgang sauber fertig. Im Aufbau gleichen sie den Kehlautomaten, sind jedoch in den Abmessungen kleiner. Die Werkstücke werden mechanisch vorgeschoben, zuerst abgerichtet, dann links und rechts mit Fräsern im Gegenlauf profiliert und zum Schluss auf Dicke gehobelt.

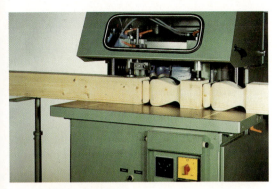

5.81 Profilfräsmaschine

5.82 Arbeiten mit der Handoberfräse

Doppelendprofiler sind eine Kombination von Kreissägen- und Fräsmaschinen. Überwiegend setzt man sie in der Serienfertigung ein. Auf automatisch laufenden Vorschubplattenbändern führen sie bei Geschwindigkeiten bis 30 m/min mehrere Arbeitsgänge (wie Ritzen, Ablängen, Fräsen und Nuten) beidseitig durch. Auf den über den Plattenbändern liegenden Querträgern lassen sich zusätzlich verschiebbare Bohraggregate anbringen.

Die Kantenleimmaschine arbeitet ebenfalls vollautomatisch. Sie kann Werkstücke in einem Durchlauf ein- oder beidseitig an den Kanten bearbeiten, Leim oder Kleber auftragen, die Kanten anpressen, bündig fräsen und schleifen. Durch Zusammenstellen von Doppelendprofiler und Kantenleimmaschine entstehen mehrstufige, verkettete Arbeitsabläufe (*Fertigungsstraßen*, **11**.3), in denen bis zu 12 Arbeitsgänge beidseitig und vollautomatisch in einem Durchlauf ausgeführt werden können. Die Vorschubgeschwindigkeiten erreichen 40 m/min. Durch Anbringen von Säge- oder Bohraggregaten sind auch Bearbeitungen in der Fläche möglich. Solche Anlagen finden wir in der industriellen Möbelfertigung.

Unfallverhütung an mehrstufigen Bearbeitungsanlagen

– Sicherung von Quetsch-, Scher- und Einzugsstellen.
– Schalter und Hebel nach den Vorschriften der Holz-Berufsgenossenschaft.

Handfräsmaschinen gibt es in mehreren Ausführungen für unterschiedliche Anwendungen.

Die Handoberfräse dient zum genauen freihändigen Profilieren von Flächen, zum Fräsen nach Schablone, zum Dübellochbohren und zum Einlassen von Beschlägen (**5.82**).

Die Umleimer- und Kantenfräse verwenden wir zum Bündigfräsen von Flächen- und Kantenüberständen aus Kunststoff oder Holz sowie zum Anfräsen von Profilen. Die Maschinen sind mit einem Abtaster ausgerüstet. Er lässt sich so einstellen, dass der Umleimer mit der Fläche eben gefräst wird (**5.83**).

a)

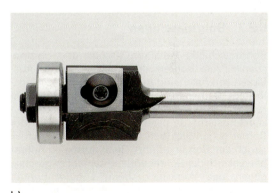

b)

5.83 a) Arbeiten mit der Kantenfräse
b) HM-Wendeplattenfräser für Kantenfräse

Die Kittfräse braucht der Glaser/Fensterbauer zum Ausfräsen von Kitt- und Glasresten, bevor er ein neues Glas einsetzt.

Die Handnutfräsmaschine mit Winkelanschlag ist einsetzbar für die Herstellung von Nut- und Federverbindungen bei stumpfen oder Gehrungsverbindungen von Korpusecken. Als Verbindungsmittel dienen Lamellofedern aus Sperrholz (Abschn. 7.1.3), wenn verleimt wird. Für demontable Verbindungen gibt es ein- und aushängbare Metallfedern.

Als Werkzeug dienen überwiegend hartmetallbestückte Fräswerkzeuge (Bild **5**.83 b).

Unfallverhütung an der Handfräsmaschine

– Vorrichtungen zur sicheren Maschinenführung benutzen.
– Werkstücke eben auflegen und gegen Verschieben sichern.
– Schablonen gegen Verschieben sichern.
– Maschinen erst nach Stillstand aus der Hand legen.
– Bei Werkzeugwechsel oder Störung Stecker ziehen.

Aufgaben zu Abschnitt 5.2.6

1. Welche Vorschubarten unterscheidet die Holz-Berufsgenossenschaft?
2. Nennen Sie die Bedingungen und Merkmale der Vorschubarten.
3. Wie erreichen Sie bei der Tischfräsmaschine höhere Spindeldrehzahlen?
4. Welche Bauarten von Fräswerkzeugen gibt es?
5. Welcher Teil der Tischfräse nimmt das Fräswerkzeug auf?
6. Für welche Arbeiten an der Tischfräse muss ein Oberlager eingesetzt werden?
7. Warum müssen Sie bei kleinen Fräswerkzeug-Durchmessern mit hohen Drehzahlen arbeiten?
8. Was bedeuten kraft- und formschlüssige Verbindung in der Messerbefestigung?
9. Welche Sicherheitsvorkehrungen treffen Sie vor dem Rüsten (Werkzeugwechsel)?
10. Welche Schnittgeschwindigkeit dürfen Sie bei älteren Werkzeugen ohne eingeprägte Angaben einstellen?

11. Welche Drehzahl stellen Sie an der Spindel einer Tischfräse ein, wenn das Werkzeug mit einer Schnittgeschwindigkeit von 45 m/s arbeiten soll und der Schneidenflugkreis-Durchmesser 12 cm beträgt?
12. Sie sollen mit der Tischfräse einen Falz fräsen. Wie stellen Sie die Falztiefe und -höhe ein?
13. Welche Regeln zum Unfallschutz sind beim Einsetzfräsen zu beachten?
14. Wozu dient der Kopierstift der Oberfräsmaschine?
15. Welche Arbeiten können Sie mit der Handoberfräse ausführen?
16. Welche mehrspindeligen Fräsmaschinen setzt man vor allem in der Serienfertigung ein?
17. Wie erzeugt man bei Oberfräsmaschinen die hohen Drehfrequenzen von 12 000 oder 18 000 U/min?
18. Schildern Sie die Vorgehensweise (Reihenfolge beachten) beim Herstellen eines Schlosskasten-Loches mit der Kettenfräsmaschine.

5.2.7 Bohrmaschinen

Bohrmaschinen brauchen Tischler und Holzmechaniker zum Bohren von Dübellöchern, zum Ausflicken von Ästen und zum Bohren von Beschlagslöchern. Den spanabhebenden Vorgang des Bohrens haben wir schon bei den Bohrwerkzeugen kennengelernt. Je nach dem Verfahren wird der Bohrer gegen das Werkstück oder das Werkstück gegen den Bohrer geführt. Beim normalen Bohrer bewegt sich der Bohrer entlang seiner Längsachse gegen das Werkstück. Beim Langlochbohren bewegt er sich bis zur gewünschten Tiefe axial (entlang der Achse) gegen das Werkstück, dann quer zur Bohrtiefe, so dass ein *Langloch* entsteht. Alle Bewegungen können durch Anschläge genau fixiert werden.

Bohrwerkzeuge für Maschinenbohrungen teilen wir ein nach Einsatz (z. B. Dübelloch-, Astloch-, Senkbohrer), Form (z. B. Schlangen-, Spiral-, Forstnerbohrer) und Anzahl bzw. Anordnung ihrer Haupt- und Nebenschneiden (**5**.84).

Maschinenarten. Nach dem Verwendungszweck unterscheiden wir

Handbohrmaschinen
Stationäre Bohrmaschinen
– Ständerbohrmaschine
– Astlochbohrmaschine
– Dübellochbohrmaschine
– Reihenlochbohrmaschine
– Kombinierte Bohrautomaten
– Langlochbohrmaschine

Tabelle **5**.84   Maschinenbohrer

Bohrer	Merkmale	Verwendung
Spiral- oder Dübelloch-bohrer a) b) c)	gestreckter, zylindrischer HM-Schneidkopf mit 2 Haupt- und Nebenschneiden (radial bzw. am Umfang, a) Zentrierspitze, Spannut zum Abführen der Späne, Schaft mit Gewinde oder Zylinder; Antrieb über Zahnräder für bes. harte, anspruchsvolle Werkstoffe (Schichtpressstoffe) HM-Schneidköpfe oder 3 Haupt- und Nebenschneiden (b u. c)	in Dübelloch- und Reihenlochbohrmaschinen für alle Materialien; saubere, maßgenaue Bohrungen; mit Dachspitze für Metalle und Durchgangsbohrungen; durch Kombination mit verstellbarem Aufstecksenker werden die Dübellöcher zugleich angefast
Levin-Spiralbohrer (HSS)	1 Schneide, Führungsfacetten, großer Spanraum (HSS)	Massenfertigung hohe Standzeiten
Stufenbohrer (HSS, HM-bestückt)	Vorbohrer mit 2 Schneiden, 2 Vorschneidern und Zentrierspitze, Nachbohrer mit 2 Schneiden und 2 Vorschneidern mit abgesetzten zylindrischen oder Gewindeschaft (HSS/HM)	für abgestufte, maßgenaue Beschlagsbohrungen in der Serienfertigung
Forstnerbohrer Umfangschneide Spanabheber	flacher, zylindrischer Schneidekopf, nach oben verjüngt, unten angeschliffen oder gezahnt; 2 Vorschneider für die höher sitzenden Spanabheber; kurze Zentrierspitze, daher genaues Ansetzen; Antrieb der Bohrer einzeln über eine Hohlwelle mit Rutschkupplung beim Bohren greifen zuerst die Hauptschneiden (Spanabheber) von der Mitte radial nach außen; nach $1/3$ Schnittbreite beginnen die Nebenschneiden zu arbeiten	vorwiegend in Astlochbohrmaschinen, für bes. saubere Löcher mit glatter Grundfläche (Ausflicken von Ästen), nicht für tiefere oder durchgehende Bohrungen
Kunstbohrer Verjüngung	weiterentwickelter Forstner-B. mit 2 schmalen Vorschneidern, daher schlecht von Hand zu führen; auch mit verstellbarem Messer	vorwiegend in Astlochbohrmaschinen
Zylinderkopfbohrer	flacher, zylindrischer Schneidekopf, nach oben verjüngt, unten angeschliffen; 3 Haupt- und Nebenschneiden, Hauptschneiden radial geneigt (arbeitet radial von innen nach außen), dadurch verkürzte Zentrierspitze; Schneiden und Zentrierspitze auswechselbar	für besonders harte Materialien (Schichtpressstoffe), für tiefere Bohrungen bei gleich dicken Platten

Fortsetzung s. nächste Seite

Tabelle **5**.84, Fortsetzung

Bohrer	Merkmale	Verwendung
Zylinderkopfbohrer mit Wendeschneidplatten Zentrier-spitze Haupt-schneide Nebenschneide (Vorschn.)	wie oben, aber auswechselbare HM-Wendeplatten, Wendevorschneidern und Zentrierspitze; konstanter Schneiddurchmesser	für maßhaltige Beschlagbohrungen in Vollholz und Plattenwerkstoffen, unbeschichtet und beschichtet
Scheiben-(Zapfen-) schneider	1 oder 2 spiralförmige Räumerschneiden am Umfang, Innen-Ø zwischen 10 und 50 mm in 5-mm-Stufung; Antrieb über Hohlwelle mit Rutschkupplung	für Scheiben oder Zapfen aus Querholz zum Einsetzen in die mit Forstner-B. vorbereiteten Astlöcher

Gemeinsame Merkmale

– Stahl- oder Graugussständer als Träger, stehend oder an der Wand hängend
– verstellbarer Auflagetisch (evtl. mit Werkstück-Spannvorrichtung)
– vertikal oder horizontal gelagerte Bohrspindel(n), evtl. verstellbar
– Antrieb direkt oder indirekt mit Riemen oder Kette

Die Ständerbohrmaschine hat eine durch Handrad in der Höhe verstellbare vertikale Bohrspindel, die ein Bohrfutter zur Aufnahme der Bohrer trägt (**5**.85). Der in der Höhe verstellbare, drehbare Auflagetisch ist mit zwei Schwalbenschwanznuten versehen, um die Spannvorrichtungen aufzunehmen. Die Drehzahlen der Bohrspindel lassen sich dem Bohrdurchmesser in 12 Drehzahlstufen anpassen. Für Bohrungen in Metall haben einige Fabrikate eine Kühleinrichtung. Ständerbohrmaschinen eignen sich besonders für genaue Einzelbohrungen, etwa für Beschläge (Fensterbau) in Holz, Kunststoff oder Metall. Kleine Werkstücke können wir in einen Maschinenschraubstock einspannen, der mit mindestens zwei Schrauben auf dem Maschinentisch befestigt ist.

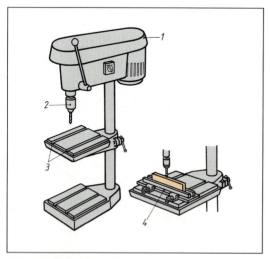

5.85 Ständerbohrmaschine
  1 Antriebsverkleidung
  2 Werkzeugspannvorrichtung (Bohrfutter)
  3 Nuten im Arbeitstisch zum Befestigen der Werkstückspannvorrichtungen
  4 Bohrschablone für schmale Werkstücke

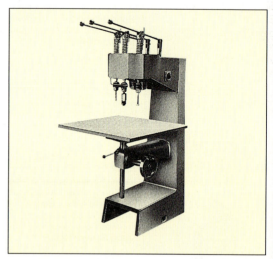

5.86 Astlochbohrmaschine

Die Astlochbohrmaschine gibt es als Ständer- und Wandmaschine mit 3 bis 5 Bohrspindeln, die einzeln oder zusammen angetrieben werden (**5.**86). Aus Sicherheitsgründen haben diese Maschinen oft eine automatische Kupplung, damit sich die Bohrspindeln erst in Bewegung setzen, wenn sie mit dem Handrad oder Hebel ans Werkstück herangeführt werden. Eine Druckfeder führt die Bohrspindel wieder nach oben, wenn der Hebel oder das Handrad losgelassen werden. Auf den mehrspindeligen Maschinen können wir gleichzeitig Bohrer unterschiedlicher Durchmesser einspannen und damit mehrere Arbeitsgänge (z. B. beim Anschlagen eines Topfbands) durchführen.

Astflickautomaten führen automatisch mehrere Arbeitsgänge aus: Astausbohren, Leimeinspritzen, Zapfen Dübel einpressen. Die Hubbewegung der Bohrspindeln geschieht pneumatisch.

Dübellochbohrmaschinen verwendet man zum Bohren von Korpussen, Rahmenverbindungen und Schubkästen sowie zum Einbohren von Schrankbeschlägen. Auf einem bzw. zwei schwenkbaren Bohrbalken sitzen mehrere Bohrspindeln für vertikale, schräge (Gehrung) und horizontale Bohrungen sowie Rasterbohrungen (32 mm). Die Bohrer werden sicher und genau mit einem Gewindeschaft befestigt. Nachdem das Werkstück pneumatisch gespannt ist, wird der Bohrbalken hydraulisch/pneumatisch vorgeschoben.

Die Reihenlochbohrmaschine dient speziell zum Bohren von Lochreihen in Schrankseiten und für Beschlagsbohrungen in Schranktüren. Der Auflagetisch hat Anschläge und kann nach beiden Seiten verlängert werden. So lassen sich auch lange Werkstücke durchlaufend bohren (**5.**87). Ein pneumatischer Niederhalter hält sie fest.

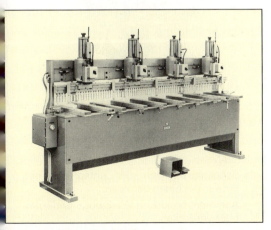

5.87 Reihenlochbohrmaschine

Kombinierte Bohr- und Montageautomaten arbeiten überwiegend in der Serienfertigung. Bei ihnen sind Gehrungssägen oder Nutfräsen mit verschiedenen Bohraggregaten gekoppelt, so dass Gehrungsschneiden und Rückwandnutfräsen mit Dübellochbohren in einer Werkstückeinspannung möglich sind.

Mit der direkt angetriebenen Langlochbohrmaschine können wir einzelne Dübellöcher, aber auch Langlöcher (z. B. Zapfenlöcher) ausbohren. Die Spindel ist horizontal gelagert (**5.**88). Zuerst wird das Werkstück aufgespannt, dann werden die Bearbeitungsgrenzen durch Anschläge in der Tiefe (axial = Lochtiefe) und Breite (seitlich = Lochlänge) festgelegt. Beim Langlochbohren muss das Werkzeug zuerst (axial) bohren und dann (seitlich) fräsen. Dazu dienen besondere Fräsbohrer mit seitlichen Schneiden.

Die Langlochbohrmaschine gibt es auch als Teileinrichtung einer kombinierten Maschine.

5.88 Langlochbohrmaschine
  1 Werkstückspannvorrichtung
  2 Werkzeugverdeckung und -spannfutter

Handbohrmaschinen sind sehr robust, weil sie im Betrieb, auf der Baustelle und auch vom Heimwerker beansprucht werden. Besonders strapaziert werden Kabel und Stecker. Defekte elektrische Teile sind deshalb auch die häufigste Ursache von Unfällen. Die heutigen Handbohrmaschinen sind alle schutzisoliert (⊡ **5.**89). Wir unterscheiden die normale Handbohr- und die Handschlagbohrmaschine.

Die normale Handbohrmaschine hat 2 oder 4 mechanisch umschaltbare Drehzahlbereiche. Neuere Maschinen sind auch auf Rechts- oder Linkslauf umzuschalten und haben

a)   b)

5.89 a) Bohrschraubmaschine, b) Ladegerät   5.90 Handschlagbohrmaschine

eine stufenlose Drehzahlanpassung (Steuerelektronik-Schalter). Unterschiedlich große Bohrdurchmesser erfordern verschiedene elektrische Leistungen, unterschiedliche Werkstoffe verschiedene Drehzahlen (Schnittgeschwindigkeit). Übliche Handbohrmaschinen haben ein Dreibackenfutter als Spannvorrichtung für die Bohrer (Spiralbohrer, Forstnerbohrer usw.) bis 13 mm Schaftdurchmesser. Die Bohrlochtiefe stellen wir mit Tiefenanschlägen ein. Netzunabhängige Bohrschraubmaschinen sind auf der Baustelle flexibler einsetzbar. Ausgestattet mit einem aufladbaren Akku und einem Ladegerät, haben diese Maschinen eine netzunabhängige Laufzeit von ungefähr einer Stunde.

Die Handschlagbohrmaschine eignet sich für Bohrungen in Mauerwerk und Beton. Die Schlagwirkung wird über Nocken ausgelöst. Schlagstärke und Drehzahl lassen sich verändern. Als Werkzeug dienen hartmetallbestückte Spiralbohrer (**5**.90).

Kombinierte und Mehrzweckmaschinen vereinigen mehrere Bearbeitungstechniken. Während jedoch die mehrstufigen Anlagen der Serienfertigung mehrere Bearbeitungen im Durchlauf nacheinander ausführen, muss die Mehrzweckmaschine jeweils umgerüstet werden. Man setzt sie bei Platzmangel ein oder wenn Einzelmaschinen nur ungenügend ausgelastet wären. In kleiner Ausführung sind es heute auch beliebte Heimwerkermaschinen. Wir unterscheiden:

- Kombinierte Abricht- und Dickenhobelmaschine
- Kombinierte Kreissägen- und Langlochbohrmaschine
- Kombinierte Kreissägen-, Fräs- und Langlochbohrmaschine (**5**.91)
- Kombinierte Kreissägen-, Fräs-, Langloch-, Abricht- und Dickenhobelmaschine
- Kombinierte Tischfräs- und Schleifmaschine

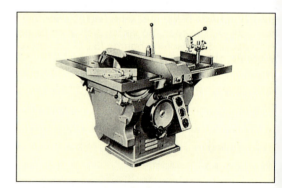

5.91 Kombinierte Kreissägen-, Fräs- und Langlochbohrmaschine

Aufgaben zu Abschnitt 5.2.7

1. Welche Bohrerarten können Sie bei Handbohrmaschinen einsetzen?
2. Wodurch unterscheidet sich der Bohrvorgang des Langlochbohrens vom normalen Bohren?
3. Welche konstruktiven Merkmale haben ortsfeste Bohrmaschinen?
4. Was müssen Sie beim Bohren kleiner Werkstücke beachten?
5. Welche Arbeitsgänge vereinigt der Astflickautomat?
6. Beschreiben Sie, wie die Bohrer auf der Spindel der Dübelloch- oder Reihenlochbohrmaschine befestigt werden.

7. Welche Arbeiten lassen sich rationell auf der Dübelloch- und Reihenlochbohrmaschine durchführen?
8. Warum ist bei Handbohrmaschinen die Auswahl der Bohrerdurchmesser begrenzt?
9. Was bedeutet das Zeichen ▣ auf einer Handbohrmaschine?
10. Welche Vorteile bietet eine netzunabhängige Bohrschraubmaschine gegenüber einer netzabhängigen Maschine?
11. Welche Drehzahl muss eingestellt werden, wenn ein Forstnerbohrer mit dem Ø 16 mm eine Schnittgeschwindigkeit von 25 m/s erreichen soll?

5.2.8   Schleifmaschinen

Den Zerspanungsvorgang des Schleifens haben wir beim Handschleifen in Abschn. 4.9 behandelt. Das Schleifen beschließt meist den Fertigungsablauf und dient als Vorbereitung für eine Oberflächenbehandlung. Geschliffen wird,

– um die Werkstoffoberflächen einzuebnen (egalisieren),
– um sie auf gleiche Dicke zu bringen (kalibrieren),
– um sie vor-, zwischen- oder nachzuschleifen (Lackschliff).

Arten. Je nach Betriebsgröße und Fertigungsweise bieten sich verschiedene Bauarten an **(5.92)**:

Stationäre Schleifmaschinen

– Bandschleifmaschine
– Breitbandschleifmaschine
– Zylinderbandschleifmaschine
– Kantenschleifmaschine
– Scheibenschleifmaschine

Handschleifmaschinen

– Handbandschleifmaschine
– Tellerschleifmaschine
– Schwingschleifmaschine
– Winkelschleifer

Nach dem Schleifverfahren unterscheiden wir Trocken- und Nassschliff.

Beim Trockenschliff wird der Schleifstaub trocken abgesaugt.

Beim Nassschliff (vor allem bei Lackschliff) wird das Schleifband durch Schleifmittelbesprühung gereinigt.

Die Bandschleifmaschine ist eine der ältesten Schleifmaschinen und noch heute in jeder Tischlerwerkstatt anzutreffen **(5.93)**. Ein gusseiserner Ständer trägt den auf Rollen gelagerten (quer zur Schleifrichtung beweglichen), höhenverstellbaren Arbeitstisch und die beiden Schleifbandrollen. Der

5.93   Bandschleifmaschine

Motor treibt die eine, festsitzende Schleifbandrolle direkt an. Die andere Rolle ist verstellbar, damit das umlaufende Schleifband gespannt werden kann **(5.92a)**. Diese Schleifbandrolle wird über ein Spanngewicht oder durch Federdruck gespannt und ist schwenkbar, damit der Bandlauf reguliert werden kann. Der Elektromotor neuerer Maschinen erlaubt Rechts- und Linkslauf sowie durch Polumschaltung Bandgeschwindigkeiten von 11 und 22 m/s. Auf der Antriebsseite befindet sich die Staubabsaugung. Der Schleifschuh drückt das Schleifband an die Werkstückoberfläche. Er sitzt

5.92   Schleifmaschinen im Prinzip

    a) Bandschleif-, b) Breitbandschleif-, c) Zylinderbandschleif-, d) Kantenschleif-, e) Scheibenschleifmaschine

auf einem Metallrohr und wird in der Ausgangsstellung durch ein Gegengewicht oder eine Feder
über dem Schleifband gehalten. Der Schleifschuh
muss links und rechts ≈ 5 mm schmäler als das
Schleifband sein. Durch das überstehende Schleifband könnte der Schleifschuh leicht Rillen eindrücken, das Band beschädigen oder abreißen.
Deshalb ist der Schleifschuh unten mit Filz belegt.

Arbeitstechnik. Je nach Holzart bzw. folgender
Oberflächenbehandlung wird grob vorgeschliffen,
erst quer und dann längs zur Holzfaser. Für den feinen Nachschliff wechseln wir das Band und schleifen nur noch längs der Faser. Das Werkstück wird
so auf den Arbeitstisch gelegt, dass es nicht verrutschen kann (Anschlag, Schleifrichtung). Nach
dem Einschalten drückt die rechte Hand den

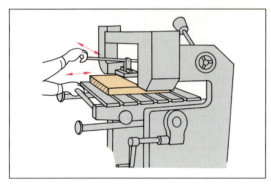

5.94   Arbeiten an der Bandschleifmaschine

Schleifschuh auf die Werkstückfläche. Zugleich
bewegt die linke Hand den Arbeitstisch mit dem
Werkstück gleichmäßig hin und her (**5.**94). Kleine
Werkstücke schleifen wir auf dem oberen Tisch mit
der Oberseite des Schleifbands, runde oder
geschweifte Teile dagegen an der Schleifbandrolle.
Damit sich die Schleifbänder nicht so schnell mit
Schleifabrieb vollsetzen, gibt es druckluftbetriebene Ausblasvorrichtungen.

Die Schleifmittel sind endlose Schleifbänder mit
Längen von 7200 bis 8500 mm und Breiten zwischen 110 und 200 mm. Rollenware gibt es in 50 m
Länge und den Breiten 110 bzw. 120 mm. Hier
schneidet man die Bandlänge selbst ab. Die Korngröße richtet sich nach der gewünschten Oberflächengüte (s. a. Abschn. 4.9) und beträgt

–   60 bis 80 beim Vorschleifen,
– 100 bis 120 beim Nachschleifen,
– 200 bis 400 beim Lackschleifen.

Die Breitbandschleifmaschine arbeitet mit mechanischem Vorschub: Die Werkstücke werden im
Durchlauf auf Antirutsch-Transportbändern oder
über gummierte Einzugswalzen befördert. Die
Schleifbänder laufen endlos rechts oder links um

wie bei der Bandschleifmaschine (**5.**92 b). Sie sind
aber erheblich breiter (610 bis 1300 mm), so dass
sie die gesamte Werkstückbreite bearbeiten. Die
Bänder können oben oder unten laufen, auch 2-
oder 3fach hintereinander angeordnet sein (**5.**95 a).

Unfallverhütung an Bandschleifmaschinen
– Das Schleifband muss an Umfang und Kanten bis auf den Arbeitsbereich verdeckt sein. Beschädigte Bänder sofort austauschen. Vor dem Einschalten die Spannung des Schleifbands prüfen.
– Vorgeschrieben sind Vorrichtungen gegen Verletzungen an den Schleifbandkanten (Begrenzung der Tischbewegung, Schleifschuhführung).
– Staub und Schmutz im Arbeitsbereich der Maschine entfernen. Die Höhe des Arbeitstisches entsprechend Werkstückhöhe einstellen.
– Staub wirksam absaugen. Kleine Werkstücke in Nähe der Ansaugöffnung schleifen.

a)

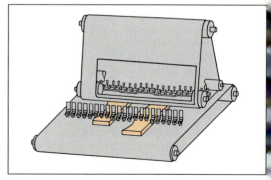

b)

5.95   a) Breitbandschleifmaschine, b) Schemaskizze

Den Schleifdruck bringen eine pneumatisch arbeitende, hin- und hergehende (oszillierende) Kontaktwalze oder ein Schleifschuh auf (**5.**95 b). Der Schleifstaub wird sofort hinter der Kontaktwalze über Absaugkanäle (im Druckbalken) abgesaugt. Andere Fabrikate arbeiten mit Bürstenwalzen.

Breitbandschleifmaschinen eignen sich vor allem für die durchlaufende Serienfertigung. Sie lassen sich zu regelrechten *Schleifstraßen* koppeln und führen so den Kalibrierschliff (auf gleiche Dicke schleifen), Vor-, Zwischen- und Nachschliff von Trägerplatten in einem Durchgang aus. Erzielt werden absolut glatte und ebene Oberflächen – eine wichtige Voraussetzung für die industrielle Fertigung, um bei den dünnen Furnieren oder bedruckten Papieren Fehlverleimungen und Furnierdurchschliffe auszuschließen. Neueste Maschinen erlauben es auch ungleich dicke Werkstücke (max. 2 mm), furnierte Platten oder Werkstücke mit Ausschnitten nebeneinander im Durchlauf sauber zu schleifen. Die Maschinenleistungen erreichen bis zu 400 m² Fertigschliff je Stunde!

Eine kleinere Bauart ist die Tisch- und Rahmenbandschleifmaschine.

Zylinderbandschleifmaschinen arbeiten ähnlich wie die Dickenhobelmaschinen. Statt einer Rundmesserwelle haben sie 1, 2 oder 3 Schleifzylinder für Vor- und Nachschliff, die oben oder unten sitzen können (**5.**92 c). Die Schleifzylinder haben Aufspannvorrichtungen, mit denen das Schleifband am Umfang befestigt wird. Sie arbeiten im Gleich- oder Gegenlauf. Gummierte Transportbänder übernehmen den Vorschub. Damit sich der Schleifabrieb nicht festsetzt, führen die umlaufenden Schleifzylinder noch eine hin- und hergehende (oszillierende) Bewegung aus.

Die Kantenschleifmaschine erleichtert die Arbeit in Klein- und Mittelbetrieben, in denen die Furnier- und Massivholzkanten noch von Hand geschliffen werden. Hier läuft das Schleifband auf zwei senkrecht gelagerten Schleifbandrollen um (**5.**92 d). Der Ständer trägt den Motor, der eine Schleifbandrolle direkt antreibt, und den höhen- und schrägverstellbaren Arbeitstisch. Die andere Schleifbandrolle ist verstellbar zum Spannen des Schleifbands. Bei einigen Fabrikaten kann man das Band auch schräg stellen, bei anderen oszillieren die Bandrollen.

Zylinderschleifwalzen (Schleifigel, **5.**96) in den Durchmessern zwischen 30 und 120 mm und den Breiten zwischen 100 und 120 mm können Sie auf jede Tischfräs- oder Bohrmaschine mit einem Spindelschaftdurchmesser von 30 mm aufspannen. Die zulässigen Drehfrequenzen liegen zwischen 3000 und 4500 U/min. Mit einem entsprechend eingestellten Anschlaglineal schleift man auf der Tischfräse auch Furnierkanten.

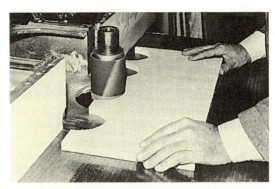

5.96 Zylinderschleifwalze (Schleifigel)

Die Scheibenschleifmaschine hat eine waagerecht gelagerte Schleifscheibe, deren freie Seite mit Schleifmitteln belegt ist (ähnlich der Schärfmaschine, **5.**92 e). Bei einigen Typen ist die Rollenwelle durch den direkt antreibenden Motor verlängert, so dass auf der anderen Seite eine kleine Bandschleifmaschine mitlaufen kann.

Handschleifmaschinen haben Elektro- oder Druckluftantrieb. Elektrisch betriebene Handschleifmaschinen sind meist mit einem Universalmotor ausgerüstet, damit flexibel auf der Baustelle und in der Werkstatt einsetzbar. Sie müssen schutzisoliert sein. Stecker und Kabel sind regelmäßig zu prüfen.

a)

b)

5.97 a) Handbandschleifer
b) in stationärer Einrichtung

Der Handbandschleifer eignet sich für Flächen-, Kanten- und Falzschliff. Das endlos umlaufende Schleifband läuft wie bei der Bandschleifmaschine auf zwei Rollen, von denen eine verstellbar ist. Der Schleifstaub wird in den angebauten Staubsack abgesaugt (**5.**97 a). Mit dieser Maschine können Sie alle Holzarten, Plattenwerkstoffe, Metall und Lacke schleifen. Nach Einbau in ein Gestell lässt sie sich auch als stationäre Maschine einsetzen (**5.**97 b).

Der Exzenterschleifer ist eine Weiterentwicklung des Tellerschleifers (**5.**98). Das runde gelochte Schleifblatt wird durch einen Kletthaftbelag gehalten. Durch die Löcher wird der Schleifstaub abgesaugt. Durch die zugleich schwingende und drehende Bewegung des Schleiftellers universell einsetzbar.

5.98   Exzenterschleifer

Der Winkelschleifer arbeitet wie der Exzenterschleifer mit einer Schleifmittelscheibe. Durch seine Bauform eignet er sich zum Schleifen und (mit geeignetem Aufsatz) zum Polieren auch an schlecht zugänglichen Stellen. Mit aufgesetzter Trennscheibe trennt er sogar Steine. Man setzt ihn für Bau- und Montagearbeiten ein (**5.**99).

5.99   Winkelschleifer

Der Schwingschleifer (Rutscher, **5.**100) ist in der Werkstatt unentbehrlich. Das Schleifmittel wird durch zwei Federklammern auf den gummibelegten Schleifschuh gespannt, der hin und her schwingt. Dank der rechteckigen Form bearbeitet der Rutscher auch Ecken. Besonders eignet er sich für Zwischenschliffe lackierter Oberflächen. Einige Typen können an ein Absaugegerät angeschlossen werden (**5.**101).

5.100   Schwingschleifer

Alle Handmaschinen müssen an geeignete Absaugungsanlagen angeschlossen werden oder müssen integrierte Absaugungen haben (Ausnahme: Bohrmaschine).

5.101   Absauggerät für Feinstäbe

Unfallverhütung an Schleifmaschinen

– Kabel, Stecker und Anschlüsse vor Gebrauch prüfen (Sichtprüfung).
– In Lackierräumen nur mit druckluftbetriebenen oder explosionsgeschützten Geräten arbeiten.
– Bandspannung prüfen, beschädigte (eingerissene) Schleifbänder auswechseln.
– Werkstück fest einspannen.
– Die Maschine immer mit beiden Händen führen.

1. Was versteht man unter Nass- und Trockenschliff?
2. Wie wird bei der Bandschleifmaschine das Schleifband gewechselt und gespannt?
3. Wie setzen Sie den Schleifschuh der Bandschleifmaschine auf das Schleifband?
4. Bei welchem Schliff können Vollholzoberflächen auch quer zur Faser geschliffen werden?
5. Wodurch vermeidet man ein frühzeitiges Vollsetzen des Schleifkorns?
6. Welche Bauarten von Breitbandschleifmaschinen gibt es?
7. Erläutern Sie die Arbeitsunterschiede der Breitband- und der Bandschleifmaschine.
8. Warum müssen in der Serienfertigung Plattenwerkstoffe vor dem Verleimen auf gleiche Dicke geschliffen (kalibriert) werden?

9. Wie arbeitet die Zylinderbandschleifmaschine?
10. Wie läuft das Schleifband bei der Kanten- und der Bandschleifmaschine um?
11. Was bedeutet das Zeichen ▢ auf einem Schwingschleifer?
12. Welche Sicherheitsmaßnahmen müssen Sie beim Arbeiten mit elektrisch betriebenen Schleifmaschinen beachten?
13. Was bedeuten Pfeil und Zahl auf einem Schleifband?
14. Welches Schleifkornmaterial setzt man bei Schleifmitteln ein?
15. Welche Folgen ergeben sich auf der Holzoberfläche, wenn Sie mit zu viel Druck und abgeschliffenem Schleifmittel arbeiten?

5.2.9 Hydraulische und pneumatische Geräte

Neben den elektrischen Maschinen werden in der Holzbe- und -verarbeitung immer mehr hydraulisch und pneumatisch betriebene Geräte und Hilfsmittel eingesetzt. Bei ihnen sind die Brand- und Explosionsgefahr erheblich geringer als bei den elektrischen Maschinen. Außerdem übertragen sie die Kräfte unmittelbar.

Was versteht man unter Hydraulik und Pneumatik? Das Wort Hydraulik stammt aus dem Griechischen und bedeutet Kraftübertragung durch Flüssigkeit (griech. hydro = Wasser). Entsprechend bedeutet Pneumatik Kraftübertragung durch Gase (griech. pneuma = Luft).

Hydraulik nutzt die Flüssigkeit als Arbeitsmedium (Arbeitsmittel), Pneumatik nutzt die Luft dazu.

5.2.9.1 Hydraulische Geräte

Hydrostatischer Druck. Die Physiker unterscheiden zwischen der Hydrostatik (ruhende Flüssigkeit) und der Hydrodynamik (strömende Flüssigkeit). Wie jede Materie übt auch die Flüssigkeit einen Druck aus – den hydrostatischen Druck. Er hängt von der Höhe des Flüssigkeitsspiegels im Behälter und der Flüssigkeitsdichte ab (5.102 a).

Was geschieht, wenn wir den Behälter durch einen Gummistopfen dicht verschließen und den Stopfen auf den Flüssigkeitsspiegel drücken?

Die Flüssigkeit lässt sich nicht zusammendrücken (verdichten). Vielmehr pflanzt sich der Druck fort und überträgt sich gleichmäßig auf die ganze Flüssigkeit, so dass er an jeder Stelle gleich groß ist (5.102 b). Wird dieser hydraulische Druck zu stark, platzt der Behälter. Die Größe des hydraulischen Drucks p hängt ab von der Druckfläche A (Stopfendurchmesser) und der einwirkenden Kraft F.

Flüssigkeiten lassen sich durch Krafteinwirkung praktisch nicht verdichten. Der Druck pflanzt sich innerhalb der Flüssigkeit fort und ist überall gleich groß. Wir berechnen ihn nach der Formel

$$p = \frac{F}{A}$$ in bar oder Pascal (Pa).

$$1 \text{ bar} = 100\,000 \text{ Pa} = 10\,\frac{N}{cm^2}\,;\ 1 \text{ Pa} = \frac{1\,N}{1\,m^2}$$

In der hydraulischen Presse wird diese gleichmäßige Druckfortpflanzung ausgenutzt und die Kraft übertragen (5.103). Die Kolbenflächen A_1 und A_2 verhalten sich danach wie die Kolbenkräfte F_1 und F_2. Vergrößern wir die Kolbenfläche A_2, ver-

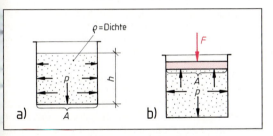

5.102 Hydrostatischer (a) und hydraulischer (b) Druck

größert sich also auch die Kolbenkraft F_2. Dieses Verhältnis drücken wir in einer Formel aus:

$$\frac{A_1}{A_2} = \frac{F_1}{F_2}$$

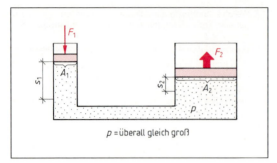

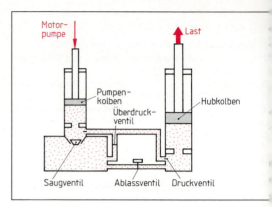

5.104   Einfaches Hydrauliksystem

5.103   Hydraulische Presse

Beispiel   Auf den Pumpenkolben (kleiner Kolben) einer hydraulischen Presse mit der Fläche A_1 wirkt die Handkraft F_1. Wie groß ist die Presskraft F_2 am Hubkolben (großer Kolben) mit der Fläche A_2? Wie groß ist der Öldruck?

$A_1 = 10\ cm^2$, $A_2 = 200\ cm^2$, $F_1 = 100\ N$, $F_2 = ?$, $p = ?$

$$\frac{F_1}{F_2} = \frac{A_1}{A_2} \quad F_2 = \frac{F_1 \cdot A_2}{A_1} = \frac{100\ N \cdot 200\ cm^2}{10\ cm^2} = \mathbf{2000\ N}$$

$$p = \frac{F_1}{A_1} = \frac{F_2}{A_2} = \frac{100\ N}{10\ cm^2} = \frac{2000\ N}{200\ cm^2} = \mathbf{10\ \frac{N}{cm^2}}$$

Wirkt auf den kleinen Kolben eine Kraft F_1 von 100 N, ergibt sich am größeren Kolben durch die 20fache Vergrößerung der Kolbenfläche A_2 auch eine 20fach größere Kraft F_2. Der Flüssigkeitsdruck beträgt überall 10 N/cm².

Die Kolbenwege s_1 und s_2 verhalten sich dagegen umgekehrt wie die Flächen und Kräfte. So erhalten wir die Formel

$$\frac{A_1}{A_2} = \frac{F_1}{F_2} = \frac{s_2}{s_1}.$$

Was an Kraft gespart wird, geht also an Weg wieder verloren.

Hydraulische Geräte arbeiten in der Regel mit elektrisch angetriebenen Pumpen, die die Druckflüssigkeit (heute meist Öl) aus dem Behälter ansaugen und zum Press- oder Hubkolben drücken (5.104). Den Durch- und Rückfluss des Öls steuern Ventile. In der Holzbearbeitung werden vor allem

Presseinrichtungen für hohe Drücke hydraulisch betrieben (z. B. Furnierpressen 5.105, Rahmen- oder Korpuspressen), daneben aber auch Hubgeräte wie Gabelstapler, Hubwagen und Hubtische.

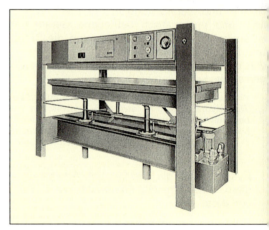

5.105   Hydraulische Furnierpresse

5.2.9.2   Pneumatische Geräte

Woran liegt es, dass Ihnen nach einer schnellen Seilbahnfahrt auf einen Berg die Ohren „sausen"? Warum dürfen Taucher nur langsam und stufenweise wieder aus größeren Tiefen auftauchen?

Luftdruck. Die unsere Erde umgebende Atmosphäre ermöglicht überhaupt erst menschliches, tierisches und pflanzliches Leben. Sie besteht aus dem Gasgemisch Luft – aus Stickstoff, Sauerstoff und Edelgasen. Auch die Luft hat Masse. Ein Versuch zeigt uns die Wirkung des Luftdrucks.

■ **Versuch** Ein auf beiden Seiten offenes Glasröhrchen wird in einen wassergefüllten Behälter getaucht. Dann verschließen wir die obere Öffnung mit dem Daumen und nehmen das Röhrchen heraus.

Ergebnis Das Wasser entweicht nicht, weil der Luftdruck den Wasserdruck ausgleicht.

In der Atmosphäre drücken die höheren Luftschichten auf die unteren. So beträgt der Luftdruck auf der Erdoberfläche in Meereshöhe $\approx 10\,N/cm^2$ = 1 bar. Seine Größe hängt von der Entfernung zum Erdmittelpunkt ab. Mit wachsender Entfernung nimmt die Anziehungskraft (Schwerkraft) ab und verringert sich darum auch die Luftdichte. Dazu brauchen wir nicht erst in den Weltraum zu fahren – schon im Gebirge merken wir, dass die Luft „dünner", der Luftdruck niedriger ist als in Meereshöhe. Gemessen wird der Luftdruck mit dem *Barometer* oder dem *Manometer* (**5.**106).

Das Barometer bezieht den Luftdruck auf den absoluten Nullpunkt (Vakuum), das Manometer dagegen auf die Normalatmosphäre ($\approx$ 1 bar). So zeigt das Barometer stets einen um 1 bar höheren Druck an als das Manometer.

> Pumpen wir mit einer Luftpumpe Luft in den Fahrradschlauch, erhöht sich im Schlauch der Druck. Pumpen wir zu viel Luft hinein, wird der Überdruck zu groß, und der Schlauch platzt. Bei längerem Pumpen stellen wir außerdem eine Erwärmung der Pumpe fest.

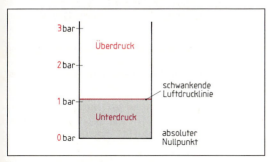

5.106 Druckmessung

Aus Erfahrung wissen wir, dass der Luftdruck im Fahrradschlauch auch ansteigt, wenn wir größere Strecken fahren oder wenn der Reifen längere Zeit praller Sonnenbestrahlung ausgesetzt wird. Drehen wir das Fahrradventil auf, entweicht die Luft zischend – die verdichtete Luft entspannt sich und gibt die gespeicherte Verdichtungsenergie frei.

Daraus ist zu schließen:

> Luft lässt sich verdichten (komprimieren). Dabei entsteht Wärme. Verdichtete Luft ist gespeicherte Energie.

Druck-Volumen-Gasgesetz. Je dichter die Luft komprimiert wird, desto weniger Raum (Volumen *V*) nimmt sie ein: je mehr sich die Luft ausdehnt, desto „dünner" wird sie. Bei gleichbleibender (konstanter) Temperatur verhalten sich also die Drücke umgekehrt wie die Volumen (**5.**107).

In einen beheizten Raum tritt kühlere Luft durch das geöffnete Fenster ein, sinkt ab, erwärmt sich am Heizkörper und steigt nun wieder hoch – es entsteht eine Luftströmung.

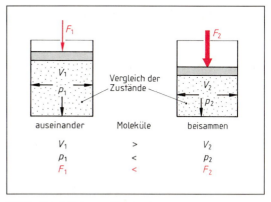

5.107 Druck-Volumen-Gasgesetz

$$\frac{p_1}{p_2} = \frac{V_2}{V_1} \quad \text{Mithin } p_1 \cdot V_1 = p_2 \cdot V_2 = const$$

Druckluftanlagen nutzen die Eigenschaft der Luft, sich verdichten zu lassen. In den fahrbaren oder stationären Anlagen saugt ein elektrisch angetrie-

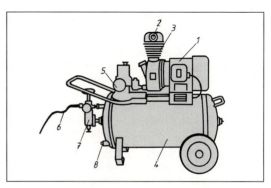

5.108 Druckluftanlage

1 Elektromotor	*5* Manometer
2 Luftansaugung	*6* Druckluftabgang
3 Verdichter	*7* Wartungseinheit
4 Druckbehälter	*8* Entwässerung

bener Verdichter (Hub- oder Rotationskolben) die atmosphärische Luft durch einen Schmutzfilter an und presst die verdichtete Luft in den Druckluftbehälter (Windkessel, **5**.108). Die Ventile sind so angeordnet, dass jeweils eines öffnet, wenn das andere schließt. Der Verdichter schaltet erst ab, wenn ein im Druckbehälter eingestellter Überdruck erreicht ist (Manometerkontrolle). Vom Druckbehälter führt eine Hauptleitung zu einem oder zu mehreren Druckluftverbrauchern. Entnehmen die Verbraucher Druckluft, sinkt der Überdruck im Druckluftbehälter. Sobald ein bestimmter, eingestellter unterer Druckgrenzwert erreicht ist (Manometerkontrolle), schaltet der Verdichter wieder ein. Die Verdichtung kann ein- oder zweistufig geschehen (**5**.109).

Mit zweistufigen Verdichtern sind höhere Drücke möglich: Die 1. Stufe verdichtet z. B. auf 10 bar, die 2. Stufe auf 15 bar.

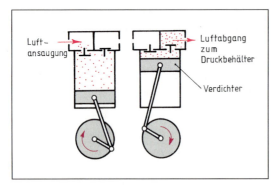

5.109   Einstufiger Kolbenverdichter

Die Größe einer Druckluftanlage wird bestimmt

– durch die Druckhöhe (bar),
– durch die Ansaugleistung (l/min),
– durch die Lieferleistung (l/min).

Weil sich das Volumen der angesaugten Luft durch die Verdichtung verringert, ist die Ansaugmenge immer höher als die Liefermenge. Der Unterschied hängt vom Verdichtungsgrad ab. Maßgebend bei der Anschaffung einer Druckluftanlage ist die zu erwartende Lieferleistung = Luftmenge aller Verbraucher plus Sicherheits- und Reservezuschlag.

Wartung und Pflege. Zu den unangenehmen Begleiterscheinungen der Pneumatik gehören die Erwärmung und der Wasserdampfgehalt der Luft. Sie erfordern eine Kühlung bzw. eine Wartungseinheit.

Kühlung. Wie wir schon bei der Luftpumpe feststellten, erwärmt sich die Luft bei der Verdichtung

durch die Reibung der Moleküle. Umgekehrt tritt bei Druckentspannung eine Abkühlung auf. Je höher die Verdichtung, desto stärker erwärmen sich die Verdichter (Kompressoren). Sie müssen deshalb durch Kühlrippen gekühlt werden.

Wasserablassventile und Wartungseinheit. Die angesaugte Umluft enthält Staub und Wasserdampf (relative Luftfeuchtigkeit). Die Staubpartikel werden durch das Filter abgesondert, doch der Wasserdampf gelangt mit der Luft in den Druckbehälter.

1 m³ Luft kann bei 20 °C maximal 17 g Wasser aufnehmen. Bei einer relativen Luftfeuchte von 60 % enthält die Luft immer noch 17 g · 0,60 = 10,2 g Wasser (s. Abschn. 3.3.5). Ein Druckbehälter mit 1 m³ Rauminhalt kann auch bei verdichteter Luft nur die Wasserdampfmenge von 1 m³, also bei 20 °C Lufttemperatur und 100 % relativer Luftfeuchte nur 17 g Wasser aufnehmen. Bei einer Luftverdichtung auf 11 bar fällt aber die 10fache Menge Wasserdampf an. Kühlt zudem die Luft im Druckbehälter ab, weil die Raumluft-Temperatur sinkt, schlägt sich ein Teil des Dampfes als Kondenswasser nieder. Wird die verdichtete Luft rasch entnommen, kühlt sie sich in den Leitungen oder beim Verbraucher (z. B. Spritzpistole) ab und führt hier evtl. zu Betriebsstörungen.

Druckbehälter und Leitungen brauchen darum Wasserablassventile. Außerdem baut man nach der Luftentnahme aus dem Druckbehälter und vor allen größeren Verbrauchern eine Wartungseinheit in die Leitung ein. Sie besteht aus dem Druckluftfilter, dem Druckregler und dem Druckluftöler (**5**.110).

Der Druckluftfilter hält Schmutz-, Rost- und Wasserteilchen zurück.

Der Druckregler gleicht Druckschwankungen im Leitungsnetz aus.

Der Druckluftöler mischt der durchströmenden Luft tröpfchenweise Öl bei, damit die druckluftbewegten Teile (z. B. Spannzylinder) besser gleiten und Metallteile (z. B. Kupplungen) vor Korrosion geschützt werden.

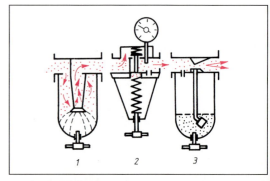

5.110   Wartungseinheit
       1 Schmutzfilter
       2 Druckregler
       3 Druckluftöler

Tabelle **5**.111 Hydraulik und Pneumatik

	Hydraulik	Pneumatik
Vorteile	erheblich höhere Drücke mit geringem Kraftaufwand	Luft steht überall „kostenlos" zur Verfügung
	Öl verhindert Korrosion und schmiert gleichzeitig die Metallflächen	Druckluft ist speicherbar, leicht zu transportieren und schnell zu installieren (flexibel)
	genau dosierbare Bewegungen einstellbar	leicht und schnell zu regulieren, hohe Anfangsgeschwindigkeiten
		keine Rückleitung, unempfindlich gegen Frost
Nachteile	schwierige und damit teure Installation	verhältnismäßig teure Anlage
	keine Flexibilität bei verschiedenen Einsatzstellen im Betrieb	keine gleichmäßigen, genau dosierbaren Bewegungen möglich (Luft ist verdichtbar)
	raschere Arbeitsbewegungen erfordern erheblich höhere elektrische Leistungen	nur für kleinere Drücke wirtschaftlich
	nicht speicherbar, Rückleitung erforderlich	laute Abluft macht Schalldämpfer erforderlich

Vor- und Nachteile der Hydraulik und Pneumatik zeigt Tabelle **5**.111 im Vergleich.

Fast jeder Betrieb hat heute eine Druckluftzentrale oder wenigstens eine transportable Druckluftanlage. Die rasche Verbreitung der Pneumatik liegt auch daran, dass es in der rationalisierten Fertigung (z. B. beim raschen Spannen und Entspannen von Bohrteilen an der Dübelbohrmaschine) kein einfacheres und wirtschaftlicheres Arbeitsmittel gibt. So finden wir Druckluftanlagen

– als Antrieb von Bohr-, Nagel- und Schraubmaschinen,
– als Antrieb von Spann- und Pressvorrichtungen,
– zum Spritzen,
– als Steuerungs- und Arbeitsmittel für Förder- und Transporteinrichtungen in der Fertigung.

Druckluftbetriebene Handmaschinen (Nagel-, Schraub-, Bohr- und Schleifmaschinen) sind leichter und als Einzelgeräte billiger als vergleichbare elektrische. Sie sind außerdem überlastungssicher und verschleißfester. Bei Bohrmaschinen können wir die Drehzahlen stufenlos bis Null regulieren.

Press- oder Spannvorrichtungen werden schnell und sicher mit Druckluft betätigt. Verleimständer, Verleimsterne und Rahmenpressen lassen sich rasch geänderten Werkstückabmessungen anpassen. Einfach- oder doppeltwirkende Spannzylinder mit oder ohne Rückholfeder spannen Werkstücke zügig ein oder pressen Verleimteile fest zusammen (**5**.112). Die hierbei auftretende Kolbenkraft des Spannzylinders berechnen wir nach der Formel

> **Kolbenkraft = Kolbenfläche · Betriebsdruck der Anlage · Wirkungsgrad**
>
> $F = A \cdot p \cdot \eta$

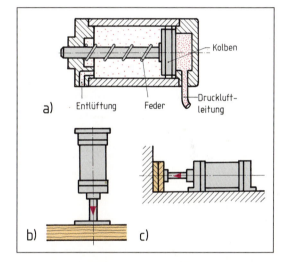

a) Entlüftung · Feder · Kolben · Druckluftleitung

b)

c)

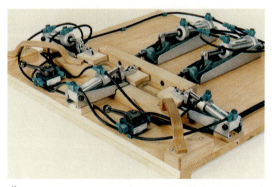

d)

5.112 Pneumatik-Zylinder
 a) einfach wirkender Zylinder mit Rückholfeder,
 b) Pressen, c) Spannen, d) Spannvorrichtung

Beispiel Ein Spannzylinder hat einen Kolbendurchmesser von 6 cm, Betriebsdruck 5 bar. Welche Druckkraft erreicht der Spannzylinder in N, wenn durch die Federkraft 5 % verloren gehen?

$A = d \cdot d \cdot 0{,}785 = 6 \text{ cm} \cdot 6 \text{ cm} \cdot 0{,}785$
$\quad = 28{,}26 \text{ cm}^2$

$F = A \cdot p \cdot \eta = 28{,}26 \text{ cm}^2 \cdot 50 \text{ N/cm}^2 \cdot 0{,}95$
$\quad = 1342{,}35 \text{ N} \approx 1340 \text{ N}$

Der nötige Verleimdruck in der Leimfuge kann durch die Zahl der Spannzylinder und ihren Abstand erhöht oder vermindert werden.

Druckluftspritzpistolen werden zum Lack- und Farbspritzen verwendet (**5.**113). Die Druckluft bildet über ein Regulierventil je nach Wunsch einen Rund- oder Flachstrahl. Sie kann auch die Lack- oder Farbflüssigkeit unter Druck setzen. Beim Airless-Verfahren (airless = luftlos) wird das flüssige Material ohne Luft verdüst. Der Flüssigkeitsdruck kann bis zu 200 bar betragen und wird hydraulisch erzeugt (s. a. Bild **9**.8).

Zur Energieumformung und -steuerung wird die Druckluft in der modernen Serienfertigung eingesetzt. Wie wir bei den Press- und Spanneinrichtungen gesehen haben, wandelt man über einen Spannzylinder (Kolben) die Verdichtungsenergie der Luft in mechanische Energie (Arbeit) um (Ener-

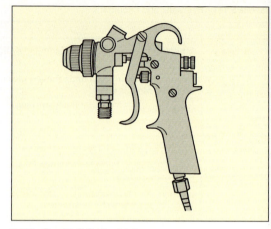

5.112   Druckluft-Spritzpistole

gieumformung). Um den Spannzylinder der Presseinrichtung zu schließen und nach dem Pressen wieder aufzumachen, muss der Druckluftstrom entsprechend über Ventile und Schalter geführt werden (Energiesteuerung).

Zur Energieumformung benutzt man einfach- oder doppeltwirkende Zylinder mit und ohne Rückhol-

Tabelle **5.**114   Luftverbrauch von pneumatisch betriebenen Geräten

Gerät, Größe in mm	Betriebsüberdruck in bar	Luftverbrauch (100 %) in l/min	in m³/h
Ausblasepistole Düse 1/1,5/2 mm	6	65/140/250	4/8/15
Sprühpistole	3	65 bis 150	4 bis 9
Bohrmaschine Bohrdurchmesser Stahl 4 bis 8 mm	6	140 bis 750	8 bis 45
Schlagschrauber	6	130 bis 800	8 bis 48
Vertikalschleifer Scheibendurchmesser 180 bis 230 mm	6	1000 bis 2000	60 bis 120
Flächenschleifer (Rutscher) Blattgröße 300 x 100 mm	6	140 bis 250	8 bis 15

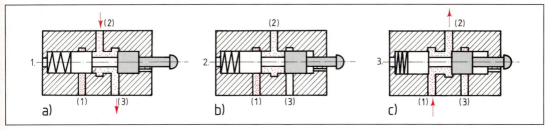

5.115 $^8/_2$-Wegeventil im Schnitt
a) in Ruhestellung ist der Druckluftanschluss P gesperrt, der Weg zur Entlüftung geöffnet (A → R)
b) Übergangsstellung, nachdem der Schalter betätigt ist
c) in Schaltstellung kann die Druckluft P → A strömen und den Verbraucher betätigen. Die Entlüftung R ist gesperrt.
(A) 2 Anschlussleitung zum Verbraucher, (P) 1 Druckluftanschluss, (R) 3 Entlüftung

feder. Zur Energiesteuerung dienen Wege-, Sperr-, Druck- und Stromventile (**5.115**). Voraussetzung für die Druckluftsteuerung ist die genaue Ablauferfassung der Arbeitsvorgänge.

Beispiel Das Bohren von Dübellöchern an Korpusseiten soll automatisiert werden. Ablauf:
1. Arbeitsvorgänge bestimmen
2. Reihenfolge der Arbeitsvorgänge bestimmen
3. Welche Arbeitsgänge müssen miteinander gekoppelt werden?
4. Ablaufplan erstellen
5. Schaltplan mit genormten Symbolen erstellen
6. Probelauf (Probeschaltung)

Bild **5.116** zeigt einen einfachen Schaltplan.

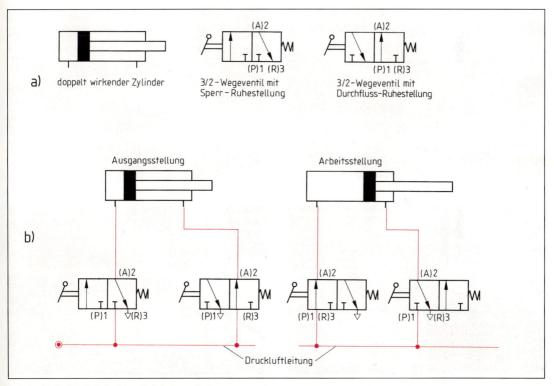

5.116 Einfacher Schaltplan mit Schaltsymbolen
a) Geräte: Zwei $^3/_2$-Wegeventile (WV), ein doppelt wirkender Zylinder, b) Schaltplan

1. Was versteht man unter dem Begriff Arbeitsmedium?
2. Erklären Sie den Unterschied zwischen einem hydraulischen und pneumatischen Arbeitsmittel und ihrem Druckverhalten.
3. Nach welcher Formel wird der Druck berechnet?
4. Welche Geräte und Vorrichtungen in der Tischlerei arbeiten hydraulisch?
5. Warum nimmt der Luftdruck nach oben hin ab?
6. Womit misst man den Luftdruck?
7. Worin unterscheiden sich die Messverfahren?
8. Was besagt das Druck-Volumen-Gasgesetz?
9. Welche unerwünschten Nebenerscheinungen gibt es bei der Luftverdichtung, und wie verhindert man ihre schädlichen Auswirkungen?
10. Welche Größen bestimmen die Leistung einer Druckluftanlage?
11. Nennen Sie Vor- und Nachteile der Hydraulik und Pneumatik.
12. Welche Geräte und Vorrichtungen in der Tischlerei betreibt man heute pneumatisch?
13. Nennen Sie pneumatisch betriebene Geräte zur Energieumformung und Energiesteuerung.
14. Worin unterscheiden sich einfach- und doppeltwirkende Pneumatik-Zylinder?

5.2.10 CNC-Maschinen

CNC-Bearbeitungsanlagen im Holzbereich bestehen im Wesentlichen aus der Werkstückaufnahmevorrichtung, den Bearbeitungsaggregaten und dem Steuerpult. Das Werkstück wird horizontal aufgespannt oder transportiert. Die verschiedenen Bohr-, Fräs- und Sägeaggregate, verfahrbar oder fest, bearbeiten das Werkstück dreidimensional.

Die Werkzeugaufnahme und die Arbeitsbewegungen der einzelnen Aggregate sind computergesteuert und werden über das Steuerpult eingegeben. Der Programmablauf kann über einen Monitor, außerhalb der eigentlichen Bearbeitungsstelle, verfolgt und jederzeit gestoppt oder korrigiert werden (**5.**117 a bis c).

a)

c)

b)

c)

5.117   a) CNC-Bearbeitungszentrum, b) Bearbeitungswerkzeuge und -Aggregate, c) Bearbeitungsbeispiele

Neuere Maschinen besitzen auch eine eigene Werkzeugverwaltung. Nicht benötigte Werkzeuge werden arbeitsbereit in Magazinen aufbewahrt. Sie können dort jederzeit, wenn der Programmablauf dies erfordert, durch den computergesteuerten Bearbeitungskopf angefahren, aufgenommen und in Arbeitsstellung gebracht werden.

Arbeitsabläufe

- Die Werkstücke werden mit Vakuumtechnik festgespannt oder elektrisch transportiert.
- Die Werkzeuge werden über Morsekonusse mechanisch und/oder pneumatisch vakuumtechnisch gespannt.
- Die Spindeldrehzahlen werden elektrisch über Frequenzumformer erzeugt.
- Die Arbeitsbewegungen der Spindeln erfolgen pneumatisch und elektrisch.
- Die Späne werden direkt am Entstehungsort über flexible und verfahrbare Kunststoffschläuche abgesaugt.

> Computergesteuerte Holzbearbeitungsmaschinen werden als CNC-Maschinen bezeichnet.

In der CNC-Holzbearbeitung sind folgende Arten zu unterscheiden:

- Oberfräs-Bohrautomaten
- Kehlautomaten
- Plattenaufteilsägemaschinen

(s. auch Grundlagen der Steuerungs- und Regelungstechnik, Abschn. 5.3).

CNC-Maschinen sind zwar teuer in der Anschaffung, zeitaufwendig in Verwaltung, Programmierung und Dateneingabe, aber sie bieten auch wesentliche Vorteile:

- Wiederholbarkeit von Bearbeitungsabläufen
- Veränderte Werkstückabmessungen sind schnell korrigiert
- Exakte Maßhaltigkeit der Werkstücke
- Hohe Bearbeitungsgeschwindigkeiten = kürzere Fertigungszeiten
- Arbeitssicherheit der Mitarbeiter.

Die Werkzeuge für die CNC-Bearbeitung sollten wegen der flexiblen Einsetzbarkeit bei unterschiedlichsten Werkstoffen möglichst verschleißfest sein. Es sind deshalb HM- oder PKD-bestückte Werkzeugschneiden einzusetzen.

5.3   Numerisch gesteuerte Holzbearbeitungsmaschinen

Industrie und Handwerk sind heute unlösbar mit der Computertechnik verknüpft. Nur der Computer ermöglicht die immer schnelleren Arbeitsabläufe in der Serien- und Massenproduktion bei äußerster Materialausnutzung und Präzision.

Bevor wir uns mit den rechnergesteuerten Maschinen vertraut machen, müssen wir die Grundlagen der Steuerungs- und Regelungstechnik kennen.

5.3.1   Grundlagen der Steuerungs- und Regelungstechnik

In der Technik übernehmen Steuerungs- und Regelungseinrichtungen wichtige Aufgaben an Maschinen und Produktionsanlagen. Sie ermöglichen den automatischen Ablauf vorausbestimmter Vorgänge (z. B. Spannen, Werkzeugbewegungen, Temperatur- und Druckregelungen) bis hin zur komplexen Prozessregelung von Fertigungsanlagen.

Durch Steuern werden nach einem geplanten Ablauf bestimmte Funktionen ausgeführt. So schaltet sich z. B. eine Furnierpresse beim Erreichen eines vorgegebenen Pressdrucks durch ein Steuerungselement automatisch ab. Beim Steuern löst das Steuergerät (z. B. Schalter, Ventil) im Stellglied (z. B. Motor, Hydraulikpumpe) die Beeinflussung der Steuerstrecke aus (Pressdruck der Presse). Da Störungen nicht ausgeglichen werden und die Ausgangsgröße keine Rückwirkung hat, sprechen wir von einer offenen *Steuerkette* (**5.**118).

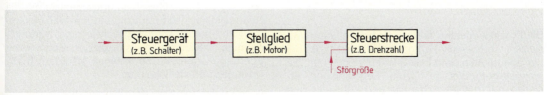

5.118   Offene Steuerkette

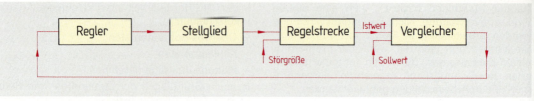

5.119   Geschlossener Regelkreis

Die Steuerung kann nach einem Programm (Programmsteuerung), einem Zeitplan (Zeitplansteuerung), nach der Reihenfolge von Vorgängen (Ablaufsteuerung) oder nach zurückgelegten Wegstationen (Wegplansteuerung) erfolgen.

Unter Steuern versteht man den automatischen Ablauf eines geplanten Vorgangs ohne Rückwirkung auf die Eingabegröße (Stellgröße).

Durch Regeln werden die Stellglieder eines Systems automatisch gesteuert. Dabei werden die Istwerte ständig gemessen und mit den Sollwerten verglichen. Ein Regler beseitigt Abweichungen und Störungen durch Signale an das Stellglied. Diese Rückwirkung ergibt einen geschlossenen *Regelkreis* (**5.119**).

Beispiel   Der Trockenprozess bei der Kammertrocknung verläuft nach einem Trockenplan. Um Trockenschäden zu vermeiden, müssen z. B. Trockentemperatur und Luftfeuchtigkeit aufeinander abgestimmt und auf einem vorgegebenen Wert gehalten werden. Dies geschieht durch einen Regelvorgang. Eine Messeinrichtung vergleicht Ist- und Sollwerte. Bei Abweichungen erfolgt automatisch ein Ausgleichen bis zum Erreichen der vorgesehenen Werte.

Daraus ergeben sich die Aufgaben der Regelung:

– Istwert messen,
– Istwert mit Sollwert vergleichen,
– ggf. Abweichungen und Störgrößen beseitigen.

Beim Regeln wird die Regelgröße ständig gemessen, mit der Sollgröße verglichen und bei Abweichungen angeglichen.

Die Prozessregelung finden wir bei vollautomatisierten, komplexen Fertigungsabläufen, z. B. bei der Spanplatten- und Faserplattenherstellung. Die rechner-(computer-)gestützten Regelanlagen erfassen zur Qualitätssicherung und Kontrolle eine Vielzahl von Einflussgrößen. Bei dieser vollauto-

matischen Prozessbeobachtung und -regelung sprechen wir von Prozessleitsystemen.

Steuerungsarten. Zum Steuern braucht man Informationen und Energie zur Signalübermittlung. Nach der Art der Signalübertragung unterscheiden wir mechanische, pneumatische, hydraulische, elektrische und elektronische Steuerungen.

Mechanische Steuerung. Informationsgeber sind z. B. Abtastmodelle (Kopierschablonen), Nocken oder Kurvenscheiben. Die Signale werden mechanisch (durch Hebel, Stößel und Getriebe) übertragen und betätigen z. B. Ventile, Kupplungen oder Antriebsaggregate. Diese einfache, stabile und wartungsarme Steuerung wird wegen des großen Platzbedarfs, der Verschleißanfälligkeit einzelner Teile und der geringen Flexibilität nur für besondere Aufgaben verwendet. Der Einsatz beschränkt sich auf starre Steuerungen mit gleichbleibenden Bewegungsabläufen.

Beispiele   Bohreinrichtungen, Drechselmaschinen, Kopierfräsmaschinen

Pneumatische Steuerungen arbeiten mit Druckluft, die Ventile an Maschinen und Anlagen betätigt. Die Maschinen und Fertigungsanlagen werden durch pneumatische Ventile gesteuert (s. Abschn. 5.2.9). Luft als Energieträger steht überall zur Verfügung, eine Rückleitung ist nicht notwendig. Der erzeugte Überdruck ist jedoch begrenzt auf etwa 10 bar, die Genauigkeit zudem gering. Diese Steuerung eignet sich für geradlinige Schalt-, Verschiebe- und Zubringerfunktionen, weniger für Vorschubbewegungen.

Beispiele   Nagel- und Schraubapparate, Spannvorrichtungen, Spritzanlagen

Hydraulische Steuerungen öffnen und schließen die Ventile mit Druckflüssigkeit (Hydrauliköl). Sie ermöglichen hohe Kraftübertragung (Druck über 300 bar) und schnellen Richtungswechsel. Da die Hydraulikflüssigkeit nur im geringen Maß zusammendrückbar ist, können gleichförmige, lastunabhängige Bewegungen mit großer Genauigkeit übertragen werden. Die Anlagen erfordern Rückleitungen und viel Wartung.

Beispiele   Pressen, Spannvorrichtungen, Brems- und Vorschubeinrichtungen

Die pneumatische und die hydraulische Steuerung steuern mit Ventilen (Steuerglieder), je nach Aufgabe als Wege-, Sperr-, Strom- oder Druckventil.

Wegeventile steuern Anfang, Ende und Richtung des Mediums (der Luft oder der Hydraulikflüssigkeit). Benannt werden sie nach der Anzahl ihrer Anschlüsse (Wege = Zahl vor dem Schrägstrich) und den möglichen Schaltstellungen (Zahl nach dem Schrägstrich, **5**.120).

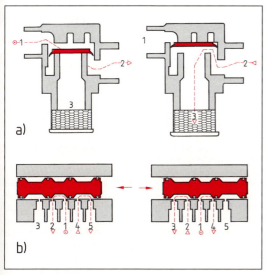

5.120 Wegeventile
a) 2/2-Wege-Tellersitzventil
b) 5/2-Wege-Kolbenschieberventil

Sperrventile sperren eine Durchflussrichtung und öffnen zugleich die entgegengesetzte Richtung.

Stromventile steuern den Durchfluss als Drossel- oder Drosselrückschlagventil (**5**.121).

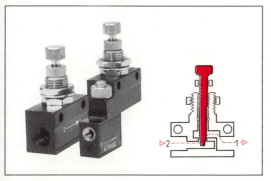

5.121 Stromventil

Druckventile regeln den Druck in der Steuerung als Druckregelventil oder sichern Anlagen gegen zu hohen Druck als Druckbegrenzungsventil.

Zylinder setzen die im Medium gespeicherte Energie durch Kolbenschub wie beim Auto in mechanische Arbeit um. Beim einfachwirkenden Zylinder ist der Kolben nur in einer Richtung verschiebbar und wird durch eine Feder zurückgeschoben oder -gezogen. Der doppeltwirkende Zylinder arbeitet dagegen in zwei Richtungen (Schub und Rückschub).

Elektrische Steuerungen ermöglichen eine sehr schnelle und kostengünstige Signalübertragung. Die Leitungsverlegung ist einfach und über große Entfernungen möglich. Aufgebaut sind elektrische Steuerungen aus elektrischen Betriebsmitteln und elektronischen Bauteilen. Elektrische Betriebsmittel sind Steuerungselemente mit schaltbaren Kontakten, die entweder mechanisch (durch Tasten oder Schalter) oder elektromagnetisch (durch Relais oder Schütze) betätigt werden. Die Taster und Schalter öffnen oder schließen eine elektrische Leitung. Schütze sind ähnlich aufgebaut wie Relais. Der elektrische Stromfluss in einer Spule erzeugt eine Magnetkraft, die einen Kontakt auslöst. Signalübertragungen von einem Stromkreis auf einen anderen sind möglich. Mit dem Schütz lassen sich große Leistungen übertragen. Bei der Anlaufschaltung eines Asynchronmotors werden z. B. Schütze mit einem Zeitrelais kombiniert, um den hohen Anlaufstrom beim Beschleunigen vom Stillstand auf die Bemessungsdrehzahl zu reduzieren und Schäden zu vermeiden.

Elektronische Steuerungen arbeiten mit kontaktlosen Steuerungselementen (z. B. Dioden, Transistoren und Kondensatoren). Sie sind raumsparend, leistungsfähig und schnell in der Signalverarbeitung. Besondere Bedeutung haben die mit Halbleiterwerkstoffen arbeitenden Bauelemente wie Dioden und Transistoren. Die wichtigsten Halbleiterwerkstoffe sind die Elemente Silicium und Germanium. Beide haben gitterförmig aufgebaute Kristalle und weisen in reinem Zustand bei über 0 °C eine nur geringe Leitfähigkeit auf. Wenn das Siliciumkristall durch bestimmte andere Elemente genau dosiert verunreinigt wird, bilden sich in seinem Gitter Störstellen mit einem Elektronenmangel oder -überschuss, und die Leitfähigkeit wird stark verändert. Den Einbau von Fremdelementen nennt man Dotieren. Legt man an ein Siliciumplättchen mit zwei unterschiedlich dotierten Halbleiterschichten eine elektrische Spannung, kann je nach Richtung ein Strom fließen (Durchlassrichtung) oder der Stromfluss verhindert werden (Sperrrichtung). Ein solches Bauelement mit

2 Anschlüssen, das wie ein Rückschlagventil wirkt, hoißt *Diode*.

Transistoren bestehen aus 3 Halbleiterschichten mit unterschiedlicher Dotierungsfolge. An jeder Schicht gibt es einen Anschluss. Durch die mittlere Elektrode lässt sich der Stromdurchfluss des Bauelements steuern. Da für die Funktion ein geringer Strom ausreicht, liegt die Bedeutung in der Verstärkerwirkung.

Beispiel Das Wegemesssystem einer numerisch gesteuerten Maschine arbeitet mit einem Positionsmelder, der mitteilt, ob das vorgegebene Ziel erreicht ist oder nicht. Dazu wird über eine Verstärkerstufe (Schwingkreis und Transistor) ein Zählschritt gemeldet, wenn vorhandene Positionsmarken erreicht werden.

Elektronische Steuerungen arbeiten kontaktlos mit Halbleiter-Bauelementen (Dioden, Transistoren).

Programmierbare Steuerungen. Nach der Art der Programmverwirklichung unterscheidet man die verbindungsprogrammierte und die speicherprogrammierte Steuerung.

Bei der verbindungsprogrammierten Steuerung (VPS) bestimmen die Leitungsverbindungen (z. B. Verdrahtung oder Verschlauchung) den Programmablauf. Ein Umprogrammieren ist nur durch Ändern der Leitungsverbindungen oder Auswechseln elektronischer Steuerungselemente möglich. Dieser Vorgang ist zeitaufwendig und kostenintensiv.

Speicherprogrammierte Steuerungen (SPS) sind digital arbeitende elektronische Steuerungen mit einem frei programmier- oder austauschprogrammierbaren Programmspeicher. Veränderte Steuerungs- und Regelungsaufgaben lassen sich programmieren, der Programmablauf kann schnell geändert werden.

Was versteht man unter digital? Wenn wir eine Spannung mit dem Zeigermessinstrument messen, folgt der Zeigerausschlag (das Signal) ständig der zu messenden Spannung – das Signal ist gleichwertig, *analog*. Ein Digitalmessinstrument misst die Spannung dagegen nicht fortlaufend, sondern in Stufen und Schritten durch Ziffernanzeige – die Signale sind *digital* (in Stufen und Schritten).

Speicherprogrammierte Steuerungen (SPS) werden zunehmend als Maschinensteuerungen eingesetzt und sind je nach Anforderung mit leistungsfähigen Mikroprozessoren ausgestattet. Den Aufbau einer SPS zeigt Bild **5**.122. An die Eingänge sind die Signalgeber (Schalter) an die Ausgänge die Stellglieder (Ventile, Schütze) mit Anzeigegeräten angeschlossen. Über die Leitungen (Datenbusse) gelangen die Daten in die Zentraleinheit. Sie besteht aus dem Steuerwerk (Mikroprozessor) und Programmspeicher. Vom Leitwerk aus kommen die Daten über den Steuerbus zu den Ausgängen.

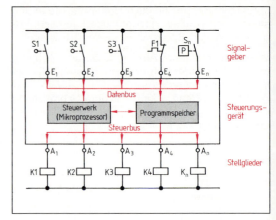

5.122   Speicherprogrammierte Steuerung (SPS)

Eine Steuerungseinheit besteht aus drei Teilen: Programmspeicher, Steuerwerk und Peripherie.

Im internen Programmspeicher steht das Programm, nach dem die Steuerung arbeitet.

Das Steuerwerk führt die Programmanweisungen aus, die im Programmspeicher hinterlegt sind. D. h., es organisiert das Einlesen von externen Signalen und Daten, verknüpft diese, führt Berechnungen durch und sorgt für die Ausgabe der Ergebnisse.

Peripheriebaugruppen sind die Digitaleingabe- und -ausgabegeräte, die Analogeingabe- und -ausgabegeräte sowie die Zeit- und Zählerbaugruppen.

SPS lassen sich über Datenleitungen und Zentralrechner zum Datenaustausch zusammenschließen (Vernetzung).

Speicherprogrammierte Steuerungen (SPS) eignen sich für anspruchsvolle Steuerungs- und Regelungsaufgaben. Sie haben frei- oder austauschprogrammierbare Speicher. Das Programm wird in die Zentraleinheit eingegeben, dort gespeichert und verarbeitet.

Logische Verknüpfung von Signalen. Die digitale Signalverarbeitung fußt nicht auf dem uns geläufigen Dezimalsystem (1, 2, 3 ... 10), sondern beschränkt sich auf zwei Signalwerte: auf die Ziffern 0 und 1. 0 bedeutet keine Spannung, 1 bedeutet Spannung. Wir nennen sie *Binärsignale* (binär = zweiwertig). Die Eingangs- und Ausgangssignale binär-digitaler Form werden durch unterschiedliche Schaltungen miteinander verknüpft. Mit den folgenden drei Grundelementen lassen sich alle Verknüpfungen logisch (folgerichtig) aufbauen.

Die UND-Schaltung verknüpft zwei oder mehrere Eingangssignale zu einer Reihenschaltung. Da bei der Reihenschaltung eine Spannung am Ausgang nur messbar ist, wenn alle Eingänge Spannung

Eingänge E_1	E_2	E_3	Ausgang A
0	0	0	0
1	0	0	0
0	1	0	0
0	0	1	0
1	1	0	0
1	0	1	0
0	1	1	0
1	1	1	1

a)

Eingänge E_1	E_2	E_3	Ausgang A
0	0	0	0
1	0	0	1
0	1	0	1
0	0	1	1
1	1	0	1
1	0	1	1
0	1	1	1
1	1	1	1

a)

Eingänge E	Ausgang A
0	1
1	0

a)

b)

b)

b)

5.123 UND-Schaltung
a) Funktionstabelle
b) Schaltzeichen

5.124 ODER-Schaltung
a) Funktionstabelle
b) Schaltzeichen

5.125 NICHT-Schaltung
a) Funktionstabelle
b) Schaltzeichen

haben, ergibt sich: Das Ausgangssignal A hat nur dann den Wert 1 (Spannung), wenn alle Eingangssignale E den Wert 1 haben. Die möglichen Kombinationen werden in eine *Funktionstabelle* eingetragen (5.123).

Die ODER-Schaltung verknüpft mehrere Eingangssignale zu einer Parallelschaltung. Da es bei Parallelschaltungen genügt, wenn ein Schalter betätigt wird, ergibt sich: Das Ausgangssignal A hat den Wert 1, wenn wenigstens ein Eingangssignal E den Wert 1 hat. Die Funktionstabelle 5.124 zeigt wieder die Kombinationen.

Die NICHT-Schaltung dient zur Signalumkehr. Am Ausgang einer *NICHT*-Verknüpfung erscheint immer der dem Eingang entgegengesetzte Zustand.

So ergibt sich: Wenn das Ausgangssignal den Wert 0 hat, hat das Eingangssignal den Wert 1 und umgekehrt (5.125).

5.3.2 Numerische Steuerung

Während bei den herkömmlichen Holzverarbeitungsmaschinen der Tisch, die Welle oder der Anschlag mechanisch mit einem Handrad oder durch einen Hebel einzustellen sind, finden immer mehr Maschinen Eingang in Industrie- und Handwerksbetriebe, bei denen die Arbeitsabläufe durch eine elektronische Steuerung automatisch ausgeführt werden.

Damit sind die Genauigkeit, die Fertigungszeit und die Bearbeitungsqualität unabhängig vom Maschinenarbeiter. Allerdings braucht die Maschine Anweisungen in Form von Steuerbefehlen. Dazu muss der gesamte Arbeitsablauf im Voraus geplant und in einzelne Arbeitsschritte gegliedert werden.

Die Anweisungen werden mit Ziffern und Buchstaben verschlüsselt (programmiert) und in die Maschinensteuerung eingegeben. Nach dem Programmstart führt die Maschine die Bearbeitung des Werkstücks automatisch aus.

Die Anschaffungskosten dieser Maschinen sind zwar sehr hoch, im Vergleich mit herkömmlichen Maschinen sind sie jedoch wesentlich leistungsfähiger.

Vorteile der numerisch gesteuerten Holzbearbeitungsmaschinen

- erhöhte Bearbeitungsqualität, wenig Ausschuss,
- gleichbleibende Bearbeitung durch den Programmeinsatz,
- kürzere Rüst- und Fertigungszeiten,
- bessere Maschinenausnutzung,
- sichere Herstellung auch komplizierter Teile,
- Wiederholbarkeit von Fertigungsabläufen.

Die rasche Entwicklung der Elektronik hat zu neuen Möglichkeiten und Verbesserungen bei der Steuerungstechnik der Maschinen und Fertigungsanlagen geführt. Man unterscheidet die *NC-Steuerung* von der heute vorherrschenden **CNC**-Steuerung.

NC-Steuerung. NC ist die Abkürzung für den engl. Begriff „numerical control" und bedeutet soviel wie „Steuerung durch Zahlen". Die elektronische Steuerung der Maschine enthält keinen Programmspeicher. Eine Programmeingabe oder Programmänderung direkt an der Maschine ist nicht möglich. Stattdessen wird der fertige Datenträger mit dem gespeicherten Programm (Lochstreifen, Magnetband, Diskette) in die Steuerung eingelegt. Die steuerbaren Funktionen dieser Maschine sind begrenzt und durch die Konstruktion festgelegt. Der Bediener kann das Programm starten und unterbrechen, aber nicht ändern. Programm- oder Bedienungsfehler werden von der Maschine nicht erkannt.

CNC-Steuerung. CNC ist die Abkürzung für engl. „**c**omputerized **n**umerical **c**ontrol" und bedeutet so viel wie „rechnergestützte Steuerung durch Zahlen". Die elektronische Steuerung der Maschine enthält einen Computer (Kleinrechner), der ihre Funktionen und Kontrollmöglichkeiten wesentlich erweitert. So ist es möglich, Programme an der Maschine selbst zu schreiben, einzugeben und zu verändern. Die Steuerung kann auch Daten von anderen Maschinen übernehmen. Auf Programm- und Bedienungsfehler reagiert sie sofort mit Fehlermeldung und Programmstopp.

Neuere CNC-Maschinen sind mit einem **DNC**-Anschluss ausgestattet. DNC ist die Abkürzung für „direct numerical control" und bedeutet, dass die CNC-Steuerung direkt an einen zentralen Rechner angeschlossen ist, bei dem alle Informationen zusammenlaufen und gespeichert sind. Die Maschinensteuerung wird im Bedarfsfall mit Daten und Programmen über eine Datenleitung versorgt. Auf andere Datenträger (z. B. Disketten) kann man verzichten.

Zu den in holzverarbeitenden Betrieben besonders häufig anzutreffenden CNC-Maschinen zählen:

Plattenaufteil-, Bohr-, Dübel-, Fräsautomaten, Kehl- und Profilautomaten sowie Bearbeitungszentren mit Multifunktionen (mehreren Bearbeitungsfunktionen). Hier sollen Aufbau und die Funktionsweise am Beispiel des CNC-Oberfräsautomaten erläutert werden.

Beim CNC-Oberfräsautomaten hat sich die CNC-Technik wegen der komplizierten Werkstückkontu-

ren und der notwendigen räumlichen Bearbeitung von Teilen besonders bewährt und neue Möglichkeiten für die Fertigung eröffnet. Arbeitsgänge wie das Profilieren einer unregelmäßigen Füllung, das Einfräsen von Ornamenten oder die Bearbeitung geschweifter Möbelteile führt die Maschine nach einem Programm automatisch in beliebiger Stückzahl aus (**5**.126).

5.126   CNC-gesteuerter Oberfräsautomat

Bei der abgebildeten Maschine wird das Werkstück horizontal auf einen Vakuumrastertisch gespannt. Die Maschine hat mehrere Fräsaggregate mit automatischem Werkzeugwechsel, die im Bedarfsfall durch Bearbeitungseinheiten für Bohr-, Säge- oder Schleifarbeiten ersetzt werden können. Die Werkzeugbewegung erfolgt in drei Hauptachsen (dreidimensional) durch getrennt angeordnete Vorschubantriebe, die auch kurvenförmige Bahnen im Raum ermöglichen. Motordrehzahl, Schnitt- und Vorschubgeschwindigkeit sind über das CNC-Programm stufenlos regelbar.

5.3.3   Koordinaten (Verfahrachsen)

Für den Bearbeitungsablauf muss jeder Punkt im dreidimensionalen Arbeitsraum der Maschine genau und unverwechselbar bezeichnet werden. Dies geschieht durch ein dreiachsiges rechtwinkliges Koordinatensystem, das den Bewegungsachsen der Maschine entspricht. Der Kreuzungspunkt der aufeinander stehenden Hauptachsen X, Y, Z ist der Koordinationsnullpunkt. Legt man das Werkstück in dieses Koordinatensystem, können die Bearbeitungspunkte und Verfahrwege eindeutig beschrieben und nach Programm gesteuert werden (**5**.127).

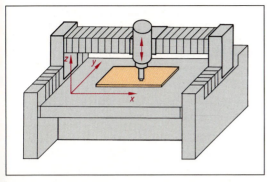

5.127 Verfahrrichtungen eines Oberfräsautomaten

Anordnung der Koordinaten. Für die Bezeichnung und Anordnung der Koordinaten können wir die abgespreizten Finger der rechten Hand als Hilfe benutzen (Rechte-Hand-Regel, **5.**128).

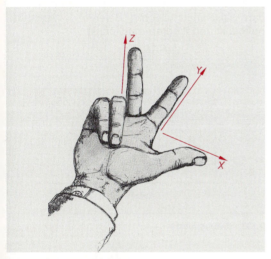

5.128 Rechte-Hand-Regel

Daraus ergibt sich folgende Zuordnung

x-Achse (Daumenrichtung) liegt parallel zur Aufspannfläche und Vorderkante des Tisches, i.R. horizontal

y-Achse (Zeigefinger) liegt rechtwinklig zur x-Achse

z-Achse (Mittelfinger) steht senkrecht auf der Aufspannfläche in Richtung der Hauptarbeitsspindel.

Beim Programmieren geht man davon aus, dass sich das Werkzeug bewegt, während das Werkstück stillsteht. Die positiven Bewegungsrichtun-

gen bezeichnet man wie die positiven Achsrichtungen mit +X, +Y und +Z.

Zusatzachsen

für besondere Fertigungsabläufe mit Verschiebe- und Schwenkbewegungen stattet man CNC-Maschinen mit zusätzlichen Verschiebe- und Drehachsen aus (**5.**129). Erforderlich werden sie bei der Fertigung komplizierter Teile auf Maschinen mit mehr als 3 Achsen.

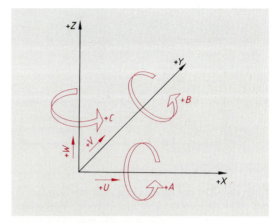

5.129 Rechtwinkliges Koordinatensystem mit Haupt- und Drehachsen sowie Verschiebeachsen

Drehachsen

Den Achsen	x	y	z	wird jeweils
die Drehachse	A	B	C	zugeordnet

Die positive Richtung der in Grad programmierbaren Drehung entspricht dem Uhrzeigersinn beim Blick vom Koordinatennullpunkt der Hauptachsen aus.

Parallele Achsen (zu den Hauptachsen)

Den Achsen	x	y	z	wird jeweils parallel und linear
die Verschiebe-achse	U	V	W	zugeordnet.

5.3.4 Wegemesssysteme und Bezugspunkte an CNC-Maschinen

CNC-Maschinen führen nach den vorgegebenen Steuerbefehlen die für die Fertigung notwendigen

Bewegungsabläufe selbstständig und zuverlässig aus. Damit sie die Zielpunkte (Koordinaten) eines Bahnpunktes exakt anfahren können, brauchen sie Antriebsmotoren in den verschiedenen Bewegungsachsen und ein genau arbeitendes Wegemesssystem. Dabei vergleicht die Maschinensteuerung die augenblickliche Lage des Maschinentisches (Istzustand) mit der vorgesehenen Lage (Sollzustand). Bei Abweichungen oder Störungen löst ein Regler durch Steuerbefehle Bahnkorrekturen aus, bis *Ist*- und *Sollwert* übereinstimmen (**5**.130).

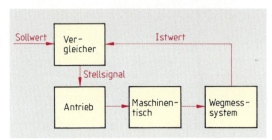

5.130   Lageregelkreis

Nach dem Ort der Messwertaufnahme unterscheidet man die *direkte* und die *indirekte* Wegemessung. Für Holzbearbeitungsmaschinen verwendet man die indirekte Wegemessung.

Dabei wird der Maschinentisch (oder das Werkzeug) durch ein Zählen der Umdrehungen der Vorschubspindel gesteuert und positioniert. Die Wegstrecken werden somit nicht unmittelbar am Maschinentisch gemessen, sondern *indirekt* über die Drehungen der Spindel oder des Vorschubmotors. Für Holzbearbeitungsmaschinen ist als Messprinzip die *Inkrementale Wegmessung* (**5**.131) üblich. Dabei zählt eine optische Abtasteinrichtung die vorbeilaufenden Striche einer mit der Vorschubspindel verbundenen Strichscheibe. Die ausgelösten Impulse werden der Steuerung übermittelt (Impulsgeber). Für das Erreichen der einzelnen Bearbeitungspunkte werden die Zuwachswer-

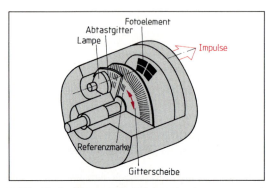

5.131   Direkte Wegemessung, inkremental

te (Inkremente) an Impulsen vorgegeben und von dem Maschinentisch (oder Werkzeug) angesteuert. Der Rechner addiert bzw. subtrahiert die Anzahl der zurückgelegten Wegschritte.

> **Wegemesssystem an CNC-Holzbearbeitungsmaschinen:**
>
> **Ort der Messwertaufnahme:**
> – *indirekt*   durch Zählen der Vorschubspindel-Umdrehungen
>
> **Wegemessung:**
> – *Inkremental* Rechner erfasst Zuwachswerte

Bezugspunkte sind für den Programmablauf und die Steuerung notwendig (**5**.132). Wir unterscheiden Maschinennullpunkt, Referenz-, Werkstücknullpunkt und Programmnullpunkt.

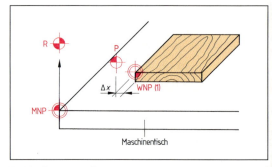

5.132   Bezugspunkte

Den Maschinennullpunkt (MNP) legt der Hersteller fest. Es ist der unveränderliche Nullpunkt des Maschinenkoordinatensystems und zugleich Ausgangspunkt für alle weiteren Bezugspunkte der Maschine. Er befindet sich meistens an der linken vorderen Ecke des Maschinentisches.

Der Referenzpunkt (R) ist der vom Hersteller im Koordinatensystem der Maschine festgelegte Ausgangspunkt zum Einschalten und Normieren der Steuerung. Nach dem Ausschalten der Maschine oder bei Stromausfall kann damit der verlorengegangene Programm- und Werkstücknullpunkt wiedergefunden werden.

Der Werkstücknullpunkt (WNP) ist vom Programmierer frei wählbar. Er wird möglichst so gelegt, dass die Koordinatenwerte aus der Zeichnung als Fertigungsmaße übernommen werden können.

Bei symmetrischen Werkstücken mit spiegelbildlichen Bearbeitungsflächen legt man den WNP in die Symmetrieachse, um sich die Programmierarbeit zu erleichtern.

Am Programmnullpunkt (P) beginnt der Programmstart. Er ist frei wählbar und wird so gelegt, dass dort Werkzeug oder Werkstück gewechselt werden können.

Der Unterschied zwischen dem Maschinennullpunkt und dem Werkstücknullpunkt ist die *Nullpunktverschiebung*. Beim Einrichten der Maschine werden die Werte in die Steuerung eingegeben und bei den folgenden Programmanweisungen automatisch berücksichtigt.

Bezeichnung und Symbol	Erläuterung
Maschinennullpunkt MNP	unveränderlich, Ausgangspunkt für alle weiteren Bezugsquellen
Referenzpunkt R	unveränderlicher Punkt zum Einschalten der Steuerung
Werkstücknullpunkt WNP	frei wählbarer Punkt, von dem alle Fertigungsmaße ausgehen
Programmnullpunkt P	frei wählbarer Programmstart (Werkzeug/Werkstückwechselmöglichkeit)

5.3.5 Steuerungsarten

Bei der Steuerung der CNC-Maschinen in den verschiedenen Bearbeitungsrichtungen unterscheiden wir Punkt-, Strecken- und Bahnsteuerung.

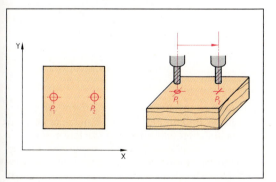

5.133 Punktsteuerung, Eilgang ohne Werkzeugeingriff

Punktsteuerung. Das Werkzeug bzw. Werkstück fährt im Eilgang einen Bearbeitungspunkt an. Dabei ist das Werkzeug nicht im Einsatz. Die Bearbeitung wird erst durchgeführt, wenn der Zielpunkt erreicht ist (**5.133**).

Beispiele Bohrautomat, Dübelautomat.

Streckensteuerung. Hier wird nur in einer Achsrichtung gesteuert. Alle Bearbeitungs- und Vorschubbewegungen sind deshalb gerade und achsparallel, die Bearbeitungsrichtungen rechtwinklig zueinander (**5.134**).

Beispiele Plattenaufteilsäge, Kantenbearbeitungsautomat

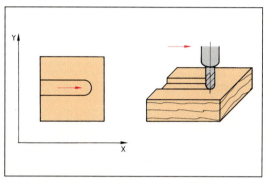

5.134 Streckensteuerung, achsparalleler Verfahrweg mit Werkzeugeingriff

Bahnsteuerung ermöglicht mehrachsige Bewegungen und damit beliebige Bearbeitungsbahnen in einer Ebene oder im Raum. Die Vorschubbewegungen der verschiedenen Bearbeitungsachsen müssen aufeinander abgestimmt werden. Für die nicht achsparallelen Bahnen ist ein Interpolator (Bahnkurvenrechner) erforderlich. Er steuert die Einhaltung eines bestimmten, für die Bahn notwendigen Streckenverhältnisses X : Y (bei Bahnen in der x-y Ebene). Für das Fräsen eines Kreisbo-

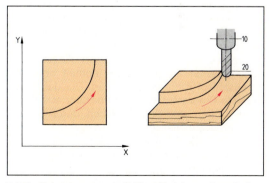

5.135 Bahnsteuerung, beliebiger Verfahrweg innerhalb eines Raumes mit Werkzeugeingriff

gens berechnet der Interpolator z. B. eine Vielzahl von Punkten eines Polygons, das dem Kreisbogen angenähert ist. Mit diesen Werten werden die Vorschubantriebe der Maschine so gesteuert, dass die vorgesehene Kreisbahn entsteht (**5.**135).

Bei der Bahnsteuerung sind Bewegungen in mehreren Raumrichtungen gleichzeitig möglich. Nach der Zahl der gleichzeitig und unabhängig voneinander arbeitenden Vorschubantriebe unterscheiden wir zwei-, drei- oder mehrachsige Bahnsteuerungen (2D, 2 1/2 D, 3 D Bahnsteuerung).

Die technologische Entwicklung in der elektronischen Steuerungstechnik ermöglicht bei modernen Maschinen bis zu 9 Bearbeitungsrichtungen.

Beispiel   Oberfräsautomat, Bearbeitungszentren

Punktsteuerung nur für Positionierung an einem Bearbeitungspunkt.

Streckensteuerung für Bearbeitung in einer Achsrichtung.

Bahnsteuerung für Bearbeitung in beliebigen Werkzeugbahnen in einer Ebene oder im Raum.

5.3.6   Programmieren von CNC-Holz-bearbeitungsmaschinen

Programmaufbau

Für die Bearbeitung sind an einer CNC-Maschine u. a. die Wege des Werkzeugs, die Vorschubgeschwindigkeit, die Drehfrequenz und die Auswahl des Werkzeugs festzulegen. Diese Bedingungen und Vorgaben müssen in eine Form gebracht werden, die die Steuerung der Maschine verarbeiten kann. Zu diesem Zweck erstellt man ein Programm, das die notwendigen Angaben in verschlüsselter Form (codiert) enthält und den Arbeitsablauf schrittweise steuert. Die dafür verwendete Programmiersprache besteht aus Buchstaben, Ziffern und Sonderzeichen, deren Bedeutung DIN 66 025 festlegt.

Um Programme übersichtlich und verständlich zu gestalten, hat man sich auf bestimmte Regeln für den Programmaufbau geeinigt.

Jedes Programm enthält *Weginformationen* und *Schaltinformationen.*

Die **Weginformationen** beschreiben die unterschiedlich gerichteten Arbeitsbewegungen des Werkzeugs oder Werkstücks (Koordinaten) und die Wegbedingungen.

Die **Schaltinformationen** beinhalten die für die Materialzerspanung notwendigen technologischen Angaben, wie beispielsweise Drehfrequenz, Vorschubgeschwindigkeit, Werkzeugaufruf und Zusatzinformationen (M).

Weg-informationen	+	Schalt-informationen
– Wegbedingungen – Koordinatenwerte		– Technologische Informationen – Zusatz-informationen

Ein Programm besteht aus einer unterschiedlichen Anzahl von Sätzen mit Programmwörtern.

Was versteht man darunter?

Programmwörter. Jedes Wort der Programmiersprache enthält eine Anweisung an die Maschinensteuerung und besteht immer aus einem Adressbuchstaben und einer Ziffernfolge. Mit dem am Wortanfang stehenden Adressbuchstaben wird eine bestimmte Maschinenfunktion angesprochen (z. B. Steuerungsart, Vorschub oder Drehzahl, **5.**136).

Tabelle **5.**136   Wortbestandteile, Adressbuchstaben

Buchstabe	Bedeutung
A, B, C	Drehung um die Achsen x, y, z
D	Werkzeugkorrekturspeicher
F	Vorschub
G	Wegebedingungen
I, J, K	Kreismittelpunktkoordinaten (Interpolationsparameter)
M	Zusatzfunktionen
N	Satznummer
S	Spindeldrehzahl
T	Werkzeugnummer
X, Y, Z	Bewegungen in X-, Y-, Z-Achse

Dem Adressbuchstaben folgen Ziffern, die unterschiedliche Bedeutung haben. Einerseits können es direkte Zahlenwerte für den Vorschub oder die Drehzahl sein, andererseits Anweisungen für die Maschinenfunktion (Bewegungsrichtung der Maschinenspindel usw.). Da die Adresse erst durch die folgende Zahl eine genaue Bedeutung erhält, spricht man von der Schlüsselzahl.

Zusätzliche Sonderzeichen dienen für weitere Angaben wie Programmanfang, Satzende, Löschen und Leerzeichen (Tab. **5**.137).

Tabelle **5**.137 Abdruckbare Sonderzeichen

Zeichen	Bedeutung
%	Programmanfang
(,)	Anmerkungsbeginn, -ende
+,-	plus, minus
.	Dezimalpunkt
/	Satzunterdrückung
:	Hauptsatz, auch bedingter Stopp des Programmrücksetzens

Programmsätze

Zu einem Bearbeitungsschritt gehörende Wörter ergeben einen Satz. Innerhalb eines Satzes werden die Wörter in einer festgelegten Reihenfolge angeordnet, um Übersichtlichkeit und ein besseres Verständnis zu ermöglichen.

Diese Reihenfolge heißt Satzformat.

Beispiel

Satz- nummer	Weg- information	Schalt- information
Satz – N10	G00 X20 Y10 Z40	F2000 S12000 T01 M03

Adresse Schlüsselzahl

Ein Satz beginnt mit dem Buchstaben N und der Satznummer. Für die fortlaufende Nummerierung empfehlen sich Zehnerschritte (N20, N30, N40 usw.), damit man bei einem veränderten Fertigungsablauf nachträglich Sätze einschieben kann. Die Informationen über technologische Daten werden, zur besseren Übersicht meist im ersten Satz vorangestellt und gelten solange, bis andere Werte eingegeben werden (selbsthaltend).

N10	G90	S12000	F2000 T01
N20	G00	X30	Y10
N30	G00	Z4	M03
N40	G01	Z20	M08

...

Der Satz N20 ist im Beispiel der erste Bearbeitungsschritt

Programmstruktur. Das Zeichen % steht für den Programmanfang, dem die Programmnummer folgt. Es schließen sich die Sätze (N) an, die in der Reihenfolge der Satznummern ausgeführt werden. M30 bedeutet das Programmende und Rücksetzen.

Ein Programm enthält Weginformationen und Schaltinformationen.

Die Programmwörter eines Bearbeitungsschritts bilden einen Satz.

Weginformation

Die Weginformation eines Programms besteht aus Angaben zu den Wegbedingungen (G) und zu den *Koordinaten* (X, Y, Z) der Verfahrwege.

Beispiel

G00	X10 Y120 Z40
Punktsteuerung	Zielpunkt für die Verfahr-
Art der Bewegung	wege im Koordinatensystem

Koordinaten der Verfahrwege. Außer den Wegbedingungen sind Informationen mit geometrischen Angaben für die Bewegung erforderlich. Für die Werkzeugbewegungen benutzt man die Adressen X, Y, Z. Die folgenden Koordinatenwerte geben die Zielpunkte der Werkzeugbewegung in mm an.

Voraussetzung für das Programmieren ist eine CNC-gerechte Bemaßung des Werkstücks mit genauer Angabe der Zielpunktkoordinaten, die von der Steuerung gelesen werden können. Die Bemaßung ist absolut oder inkremental möglich.

Bei der Absolutbemaßung beziehen sich alle Maße auf einen Werkstücknullpunkt. Diese oft verwendete Bemaßung ist übersichtlich und wenig fehleranfällig. Die Maßangaben entsprechen den Koordinatenwerten, die sich auf den Werkstücknullpunkt beziehen. Sie wird durch G90 angewählt (**5**.138).

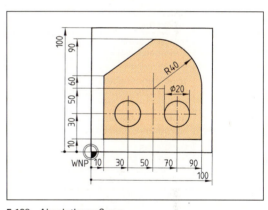

5.138 Absolutbemaßung

Bei der Inkremental- oder Kettenbemaßung wird der jeweilige Zuwachs (Inkrement) einer Maßkette zwischen Start- und Zielpunkt eingegeben. Der Wegzuwachs ist positiv in Koordinatenrichtung und negativ entgegen der Koordinatenrichtung. Damit wird das Programmieren erleichtert, doch setzt sich ein Maßfehler in der Kette fort, Maßänderungen erfordern eine Korrektur aller folgenden Koordinatenwerte. Man verwendet die Inkrementalbemaßung häufig für Unterprogramme. Angewählt wird sie durch G91 (**5**.139).

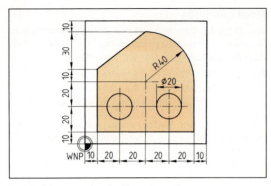

5.139 Inkremental- oder Kettenbemaßung

Durch die Wegbedingungen erhält die Maschinensteuerung wichtige Informationen über die Bewegung des Werkzeugs, z.B. auf einer Geraden oder einer Kreisbahn. Die programmierten Werkzeugbewegungen werden durch den Buchstaben **G** (engl. go) und zwei Ziffern näher bestimmt (**5.**140).

Tabelle **5.**140   Wegebedingungen G (Auswahl)

Kennzeichen	Bedeutung
G00	Eilgang, Punktsteuerung
G01	Geradeninterpolation
G02	Kreisinterpolation im Uhrzeigersinn
G03	Kreisinterpolation im Gegenuhrzeigersinn
G04	Verweilzeit
G17	Ebenenauswahl x y
G18	Ebenenauswahl x z
G19	Ebenenauswahl y z
G40	keine Werkzeugbahnkorrektur
G41	Werkzeugbahnkorrektur links
G42	Werkzeugbahnkorrektur rechts
G53	Aufhebung der Nullpunktverschiebung
G54 bis 59	Nullpunktverschiebung
G60	Genau-Halt
G62	Bahnsteuerbetrieb mit Satzübergangsgeschwindigkeit
G64	Bahnsteuerbetrieb
G90	absolute Maßangabe (Bezugsmaßangabe)
G91	inkrementale Maßangabe

Beispiele   **Programmieren von Geraden**

G00: Ein programmierter Punkt wird im Eilgang angefahren (Positionieren), die davor wirksame programmierte Vorschubgeschwindigkeit unterdrückt, aber nicht gelöscht.

G01: Hiermit werden gerade Bewegungen des Werkzeugs programmiert. Da das Werkzeug im Einsatz ist, erfolgt die Arbeitsbewegung mit programmiertem Vorschub. Der dafür verwendete Begriff Geradeninterpolation bedeutet das Zerlegen der Werkzeugbewegung in kleine Teilstrecken der Hauptbewegungsachsen.

Programmieren von Kreisbögen und Vollkreisen:

G02, G03 bedeuten eine kreisförmige Arbeitsbewegung des Werkzeugs im (G02) oder gegen (G03) den Uhrzeigersinn. Bei kreisförmigen Bewegungen sind außer den Zielpunkten Angaben zur Lage des Kreismittelpunkts (I, J, K) oder des Radius zu programmieren. Da die Kreisbahn durch Zerlegen in kleine Teilstrecken der Hauptbewegungsachsen entstehen, spricht man von Kreisinterpolation (**5.**141).

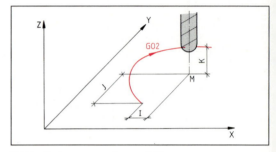

5.141   Kreisprogrammierung G02

Wegebedingungen werden eingegeben mit
– G00 für Werkzeugbewegungen im Eilgang,
– G01 für gerade Werkzeugbewegungen mit programmiertem Vorschub,
– G02 für Kreisbewegungen im Uhrzeigersinn,
– G03 für Kreisbewegungen entgegen dem Uhrzeigersinn.

Koordinatenwerte für den Zielpunkt werden eingegeben mit
– G90 als Absolutmaße, bezogen auf den Werkstücknullpunkt,
– G91 als Kettenmaße, bezogen auf den vorausgegangenen Bahnpunkt.

Werkzeugkorrekturen. Für die Bearbeitung eines Werkstücks sind in der Regel verschiedene Werkzeuge mit unterschiedlichen Maßen erforderlich. Um bei einer Änderung der Werkzeugmaße das Programm nicht korrigieren zu müssen, gibt man die Abmessungen der verschiedenen Werkzeuge (Länge, Durchmesser) in einen Werkzeugspeicher der Steuerung ein. Das gebrauchte Werkzeug wird mit der hinter der Adresse T stehenden Nummer aufgerufen (z.B. T02).

Bei einer Werkzeuglängenkorrektur berechnet die Steuerung den von der Werkzeuglänge abhängigen Bearbeitungsweg und führt automatisch die Korrektur durch.

Werkzeugbahnkorrektur. Beim Programmieren von Außen- und Innenkonturen an einem Werkstück ist der Fräserdurchmesser zu berücksichtigen. Das bedeutet, dass der Fräsermittelpunkt beim Bearbeiten des Werkstücks versetzt sein muss. Durch einen Korrekturbefehl wird die Werkzeugbahn von der Maschinensteuerung vorausberechnet.

Für die Korrektur der Werkzeugbahn sind einzugeben

- G41, wenn der Fräser links vom Werkstück laufen soll,
- G42, wenn der Fräser rechts vom Werkstück laufen soll (Blick in Vorschubrichtung)
- G40 hebt die Werkzeugkorrektur wieder auf (5.142).

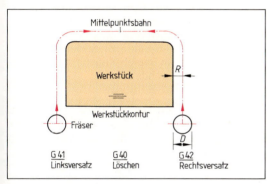

5.142   Fräserradiuskorrektur

Nullpunktverschiebung. Wenn zwei Werkstücke gleichzeitig auf dem Maschinentisch aufgespannt und bearbeitet werden sollen (z. B. bei wechselseitiger Beschickung), werden die unterschiedlichen Nullpunkte gemessen und mit G54 und G55 in die Steuerung eingegeben. Die Bearbeitung geschieht

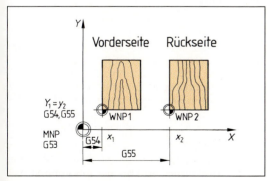

5.143   Nullpunktverschiebung

dann unter Berücksichtigung der Nullpunktverschiebung, die mit G53 wieder aufgehoben wird (5.143).

Technologische Informationen, Zusatzinformationen

Sie ergänzen die Weginformationen und enthalten Angaben über Drehzahl, Schnittgeschwindigkeit, Vorschubgeschwindigkeit und Werkzeuge, die unter Berücksichtigung des Werkstoffs und der Bearbeitungsbahnen festgelegt werden. Als Adressbuchstaben dienen die Anfangsbuchstaben englischer Begriffe.

-**S** enthält Angaben zur Drehzahl (speed)
-**T** enthält Angaben zum Werkzeug (tool)
-**F** enthält Angaben zum Vorschub (feed) ...

Hinzu kommen Zusatzinformationen. Das sind Maschinenfunktionen, die nach DIN mit der Adresse M und einer folgenden Zahl eingegeben werden.

Kennzeichen	Bedeutung
M00	Programmhalt
M02	Programmende ohne Rücksetzen
M03	Rechtslauf der Werkzeugspindel
M04	Linkslauf der Werkzeugspindel
M05	Spindelhalt
M06	Werkzeugwechsel (manuell?)
M30	Hauptprogrammende mit Zurücksetzen

Programmieren eines Werkstücks

In der Regel wird das Programm an einem Büroarbeitsplatz und nicht an der Maschine erstellt. Dadurch geht keine wertvolle Produktionszeit verloren, für das Programmieren ist mehr Ruhe vorhanden und man kann den Rechner als Programmierhilfe nutzen.

Möglichkeiten der Programmerstellung

Manuelles Programmieren. Arbeitsschritte und Maschinenfunktionen werden „von Hand" in einem Programmformular festgelegt. Die Programmierbefehle nach DIN 66025 dienen als Grundlage, maschinenspezifische Besonderheiten sind zu berücksichtigen. Vor der Programmierung sollten vorhanden sein:

- vollständige Werkstückzeichnung mit Maßangaben in der gewählten Programmbemaßungsart
- Startposition, Werkstücknullpunkte
- Bearbeitungsplan mit allen technologischen Daten und den Bearbeitungsschritten.

Programmieren mit Rechnerhilfe. Spezielle Software ermöglicht durch die Eingabe der Werkstückgeometrie und technologischer Angaben (z. B. im Dialogverfahren) die Erstellung eines Programms. Simulationsläufe lassen sich am Bildschirm in 2-D- und 3-D-Darstellung in Realzeit oder mit Zeitraffer durchführen und dienen der Kontrolle der Bearbei-

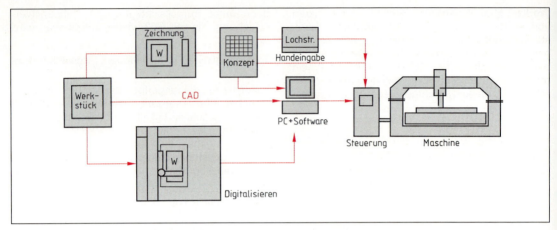

5.144 Möglichkeiten der Programmerstellung

tungsschritte. Vorhandene Standardprogramme lassen sich auf ähnliche Werkstücke anpassen (Parameter) mit grafischen Eingaben und Umsetzung in ein Programm. Der Rechner erstellt als Ergebnis das NC-Programm (**5.144**).

Digitales Zeichenbrett. Ein rechnergestütztes Programmiersystem ist das digitale Zeichenbrett. Es ermöglicht durch ein Lesegerät die Konturerfassung aus einer unbemaßten Zeichnung oder einem flachen Musterteil. Mit Hilfe eines PC und spezieller Software können die erfassten Konturpunkte automatisch in ein NC-Programm umgesetzt werden. Maschinenspezifische Daten werden dabei berücksichtigt.

teach-in-Verfahren. Bei geometrisch komplizierten Teilen (Schnitzereien, Gestellmöbel) kann anstelle einer Zeichnung ein Musterteil als Vorlage dienen, das auf den Maschinentisch gespannt wird. Messtaster erfassen schrittweise die Geometriedaten, die von der Maschinensteuerung in ein Programm verarbeitet werden.

CAD/CAM System. CAD steht als Abkürzung für Computer Aided Desing. Dabei wird das Werkstück auf dem Bildschirm rechnerunterstützt konstruiert. Die Nutzung des Rechners in der Konstruktion und als Maschinensteuerung bei der Fertigung führt zu einer Systemverknüpfung. Spezielle Software erstellt mit Hilfe der Konstruktions- und Maschinendaten automatisch ein lauffähiges CNC-Programm. Bei mehr als 3 Achssteuerung ist für die Programmierung ein CAD/CAM-System erforderlich.

FMX-Schnittstelle. Um eine bessere Verbindung der unterschiedlichen Datenverarbeitungssysteme der Konstruktion und Arbeitsvorbereitung mit den

CNC-Holzbearbeitungsmaschinen zu erreichen, wurde die einheitliche Schnittstelle FMX entwickelt. Sie ermöglicht, Software und Holzbearbeitungsmaschinen unterschiedlicher Hersteller ohne aufwendige Anpassarbeiten zu einem funktionsfähigen CAD/CAM-System zu verknüpfen. Dadurch lassen sich im Betrieb eingeführte CAD-Programme weiterverwenden.

Programmarten

Ein Hauptprogramm enthält den gesamten Fertigungsablauf eines Werkstücks, damit werden die Bearbeitung begonnen, die einzelnen Schritte abgearbeitet und das Programm beendet.

Unterprogramm (UP). Bestandteil eines Hauptprogramms kann ein UP sein. Durch den Aufruf von UP kann eine häufig wiederkehrende Bearbeitung schnell und einfach wiederholt werden. Das UP wird aus dem Hauptprogramm mit „L" und UP-Nummer aufgerufen. Bei Wiederholung ist die Anzahl anzugeben.

Der Programmaufbau gleicht dem Hauptprogramm mit allen erforderlichen Wege- und Schaltinformationen.

Fräszyklen (Parameter) werden für Werkstücke gleicher oder ähnlicher Form eingesetzt, wo die Abmessungen sich jedoch ändern. Nach Eingabe der gewünschten Größen erfolgt automatisch die Übernahme in das Programm. Die rationelle Programmiertechnik spart Zeit und Speicherplatz, die neuen Werte können auch direkt an der Maschine eingegeben werden.

Anwendung: Taschenfräszyklen, Aussparungen, Lochreihezyklus

Da DIN für Parameterprogramme und UP nichts festlegt, unterscheiden sich die Programmierbefehle dafür bei den verschiedenen Steuerungen.

Beispiel Mit einem CNC-Oberfräsautomaten sind auf einem Werkstück die Buchstaben „CNC" einzufräsen und die Werkstückaußenkontur zu profilieren.

Lösung (5.145) Die 3 mm tiefe Gravur der Buchstaben wird mit einem HSS-Nutfräser von 4 mm Durchmesser in dem Ahornbrett ausgeführt. Die Fräsermitte ist gleichzeitig Buchstabenmitte.

Das Außenprofil fräsen wir mit einem rechtsdrehenden Profilfräser (Hohlkehlfräser, Radius 5 mm). Als Drehfrequenz für die Fräser wählen wir 9000 l/min., die Vorschubgeschwindigkeit soll einheitlich 3000 mm/min betragen.

Das erstellte Programm (5.146) muss vor dem Einsatz an der Maschine getestet werden. Eine Möglichkeit dazu bietet die grafische Programmsimulation am Bildschirm nach Eingabe über die Tastatur. Eine Konturüberprüfung ohne Materialzerspanung ist möglich, wenn statt des Fräsers eine Kugelschreibermine eingespannt wird, die die Verfahrwege in einer Ebene auf einem Zei-

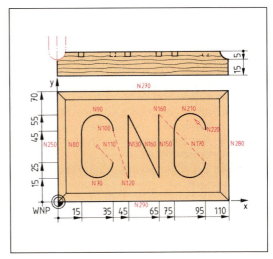

5.145   Fräsen eines Werkstücks

Satz	Weginformation							Schaltinformation				Bemerkung
N	G	X	Y	Z	I	J	K	F	S	T	M	
%50												Programmnummer
N 10								F3000	S 9000	T01	M06	Einschaltzustand
20											M03	Spindel ein (Rechtslauf)
30	G90											Absolute Maßeingabe
40	G00			z 20								z-Achse sichern
50	G00	x 35	y 25									Positionieren für C,
60	G01			z-3								Eintauchen C
70	G02	x 15	y 25		I + 25	J + 25						Kreisinterpolation
80	G01	x 15	y 45									Fräsen der Geraden
90	G02	x 35	y 45	z-3	I + 25	J + 45						Kreisinterpolation
100	G00			z 20								Austauchen C
110	G00	x 45	y 15									Positionieren N
120	G01			z-3								Eintauchen N
130		x 45	y 55									Fräsen der Geraden
140		x 65	y 15									
150		x 65	Y 55									
160	G00			z 20								Austauchen N
170	G00	x 95	y 25									Positionieren für C
180	G01			z-3								Eintauchen C
190	G02	x 75	y 25		I + 85	J + 25						Kreisinterpolation
200	G01	x 75	y 45									Fräsen der Geraden
210	G02			z-3	I + 85	J + 45						Kreisinterpolation
220	G00			z 20								Austauchen C
230										T02	M 06	Werkzeugwechsel
240	G00	x 0	y 0									Außenkontur fräsen
250	G01			z-5								Eintauchen
260		x 0	y 70									Stirnseite fräsen
270		x 110										Längsseite fräsen
280			y 0									Stirnseite fräsen
290		x 0	y 0									Längsseite fräsen
300	G00			z 20								Austauchen
310	G 74											Referenzfahrt
320											M 30	Programmende

5.146   Programmblatt eines Werkstücks (CNC und Außenkontur)

chenblatt darstellt. Die Werkzeugzustellung in der Z-Achse wird vorher abgewählt.

Erweist sich das Programm als fehlerfrei, kann es auf einem Datenträger abgespeichert werden. Dafür eignen sich Lochstreifen, Diskette, Magnetband oder RAM-Kassette.

Maschinenaufbau und Bedienung

CNC-Maschinen bestehen aus dem Maschinenständer mit Antriebs- und Bearbeitungsaggregaten sowie der Steuerung, die häufig neben der Maschine angeordnet ist.

Meist sind der Maschinentisch oder die Bearbeitungsaggregate verfahrbar, an einigen Maschinen können beide Funktionselemente gleichzeitig verfahren werden.

Bedienfeld einer CNC-Maschine

An die Stelle der Funktionselemente einer handbedienten Maschine tritt bei der CNC-Maschine das Bedienfeld, auch Tastatur genannt. Welche Funktionen haben die Tasten mit den verschiedenen Symbolen und Zeichen?

Tasten mit Buchstaben, Ziffern und Vorzeichen dienen hauptsächlich zur Programmeingabe. Weitere Maschinentasten sind vorgesehen für die Maschi-

5.147   Tastatur einer CNC-Maschine

nenfunktion (Ein- und Ausschalten), die Computerfunktion (Speichern, Löschen, Ändern von Daten) sowie die automatische Fertigung (Start und Stopp, 5.147). Der Aufbau der Tastatur ist unterschiedlich. Der Bediener muss sich erst mit ihm vertraut machen, bevor er sicher mit der Maschine umgehen kann. Um die Maschinenbedienung zu erleichtern, hat man in DIN 55003 einheitliche Bildzeichen festgelegt (5.148).

Tabelle **5.148**   Bildzeichen für CNC-gesteuerte Werkzeugmaschinen nach DIN 55003

Bildzeichen (Symbol)	Bezeichnung und Anmerkungen	Bildzeichen (Symbol)	Bezeichnung und Anmerkungen
⮕	Programm einlesen Auf Tastendruck wird das Programm in den Speicher eingelesen. Zunächst keine Maschinenfunktion	%	Programmanfang Durch Tastenbetätigung wird das eingegebene Programm auf den ersten Programmschritt gestellt
⮕	Satzweise einlesen Auslösen durch Handbetätigung: Das innere Quadrat weist auf einen einzelnen Programmsatz hin	◯	Programmierter Halt Gleiche Wirkung wie die Zusatzfunktion M00
	Programm verändern, um Veränderungsfunktionen darzustellen (z. B. Einfügungen)		Handeingabe Nach Tastenbetätigung erfolgt die Steuerung der Handeingaben
⮕N	Satznummersuche (vorwärts) Bei Tastenbetätigung wird der nächste Satz aufgerufen		Programmspeicher Durch Tastenbetätigung wird der Programmspeicher angesprochen
N⬅	Satznummersuche (rückwärts) Bei Tastenbetätigung wird der vorhergehende Satz aufgerufen		Absolute Maßangaben Nach Tastenbetätigung wird im Bezugsmaßsystem verfahren

Fortsetzung s. nächste Seite

Tabelle **5**.148, Fortsetzung

Bild-zeichen (Symbol)	Bezeichnung und Anmerkungen	Bild-zeichen (Symbol)	Bezeichnung und Anmerkungen
	Relative Maßangaben (inkremental) Nach Tastenbetätigung wird in relativen Maßangaben verfahren		**Werkzeugkorrektur** Nach Tastendruck wird ein hiernach anzugebender Korrekturwert berücksichtigt
	Referenzpunkt Bei relativen Maßangaben verwendete Position, die in einem bestimmten Bezug zum Achsennullpunkt steht		**Dateneingabe in einen Speicher** Nach Tastendruck erfolgt das Einlesen der Daten in den Speicher
	Koordinatennullpunkt stellt den Anfang des Maschinen-Koordinatensystems dar		**Datenausgabe aus einem Speicher**
	Werkzeuglängenkorrektur Der Pfeil am symbolisch gezeichneten Fräser weist auf die Werkzeuglänge hin		**Löschen** Vorsicht – diese Taste löscht das gesamte Programm!
	Werkzeugradiuskorrektur Der Pfeil am symbolisch gezeichneten Fräser weist auf den Radius hin		**Positions-Istwert** z. B. wird nach Tastendruck die gegenwärtige Position angezeigt

Betriebsart. Bei CNC-Maschinen ist vor dem Ausführen einer bestimmten Tätigkeit stets die entsprechende Betriebsart anzuwählen. Dabei unterscheiden wir drei Hauptgruppen:

– Handbedienung: Maschinenfunktion durch Tastenbetätigung,
– Programmierbetrieb: Programmeingabe an der Tastatur oder über Datenträger,
– Automatikbetrieb: Maschinenfunktion oder Programmsteuerung.

Auch bei der Handbedienung der Maschine wird das Werkzeug nicht durch Kurbelbetätigung in die Arbeitsposition gebracht – erforderlich ist nur ein Tastendruck. Die meisten Maschinenfunktionen lassen sich sowohl durch Handsteuerung als auch durch Programmbefehl ausführen.

Beispiel   Einschalten der Spindel im Uhrzeigersinn durch Tastendruck oder
          Ausführen des Befehls M03 (codiert) beim Programmstart

Werkzeuge und Werkzeugwechsel. Der häufige Werkzeugeinsatz und die großen Fertigungsgeschwindigkeiten erfordern Maschinenwerkzeuge mit langer Standzeit. Für die Bearbeitung eignen sich deshalb nur DIA- und HM-Werkzeuge.

5.149   Werkzeugwechsler (Tellerausführung)

Die Fertigung eines Werkstücks erfordert i.R. verschiedene Werkzeuge. Deshalb sind CNC-Maschinen mit mehreren Arbeitsaggregaten oder einem Werkzeugwechsler ausgestattet. Das Wechseln erfolgt während der Herstellung nach Programmaufruf automatisch. Gebräuchlich für die Aufbewahrung sind:

– Werkzeugrevolver
– Werkzeugmagazin (Pick-up, Tellerausführung, Kettenausführung, **5**.149).

Die Werkzeugdaten (Radius, Länge) werden unter der Werkzeugnummer gespeichert.

Spannen des Werkstücks. Eine sichere und exakte Werkstückaufspannung ist für die Fertigungszeit, Genauigkeit und Arbeitssicherheit wichtig. Vorherrschend sind pneumatische Spannmittel, bei hohen Zerspannungskräften auch mechanische und hydraulische. Gebräuchlich sind:

– Vakuumsaugelemente (-teller) (**5**.150)
– Vakuumrastertisch
– Spannbacken
– Druckkolbenspanner.

5.150   Werkzeugaufspannung durch Vakuumsaugteller

Aufgaben zu Abschnitt 5.3

1. Welche Vorteile haben CNC-Maschinen gegenüber herkömmlichen Maschinen?
2. Welche Unterschiede bestehen zwischen einer NC- und einer CNC-Maschine?
3. Wie sind die X-, Y- und Z-Achse an einem CNC-Fräsautomaten angeordnet?
4. Welche Bezugspunkte gibt es an CNC-Maschinen? Erläutern Sie deren Bedeutung.
5. Wie unterscheiden sich Strecken- und Bahnsteuerung?

6. Welche Bemaßungsmöglichkeiten an Werkstücken gibt es für die CNC-Fertigung?
7. Welche Vor- und Nachteile hat die Inkrementalbemaßung (Zuwachsbemaßung)?
8. Erläutern Sie den Aufbau eines Fertigungsprogramms.
9. Welche Angaben gehören zu den Weginformationen?
10. Erklären Sie die Befehle G00, G01, G02 und G03.
11. Welche Möglichkeiten der Programmerstellung gibt es?
12. Welche Vorteile bietet die Unterprogramm-Technik?

6 Andere Werkstoffe

Wer Holz bearbeitet, kommt auch mit anderen Werkstoffen in Berührung. Er verwendet z. B. Werkzeuge, Holzbearbeitungsmaschinen und Beschläge aus Stahl, Nichteisenmetalle und Kunststoffe. Dieses Kapitel vermittelt Grundkenntnisse über Eigenschaften und Bearbeitung dieser Materialien.

6.1 Metalle

6.1.1 Eisen und Stahl

Eisen kommt in der Natur nicht rein, sondern nur in chemischen Verbindungen vor. Diese Verbindungen werden im Hochofenprozess so umgewandelt, dass graues und weißes Roheisen entsteht. Man erkennt dies an der unterschiedlichen Färbung der Bruchfläche.

Graues Roheisen wird in der Gießerei weiterverarbeitet. Der Kohlenstoffgehalt von *Grauguss* (GG) liegt zwischen 2,6 % und 3,6 %. Der Werkstoff besitzt eine hohe Druckfestigkeit, ist stoßempfindlich aber gut schwingungsdämpfend. Man gießt daraus z. B. Maschinenständer für Holzbearbeitungsmaschinen. Der Werkstoff lässt sich nicht biegen oder schmieden und nur bedingt schweißen.

Temperguss entsteht entweder durch mehrtägiges Glühen des Gussstückes unter Schutzgas wie Stickstoff bei ca. 1100 °C (schwarzer Temperguss) oder durch Glühen in oxidierender Atmosphäre bei ca. 1000 °C (weißer Temperguss). Der Vorgang wird *Tempern* genannt. Der Werkstoff ist zäher als Grauguss, besitzt gute Festigkeit und lässt sich hämmern, begrenzt verformen und auch schweißen. Aus weißem Temperguss werden z. B. Fittings, Schlüssel, Schraubzwingen, Kettenglieder, Tür- und Fensterbeschläge hergestellt, aus schwarzem Temperguss dickwandige Teile wie Schaltgabeln, Getriebegehäuse oder Zahnräder.

Weißes Roheisen wird im Stahlwerk zu Stahl weiterverarbeitet, indem während des Prozesses der hohe Kohlenstoffgehalt auf Werte unter 2 % gesenkt wird. Wir bezeichnen diese Stähle als *unlegierte* Stähle.

> Stahl ist alles ohne besondere Nachbehandlung schmiedbare Eisen mit einem Kohlenstoffgehalt unter 2 %.

Durch Legierung mit anderen Metallen lassen sich die Eigenschaften von Stahl dem gewünschten Verwendungszweck entsprechend verändern. Wir erhalten so *niedrig-* und *hochlegierte Stähle*.

Baustähle sind unlegierte Stähle, die nach ihrem Verwendungszweck sowohl in Massen- wie auch Qualitätsstähle eingeteilt werden. Zu ihnen gehören allgemeine Baustähle, Einsatz- und Vergütungsstähle.

Allgemeine Baustähle haben einen Kohlenstoffgehalt zwischen 0,15 % und 0,6 %. Sie sind nicht für Wärmebehandlung vorgesehen. Aus ihnen werden z. B. Maschinenteile, Form- und Stabstähle, Bleche, Rohre, Spannzeuge, Schrauben, Nieten und Beschläge hergestellt.

Einsatzstähle sind Qualitäts- oder Edelstähle. Ihr Kohlenstoffgehalt liegt zwischen 0,01 % und 0,3 %. Durch Einsatzhärten erhalten sie besondere Gebrauchseigenschaften.

> Beim Einsatzhärten werden die Randschichten des Werkstoffes durch Aufkohlen härtbar. Einsatzgehärtete Werkstücke haben eine harte Oberfläche und einen zähen Kern und somit einen guten Verschleißwiderstand.

Zahnräder, Lagerzapfen und Messzeuge z. B. werden aus diesen Stählen gefertigt.

Vergütungsstähle haben einen Kohlenstoffgehalt zwischen ca. 0,25 % und 0,65 %. Zu ihnen zählt man Qualitäts- oder Edelstähle. Durch Vergüten erhalten daraus gefertigte Werkstücke hohe Festigkeit und Zähigkeit.

> Vergüten ist eine Wärmebehandlung, bei der durch Härten und anschließendes Anlassen bei Temperaturen zwischen 400°C und 650°C hohe Zähigkeit bei bestimmter Festigkeit erlangt wird.

Aus Vergütungsstählen werden hochbeanspruchte Maschinenteile hergestellt.

Werkzeugstähle sind un-, niedrig- oder hochlegierte Stähle. Aus ihnen werden Werkzeuge mit bestimmten Eigenschaften gefertigt, so z. B. Schneidwerkzeuge, die auch bei höheren Temperaturen aufgrund des Zerspanvorganges noch ausreichende Standzeit besitzen.

Aus *unlegierten Werkzeugstählen* mit einem Kohlenstoffgehalt zwischen 0,65 % und 1,7 % werden Werkzeuge für niedrige Arbeitstemperaturen hergestellt, deren Arbeitshärte durch Warmbehandlung erreicht wird. Dazu wird der Werkstoff auf Härtetemperatur erwärmt, in Wasser abgeschreckt und anschließend angelassen. Man erreicht durch das Anlassen eine Gefügerückbildung, die die Gebrauchshärte erwirkt. Werkzeuge, die aus diesem Werkstoff hergestellt werden, sind Hämmer, Feilen oder geringer beanspruchte Holzbearbeitungswerkzeuge.

Niedriglegierte Werkzeugstähle, auch Spezial-(SP-) Stähle genannt, enthalten bei einem Kohlenstoffgehalt von 0,3 % bis 2 % als Legierungsbestandteile z. B. Chrom, Nickel, Wolfram, Molybdän oder Vanadium. Zusammen mit Kohlenstoff entstehen im Gefüge z. B. Karbide, das sind besonders verschleißfeste Verbindungen, die Härte und Zähigkeit erhöhen und bei Warmarbeitsstählen auch die Verwendbarkeit für Arbeitstemperaturen über 200°C ermöglichen. Aus ihnen werden Stecheisen, Maschinensägeblätter, Hobeleisen, Bohrer und Fräsketten hergestellt.

Hochlegierte Werkzeugstähle werden auch HL-Stähle genannt. Ihr Kohlenstoffgehalt liegt zwischen 0,9 % und 1,7 %. Die Legierungsbestandteile Chrom, Molybdän oder Vanadium bilden Sondercarbide, die Arbeitstemperaturen bis ca. 1300°C zulassen. Sie sind auch als SS-(**S**chnell**S**chnitt-) oder HSS-(**H**ochleistungs**S**chnell**S**chnitt-)Stahl bekannt. Sie erreichen selbst bei ca. 600°C (schwachrotglühend) Arbeitstemperatur noch vertretbare Standzeiten. Aus ihnen werden u. a. Fräser, Bohrer, Hobel- und Verbundwerkzeuge hergestellt.

Mit SS- und HSS-Werkzeugen werden Holzwerkstoffe und Harthölzer bearbeitet.

> Kreissägeblätter aus SS- oder HSS-Stahl dürfen wegen ihrer Bruchgefahr nur auf Kreissägemaschinen mit besonderen Sicherheitseinrichtungen verwendet werden.

Sonderstähle sind u. a. hochlegierte, nichtrostende Stähle von besonderer Oberflächengüte. Aus ihnen werden z. B. Edelstahlspülen für Küchen hergestellt.

DIA (PKD) sind synthetisch, auf der Basis von Kohlenstoff hergestellte Schneidwerkstoffe (PKD = polykristalliner Diamant). In technischen Anlagen werden bei Temperaturen von 1300 bis 1400 °C und unter Druck von 6000 bis 7000 Mpa (6000 bis 7000 bar) durch eine Hochdruck-Hochtemperatur-Synthese die Schicht aus Diamantkornmaterial unlösbar auf eine Hartmetallunterlage aufgesintert. Dieses Herstellungsverfahren ist sehr aufwendig, deshalb werden nur kleine Schneidenabmessungen (PKD-Bestückungsplatten sind 1,6 bis 3,2 mm dick) hergestellt. Schneidenmaterial aus PKD ist sehr stoßempfindlich und teuer. Die Standzeiten PKD-bestückter Sägeblätter oder Fräser liegen beim 200- bis 250-fachen von HM-bestückten Schneiden. Sie werden bei der industriellen Herstellung von Möbeln und Fenstern eingesetzt.

Normung und Handelsformen

Mit welchem Werkstoff wir arbeiten, entnehmen wir der Werkstoffbezeichnung. Sie ist nach DIN genormt. Genauere Angaben können wir Tabellenbüchern entnehmen.

Baustähle erkennen wir an einem **St** und nachgestellten Ziffern. Sie geben uns Auskunft über besondere Eigenschaften des Stahles. Dieser Werkstoff kann nicht warmbehandelt, z. B. gehärtet werden.

Beispiel   *St 37-1* ist ein Baustahl für einfache Anforderungen mit einer Mindestzugfestigkeit von 370 N/mm^2. Die 1 bezeichnet die Gütegruppe, von denen es insgesamt drei gibt.

Unlegierte Qualitäts- und Edelstähle werden nach dem Kohlenstoffgehalt bewertet, Edelstahl mit besonders geringem Phosphor- und Schwefelgehalt erhält noch den Kennbuchstaben k.

Beispiel   *C45* ist ein unlegierter Vergütungs-(Qualitäts-) Stahl mit 0,45 % Kohlenstoffgehalt.
Ck 45 ist ein unlegierter Einsatz-(Edel-)Stahl mit niedrigem S- und P-Gehalt und 0,15 % Kohlenstoff.

Niedriglegierte Stähle sind Qualitäts- und Edelstähle mit weniger als 5 % Legierungsbestandteilen. Den Legierungsanteil in Prozenten erhält man durch genormte Teiler.

Beispiel   *34 Cr 4* ist ein Vergütungsstahl mit $^{34}/_{100}$ = 0,34 % Kohlenstoff und $^4/_4$ = 1 % Chrom (Cr) als Legierungsbestandteil.

Hochlegierte Stähle sind Qualitäts- und Edelstähle, wie wir sie z. B. bei Spülen in Einbauküchen finden. Das Kennzeichen für einen hochlegierten Stahl ist das x am Beginn der Werkstoffbezeichnung, gefolgt von Angaben über die Zusammensetzung.

Beispiel   *x10 Cr Ni 18 8* ist ein hochlegierter Stahl mit 0,1 % Kohlenstoffgehalt, 18 % Chrom und 8 % Nickel. Um den Kohlenstoffgehalt zu erhalten, müssen wir die dem x folgenden Zahl durch 100 teilen. Die anderen Ziffern geben den realen Gehalt des Legierungsbestandteiles an.

Eisengusswerkstoffe, Gusseisen, erkennen wir an dem Buchstaben G, kombiniert mit einer Buchstabenkombination und einer Ziffernfolge.

Beispiel *GG-20* ist Gusseisen mit Lamellengraphit, Grauguss, mit einer Mindestzugfestigkeit von 200 N/mm².

Die Werkstoffe werden u. a. zu Normteilen oder Halbzeugen und Blechen verarbeitet, aus denen dann die Werkstücke gefertigt werden. Halbzeuge sind Erzeugnisse, die u. a. durch Walzen von Metallen entstanden sind und zur Weiterverarbeitung genutzt werden. Die genauen Bezeichnungen sind wieder den DIN-Normen zu entnehmen. Nachfolgend einige Beispiele.

Flach DIN 1017 - 70 x 5-USt37-2 ist z. B. ein Flachstahl von 70 mm Breite und 5 mm Dicke aus Baustahl mit einer Mindestzugfestigkeit von 370 N/mm² der Güteklasse 2.

Gelenkband-Profil DIN 1581 - 5x6x60 ist ein Halbzeug, dessen Querschnitt einem Gelenkband mit den Maßen für die Dicke = 5 mm, die Höhe = 6 mm und die Breite = 60 mm entspricht. Genaue Informationen hierzu finden wir wieder in der DIN-Norm.

6.1.2 Nichteisenmetalle (NE-Metalle)

Nichteisenmetalle werden in Leichtmetalle (Dichte $\leq$ 4,5 kg/dm³) und Schwermetalle eingeteilt. Zu den NE-Metallen gehören Aluminium, Kupfer, Blei, Zink, Zinn, Magnesium und deren Legierungen. Durch entsprechende Legierungsbestandteile erhält das Grundmetall die Eigenschaften, die es für Beschläge u. a. besonders geeignet sein lässt.

Hartmetalle werden durch Sintern hergestellt. Verarbeitet werden z. B. Wolfram- und Titankarbide mit Kobalt als Bindemetall. Die zu Pulver zermahlenen Stoffe werden bei 1500 °C bis 1600 °C zu Stäben oder Platten gepresst. Weil Sintermetalle sehr hart sind und Hartmetallschneiden eine bis zu 100-facher Standzeit der Stahlwerkzeugschneiden erreichen, werden Schneidwerkzeuge mit Hartmetallschneiden versehen. Sie sind allerdings sehr schlag- und stoßempfindlich und erfordern deshalb pflegliche Behandlung beim Schleifen bzw. Einspannen des Werkzeuges.

Stellite sind Hartlegierungen aus Kobalt, Chrom und Wolfram unter Kohlenstoffzusatz. Sie werden anstelle von Hartmetallschneiden als Schneiden in Sägeblättern zur Vollholzbearbeitung eingesetzt.

Tabelle **6**.1 Wichtige Gebrauchseigenschaften von NE-Metallen und deren Legierungen

Metalllegierung	Eigenschaften	Verwendung
Aluminium	Dichte 2,7 kg/dm³; weich und dehnbar, gut zu zerspanen; kerbempfindlich	neben Stahl am meisten in Holztechnik verwendet für Bleche, Wandverkleidungen u. a.
Al-Knetlegierungen	Legierungsbestandteile: Kupfer, Magnesium, Zink und Mangan; zugfester als Aluminium, korrosionsbeständig, gut zu verarbeiten	Fenster, Türen, Sonnenblenden, Regenschutzschienen, Simsabdeckung, Systemprofile, Wandplatten
Al-Gusslegierungen	höhere Zugfestigkeit als Aluminium	Beschläge, Türdrücker
Kupfer	Dichte 8,96 kg/dm³; weich, zäh, gut dehn- und umformbar, weniger gut zerspan- oder gießbar	Türen, Bleche, Bekleidungen, Folien, Fassaden, Dächer
Kupfer-Zink-Legierungen (Messing)	korrosionsbeständig, gut zu bearbeiten und zu spanen	Schrauben, Zierleisten, Beschläge
Kupfer-Zinn-Legierungen (Bronze)	korrosionsbeständig, gut zu bearbeiten	Beschläge
Zink	Dichte 7,1 kg/dm³; korrosionsbeständig, jedoch nicht gegenüber Säuren, Laugen, Kalk, Zement; gut dehn- und umformbar	Fensterbleche, Abdeckung für Dachbedeckungen
Zinklegierung (Zamak)	gut gießbare Legierung aus Aluminium, Zink und Kupfer	Bänder, Scharniere, Türgriffe, demontierbare Schrankverbinder
Blei	Dichte 11,4 kg/dm³; korrosionsbeständig; sehr weich und dehnbar, gut umzuformen Blei ist giftig! Beim Bearbeiten von Blei nicht essen, rauchen oder trinken. Nach dem Abschluss der Arbeit sorgfältig die Hände waschen!	Bleiverglasungen, Einfassungen (Bilder, Glas)
Hartmetalle	sehr hart und spröde, schlagempfindlich	Schneidwerkzeuge für hohe Schnittgeschwindigkeiten

Stellite werden auf die Sägezahnspitze aufgeschweißt und durch Bearbeiten mit einer Diamantschleifscheibe ausgeformt und geschärft.

6.1.3 Korrosion und Korrosionsschutz

> Unter Korrosion verstehen wir die Zerstörung von Metallen aufgrund chemischer oder elektrochemischer Vorgänge.

Eisen und Stahl werden aus Erzen, das sind chemische Verbindungen, gewonnen. Beide Werkstoffe sind bestrebt, die ursprüngliche Verbindung wieder einzugehen, sie rosten. Wir bezeichnen diesen Vorgang allgemein als Korrosion. Sie tritt nicht nur bei Eisen und Stahl, sondern bei allen unedlen Metallen auf und kann diese zerstören. Bekannt ist die zum Teil verheerende Wirkung von Rost. In einigen Fällen verhindert Korrosion aber auch die Zerstörung des Werkstoffes. Auf Kupfer z. B. bildet sich

aufgrund der Korrosion Patina, eine Schicht, die das Kupfer gegen Korrosion schützt. Aluminium wird anodisch oxidiert, bekannt unter dem Begriff eloxieren. Durch das Verfahren wird eine Oxidschicht erzeugt, die weitere Korrosion des Werkstoffes verhindert.

Kontaktkorrosion, ein elektrochemischer Vorgang, entsteht, wenn verschiedene Metalle ein galvanisches Element bilden. Es fließt ein Strom, durch den das unedlere Metall zerstört wird. Kontaktkorrosion entsteht z. B. dort, wo ein Kupferbeschlag mit einer Stahlschraube befestigt wurde. Unter Einwirkung von Feuchtigkeit entsteht ein *kurzgeschlossenes* galvanisches Element. Der unedlere Werkstoff, der Stahl, zersetzt sich.

■ **Versuch** Wickeln Sie über Nacht ein Stück Kupfer in Aluminiumfolie. Halten Sie am nächsten Morgen die geglättete Aluminiumfolie gegen das Licht. Was beobachten Sie?

Um Schäden an metallischen Bauteilen zu vermeiden, werden sie gegen Korrosion geschützt.

Tabelle **6**.2 Korrosionsschutzmaßnahmen

Einölen, Einfetten	verwendet werden säurefreie oder organische Stoffe
Beschichtungen	sie werden durch Spritzen oder Streichen aufgetragen. Verwendet werden auf verschiedener Basis beruhende Farben.
Zwischenlagen aus isolierenden Stoffen	sie verhindern die Bildung eines galvanischen Elementes und somit die Kontaktkorrosion
Kunststoffbeschichtungen	werden aufgewalzt, aufgesprüht oder eingebrannt.
Emaillieren	durch Einbrennen von Emaillepulver. Der Überzug ist schlagempfindlich, aber hitze- und sehr korrosionsbeständig.
metallische Überzüge	werden chemisch erzeugt (z. B. Verzinkung) oder mechanisch aufgetragen (z. B. Aufwalzen einer Kupferschicht auf Stahlblech)
Eloxieren	ist ein geschütztes Verfahren zum Korrosionsschutz von Aluminium. Durch Elektrolyse bildet sich auf den als Anode in einer Säure befindlichen Metallteilen eine Oxidschicht, die Korrosion verhindert.

6.1.4 Fertigungstechnik und Metallbearbeitung

Im Zuge von Holzarbeiten kann es erforderlich werden, Metalle zu bearbeiten. In diesem Abschnitt lernen wir Verfahren kennen, die grundlegend für professionelle Metallbearbeitung sind.

Biegeumformen dient dazu, die Form eines Werkstoffes durch Krafteinwirkung zu verändern. Biegen wir ein Blech oder einen Flachstahl, so unterscheiden wir zwischen Zug-, Druckzone und der Neutralen Faser. In der Zugzone wird der Werkstoff gedehnt, in der Druckzone gestaucht. Die Neutrale Faser ändert ihre Länge nicht.

Wenn wir die Biegekante mit einer Reißnadel anreißen, muss der Riss in der Druckzone liegen, weil das Blech beim Biegen sonst einreißen kann.

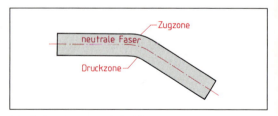

6.3 Belastungszonen beim Biegevorgang

Führen wir den Riss mit einer Messingreißnadel oder einem Bleistift aus, ist die Lage der Anrisslinie nicht zu berücksichtigen. Bleche aus Leichtmetall reißen wir immer mit einem Bleistift an.

Weil Bleche durch Walzen hergestellt werden, müssen wir vor dem Biegen auch die Walzrichtung ermitteln. Sie ist an einer feinen Riefenbildung auf der Blechoberfläche zu erkennen. Die Biegekante muss immer senkrecht zur Walzrichtung gelegt werden, weil sonst ebenfalls Bruchgefahr besteht (Bild **6.4**). Ist die Walzrichtung aufgrund einer Oberflächenbeschichtung nicht zu erkennen, muss eine Biegeprobe angefertigt werden. Ausschlaggebend für die Qualität der Biegung ist auch der Biegeradius.

Er ist abhängig von der Dicke des Werkstoffes und dem Material. Wird der Biegeradius zu klein gewählt, besteht ebenfalls die Gefahr der Rissbildung in der gestreckten und übermäßigen Stauchung im Bereich der gestauchten Faser. Der Mindestbiegeradius kann mit einer einfachen Formel über einen Biegefaktor f_B berechnet werden.

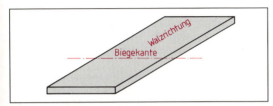

6.4 Walzvorgang

$$r_B = s \cdot f_B$$

In dieser Formel ist r_B der Biegeradius, s die Dicke des Werkstoffes, f_B der Biegefaktor.

Tabelle **6.5** Mittlere Werte für Biegefaktoren

Werkstoff	Biegefaktor
Aluminiumlegierungen	2,5
Kupfer	0,75
Magnesiumlegierungen	7,5
Messing/Stahl	1,5

Beispiel Es soll ein Aluminiumblech von 3,5 mm Dicke gebogen werden. Wie groß ist der Mindestbiegeradius?

Lösung geg: $s = 3{,}5$ mm $\quad f_B = 2{,}5$ ges.: Mindestbiegeradius r_B in mm
$r_B = s \cdot f_B = 3{,}5$ mm $\cdot 2{,}5 = \textbf{8,75 mm}$
Der Mindestbiegeradius beträgt 8,75 mm.

Fügen. Unter Fügen verstehen wir das Verbinden von Teilen. Wir unterscheiden lösbare und unlösbare Verbindungen.

Lösbare Verbindungen können getrennt werden, ohne das Werkstück zu zerstören. Die Teile können jederzeit wieder verwendet werden.

Unlösbare Verbindungen können nur durch Zerstören des Werkstoffes getrennt werden.

Zu den lösbaren Verbindungen gehören u. a. Verschraubungen, zu den unlösbaren Lötungen, Nietungen und Klebungen.

Tabelle **6.6** Ausgewählte Schrauben- und Mutterformen, Scheiben und Schraubensicherungen

Bezeichnung nach DIN	Anmerkung
Flachrundschraube mit Vierkantansatz DIN 603	Der Vierkantsatz verhindert, dass sich die Schraube beim Verschrauben mitdreht.
Halbrundschraube mit Nase DIN 607	Die Nase verhindert, dass sich die Schraube beim Anziehen mitdreht.
Sechskantschraube DIN 931, 933 u.a.	für die üblichen Schraubverhinderungen
Blechschraube DIN 7971 DIN 7976	Die Schraube formt das Muttergewinde beim Einschrauben. Kann in gedornte Löcher geschraubt werden. Vorteil: Sicherung der Schraube durch **eingepressten** Blechwulst.
Sechskantmutter DIN 439, DIN 970, u.a.	Gebräuchlichste Mutter für alle Befestigungsarten; verfügbar in verschiedenen Formen z. B. mit oder ohne Fase, flach oder selbstsichernd.
Hutmutter DIN 917, 986, 1587	deckt den bei einer normalen Verschraubung aus der Mutter ragenden Schraubenbolzen ab.
	Senkt Verletzungsgefahr, schützt Gewindeende.
Unterlegscheibe DIN 125, Form A und B	Vorwiegend für Sechskantschrauben und -muttern verwendet. Form B ist einseitig mit einer Fase versehen.
Federring DIN 127 Federscheibe DIN 137 Zahnscheibe DIN 6797	dienen der Schraubensicherung

Schraubverbindungen werden als *kraftschlüssig* bezeichnet. Durch die Vorspannkraft der Schraube werden die zu verbindenden Teile so stark zusammengepresst, dass die Reibungskraft zwischen den zu fügenden Teilen so groß ist, dass sie sich durch einwirkende Kräfte nicht gegeneinander verschieben können. Für Verschraubungen stehen eine Vielzahl von Schrauben, Muttern, Unterlegscheiben und Schraubensicherungen zur Verfügung, deren gebräuchlichsten die Tabelle **6**.6 zeigt.

Das Bild **6**.7 zeigt eine einwandfreie gesicherte Schraubverbindung mit Unterlegscheibe und Federring. Die Unterlegscheibe verhindert, dass sich der Federring in den Werkstoff des Werkstückes drückt. Der Federring sichert die Mutter so, dass sich die Verschraubung bei Schwingungen nicht lösen kann.

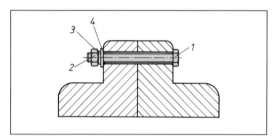

6.7   Schraubverbindung mit Unterlegscheibe und Federring
   1 Schraube DIN 933
   2 Mutter DIN 439
   3 Federring DIN 127
   4 Unterlegscheibe DIN 125

Wirkungsweise eines Federringes

Die Federkraft des Ringes presst die Mutter zusätzlich gegen die Gewindegänge. Durch den erhöhten Anpressdruck erhöht sich die Reibung zwischen Mutter und Schraubenbolzen. Die Mutter kann sich nicht lösen.

Nietverbindungen werden als *formschlüssig* bezeichnet. Tabelle **6**.8 zeigt ausgewählte Nietformen.

Tabelle **6**.8   Ausgewählte Nietformen

Nietform	Anwendungsgebiet / Bemerkungen
Senkniet DIN 661	Metallbau-, Ausrüstungstechnik, Leichtmetallbau, für glatte Nietstellen Schließkopf entweder als Halbrundkopf oder als Senkkopf
Linsenniet DIN 662	Trittbleche, Leisten, Beschläge

Nietverbindungen können nur durch Zerstören der Niete getrennt werden. Wir stellen eine einwandfreie Nietung in drei Arbeitsgängen her (**6**.9)

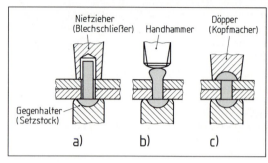

6.9   Nietvorgang

a) *Einziehen des Nietes.* Durch das Einziehen des Nietes werden zu verbindende Bleche fest zusammengepresst, wir nennen das *Blechschließen*.
b) *Anstauchen des Nietes.* Mit leichten Hammerschlägen wird der Niet angestaucht, sodass der Nietwerkstoff die Bohrung vollständig ausfüllt und die Grundlage für das Kopfformen gegeben ist.
c) *Kopf fertigformen.* Mit dem Döpper, dem Kopfmacher, wird der Nietkopf fertiggeformt.

Löt-, Schweiß- und Klebeverbindungen werden *stoffschlüssig* genannt. Sie können nur durch Zerstören getrennt werden.

Voraussetzung für eine gute **Lötverbindung** ist eine einwandfreie Lötfuge, damit das Lot gut legieren kann.

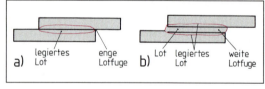

6.10   Löten
   a) enge Lötfuge: einwandfreie Legierung des Lotes mit dem Werkstoff – richtig
   b) weite Lötfuge: verminderte Festigkeit – falsch

> Die Qualität einer Lötung hängt davon ab, in welchem Maße das Lot mit dem zu verbindenden Werkstoff in Legierung übergeht.

Bei **Schweißverbindungen** wird der Werkstoff der zu verbindenden Teile über die Schmelztemperatur hinaus erwärmt. In die Schmelze wird gleicher

Werkstoff eingeschmolzen. Beim Gasschmelzschweißen sind Azetylen und Sauerstoff die gebräuchlichsten Schweißgase.

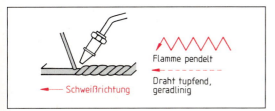

6.11 Nachlinksschweißung

Je nach Schweißarbeit und Werkstoff verwendet man *Nachlinks-* oder *Nachrechtsschweißung* (Bild **6**.11 und **6**.12).

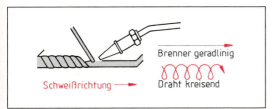

6.12 Nachrechtsschweißung

Beim Nachlinksschweißen wird der Brenner vor der Schweißnaht pendelnd nach links geführt, der Zusatzdraht geradlinig tupfend vor dem Brenner (**6**.11). Weil die Schweißflamme nicht in die Naht gerichtet ist, überhitzt sich die Schweißzone nicht. Die besonders bei dünnen Blechen bestehende Gefahr des Durchbrennens ist beim Nachlinksschweißen verringert.

Beim Nachrechtsschweißen führt man den Brenner vor der Schweißnaht geradlinig nach rechts, den Zusatzdraht kreisend zwischen Brenner und Naht (**6**.12). Die Flamme ist gegen die Naht gerichtet, der Werkstoff wird bis in die Wurzel der Schweißnaht sicher durchgeschmolzen, die Naht wird nachgeglüht. Die Restwärme des geschmolzenen Werkstoffs und des Zusatzdrahts verringert den Gasverbrauch und erlaubt schnelleres Arbeiten.

Nachlinksschweißen für Bleche bis 4 mm Dicke sowie für Gusseisen und Nichteisenmetalle.
Nachrechtsschweißen für Bleche über 4 mm Dicke, für Waagerecht- und Senkrechtschweißungen.

In der Fügetechnik gewinnt das **Kleben** zunehmend an Bedeutung. Bei geringer Beeinträchtigung des Werkstoffgefüges lassen sich verschiedene Werkstoffe fügen. Verwendet werden Kunstharzkleber (Epoxidharze, Polyurethankleber, Phenolharze, Polyesterharze), die unter Druck und/oder Wärmewirkung aushärten. Allerdings sind Klebeverbindungen nur in Grenzen belastbar und haben eine geringe Temperaturfestigkeit.

Spanende Bearbeitung von Metallen muss häufig bei Reparatur- und Montagearbeiten erfolgen. Im wesentlichen wird es sich um Sägen, Feilen, Bohren oder Gewindeschneiden handeln.

Die Grundform der Werkzeugschneide ist der Keil (vergl. Abschn. 4.3 Sägen). Wie bei der Säge finden wir sie auch an der Feile und am Wendelbohrer, auch Spiralbohrer genannt.

Feilen werden gefräst oder gehauen (Bild **6**.13). Der Spanwinkel gefräster Feilen ist <0°, sie wirken schneidend, der gehauener Feilen −15°, sie wirken schabend. Wir unterscheiden aufgrund unterschiedlicher Hiebe z. B. Schrupp- und Schlichtfeilen. Für weiche Metalle verwenden wir grob gezahnte Feilen mit Spanbrechernuten. Schlichtfeilen, die am feineren Hieb zu erkennen sind, verwenden wir für Metalle zum Nachbearbeiten von geschruppten Flächen oder zum Entgraten.

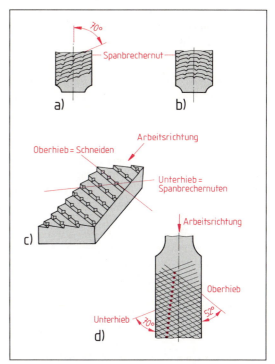

6.13 Hiebverlauf
a) schräger Hieb bei einhiebiger Feile, b) bogenförmiger Hieb bei einhiebiger Feile, c) Ober- und Unterhieb bei Kreuzhiebfeile, d) Winkel zur Achse einer Kreuzhiebfeile

Bohren. Bild **6**.14 erklärt die Bezeichnungen am Wendelbohrer. Zur Metallbearbeitung verwenden wir HSS-Bohrer oder solche mit Hartmetallschneiden. Für eine einwandfreie Bohrung muss der Bohrer einen dem zu bearbeitenden Werkstoff entsprechenden Spanwinkel haben. Falsch geschliffene Bohrer können leicht abbrechen oder ergeben eine unsaubere Bohrung.

Für wirtschaftliches Bohren ist die Wahl der richtigen Schnittgeschwindigkeit V_c wichtig. Sie hängt vom Bohrerwerkstoff und vom zu bearbeitenden Material ab und wird in m/min angegeben.

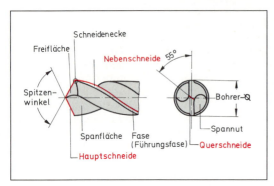

6.14   Bezeichnungen am Wendelbohrer

> Die Schnittgeschwindigkeit gibt die Geschwindigkeit der Werkzeugschneide am Werkstück bei der Spanabnahme an.

Bei der Bestimmung von Schnittgeschwindigkeiten ist normalerweise auch der Vorschub zu berücksichtigen. An dieser Stelle wollen wir davon ausgehen, dass im Rahmen der Holzverarbeitung die Berücksichtigung der Vorschübe bei der Zer-

spanung von Metallen unberücksichtigt bleiben kann. Sie sind in Tabelle **6**.15 deshalb nicht angegeben.

Kennen wir die zulässige Schnittgeschwindigkeit, können wir die zulässige Drehfrequenz für die Bohrmaschine berechnen. Die Grundformel lautet

$$v_c = \frac{d \cdot (\pi) \cdot n}{1000} \cdot \left[\frac{m}{min} \right]$$

Stellen wir die Formel nach n um, können wir die zum Bohren benötigte Drehfrequenz der Arbeitsspindel an der Bohrmaschine berechnen.

$$n = \frac{1000 \cdot v_c}{d \cdot \pi} \ [min^{-1}]$$

In dieser Formel ist n die an der Maschine einzustellende Drehfrequenz, v_c die aus der Tabelle abzulesende Schnittgeschwindigkeit und d der Durchmesser des verwendeten Wendelbohrers.

Beispiel   In ein 5 mm dickes Stahlblech soll ein 10 mm Loch gebohrt werden. Zur Verfügung steht ein Bohrer aus HSS-Stahl. Welche Drehzahl darf an der Bohrmaschine höchstens geschaltet werden?

Lösung   geg.: $d = 10$ mm, $v_c = 30$ m/min
ges.: n in min^{-1}

$$n = \frac{1000 \cdot v_c}{d \cdot \pi} = \frac{1000 \cdot 30 \text{ m/min}}{10 \text{ mm} \cdot \pi} = \textbf{954,9 min}^{-1}$$

Die zulässige Drehzahl beträgt 955 min^{-1}

Geschwindigkeiten lassen sich grafisch darstellen. Bekannt sind Nomogramme oder Netztafeln, die als Maschinentafeln auch an Bohrmaschinen zu finden sind. Bild **6**.16 zeigt eine solche Netztafel.

Tabelle **6**.15   Ausgewählte Schnittgeschwindigkeiten v_c in m/min beim Bohren (mittlere Werte)

Werkstoff	Werkzeug aus	
	HSS-Stahl	Hartmetall
Stahl St 37-2	25 bis 35	40 bis 60
Gusseisen	20	70
Al-Legierungen	80 bis 140	200 bis 300
Kupfer	30 bis 60	(80 bis 100)[1]
Duroplaste (Schicht- und Pressstoffe)	100 bis 120	100 bis 120
Thermoplaste	50 bis 120	nicht geeignet

[1] Wegen ungünstiger Schneidengeometrie ist der Hartmetallwendelbohrer nur für wenige Werkstoffe geeignet.

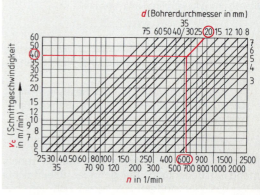

6.16   Netztafel

Auf der Y-Achse ist die Schnittgeschwindigkeit v_c in m/min auf der X-Achse, oben ist der Bohrerdurchmesser in mm, unten die Drehzahl in min^{-1} abgetragen. Wir können daraus ohne Rechenaufwand gesuchte Werte ablesen, müssen allerdings eine gewisse Ungenauigkeit in Kauf nehmen.

Beispiel Welche Drehzahl ist zu wählen, wenn mit einem Bohrer von 20 mm Durchmesser und einer Schnittgeschwindigkeit von 40 m/min gearbeitet wird?

Lösung **1. Schritt**: Wir suchen auf der Y-Achse den Wert 40 m/min und verfolgen die waagerechte Linie solange, bis sie zum Schnitt mit der schrägen Linie kommt, die für den Bohrerdurchmesser 20 mm steht.
2. Schritt: Vom Schnittpunkt aus gehen wir senkrecht nach unten zur X-Achse min^{-1}.
3. Schritt: Wir finden einen Punkt zwischen 600 min^{-1} und 700 min^{-1}.
4. Schritt: Wir wählen die **näher liegende** Drehzahl von 600 min^{-1}.

Es darf mit einer Drehzahl von 600 min^{-1} gearbeitet werden.

Neben der Auswahl der richtigen technologischen Daten ist die handwerkliche Vorbereitung zum Herstellen einer einwandfreien Bohrung zu beachten. Damit der Bohrer nicht verläuft, muss die Bohrung nicht nur sauber angerissen, sondern auch angekörnt werden. Um die Risslinie sauber mit dem Körner zu treffen, setzen wir diesen schräg an. Mit etwas Gefühl können wir den Riss mit der Körnerspitze ertasten. Wir stellen dann den Körner senkrecht und markieren mit einem leichten Hammerschlag (Bild **6**.17).

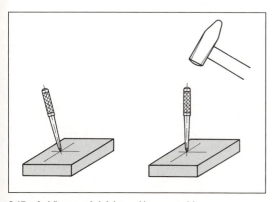

6.17 Ankörnen mit leichtem Hammerschlag

Senken. Eine Bohrung sollte immer angesenkt werden. Zum Entgraten oder für Aussenkungen für Senkschrauben verwenden wir Kegelsenker. Sollen Schrauben mit Zylinderkopf versenkt werden, benutzen wir einen Zapfensenker (**6**.18).

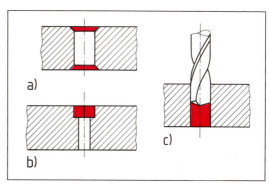

6.18 Senkarbeiten
a) Entgraten mit Kegelsenker, b) Aussenken für Schraubenkopf mit Zapfen- oder Kegelsenker, c) Aufsenken (Erweitern) mit Wendelsenker

Gewindeschneiden. Bei Montagearbeiten müssen häufig Gewinde geschnitten werden. Wir unterscheiden zwischen Außen-, das ist Bolzengewinde, und Innen-, das ist Muttergewinde.

Außengewinde schneiden wir mit dem Schneideisen. Es wird, dem gewünschten Außendurchmesser entsprechend, in den Schneideisenhalter gespannt (**6**.19). Das Schneideisen ist gerade anzusetzen.

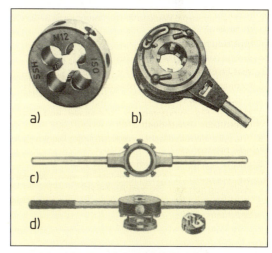

6.19 Schneidwerkzeuge für Außengewinde
a) Schneideisen, b) -halter, c) Gewindeschneidkluppe, d) Ratschen-Gewindeschneidkluppe

Innengewinde schneiden wir mit Gewindebohrern. Ein Gewindebohrersatz besteht aus dem Vor-, Mittel- und Fertigschneider, die nacheinander in das Windeisen eingespannt werden (**6**.20). Für Durchgangslöcher gibt es Gewindebohrer, in die Vor-, Mittel- und Fertigschneider geschliffen sind.

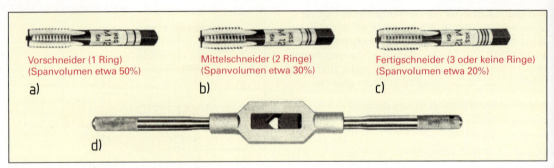

Vorschneider (1 Ring)
(Spanvolumen etwa 50%)

a)

Mittelschneider (2 Ringe)
(Spanvolumen etwa 30%)

b)

Fertigschneider (3 oder keine Ringe)
(Spanvolumen etwa 20%)

c)

d)

6.20   Schneidwerkzeuge für Innengewinde
a) Gewindebohrsatz, b) Windeisen zur Aufnahme eines Vierkants am Gewindebohrschaft

Damit der Gewindebohrer beim Schneiden nicht abbricht, muss der Kernlochdurchmesser richtig gebohrt und der Gewindebohrer mittig genau in Richtung der Bohrlochachse angesetzt werden. Bis M10 kann der Kerndurchmesser leicht in einer Überschlagsrechnung bestimmt werden. Es ist

$$d_k = 0,8 \cdot d$$

d_k ist der Kerndurchmesser, also der Durchmesser des zu wählenden Bohrers, d ist der Außendurchmesser des Gewindes.

Beispiel   Bei der Montage von Metallfenstern sind Innengewinde M 8 zu schneiden. Welcher Bohrer ist zum Bohren des Kernloches zu wählen?

Lösung   geg.: M 8 mit $d = 8$ mm
ges.: Durchmesser des Bohrers
$d_k = 0,8 \cdot d = 0,8 \cdot 8$ mm = **6,4 mm**
Das Kernloch ist mit einem 6,4 mm-Bohrer zu bohren.

Aufgaben zu Abschnitt 6.1

1. Was ist Stahl?
2. Was bedeuten die Werkstoffbezeichnungen St 37-2, x10 Cr Ni 18 8?
3. Was sind Halbzeuge?
4. Was versteht man unter Korrosion?
5. Was heißt Kontaktkorrosion?
6. Nennen Sie mind. drei Korrosionsschutzmaßnahmen.
7. Welche Dichte kennzeichnet Leichtmetalle?
8. Nennen Sie mindestens 5 NE-Metalle und deren wesentliche Verwendung.
9. Wie wird ein metallischer Werkstoff beim Biegeumformen beansprucht?
10. Was beschreibt der Begriff „Neutrale Faser"?
11. Sie müssen ein Aluminiumblech biegen. Welches Werkzeug benutzen Sie zum Anreißen?
12. Sie wollen ein Stahlblech biegen. Was müssen Sie beachten?

13. Was bedeutet Fügen?
14. Worin unterscheiden sich lösbare und unlösbare Verbindungen?
15. Nennen Sie eine kraftschlüssige Verbindung.
16. Wozu dienen Federring und Unterlegscheibe?
17. Eine Nietverbindung wird formschlüssig bezeichnet. Was versteht man darunter?
18. Beschreiben Sie einen Nietvorgang.
19. Was ist beim Herstellen einer Lötverbindung zu beachten?
20. Worin unterscheiden sich Schrupp- und Schlichtfeilen?
21. Welche Feilen benutzen Sie zum Bearbeiten weicher Werkstoffe?
22. Was bedeutet Schnittgeschwindigkeit?
23. Berechnen Sie die Drehzahl für einen 5 mm-Bohrer zum Bohren einer Aluminiumlegierung.
24. Wie groß ist der Kerndurchmesser für M6?

6.2   Kunststoffe (Plaste)

Wenn Sie sich zu Hause und im Betrieb umsehen, entdecken Sie viele Gegenstände aus Kunststoff. Nennen Sie Beispiele und geben Sie an, aus welchen Stoffen man die Gegenstände früher hergestellt hat. Wo wurde z. B. Holz durch Kunststoff ersetzt?

Warum haben die Kunststoffe vielfach andere Werkstoffe verdrängt?

Welche Vor- und Nachteile haben sie?

Ausgangsstoffe. Kunststoffe begegnen uns auf Schritt und Tritt – nur nicht in der Natur. Wir müssen sie durch chemische Umwandlung natürlicher Stoffe oder künstlich aus chemischen Verbindungen herstellen. Für die künstliche Erzeugung brauchen wir Kohle und Erdgas, dazu Kalk, Luft und Wasser, vor allem aber *Erdöl*.

Recycling. Die Wiederverwendung von „Altmetallen" und Metallabfällen ist uns seit langem geläufig. Weil die Rohstoffe Erdöl und Erdgas in der Zukunft knapper werden, aber auch der Kunststoffmüll (z. B. Verpackungen) immer größere Dimensionen erreicht, wurden auch Rückgewinnungsverfahren für Kunststoffabfälle entwickelt. Durch *Umschmelzen* werden zerkleinerte Abfälle unter Wärmezufuhr und Druck verpresst bzw. spritzvergossen und neu geformt (z. B. Thermoplaste). Durch *Hydrolyse* – d. h. Einwirkung von Wasserdampf unter hohem Druck und hoher Temperatur – gewinnen wir Ausgangsstoffe für bestimmte Plaste zurück (z. B. Polyurethan, Polyamid, Polyester). Durch *Pyrolyse* werden die Abfälle ohne Sauerstoffzufuhr erhitzt und in ihre chemischen Bauteile zerlegt. Mangels Sauerstoff können sie nicht verbrennen und umweltschädliche Gase entwickeln. Allgemein sollte beim Arbeiten mit Kunststoffprodukten beachtet werden, dass ein sparsamer Umgang durch Verwendung von Mehrwegverpackungen oder von wiederverwertbaren Kunststoffen den Energieverbrauch und das Abfallvolumen verringern (**6.**21).

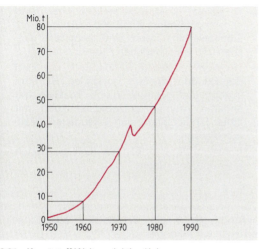

6.21   Kunststoff-Weltproduktion/Jahr

Verwendung und Eigenschaften. Etwa 40 % der Kunststofferzeugung betreffen Lacke und Farben, Klebstoffe und Textilfasern. 60 % dienen als Formstücke, Beschläge und Werkzeuge in der Metall-, Elektro- und Bauindustrie. Für die holzverarbeitende Industrie stellt man u. a. Kunststoffmöbel, -fenster und -profile her. Kunststoffe werden in Massen und daher preiswert produziert. Sie sind gute Isolatoren (Nichtleiter), korrosionsbeständig, haben eine geringe Dichte und trotzdem verhältnismäßig hohe Festigkeit. Sortenrein getrennt, können bestimmte Kunststoffe wiederverwertet werden. Weitere Eigenschaften wollen wir durch Versuche selbst herausfinden.

■ **Versuch 1** Halten Sie verschiedene Kunststoffproben an eine Bunsenbrennerflamme und beschreiben Sie jeweils die Verbrennung.

■ **Versuch 2** Erhitzen Sie feste Kunststoffproben in kochendem Wasser und versuchen Sie, die heißen Proben zu verformen. Ergebnis?

■ **Versuch 3** Erwärmen Sie dünne oder stabförmige Kunststoffproben über einer Flamme und versuchen Sie, sie zu biegen. Wie verhalten sich die verschiedenen Proben?

■ **Versuch 4** Übergießen Sie Kunststoffproben in einem breiten Versuchsglas mit verdünnter Salzsäure. Kontrollieren Sie die Proben nach 1 Stunde, nach dem Herausnehmen und nach 1 Woche Trockenlagerung.

Kunststoffe sind organische Stoffe (Kohlenstoffverbindungen).

Erzeugt werden sie durch Umwandlung natürlicher Stoffe oder (meist) künstlich durch chemische Synthese, vor allem aus Erdöl, Kohle und Erdgas.

Zur Kunststoff-Herstellung wird relativ viel Energie benötigt – Kunststoffe sind nicht biologisch abbaubar (verrottbar), wir sollten deshalb sparsam mit Kunststoffen umgehen.

6.2.1 Kohlenstoffchemie

Während sich die anorganische Chemie mit den „toten", nichtorganischen Stoffen beschäftigt (s. Abschn. 2.4), steht im Mittelpunkt der organischen Chemie der Kohlenstoff. Er ist in vielfältigen Molekülen und Molekularverbindungen anzutreffen. Seine Atome können sich untereinander und mit anderen chemischen Elementen unbegrenzt zu Makromolekülen (Ketten) von 1 000 bis 1 000 000 Atomen verbinden (griech. makros = groß, lang). Kunststoffe sind solche Kohlenstoffverbindungen und daher makromolekular.

Betrachten wir den Kohlenstoff und seine Eigenschaften näher, damit wir die Bildung und Eigenschaften der Kunststoffe verstehen.

Gesättigte Kohlenwasserstoffe. Aus Abschn. 2.4.3 wissen wir, dass sich ein Element im bestimmten Mengenverhältnis mit anderen verbindet. Je nachdem, wie viel Wasserstoffatome es bindet, ist es ein-, zwei- oder mehrwertig. Das Kohlenstoffatom ist vierwertig. Es greift gewissermaßen mit seinen Wertigkeitsarmen (Valenzen) in den Raum, um sich mit den Valenzen anderer Atome (z. B. Wasserstoff) zu verbinden. Wenn jeder Wertigkeitsarm einfach gebunden ist, ist das Atom gesättigt, darum stabil und reaktionsträge. Entstanden ist ein neues Molekül, z. B. das gasförmige Methan CH_4 (Grubengas). Verbinden sich zwei Kohlenstoffatome und ihre restlichen drei Valenzen mit Wasserstoffatomen, entsteht Äthan C_2H_6. Auch dieser Kohlenwasserstoff ist gesättigt, denn alle Kohlenstoffarme sind gebunden. Aus der Verbindung von 3 Kohlenstoffatomen und ihren 8 Restvalenzen mit Wasserstoffatomen entsteht Propan C_3H_8. Wir schließen daraus, dass die *Kettenstruktur* der Formel ein Kennzeichen der Kohlenstoffchemie ist.

Beispiele

$$-\overset{|}{\underset{|}{C}}-$$

C-Atom
(4wertig)

$$H-\overset{\overset{\displaystyle H}{|}}{\underset{\underset{\displaystyle H}{|}}{C}}-H$$

Methan CH_4

$$H-\overset{\overset{\displaystyle H}{|}}{\underset{\underset{\displaystyle H}{|}}{C}}-\overset{\overset{\displaystyle H}{|}}{\underset{\underset{\displaystyle H}{|}}{C}}-H$$

Äthan C_2H_6

$$H-\overset{\overset{\displaystyle H}{|}}{\underset{\underset{\displaystyle H}{|}}{C}}-\overset{\overset{\displaystyle H}{|}}{\underset{\underset{\displaystyle H}{|}}{C}}-\overset{\overset{\displaystyle H}{|}}{\underset{\underset{\displaystyle H}{|}}{C}}-H$$

Propan C_3H_8

Ungesättigte Kohlenwasserstoff-Verbindungen.
Kohlenstoffatome können sich mehrfach im Molekül verbinden ($\overset{.}{C} = \overset{.}{C}$). Diese Kohlenwasserstoffe werden zunehmend unbeständiger (instabil). Wegen der ungesättigten und darum reaktionsfähigen Atome kommt es zwischen den Bindungen zu Spannungen. Doppel- und Mehrfachverbindungen von Kohlenstoffatomen bezeichnet man deshalb auch als „ungesättigte" Verbindungen. Sie sind leicht durch andere Moleküle oder Atome, Druck oder Hitze aufzubrechen.

Beispiele

$$\overset{\overset{\displaystyle H\quad H}{|\quad\ \ |}}{\underset{\underset{\displaystyle H\quad H}{|\quad\ \ |}}{C=C}}$$

Äthylen C_2H_4

$$-\overset{\overset{\displaystyle H\quad H}{|\quad\ \ |}}{\underset{\underset{\displaystyle H\quad H}{|\quad\ \ |}}{C-C}}-$$

aufgebrochen

$$H-C\equiv C-H$$

Acetylen C_2H_2

Benzol C_6H_6

In unseren Beispielen sind Äthylen, Acetylen und Benzol entstanden. Äthylen ist ein farbloses, süßlich riechendes Gas. Acetylen ist Ausgangsstoff für neue Verbindungen wie Benzol, Orlon, Polystyrol, Plexiglas, PVC. Die Benzolformel zeigt uns, dass sich die Moleküle nicht nur faden- oder kettenförmig, sondern auch *ringförmig* anordnen.

Wenn sich solche einteiligen (monomeren) Verbindungen mit anderen verketten, entsteht ein vielteiliger (polymerer) Kohlenwasserstoff – ein Makromolekül wie z.B. Polyäthylen PE (Viel-Äthylen). PE ist ein fester, schmiegsamer, unzerbrechlicher und leicht formbarer Kunststoff.

Beispiel

$$\overset{\overset{\displaystyle H\ \ H}{|\ \ \ |}}{\underset{\underset{\displaystyle H\ \ H}{|\ \ \ |}}{C=C}} \rightarrow -\overset{\overset{\displaystyle H\ \ H}{|\ \ \ |}}{\underset{\underset{\displaystyle H\ \ H}{|\ \ \ |}}{C-C}}-\quad -\overset{\overset{\displaystyle H\ \ H}{|\ \ \ |}}{\underset{\underset{\displaystyle H\ \ H}{|\ \ \ |}}{C-C}}-\quad -\overset{\overset{\displaystyle H\ \ H}{|\ \ \ |}}{\underset{\underset{\displaystyle H\ \ H}{|\ \ \ |}}{C-C}}-\cdots$$

Ungesättigte Kohlenstoffverbindungen lassen sich leicht aufspalten. Deshalb können wir H-Atome auch durch andere (z.B. Chlor) ersetzen und erhalten dann Polyvinylchlorid PVC.

Beispiel

$$-\overset{\overset{\displaystyle H}{|}}{\underset{\underset{\displaystyle H}{|}}{C}}-\overset{\overset{\displaystyle H}{|}}{\underset{\underset{\displaystyle Cl}{|}}{C}}-\overset{\overset{\displaystyle H}{|}}{\underset{\underset{\displaystyle H}{|}}{C}}-\overset{\overset{\displaystyle Cl}{|}}{\underset{\underset{\displaystyle H}{|}}{C}}-\overset{\overset{\displaystyle H}{|}}{\underset{\underset{\displaystyle H}{|}}{C}}-\overset{\overset{\displaystyle H}{|}}{\underset{\underset{\displaystyle Cl}{|}}{C}}-$$

Polyvinylchlorid PVC

Gesättigte Kohlenstoffverbindungen sind einfach gebunden, stabil und reaktionsträge. Einfachverbindungen sind zwischen gleichen und verschiedenen Atomen möglich.

Ungesättigte Kohlenstoffverbindungen sind doppelt oder dreifach gebunden. Sie sind instabil und bestrebt, durch Reaktion mit anderen Atomen aufzubrechen und mit ihnen Einfachbindungen einzugehen (Makromoleküle).

Kohlenstoffatome können sich zu Ketten oder Ringen ordnen.

Wenn wir bei gesättigten Kohlenwasserstoffen ein H-Atom gegen ein OH-Molekül auswechseln, erhalten wir Alkohole.

Beispiele

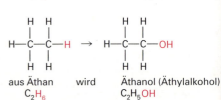

$$H-\overset{\overset{\displaystyle H}{|}}{\underset{\underset{\displaystyle H}{|}}{C}}-H \rightarrow H-\overset{\overset{\displaystyle H}{|}}{\underset{\underset{\displaystyle H}{|}}{C}}-OH$$

aus Methan   wird   Methanol (Methyl-
  CH_4 alkohol) CH_3OH

$$H-\overset{\overset{\displaystyle H}{|}}{\underset{\underset{\displaystyle H}{|}}{C}}-\overset{\overset{\displaystyle H}{|}}{\underset{\underset{\displaystyle H}{|}}{C}}-\overset{\overset{\displaystyle H}{|}}{\underset{\underset{\displaystyle H}{|}}{C}}-H \rightarrow H-\overset{\overset{\displaystyle H}{|}}{\underset{\underset{\displaystyle H}{|}}{C}}-\overset{\overset{\displaystyle H}{|}}{\underset{\underset{\displaystyle H}{|}}{C}}-\overset{\overset{\displaystyle H}{|}}{\underset{\underset{\displaystyle H}{|}}{C}}-OH$$

aus Propan   wird   Propanol (Propyl-
  C_3H_8 alkohol) C_3H_7OH

$$H-\overset{\overset{\displaystyle H}{|}}{\underset{\underset{\displaystyle H}{|}}{C}}-\overset{\overset{\displaystyle H}{|}}{\underset{\underset{\displaystyle H}{|}}{C}}-H \rightarrow H-\overset{\overset{\displaystyle H}{|}}{\underset{\underset{\displaystyle H}{|}}{C}}-\overset{\overset{\displaystyle H}{|}}{\underset{\underset{\displaystyle H}{|}}{C}}-OH$$

aus Äthan   wird   Äthanol (Äthylalkohol)
  C_2H_6 C_2H_5OH

Dieser reine Alkohol geht bei Oxidation in Acetaldehyd (Aldehyde) und dann in die organische Essigsäure über.

H H H—C—C—OH H H	H H H—C—C H O	H O H—C—C H OH
von Äthanol	über Acetaldehyd	zur Essigsäure

Verdünnter Essigsäure begegnen wir im Betrieb als Neutralisierungsmittel.

> **Vorsicht im Umgang mit Säuren!** Beim Verdünnen stets die Säure ins Wasser gießen, niemals das Wasser in die Säure!

Die giftige Zitronensäure und die Oxalsäure sind ebenfalls organische Säuren. Wir brauchen sie, wenn gerbstoffhaltige Hölzer zu bleichen sind. Auf die Gerbsäure (z. B. Tannin), vermischt mit Salmiakgeist, treffen wir beim Beizen (braune Farbe) von gerbstoffarmen Hölzern.

> Aus der Synthese der Kohlenstoffverbindungen bilden sich als Zwischenprodukte Methan, Äthylen, Benzol, Phenol und Harnstoff.
>
> Durch Aufbrechen dieser Molekülverbindungen entstehen reaktionsfähige Bindungen, die sich zu Makromolekülen verbinden.

6.2.2 Herstellung, Arten und Elemente der Kunststoffe

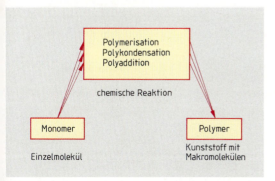

6.22 Vom Monomer zum Polymer (Herstellung der Kunststoffe)

Kunststoffe bestehen aus wenigen chemischen Elementen. Die bedeutendsten Elemente für die Herstellung von Kunststoffen und ihre Wertigkeit (Valenzen) im Überblick:

—Si— Silicium
—N— Stickstoff
H — Wasserstoff
—C— Kohlenstoff
—O— Sauerstoff
Cl — Chlor
F — Fluor
—S— Schwefel

6.23 Chemische Elemente bei Kunststoffen

Bei der Polymerisation werden Doppel- oder Dreifachbindungen *gleichartiger*, niedermolekularer Kohlenwasserstoffe (Monomere) durch äußere Einflüsse wie Energiezufuhr und/oder Strahlung, Wärme, Reaktionsmittel aufgebrochen und zu fadenförmigen Makromolekülen (Polymere) verbunden.

Werden verschiedenartige Monomere eingesetzt, spricht man von Mischpolymerisation (Co- und Pfropfpolymerisation 6.24). Von der Kettenlänge der Makromoleküle hängen die Eigenschaften der verschiedenen *Polymerisate* ab. Die Länge ist steuerbar. Zu den Polymerisaten zählen Polyäthylen (PE), Polyvinylchlorid (PVC), Polystyrol (PS) und Polyvinylacetat (PVAC).

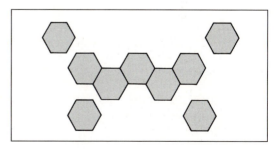

6.24 Polymerisation

Bei der Polykondensation werden *ungleichartige* Monomere, die teilweise mehrere reaktionsfähige

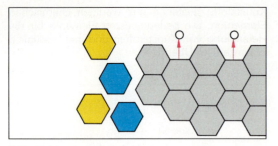

6.25 Polykondensation

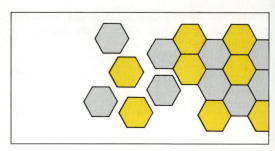

6.26 Polyaddition

Gruppen enthalten, miteinander zu Makromolekülen verbunden, dabei wird als Nebenprodukt
ein niedermolekularer Stoff (meist Wasser) abge-
spalten. Es entstehen lineare (z. B. Polyamid) oder
vernetzte (z. B. Phenolharz) Makromoleküle. Die
Polykondensation kann in Stufen erfolgen (z. B.
Klebstoffe, Schichtpressstoffe), dabei wird durch
Zugabe von Härtern und/oder Wärme die unterbrochene Stufenkondensation wieder in Gang
gesetzt und zur Endkondensation geführt (irrever-
sibler Zustand (**6.**25).

Die Polyaddition verläuft ähnlich wie die Polykondensation, aus *ungleichartigen* niedermolekularen
Monomeren (z. B. Diisocyanat) entstehen weitmaschig vernetzte Makromoleküle (z. B. Polyurethan
oder Epoxidharz). Es fallen dabei keine Abspalt-
produkte an (**6.**26).

Polymerisation – gleichartige Monomere –
Polymerisate (Mischpolymerisate)
Polykondensation – ungleichartige Mono-
mere, Kondensatabspaltung (Stufenkonden-
sation) – Polykondensate
Polyaddition – ungleichartige Monomere –
Polyaddukte

Die Kunststoffarten sind sehr zahlreich. Wir können sie nach den eben besprochenen Herstellungsverfahren oder nach ihren Eigenschaften in
Plastomere, Duromere und Elastomere einteilen
(**6.**27). Die verwandten Kurzzeichen geben die chemische Bezeichnung der Kunststoffart an (s. Tab.
6.32).

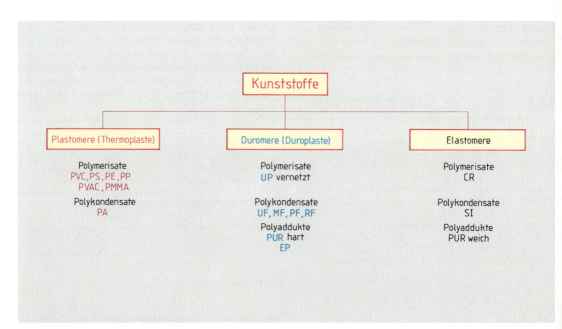

6.27 Einteilung der Kunststoffarten

Plastomere (oder Thermoplaste) sind meist durch Polymerisation entstanden und bestehen aus unvernetzten, langen Fadenmolekülen. Die Makromolekülanordnung ist unterschiedlich: vorwiegend linear, gestaltlos (amorph) oder streckenweise gebündelt (teilkristallin, **6.**28 a, b), vorwiegend verknäuelt wie ein Wattebausch, amorph oder teilkristallin (**6.**28 c, d).

Thermoplaste können wir sägen, hobeln, schleifen, bohren, feilen und teilweise kleben. Sobald wir sie erwärmen, verschieben sich ihre Fadenmoleküle – die Teile werden weich, verformbar. Bei Fließtemperatur werden sie „thermoplastisch", lassen sich gießen, streichen und schweißen, beim Abkühlen in der neuen Form bleibt die Lage der Moleküle bestehen.

Bei mechanischer Dauerbelastung können die Fadenmoleküle aneinander vorbeigleiten (= kalter Fluss, s. Abschn. 6.3, Klebstoffe). Beim Umformen im Erweichungsbereich werden die Molekülfäden gestreckt und verharren nach Abkühlung in diesem Zustand. Bei erneuter Erwärmung gehen sie in ihre Ausgangslage zurück (= Rückstellvermögen). Angewandt wird diese Eigenschaft bei der Verpackung von Lebensmitteln mittels Folien.

■ **Versuch** Erhitzen Sie in einem Reagenzglas PVC-Pulver.

Ergebnis Das PVC zersetzt sich bis auf einen schwarzen Rest – Kohlenstoff. Der stechende Geruch zeigt Salzsäure an. Die Atome haben sich also bei Erreichen der Zersetzungstemperatur aus dem Molekularverband gelöst.

Bei den Duromeren (oder Duroplasten) sind die Molekülfäden räumlich angeordnet und an den Berührungsstellen zu einem engmaschigen Netz verbunden (**6.**29). Sie werden beim Erwärmen nicht wieder verformbar.

Wir können diese festen Plaste aus Kunstharzen (z. B. Melamin, Phenol, Harnstoff) und Formaldehyd feilen, hobeln und sägen. Die dabei anfallenden Späne lassen sich nicht wieder einschmelzen.

Als Beispiel nennen wir Phenoplaste (PF), Aminoplaste (MF, UF) und Polyester (UP). Beim Erhitzen zerfallen sie.

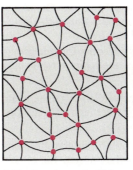 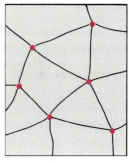

6.29 Anordnung der Makromoleküle bei Duromeren

6.30 Anordnung der Makromoleküle bei Elastomeren

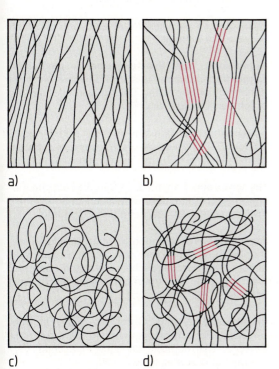

a)   b)

c)   d)

6.28 Anordnung der Makromoleküle bei Plastomeren
a) vorwiegend linear, amorph, b) vorwiegend linear, teilkristallin, c) vorwiegend verknäuelt, amorph, d) vorwiegend verknäuelt, teilkristallin

Bei den Elastomeren sind die Makromoleküle ebenfalls maschenartig aufgebaut, haben jedoch größere Maschen als die Duroplaste – sie sind räumlich weitmaschig vernetzt (**6.**30).

Das Molekülgefüge lässt sich durch Krafteinwirkung innerhalb eines Grenzbereiches (stoffabhängig) dehnen und stauchen.

Nach der Krafteinwirkung geht der Molekülverband wieder in die Ausgangslage zurück (elastisch). Beim Erhitzen zerfallen sie wie alle Plaste.

Zu den Elastomeren gehören die Kunstkautschuke: Polybutadienkautschuk (CR), Ethylen/Propylen-

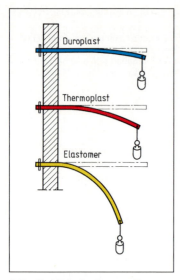
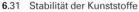

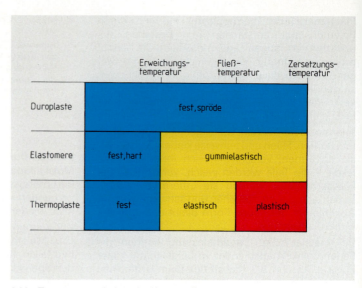

6.31   Stabilität der Kunststoffe   **6**.32   Temperaturverhalten der Kunststoffe

Terpolymer (EPDM, früher APTK), Styrol-Butadien-Kautschuk (SBR) und Acrylnitril-Butadien-Elastomer (Nitrilkautschuk, NBR).

Sie werden als Klebstoffe (CR) oder Dichtungsmaterial für Fenster (Vorlegebänder), Mauerfugen und dergleichen eingesetzt.

Bild **6**.31 zeigt die unterschiedliche Stabilität der drei Kunststoffarten, **6**.32 ihr Verhalten bei Temperaturänderungen.

Silicone (SI) sind keine Kohlenwasserstoffe, sondern siliciumorganische Verbindungen. Sie zählen ebenfalls zu den Kunststoffen.

Hergestellt werden Silicone aus Quarzsand. Dieser wird zu Chlorsilanen und durch anschließende Hydrolyse- und Polykondensationsreaktion zu verschiedenen Siliconen umgesetzt.

Je nach Kondensationsgrad entstehen dabei Öle, Harze oder Kautschuke.

Sie sind wasserabstoßend, chemisch beständig und ölfest. Häufig verwendet man sie als dauerelastische Versiegelung (Verglasung) oder wasserabstoßende Schutzschicht (z. B. Mauerputz).

Plastomere (Thermoplaste) – Moleküle linear oder verknäuelt – warm verformbar
Duromere (Duroplaste) – Moleküle engmaschig vernetzt – hart, nicht verformbar
Elastomere – Moleküle weitmaschig vernetzt – dauerelastisch

Die Bestimmung von Kunststoffen ist durch verschiedene Verfahren möglich, z. B.:

Ritzprobe. Fingernagelkratzer sind nur bei Polyäthylen (PE) sichtbar.

Kupferdraht- oder Beilsteinprobe. Ausgeglühten Kupferdraht mit dem Kunststoff berühren und wieder in die Flamme halten. Bei PVC wird die Flamme durch den Chlorgehalt grün.

Schwimmprobe. Polyäthylen (PE) und Polypropylen (PP) sind leichter als Wasser und schwimmen. Polystyrol (PS) sinkt langsam nach unten.

Geruchsprobe. Halten wir PVC in die Flamme, riechen die entstehenden Schwaden unangenehm. PMMA riecht mehr stechend und fruchtartig.

Bruchprobe. Wir spannen je einen Streifen Thermoplast und Duroplast fest. Nach Erwärmung bleibt der duroplastische Kunststoff brüchig, während sich der thermoplastische leicht und beliebig oft verformen lässt.

Brennprobe. Halten wir Duroplaste in die Flamme, zersetzen sie sich und entwickeln stark rußende Dämpfe. Thermoplaste dagegen erweichen, verbrennen und tropfen teilweise ab.

Tabelle **6**.33 gibt eine Übersicht über die Kunststoffe, ihre Eigenschaften und Verwendung in der Holztechnik.

Tabelle **6.33** Kunststoffe in der Holztechnik

Kunststoff	Moleküle/ Herstellung	Eigenschaften	Handelsnamen	Anwendungsbeispiele
Plastomere (Thermoplaste)	amorph teilkristallin	gut zu spanen und zu kleben, warm verformbar, bei Fließtemperatur gießbar, streichbar und schweißbar		
Polyvinylchlorid PVC	Polymerisation	fest, steif, farblos, aber einfärbbar, chemisch beständig	Vestolit, Vinoflex, Vinnolit, Scovinyl, Solvic	Schubkasten-, Fenster- und Dichtprofile, Fußleisten, Schubkastenführung
Polyvinylacetat PVAC	Polymerisation	erweicht bei etwa 80 °C, durchscheinend weiß, gemischt mit Weichmachern und Wasser, verarbeitet als Dispersionsleim	Ponal, Collafix, Cederin, Hymir, Rakoll	Leime
Polyäthylen PE	Polymerisation	weich oder hart, milchig-wachsartige Oberfläche, chemisch beständig, leicht zu bearbeiten	Lupolen, Hostalen, Vestolen	Schubkastenführung, Sitzmöbel, Baufolien
Polymethylmethacrylat (Acrylglas) PMMA	Polymerisation	glasklar, hart, lichtecht, stoßfest, hochglänzend, kratzempfindlich, chemisch beständig, nicht beständig gegen Lösungsmittel	Plexiglas, Resartglas	Lichtkuppeln, Gießharze, Leuchten
Polystyrol PS	Polymerisation	glasklar, aber einfärbbar, chemisch beständig, nicht beständig gegen Benzin und Benzol	Hostyren, Styropor, Vestyron	Schubkasten, Wärmedämmung
Polyamid PA	Polykondensation	sehr zäh, elastisch und verschleißfest, beständig gegen Öl, Benzin und schwache Laugen	Ultramid, Vestamid, Perlon, Nylon, Durethan	Schrauben, Sitzschalen, Muffen, Möbel- und Baubeschläge
Duromere (Duroplaste)	engmaschig vernetzt	fest, nicht mehr verformbar, gut zu spanen		
Phenoplast (Phenol-Formaldehydharz) PF	Polykondensation	hart, zäh und zugfest, gelblichbraun, dunkel einfärbbar, chemisch beständig, aber nicht gegen starke Säuren und Laugen	Kauresin, Bakelit	Leim
Aminoplast (Melamin-Formaldehydharz) MF	Polykondensation	ähnlich Phenolplast, glasig-farblos, einfärbbar	Formica, Resopal, Kauramin, Melan, Duropal	Leime, Lacke Schichtpressstoffe
Harnstoff-Formaldehydharz UF	Polykondensation	hart, spröde, einfärbbar	Kaurit, Resamin, Tegofilm	Lacke, Leime, Leimfilme
Polyurethan hart PUR	Polyaddition	hart-elastisch	Baydur, Durol, DD-Lack	Montageschaum, Klebstoffe
Epoxidharz EP	Polyaddition	hart, spröde, milchig-trüb, chemisch beständig	Araldit, Epoxin, Lekutherm	Metallkleber
Elastomere	weitmaschig vernetzt	in weitem Temperaturbereich, gummielastisch		
Polychloroprene CR	Polymerisation	zähelastisch	Neoprene, Pattex	Dichtungsprofile, Kontaktkleber
Silicon SI	Polykondensation	wasserabweisend, chemisch beständig, keine Reaktion mit anderen Kunststoffen, sehr temperaturbeständig	Silopren, Silastik, Bostik Elastosil	Glasklebemittel, Fugenversiegelung
Polyurethan weich PUR	Polyaddition	weich – elastisch	Moltopren	Polsterschaum

Veränderung der Eigenschaften von Kunststoffen

Die Eigenschaften der Kunststoffe lassen sich *chemisch* oder *physikalisch* weitgehend dem späteren Verwendungszweck anpassen.

a) chemische Maßnahmen	Auswirkungen
– Polymerisationsgrad (= Anzahl der Molekülbausteine im Makromolekül)	Änderung von Verarbeitungseigenschaften, wie Fließfähigkeit und Schmelztemperatur (z. B. durch Einschmelzen von wiederverwertbaren Plastomeren verkürzen sich die Makromolekülketten = Qualitätsverlust)
– Weichmachung (innere) durch Co- oder Pfropfpolymerisation	Verringerung der Härte und Steifigkeit (z. B. Dichtungslippen) bei Plastomeren
b) physikalische Maßnahmen	
– Weichmachung (äußere) durch Zugabe von schwerflüchtigen Flüssigkeiten in die plastomere Kunststoffschmelze	Verringerung der Härte und Steifigkeit bei Plastomeren (z. B. PVC) (Weichmacherwanderung möglich)
– Füllstoffzugabe (Glasfasern, Holz, Stoff, Mineralien, Metalle)	Erhöhung der Festigkeit (z. B. Boots- und Flugzeugbau)
	Befestigungsmöglichkeiten für Armaturen (z. B. Automobilbau)
	Gestaltung von Formteilen (z. B. Stuhllehnen)
– Treibmittelzugabe	Aufblähen von Kunststoffmassen zur Erzeugung leichter offen- oder geschlossenporiger Schäume (z. B. Polsterschaum oder Dämmstoff)
– Beimischung von Metallpulver	Kunststoff lädt sich nicht elektrostatisch auf
– Cadmium-Zugabe	Stabilisierung gegen UV-Strahlen (Kunststoffe im Außenbereich)
– Farbstoff-Zugabe	Farbeffekte für Gestaltung
– Beschichtung mit dünnen Metalloxidschichten im Galvanisier-Verfahren	Brandschutz

6.2.3   Kunststoffbearbeitung

Im Betrieb verarbeiten wir viele Kunststoffe. Wir verbinden sie durch Kleben, Schweißen und Warmverformen mit anderen Kunst- und Werkstoffen. Wir bearbeiten sie durch Ritzen, Schneiden, Biegen, Abkanten, Feilen, Raspeln, Bohren, Aufreiben, Hobeln, Sägen sowie mit dem Laserstrahl. Wie Tabelle 6.33 zeigt, sind die Kunststoffe unterschiedlich gut zu bearbeiten.

Kleben. Alle Kunststoffe außer PE lassen sich gut kleben. Bei *Plastomeren* eignen sich besonders Lösungsmittel des betreffenden Kunststoffs. Die Fügeflächen werden leicht angerauht (aktiviertes Natrium), durch das Lösungsmittel etwas angelöst und fest zusammengepresst. Dabei verfilzen sich die Molekülfäden von Kleber und Kunststoff, so dass sich nach dem Verdunsten des Lösungsmittels eine feste, stabile Verbindung ergibt (Quellschweißen). Für *Polyäthylen* (PE hart oder weich) und *Polypropylen* (PP) verwenden wir Kontaktkleber (z. B. synthetischen Kautschuk, Polyurethan), Zweikomponentenkleber (z. B. Epoxidharze, Polyurethan) oder Schmelzkleber (z. B. Vinyl-Copolymere).

Duromere und *Elastomere* lassen sich mit Polyesterharz kleben. Auch Beschädigungen (Beulen etwa) werden damit ausgebessert. Die Teile oder Ausbesserungsstellen müssen vorher aufgerauht werden, damit der Klebstoff eine größere Angriffsfläche hat. *Polystyrol* lässt sich schon bei Raumtemperatur lösen. Dazu nehmen wir Diffusionskleber mit Lösungsmitteln (z. B. Toluol, Tetrahydrofuran, Dichloräthan). Auch Polymerlösungen eignen sich.

Vorsicht! Lösungsmitteldämpfe sind gesundheitsschädlich. Absaugvorrichtungen sorgen dafür, dass die in der Raumluft zulässigen MAK-Werte (**m**aximale **A**rbeitsplatz-**K**onzentration) nicht überschritten werden.

Durch Schweißen werden *artgleiche thermoplastische* Kunststoffe verbunden. Die durch Erwärmung plastisch gemachten Fügeteile werden leicht zusammengedrückt, wobei sich die Molekülfäden miteinander verfilzen. Nach der Verbindungsart unterscheiden wir Stumpf-, Überlapp-, Nut- und Abkantschweißen (6.34). Nach der Wärmezufuhr spricht man z. B. von Warmgas-, Heizelement- und Ultraschallschweißen.

Durch Warmgasschweißen verbinden wir tafel- und rohrförmige Halbzeuge, Rohrleitungen, chemische Apparate. Die Fügeflächen werden durch erwärmtes Gas (Druckluft oder Stickstoff) mittels Handschweißgerät plastisch gemacht und dann durch einen Schweißstab oder ein Schweißband aus gleichem Kunststoff verbunden.

Durch Heizelementschweißen fügt man tafel- oder rohrförmige Halbzeuge sowie spritzgegossene oder blasgeformte Serienteile zusammen. Ein elektrisch beheizter Schweißkolben liefert die nötige Wärme.

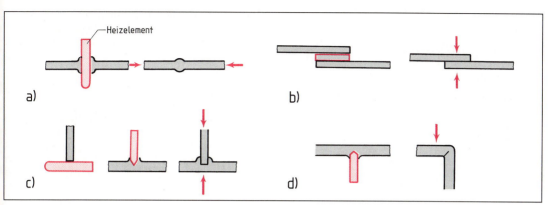

6.34   Schweißverbindungen (jeweils Anwärmen und Schweißen)
a) Stumpfschweißen, b) Überlappschweißen, c) Nutschweißen, d) Abkantschweißen

Durch Ultraschallschweißen werden spritzgegossene oder blasgeformte Serienteile auf die schnellste Art verbunden. Ein Wechselstrom von 20 000 bis 50 000 Hz erzeugt mechanische Schwingungen, die unter Druck auf die Fügeflächen übertragen werden und sie durch die Reibung erwärmen.

Außerdem gibt es das Reibschweißen, Heizdraht schweißen und Hochfrequenzschweißen.

Warmgasschweißen – tafel- und rohrförmige Halbzeuge

Heizelementschweißen – tafel- und rohrförmige Halbzeuge, spritzgegossene oder blasgeformte Serienteile

Ultraschallschweißen – spritzgegossene oder blasgeformte Serienteile

Zu beachten ist, dass Kunststoffe eine erheblich geringere Wärmeleitfähigkeit haben als Metalle. Die Temperatur an der Schnittstelle darf nicht so hoch sein, dass die Werkstückflächen (z. B. durch große Zerspanleistung) verschmieren. Häufig gibt es darum besondere Werkzeuge und Maschinen für die Kunststoffbearbeitung.

Ritzen und Schneiden. Folien und weiche Profile schneiden wir mit dem Messer oder der Schere, dicke Folien mit dem Messer an der Linealkante. Harte Kunststoffe werden mit dem Messer angeritzt, nach oben gebogen und gebrochen (**6.35**).

Beim Biegen und Abkanten werden thermoplastische Werkstoffe durch Infrarotstrahler oder Warmluftgebläse erwärmt, gebogen und bis zum Erkalten festgehalten (**6.36**). Blasen wir Druckluft zu, kühlt die Tafel schneller ab. Kunststoffe dehnen sich bei Erwärmung aus und gehen nach dem Abkühlen wieder in ihre ursprüngliche Lage zurück. Eine andere Möglichkeit bietet das Abkantschweißen.

Feilen und Raspeln. Kunststoffe können wir mit Holzfeilen und -raspeln bearbeiten. Besser sind jedoch Werkzeuge mit einem besonderen Feilenhieb, bei dem die Späne durch Ritzen herausfallen (z. B. Hobelfräserfeile). Die Feilenblätter sind auswechselbar und leicht zu säubern. Mit der Ziehklinge glätten wir die bearbeiteten Flächen. Bei der Kantenbearbeitung setzen wir die Feile im Winkel von 20 bis 45° zur Oberfläche an (**6.37**). Für die Rillen einer V-Naht beim Schweißen wählen wir einen Herzschaber.

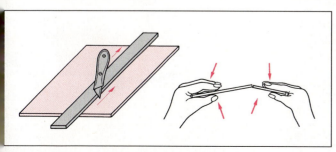

6.35   Anreißen und Brechen einer Kunststoffplatte

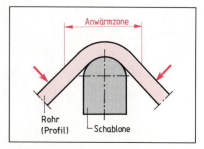

6.36   Biegen eines thermoplastischen Profils

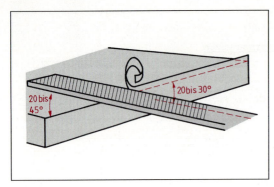

6.37   Kantenbearbeitung mit der Feile

Bohren und Aufreiben. Zum Bohren von Duroplasten verwenden wir Spiralbohrer aus der Metallbearbeitung, für weiche Kunststoffe dagegen besondere Kunststoffbohrer mit einem Spitzenwinkel von 60 bis 80° (statt 118° bei Metallbohrern).

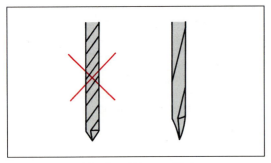

6.38   Drall beim Metall- und Kunststoffbohrer

Kunststoffbohrer haben auch einen steileren Drall (große Steigung) mit weiten Nuten (6.38). Kegelbohrer mit zwei parallel zur Bohrerachse verlaufenden Spannuten nehmen mehr Späne auf und eignen sich besonders für Thermoplaste. Löcher bis 30 mm Durchmesser bohren wir mit Zweischneider und Führungszapfen, über 50 mm

Durchmesser mit Kreisschneider (6.39). Die Schnittgeschwindigkeit von Schnellstahlbohrern liegt bei etwa 0,8 m/min, von Hartmetallbohrern bis 1,6 m/min.

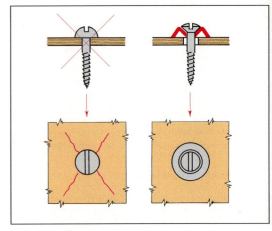

6.40   Schrauben brauchen Spielraum

Schraubenlöcher müssen immer etwas größer sein als der Schraubendurchmesser, denn die Schrauben brauchen Spielraum, wenn der Kunststoff bei Temperaturschwankungen arbeitet (6.40). Unterlegscheiben oder Rosetten stellen die Verbindung zwischen Schraubkopf und Platte her. Verwendet werden Linsenkopfschrauben.

Hobeln und Sägen. Für thermoplastische Kunststoffe verwenden wir ausschließlich unsere Putz- und Schlichthobel. Duromere verlangen einen Kunststoffhobel mit Stahlsohle. Zum Trennen und Teilen der Kunststoffe nehmen wir unsere Holzsägen (z. B. den Fuchsschwanz) mit feinen und wenig geschränkten Zähnen. Für geschweifte Teile und Zuschnitte empfiehlt sich der Handknabber (6.41).

6.39   Kreisschneider

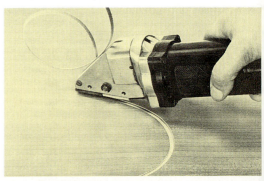

6.41   Handknabber

Zum Maschinensägen von Schichtpressstoffplatten eignen sich hartmetallbestückte Sägeblätter. Sie haben längere Standzeiten als die herkömmlichen Sägeblätter. Kreissägeblätter aus Hochleistungsstahl (HSS) dürfen nicht geschränkt und müssen konisch hinterschliffen sein. Bei Sägemaschinen ist besonders auf saubere Schnittkanten zu achten. Sie hängen ab von der Zahnform, Anzahl

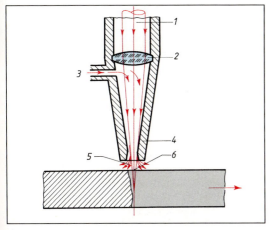

6.42   Trennen mit Laserstrahl

   1 Laserstrahlenbündel   *4* Schneiddüse
   2 Optik   *5* Gasaustritt
   3 Gas   *6* Brennfleck

der Schnitte, Schnittgeschwindigkeit, dem Eintritts- und Austrittswinkel sowie dem Vorschub.

Trennen mit Laserstrahl. Der Laserstrahl ist ein bleistift- bis fingerdickes Strahlenbündel, das durch eine linsen- oder spiegeloptische Brennfläche (Durchmesser Bruchteile eines mm) geleitet wird und die Kunststoffe schmilzt oder verdampft. Je enger Laser sind, desto stärker wirken sie. Bei Kunststoffen nimmt man CO_2-Gaslaser, deren intensive Rotstrahlung das Material schmilzt (**6**.42).

6.2.4   Kunststoffverarbeitung

Viele Kunststoffprodukte haben bereits eine industrielle Verarbeitungsstufe durchlaufen, bevor sie vom Tischler/Holzmechaniker oder Glaser weiter be- oder verarbeitet werden.

Sie werden angeliefert als:

– Flüssigkeiten, z. B. Lacke, Leime, Farben

– Pasten, z. B. Spachtelmassen, Fugendichtungsmassen

– Feststoffe, z. B. HPL-Platten, Beschläge, PVC-Fensterprofile

Einige wichtige Verarbeitungsverfahren von Kunststoffmassen im Überblick zeigt Tabelle **6**.43.

Tabelle **6**.43   Verarbeitungsverfahren von Kunststoffen

Bezeichnung des Verfahrens	Schematische Darstellung der Funktionsweise	Anwendungsbeispiele
Formpressen		Formteile aus härtbaren Kunstharzen und Pressmassen
Warmformen (Vakuum- oder Druckluftformen)	Luft	Formteile (Behältnisse) aus plastomeren Halbzeugen (z. B. Platten)

Fortsetzung s. nächste Seite

Tabelle **6**.43, Fortsetzung

Bezeichnung des Verfahrens	Schematische Darstellung der Funktionsweise	Anwendungsbeispiele
Extrudieren (Strangpressen)		Halbzeuge aus plastomeren Kunststoffen. Vorprodukte zum Kalandrieren, Blasen, Spinnen (Spritzguss)
Blasen (meist im Anschluss an Extruder)	Luft	Hohlkörper aus plastomeren Kunststoffen
Kalandrieren (Walzen)		Folien aus plastomeren Kunststoffen, beschichtete Bahnen

Aufgaben zu Abschnitt 6.2

1. Warum werden Möbel und Möbelteile aus Kunststoff hergestellt?
2. Was bedeutet Recycling?
3. Wie stellt man Kunststoffe her?
4. Welche Ausgangsstoffe braucht man dazu?
5. Erklären Sie die Wertigkeit am Beispiel eines Kohlenstoffatoms.
6. Was versteht man unter einem Makromolekül?
7. Wodurch unterscheiden sich gesättigte von ungesättigten Kohlenwasserstoffen?
8. In welchen Anordnungen können sich Moleküle zusammenfinden?
9. Wie entsteht ein Makromolekül?
10. Was sind monomere und polymere Verbindungen?
11. Durch welche Verfahren entstehen aus Monomeren Polymere?
12. Wozu verwenden wir im Betrieb Essigsäure?
13. Erklären Sie die Herstellung von Polymerisaten.
14. Nennen Sie wichtige Polymerisate.
15. Wodurch unterscheiden sich Polykondensation und Polyaddition?
16. Wie heißen die Produkte der Polykondensation und Polyaddition?
17. Was bedeutet Kondensation?
18. Nennen Sie die Eigenschaften der Plastomere.
19. Wie lassen sich Plastomere verarbeiten?
20. Nennen Sie Plastomere.
21. Welchen Molekülaufbau haben Duromere?
22. Lassen sich Duromere durch Erwärmen wieder verformen?
   Kann man Duromere sägen oder hobeln?
23. Worin unterscheiden sich Elastomere von den Duromeren?
24. Was sind Elastomere?
25. Warum zählt man Silicone zu den Kunststoffen?
26. Nennen Sie Beispiele für die Anwendung von Siliconen.
27. Stellen Sie tabellarisch die Hauptmerkmale der Plastomere, Duromere und Elastomere zusammen.
28. Nennen Sie fünf Methoden der Kunststoffbestimmung.
29. Wie bestimmen Sie PVC?
30. Wie erkennen Sie Polyäthylen?
31. Ein Kunststoff brennt in der Flamme, erlischt aber außerhalb der Flamme. Er erweicht und riecht nach Salzsäure.
   Um welchen Kunststoff handelt es sich?

32. Welche Kunststoffe wählen Sie für Schubkastenführungen?
33. Aus welchen Kunststoffen fertigt man Baubeschläge?
34. Wie lassen sich Kunststoffe fest verbinden?
35. Welche Kleber verwenden Sie für PE und PP?
36. Welche Besonderheiten haben Kunststoffbohrer?

37. Was müssen Sie beim Verschrauben von Kunststoffteilen besonders beachten?
38. Welchen Hobel wählen Sie für thermoplastische Kunststoffe?
39. Warum werden beim Sägen von Schichtpressstoffplatten hartmetallbestückte Sägeblätter verwendet?
40. Wovon hängt eine saubere Schnittkante ab?

6.3 Klebstoffe und Dichtstoffe

Wie hoch schätzen Sie den Anteil von Klebverbindungen in Ihrem Betrieb gegenüber dem Schrauben, Nageln oder Dübeln? Welche Klebstoffe kennen Sie? Wie und wofür werden sie angewendet?

Mit Klebstoffen lassen sich Werkstoffe (z. B. Holz, Metall, Kunststoffe) durch Oberflächenhaftung (Adhäsion) und inneren Zusammenhalt (Kohäsion) ohne wesentliche Veränderung des Gefüges verbinden. Sie sind daher die wichtigsten Verbindungsmittel in der Holzverarbeitung. Da sich nicht jeder Klebstoff für einen Werkstoff und alle Beanspruchungen eignet, müssen wir mehr über die Eigenschaften und Anwendung der Klebstoffe kennenlernen. Wie kommt die Klebwirkung überhaupt zustande?

Klebevorgang. Klebstofffugen erhalten ihre hohe Haftfestigkeit durch physikalische und/oder chemische Vorgänge, während des Abbindens und Aus-

härtens im Klebstoffgemisch. Die *Adhäsionskraft* (Anhangskraft) ist unter anderem abhängig von der Benetzbarkeit der Werkstoffoberflächen durch die Flüssigkeit (Dispergier- oder Lösemittel), dabei spielt die Oberflächenspannung und die Viskosität des Klebstoffes eine wichtige Rolle.

Bei porösen Werkstoffoberflächen kommt es dabei auch zu einem mechanischen „Verdübelungseffekt" (**6.**44 a). Schon kleine Verunreinigungen, Fett- oder Ölflecken oder zu dickflüssige Klebstoffgemische können die Adhäsionswirkung beeinträchtigen.

■ **Versuch** Legen Sie je zwei Spanplatten und Glasplatten fest übereinander. Die Spanplatten können Sie mühelos wieder trennen, die Glasplatten schon etwas schwerer. Benetzen Sie aber die Glasplatten vorher mit Wasser, sind sie kaum noch zu trennen.

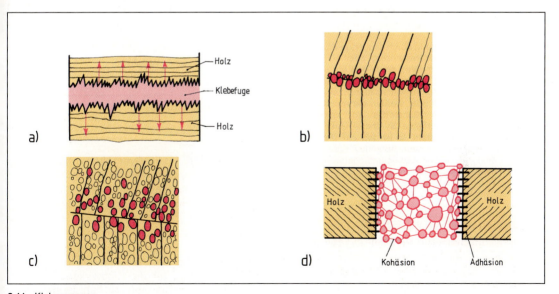

6.44 Klebevorgang
    a) mechanische Verdübelung
    b) gute Verleimung: Leim liegt in der Leimfuge
    c) schlechte Verleimung: Leim ist ins Holz abgewandert
    d) Kohäsion und Adhäsion bei der Verleimung

■ **Versuch** Nehmen Sie eine lackierte und eine unbe-
handelte, glatte Holzoberfläche. Geben Sie auf jede
Oberfläche je einen Tropfen Wasser und betrachten Sie
anschließend mit einer Lupe die Ausbreitung und den
Randwinkel zwischen Tropfenrand und Werkstoffober-
fläche. Beim unbehandelten Holz fließt der Tropfen viel
weiter auseinander und der Randwinkel ist spitzer.

Nach dem Verdunsten und/oder Abwandern des Löse-
oder Dispergiermittels in den Werkstoff (*Holzfeuchte!*)
rücken die Klebstoffmoleküle enger zusammen (**6**.44 b)
– es tritt ein Volumenverlust in der Klebefuge ein. Diesen Verlust muss der Pressdruck (Zwinge oder Furnierpresse) ausgleichen, sonst gibt es Hohlräume in der
Klebefuge.

Zwischen den Klebstoffmolekülen wirken *Kohäsionskräfte* (Zusammenhangskräfte) (**6**.44 d) um so höher, je
größer die Moleküle sind. In der Regel sind die Kohäsionskräfte zwischen den Klebstoffmolekülen größer
als die zwischen den Werkstoffmolekülen. Belastet
man eine fachmännisch richtig vorbereitete und ausgehärtete Verleimprobe mittels einer Zugkraft bis zur
Zerstörung, so führt dies zu Holzbruch (**6**.45).

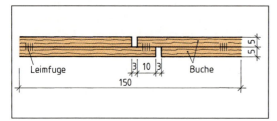

6.45 Probekörper für Zugversuch

Wird der Abbindevorgang durch saugende Werkstoffe,
durch Wärmezufuhr/Wärmeentzug oder Verdunsten
der Lösemittel herbeigeführt, so ist dies ein *physikali-
scher* Vorgang. Wird durch Wärmezufuhr ein Härter
wieder aktiviert (Stufenkondensation), ein Härter
gesondert zugegeben oder werden die mindestens 2
Komponenten eines Klebstoffes so miteinander
gemischt, dass durch eine Synthese-Reaktion eine
neue Verbindung entsteht, so ist dies ein *chemischer*
Vorgang. Bei den meisten Abbindevorgängen von
Klebstoffen treten physikalische und chemische Reaktionen nebeneinander auf.

Klebstoffe verbinden Werkstoffe

– durch mechanische Verankerung (Verdü-
  belung) in den Poren,
– durch Adhäsionskräfte (Anhangskräfte)
  der Werkstoffoberflächen und des Klebstoffs,
– durch Kohäsionskräfte (Zusammenhangskräfte) des Klebstoffs.

Viskosität. Wenn ein dünnflüssiger Klebstoff
durch die Kohäsion zähflüssig wird, verändert er
sein Fließverhalten: Er fließt langsamer. Dieses
Fließverhalten nennen wir Viskosität und unterscheiden

– dünnflüssige (niedrigviskose) Stoffe = geringe Kohäsion,
  z. B. Testbenzin;
– dickflüssige (mittelviskose) Stoffe = größere Kohäsion,
  z. B. Öl;
– zähflüssige (hochviskose) Stoffe = starke Kohäsion, z. B.
  Farbpaste.

Gemessen wird die Viskosität mit Viskosimetern,
meist mit dem Auslauf-Viskosimeter (**6**.46). Man
füllt den genormten Becher mit der Flüssigkeit, öffnet die Auslaufdüse und misst die Zeit bis zum voll-
ständigen Auslaufen. Die Auslaufzeit in Sekunden
ist die Viskosität. Eine andere Messmethode arbeitet mit dem Kugelfallviskosimeter.

Beispiel Auslaufzeit 50 Sekunden, Viskosität 50 DIN/s

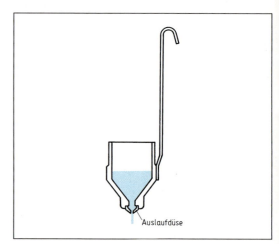

6.46 Auslauf-Viskosimeter

Viskosität ist das Fließverhalten von Flüssigkeiten (dünn-, dick- oder zähflüssig).

Je dünner die Flüssigkeit, desto kürzer die
Auslaufzeit und desto niedriger die Viskosität.

Leimdurchschlag. Die Viskosität des Klebstoffs ist
nicht nur wichtig für die Klebwirkung, sondern
kann auch Leimfehler verursachen. Ist die Viskosität des Leims zu hoch, wird zu viel Leim aufgetragen. Ist die Viskosität zu niedrig und das Furnier
grobporig (z. B. Eiche), dringt der Leim durch Poren
hindurch und ergibt hässliche Flecken. Außerdem

Tabelle **6**.47   Beanspruchungsgruppen nach EN 204 (DIN 68 602) und zugeordnete Verleimungsarten bei Holzwerkstoffen
nach DIN 68 763

Beanspruchungs-gruppe	Beispiele der Klimabedingungen und der Anwendungsbereiche	Holzwerkstoffklasse Spanplatten	Sperrholz
(B) D1	Innenbereich, wobei die Temperatur nur gelegentlich und kurzzeitig mehr als 50 °C und die Holzfeuchte maximal 15 % beträgt. *)	(V) 20	(JF) 20
(B) D2	Innenbereich mit gelegentlicher kurzzeitiger Einwirkung von abfließendem Wasser oder Kondenswasser und/oder kurzzeitiger hoher Luftfeuchte mit einem Anstieg der Holzfeuchte bis maximal 18 %.	(V) 100	(A) 100
(B) D3	Innenbereich mit häufiger kurzzeitiger Einwirkung von abfließendem Wasser oder Kondenswasser und/oder eine langzeitige Einwirkung hoher Luftfeuchte. Außenbereich vor der Witterung geschützt.	(V) 100 G	(AW) 100 G
(B) D4	Innenbereich mit häufiger starker Einwirkung von abfließendem Wasser oder Kondenswasser. Außenbereich der Witterung ausgesetzt, jedoch mit angemessenem Oberflächenschutz.	(V) 100 G	(AW) 100 G

*) Sind höhere oder andere als die in Gruppe 1 angegebenen Anforderungen an die Klebungen zu erwarten, z. B. bei Anwen-
    dung in anderen Klimazonen, dann sind besondere, den praktischen Bedingungen entsprechende Vereinbarungen über
    die Holzarten und Klebstoffarten zu treffen und eventuell weitere Prüfungen nach EN 205 durchzuführen.

D = durability class (engl.: Dauerhaftigkeitsklasse)

wird das Holz zu stark durchfeuchtet (Verleimfehler s. Abschn. 3.8.2).

Normung. Doch dies sind nicht die einzigen Fehlermöglichkeiten. Aus Erfahrung wissen wir, dass sich einige Klebverbindungen unter Einwirkung von Kraft oder Feuchtigkeit wieder lösen. Manche verlieren bei starken Temperaturschwankungen oder im Lauf der Zeit ihre Wirkung. Andere bleiben auch unter extremen Bedingungen unlöslich. Für viele Zwecke genügt ein nicht wasserfester Klebstoff, für andere ist ein besonders beständiger Klebstoff erforderlich. Um solche Leimfehler zu verhindern, sind in DIN 68 602, EN 204 Beanspru-chungsgruppen für die Holz-Leim-Verbindungen nach Mindestfestigkeit und Verhalten bei Feuchtigkeit festgelegt (**6**.47).

Beispiel   Eine gestemmte Außentür soll aus Sperrholz gefertigt werden, das nach DIN witterungs- und feuchtigkeitsbeständig sein muss. Nach Tabelle 6.47 ergibt sich dafür die Bezeichnung AW 100G. Weil die Witterungseinflüsse sehr stark sind, muss die Rahmenkonstruktion den Beanspruchungen nach Gruppe D4 genügen.

Zeitbegriffe. Bevor wir uns mit den einzelnen Klebstoffen beschäftigen, müssen wir uns bestimmte Zeitbegriffe merken (**6**.48).

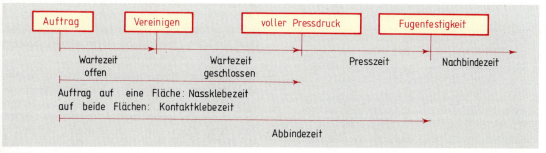

6.48   Klebzeiten

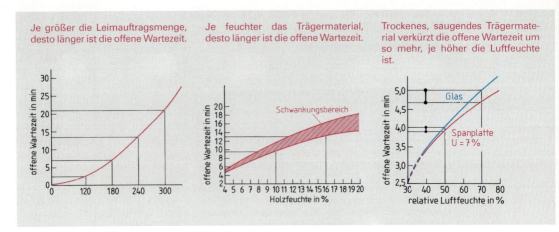

Je größer die Leimauftragsmenge, desto länger ist die offene Wartezeit.

Je feuchter das Trägermaterial, desto länger ist die offene Wartezeit.

Trockenes, saugendes Trägermaterial verkürzt die offene Wartezeit um so mehr, je höher die Luftfeuchte ist.

6.49   Einflussfaktoren auf die „offene Wartezeit"

Reifezeit. Die vom Hersteller angegebene Zeit vom Ansetzen bis zur Gebrauchsfähigkeit des Klebstoffs.

Topfzeit. Die Zeit, die ein gebrauchsfähiger Klebstoff (z. B. nach dem Mischen der 2 Komponenten) bis zum Abbindebeginn im Gefäß bleiben kann. Nachher ist er unbrauchbar. Deshalb geben wir immer nur so viel Leim an, wie wir in der Topfzeit verarbeiten können.

Wartezeit (Nassklebzeit beim Klebstoffauftrag auf eine Fläche, Kontaktklebzeit beim Auftrag auf beide Fügeflächen): die Zeit nach dem Klebstoffauftrag bis zum Abbindebeginn, in der der Pressdruck einsetzen muss. Die *offene Wartezeit* dauert bis zum Vereinigen, die geschlossene von der Vereinigung der Teile bis zum Erreichen des vollen Pressdruckes.

Presszeit. Die Zeitspanne zwischen Beginn und Ende des Pressdrucks. Sie endet, wenn der Leim abgebunden hat bzw. ausgehärtet ist.

Abbindezeit. Die Zeit vom Auftrag bis zum Erreichen der Fugenfestigkeit und Aufheben des Pressdrucks. Oft ist bis zur Weiterverarbeitung der Werkteile noch eine Nachbindezeit erforderlich.

Tabelle **6.50**   Wichtige synthetische Klebstoffe im Holzbereich (Abkürzungen nach DIN 4076)

Synthese-Verfahren	Plastomer	Duromer	Elastomer
Polymerisation	KPVAC KCPD KSCH		KPCB
Poly-kondensation		KUF KMF KPF	
Polyaddition		KEP	PU

Leimflotte. Leime sind Mischungen aus Leimmolekülen und Molekülen des Dispersionsmittels. Diesen verarbeitungsfertigen Leimansatz nennt man Leimflotte. Hinzu kommen evtl. noch Füll- und Streckmittel (**6.51**), manchmal auch Härter, Holzschutzmittel und Farbmittel.

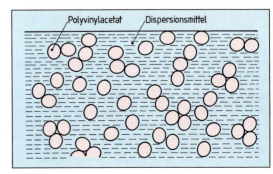

6.51   Polyvinylacetat im Dispersionsmittel

6.3.1   Natürliche Leime

Die natürlichen Leime aus Glutin und Kasein wurden fast ganz von den künstlichen (synthetischen) Leimen verdrängt. In jüngster Zeit gewinnen sie jedoch infolge des verstärkten Umweltbewusstseins und der Hinwendung zu natürlichen Stoffen als *Bioleime* wieder an Bedeutung.

Abbinden der Dispersionsleime. Holzleime werden als kolloidale Lösungen, also im Sol-Zustand verarbeitet (lat. solvere = lösen; s. Abschn. 2.4.1). Verdunstet das Dispersionsmittel oder wandert es ins Holz ab, wird der Leim fester, sirupartig – er geht in den Gel-Zustand über (Gelatine). Glutinleim lässt sich jedoch in den Sol-Zustand zurückverwandeln:

Er ist *reversibel* (umkehrbar) im Gegensatz zu den irreversiblen (nicht umkehrbaren) Kunstharzleimen.

Glutinleime (KG = Klebstoff Glutin). Rohstoffe sind die Eiweißverbindungen Gliadin und Glutenin (pflanzlich), Glutin und Kasein (tierisch).

■ **Versuch** Waschen Sie ein Stück Teig in der hohlen Hand unter einem Wasserstrahl. Nach einiger Zeit wird das abfließende Wasser klar. In der Hand bleibt eine gummiartige, klebrige Masse – das quellfähige Gliadin und Glutenin.

Hauptbestandteil dieser Leime ist *Glutin*, das man in langwierigen Verfahren aus tierischen Häuten, Knochen, Sehnen und Knorpeln gewinnt. Nach ihnen bezeichnen wir diese Klebstoffe als Lederleim oder Knochenleim. Glutinleime werden als Granulat (Flocken, Perlen, Kristalle) oder Pulver geliefert, in Wasser gelöst und im Wasserbad erwärmt (daher die frühere Bezeichnung „Warmleime"). Die streichbare Flüssigkeit zieht sich beim Abkühlen zusammen (Kohäsion), bindet fest und elastisch ab. Voll ausgehärtet sind Glutinleime erst nach rund 24 Stunden.

Feuchtigkeits- und Wärmebeständigkeit sind gering – beim Durchfeuchten oder Erwärmen weichen die reversiblen Leime wieder auf. Wegen dieser Eigenschaften und ihrer Schimmelanfälligkeit verwendet man Glutinleime nur für Innenarbeiten in trockenen Räumen. Weil sie elastisch binden, nicht durchschlagen und verfärben, nimmt man sie für Restaurationen, Antiquitäten, Schmirgelbänder, Kleberollen und den Instrumentenbau.

Kaseinleime (KC) sind Magermilchprodukte (Käsestoff). Kasein wird erst durch Zusatz von Kalk wasserlöslich. Das Leimpulver ist hygroskopisch (wasseranziehend) und muss daher gut verschlossen aufbewahrt werden. Kasein quillt im Wasser auf, und durch Beimengung von Alkalien entsteht Kaseinleim. Die elastischen Leimfugen zeigen darum eine geringe Feuchtigkeits- und Wasserbeständigkeit. Kaseinleime sind ebenfalls schimmelanfällig. Der Kalkanteil verfärbt gerbstoffhaltige Hölzer (z. B. Eiche). Häufig gibt der Hersteller Zusätze bei. Deshalb müssen die Verarbeitungsvorschriften genau beachtet werden.

Natürliche Leime bestehen aus Eiweißverbindungen (Glutin, Kasein). Sie werden durch Abkühlen oder chemische Reaktion unter Wasserabgabe fest.

6.3.2 Synthetische Klebstoffe

Plastomere (Thermoplaste). Synthetische Leime lassen sich schneller, einfacher, kostensparender und „maßgerechter" verarbeiten. Ihre Leimflotte besteht hauptsächlich aus Kunstharzteilchen in Lösung oder als Dispersion. Für bestimmte Verleimungsarbeiten werden noch Füllmittel oder auch Härter beigemischt. Der flüssige aufgetragene Klebstoff trocknet physikalisch, wird also bei Erwärmung plastisch. Nach der chemischen Zusammensetzung sind es PVAC-Leime.

Polyvinylacetatleime (KPVAC) gewinnt man durch Polymerisation von Vinylacetat (s. Abschn. 6.2.2) und nennt sie wegen ihrer Farbe auch Weißleime. Die Kunststoffmoleküle dispergieren in Wasser (**6.51**). Deshalb wird ein PVAC-Leim nur flüssig, gebrauchsfertig geliefert. Nach dem Auftragen verdunstet das Wasser, die Kunstharzbestandteile schieben sich eng zu einer plastischen Leimschicht zusammen. Wichtig ist die *Verarbeitungstemperatur*. Je nach Zusätzen liegt die niedrigste Verarbeitungstemperatur bei etwa 5 °C. Wird sie unterschritten, wird der Leim kreidig weiß und spröde, verliert Festigkeit und Bindefähigkeit. Wegen dieser Veränderung nennt man diese Temperatur die *Weißpunkttemperatur*.

Die Leimfuge ist beständig gegen Alterung und Schimmelpilze. Wasser lässt den Leim aufquellen und mindert seine Festigkeit, bis er wieder getrocknet ist. Bei Temperaturen von 40 bis 70 °C werden PVAC-Leime ohne Härter wieder weich. Kommen PVAC-Leime mit Eisen in Berührung, verfärben sie das Holz. Durchgeschlagene KPVAC waschen wir mit Aceton, Äthylacetat oder warmem Wasser und Bürste aus. Bei dauerhafter mechanischer Belastung der Leimfuge gleiten die Fadenmoleküle aneinander vorbei, es kommt zum „kalten Fluss", daher ist dieser Leim nicht für statisch belastete Bauteile geeignet.

PVAC-Leime eignen sich vor allem für Eckverbindungen, Bautischler- und Furnierarbeiten, für den Zusammenbau von Möbelteilen, die Kantenleimung sowie für das Aufleimen von Kunststoffschichtplatten. Durch entsprechende Zusätze gewinnen wir Montage-, Furnier-, Fenster- und Lackleime.

Montageleime sollen schnell abbinden und erhalten daher einen Härterzusatz. Der Tischler verwendet sie für Holz- und Holzwerkstoffverbindungen. Ihre Wartezeit liegt zwischen 5 und 30 Minuten, die Presszeit beträgt bis 30 Minuten bei 0,3 bis 0,4 N/mm^2 Pressdruck, die Nachbindezeit bis 3 Stunden. Am günstigsten sind Raum-, Holz- und Leimtemperaturen zwischen 18 und 22 °C, eine Holzfeuchte von 8 bis 12 % und eine relative Luftfeuchte von höchstens 65 %.

Furnierleime dienen, wie der Name sagt, meist zum Furnieren. Sie werden mit dem Leimspachtel oder einer Leimrolle aufgetragen. Die Wartezeit liegt zwischen 5 und 30 Minuten, die Presszeit beträgt bei 20 °C 60 Minuten und verkürzt sich bei höheren Temperaturen. Der Pressdruck beträgt meist 0,3 N/mm². Heißverleimungen sind bis 200 °C möglich; für die Kaltverleimung gelten die gleichen Werte der Holzfeuchte und Temperatur wie bei den Montageleimen.

Fensterleime. Durch Zugabe von Härtern unter 10 % (Isocyanat, Aluminiumchlorid) erreichen KPVAC-Leime die Beanspruchungsgruppe D3/D4 und sind somit im Außenbereich einsetzbar. Sie binden dann auch chemisch ab.

Sonderleime. *NC-Lackleime* lösen Lackschichten an der Oberfläche an und verbinden so die Werkstücke. Bei Kunstharzlacken wirkt die Adhäsion zwischen Leim und Lack als Verbindung. Die Wartezeit beträgt hier 5 bis 20 Minuten, die Presszeit bei 0,3 N/mm² etwa 15 Minuten. Die Nachbindezeit dauert einige Stunden.

Polyvinylacetatleime

– binden in der Regel physikalisch durch Verdunsten des Wassers und Sol-Gel-Umwandlung ab.
– lassen sich am günstigsten zwischen 18 und 22 °C verarbeiten.
– erreichen bei etwa 5 °C den „Weißpunkt" und verlieren dann ihre Bindefähigkeit und Festigkeit.
– Leimdurchschlag lässt sich entfernen.
– Kalter Fluss bei Dauerbelastung.

Duromere (Duroplaste). Im Gegensatz zu den thermoplastischen, reversiblen Dispersionsleimen binden Kondensationsleime chemisch und physikalisch ab (lat. *durus* = hart) und sind irreversibel.

■ **Versuch** In einem Kolben wird Methylalkohol verdampft. Halten Sie eine glühende Kupferdrahtspirale hinein.

Ergebnis Der stechende Geruch zeigt eine chemische Reaktion an. Der Kupferdraht gibt den Sauerstoff ab. Durch die Oxidation des Methylalkohols CH_3OH bildet sich das stechend riechende Formaldehydgas HCHO unter Abgabe von Wasser H_2O. Weil sich bei diesem Prozess Wasser abspaltet, nennt man ihn Kondensation (s. Abschn. 6.2.2).

Vorkondensation. Durch die Reaktion von Formaldehyd und dem Kunstharz (Phenol, Harnstoff, Melamin) beginnt das Harz zu härten. Ausgehärtete Kunstharze lassen sich jedoch nicht mehr als Klebstoff verarbeiten. Deshalb unterbricht der Hersteller die Polykondensation, wenn die Mischung gerade noch ausreichend wasserlöslich ist. Beim Verarbeiten solcher „vorkondensierter" Kunstharzleime setzt man den unterbrochenen Abbindeprozess durch Zugabe reaktionsfördernder Mittel (z. B. Härter und/oder Wärmezufuhr) wieder in Gang, so dass der Leim endgültig aushärtet. Danach sind

Leimdurchschläge nicht mehr zu entfernen – selbst scharfkantige Werkzeuge stumpfen daran ab! Im Einzelnen unterscheiden wir drei Phasen (Stufenkondensation):

– Im **Resol-Zustand** wird die Aushärtung vom Hersteller unterbrochen. Das Harz-Formaldehyd-Gemisch ist als Vorkondensat wasserlöslich (flüssig), die Viskosität nimmt kaum zu.
– Im **Resitol-Zustand** wird der Aushärtungsprozess beim Verarbeiten fortgesetzt. Der Leim wird dickflüssig und zäh (hochviskos).
– Im **Resit-Zustand** bindet der duroplastische Leim als Endkondensat ab. Er ist irreversibel, nicht mehr löslich oder schmelzbar, sondern ausgehärtet und fest (**6.52**).

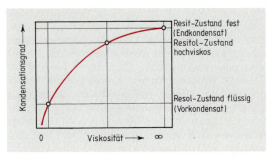

6.52 Stufenkondensations-Reaktion

Die Härter (z. B. Ammoniumchlorid, Ameisensäure, Zitronensäure) werden dem Kunstharzleim beigemischt (Untermischverfahren) oder beim Kaltleimen vorher auf die Werkstoffflächen getrennt aufgetragen (Vorstrichverfahren). Wärmezufuhr beschleunigt das Abbinden.

Polykondensationsleime

– entstehen aus der Verbindung von Kunstharzen und Formaldehyd.
– werden bei der Herstellung vorkondensiert (Resol-Zustand) und bei der Verarbeitung durch Zugabe von Härtern oder Wärme zur völligen Aushärtung endkondensiert (Resitol-, Resit-Zustand = Stufenkondensation).
– sind wasserfest und irreversibel.
– ergeben spröde Leimfugen, die die Werkzeuge abstumpfen, Leimdurchschlag lässt sich nicht mehr entfernen.
– haben bei Druck und Wärme eine kurze Abbindezeit.
– sind nur begrenzt lagerfähig.

Benannt werden die Kondensationsleime nach dem Ausgangsstoff: Harnstoff-Formaldehydharzleime, Melamin-Formaldehydharzleime, Phenol-Formaldehydharzleime.

Harnstoffharzleime (KUF = Klebstoff **U**rea **F**ormaldehyd; griech. urea = Harnstoff) härten durch chemische Reaktion mit dem Härter aus. Der Härter ist also beim Kalt-, Warm- und Heißleimverfahren erforderlich. Wir erhalten Harnstoffharzleime pulverförmig oder als Lösung. Je nach dem Härteranteil beträgt die Topfzeit 2 bis 70 Stunden, die Wartezeit dagegen nur 10 Minuten. Montageleime erfordern einen Pressdruck bis 0,3 N/mm² und eine Presszeit bis 6 Stunden, Furnierleime bis 10 N/mm² Druck für 1 bis 5 Minuten.

KUF sind sehr hart, wasserunlöslich und farblos. Da sie spröde sind, eignen sie sich nicht für Konstruktionsfugen. Die Verleimungen sind meist feuchtfest und können durch Mischen mit Melaminharz wetterbeständig werden. Vor allem verwenden wir KUF beim Furnieren.

Phenolharzleime (KPF) verfärben sich meist rotbraun und zeigen deutliche Fugen. Der chemische Prozess der Aushärtung wird durch Zugabe entsprechender Stoffe fortgesetzt und durch Wärme bei Presstemperaturen bis 140 °C beendet. Die Reifezeit dieser Leime beträgt je nach Produkt bis 15 Minuten, die Topfzeit bis 3 Stunden, die Wartezeit höchstens 15 Minuten. Der durchschnittliche Pressdruck liegt zwischen 1,0 und 2,5 N/mm². Bei höheren Temperaturen und Härteranteilen sind 2 bis 8 N/mm² erforderlich.

KPF sind witterungsbeständig („wetterfest") und tropenfest. Aufgrund ihrer Eigenschaften werden sie nach EN 204 der Verleimungsgruppe D4 zugeordnet. Eine Kaltaushärtung vollzieht sich, wenn starke Säuren (z. B. Paratoluolsulfonsäure) beigemischt werden. Wir verwenden Phenolharzleime für Zimmermannskonstruktionen (Holzingenieursbauten), Fenster, wasserfeste Spanplatten, Sperrholz sowie im Boots- und Schiffsbau.

Auch Papiere lassen sich mit Phenolharzen imprägnieren (tränken). Solche Kunstharzfilme (Tegofilm) werden für Furnierverleimungen bzw. Oberflächenvergütungen eingesetzt.

Resorcinharzleim (KRF) ist ein zweiwertiges Phenolharz und hat noch bessere Eigenschaften als der Phenolharzleim. Allerdings ist er erheblich teurer.

Melaminharzleime (KMF) sind teuer, oft kombinieren die Hersteller Melaminharze mit Harnstoffharzen. Eine besondere Stellung unter den Kondensationsleimen nehmen die Melaminharze auch deshalb ein, weil sie ohne Härter heiß abbinden. Als meist heißhärtend verwendete Furnierleime binden sie bei etwa 140 °C unter 0,8 N/mm² Druck in wenigen Sekunden ab. Die Fugen sind klar und spröde. Verleimungen aus KMF sind feuchtfest bis wetterfest und tropenfest. Sie werden daher nach

EN 204 in die Verleimungsgruppen D1 bis D4 eingeordnet. KMF verwenden wir zum Furnieren und Absperren von Platten.

Zusatzstoffe zur Verbesserung des Leimes oder der Leimausbeute wurden mehrfach erwähnt. Sie werden vom Hersteller oder Verarbeiter der Leimflotte zugesetzt. Dabei handelt es sich um Füll-, Streck-, Schaum- und Farbmittel.

Füllmittel (fein gemahlene Kreide) verwendet man auch bei PVAC-Leimen. Sie haben keine Klebkraft, verringern aber bei dicken Fugen Schrumpfspannungen und verhindern Leimdurchschlag.

Streckmittel sind quell- und verkleisterungsfähige Pflanzenstoffe mit Klebkraft (z. B. Roggenmehl 1370, Weizenmehl 550, Stärke). Sie verbessern die Klebwirkung und erhöhen die Viskosität des Leimes, machen die Leimfuge elastischer, vermindern den Leimdurchschlag und erhöhen die Füllkraft (Kostensenkung). Die Streckmittelzugabe liegt bei 5 bis 20 %. Geben wir zu viel bei, verliert der Leim seine Verleimungsfestigkeit (**6.**53).

Schaummittel bilden kleine Luftbläschen in der Leimflotte und vergrößern das Leimvolumen. Ausbeute und Ergiebigkeit verbessern sich. Bei einer Volumenvergrößerung über 50 % lässt die Klebkraft des Leimes nach und führt zu Leimfehlern. Schaummittel werden heute nur äußerst selten der Leimflotte zugesetzt.

Farbmittel. Mischen wir entsprechende Farben (z. B. bei dunklen Furnieren) in die Leimflotte, bleibt der Leimdurchschlag unsichtbar.

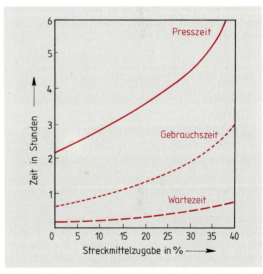

6.53 Wirkung eines Streckmittels auf einen Melaminharzleim (Zugabe bei 20 °C)

Zusatzstoffe (Streck-, Füll- und Schaummittel) verbessern die Eigenschaften des Leimes und senken die Kosten. Farbmittel verdecken den Leimdurchschlag.

Kontaktkleber (KPCB) bestehen aus Lösungen von Kautschuk oder Kunstkautschuk (z. B. Polychloroprene) in organischen Lösungsmitteln. Als Lösungsmittel dienen Toluol, Äthylacetat, Spezialbenzin und Methyläthylketon. Sie sind leicht brennbar, die Klebstoffe daher feuergefährlich (Flammzeichen oder Aufdruck „Feuergefährlich")! Bei den nicht brennbaren Lösungsmitteln Methylenchlorid, Trichloräthylen oder Perchloräthylen besteht diese Gefahr nicht. Jedoch können bei längerem Einatmen höherer Konzentrationen gesundheitliche Schäden entstehen. Der flüssig gelieferte Kleber wird mit Zahnspachtel, Auftragswalze, Sprühdose oder Spritzpistole auf beiden Werkstücken aufgetragen. Wenn er beim Berühren mit dem Finger keine Fäden mehr zieht (*Fingerprobe*), ist das Lösungsmittel verdunstet und die Ablüftzeit erfüllt. Die Werkstücke werden unter kurzem, aber hohem Druck zusammengepresst. Ein Verschieben oder Korrigieren der verbundenen Flächen ist nun nicht mehr möglich. Die verklebten Werkstücke können sofort weiterbearbeitet werden.

Durch Zusätze von Härtern und Weichmachern werden Kontaktkleber elastisch und wärmebeständiger bis 130 °C. Diese Elastizität verliert sich jedoch nach einigen Jahren, denn der Kleber versprödet durch Abwanderung der Weichmacher. Wir verwenden Kontaktkleber zum Bekleben von Rundungen sowie zum Verbinden von Metallfolien und Kunststoffen mit Holz.

Kontaktkleber (Polychloroprene)

- binden nach einer Ablüftzeit ab (Fingerprobe).
- mit brennbaren Lösungsmitteln sind feuergefährlich!
- enthalten gesundheitsschädliche Lösungsmittel.

Lösungsmittelkleber bestehen ebenfalls aus Lösungen von Kunststoffen oder Kunstharzen (z. B. Polyvinylharz) in den gleichen organischen Lösungsmitteln wie Kontaktkleber. Wir müssen also auch hier entsprechende Vorsicht walten lassen: Sie sind feuergefährlich, ihre Dämpfe gesundheitsschädlich. Der Kleber wird nur auf einem Werkstück verteilt. Damit das Lösungsmittel gut abwandern kann und sich eine einwandfreie Verklebung ergibt, muss eines der Werkstücke *saugfähig* sein.

Schmelzkleber (KSCH) sind plastomer und entfalten ihre volle Klebwirkung erst beim Erhitzen auf 200 °C. Aufgetragen werden sie z. B. mit der Kantenleimmaschine oder der Schmelzkleberpistole. Sie enthalten keine Lösungsmittel und erstarren darum sofort nach dem Auftrag (Heiß-Kalt-Verfahren). Polyamid-Schmelzkleber sind widerstandsfähiger gegen hohe Temperaturen und reißfester als Vinylacetat-Kleber – aber sehr teuer. Um die Adhäsionskräfte zu vergrößern und das Fließvermögen zu verbessern, geben die Hersteller dem Heißschmelzkleber noch klebrig machende Harze zu. Verwendet werden Schmelzkleber vor allem zum Aufkleben von Furnier-, Vollholz- oder Kunststoffkanten.

Plastomere Schmelzkleber werden bei etwa 200 °C aufgetragen und binden durch Abkühlen (physikalisch) ab.

Epoxidharzkleber (KEP) gebrauchen wir, wenn andere Kleber nicht genügen und bisherige Leime versagen. Sie haben eine hohe Festigkeit und sichern die dauerhafte Verklebung von Metall auf Metall, Holz auf Kunststoff, Glas auf Metall, Glas auf Glas, Kunststoff auf Kunststoff. Die flüssig, als Stangen, Pasten oder Pulver hergestellten Kleber sind hellgelb bis dunkelbraun. Sie binden chemisch ab, enthalten kein Lösungsmittel, aber Härter im Verhältnis 1 : 1. Es sind Zweikomponentenkleber, die kalt oder warm ohne Pressdruck abbinden: die beiden Komponenten Epoxidharz und Härter bei Temperaturen bis 200 °C innerhalb weniger Minuten.

Diese Kleber sind sehr fest, elastisch und vielseitig verwendbar. Allerdings sind sie teuer und werden daher nur für besondere Verklebungen genommen. Auch bei ihnen ist Vorsicht geboten – ihre Dämpfe sind gesundheitsschädlich.

Epoxidharzkleber sind Zweikomponentenkleber. Ihre **Dämpfe sind gesundheitsschädlich**.

Polyurethankleber (PU) sind Ein- oder Zweikomponentenkleber, die wir meist zum Aufkleben von PVC-Folien, aber auch zum Verbinden von Holz, Metall und Glas verwenden. Sie haben eine gute Adhäsion, Wasserbeständigkeit und Elastizität, sind aber ebenfalls sehr teuer. Aufgetragen werden sie mit dem Zahnspachtel oder der Leimauftragsmaschine. Die Einkomponentenkleber enthalten selten Lösungsmittel und binden durch Wasser (Luftfeuchte) ab. Sie sind feuchtigkeitsbeständig und bis etwa 70 °C wärmefest. Geben wir Härter

Tabelle **6**.54   Übersicht über die Klebstoffe (Leime)

Kleb-stoff	Liefer-form	Verarbeitung/Abbinden	Eigenschaften	Handelsnamen	Anwendung
Natürliche Dispersionsleime					
Glutinleim KG	fest pulver-förmig	kalt, warm, heiß durch Kohäsion	fugenelastisch, reversibel, nicht ver-färbend oder durch-schlagend, begrenzt feuchtigkeits- und wärmefest, schimmel-anfällig	Cellatherm, Jowacollwarmleim, Dorus-Rapid	trockene Innenräume Restaurierung, Antiquitäten Instrumentenbau, Furniere
Kaseinleim KC	pulver-förmig	kalt durch chemische Verbindung von Kasein und Kalk	elastisch, irreversibel, feuchtigkeits- und wärmebeständig, verfärbt gerb-stoffhaltige Hölzer	Jowat-Casein-Kaltleim, EMholz-Standardmarke	Sperrholz
Synthetische Klebstoffe					
Polyvinyl-acetatleim KPVAC	flüssig	kalt bis 5 °C, warm 18 bis 22 °C, heiß bis 70 °C durch Wasser-verdunstung	Plastomer, reversibel, feuchtigkeits-, aber nicht temperatur-beständig (ohne Härterzugabe)	Ponal, Keime, Rakoll, Hymir, Dorus, Tempo S	Montage- und Furnier-leim für Holz, Absperr-arbeiten, Bautischler- und Forming-verleimungen
Harnstoff-harzleim KUF	pulver-förmig	kalt und heiß Polykonden-sation durch Härter	duroplastisch, irreversibel, sehr hart, spröde, farblos, wasserunlöslich, nicht wetterfest	Kaurit, Pressal, Kleberit, Heiß-pressenleim 861, Rakoll UF 20	Montage- und Furnierleim für Innenarbeiten
Melamin-harzleim KMF	pulver-förmig	kalt (Montageleim) mit Härter, heiß (Furnierleim) ohne Härter Polykondensation	duroplastisch, irreversibel, wasser-beständig, kochfest, aber nicht wetterfest	Pressal, Melan, Kauramin	Furnieren und Verleimen von Spanplatten
Phenol-harzleim KPF	flüssig	kalt (Montageleim) heiß (Furnierleim) durch Polykonden-sation	duroplastisch, irreversibel, wasser-und witterungs-beständig	Kauresin, Tegofilm, Kleberit, Supracin 875	Montage- und Furnier-leim für Zimmermanns-konstruktionen, Fenster, wasserfeste Spanplatten, Boots- und Schiffsbau, Filme für Oberflächenvergütung
Kontakt-kleber KPCB	flüssig	kalt mit Ablüftzeit durch Kohäsion/Adhäsion Polymerisation	elastomer, sehr fest **mit brennbaren Lösungsmitteln feuer-gefährlich! Dämpfe gesundheitsschädlich!**	Neoprene, Baypren, Bostik, Kleberit, Ardal, Pattex	Rundungen, Verbinden von Metallfolien und Kunststoffen mit Holz
Schmelz-kleber KSCH	flüssig	bei 200 °C sofort ohne Lösungs-mittel durch Abkühlen Polymerisation	plastomer, sehr fest, nicht wasserbeständig, nicht temperatur-beständig	Helmitherm Super, Elvax, Kleberit Schmelzkleber 735, Jowatherm, Jowalin	Furnier-, Vollholz- und Kunststoffkanten
Epoxid-harzkleber KEP	fest pulver-förmig flüssig	kalt und warm ohne Pressdruck Zweikomponenten ohne Lösungsmittel Polyaddition	duroplastisch, sehr fest, elastisch **Dämpfe gesundheits-schädlich!**	Stabilit, Ultra Profix-Spezial-, kleber, Rakollit, Jowat-Metallix, Ceresit-Epoxidkleber	Metall auf Metall, Holz auf Kunststoff, Glas auf Glas, Kunststoff auf Kunststoff
Poly-urethan-kleber PUR	flüssig pastös	Einkomponenten mit Lösungsmittel, kalt oder heiß bei 70 °C Zweikomponenten ohne Lösungsmittel Polyaddition	elastisch, wasser-beständig, wärme-beständig bis 70 °C, bei Härtezusatz bis 100 °C (Einkomponenten) **gesundheitsschädlich!**	Assil-M, Kleberit-Plastic-Mastic 596.8, Jowatac Ponal-Pv-Leim	PVC-Folien, Verbinden von Holz mit Metall oder Glas

bei, können wir die Wärmefestigkeit bis auf 100 °C erhöhen. Als Zweikomponentenkleber binden sie ohne Lösungsmittel durch Mischung beider Komponenten und Zugabe von Beschleunigern in einigen Minuten oder erst in Stunden ab. Ein- und Zweikomponenten-PU tragen wir nur einseitig auf. Sie ergeben keine Verfärbungen.

> **Polyurethankleber** sind Ein- oder Zweikomponentenkleber.
>
> Die **Einkomponentenkleber können gesundheitsschädliche Lösungsmittel enthalten**.

Tabelle **6**.54 auf S. 243 fasst noch einmal die Leime und Kleber zusammen.

Dichtstoffe und Montageschäume. Sie dienen dem Abdichten und Dämmen von Bewegungsfugen zwischen Bauteilen sowie dem Befestigen (Kleben) von Bauteilen. Sie haften auf verschiedensten Werkstoffen durch Adhäsion, wenn diese sauber, fett- und ölfrei und entsprechend den Verarbeitungsrichtlinien vorbereitet wurden.

Es gibt *1- und 2-komponentige Produkte*, die sich in der Art der Aushärtungsreaktion (chemisch und/oder physikalisch) und der nach der Reaktion entstandenen Endstruktur unterscheiden:

1. Flüssige oder pastöse Fugendichtungsmassen (FDM), die nach der Aushärtungsreaktion eine *gummielastische*, homogene Endstruktur meistens in den Farben Weiß, Schwarz, Braun, Grau aufweisen (Behandlung s. Abschn. 10.8.7.1).

2. Flüssige Kunststoffmassen, die nach der chemischen Reaktion durch Gase um ein Vielfaches ihres ursprünglichen Volumens aufquellen und im Endzustand eine geschlossenporige Schaumstoffstruktur aufweisen. Sie werden als *Montageschäume* bezeichnet.

Die Basis für die Herstellung von *Montageschäumen* bilden Polyurethanverbindungen. Die flüssigen Ausgangssubstanzen werden in Aerosoldosen abgefüllt, die an der Arbeitsstelle mit Luftdruck ausgestoßen werden. Umwelt-

freundliche Treibgase bewirken eine 50- bis 100fache Volumensvergrößerung des Doseninhaltes im aufgeschäumten Endzustand. Unangenehme Begleiterscheinungen dieses Aufschäumens sind das Entstehen örtlicher Drücke, Wärme- und Gasentwicklung. Wichtig ist es deshalb, die Dosierung gleichmäßig und sparsam nach den Verarbeitungsrichtlinien des Herstellers auszuführen. Bei Türfutter oder -zargen sollten nach dem Ausrichten Türfutterstreben angesetzt werden, um ein eventuelles Ausbeulen in die Türöffnung zu verhindern (**6**.55).

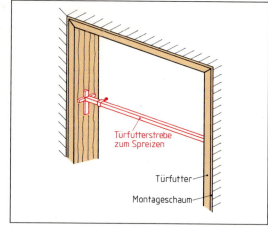

6.55   Türfutter mit Türfutterstrebe

Verunreinigungen der Haut müssen sofort, vor dem Abbinden, mit Lösungsmittel entfernt werden.

Polyurethan enthält den Gefahrstoff Isocyanat als Härter, deshalb sollten Schutzbrille und Schutzhandschuhe getragen, frei werdende Gase nicht eingeatmet werden.

Die Montageschaumdosen sollen stehend, trocken und kühl (nicht über 50 °C), bei 20 °C ca. 12 Monate lagerfähig, gelagert werden. Von Zündquellen fernhalten, das Treibmittel ist brennbar. Der ausreagierte Schaum ist kein Gefahrstoff, die Entsorgung im Hausmüll ist möglich.

Aufgaben zu Abschnitt 6.3

1. Welche Kräfte wirken beim Verkleben?
2. Was bewirken Streckmittel im Leim?
3. Erläutern Sie den Vorgang der Kohäsion beim Kleben.
4. Wie nennt und misst man das Fließverhalten einer Flüssigkeit?
5. Wie entstehen Leimdurchschläge?
6. Wie vermeiden Sie Leimdurchschläge?
7. Wie viele Beanspruchungsgruppen für die Verleimung gibt es?
8. Was können Sie den Beanspruchungsgruppen entnehmen?
9. Welche Beanspruchungsgruppe wählen Sie für den Fensterbau?
10. Welchen Einfluss hat die Holzart auf die Verleimung?
11. Erklären Sie den Begriff der Reifezeit.

12. Wie nennt man die Zeit vom Leimauftrag bis zum Zusammenfügen der Teile?
13. Wie heißt der Zeitraum vom Beleimen der Flächen bis zum Erreichen des vollen Pressdrucks?
14. In der Gebrauchsanweisung steht „Topfzeit 2 Stunden". Was bedeutet das?
15. Nennen und begründen Sie drei Anforderungen an die Leimfläche und das Holz, damit eine einwandfreie, haltbare Verbindung zustande kommt.
16. Was ist eine Leimflotte?
17. Welche Eigenschaft hat ein reversibler Klebstoff?
18. Sind Kunstharzleime reversibel?
19. Nennen Sie drei Anwendungsgebiete für natürliche Leime.
20. Wie nennt man Dispersionsleime noch?

21. Worauf beruht die Wirkung von Glutinleimen?
22. Welche Kunststoffe verwendet man für thermoplastische Klebstoffe?
23. Was versteht man unter dem Weißpunkt?
24. Welche Gruppen von synthetischen Leimen gibt es?
25. An einer frischen Weißleimfuge bindet der Leim nach einiger Zeit nicht „glasig durchsichtig", sondern „kreidig" ab.
    a) Worauf ist dies zurückzuführen?
    b) Warum geht die Leimfuge auf?
26. Beschreiben Sie das Heißsiegelverfahren.
27. Vergleichen Sie Dispersions- und Kondensationsleime im Hinblick auf den Abbindevorgang.
28. Was sind Härter? Wie wirken sie?
29. Welche Wirkung hat abgebundener Kondensationsleim auf die Werkzeugschneide?
30. Worin unterscheiden sich Untermisch- und Vorstrichverfahren bei Kondensationsleimen?
31. Nennen Sie Füllmittel.
32. Was sind Streckmittel?
33. Was geschieht, wenn Sie zu viel Streckmittel beigeben?
34. Warum brauchen Kleber eine Ablüftzeit?
35. Was bedeutet „Metallkleber"?

36. Warum ist bei Kontaktklebern Vorsicht geboten?
37. Was ist Voraussetzung für den Einsatz eines Lösungsmittelklebers?
38. Wie viele Komponenten haben Epoxidharzkleber?
39. Unterscheiden Sie Schmelz- und Kontaktkleber
    a) nach den Lösungsmitteln
    b) nach dem Abbindevorgang.
40. Welche Leime verwendet man hauptsächlich im Fensterbau?
41. Warum nehmen Sie zum Aufleimen dekorativer Schichtpressstoffplatten auf Aluminiumplatten keinen Dispersionsleim?
42. Eine Fensterbank aus STAE 22 mm wurde beidseitig mit Schichtpressstoffplatten belegt (Oberseite schwarzes Schiefermuster). Nach einem Sommer – innerhalb der Gewährleistungsfrist – lösen sich Oberseite und Schichtkante. Was könnte die Ursache sein?
43. Welchen Leim nehmen Sie für Formingverleimungen?
44. Welche Klebstoffe eignen sich für Absperrarbeiten?
45. Warum wählt man normale Dispersionsleime nicht für Außenarbeiten?
46. Welche Kleber wählen Sie, wenn Sie Metalle miteinander verbinden wollen?

6.4 Glas

Glas begegnet uns überall und in vielfältigen Formen – als Fenster und Spiegel, als Isolier- und Sicherheitsglas in der Technik, als Murmel der Kinder, in den Gefäßen der Industrie und des täglichen Gebrauchs.

Eigenschaften. Glas ist ein hartes, aber sprödes Schmelzprodukt aus mehreren Stoffen. Es ist lichtdurchlässig und sehr beständig gegen Luft, Wasser und viele Chemikalien. Wärme und elektrischen Strom leitet es schlecht (**6.56**).

Alle diese Eigenschaften lassen sich durch entsprechende Glaszusammensetzung beeinflussen.

Tabelle **6.56** Eigenschaften des Glases

Dichte	$2,5 \text{ kg/dm}^3$
Härte	5 bis 7 (zum Vergleich: Diamant hat die Härte 10)
Druckfestigkeit	80 000 bis 120 000 N/cm²
Biegefestigkeit	3500 N/cm²
Lichtdurchlässigkeit	bis 92 %

6.4.1 Herstellung

Rohstoffe. Eigentlicher Glasbildner ist der kieselsäurehaltige Quarzsand. Seinen hohen Schmelzpunkt (1600 °C) setzt man durch Zugabe von Fluss-

mitteln herab (z. B. Soda, Sulfat, Borsäure, Pottasche). Dass diese Rohstoffe allein nicht zur Glasherstellung genügen, zeigen folgende Versuche.

■ **Versuch 1** Wir mischen reinen Quarzsand (SiO_2) mit Soda ($NaCO_3$) und erhalten eine glasige Masse, die wir in Wasser legen und erhitzen.
  Ergebnis Die glasige Masse (Wasserglas) löst sich in Wasser auf.

■ **Versuch 2** Wir wiederholen den Versuch, geben aber etwas zerkleinerten Kalkstein ($CaCO_3$) oder Dolomit zu.
  Ergebnis Die Masse ist wasserunlöslich.

Kalkstein oder Dolomit stabilisieren also das Glas, geben ihm Härte und Glanz. Zum Färben der Glasmasse benutzt man Metalloxide.

Herstellung. Die Rohstoffe Quarzsand, Kalk und Alkalien werden in bestimmten Mengenverhältnissen in langgestreckten Wannenöfen oder in Hafenöfen bei etwa 1400 °C eingeschmolzen. (Ohne das alkalische Flussmittel Soda und Sulfat erreichte man den Schmelzpunkt erst bei einer Temperatur von 1620 °C.) Da das Glas für die Formung der Glastafel bzw. des Glasbands durch Gießen oder Ziehen eine gewisse Zähigkeit erreichen muss, wird es auf etwa 1000 °C und in einem geschlossenen Kühlkanal weiter bis auf 100 °C abgekühlt, bevor es in einem offenen Kühlkanal die normale Umgebungstemperatur erreicht. Dieser Prozess geht verhältnismäßig langsam vor sich,

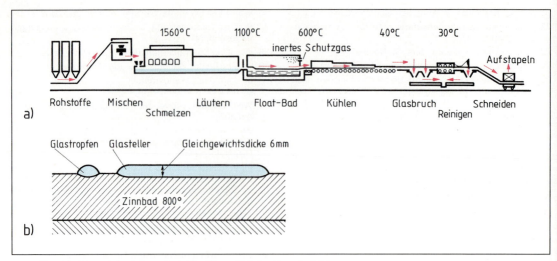

a)

b)

6.57   Float-Verfahren (a) mit Ausschnitt der Glasschicht im Float-Bad (b)

denn durch zu schnelles Abkühlen können Spannungen auftreten. Am Ende der Kühlstraße befindet sich die Schneidanlage, an der das Glasband manuell oder maschinell in entsprechende Größen (Bandmaße) zugeschnitten wird.

Glas besteht aus Quarzsand, Kalkstein und Alkalien. Diese Rohstoffe werden bei großer Hitze vermengt und geschmolzen.

Bei den Herstellungsverfahren unterscheiden wir das Floaten, Gießen, Walzen, Ziehen, Blasen und Pressen.

Beim Floaten oder Schwimmen läuft die geläuterte (gereinigte) Glasschmelze auf geschmolzenem Zinn und breitet sich „obenauf schwimmend" (floaten) aus, bis eine bestimmte Gleichgewichtsdicke erreicht ist (**6.**57). Durch die völlig ebene Oberfläche des flüssigen Metalls unter dem Glas und durch die Oberflächenspannung auf dem Glas entsteht ein planparalleles Glasband, das man nicht mehr schleifen und polieren muss. Am Ende des Metallbads heben Walzen die Glasmasse ab und befördern sie weiter, wobei die Schmelze in langen Kühlkanälen abgekühlt und entspannt wird.

Floatglas hat zwischenzeitlich die zuvor üblichen Herstellungsverfahren zur Flachglas-Erzeugung abgelöst. Ausnahmen bilden lediglich die Guss- bzw. Ornamentgläser.

Beim Gießen und Walzen läuft das zähflüssig eingegossene Glas zwischen zwei wassergekühlten Formwalzen durch (**6.**58). Aus dem Abstand der beiden Walzen ergibt sich die gewünschte Glas-

dicke. Zugleich können die Walzen Muster in die Glasoberfläche eindrücken oder wie beim Drahtglas Drahtnetze einrollen. Das endlose Glasband rollt in den Kühltunnel und wird auf die geforderten Maße geschnitten. Auf diese Weise stellt man Draht- und Drahtornamentglas, Ornamentglas, Gartenklarglas, Profilbauglas, Gussglas und Welldrahtglas her.

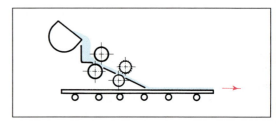

6.58   Gießen und Walzen

Beim Blasen unterscheidet man das schon im Altertum bekannte Mundblasen und das neuere Maschinenverfahren. Zum Mundblasen braucht

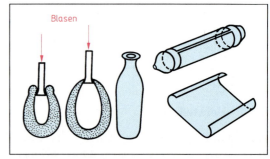

6.59   Gießen und Walzen

man eine Glasmacherpfeife, ein etwa 1,5 m langes Rohr mit Mundstück. Damit nimmt der Glasbläser Schmelze auf und formt daraus durch Drehen und Blasen einen Hohlkörper (Kübel). Diese erste Form wird abgekühlt und nach Erwärmung in die endgültige Form geblasen (Gläser, Flaschen, **6**.59). Das langwierige Mundblasen wird heute nur noch bei besonderen Gläsern (mundgeblasen) verwendet. Das maschinelle Verfahren nach dem gleichen Arbeitsprinzip ermöglicht viel höhere Stückzahlen und gleichbleibende Qualität für Form- und Verpackungsglas.

Beim Pressen fließt die Glasschmelze in eine Metallform und wird dort von einem Stempel auf die vorgesehene Dicke zusammengepresst (**6**.60).

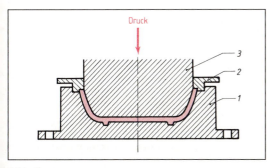

6.60 Pressen
1 Form, 2 Deckring, 3 Stempel

So entstehen massive oder hohle dickwandige Glasformen wie Glasbausteine, Glasdachziegel und Glasfliesen.

Bearbeitung. Glas lässt sich durch Schneiden, Schleifen, Polieren, Ätzen, Bedrucken und Sandstrahlen bearbeiten, außerdem kann man es thermisch vorspannen.

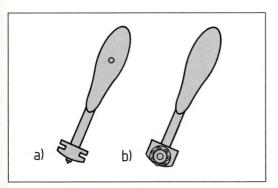

6.61 Glasschneider
a) mit Diamantspitze
b) mit Schneidrädchen aus Hartmetall

Zum Schneiden benutzt der Fachmann den Glasschneider mit einem Stahlrädchen oder Diamanten an der Spitze (**6**.61). Je nach Glasart und Glasstärke werden verschiedene Stahlrädchen angewendet. Stahl und Diamant sind härter als Glas. So können wir damit am Schneidlineal entlang eine Kerbe in die Glasplatte ritzen. Diese Kerbe vergrößert sich zu einem Spalt, an dem entlang das Glas bei Beanspruchung wie etwa einem leichten Schlag bricht. Ein dünner Film aus Petroleum auf der Glasoberfläche erleichtert das Schneiden. Wartet man nach dem Ritzen einige Tage mit dem Brechen, geht die Spannung in der Kerbe verloren und das Glas bricht nicht mehr sauber durch („kalter Schnitt" im Unterschied zum sofortigen „warmen Schnitt"). Deshalb ritzen wir das Glas erst kurz vor dem Bruch (**6**.62). Die Nuten im Glasschneider dienen dazu, schmale Glasstreifen abzubrechen.

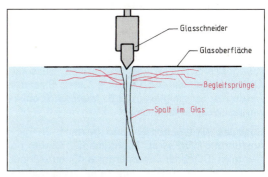

6.62 Schnittverlauf im Glas

Schleifen und Polieren. Durch kurzes Anhalten des Glases in einem Winkel von etwa 45° an ein Schleifwerkzeug wird der nach dem Schnitt verbliebene Grat etwas gebrochen, somit entschärft und entgratet. Zum Schleifen dient ein mit Korund oder Siliciumcarbid beklebter Schleifkörper. Verschiedene Körnungen erlauben entsprechende Grob- oder Feinbearbeitung. Da beim Schleifen hohe Temperaturen entstehen, wird meist nass geschliffen. Poliert wird mit puderfeinem Schleifmittel.

Durch Ätzen und Sandstrahlen kann man Glas schmücken oder undurchsichtig machen. Beim Ätzen mit Flusssäure (HF) oder einem anderen Ätzmittel löst sich die Kieselsäureverbindung Glas auf. Ätzmuster zeichnet man mit Ätztinte und Goldfeder auf oder deckt die anderen Flächen ab.

Vorsicht! Flusssäure ätzt nicht nur Glas, sondern auch Ihre Haut, wenn Sie nicht aufpassen!

Beim **Sandstrahlen** prallen unter Pressluft feinste Sand- und Korundkörner auf die Glasscheibe und tragen die Oberfläche an unbedeckten Stellen ab. Je nach Entwurf und Schablone ergeben sich so verschiedene Muster.

Der **Siebdruck** ist ein modernes Verfahren zur Oberflächengestaltung von Architekturverglasungen. Dabei werden Muster, Flächen oder farbige Abbildungen mit keramischen Farben auf eine Floatglasscheibe gedruckt. Beim anschließenden Veredelungsprozess zu ESG (thermisches Vorspannen) werden die Farben eingebrannt. Dieses Verfahren erlaubt ebenfalls, auf umweltverträglichem Wege ätzonartige Oberflächen zu gestalten.

6.4.2 Glaserzeugnisse

Wir treffen überall auf Glas in verschiedenen Farben und Formen. Viele Gläser enthalten besondere Zusätze, z.B. Alkalisilitglas, Bleiglas, Elektroglas, Kalk-Natron-Glas oder Quarzglas. Zum Flachglas, das wir verarbeiten, zählen wir alle ebenen und gebogenen Scheiben wie Fensterglas, Gussglas, Kristallspiegelglas und Dickglas. Diese Glasarten werden zu Spezialgläsern (z.B. Mehrscheibenisolierglas) weiterverarbeitet.

Gussglas wird gegossen und gewalzt. Je nach Ausführung wird es als Drahtglas (D), Drahtornamentglas (DO) oder Ornamentglas (O) bezeichnet. Es ist nicht klar durchsichtig, kann farbig und mit Mustern oder Drahtnetzeinlagen in verschiedenen Dicken hergestellt werden. Durch genau berechnete Abmessungen der Oberflächen-Prägeform wie Wellen, Rippen oder Prismen erzielt man eine Lichtstreuung und Lichtlenkung, die alle Winkel eines Raumes aufhellt (**6.**63). Zahlreiche Ornamentierungen erlauben verschiedene Gestaltungsmöglichkeiten.

Floatglas ist klar, durchsichtig, reflektiert klar und ist verzerrungsfrei. Die hohe Qualität macht das früher notwendige Polieren von Spiegelglas überflüssig.

Mehrscheiben-Isolierglas ist eine Verglasungseinheit, hergestellt aus zwei oder mehreren Glasscheiben, die durch einen oder mehrere luft- bzw. gasgefüllte Zwischenräume voneinander getrennt sind. An den Rändern sind die Scheiben luft- bzw. gas- und feuchtigkeitsdicht durch organische Dichtungsmassen, durch Verlöten oder Verschweißen verbunden. Verlötete und verschweißte Randverbundsysteme sind starr, geklebte Randverbundsysteme (organische Dichtungsmassen) dagegen elastisch. Starre Randverbundsysteme sind heute nahezu bedeutungslos. Bei geklebten Randverbundsystemen wird der Abstand der Scheiben durch hohle „Abstandhalterstege" aus z.B. Aluminium oder verzinktem Stahl hergestellt. Die Stege enthalten Trocknungsmittel, die dem Scheibenzwischenraum bei der Herstellung des Mehrscheiben-Isolierglases eingeschlossene Restfeuchte oder auch nachdiffundierende Feuchtigkeit entziehen. Für die Scheiben kommt vor allem Floatglas zum Einsatz. Weitere verwendete Glaserzeugnisse sind u.a. beschichtetes Floatglas (Wärmedämmung, Sonnenschutz), Einscheiben-Sicherheitsglas, Verbundglas (Schalldämmung), Verbundsicherheitsglas, eingefärbtes Floatglas, Gussglas, Drahtglas usw.

Isolierglas für die Wärmedämmung. Das Maß für die Wärmeverluste durch einen Baustoff oder ein Bauteil (z.B. die Verglasung) ist der sogenannte k-Wert. Je niedriger der k-Wert einer Verglasung ist, desto besser ihre Wärmedämmung. Ein 4 mm dickes Floatglas hat einen k-Wert von 5,8 W/m^{2}K. Ein Mehrscheiben-Isolierglas in Standardausführung besteht aus zwei 4 mm dicken Floatglasscheiben und einem luftgefüllten, 12 mm breiten

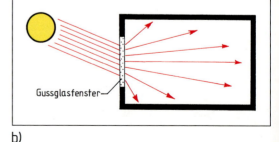

a)   b)

6.63 Gussglas
a) verschiedene Muster, b) Lichtverteilung

Zwischenraum und hat einen k-Wert von 3,0 W/m²K. Der Wärmedurchgang durch ein Mehrscheiben-Isolierglas wird von den Vorgängen im Scheibenzwischenraum (Wärmestrahlung, Wärmeleitung und Konvektion) dominiert.

Bei Wärmeschutz-Isoliergläsern werden die Wärmeübergänge durch Wärmestrahlung, Wärmeleitung und Konvektion verringert bzw. minimiert (Bild **6**.64). Die Verringerung des Übergangs durch Wärmestrahlung erfolgt über eine Beschichtung der zum Zwischenraum zeigenden Oberfläche der raumseitigen Scheibe des Isolierglases. Während die unbeschichtete Oberfläche eines Floatglases noch etwa 84 % der sie erreichenden Wärme in Form von Wärmestrahlung in den Scheibenzwischenraum abgibt, sind dies bei einer mit einer Wärmeschutzbeschichtung versehenen Oberfläche nur noch 10 % und weniger. Der Übergang durch Wärmeleitung wird über den Tausch von Luft gegen ein Füllgas mit geringerer Wärmeleitfähigkeit (z. B. Argon oder Xenon) im Scheibenzwischenraum vermindert. Konvektion wird durch die Wahl der richtigen Breite des SZR nahezu unterdrückt (16 mm für Argon- oder 8 mm für Xenon-Füllung).

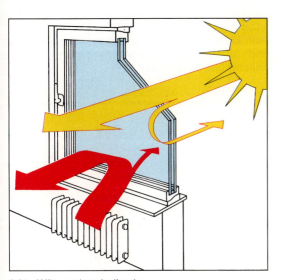

6.64 Wärmeschutz-Isolierglas

Standard-Wärmeschutz-Isoliergläser haben einen k-Wert von 1,3 bis 1,1 W/m²K. Mit geeigneten Füllgasen und verbesserten Herstellungsmethoden sind auch Werte bis zu 0,4 W/m²K problemlos erreichbar. Wegen der Zwänge zur Energieeinsparung und Verringerung von Schadstoffemissionen infolge der Beheizung von Gebäuden wurden Wärmeschutz-Isoliergläser zwischenzeitlich zum Standardprodukt im Bereich der Mehrscheiben-Isoliergläser.

Der branchenweite Marktanteil beschichteter Isoliergläser liegt derzeit bei 80 bis 90 %. Die Neufassung der WäSchVO'95 (ab 1998/99 dann als ESVO bezeichnet) wird die Verwendung von unbeschichtetem Isolierglas ausschließen. Produkte mit deutlich niedrigeren k-Werten als 1,1 W/m²K werden dann Vorrang besitzen.

Isolierglas für Schalldämmung. Schall und Lärm bilden in unserer „lauten Welt" eine große Belastung. Viele Menschen werden durch Lärm krank. Besonders groß ist der Lärm in belebten Straßen, Flugschneisen, an Autobahnen, in Diskotheken und Maschinenräumen. Eine normale Isolierverglasung reicht nicht aus, solchen Lärm „vor dem Fenster" zu lassen (s. Abschn. 10.2). Dazu verbindet man Gläser unterschiedlicher Dicken zu einer Isolierglaseinheit oder Mehrscheibensysteme mit besonderen Gasfüllungen. Treffen die Schallwellen auf die Scheiben, geraten diese in Schwingung. Am stärksten schwingt die erste Scheibe. Die restliche Schallenergie trifft auf weitere Scheiben und Luftzwischenräume und verzehrt sich an diesen Hindernissen. Dicke Scheiben an der Außenseite des Fensters nehmen die ersten Schallwellen auf und hemmen den Schall. Glasflächen unterschiedlicher Dicke verstärken die Wirkung der Schallhemmung (**6**.65). Zusätzlich wird bei Schallschutzgläsern der Scheibenzwischenraum mit einem schlechtschallleitenden Gas gefüllt. Für besonders hochschalldämmende Isolierglasprodukte verwendet man eine oder sogar beide Scheiben aus einem Gießharz-Verbundglas.

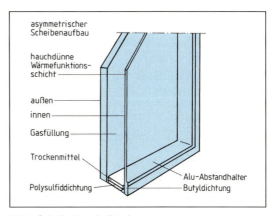

asymmetrischer Scheibenaufbau

hauchdünne Wärmefunktionsschicht

außen

innen

Gasfüllung

Trockenmittel

Polysulfiddichtung

Alu-Abstandhalter
Butyldichtung

6.65 Schallschutz-Isolierglas

Brandschutzgläser werden als Einfach- oder Isoliergläser eingesetzt. Normale Glasscheiben bersten bei Feuerausbruch und öffnen damit dem Zugwind die Bahn, der das Feuer anfacht. Verbundglasscheiben mit feuerhemmenden Zwischen-

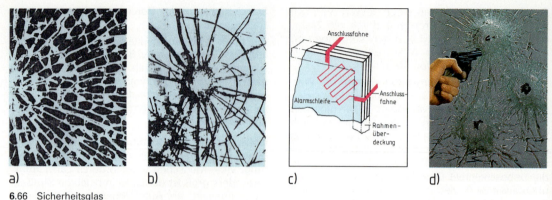

6.66   Sicherheitsglas

a) Bruch bei einem Einscheibensicherheitsglas, b) Bruch bei einem Verbundsicherheitsglas, c) Alarmglas, d) Beschuss von Panzerglas

schichten schäumen dagegen auf und bilden eine isolierende Platte aus Glas und Schaum. Sie verhindern Zugwind und halten lebensrettende Fluchtwege länger offen. Nach DIN unterscheidet man zwischen G-Glas (Schutz vor Feuer und Rauch) und F-Glas (Schutz vor Feuer, Rauch und Strahlungswärme). G-Gläser können im Brandfall Rauch und Flammen für eine bestimmte Zeit aufhalten. Sie sind jedoch nicht imstande, die Strahlungshitze eines Brandes abzuschirmen. Die Gläser der F-Klasse verhindern nicht nur den Durchtritt von Rauch und Flammen, sondern auch den Durchtritt der Strahlungshitze bis zu 120 Minuten und bieten somit gefährdeten Personen ausreichend Schutz auf Fluchtwegen.

Einscheibensicherheitsglas (ESG). Wenn man eine Glasscheibe an der Oberfläche erhitzt und plötzlich stark abkühlt (abschreckt), kühlt das Glasäußere viel schneller als das Glasinnere ab. So entsteht außen eine *Druck*spannung, innen dagegen eine *Zug*spannung. Beim Einscheibensicherheitsglas erzeugt man diese Spannung künstlich. Dadurch wird das Glas elastischer, schlagfester und temperaturbeständiger. Beim Bruch zerfällt es in kleine Glaskrümel ohne scharfe Kanten, so dass die Verletzungsgefahr verringert ist (**6.**66). ESG verwendet man für Vitrinen, Treppengeländer, Ganzglastüren und -türanlagen, Sporthallenverglasungen und Seitenscheiben von PKW.

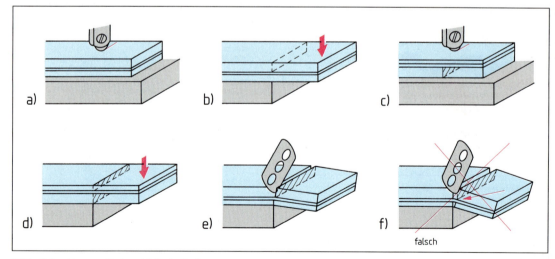

6.67   Schneiden von Verbundsicherheitsglas

a) Erste Schnittkerbe auf das dickere Glas; b) erste Schnittkerbe vorsichtig anbrechen, wobei die untere Tafel auf Biegung beansprucht wird; c) Glas wenden und zweite Schnittkerbe genau über der ersten; d) zweite Schnittkerbe vorsichtig anbrechen; e) bei ungleich dicken Scheiben Glas noch einmal wenden und bei möglichst knappem Öffnen der Schnittfuge Rasierklinge zum Durchschneiden der Folie einführen; f) bei zu weitem Aufbiegen der Schnittfuge zerrt die Folie und trennt sich am Rand vom Glas – Möglichkeit der späteren Folienablösung!

Beim **Verbundsicherheitsglas (VSG)** sind zwei oder mehr Scheiben mit durchsichtigen Kunststoff-Folien (z. B. Polyvinylbutyral) verbunden. An diesen zähelastischen Zwischenschichten bleiben die Glassplitter bei Stoß, Schlag usw. haften. So zeigen die einzelnen Glasscheiben lediglich Sprünge, während das gesamte VSG wegen seiner „Splitterbindung" vor Verletzungen schützt. Der Verbund aus Glas und Folien wird im Autoklaven bei erhöhter Temperatur und hohem Druck erreicht. VSG wird z. B. verwendet in Kfz-Windschutzscheiben, als Einfach- und als Isolierglas in Schaufenstern, bei Überkopfverglasungen und überall dort, wo Menschen in Verglasungen fallen oder gedrückt werden können (Bild **6.**67).

Angriffhemmende Verglasungen sind eine besondere Variante des VSG. Angriffhemmende Verglasungen (veraltete Bezeichnung: Panzerglas) werden je nach ihrem Einsatzzweck speziell geprüft und in Klassen eingeteilt. Es gibt durchwurf-, durchbruch-, durchschuss- und sprengwirkungshemmende Verglasungen. Ein besonderes Spezialprodukt ist die Kombination der Angriffhemmung mit einer Alarmgebung. Hier werden in der Verglasung enthaltene metallische Leiter z. B. bei einem Einbruch unterbrochen und lösen bei einer angeschlossenen Alarmanlage automatisch einen Alarm aus. Vereinzelt werden bei angriffhemmenden Verglasungen auch Verbunde aus Glasscheiben und durchsichtigen Kunststoffplatten (z. B. aus Polycarbonat) eingesetzt. Angriffhemmende Verglasungen werden als Einfach- und als Isolierglas hergestellt.

Isolierglas für Sonnenschutz (6.68). Isolierglas in Standardausführung lässt die Sonneneinstrahlung zu etwa 3/4 auf direktem oder indirektem Wege passieren. Die so in einen Raum gelangte Sonnenenergie kann genutzt werden („passiver solarer Gewinn"), kann aber auch zu einer übermäßigen Aufheizung des Raumes führen. In solchen Fällen bietet sich der Einsatz von Sonnenschutz-Isoliergläsern an. Ihre Wirkung beruht auf einer im Vergleich zum Isolierglas in Standardausführung erhöhten Reflexion („Reflexionsglas") oder Absorption („Absorptionsglas") der Sonnenstrahlung. Die Wirkung wird durch die Verwendung beschichteter und/oder eingefärbter Gläser erreicht. Sonnenschutzgläser werden zur architektonischen Gestaltung genutzt, weil eine erhöhte Reflexion und Absorption der Sonnenstrahlung auch eine erhöhte Reflexion und Absorption des sichtbaren Lichtes bedeutet. Der Aufbau der meisten Sonnenschutz-Isoliergläser ist so gewählt, dass gleichzeitig auch eine erhöhte Wärmedämmung erreicht wird.

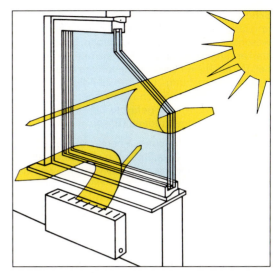

6.68 Sonnenschutz-Isolierglas

Anforderungen an ein funktionssicheres Sonnenschutz-Isolierungsglas:

– hohe Lichttransmission (L)
– niedriger Energiedurchlassgrad (g)
– sehr gute Wärmedämmung (k-Wert).

6.4.3 Lagerung und Transport

Gelagert wird Glas senkrecht auf Holz, Gummi oder Filz – niemals auf Metall oder Stein (Bruchgefahr). Bei Feuchtigkeitseinwirkung auf zusammenstehende Scheiben lösen sich Glasbestandteile und es bilden sich graue Beläge und rauhe Oberflächen – das Glas wird blind. Solche Scheiben sind unbrauchbar für Verglasungen. Nur trockenes Glas darf deshalb zusammenstehen und muss durch Luftzug ständig vor Feuchtigkeit bewahrt werden. Nasse Scheiben reibt man trocken und verarbeitet sie umgehend. Papier zieht Feuchtigkeit an und eignet sich deshalb nicht für die Glaslagerung.

Transportiert wird Glas stehend (hochkant). Distanzhalter wie Schaumstoff, Kork o. ä. verhindern, dass Scheiben beim Transport verkratzen. Beim Tragen nimmt man einen Gummilappen, damit die Scheiben nicht abrutschen. Am sichersten transportiert man Glas mit dem Tragegurt oder mit Saughebern. Schutz vor Schnittverletzungen bieten lederne Schutzmanschetten um die Handgelenke (Pulsader, Sehnen!) und eine Lederschürze.

Schutz vor Wärmeeinstrahlung. Im Freien gelagerte Glaspakete absorbieren die Sonnenstrahlen wesentlich stärker als Einzelscheiben. Es kommt zu starker, ungleichmäßiger Aufheizung im Glasstapel. Dadurch sind Glasbrüche infolge thermischer Überbeanspruchung und Beschädigungen des Randverbundes möglich. Besonders gefährdet sind beschichtete oder gefärbte Gläser, Ornamentgläser und drahtgebundene Gläser.

Schutz vor UV-Strahlung. Ebenso dürfen die im Freien gelagerten Glas-Einheiten nicht der direkten Sonneneinstrahlung ausgesetzt werden, weil der normale Randverbund nicht UV-beständig ist und die Oberfläche des Randverbundes durch UV-Strahlung geschädigt werden kann. Sollten dennoch Scheiben im Freien gelagert werden müssen, so sind diese gegen UV-Strahlung durch Abdecken mit nichttransparenten Folien oder ähnlichem zu schützen.

Chemische Einflüsse. Glas-Einheiten sind vor alkalischen Baustoffen wie Zement, Kalk u. ä. zu schützen. Intensiv-Anlauger zum Abbeizen alter Farben

auf Holzrahmen etc. müssen in nassem Zustand von den Scheibenflächen entfernt werden.

Mechanische Beschädigungen. Bei Arbeiten mit Winkelschleifern, Sandstrahlgeräten, Schweißbrennern etc. müssen die Scheibenoberflächen mit Hilfe von z. B. Gips- oder Kunststoffplatten vor möglichen Oberflächenschäden durch Funkenaufschlag o. ä. geschützt werden.

Bei Arbeiten in Scheibennähe sind die Oberflächen gegen Kratzer, Spritzer, Dämpfe, Schweißnebel usw. zu schützen. Dies gilt insbesondere auch für Heißasphaltarbeiten an Geschossböden.

Glas senkrecht lagern, nicht auf Stein oder Metall stellen!

Feucht gelagertes Glas wird blind.

Glas hochkant transportieren, Gelenke durch Schutzmanschetten vor Schnittverletzungen schützen.

Aufgaben zu Abschnitt 6.4

1. Was versteht der Glaser unter einem „kalten" und einem „warmen" Schnitt?

2. Welche Rohstoffe braucht man zur Glasherstellung? Nennen Sie mindestens vier.

3. Erklären Sie die Herstellung von Floatglas.

4. Beschreiben Sie den Aufbau einer Isolierglasscheibe.

5. Welche Oberflächengüte erreicht man beim Floatverfahren?

6. Eine Isolierglasscheibe ist vom Zwischenraum her mit Feuchtigkeit beschlagen. Welche Ursachen können Sie dafür nennen?

7. Welche beiden Herstellungsverfahren sind heute beim Flachglas üblich?

8. Worauf beruht die Wärmedämmwirkung und Schalldämmwirkung von Isolierglas?

9. Welcher Unterschied besteht zwischen Einscheibensicherheitsglas und Verbundsicherheitsglas in der Herstellung und im Aufbau?

10. Welche Bedeutung haben Metalloxide bei der Herstellung von Glasschmelze?

11. Welche Beispiele für Drahtglas kennen Sie?

12. Nennen Sie drei Möglichkeiten, die Schalldämmung eines Fensters zu verbessern.

13. Wie verhalten sich Einscheibensicherheitsglas und Verbundsicherheitsglas bei Bruch?

14. Warum werden heute überwiegend Isolierglasfenster eingebaut? (drei Gründe)

15. Nennen Sie drei Arten von Gussglas.

16. Beschreiben Sie den Aufbau eines Sonnenschutzglases.

17. Womit kann man Glas ätzen?

18. Auf welche Weise werden die Glasscheiben einer Isolierglaseinheit miteinander verbunden?

19. Was bedeutet SZR?

20. Was müssen wir beim Lagern und Transportieren von Glas beachten?

7 Holzverbindungen

Bereits beim Entwerfen eines Werkstücks stellt sich die Frage nach den konstruktiven Verbindungen der Teile und den erforderlichen Verbindungsmitteln. Wonach richtet sich die Auswahl? Welche Holzverbindungen und Verbindungsmittel kennen Sie?

Holzverbindungen sind nötig, um Einzelteile zu einem formschönen und funktionsgerechten Werkstück zusammenzubauen.

Die Geschichte des Möbels ist eng verbunden mit der Entwicklung von Verbindungstechniken und neuen Verbindungsmitteln, wie wir in Abschn. 8 sehen werden. Neben gestalterischer Absicht und Beanspruchung bestimmen die besonderen Eigenschaften des Holzes seit jeher die konstruktiven Verbindungen. Man unterscheidet unverleimte und verleimte Holzverbindungen.

Unverleimte Verbindungen verwendet man, wenn wirtschaftliche Gesichtspunkte im Vordergrund stehen und Werkstücke zerlegbar oder Einzelteile auswechselbar sein sollen.

Verleimte Verbindungen sind unumgänglich, wenn besondere Ansprüche an Festigkeit, Belastbarkeit und Dauerhaftigkeit gestellt werden.

7.1 Verbindungsmittel

Verbindungsmittel sind alle Arten von Fixierungs- und Verleimhilfen: Drahtstifte (Nägel), Klammern und Schrauben ebenso wie Dübel, Federn und Klebstoffe. (Leime und Klebstoffe s. Abschn. 6.3.)

Verbindungsmittel

Drahtstifte Schrauben Dübel Federn Klebstoffe
Klammern

7.1.1 Drahtstifte und Klammern

Die Nagelung ist eine der ältesten Verbindungen. Am Anfang standen Holznägel, später fertigte man Nägel aus Kupfer und Eisen. Heute treffen wir genagelte Verbindungen vor allem im Holzbau, bei Montagearbeiten und in der Verpackungsindustrie (z. B. Kisten) an.

Schlagen Sie einen 30 mm langen Nagel und drehen Sie eine gleich lange dicke Holzschraube jeweils fast ganz in ein Längsholz. Versuchen Sie dann, beide mit der Kneifzange herauszuziehen. Was stellen Sie fest? Wie sieht das Werkstück nach Ihrer „Bearbeitung" aus?

Draht-Stifte (Nägel) fertigt man meist aus ungehärtetem Kohlenstoffstahl. Sie bestehen aus Kopf, Schaft und Spitze. Entsprechend unterscheiden wir sie nach ihrer Länge, Schaftdicke und Kopfform. Die Kopfform ist genormt und richtet sich nach dem Verwendungszweck. Die Länge misst stets von Kopfoberkante bis Nagelspitze (**7.1**).

Die Abmessungen werden einheitlich angegeben. Der Angabe der Schaftdicke in Zehntelmillimetern folgt die Schaftlänge in Millimetern.

Die Oberfläche kann blank (bk), verzinkt (zn), blau geglüht (bl g) oder metallisiert (me) sein.

Beispiel   20 x 40 DIN 1151 A - bk

Oberflächenbehandlung (blank)
DIN-Nr. Form A (glatter Flachkopf)
Schaftlänge in mm (40 mm)
Schaftdicke in $^1/_{10}$ mm (2 mm)

Arten und Lieferformen. Die in holzverarbeitenden Betrieben verwendeten Drahtstifte zeigt Bild **7.1**. Im Handel werden sie nach Gewicht verkauft. Die Pakete enthalten auf farbigen Aufklebern oder

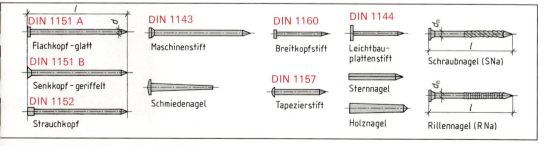

7.1   Genormte Drahtstifte und Sondernägel

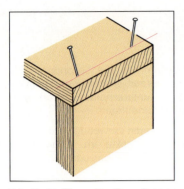

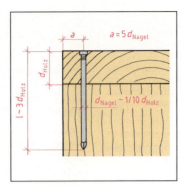

7.2 Drahtstifte schwalbenschwanzförmig ansetzen

7.3 Festlegen der Nagelgröße und Anordnung

7.4 Druckluftnagler mit Rundmagazin

gestempelt DIN-Nr., Gewicht, Abmessungen und Angaben zur Oberflächenbehandlung.

Die Festigkeit einer Nagelverbindung hängt ab
- von Dicke, Länge, Oberflächenbeschaffenheit des Nagels,
- von der Holzart (Hart- oder Weichholz),
- vom Faserverlauf des Holzes (Längs- oder Hirnholz),
- von der Holzfeuchtigkeit.

Quer zur Faser ist der Auszugswiderstand eines Stiftes erheblich größer als längs zur Faser. Besonders im Hirnholz halten schräg (schwalbenschwanzartig) angesetzte Stifte besser als gerade eingeschlagene (7.2), dürfen aber trotzdem nach DIN 1052 nicht für tragende Verbindungen verwendet werden. Eine genagelte Verbindung hat zusätzliche Haltekraft, wenn die Stifte etwas länger sind und auf der Rückseite umgeschlagen werden. Hartes und trockenes Holz lässt sich mit Stiften fester verbinden als weiches und feuchtes Holz. Damit das Holz nicht spaltet, setzen wir die Nägel mit Abstand vom Brettende an. Die Haltekraft bzw. der Auszugswiderstand eines Drahtstiftes lassen sich auch durch eine hohe Reibung zwischen Stift und Werkstoff verbessern. Dies erreichen wir durch Drahtstifte mit profilierter Oberfläche (7.1 b).

Der Nageldurchmesser richtet sich nach Dicke und Festigkeit des Holzes und soll nicht mehr als 1/10

der Brettdicke betragen (**7.3**). Die Nagellänge soll ca. das 3-fache der Dicke des zu befestigenden Bretts betragen.

Um die Spaltgefahr des Holzes zu vermindern, kann man die Nagelspitze leicht stauchen. Dadurch verringert sich jedoch die Haltekraft des Nagels im Holz.

Einschlagen und Ausziehen. Stifte werden mit dem Hammer oder dem Magazinnagler eingeschlagen. Die rationell arbeitenden Magazinnagler haben Nagelstreifen oder Rundmagazine und werden meistens mit Druckluft aber auch elektrisch betätigt (**7.4**).

Beim Ausziehen der Stifte aus Massivholz mit der Kneifzange müssen Sie darauf achten, dass keine Druckstellen auf der Holzoberfläche entstehen. Gut ist es, ein Stückchen Holz unterzulegen. Die Kneifzange darf nicht als Schlagwerkzeug benutzt werden! Die keilförmigen Schneiden des Zangenmauls können mit der Feile angeschärft werden. Die Kombinationszange hat gezahnte Greifbacken zum Festhalten von Metallteilen wie Draht und Blech. Mit den Zusatzschneiden lassen sich Nägel, Schrauben und Drähte abzwicken.

Klammern verdrängen heute vielfach die Stifte. Die zweischäftigen Verbindungsmittel werden aus

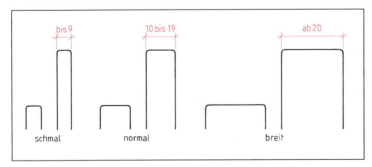

7.5 a Klammerarten (Schmal-, Normal- und Breitrückenklammern)

7.5 b Elektroklammergerät (Tacker)

Stahldraht gefertigt. Je nach Einsatz gibt es schmale, normale und breite Klammern in unterschiedlichen Längen (7.5a). Für konstruktive Holzverbindungen verwendet man meistens schmale und normale lange Klammern, für Verbindungen mit weichen Materialien (Stoff, Leder) breite kurze Klammern. Klammern eignen sich nicht für eine Ausführung im Sichtbereich. Verarbeitet werden sie in großer Schnelligkeit durch Druckluft- oder Elektronagler (Tacker) mit Speichermagazin (7.5b). Mit Klammern befestigt man Möbelrückwände, Verkleidungen auf Unterkonstruktionen und Polsterstoffe auf Holzgestellen.

> Drahtstifte oder Klammern sind nicht ohne Beschädigung oder Zerstörung des Werkstücks zu lösen und gelten deshalb als unlösbare Verbindungen.
> Zugbeanspruchte Teile dürfen nicht durch Nägel verbunden werden (DIN 1052).

7.1.2 Holzschrauben

Soll eine Verbindung hoch belastbar und wieder lösbar sein, wählt man Schrauben als Verbindungsmittel. Schrauben bestehen aus dem Schaft mit Gewindeteil und dem Kopf. Nach Kopfform und Verwendungszweck unterscheiden wir die im Bild 7.6, 7.7 gezeigten Arten. Sie sind genormt. Holzschrauben können aus Stahl (St), Messing (CuZn) oder Aluminium (Al) hergestellt sein. Die Oberfläche kann blank (bk), metallisiert (me) oder verzinkt (zn) sein. Verkauft werden sie in Paketen zu je 200 Stück. Die farbigen Aufkleber auf den Paketen geben Stückzahl, Schaftdicke und -länge, DIN-Nr. und Kopfform an.

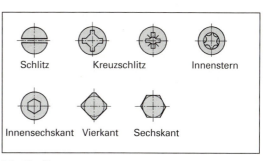

Schlitz   Kreuzschlitz   Innenstern

Innensechskant   Vierkant   Sechskant

7.7   Kopfformen

Beispiel   3 x 30 DIN 96 – (CuZn)
Material (Messing)
DIN-Nr. (Halbrundkopf)
Schaftlänge in mm (30 mm)
Schaftdicke in mm (3 mm)

Vorbohren. Vor dem Eindrehen kleiner Schrauben stechen wir mit dem Spitzbohrer vor. Bei dickeren Schrauben bohrt man mit dem Bohrer $d \approx$ Schaftdurchmesser der Schraube) etwa ein drittel Tiefe vor. Bei sehr langen Schrauben in Hartholz ist es ratsam, noch tiefer vorzubohren – allerdings mit einem Bohrungsdurchmesser $\approx$ Schraubenkern-Durchmesser, so dass sich das Schraubengewinde noch ein Gegenprofil in Holz schneiden kann. Die Bohrungen für Linsensenk- und Senkkopfschrauben müssen mit einem Aufreiber (Krauskopf) trichterförmig erweitert werden, damit der Schraubenkopf später bündig liegt. Messingschrauben drehen sich leichter ein, wenn man etwas Seife zugibt.

Baudübel (Mauerdübel) braucht der Tischler zur sicheren Verankerung von Unterkonstruktionen für Decken und Wandverkleidungen oder von Tür- und Fensterelementen im Baustoff (Beton, Mauerwerk, Gips). Sie bestehen aus Kunststoff oder

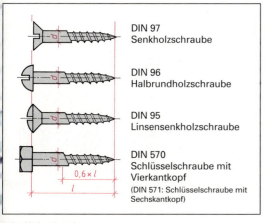

DIN 97
Senkholzschraube

DIN 96
Halbrundholzschraube

DIN 95
Linsensenkholzschraube

DIN 570
Schlüsselschraube mit Vierkantkopf
(DIN 571: Schlüsselschraube mit Sechskantkopf)

$0,6 \times l$
l

7.6   Holzschrauben

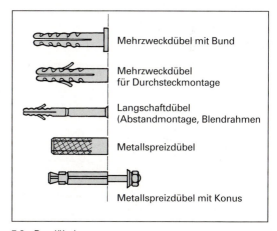

Mehrzweckdübel mit Bund

Mehrzweckdübel für Durchsteckmontage

Langschaftdübel (Abstandmontage, Blendrahmen)

Metallspreizdübel

Metallspreizdübel mit Konus

7.8   Baudübel

Metall. Für die Auswahl des Dübels sind die zu erwartende Belastung, die Schraubendicke und die Gewindelänge der Holzschraube maßgebend (**7.**8). Je nach Untergrund bohrt man mit der Bohrmaschine oder Schlagbohrmaschine und Hartmetallbohrer den Außendurchmesser des Dübels vor. Die Bohrlochtiefe richtet sich nach der Dübellänge. Nach dem Vorbohren setzen Sie den Dübel flächenbündig in das Bohrloch (**7.**9). Beim Eindrehen der Holzschraube spreizt der eingeschnittene Dübel auf, presst sich gegen die Bohrlochwandung, und stellt so eine kraftschlüssige Verbindung zwischen Bohrlochwand und Schraubengewinde her („Presssitz"). Auf diese Art können Sie auch andere Teile in mineralischem Baumaterial verankern (z. B. Haken und Schlaufen).

> Wenn Sie Holzschrauben einschlagen, zerreißt ihr Gewinde die Fasern. Die abgeknickten Fasern bieten keine Festigkeit. Folge: Eingeschlagene Holzschrauben halten noch weniger als Nägel!

Holzschrauben dreht man mit dem Schraubendreher oder dem Drillschrauber von Hand ein. Die Schraubendreherklinge muss in Größe (Breite und Dicke) und Form (Schlitz oder Kreuzschlitz) auf den Schraubenkopf abgestimmt sein, um ihn nicht zu beschädigen (**7.**10). Von Zeit zu Zeit kann sie nachgeschliffen werden. Wichtig ist die handgerechte Form des Griffs. Zum maschinellen Eindrehen gibt es verschiedene Einsatzklingen für Elektroschrauber mit eingebauter Rutschkupplung, Druckluftschrauber oder Magazinschrauber.

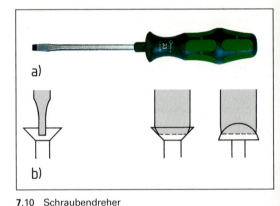

7.9   Baudübel bei Unterkonstruktion

7.10   Schraubendreher
        a) handgerechte Form, b) passend zum Schraubenschlitz

Eindrehen. Beim Eindrehen schneidet sich das Gewindeprofil der Holzschraube keilförmig ins Holz. Im Holz entsteht so ein Gewindeprofil, das die Haftreibung und damit den Auszugswiderstand der Schraube erhöht.

> Eingeschlagene Holzschrauben ergeben keine haltbare Verbindung!

Sonderformen von Holzschrauben zeigt Bild **7.**11.

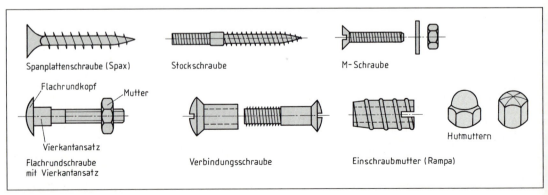

7.11   Sonderformen von Schrauben und Muttern

Spanplattenschrauben (Spax) haben einen Senkkopf mit Schlitz- oder Kreuzschlitz. Das scharfkantige Gewinde verläuft meist von der Zentrierspitze bis zum Schraubenkopf. Die Schrauben lassen sich relativ leicht eindrehen und haben in Spanplatten und Holz durch die große Gewindefläche eine gute Haltekraft.

Stockschrauben haben ein Holz- und ein metrisches Gewinde (M5, M6, M8). Der vordere Teil wird in Holz oder einen Mauerdübel gedreht, auf den hinteren Teil kann man beispielsweise eine Platte mit einer Mutter befestigen.

M-Schrauben (Maschinenschrauben) haben Senk-, Linsen- oder Halbrundkopf und ein genormtes metrisches Gewinde.

Holzschrauben mit Vierkant- oder Sechskantkopf (DIN 570, 571) zieht man mit dem Schraubenschlüssel an, der durch die Hebelwirkung große Kraftübertragung ermöglicht. Verwendung finden sie hauptsächlich im konstruktiven Holzbau. Unterlagscheiben verhindern das Einziehen des Schraubenkopfes in das Holz.

Schrauben mit Innensechskant benutzen wir für vorgebohrte sichtbare Gestellverbindungen.

Die Sechskantschraube mit Unterlagscheibe kann man auf beiden Seiten mit dem Schraubenschlüssel anziehen. Sie wird ins Fundament einbetoniert (Kopfseite) und z.B. zum Festschrauben von Holzbearbeitungsmaschinen eingesetzt.

Flachrundschrauben (Schlossschrauben) und Senkschrauben mit Vierkantansatz unterscheiden sich durch die Kopfform. Man verwendet sie bei einbruchsicheren Verbindungen von Metall-Holz und Holz-Holz. Beim Anziehen der Vier- oder Sechskantmutter auf einer Unterlagscheibe wird der Kopf ins Holz gezogen; der Vierkantansatz verhindert ein Mitdrehen.

Nagelschrauben lassen sich mit dem Hammer einschlagen, ohne dass die Holzfaser dabei zerstört wird. Lösen kann man sie mit einem Schraubendreher.

Rückwandschrauben haben einen breiteren Kopf. Dadurch vergrößert sich die Andruckfläche auf den Werkstoff.

Mutterarten. Neben *Vier-* und *Sechskantmuttern*, die mit dem Schraubenschlüssel festgezogen werden, gibt es *Flügelmuttern*, die man von Hand anzieht. Wir verwenden sie für einfache Tischgestelle. *Linsensenk-Hülsenmuttern* haben einen Schlitzkopf und einen Schaft mit metrischem Innengewinde. Beim Verbinden zweier Schränke greift eine Linsensenk-Gewindeschraube mit dem Schlitzkopf ins Innengewinde und stellt so eine lösbare Verbindung her. Die Gewindelänge muss genau auf die Dicke beider Schrankseiten abgestimmt sein. *Einschraub-* oder *Einleimmuttern* (Rampa-Muffen) haben außen ein Holzgewinde und innen ein metrisches Gewinde. Sie werden mit einem breiten Schraubendreher in vorgebohrte Löcher eingedreht oder zusätzlich geleimt. An dem metrischen Innengewinde lassen sich später M-Schrauben eindrehen. *Hutmuttern* gibt es in hoher und flacher Form. Sie haben ein Lochgewinde und schützen das Schraubenende vor Beschädigungen.

> Verbindungen mit Holzschrauben sind lösbar. Sie haben eine größere Haltekraft im Holz als Drahtstifte. Für häufig zu lösende Verbindungen wählt man Kreuzschlitzschrauben.

7.1.3 Dübel und Federn

Diese Verbindungselemente aus Holz, Holzwerkstoff oder Kunststoff verbinden Bauteile unlösbar oder lösbar miteinander. Sie dienen als Fixierungshilfen beim Zusammenfügen und Spannen, zum Übertragen und Ableiten von Kräften sowie zum Vergrößern der Leimfläche bei verleimten Verbindungen. Die Verbindung ist rationell herzustellen, sehr haltbar und in der Regel von außen nicht sichtbar.

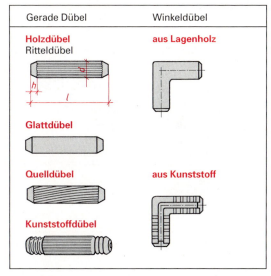

7.12 Dübelarten. Gerade Dübel und Winkeldübel aus Holz und Kunststoff

Dübel gibt es in Hartholz (Buche) als Stangenware oder als Fertigdübel schon auf bestimmte Maße abgelängt, geriffelt und gefast. Die Riffelung der Dübel vergrößert die Leimfläche und verhindert außerdem, dass beim Einschlagen der Dübel der Leim abgestreift wird. Kunststoffdübel aus Polystyrol und Polyäthylen sind ebenfalls geriffelt, gefast und in bestimmten Längen für verleimte und unverleimte Verbindungen lieferbar (**7.12**).

Dübelabmessung: Die Wahl der richtigen Dübelgröße und die exakte Ausführung der Bohrungen sind für die Haltbarkeit der Verbindung von besonderer Bedeutung.

Dübeldurchmesser: 1/3 bis 2/3 der Holzdicke

Dübellänge: 2fache Holzdicke

Die Bohrungstiefe soll 2 bis 3 mm größer sein als die Dübellänge.

Bei stumpfen Korpus-Eckverbindungen setzt man gerade Dübel, bei Gehrungseckverbindungen Eck- oder Winkeldübel ein. Sie bestehen aus Sperrholz oder Kunststoff.

Federn sind flächige Verbindungsmittel aus Furniersperrholz, Holzfaserplatten, Vollholz oder Kunststoff. Sie sind meistens eingeleimt, können aber auch lose in die Nuten eingesetzt werden (Brettverkleidung, Paneele).

Federn gibt es aus Vollholz als gerade Hirnholz- oder Längsholzfeder. Häufig kommen auch die gerade Sperrholzfeder und die schichtverleimte Winkelfeder für Gehrungs-Eckverbindungen vor (**7.13**). Sie halten die Fuge beim Spannen besser zusammen als eine Dübelverbindung, schwächen allerdings Werkstücke durch die durchgehende Nut. Abhilfe bietet hier die Formfeder, die nicht durchgenutet werden muss. Das Einsatznuten, das mit Handmaschinen auch auf der Baustelle geschehen kann, schwächt das Werkstück nicht und fixiert die Möbelteile dennoch sicher (**7.14**). Für sehr dünne Korpus- oder Gehäuseteile aus Vollholz oder Plattenwerkstoffen eignen sich geriffelte Kunststoff-Federn, die nur 2 mm dick sind.

7.13　Federarten. Längsholzfeder, Querholzfeder, Sperrholzfeder

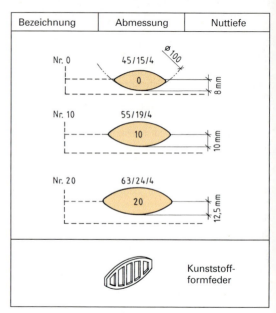

7.14　Formfedern aus Holz und Kunststoff

Aufgaben zu Abschnitt 7.1

1. In welchen Fällen ist eine unverleimte Verbindung der verleimten vorzuziehen?
2. Welche Verbindungsmittel kennen Sie?
3. Was bedeutet die Angabe 15 x 30 DIN 1152 - bk auf einer Verpackung?
4. Wie misst sich die Länge eines Drahtstifts?
5. Wovon hängt die Festigkeit einer Nagelverbindung ab?
6. Wie können Sie die Haltekraft einer Nagelung im Hirnholz verbessern?
7. Wie vermeiden Sie beim Herausziehen von Nägeln mit der Kneifzange Druckstellen in der Holzoberfläche?
8. Erläutern Sie die Bezeichnung einer Holzschraube 2,0 x 25 DIN 7996 – St.

9. Nennen Sie Arten und Sonderformen von Holzschrauben.
10. Wozu verwenden Sie Kreuzschlitzschrauben?
11. Nach welchen Gesichtspunkten wählen Sie die Schraubendreherklinge aus?
12. Welche Mutterarten benutzt der Tischler?
13. Welche Dübel setzt man für Gehrungs-, welche für stumpfe Korpus-Eckverbindungen ein?
14. Nennen Sie die Vorteile von Dübelverbindungen gegenüber Federverbindungen bei Spanplatten.

7.2 Breitenverbindungen

Nach der Konstruktion unterscheiden wir folgende verleimte und unverleimte Verbindungen.

Holzverbindungen

- Breitenverbindung
- Längsverbindung
- Rahmeneckverbindung
- Kasteneckverbindung

Sollen großformatige Flächen aus Vollholz hergestellt werden, muss man i. R. mehrere Bretter in der Breite zusammenfügen, wobei die besonderen Eigenschaften des Holzes zu beachten sind. Man unterscheidet verleimte und unverleimte Breitenverbindungen.

7.2.1 Unverleimte Breitenverbindungen

Bei sehr breiten Holzflächen, die Feuchtigkeitsschwankungen ausgesetzt sind, wählt man unverleimte Breitenverbindungen.

Unverleimte Verbindungen aus Brettern erfordern in der Regel eine Unterkonstruktion. Bei der Ausführung ist darauf zu achten, dass die Bretter schmal zugeschnitten werden (ca. 100 mm) und zumindest in einer Richtung ungehindert „arbeiten" können. Beim Quellen und Schwinden dürfen sich keine störenden Fugen bilden.

Holzauswahl. Die verwendeten Bretter bestehen aus Seiten-, Mittel- und Herzbrettern. Ihre Holzfeuchte soll den klimatischen Verhältnissen angepasst sein, damit die Bretter später nicht zu viel quellen oder schwinden. Die Markzone neigt zum Reißen und wird deshalb herausgeschnitten (**7.15**). Seiten-, Mittel- und Kernbretter verarbeitet man

getrennt, da ihr Holzbild und Formverhalten unterschiedlich ist. Bei Verwendung im Innenraum bildet die rechte Brettseite die Ansichtsfläche, weil ihre Textur (besonders bei Nadelhölzern) schöner ist. Im Außenbereich oder bei Fußbodendielen ist dagegen die linke Seite Ansichtsfläche, weil hier die harten Jahresringe nach innen laufen und die weichen Jahresringe überdecken. So verhindert wird, dass sich die harten Jahresringe von den weichen ablösen. Dass die linke Brettseite dabei hohl wird („Schüsseln"), muss man in Kauf nehmen.

> Markzone herausschneiden, schmale Zuschnittbreite, Bretter gleicher Stammlage zusammen verarbeiten (z.B. Seitenbretter mit Seitenbrettern).
>
> Im Innenbereich: rechte Seite ist Ansichtsfläche.
>
> Im Außenbereich und bei Fußböden: linke Brettseite ist Ansichtsfläche.

Die unverleimte Breitenverbindung ist möglich durch stumpfe, überfälzte, gespundete und gefederte Fuge sowie durch überschobene Schalung.

Die stumpfe Fuge ist die einfachste Art eine Holzfläche zu verbreitern. Die Bretter werden ausgehobelt und nebeneinander mit Nägeln oder Schrauben auf der Unterkonstruktion (Rahmen oder Lattung) befestigt. Um die beim Trocknen auftretenden Schwindfugen zu verdecken, nagelt man einseitig eine Deckleiste auf (**7.16**). Die Verbindung mit stumpfer Fuge wird heute nur noch für untergeordnete Zwecke eingesetzt: bei Kellertüren, Kisten und Verschlägen.

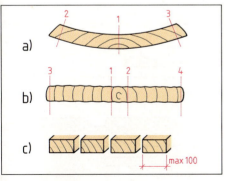

7.15 Vorarbeiten
  a) Seitenbretter auftrennen, besäumen,
  b) Kernbretter Markzone ausschneiden, besäumen, c) schmaler Brettzuschnitt

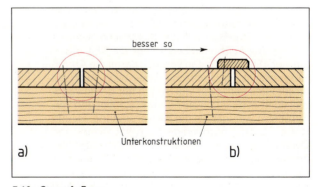

7.16 Stumpfe Fuge
  a) offen
  b) mit Deckleiste

Bei der überfälzten Fuge können die Bretter schwinden, ohne dass eine durchgehende Fuge entsteht. Meist werden die Bretter an der Vierseiten-Hobelmaschine mit zwei einander ergänzenden Falzprofilen versehen (**7.17 a**). Nachteilig sind der große Holzverlust durch das Fräsen und der bei Schwund aufstehende Falz. Um die Stoßfuge in der Sichtfläche hervorzuheben, können die Kanten angefast oder mit einer Hohlkehle versehen werden (**7.17 b**). Beides wirkt dekorativ und gliedert die Fläche; Schwindfugen werden weniger wahrgenommen.

Anwendung: einfache Verschalung. Decken und Wandverkleidungen.

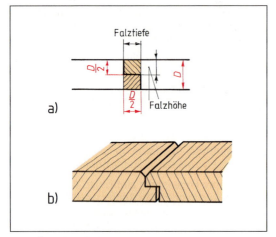

7.17   Überfälzte Fuge
a) Schema, b) mit angefasten Kanten

Die gespundete Fuge besteht aus Nut und angeschnittener Feder. Beim Zusammenschieben der Verbindung sollte zwischen Feder und Nutgrund noch etwas Luft (Spiel) bleiben. Die Nut wird also etwas tiefer ausgearbeitet, als die Feder tief ist, damit die Stoßfuge auf der Sichtfläche dicht ist (**7.18 a**). Bei Fußbodendielen liegt die Nut etwas aus der Mitte nach unten versetzt, damit die Abnutzungsschicht der Lauffläche dicker wird. Auch bei dieser Fuge geht zwar viel Holz in der Breite verloren, doch ist sie durch die Führung stabiler und verformt sich weniger als die Falzverbindung. Häufig wählt man die gespundete Fuge bei Wand- und Deckenverkleidungen, weil sich die Schwundfuge auf der Sichtfläche durch eine breitere Feder oder ein Faseprofil an den Kanten verdecken lässt – wenn man sie nicht bewusst betonen will (**7.18 b** und **c**). Eine verdeckte Befestigung der Riemen auf der Unterkonstruktion ist möglich, wenn man in der Nutwange verdeckt nagelt oder klammert.

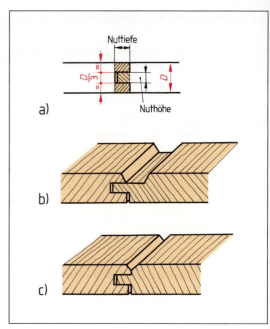

7.18   Gespundete Fuge
a) Schema, b) mit breiterer Feder, c) mit Faseprofil

Bei der gefederten Fuge geht wenig Holz verloren. Die Riemen werden auf beiden Längskanten genutet und durch eine eingeschobene Feder aus Furniersperrholz oder Vollholz verbunden (**7.19 a**). Bei Vollholzfedern müssen die Fasern quer verlaufen. Die Federn sollten etwas schmäler als die Summe der beiden Nuttiefen sein, damit die Fuge an der Sichtfläche dicht ist. Die Fuge kann aber auch profiliert, also betont werden (**7.19 b**). Der Tischler wählt diese Verbindung bei Wand- und Deckenverkleidungen sowie bei Tür-Aufdoppelungen. Der Parkettleger verbindet Riemen und Stäbe mit einer außermittig sitzenden Feder.

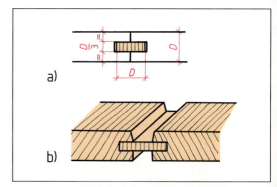

7.19   Gefederte Fuge
a) Schema, b) mit Faseprofil

Mit der überschobenen Schalung ergibt sich bei Haustüren und Verkleidungen eine besonders plastische Wirkung. Die Riemen werden an den Längskanten so genutet, dass die Nutwangen jeweils in die Riemennut passen (**7.20** a). Um sie leichter zusammenfügen zu können, fast man die Kanten an (**7.20** b).

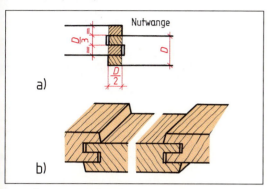

7.20   Überschobene Schalung
a) Schema, b) mit Faseprofil

Das Zeichnen der Hölzer vor der weiteren Bearbeitung verdeutlicht dem Facharbeiter Konstruktion und Zusammenbau. Die Kennzeichnung der Tiefe erleichtert die maschinelle Bearbeitung, verhindert Stillstandszeiten und Verwechslungen bei mehreren gleichen Teilen (**7.21**).

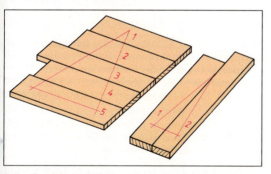

7.21   Gezeichnete Hölzer

Unverleimte Breitenverbindung durch stumpfe, überfälzte, gespundete und gefederte Fuge oder überschobene Schalung.

Die Verbindungen und Befestigungen müssen bei Klimaschwankungen das Arbeiten der Bretter ermöglichen, ohne dass sich störende Fugen bilden.

Das Zeichnen der Hölzer machen die Konstruktion und den Zusammenbau kenntlich, verhindert Verwechslungen und damit Stillstandszeiten im Arbeitsablauf.

7.2.2   Verleimte Breitenverbindungen

Oft erfordert der Verwendungszweck und die Beanspruchung, Vollholz in der Breite zu verleimen. Um stabile, fugenlose Flächen zu erhalten, müssen beispielsweise Arbeitsplatten (Werkbank), Tischplatten oder Füllungen verleimt werden.

Dabei sind Holzbild, Schwundrichtung und Holzfeuchte der Bretter zu berücksichtigen. Wichtig ist auch, ob die Holzfläche später frei steht oder durch eine Rahmenkonstruktion bzw. Gratleiste gehalten wird.

Holzauswahl und Verleimregel. Eine fachgerechte Holzauswahl ist wichtig für eine qualitativ gute Arbeit. Haltbarkeit, Formbeständigkeit und gutes Aussehen der Fläche sind das Ziel.

Bei Herzbrettern trennt man vorher die rissanfällige Markzone heraus (**7.15**). Grundsätzlich verleimt man Kernkante an Kernkante und Splintkante an Splintkante, weil sich dadurch ein natürliches Holzbild ergibt. Außerdem arbeitet Splintholz stärker als Kernholz und man vermeidet so Absätze an der Leimfuge (**7.22** a) In jedem Fall sollen nur Bretter gleicher Stammlage miteinander verleimt werden: Mittelbretter mit Mittelbrettern, Kernbretter mit

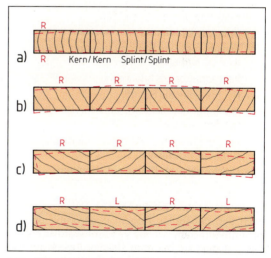

7.22   Holzauswahl (Verleimregel)
    a) Verleimte Herzbretter
        Kern an Kern, Splint an Splint, schlichte Zeichnung, kein Werfen
    b) Mittelbretter
        Kern an Kern, Splint an Splint, rechte Seite als Sichtseite, geringes Werfen
    c) Seitenbretter
        Rechte Seite als Sichtseite, schönes Aussehen, starkes Werfen, Gratleiste oder Rahmenkonstruktion erforderlich
    d) Seitenbretter
        Rechte Seite neben linker Seite (gestürzt), als Blindholz verwenden, geringes Werfen

Kernbrettern. Sonst entstehen durch das unterschiedl. Schwundverhalten unebene Flächen mit Fugenmarkierung (**7**.22).

Auf eine annähernd gleiche Jahresringbreite ist zu achten (nur feinjähriges oder nur grobjähriges Holz verleimen). Für eine Fläche sind Bretter gleicher Stammteile zu verwenden (Zopf, Mittelstamm oder Stamm). Bei Füllungen ist das Fladerbild der Holzmaserung erwünscht und man verleimt deshalb Seitenbretter. Eine Rahmenkonstruktion oder eine Gratleiste verhindert, dass sich die Holzfläche beim Schwund rundzieht (**7**.22 c). Spielt das Fladerbild keine Rolle (Blindholzflächen), werden die Seitenbretter vor dem Verleimen schmal aufgetrennt und gestürzt, so dass wechselseitig einmal die rechte, einmal die linke Brettseite oben liegt (**7**.22 d). Dadurch bekommt man fast diagonal verlaufende Jahresringe und eine einheitliche Schwundrichtung. Grundsätzlich sind die Bretter in schmale Streifen aufzutrennen (max. 100 mm Breite) und wieder zu verleimen, dadurch verringern wir die Schwundspannungen und die Gefahr des Werfens (**7**.15). Für Aussehen und Bearbeitung ist es wichtig, dass die Fasern der einzelnen Bretter in gleicher Richtung verlaufen.

– Markzone herausschneiden
– Splint an Splint und Kern an Kern leimen
– Bretter gleicher Stammlage und Stammteile verleimen
– Jahresringbreite beachten
– Rechte Seite als Sichtfläche wählen
– Aufgetrennte Seitenbretter für Blindholzflächen stürzen
– Brettbreite max. 100 mm – gleiche Richtung der Holzfaser
– Holzfeuchte am Einbauort beachten

Zusammenlegen, Zeichnen. Die Bretter werden nach den genannten Regeln ausgewählt und so zusammengelegt, wie sie verleimt werden sollen. Man zeichnet sie mit dem Tischlerdreieck, um sie bei der weiteren Bearbeitung nicht zu verwechseln.

Wenn mehrere Flächen herzustellen sind, unterscheidet man diese durch Kennzeichnen mit verschiedenen Ziffern (**7**.21).

Fügen. Die Bretter können in der Breite mit einer stumpfen Fuge oder durch eine formschlüssige Verbindung angeschlossen werden. Das Zusammenpassen der Brettkanten nennt man Fügen. Voraussetzung für eine haltbare Leimverbindung ist ein exaktes Fügen der Bretter. Beim stumpfen Verleimen von Brettern lassen sich Unebenheiten an der Fuge auch bei großer Sorgfalt kaum vermei-

den. Zusätzliche Verbindungsmittel oder ein Profilieren der Kante dienen der Fixierung beim Verleimen, vergrößern gleichzeitig die Verleimfläche und erhöhen die Festigkeit der Verbindung.

Die **stumpfe Leimfuge** erfordert eine gut passende, rechtwinklige Fuge. Bei fachgerechter Herstellung und fehlerfreier Verleimung erzielen wir damit eine hohe Festigkeit (**7**.23). Zunächst werden die gezeichneten sägerauen Bretter maschinell oder mit der Raubank gut passend gefügt. Für das Fügen mit der Raubank spannt man die nebeneinander liegenden Bretter – mit der Zeichenseite zusammen – in die Vorderzange. Beim Zurückklappen passt die Kante auch bei Abweichung vom rechten Winkel (Wechselwinkel). Die Fuge sollte leicht hohl gestoßen werden, damit die Enden nicht sperren (geschlossen bleiben). Zur Leimangabe legt man die Brettkanten bündig aufeinander. Beim Verleimen verhindern wir durch zusätzliches Einspannen

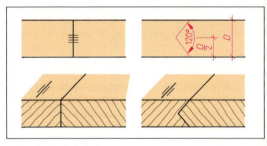

7.23 Stumpfe Leimfuge

in der Dicke ein Verrutschen der gefügten Bretter und erreichen eine ebene Fläche. Erst nach dem Entspannen werden der Fachboden oder die Tischplatte auf der Fläche abgerichtet und auf Dicke gehobelt, damit der Holzverlust gering bleibt. Mittels eingearbeiteter Gratleisten (liegende und stehende Gratleisten, s. Eckverbindungen aus Vollholz, Abschn. 7.5.2) können große Vollholzflächen wirkungsvoll stabilisiert werden.

Die gedübelte Fuge erhält durch eine passgenaue Anordnung der Dübel eine sichere Fixierung und größere Stabilität. Die Dübellöcher bohrt man

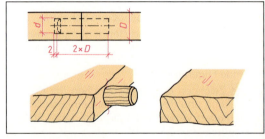

7.24 Gedübelte Fuge

etwas tiefer als die Dübel lang sind, so dass Raum für überschüssigen Leim bleibt. Die Dübel sollen am Umfang gerillt und an den beiden Enden angefast sein, damit beim Einsetzen der Leim nicht gänzlich abgestreift und das Holz nicht beschädigt werden kann (**7.24**). Eine Dübelmaschine erleichtert die Arbeit wesentlich.

Die gefederte Fuge kann ebenso wie bei unverleimten Breitenverbindungen zum Fixieren und zum Vergrößern der Leimfläche eingesetzt werden. Für die Federn verwendet man häufig Furniersperrholz, aber auch Kunststoff oder Formfedern (Lamello, **7.13**, **7.14**).

Die Kronenfuge wird maschinell mit einem Spezialfräser und nur bei Vollholz hergestellt. Je nach Fräserbauart gibt es sie in verschiedenen Formen. Bevorzugt verwendet man sie bei Schulmöbeln (Tisch-, Stuhlsitz-, Arbeitsplatten), wo es auf hohe

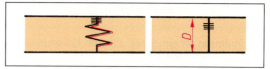

7.25 Maschinell gefräste Fuge (Kronenfuge). Größere Leimfläche (46 mm gegenüber 15 mm bei stumpfer Leimfuge)

Fugenfestigkeit ankommt. Erreicht wird dies durch die Passgenauigkeit der Kronenfuge und die große Leimfläche (**7.25**).

Als Sicherung gegen das Verwerfen von Vollholzflächen dienen Hirn- und Gratleisten, die wir im Abschn. 7.5.2 näher kennenlernen werden.

> Verleimte Breitenverbindung durch stumpfe, gedübelte, gefederte Fuge oder Kronenfuge.

7.3 Längsverbindungen

Längsverbindungen ermöglichen das Zusammenfügen (Stoßen) von Holzteilen in Richtung der Faser. Wir führen sie aus um handelsübliche Längen zu vergrößern oder aus Gründen der Konstruktion. In der Tischlerei verwenden wir Längsverbindungen hauptsächlich im Fenster- und Innenausbau bei langen oder bogenförmigen Werkstücken. Ausschlaggebend für die Wahl der Längsverbindung sind die Beanspruchung des Holzes und der Verwendungszweck. In der industriellen Holzverarbeitung finden wir die wirtschaftlich herzustellende, sehr haltbare *Keilzinkenverbindung* besonders häufig. Die Verbindungsform wird mit einem Spezialfräser an den abgelängten Werkstückenden angefräst (**7.26 c**). Durch die Keilform ergeben sich formschlüssige Fügeflächen mit großem Langholzanteil für die Verleimung. Gefräste Holzteile sind binnen 24 Stunden zu verleimen, bevor sie ihre Form ändern können. Diese Längsverbindung verwendet man

für lamellierte Fensterkanteln, Leimholzbinder und zur Verlängerung von Brettern.

Andere, meist handwerklich hergestellte weniger haltbare Längsverbindungen sind die *Schäftung, Überblattung, Schlitz und Zapfen* (**7.26 a, b**). Lösbar sind die verschiedenen *Keilverschlüsse* (z. B. Französischer Keil, **7.26 d**, schräges Hakenblatt, **7.26 e**). Bei der Schichtverleimung verleimt man gleich dicke gehobelte Bretter in mehreren Schichten, wobei die Stöße versetzt sind. Der Tischler verwendet diese Verbindung bei Rundbogentüren und -fenster oder runden Tischzargen.

> Wesentlich für die Haltbarkeit der Langholzverbindung sind die Formschlüssigkeit der Fügekante, die Größe der Leimfläche und der Langholzanteil. Keilverbindungen können lösbar ausgeführt werden.

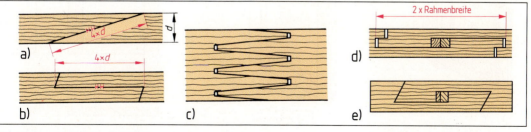

7.26 Längsverbindungen (Schnitte)
a) Schäftung, b) Überblattung, c) Keilzinken, d) französischer Keilverschluss, e) schräges Hakenblatt, verkeilt

7.4   Rahmeneckverbindungen

Der Rahmen ist eines der ältesten Konstruktionselemente im Tischlerhandwerk. Als der Tischler noch keine Plattenwerkstoffe kannte, war der Rahmen mit Füllung ein wesentliches Element, um größere, freistehende Holzflächen bei Türen und Korpusteilen zu schaffen. Einfache Rahmenkonstruktionen treffen wir bereits in der Gotik an.

Heute finden wir Rahmenkonstruktionen bei nahezu allen Tischlerarbeiten (im Innen- und Möbelbau, bei Fenster und Türen). Bei Rahmenelementen nutzt man die geringen Schwundmaße in Faserrichtung der Rahmenhölzer aus (0,1 bis 0,3%). Im Gegensatz zu einer Vollholzfläche quillt und schwindet ein gleichgroßer Rahmen in der Breite weniger. Rahmen sind maßhaltiger und formbeständiger als Vollholzflächen. Hinzu kommt das geringe Gewicht und die vielen Gestaltungsmöglichkeiten.

Der Rahmen hat die Aufgabe, die Last der gesamten Konstruktion über die Beschläge auf den Korpus zu übertragen. Damit der Rahmen Stabilität erhält und nicht aus dem Winkel geht, wird er durch die eingelegte Füllung ausgesteift (**7.27**).

Die Rahmeneckverbindung hat vor allem die Aufgabe die auftretenden Belastungen aufzufangen und ein Verformen der Rahmenhölzer verhindern. Die fachgerechte Ausführung der Verbindung ist wichtig für die Stabilität und das Stehvermögen des Rahmens.

Beispiel   Das Fenster ist eine typische Rahmenkonstruktion, die das erhebliche Gewicht großer Glasflächen und starke Windkräfte aufnehmen muss.

> **Der Rahmen** überträgt die Konstruktionslast über die Beschläge auf den Korpus. Die eingelegte Füllung gibt ihm Stabilität und verhindert, dass er aus dem Winkel geht.
>
> Die Rahmenverbindung verhindert ein Verformen der Rahmenhölzer.

Holzauswahl. Rahmenhölzer dürfen sich nicht verziehen, sonst schließen Türen oder Fenster nicht einwandfrei. Deshalb ist die Wahl des richtigen Holzes sehr wichtig. Für die Rahmenhölzer eignen sich Kern- oder Mittelbretter (stehende Jahresringe) mit geradem Faserverlauf, ohne Äste und Risse.

Zusammenzeichnen und Anreißen. Nach der Holzauswahl folgt das Zusammenlegen und Zeichnen der Rahmenhölzer. Die aufrechten Hölzer gehen in der Regel durch, die dem Kern zugewandten Seiten liegen außen (fester Sitz der Bänder, schöneres Aussehen). Um bei der weiteren Bearbeitung Verwechslungen zu vermeiden, zeichnen wir die Rahmenhölzer mit einem Tischlerdreieck (**7.27 b**). Angerissen wird von der Zeichenseite bzw. Innenkante aus.

Die Überblattung ist die einfachste Eckverbindung im Rahmenbau. Sie ist mit wenig Aufwand herzustellen aber nur gering belastbar (**7.28**). Die Rahmenhölzer werden wechselseitig bis zur Hälfte ausgeklinkt und müssen verleimt werden, damit die Verbindung wenigstens eine geringe Biegesteifigkeit erhält. Sinnvoll ist eine zusätzliche Sicherung durch Sternnägel oder Schrauben. Diese einfache Verbindung verwenden wir bei dünnen Rah-

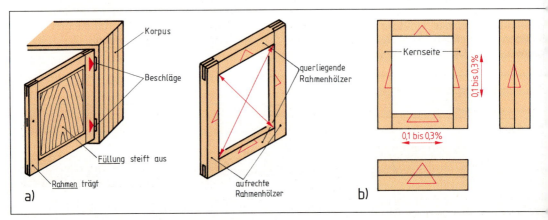

7.27   Rahmeneckverbindungen und Zusammenzeichnen der Hölzer

menhölzern und wenig beanspruchte Konstruktionen wie Zierbekleidungen oder aufgesetzten Rahmen.

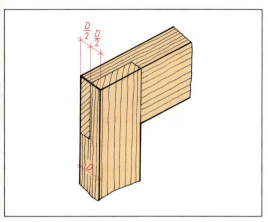

7.28 Überblattung

Die Überblattung auf Gehrung hat nur die halbe Leimfläche und ist daher noch weniger haltbar (7.29). Wir treffen sie nur bei einfachen Zierbekleidungen, Bilder- und Spiegelrahmen an.

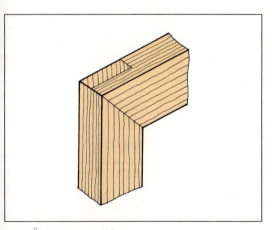

7.29 Überblattung auf Gehrung

Die Kreuzüberblattung wird bei sich kreuzenden Hölzern angewendet, z. B. bei Sprossenkonstruktionen, Zierrahmen, als Ständerfuß oder stapelbaren Kastenelementen, deren Eckverbindung bewusst hervorgehoben werden soll. Bei der Herstellung wird das eine Holz auf der Oberseite, das andere auf der Unterseite um die halbe Holzdicke eingeschnitten und ausgeklinkt (7.30).

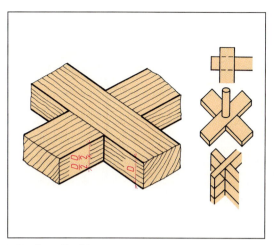

7.30 Kreuzüberblattung

Die Schlitz- und Zapfenverbindung ist die häufigste Rahmeneckverbindung (7.31). Während wir im Möbel- und Innenausbau häufig auch andere Eckverbindungen finden, ist sie im Fensterbau die Regel. Sie hat eine doppelt so große Leimfläche wie die Überblattung und daher eine erhebliche höhere Festigkeit gegen Verdrehen.

In der Regel erhalten die aufrechten durchgehenden Rahmenhölzer die Schlitze, während die querliegenden abgesetzt werden und die Zapfen bekommen (7.31). Bei Fensterblendrahmen dagegen erhalten die querliegenden Rahmenhölzer die Schlitze, damit die Nuten bzw. Fälze für Fensterblech, Innensims und Rolladendeckel im Längsholz durchgefräst werden können. Bei dickeren Rahmenhölzern im Fensterbau werden Doppel- oder Dreifachzapfen angeschnitten (7.31 c).

Die Verbindung wird außerdem für Rahmen im Möbel- und Innenausbau verwendet. Voraussetzung für eine gute Schlitz- und Zapfenverbindung ist genaues Anreißen. Nach dem Anreißen der Schlitz- und Zapfenlänge ist die Zapfeneinteilung mit dem Streichmaß auszuführen (1/3, 2/3 der Rahmendicke). Der Schlitz wird innen am Riss, der Zapfen außen am Riss mit der Schlitzsäge geschnitten (7.31). Nur bei exaktem Sägeschnitt hat man die Gewähr, daß die Verbindung gut zusammenpasst. Mit einem Stecheisen oder Lochbeitel stemmen wir den Schlitz von beiden Seiten aus. Für das Absetzen der Zapfenwangen spannen wir das Holz schräg in die Hinterzange und schneiden die Wangen mit der Absetzsäge leicht schräg, um eine dichte Fuge zu erhalten. Vor dem Verleimen stecken wir die Verbindung probeweise zusammen. Der Zapfen soll straff im Schlitz sitzen, ohne

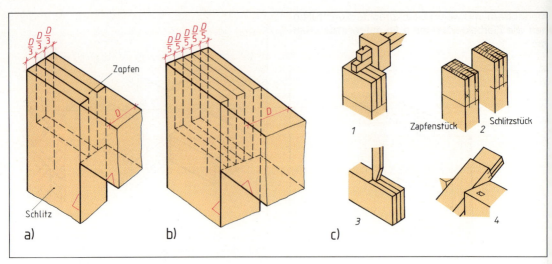

7.31 Schlitz- und Zapfenverbindung
a) einfache Schlitz- und Zapfenverbindung (Teilung), b) doppelte Schlitz- und Zapfenverbindung
c) Herstellen der Schlitz- und Zapfenverbindung

1 Anreißen der Verbindung
2 Anschneiden von Schlitz und Zapfen
3 Ausstemmen des Schlitzes
4 Absetzen des Zapfen

ihn zu spalten. Beim Verleimen und Spannen ist darauf zu achten, dass der Rahmen im Winkel ist.

Schlitz- und Zapfenverbindung mit Innenfalz oder Nut. Um die Füllung zu befestigen, erhalten die Vollholzrahmen eine umlaufende Nut oder einen

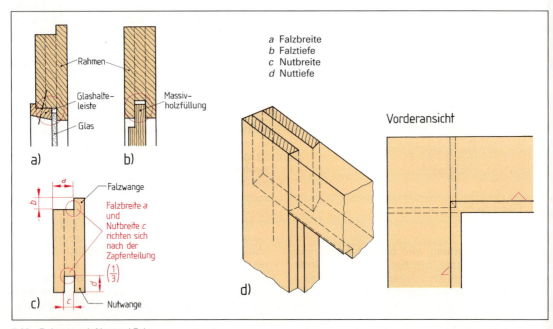

7.32 Rahmen mit Nut und Falz
a) Rahmen mit Falz, b) Rahmen mit Nut, c) Breiten und Tiefen am Rahmen, d) Schlitz und Zapfen mit Kittfalz und Fase

Falz. Bei Glasfüllungen wählt man den Falz und befestigt die Scheibe mit geschraubten oder genagelten Glashalteleisten fest an der Falzwange (s. Fenster **7.32**). So kann die Scheibe jederzeit in der verleimten Rahmenkonstruktion erneuert werden. Soll die Füllung jedoch fest eingebaut werden, erhalten die Rahmenteile eine Nut in Dicke des Zapfens. Bei dieser einfachen Art der Befestigung muss man die Füllung beim Verleimen der Eckverbindung mit einsetzen (**7.32** b).

> Nut- und Falzbreite und -tiefe müssen sich der Zapfenteilung anpassen, sonst ergibt sich beim Zusammensetzen im Schlitzgrund ein Loch.

Um Rahmenelementen ein schöneres Aussehen zu geben, werden Innenkanten gefast, profiliert oder erhalten einen eingelegten Profilstab. Für die Ausführung gibt es unterschiedliche Möglichkeiten.

Werden Falz- und Nutwange gefast, müssen die entsprechenden Gegenstücke im Schlitz- und Zapfenteil ebenso eine Fase erhalten. Dies ist schon beim Anreißen zu berücksichtigen (**7.33** d).

Schlitz- und Zapfenverbindung auf Gehrung. Bei Möbeltürrahmen mit Füllungen kann die Schlitz- und Zapfenverbindung aus formalen Gründen einseitig oder beidseitig auf Gehrung gearbeitet werden (**7.33**, **7.34**). Dies geschieht, wenn das Holzbild am Rahmenfries umlaufen soll, die Innenkante ein Profil erhält oder die Füllungsstäbe auf Gehrung abgesetzt sind. Entsprechend müssen wir die Schlitzwange ein- oder beidseitig auf Gehrung

absetzen und beim Schneiden des Zapfens die Wange passend auf Gehrung arbeiten.

Auf Hobel geschlitzte Rahmenverbindung. Soll die Innenkante eines Rahmens mit Schlitz und Zapfen ein Profil erhalten, so muss bei der manuellen Herstellung in Profilbreite eine Gehrung angeschnitten werden (auf Hobel geschlitzte Verbindung). Die Zapfenbreite und Schlitztiefe verringert sich um das Profilmaß.

Überschobene Brüstung. Bei der maschinellen Fertigung verwendet man für profilierte Innenkanten vorzugsweise einen entsprechenden Frässersatz aus Profil- und Konterprofilfräser. Damit lässt sich die Verbindung rationell herstellen und eine dichte Brüstungsfuge erzielen. Das aufrechte Rahmenholz erhält auf der gesamten Länge ein durchgehendes Profil, die Zapfenbrüstung ein Konterprofil.

Die Schlitz- und Zapfenverbindung mit durchgestemmten Zapfen setzen wir ein, wenn die Rahmenfriese Breiten von 100 bis 160 mm erreichen, also bei Innen- und Außentüren sowie schweren Tischgestellen. Die Verbindung hat durch den Zapfen eine große Formschlüssigkeit und erzielt hohe Festigkeitswerte. Weil Holz in Längs- und Querrichtung sehr unterschiedlich arbeitet, verleimt man Längsholz nicht mit Querholz in großer Breite. Bei den schmalen Rahmenfriesen im Möbelbau besteht wegen der geringen Schwundmaße keine Rissgefahr. Um jedoch bei großen Rahmentüren eine haltbare Eckverbindung zu schaffen, die das Holz ungehindert arbeiten lässt, wird der Zapfen durchgestemmt. Er ist nur etwa $2/3$ so breit wie der Türfries. Das letzte Drittel der Breite wird als Nutzapfen bis zur Hirnkante der Längsfriese weiterge-

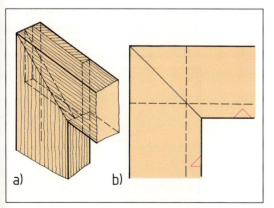

7.33   Schlitz und Zapfen einseitig auf Gehrung
         a) Schema, b) mit Innenfalz (Vorderansicht)

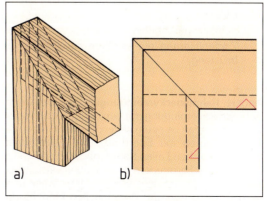

7.34   Schlitz und Zapfen beidseitig auf Gehrung
         a) Schema, b) mit Nut und Außenfalz (Vorderansicht)

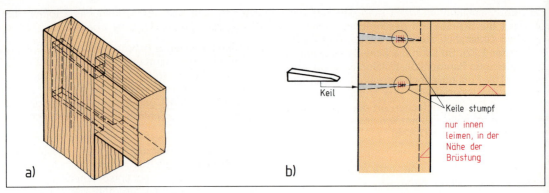

7.35 Gestemmter Zapfen mit Nutzapfen
a) Schema
b) mit Innennut (Vorderansicht)

führt. Der Nutzapfen ist etwa so lang wie dick. Er führt den Zapfen beim Quellen und Schwinden in der Nut des Längsfrieses und hält beide bündig. Deshalb darf er *nicht geleimt* werden.

Stemmen wir den Zapfen ganz durch, so dass er als Hirnholz auf der Kante des Längsfrieses sichtbar wird, können wir ihn zusätzlich im Längsfries verkeilen, wenn wir das Zapfenloch nach außen breiter ausstemmen. Die Keile müssen so zugeschnitten sein, dass sie dort den höchsten Pressdruck erzeugen, wo der Zapfen geleimt wird – und das darf nur in der Nähe der Zapfenbrüstung geschehen (**7.35**). Diese Verbindung ist stark belastbar und eignet sich darum besonders für große Rahmentüren.

> Schlitz- und Zapfenverbindungen mit durchgestemmten Zapfen sind stark belastbar.
> Voraussetzungen:
> – passgenaues Anreißen und Ausarbeiten unter Berücksichtigung des arbeitenden Holzes,
> – richtig zugeschnittene Keile,
> – Zapfenleimung nur in Nähe der Zapfenbrüstung.

Andere Rahmeneckverbindungen. Die *gefederte* Rahmeneckverbindung mit dem eingesetzten oder falschen Zapfen ist heute selten. Häufig finden wir Gehrungsecken mit Sperrholz- und *Formfedern* (**7.36**). In welchen Fällen Rahmenecken mit Schlitz und Zapfen, Formfedern oder Dübel verbunden werden, hängt von dem Verwendungszweck und der Fertigung bzw. der maschinellen Einrichtung des Betriebs ab. Besonders bei der *stumpfen Dübelung* (also wenn die aufrechten Rahmenfriese

durchgehen) ist die Holzeinsparung ein gewichtiger Vorteil gegenüber der Schlitz- und Zapfenverbindung – an einem Querfries wird die doppelte Zapfenlänge gespart! Damit die Verbindung nicht verdreht, sind wenigstens zwei Dübel nötig. Dübelung auf Gehrung wird wegen des Verdrehens mit zwei Winkel- oder Eckdübeln ausgeführt (**7.37**).

> Dübelverbindungen erfordern genaues Anreißen und Bohren. Die Dübellöcher werden etwas tiefer gebohrt als die Dübel, damit der Leim voll aufgenommen wird und die Verbindung bündig schließt.

Die *Sprossenverbindung* gibt es vorwiegend bei alten Fenstern. Der Bautischler wendet sie auch bei Innen- und Außentüren an, wenn größere Glas- oder Füllungsflächen aufzugliedern oder einbruchsicher zu machen sind. Die Sprossenhölzer werden kreuzweise überblattet und erhalten in Abstimmung mit dem umlaufenden Rahmen dessen Falz- und Faseprofil (**7.38**a, b). In der Altbausanierung

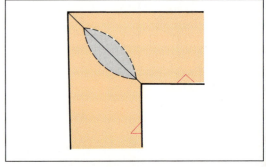

7.36 Formfeder (Lamello) auf Gehrung

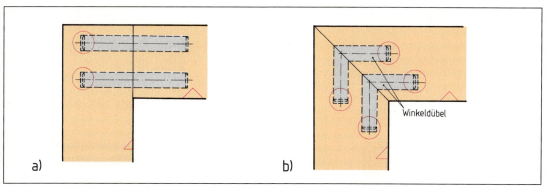

7.37   Dübelung a) stumpf, b) auf Gehrung

von Fenstern werden heute auch Kreuzsprossen-verbindungen gekontert. D.h., ein Sprossenprofil läuft durch, während das querlaufende Profil abgesetzt ("gekontert") wird (**7.38**c).

Bei der Kreuzsprosse mit Fase führt man die Über-blattung mit überschobenem Profil oder auf Gehrung geschnitten aus (**7.38**).

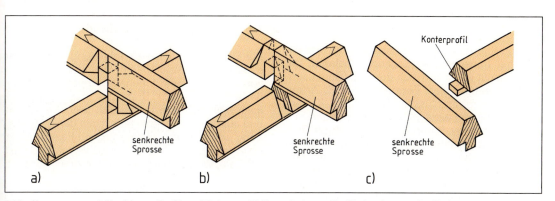

7.38   Kreuzsprosse a) überblattet, Profile auf Gehrung, b) überschobenes Profil, c) gekontert, Profil abgesetzt

---

Aufgaben zu Abschnitt 7.2 bis 7.4

1. Zählen Sie die Hauptgruppen der Holzverbindungen auf.

2. Nennen Sie unverleimte Breitenverbindungen bei Vollholz.

3. Welche Regel gilt für unverleimte Breitenverbindungen?

4. Warum schneidet man Herzstellen bei Vollholzverbindungen heraus?

5. Welche Brettseite ist Ansichtsfläche im Innen- und Außenbereich? Begründen Sie Ihre Antwort.

6. Welche unverleimte Breitenverbindung wählen Sie a) für Fußbodenriemen, b) für eine Kellertür, c) für Deckenverkleidungen?

7. Warum sollen Sie die Hölzer vor der Weiterbearbeitung reißen oder zeichnen?

8. Warum ist bei verleimten Breitenverbindungen auf die Schwundrichtung des Holzes zu achten?

9. Dürfen Sie Kernholz am Splintholz leimen? Begründen Sie Ihre Antwort.

10. Wozu dienen die Fugen beim Verleimen?

11. Was müssen Sie bei einer gedübelten Fuge beachten?

12. Worauf kommt es bei der Längsverbindung an?

13. Warum müssen Sie gefräste Holzteile innerhalb 24 Stunden verleimen?

14. Wozu setzt man die Schichtverleimung ein?

15. Welche Aufgaben haben Rahmen und Füllung bei der Rahmeneckverbindung?

16. Welche Möglichkeiten der Rahmeneckverbindung kennen Sie?

17. Warum wird die Schlitz- und Zapfenverbindung bevorzugt?

18. Beim Zusammenstecken einer Schlitz- und Zapfenverbindung entsteht im Schlitzgrund ein Loch. Welcher Fehler wurde gemacht?

19. Erläutern Sie die Fertigung einer Schlitz- und Zapfenverbindung mit durchgestemmtem Zapfen.

20. Welchen Vorteil bietet die stumpfe Dübelung gegenüber der Schlitz- und Zapfenverbindung?

7.5   Kasteneckverbindungen

Bei Möbeln, Truhen oder Türfuttern müssen Tischler und Holzmechaniker Seiten und Böden über
Eck zu einem stabilen Korpus oder Kasten verbinden (**7.39**). Die Eckverbindungen werden im

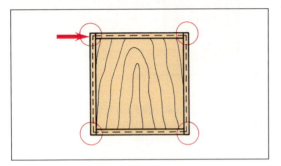

7.39 Belastung der Kasten- oder Korpuseckverbindung

Wesentlichen durch das Eigengewicht der Korpusteile (bei Transport oder Lagerung) belastet. Die
Belastbarkeit verbessert sich durch größere Leimflächen und besondere Formgebung (z. B. Zinken
→ kraft- und formschlüssige Verbindung). Kasteneckverbindungen werden rechtwinklig angerissen
und ausgearbeitet. Zusammen mit der aussteifen-
den Rückwand halten sie den Korpus im Winkel, so
dass die Tür bzw. der Deckel angeschlagen und
einwandfrei geschlossen werden können. Bei zerlegbaren Korpusverbindungen ist ein aussteifendes Element wie Rückwand oder Boden unerläss-
lich.

Holzauswahl. Auch bei Korpuseckverbindungen
müssen wir die Materialeigenschaften berücksichtigen. Vollholz hat eine höhere Biege- und Zugfe-
stigkeit als z. B. Spanplatten (**7.40**), doch dürfen wir
nur Längsholz mit Längsholz und Hirnholz mit

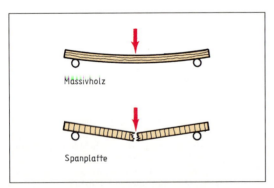

7.40 Biegefestigkeit von Massivholz und Spanplatte

Hirnholz verleimen. *(Warum?)* Vollholz braucht
Platz zum „Arbeiten" und soll daher bei Eckverbindungen eine einheitliche Holzfeuchtigkeit aufweisen. Man kann die Eckverbindungen nageln, graten, zinken, spunden, dübeln oder federn.

> Für unlösbare Eckverbindungen eignen sich
> nur Werkstoffe mit etwa gleichen Eigen-
> schaften.
> Bei Eckverbindungen Längsholz mit Längs-
> holz, Hirnholz mit Hirnholz verleimen!
> Bei Massivholzverleimungen einheitliche
> Holzfeuchtigkeit von 8 bis 12 % im Innenbe-
> reich.

7.5.1   Genagelte Eckverbindungen

Die genagelte Kasteneckverbindung kommt bei
einfachen und unsichtbaren Vollholzverbindungen
vor. Im Möbel- und Innenausbau verwenden wir
dazu ausschließlich Drahtstifte mit Stauchkopf
nach DIN 1152. Sie lassen sich leicht versenken
und auskitten (z. B. beim Befestigen der Türbeklei-
dung am Türfutter). Für Kisten und Paletten setzt
man dagegen Drahtstifte mit Senkkopf nach DIN
1151 ein, weil sie bei Belastung nicht so leicht ins

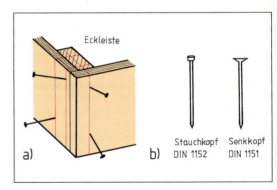

7.41 Stumpf genagelte Kasteneckverbindung
        a) schwalbenschwanzförmig und möglichst versetzt,
        b) Drahtstifte

Holz eindringen. Die Verbindung wird haltbarer,
wenn wir die Drahtstifte schwalbenschwanzförmig
ansetzen und ganz durchschlagen, so dass die
überstehenden Spitzen zu „Widerhaken" umge-
legt werden können (s. Abschn. 7.1.1). Weil Nägel
im Hirnholz schlechter halten als im Längsholz,
setzt man bei Transportkisten Eckleisten ein (**7.41**).

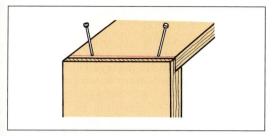

7.42   Ausgefälzte Nagelverbindung

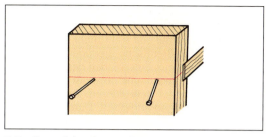

7.43   Stumpf eingelassene Nagelverbindung

Die Spaltgefahr beim Verbinden von Längsholz mit Längsholz vermindert sich, wenn wir die Nägel nicht im gleichen Jahresring, sondern versetzt einschlagen.

> Nagelverbindungen in Hirnholz sind weniger haltbar als in Längsholz.
> Drahtstifte schwalbenschwanzförmig und versetzt einschlagen.
> Stauchkopfstifte im Möbel- und Innenausbau, Senkkopfstifte für Kisten und Paletten.

Warum schraubt man Eckverbindungen nicht? Weil Schrauben die Hirnholzfasern zerschneiden und darum keinen Halt finden. Sinnvoll sind sie daher nur bei Eckleisten, wo jedoch Nägel genügen.

Ausgefälzte und stumpf eingelassene Kasteneck-verbindungen gibt es neben den behandelten stumpfen Nagelungen. Die ausgefälzte Nagelung ist angebracht, wenn keine Drauf- und Untersicht gegeben sind. Sie sichert die Holzfläche beim

Nageln gegen Verrutschen und wird meist zusätzlich verleimt (**7.42**).

Bei stumpf eingelassener Verbindung geht Zweckmäßigkeit vor Schönheit. Sie erhöht die Belastbarkeit und sichert den Boden gegen Verformung (**7.43**).

7.5.2   Gegratete Eckverbindungen

Diese handwerklichen Verbindungen sind besonders stabil und formschlüssig. Auch ohne Leimangabe nehmen sie bei passgenauer Form große Belastungen auf.

Die Gratverbindung sichert freistehende verleimte Vollholzflächen gegen Verformen und ermöglichen ihnen gleichzeitig das Arbeiten in der Breite ohne Rissbildung (**7.44**). Wir finden sie ausschließlich bei Vollholzkonstruktionen. Sie kann von Hand oder maschinell mit der Oberfräse hergestellt werden.

Gegratete Seiten und Böden. Das durchgehende Teil erhält stets die Gratnut, die quer dazu ange-

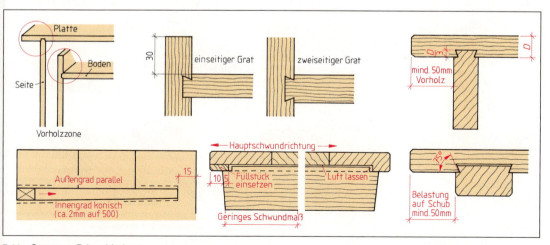

7.44   Gegratete Eckverbindung
a) Seite und Boden gegratet, b) Brettfläche mit Gratleiste, c) ein- und zweiseitiger Grat, d) stehende Gratleiste, e) liegende Gratleiste

ordneten Böden oder Mittelseiten erhalten den Grat mit einer Schräge von ca. 75 ° (**7.44**a).

Die Tiefe der Gratnut soll nicht mehr als $1/3$ betragen, damit die Brettfläche genügend Stabilität behält und sich beim Einschieben des Grats nicht hohl zieht. Gratfeder und Gratnut sind leicht konisch (keilförmig) auszuführen. Dadurch wird das Zusammenfügen erleichtert. Durch den Druck der Gratfeder an die Nutwangen entstehen im Holz Scherkräfte. Erforderlich ist deshalb bei Brettflächen ein Vorholz von mind. 30 mm, um ein Abscheren in der Faser zu vermeiden. Der Grat kann einseitig oder zweiseitig ausgeführt werden (**7.44**c). Der zweiseitige Grad weist durch die Einspannung eine höhere Festigkeit auf.

Da man bei Böden und Seiten Holz mit gleichem Faserverlauf verbindet, kann der Grat auf der ganzen Länge verleimt werden. Die Gratfeder muss sich etwa $2/3$ der Länge leicht einschieben lassen und im letzten Drittel stramm anziehen.

Gratleisten

Das Werfen freistehender Vollholzflächen (Platten, Türen) verhindert man durch Grat- oder Hirnleisten. Sie müssen gleichzeitig das Arbeiten der Holzfläche in der Hauptschwundrichtung ohne Rissbildung ermöglichen. Sie verlaufen immer quer zum Langholz der Vollholzfläche. Für das Quellen und Schwinden in der Fläche muss am Ende der Gratnut Luft bleiben. Damit die Verbindung fest anzieht und die auftretenden Kräfte auf-

nimmt, verjüngen sich Gratfeder und Gratnut um ca. 2 mm auf 500 mm Länge.

Bei der Holzauswahl für die Gratleiste muss auf einen günstigen Jahresringverlauf geachtet werden, um das Schwinden gering zu halten. Besonders geeignet ist Hartholz mit feinen Jahresringen. Da unterschiedliche Holzrichtungen zusammenkommen, dürfen Gratleisten nur ca. $2/3$ verleimt werden, damit der Rest ungehindert arbeiten kann.

Man unterscheidet stehende und liegende Gratleisten:

Die **stehende Gratleiste** ist schmal und hoch (**7.44**d). Wir verwenden sie für Tische, Arbeitsplatten, wo vorwiegend Belastungen senkrecht zur Fläche auftreten. Sie widersteht der Verformungskraft des Vollholzes am besten und hält die Fläche eben.

Die **liegende Gratleiste** ist breit und flach (**7.44**e). Wir verwenden sie meist für stehende Flächen (Türen), wo die Hauptbelastung in der Plattenebene auftritt. Bei Türen werden häufig die Bänder daran angeschlagen.

Wegen ihrer großen Breite muss auf stehende Jahresringe besonders geachtet werden. Sonst lockert sie sich leicht beim Schwinden und verzieht sich, führt das Schwindverhalten leicht zum Lockern.

Herstellung von Hand (7.45)

Gratfeder anstoßen: Den Grathobel auf ein Drittel der Brettdicke einstellen. Damit den Außengrad

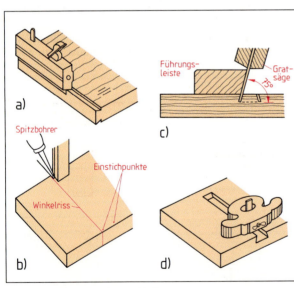

7.45 Herstellen einer Gratverbindung
    a) Gratfeder anstoßen
    b) Gratnut anreißen
    c) Gratnut schneiden
    d) Gratnut ausarbeiten

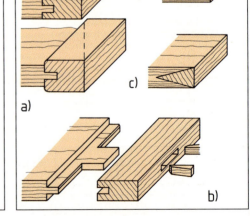

7.46 Hirnleisten und Hirnfedern
    a) Hirnleisten
    b) Hirnleiste gestemmt
    c) Hirnfeder

gerade und den Innengrad verjüngt anstoßen (ca. 2 mm auf 500 mm).

Gratnut anreißen: Mindestens 50 mm Vorholz stehen lassen, parallel zur Hirnholzkante werden Außen- und Innenkante der Gratleiste angerissen, mit beiden Enden die Maße der angestoßenen Gratfeder mit Spitzbohrer markieren. Mit einer geraden Leiste sind die Punkte zu verbinden. Nuttiefe an der Brettkante anreißen.

Gratnut einschneiden: an einer Führungsleiste mit der Gratsäge schneiden.

Gratnut ausarbeiten: mit einem Stecheisen grob vorstemmen. Nutgrund mit einem Grundhobel sauber ausarbeiten. Zwischen dem Grund der Gratnut und der Gratfeder muss etwas Luft bleiben.

Zusammenpassen und verleimen: Die Verbindung soll erst im letzten Drittel stramm passen, Leimangabe auf ein Drittel der Länge.

Bei der maschinellen Herstellung mit Oberfräse wird meist zuerst die Gratnut eingefräst und dann die Gratleiste angepasst.

Hirnleisten

Hirnleisten und -federn verwendet man zur Stabilisierung schmaler Holzflächen, wenn Gratleisten störend sind. Sie schützen gleichzeitig das Hirnende der Fläche. Als Verbindung am Hirnende der Platte dient eine Feder oder ein verkeilter Zapfen (**7.46**). Die Federn oder Leisten sollten aus Hartholz sein. Weil Quer- und Langholz zusammentreffen, dürfen Hirnleisten und -federn nur in der Mitte verleimt werden. Dadurch ist das Arbeiten nach beiden Seiten möglich.

> **Beachte beim Graten:**
> – Ausreichend Vorholz stehen lassen
> – Nuttiefe max. $1/3$ der Holzdicke, Gratfeder und Gratnut verjüngen, am Gratgrund Luft lassen, Gratleiste aus hartem Holz, Jahresringverlauf beachten. Gratleisten nur im vorderen Drittel verleimen.

Verkeilter Stegzapfen. Den verkeilten Stegzapfen finden wir bei Regalen oder rustikalen Wangenmöbeln wie Tischen und Bänken. Bei entsprechender Ausbildung des Zapfens wirkt diese Zierverbindung sehr dekorativ. Die Verbindung bleibt unverleimt und ermöglicht das Zerlegen des Werkstücks (**7.47**). Der verlängerte Zapfen erhält das Keilloch, das ca. 3 mm in die Wange hineinreicht, damit der Keil anzieht. Das Vorholz am Zapfen darf nicht zu kurz sein, da es sonst abschert. Böden lässt man ca. 4 mm in die Seiten ein, um das Werfen der Fläche zu verhindern.

7.47 Verkeilter Stegzapfen

7.5.3 Gezinkte Eckverbindung

Zinken sind eine alte handwerkliche Eckverbindung bei Vollholzkonstruktionen wie Schubkästen, Truhen und Kastenmöbeln. Die Verbindung ist zweckmäßig und formschön zugleich. Sie dient heute noch als Nachweis für handwerkliches Können und ist Bestandteil der Gesellen- und Meisterprüfung.

Gezinkte Eckverbindungen sind ähnlich wie Gratverbindungen in der Hauptbelastungsrichtung formschlüssig. Die Verbindungselemente sind keilförmige und gerade Zapfen, die man Zinken bzw. Schwalben nennt. Durch die Verzahnung erhält die Verbindung eine große Festigkeit und kann ohne Spannwerkzeug verleimt werden. Die verbundenen Teile können ungehindert schwinden und quellen, aber sich nicht werfen. Von Bedeutung für die Haltbarkeit der Verbindung ist die Schräge der Schwalben. Sie können leicht in Faserrichtung abscheren, wenn die Schräge zu groß gewählt wird (ideal sind 75 bis 80°).

Wir unterscheiden offene, halbverdeckte, Gehrungs-, Schräg-, Zier- und Fingerzinken.

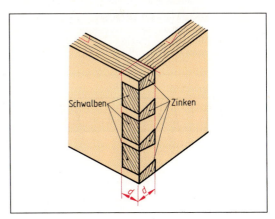

7.48 Einfache (offene) Zinken

Bei den *offenen Zinken* sind Schwalben und Zinken an beiden Außenseiten sichtbar (**7**.48). Welches Teil die Zinken bekommt, hängt von der späteren Beanspruchung und dem Zusammenbau ab. Bei Schubkästen erhalten in der Regel die Vorder- und Hinterstücke die Zinken. (*Warum?*)

Zinkeneinteilung. Weil die Zinken Kräfte übertragen und zugleich schmücken, müssen sie gleichmäßig eingeteilt werden. Dafür gibt es verschiedene Möglichkeiten.

Als wichtige Gesichtspunkte sind zu beachten:
– Richtmaß für die Zinken- und Schwalbenabmessung ist die Holzdicke „*d*"
– die Zinkenschräge soll ca. 80° betragen (Seitenverhältnis 1 : 6)
– der Eckzinken darf nicht zu schwach ausgebildet werden.

Von den verschiedenen Möglichkeiten für die Einteilung werden zwei näher beschrieben.

1. Möglichkeit. Die Einteilung der Zinken und Schwalben wird dabei auf der Mittellinie der Hirnholzhälfte am Zinkenstück vorgenommen (Streichmaßriss). Die mittlere Schwalbenbreite entspricht etwa der Holzdicke. Die Zinken sind halb so breit wie die Schwalben. Daraus ergeben sich auf der Mittellinie bei gleichmäßiger Einteilung in der Holzbreite jeweils 2 Teile für die Schwalben- und ein Teil für die Zinkenbreite (**7**.49 a).

Anzahl der Schwalben $= \dfrac{\text{Holzbreite}}{1{,}5 \times \text{Holzdicke}}$

Anzahl der Zinken = Anzahl der Schwalben + 1 (Eckz.)

Anzahl der Teile = Schwalbenzahl · 2 + Zinkenzahl

Teilemaß $= \dfrac{\text{Holzbreite}}{\text{Anzahl der Teile}}$

Regel: Mittlere Schwalbenbreite (etwa Holzdicke) = 2 Teile
Mittlere Zinkenbreite (etwa halbe Holzdicke) = 1 Teil

Beispiel Holzbreite 100 mm, Holzdicke 20 mm
Anz. der Schw. $= \dfrac{100}{30} = 3.33 = 3$ Schwalben
Anz. der Zinken = 3 + 1
Anz. d. Teile: 3 Schw. · 2 + 4 Zinken = 10 Teile
Teilemaß: $\dfrac{100}{10} = 10$ mm

2. Möglichkeit. Die Einteilung erfolgt an der Innenkante der Hirnholzfläche des Zinkenstücks. Man teilt die Holzbreite durch die Holzdicke. Das Ergebnis wird auf eine gerade Zahl gerundet (z. B. 4, 6, 8) und ergibt die Anzahl der Teile. An der Innenkante sind Sch + Z gleich breit und entsprechen den Abmessungen der Teile. Anschließend teilt man die Holzbreite durch die Anzahl der Teile. Dabei rechnet man auf volle mm, Restbeträge werden später auf die Eckzinken verteilt. Für die Eckzinken rechts und links wird je 1/2 Teil + 1/2 Rest abgetragen. Die restlichen Teile werden an der Innenkante abgemessen (**7**.49 b).

Anzahl der Teile $= \dfrac{\text{Holzbreite}}{\text{Holzdicke}}$

Ergebnis runden auf *gerade* Zahl

Abmessung der Teile $\dfrac{\text{Holzbreite}}{\text{Teile}}$

Ergebnis abrunden auf mm, der Rest wird je zur Hälfte auf die Eckzinken verteilt (1/2 Teil + 1/2 Rest)

Beispiel Holzbreite: 100 mm, Holzdicke: 20 mm
Anzahl der Teile: $\dfrac{100 \text{ mm}}{20 \text{ mm}} = 5 \rightarrow 6$
(gerundet auf gerade Zahl)
Abmessung der Teile: $\dfrac{100 \text{ mm}}{6 \text{ mm}} = 16 \text{ mm} + 4 \text{ mm (Rest)}$
Eckzinken: 1/2 Teil + 1/2 Rest
8 mm + 2 mm = 10 mm
Zinken und Schwalben abmessen.

Die Zinkenschräge kann vom geübten Tischler nach Augenmaß ausgeführt werden. Eine Zinkenschablone erleichtert jedoch die Arbeit und ermöglicht eine gleichmäßige Teilung.

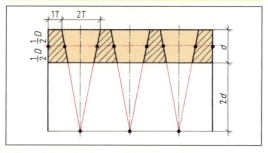

7.49 a Zinkeneinteilung auf der Mittellinie

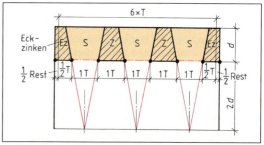

7.49 b Zinkeneinteilung an der Innenkante

Herstellung der offenen Zinkung. Mit dem auf die Holzdicke des Gegenstücks eingestellten Streichmaß reißen wir die Schwalben- und Zinkenlänge von der sauber bestoßenen Hirnkante aus an. Nach dem Anreißen der Zinken werden die abfallenden Teile gekennzeichnet. Mit der Absetzsäge schneiden wir auf der abfallenden Seite genau am Riss. Beim Ausstemmen beginnen wir neben dem Riss, stemmen bis zur halben Holzdicke, wobei eine Auflage stehen bleibt. Anschließend stemmen wir von der Rückseite das Stück fertig aus. Zum Anreißen der Schwalben stellen wir das fertige Zinkenteil mit der Hirnseite so auf das Gegenstück, dass es mit den seitlichen Kanten bündig steht. Mit dem Spitzbohrer reißen wir die Zinkenumrisse auf das Schwalbenteil an und übertragen die Risse winklig auf die Hirnseite. Nun können wir die Schwalben anschneiden und ausstemmen. Nach dem Absetzen der Außenecken des Schwalbenstücks werden die Teile zusammengepresst, innen verputzt und verleimt.

Halbverdeckte Zinkung. Hierbei ist nur eine Seite der Verbindung sichtbar, die Hirnholzflächen der Schwalben bleiben verdeckt (7.50). Diese Verbindung wählt man für Schubkasten-Vorderstücke und andere Teile, wo die Zinkung von einer Seite nicht sichtbar sein soll. Die Dicke des Verdecks sollte etwa 1/3 bis 1/4 der Holzdicke betragen.

Herstellung. Das Verdeck wird von der Innenseite aus mit dem Streichmaß angerissen (Holzdicke-1/4). Mit der gleichen Einstellung reißen wir von der Hirnfläche aus die Schwalbenlänge an. Die Zinkeneinteilung erfolgt wie beschrieben und lässt das Verdeck unberücksichtigt. Die Zinken schneidet man von der Innenkante des Werkstücks aus mit schräg geführter Säge an. Da der Zinkengrund von der Säge nicht erfasst wird, kann durch vorsichtiges Einschlagen eines Stahlblechs (angeschliffenes altes Sägeblatt) der Sägeschnitt in diesem Bereich vertieft werden. Nach dem Ausstemmen der Zinken folgen für das Schwalbenteil die gleichen Arbeitsgänge wie bei der offenen Zinkung (7.51).

Gehrungszinkung. Hierbei ist die Konstruktion nicht sichtbar. Sie eignet sich für furnierte Werkstücke. Die Haltbarkeit ist geringer als bei der offenen Zinkung. Beim Anreißen ist darauf zu achten, dass außer dem Zinken- auch das Schwalbenstück ein Verdeck erhält wie bei der halbverdeckten Zinkung 1/4 bis 1/3 der Holzdicke (7.52). Wird das Verdeck um den Eckzinken herum jeweils um 45 x abgesetzt, bekommt man eine Gehrung.

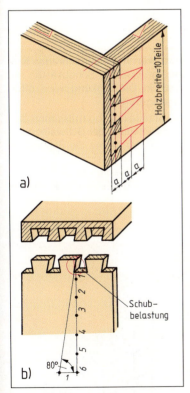

7.50   Halbverdeckte Zinken
    a) Schema
    b) Seitenverhältnis 1 : 6 ≙ 80° = Zinkenschräge

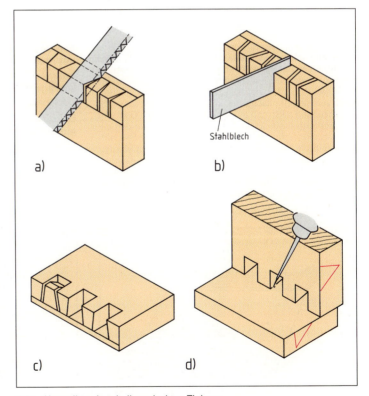

7.51   Herstellen einer halbverdeckten Zinkung
    a) Zinken anschneiden, b) Sägeschnitt nacharbeiten, c) Zinken ausstemmen, d) Schwalben anreißen

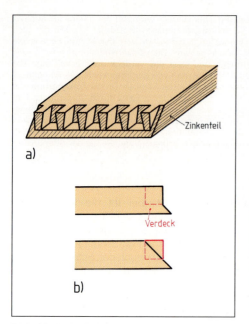

7.52 Verdeckte Zinken (Gehrungszinken)
a) Schema
b) 2 Möglichkeiten der Fugenausbildung

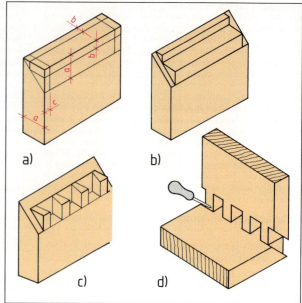

7.53 Herstellen einer verdeckten Zinkung (Gehrungszinkung)
a) Verdeck anreißen, b) Fälzen, c) Zinken herstellen,
d) Schwalben anreißen

Herstellung. Mit dem Streichmaß reißt man von der Hirn-fläche aus auf der Innenseite die Holzdicke an (a). Es folgt das Anreißen der Verdeckwange (1/3 bis 1/4) an den Hirn-kanten – anders als bei der verdeckten Zinkung – von der Außenseite (b). Mit der gleichen Streichmaßeinstellung wird von der Hirnfläche die Innenfläche angerissen (b). Anschließend reißt man an den Außenkanten die Gehrung und Gehrungsbreite (c) an. Mit der Absetzsäge werden die Teile so eingeschnitten und abgesetzt, dass ein Falz ent-steht und die Verdeckwange stehen bleibt. Dann werden die Gehrungen an den Ecken angeschnitten. Das Anschnei-den und Ausstemmen führt man wie bei der halbverdeck-ten Zinkung aus. Zuletzt wird mit einem Simshobel die Gehrung an den Verdeckwangen angestoßen (7.53).

Schrägzinkung. Die einfache Schrägzinkung wen-det man bei Werkstücken mit einer schrägen Nei-gung an einer Seite an wie z. B. Schubkästen mit schrägem Vorderstück. Die Zinkung wird offen oder halbverdeckt ausgeführt.

Beim Anreißen der Schrägzinkung muss man dar-auf achten, dass die Mittellinie der Schwalben pa-rallel zur Holzfaser verläuft, damit die Schwalben nicht abscheren. Deshalb ist es sinnvoll zuerst die Schwalben anzureißen und fertigzustellen. Ein ein-faches Verfahren für das Anreißen soll beschrieben werden.

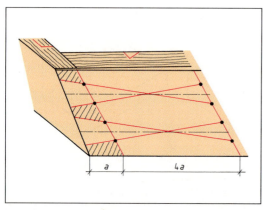

7.54 Schrägzinken (halbverdeckt)

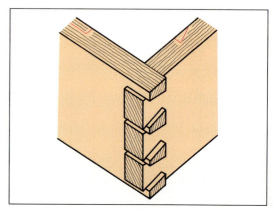

7.55 Zierzinken

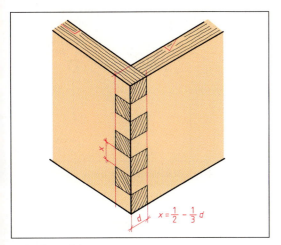

7.56 Fingerzinken

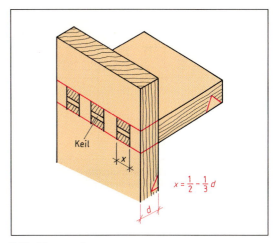

7.57 Fingerzapfen

Nach Anreißen der Holzdicke teilen wir die Zinken am Schwalbenstück ein. Mit der Schmiege reißen wir die vierfache Holzdicke als Parallelriss an und übertragen die Zinkeneinteilung auf diesen Riss. Durch die diagonale Verbindung der Punkte erhalten wir die Schwalbenumrisse, deren Mitte faserparallel verläuft (**7.54**).

Zierzinken. An freistehenden Vollholzmöbeln wie Truhen oder Kästen kann man die Zinkeneckverbindung hervorheben und dem Möbel damit ein besonderes Gepräge verleihen. Die Zinken- und Schwalbenteile lässt man etwas überstehen (mind. 5 mm) und fast oder rundet die Kanten (**7.55**).

Maschinenzinken ermöglichen es, die zeitaufwendige handwerkliche Fertigung durch Maschineneinsatz zu verkürzen. Bei maschinell hergestellten Zinken fräst man mit einem Gratfräser Zinken und Schwalben. Die Schwalbenecken sind an der Stirnseite gerundet – bei offenen Zinken fällt dies sofort auf, bei halbverdeckten ist es von außen nicht erkennbar. Die Herstellung der passgenauen Verbindung ist bei großer Stückzahl zeitsparend.

Fingerzinken (Parallelzinken) haben parallele Schnittflächen. Die formgleichen Zinken beider

Teile mit einer Breite von 1/2 bis 2/3 der Holzdicke ähneln Zapfen (**7.56**). Man kann die Verbindung mit der Kreissäge oder Tischfräse herstellen, erzielt so eine hohe Passgenauigkeit und damit besonders hohe Festigkeitswerte. Die Anfertigung von Hand ist selten.

Fingerzapfen eignen sich für Vollholzböden in Regalen (**7.57**). Die Zapfenlöcher sind von beiden Seiten genau anzureißen und zu stemmen. Durch Verkeilen der Zapfen diagonal oder quer zur Faser der Seite erhält die Verbindung mehr Festigkeit.

7.5.4 Gespundete, gedübelte und gefederte Eckverbindungen

Die Belastbarkeit von verleimten Eckverbindungen in Plattenbauweise richtet sich vor allem nach der Größe der Leimfläche und ihrer Oberfläche. Verbindungsmittel dienen oft vorrangig der Lagefixierung, aber auch dem Vergrößern der Leimfläche und dem Ableiten von Kräften.

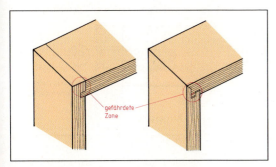

7.58 Gespundete Korpuseckverbindungen

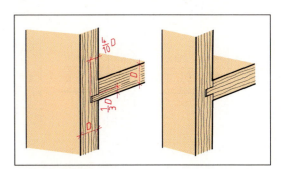

7.59 Gespundete Böden

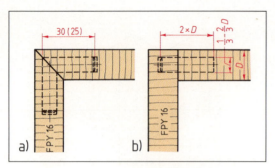

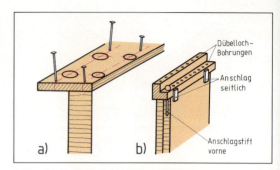

7.60   Gedübelte Korpuseckverbindungen (Schnitte)
a) stumpf gedübelt, b) auf Gehrung gedübelt

7.61   a) Dübelloch-Schablone, b) Dübelfix

Die gespundete Eckverbindung ist eine Nut- und Federverbindung mit angeschnittener Feder (**7**.58). Sie wird bei Korpuseck- und T-förmigen Verbindungen von Seite und Zwischenboden aus Vollholz verwendet (**7**.59). Man setzt sie heute nur noch selten ein, weil Vollholz leicht abschert bzw. bei Zwischenböden leicht spaltet und die Seitenteile durch die durchgehende Nut stark geschwächt werden.

Für Vollholz- und Plattenbaukonstruktionen dienen heute vorzugsweise Dübel, Federn und Schrankverbinder als Verbindungsmittel. In der Serienfertigung haben sie viele Vorteile: rationelle Fertigung, Plattenwerkstoffe, wenig Verschnitt. Bei Korpuseckverbindungen gibt es lösbare und feste Verbindungen sowie stumpfe und auf Gehrung gearbeitete.

Gedübelte Verbindungen sind leicht herzustellen und schwächen vor allem bei Spanplatten den Querschnitt nicht allzu sehr. *Gerade* Dübel richten sich in Länge und Durchmesser nach der Holz-

oder Plattendicke (**7**.60a). Das Dübelloch wird etwas tiefer gebohrt, um Platz für überschüssigen Leim zu lassen. Im Handwerk wird teilweise noch mit dem Streichmaß angerissen, rationeller arbeitet man mit selbst gefertigten Dübelloch-Schablonen, dem Dübelfix oder mit Dübelmaschinen (**7**.61). Bei diesen Methoden entfällt das Anreißen, die Anzahl der Dübellöcher und ihre Abstände in der Korpustiefe sind bestimmbar. Wichtig ist das genaue Anschlagen und Fixieren der Geräte, bevor man mit der Hand- oder Ständerbohrmaschine bohrt.

Winkel- oder *Eckdübel* ermöglichen Korpuseckverbindungen auf Gehrung (**7**.60b). Zuerst werden die Dübellöcher in Korpusseite und Boden gebohrt, dann erst sägt oder fräst man auf Gehrung. Bei umgekehrter Reihenfolge würde der Bohrer auf der schrägen Gehrungsfläche abrutschen, weil er nicht durch die Spitze geführt wird.

Gefederte Verbindungen haben im Gegensatz zu gespundeten keine angeschnittene, sondern eine

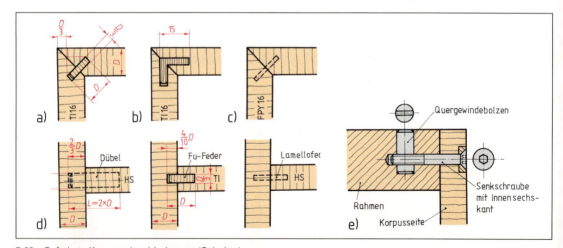

7.62   Gefederte Korpuseckverbindungen (Schnitte)
a) auf Gehrung gefedert (gerade Feder), b) Winkelfeder, c) Formfeder, d) T-förmige Verbindungen von Seite und Boden, e) Schrankverbinder, demontabel (lösbar)

eingesetzte Feder (Fremdfeder, **7.**62). Sie schwächen den Holzquerschnitt erheblich und werden deshalb nur bei Massivholz- oder Sperrholz-Eckverbindungen eingesetzt. Auch für die T-förmige Verbindung von Seiten und Boden können wir Federn verwenden (**7.**62 d). Eine besondere Verbindung ist der Schrankverbinder, eine Senkschraube mit Quergewindebolzen (**7.**62 e).

Lösbare Korpuseckverbindungen. Zur Platzersparnis beim Lagern und Transportieren werden Schränke heute überwiegend mit lösbaren Verbindungen gebaut. Es gibt eine große Auswahl von Beschlägen für zerlegbare Möbel aus Metallen, Metalllegierungen (Zamak) und Kunststoffen. Sie unterscheiden sich

– in der Form der Korpusverbindung (stumpf, auf Gehrung),
– in der Wirkungsweise des Verbindungsmittels (Trapez-, Exzenter-, Schraubverbinder),
– im Einbau in Seite oder Boden (aufgesetzt, ganz oder teilweise eingelassen).

Im eingebauten Zustand werden die Anzugsbolzen mit Schraubendreher oder Imbusschlüssel angezogen. Als Fixierungshilfe können vorher eingeleimte Dübel ein Versetzen der Böden nach oben oder unten verhindern. Bei der Auswahl des Beschlags sind das Material (Vollholz, Plattenwerkstoffe), die Holzdicke und die Optik zu beachten.

7.6 Gestellverbindungen

Gestellverbindungen finden wir bei Tischen, Sitz- und Liegemöbeln sowie Möbelunterbauten. Sie verbinden Stollen und Zargen winkelstabil miteinander. Stege steifen häufig die Konstruktion zusätzlich aus. Die Gestellverbindung ist eine Weiterentwicklung der Rahmeneckverbindung: durch das Verbinden von drei Teilen entsteht eine Raumeckverbindung (**7.**63). Wegen der hohen Belastungen und der auftretenden Drehmomente, die besonders beim Verrücken der Möbel wirksam werden, muss die Eckverbindung eine große Festigkeit aufweisen. Die Verbindung von Stollen und Zarge kann gestemmt oder gedübelt ausgeführt werden. Durch die Anordnung der Zargen außen am Stollen erhalten wir eine große Zapfen- bzw. Dübellänge, was die Stabilität der Verbindung erhöht.

Gestemmte Stollenverbindung. Diese Verbindung ist sehr stabil aber aufwendig herzustellen (**7.**63). Die Zarge sollte aus gestalterischen Gründen mit

einem kleinen Rücksprung an den Stollen anschließen. Die Zapfenenden erhalten eine Gehrung mit ausreichend Luft (ca. 2 mm), damit die Zarge beim Schwinden nicht auseinandergedrückt wird. Durch den Gehrungsanschluss erreicht man eine große Zapfenlänge und Leimfläche. Der Zapfen wird i. R. bei 2/3 der Höhe ausgeklinkt, soll aber nicht breiter als 60 mm sein, damit er durch starkes Schwinden nicht locker wird. Im oberen Bereich bleibt ein Nutzapfen stehen, der nicht verleimt wird. Er hält die Brüstungsfuge dicht und verhindert das Werfen der Zarge. Der Nutzapfen kann unterschiedlich ausgebildet sein (**7.**64). Günstige Festigkeitswerte erzielt man mit dem schräg verlaufenden Nutzapfen (unterschnitten), weil dadurch der Zapfen in der gesamten Länge eingespannt ist. Bleibt das Hirnholz des Stollens sichtbar (z. B. Stuhlbein), wählt man den schräg auslaufenden Nutzapfen (**7.**64 c).

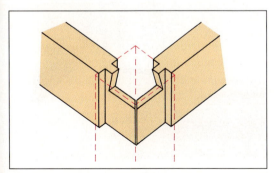

7.63 Gestellverbindung: gestemmter Zapfen mit schrägem Nutzapfen

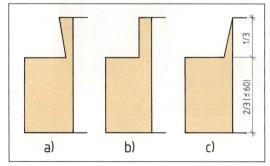

7.64 Nutzapfenformen
a) schräg untersetzt, b) gerade, c) schräg auslaufend

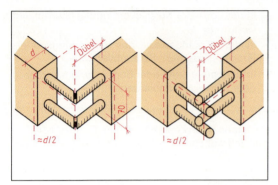

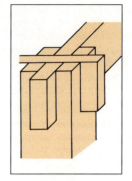

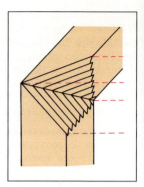

7.65   Gedübelte Gestellverbindung
a) auf Gehrung, b) versetzt angeordnet

7.66   Eingeschnittene
Zargen

7.67   Keilzinkenverbindung

Herstellung. Anreißen der Teile, Schlitzen der Zarge, Ausklinken des Zapfens, Absetzen des Zapfens, Herstellen der Zapfenlöcher (manuell Stemmen; maschinell mit Langlochbohrmaschine oder Kettenfräse).

Gedübelte Stollenverbindungen

finden wir hauptsächlich in der industriellen Fertigung. Die Verbindung mit Dübeln ist rationell herzustellen und bringt Zeit- und Holzersparnis. Bei einer fachgerechten Ausführung erzielen wir die gleiche Stabilität wie mit dem gestemmten Zapfen. Wesentlich für die Haltbarkeit ist eine große Dübellänge. Bei einer hohen Zarge lassen sich die Dübel versetzt anordnen (verzahnt). Bei einer schmalen Zarge schneidet man die Dübel auf Gehrung oder kürzt sie wechselseitig (**7**.65).

Für **quadratische Stollen und Zargen**, die flächenbündig anschließen sollen, verwenden wir folgende weitere Verbindungstechniken:

Keilzinken: Durch Spezialfräser erreichen wir einen formschlüssigen und passgenauen Anschluss mit

einer großen Leimfläche. Mit der rationell herzustellenden Verbindung erzielt man hohe Festigkeit (**7**.67). Weitere Möglichkeiten sind die Verbindung der quadratischen Querschnitte durch **Zapfen** oder **Dübel**. An der Gehrungsfuge bleibt eine schmale Wange stehen (**7**.68).

Verbindungsbeschläge findet man hauptsächlich bei zerlegbaren Gestellmöbeln. Im Fachhandel sind unterschiedliche Systeme für die Verbindungselemente erhältlich. Durch Dübel oder eine Feder erreichen wir eine zusätzliche Fixierung und verhindern das Verdrehen der Elemente.

Sonderausführungen

Eingeschnittene Zargen: Die Zargen werden wechselseitig ausgeklinkt und in den Stollen eingelassen. Die Verbindung finden wir meist bei zerlegbaren Möbeln. Durch den Stollenanschluss mit dem Zargenüberstand von 20 bis 40 mm wirkt die Verbindung sehr dekorativ (**7**.66).

a)

b)

7.68   Zarge auf Gehrung a) mit Zapfen, b) mit Dübel

Aufgaben zu Abschnitt 7.5 und 7.6

1. Wie werden Kasteneckverbindungen belastet?
2. Durch welche Maßnahmen können Sie die Belastbarkeit von Kasteneckverbindungen verbessern?
3. Für eine Korpuseckverbindung werden Längs- und Hirnholz unterschiedlicher Feuchtigkeit miteinander verleimt. a) Welche Folgen hat das? b) Welche Holzfeuchte sollte Vollholz beim Verleimen haben?
4. Warum sollen Sie die Drahtstifte schwalbenschwanzförmig und versetzt einschlagen?
5. Welche Stifte nehmen Sie für Rahmeneckverbindungen im Möbelbau und bei Paletten?
6. Warum schraubt man Eckverbindungen aus Vollholz nicht?
7. Erläutern Sie den Begriff Vorholz und seine Bedeutung.
8. Wofür werden stehende und liegende Gratleisten eingesetzt?
9. Welche Teile erhalten die Gratnut?
10. Warum schneidet man die Gratnut nicht auf die gesamte Holzbreite?
11. Nennen Sie Eigenschaften und Vorzüge der Zinkenverbindungen.
12. Was müssen Sie bei der Zinkenteilung berücksichtigen?
13. Wie lautet die Grundregel zur Zinkenteilung?
14. Warum erhalten bei Schubkästen die Vorder- und Hinterstücke die Zinken?
15. Welche Möglichkeiten der Zinkenverbindung gibt es?
16. Welche Vorzüge haben Fingerzinken?
17. Erläutern Sie den Unterschied von gespundeten, gedübelten und gefederten Eckverbindungen.
18. Welche Arbeitserleichterungen bieten Dübelloch-Schablonen und Dübelfix?
19. Mit welchen Dübeln stellen Sie Korpuseckverbindungen auf Gehrung her?
20. Warum setzt man Federeckverbindungen nur bei Vollholz und Sperrholz ein?
21. Beschreiben Sie den Schrankverbinder und seine Anwendung.
22. Sie sollen a) eine Massivholztruhe bauen, b) ein Türfutter zusammenbauen, c) Regalbretter fest mit den Seiten verbinden, d) Boden und Seiten eines furnierten Flurschränkchens verbinden. Welche Eckverbindungen wählen Sie jeweils?
23. Welche einheimische Holzart und welche Eckverbindung verwenden Sie für eine Haustür in Rahmenbauweise mit eingelegten Glasfüllungen?
24. Welche Verbindung erscheint Ihnen am zweckmäßigsten für die nachträgliche Befestigung eines furnierten Doppels auf einem Massivholz-Schubkasten (Vorderstück)?
25. Welche Eckverbindung wählen Sie für eine dekorative Telefonkonsole aus Vollholz? Begründen Sie Ihre Wahl.
26. Was versteht man unter Gestellverbindungen?
27. Woraus bestehen Gestellverbindungen?
28. Weshalb baut man bei Hockern und Tischen einen verkeilten Steg zwischen zwei Stollen ein?

8 Möbelbau

8.1 Möbelarten und -bauweisen

Möbel dienen seit alters her als Einrichtungs- und Gebrauchsgegenstände im Wohn- und Arbeitsbereich. Mit Ausnahme der modernen Einbaumöbel lassen sie sich bewegen – sie sind „mobil" (lat. *mobilis* = beweglich) und so zu ihrem Namen gekommen. Einteilen können wir sie nach verschiedenen Gesichtspunkten:

Möbelarten

Zweck	Werkstoffe	Verwendung	Bereich	Bauweise
Sitzmöbel	Holzmöbel	Einzelmöbel	Wohnmöbel	Brettmöbel
Liegemöbel	Polstermöbel	Anbaumöbel	Schlafmöbel	Rahmenmöbel
Tische	Korbmöbel	Einbaumöbel	Küchenmöbel	Stollenmöbel
Aufbewahrungs-	Metallmöbel		Büromöbel	Plattenmöbel.
möbel	Kunststoffmöbel u. a.		Gartenmöbel	
			Schulmöbel u.a.	

Wodurch werden die Maße des Möbels bestimmt? Welchen Zweck erfüllt das Möbel? Wie gestalte ich das Möbel? Welche Konstruktion und Bauweise wähle ich? Welche Werkstoffe und Beschläge verwende ich?

Maße. Möbel dienen, wie die Übersicht zeigt, nicht nur der Raumgestaltung, sondern sollen auch zweckmäßig sein. Ein 500 mm hoher Tisch ist nicht zweckmäßig, weil wir uns nicht auf einem Stuhl daransetzen können. Ein 1000 mm hoher Kleiderschrank ist unzweckmäßig, weil wir unseren Mantel nicht hineinhängen können.

Daraus folgt:

> Möbelmaße werden durch die Körpermaße des Menschen und die Bedarfsmaße der entsprechenden Gegenstände bestimmt.

Um zweckmäßige, funktionsgerechte, gebrauchstaugliche Möbel anzufertigen, sind die maßgeblichen Möbelnormen zu beachten!

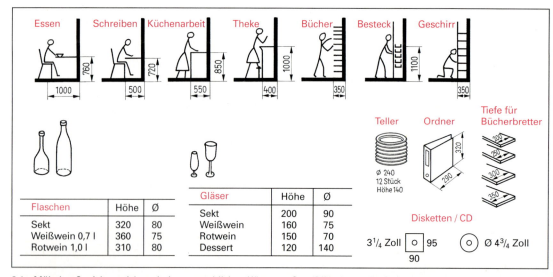

Flaschen	Höhe	Ø
Sekt	320	80
Weißwein 0,7 l	360	75
Rotwein 1,0 l	310	80

Gläser	Höhe	Ø
Sekt	200	90
Weißwein	160	75
Rotwein	150	70
Dessert	120	140

8.1 Möbelmaße richten sich nach den menschlichen Körpermaßen (DIN 18011), Maße in mm und den Bedarfsmaßen der Gegenstände

Die DIN 18011 unterscheidet nach Arbeits- und Schreibhöhen, Sitzhöhen und -tiefen, Gesamthöhen und Möbeltiefen. DIN 68880 gibt die gegenstandsbezogenen Maße an (**8.**1). DIN 4549 enthält Angaben zu Schreibtischen, Büromaschinentische und Bildschirmarbeitstische (**8.**2).

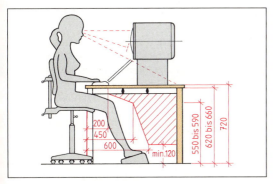

8.2 Mindestbedarf für Beinraum (nach DIN 4549)

Wichtige Normen für den Möbel im Wohnbereich sind: DIN 68885 (Tische), DIN 68878 (Stühle), DIN 68890 (Kleiderschränke).

Beispiel Schreibtischmaße nach DIN 4549

Schreibtische	Plattengröße		
	Breite	Tiefe	Höhe
ohne Unter- schrank oder mit 1 oder 2 Unter- schränken	1560 bis	780	
	1800	800	720
ohne Unterschrank oder mit einem Unterschrank	1200	780 bis 800	720

Möbelbauweisen

Nach der Beschaffenheit und den konstruktiven Besonderheiten des Möbels unterscheiden wir 4 Bauweisen. Sie haben sich mit der Geschichte des Möbels entwickelt. Worin unterscheiden sie sich?

Im Brettbau, der ältesten Bauweise, wird Vollholz verarbeitet. Die Möbelteile fertigt man aus verleimten oder unverleimten Brettern. Dabei nimmt man meist die rechte Seite des Holzes wegen der schöneren Zeichnung nach außen. Beachten müssen wir, dass die Bretter an den Korpusecken jeweils in gleicher Schwundrichtung verarbeitet werden. Grundsätzlich fügen wir Hirnholz an Hirnholz und Längsholz an Längsholz (s. Abschn. 7.2.2).

Die Brettflächen können wir mit stumpfer Leimfuge, Dübel, Nut und Feder, Nut und angestoßener Feder oder Überfälzung verbinden. Boden und Seiten graten, dübeln, zapfen oder zinken wir zusammen (s. Abschn. 7.5.3). Holzverbindungen können als schmückendes Beiwerk das Möbelstück verschönern. Die Brettflächen lassen den ursprünglichen Holzcharakter hervortreten, so dass auch Äste und andere Holzfehler gestaltend wirken und den Eindruck des rustikalen Möbels entstehen lassen (**8.**3).

Der Rahmenbau mit Rahmen und Füllung erfordert weniger Vollholz und bringt Gewichtseinsparung. Rahmen bleiben maßhaltig, haben ein hohes Stehvermögen und ermöglichen der Füllung ungehindertes Arbeiten. Für Rahmenfriese eignen sich nur Kern- oder Mittelbretter ohne Wuchsfehler. Die rechten Seiten und Kernkanten zeigen nach außen, die Ecken werden geschlitzt,

8.3 Brettbauweise

8.4 Rahmenbauweise

gestemmt oder gedübelt. Die Füllungsflächen können wir zusätzlich durch Sprossen unterteilen. Füllungen bestehen z. B. aus Vollholz, FU-, ST-, STAE-,
FPY-, MDF-Platten oder Glas. Vollholz- oder Holz-
werkstofffüllungen liegen in der umlaufenden Nut
oder in einem Falz und dürfen nicht eingeleimt
werden. Glasfüllungen darf man für den Fall einer
Reparatur nur im Falz einlegen und verleisten (**8**.4).

Gestaltende Elemente sind die Füllung, die Längs- und
Querfriese. Die Füllung wirkt z. B. durch die Holzfladerung,
Wahl eines lebhaften Furniers oder einer Intarsie als Bild
und Schmuckelement. Auch eine Glasfüllung zeigt besondere Wirkung, da die Gegenstände im Inneren des Möbels
sichtbar werden und einen Kontrast zur klaren Linienführung des Rahmens bilden. Schmale schlichte Friese
umrahmen optisch die Fladerung der Holzfüllung, breite
dagegen wirken massig, schwer und grob. Ein breites
Querfries im unteren Rahmenteil hebt die Standfestigkeit
durch Betonen der Waagerechten. Zusätzliche Profilleisten
oder profilierte Friese verstärken den Unterschied zwischen
Füllung und Rahmen.

> Innerhalb der Grenzen durch Konstruktion
> und Material können wir den Rahmenbau
> gestalten
> – durch Breite und Anordnung des oberen
>   und unteren Frieses,
> – durch Maßverhältnisse, Größe und Anord-
>   nung der Füllungen und Flächen,
> – durch Holzart und Richtung der Holzfaser
>   im Verhältnis zu den Rahmenfriesen, den
>   Zierfälzen und Profilleisten.

Beim Stollenbau dienen durchgehende Pfosten
(Stollen) zugleich als Möbelfüße. Die Stollen sind
durch Zargen, Rahmen oder Platten miteinander

verbunden (**8**.5). Als Verbindungsmittel verwendet
man Dübel, Zapfen oder Feder. Die Seiten, Böden
und Türen können wir aus Rahmen oder Platten
bauen. Die Möbelteile können verleimt oder durch
lösbare Beschläge verbunden sein. Vorwiegend
dient der Stollenbau für Tische, Stühle, Liegemöbel
und Möbelunterbauten (Fußgestell, **8**.12). Häufig
kombiniert man Stollen- mit Rahmenbau.

Im Plattenbau werden heute die meisten Möbel
hergestellt. Holzwerkstoffplatten arbeiten weniger
als Vollholz, sind formbeständiger, einfach und
rationell zu verarbeiten. Die Möbelteile bestehen
aus Tischler-, Span- oder MDF-Platten (**8**.6). Sichtbare Kanten erhalten Anleimer oder Umleimer aus
Vollholz, Furnier oder Kunststoff. Die Verbindung
des Möbelkorpus kann fest oder lösbar ausgeführt
werden. Bei einer festen Verbindung der Möbelteile werden Seiten und Böden mit Dübel, Feder oder
Lamello stumpf oder auf Gehrung verleimt. Für
zerlegbare Möbel verwendet man Dübel und lösbare Verbindungsbeschläge.

Für Füllungen, Schubkastenboden und Rückwände nehmen wir FU- und HFH-Platten, die selbst
geringes Stehvermögen aufweisen und wenig arbeiten.

Möbel im Plattenbau erhalten einen Sockel, ein
Fußgestell oder tragende Seitenelemente.

> Brett-, Rahmen-, Stollen- und Plattenbau ha-
> ben jeweils bestimmte Holzverbindungen
> und Konstruktionsmerkmale. Sie beeinflus-
> sen die Gestaltung von Möbeln wesentlich.

8.5   Stollenbauweise   8.6   Plattenbauweise

8.2 Der Weg zur Form

Möbel werden in der Regel für einen besonderen Verwendungszweck entworfen: Ein Schreibtisch ist anders aufgebaut als ein Küchentisch, ein Bücherschrank anders als eine Anrichte. Oft stellen wir jedoch fest, dass die Maßverhältnisse (Proportionen) nicht stimmen, dass Kontraste fehlen. Eine überall angewendete Symmetrie langweilt, eine zu gewagte Asymmetrie dagegen stört. Welche Gesichtspunkte sind bei der Formgebung zu berücksichtigen?

Durch die Gestaltung erhält das Möbel seinen individuellen unverwechselbaren Charakter. Die Vorstellungen und Wünsche des Kunden, der Zeitgeschmack und die räumliche Umgebung finden Eingang. Wichtige Gesichtspunkte bei der Gestaltung sind: Form und Größenverhältnisse, materialgerechte Konstruktion, Werkstoff und Oberfläche, Dekor und Schmuckelemente, Auswahl und Anordnung von Beschlägen. Das Zusammenwirken der Gestaltungselemente prägt das Erscheinungsbild (Design).

Die Proportionen und Flächengliederung spielen bei der Möbelgestaltung und Raumeinrichtung eine große Rolle. So ist es bei der Einrichtung eines Zimmers wichtig, das richtige Maß zwischen Möbel und Raum zu finden. Zu große und wuchtige Möbel in einem kleinen Zimmer wirken erdrückend, bedrängend und raumbestimmend. Die Möbelflächen können durch unterschiedliche geometrische Formen gegliedert werden. Sie können verschiedene Empfindungen hervorrufen:

Liegende Rechtecke vermitteln Standfestigkeit, Sicherheit und Schwere; stehende Rechtecke dagegen Lebendigkeit, Herausforderung und Zielstrebigkeit. Wichtig für die Wirkung ist das Seitenverhältnis. Harmonische oder spannungsreiche Wirkung lässt sich durch unterschiedliche Seitenverhältnisse erzielen. Quadratische Formate lassen Gleichförmigkeit und Ausgewogenheit erkennen (**8.**7).

> Jedes Möbel zeigt eine Ordnung, eine Harmonie oder Disharmonie. Harmonie wird durch ausgeglichene Proportionen erreicht.

Der Goldene Schnitt, der als Gestaltungsprinzip seit der Antike verwendet wird, gibt ein ausgeglichenes, harmonisches Verhältnis. Wir finden ihn häufig bei den Formgesetzen der Natur, wie z.B. bei Pflanzen und beim Menschen (**8.**8). Eine Strecke ist nach dem Goldenen Schnitt geteilt, wenn sich ihre kurze Teilstrecke (m = Minor) zur längeren (M = Major) wie die längere Teilstrecke zur gesamten Strecke verhält: $m : M = M : G$.

Das entspricht angenähert dem Zahlenverhältnis $3 : 5 \sim 5 : 8$, der Verhältniswert beträgt: $\sim 1{,}62$, der Kehrwert $\sim 0{,}62$.

Nach dem Goldenen Schnitt gestaltete Rechtecke ergeben harmonische Flächen (**8.**7d, **8.**9).

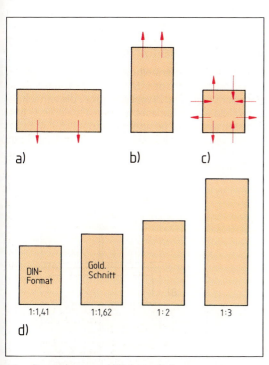

a)   b)   c)

DIN-Format | Gold. Schnitt | |

1:1,41   1:1,62   1:2   1:3

d)

8.7   Proportionen und Flächenaufteilung
a) liegendes Rechteck (Standfestigkeit, Sicherheit, Schwere)
b) stehendes Rechteck (Lebendigkeit, Herausforderung)
c) Quadrat (Gleichförmigkeit, Ausgewogenheit)
d) Wirkung verschiedener Rechtecke

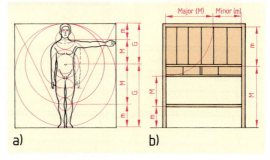

Major (M)   Minor (m)

a)   b)

8.8   Goldener Schnitt
a) Maßverhältnis beim Menschen, b) am Möbel

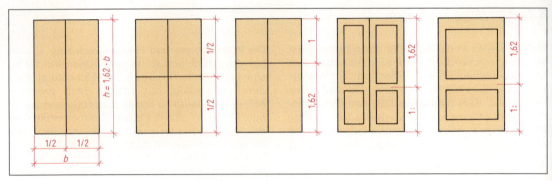

8.9   Flächenaufteilung nach dem Goldenen Schnitt

Kontrastwirkung. Durch die Aufteilung der Flächen gewinnt das Möbel Spannung oder wirkt langweilig. Auch durch Kontraste (Gegensätze), durch ein ausgewogenes Verhältnis von schmalen und breiten Formen, von dünner und dicker Linienführung, hellen und dunklen Hölzern, großen und kleinen Ornamenten gestalten wir ein Möbel. Werkstoffauswahl, Oberflächenbehandlung prägen das Bild.

Schnitzereien, Intarsien oder schmückende Elemente wie Griffe, Griffleisten, Knöpfe, Griffrosetten, ausgesuchte und gut angeordnete Beschläge unterstreichen das Aussehen (**8.**10).

Die Formteile des Möbels müssen in ihrer Gewichtigkeit, ihrem Formcharakter, ihrer Farbigkeit, Oberflächenstruktur und Plastizität aufeinander bezogen sein.

Symmetrie und Asymmetrie. Bei Symmetrie ist alles spiegelbildlich auf die betonte Mitte bezogen (**8.**11 a). Asymmetrisch angeordnete Flächen erzeugen dagegen ein Spannungsverhältnis. Sie weichen von der Mittellinie ab, bilden optische Schwerpunkte. Die Wirkung entsteht hier durch gegensätzliche Verteilung und Anordnung bestimmender Möbelteile (**8.**11 b). Sind diese Anordnungen ungünstig oder falsch gelagert, haben wir das Empfinden eines schiefen oder misslungenen Möbelstücks. Ordnen wir bestimmte Grundformen wie etwa Ornamente in regelmäßiger Wiederkehr an, wird unser Auge von Form zu Form geführt. Es entsteht ein Formenrhythmus.

Wirtschaftliche Herstellung. Bei der Gestaltung und Konstruktion des Möbels muss neben der Formschönheit und Zweckmäßigkeit die wirtschaftliche Herstellung bedacht werden. Qualifizierte Mitarbeiter und eine geeignete betriebliche Ausstattung müssen eine kostengünstige Umsetzung des Entwurfs ermöglichen. Ausgewählte Werkstoffe sind fachgerecht und sparsam zu verarbeiten.

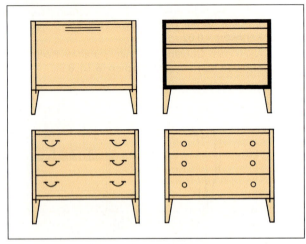

8.10   Griffe und Griffanordnungen im Korpus

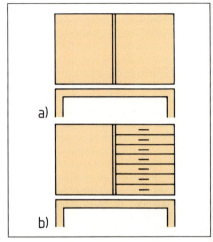

8.11   Flächenaufteilung
a) symmetrisch, b) asymmetrisch

8.3 Möbelteile

Möbel bestehen in der Regel aus dem Möbelunterbau und dem damit verbundenen Korpus.

Den Möbelkorpus bilden die Seiten, der untere und obere Boden sowie die Rückwand. Seiten und Boden sind bei Plattenwerkstoffen stumpf oder auf Gehrung gedübelt, gefedert oder formschlüssig verbunden. Als Korpuseckverbindung für Vollholz sind Zinken, Grat und Fingerzapfen gebräuchlich (s. Abschn. 7.5). Der Korpus kann Schubkästen, Züge, Fachböden oder Fächer enthalten. Verschlossen wird er durch Türen, Klappen oder Rollläden. Kleinere Möbel werden meist verleimt, größere müssen für den Transport zerlegbar sein und erhalten darum lösbare Schrankverbindungsbeschläge (**8.**13 c).

Der Möbelunterbau trägt den Korpus.

8.3.1 Möbelunterbau

Bei der Wahl der Unterbaukonstruktion sind neben den gestalterischen Gesichtspunkten die Bauweise und auftretende Belastungen zu berücksichtigen. Wir unterscheiden folgende Möglichkeiten:

Wangen sind durchgehende Schrank- oder Regalseiten aus Vollholz oder Plattenwerkstoffen, deren Unterkante als Standfläche dient. Sie geben dem Möbel ein rustikales Aussehen. Eine Ausfräsung in der Wangenmitte verbessert die Standsicherheit

(**8.**12 a). Die Verbindung zwischen Wange und Boden wird bei der Brettbauweise (Brettfüße) gegratet, gezapft oder gedübelt. Beim Plattenbau können die Böden durch Dübel, Federn und Schrankbeschläge verbunden werden. Zur Verbesserung der Standsicherheit und Vergrößerung der Auflagefläche setzt man bei Tischen unter die Wange oft einen Kufenfuß (**8.**12 b).

Sockel können wegen der aufrechten Querschnittsfläche große Belastungen aufnehmen. Wir verwenden sie daher vorwiegend für schwere, breite Möbel, Einbauschränke oder bei Plattenbauweise (**8.**12 c). Sie sind 80 bis 200 mm hoch und können drei- oder vierseitig ausgeführt werden. Nach der Lage zum Möbelkorpus kann der Sockel vor-, zurückspringend oder bündig (Schattennut sinnvoll) sein. Er ist als Rahmen oder Kasten fest mit dem Korpus verbunden oder wird als selbstständiges Element auf dem Boden ausgerichtet und anschließend mit dem aufgesetzten Korpus verbunden. Als *Verbindungsmittel* dienen Dübel, Federn, Schrauben oder Krallen. Bei zerlegbaren Plattenmöbeln finden wir meist eine Sockelblende (z. B. als Steckverbindung) zwischen den durchgehenden Seiten. Der Raum lässt sich auch für einen Sockelschubkasten nutzen. Zum Ausrichten der Möbel dienen oft höhenverstellbare Sockelbeschläge, die am Unterboden oder Sockelrahmen befestigt werden (**8.**12 d).

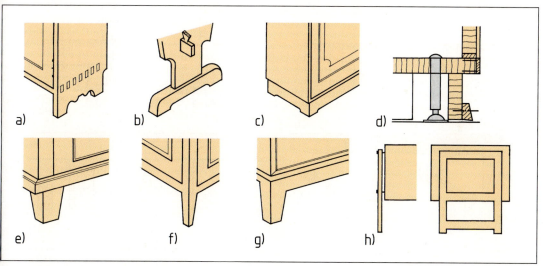

8.12   Möbelunterbau
a) Wangenfuß, b) Kufenfuß, c) Sockel, d) höhenverstellbarer Sockel mit Sockelblende, e) Einzelfuß, f) Stollenfuß, g) Zargengestell, h) Seitengestell

Einzelfüße unterschiedlicher Form (konisch **8**.12e, geschwungen oder kugelförmig) werden unter den Korpus montiert. Sie lassen das Möbel leichter erscheinen und tragen das gesamte Gewicht. Die Befestigungen zum Unterboden oder Bodenrahmen – meist mit Dübel oder Zapfen – müssen die auftretenden großen Belastungen aufnehmen.

Stollenfüße laufen als senkrechte Pfosten an der Korpusecke durch, tragen das Möbel und sind gleichzeitig Verbindungselemente zu den Seiten, Zargen und Böden (**8**.12f).

Zargengestelle verwendet man für Möbel, bei denen Bodenfreiheit erwünscht ist und die leicht wirken sollen (**8**.12g). Die Zargen tragen den Korpus, verhindern ein Durchbiegen des Unterbodens und sind durch Dübel oder Zapfen mit den Füßen verbunden. Bei einer bündigen Lage zum Korpus sollte aus konstruktiven und gestalterischen Gründen eine Schattennut vorgesehen werden. Die Zargengestellhöhe liegt zwischen 200 und 500 mm; bei Schreibschränken ist auf Beinfreiheit zu achten.

Seitengestelle sind rahmenartige Konstruktionen aus Holz oder Metall, die man beidseitig mit Abstandhaltern am Korpus montiert (**8**.12h). Sie

werden hauptsächlich für Schreibtische und niedrige Schränke verwendet und lassen das Möbel leicht erscheinen.

> **Der Möbelunterbau** besteht aus Wangen, Sockeln, Einzel- oder Stollenfüßen, Zargen- oder Seitengestellen.

8.3.2 Oberer Möbelabschluss (Möbeloberteil)

Der obere Abschluss eines Möbels kann als Oberboden, Kranz oder Blatt ausgeführt werden.

Der Oberboden schließt bündig oder mit geringem Höhenunterschied an die Schrankseite an. Bei Vollholz verwenden wir für die Eckverbindung Zinken, Gratung oder Fingerzapfen (**8**.13a). Als *Verbindungsmittel* für Plattenwerkstoffe dienen Dübel, Federn oder Lamello (**8**.13b). Ein Gehrungsanschluss verbessert das Aussehen der Oberseite, erfordert aber mehr Arbeitsaufwand und Sorgfalt

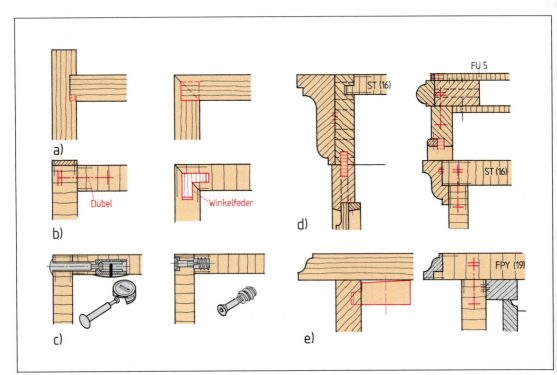

8.13   Möbeloberteil
a) Oberboden, Vollholz (gegratet, Gehrungszinken), b) Oberboden, Holzwerkstoff (Dübel, Winkelfeder), c) lösbare Verbindungen (Dübel mit Exzenter, Schraube mit Rampamuffe), d) Kranz (gezinkter Kasten, Rahmen, Holzwerkstoffplatte), e) Blatt (Platte), Vollholz (mit Nutklotz) – Holzwerkstoff (gedübelt)

beim Verleimen. Für größere Möbelelemente verwendet man lösbare Verbindungsbeschläge (**8.13**c).

Den Kranz finden wir an hohen Schränken. Durch seine Formgebung und Profilierung trägt er wesentlich zum Aussehen des Möbels bei. Der flache Kranz wird als Rahmen oder profilierte Holzwerkstoffplatte ausgeführt, der hohe Kranz als gezinkter, gedübelter oder gefederter Kasten (**8.13**d).

Das Blatt (Platte) bildet den oberen Abschluss bei Schränken mittlerer Höhe oder Tischen. Der Überstand beträgt 30 bis 100 mm. Er schützt die Möbelfront und vergrößert die Ablagefläche (**8.13**e). Material (Vollholz oder Holzwerkstoff) und Größe der Platte haben Einfluss auf die Befestigungsart.

> **Möbeloberteil:** Oberboden, Kranz oder Blatt (Platte).

8.3.3 Rückwände

Rückwände sollen den Korpus staubdicht abschließen und winkelstabil halten. Sie bestehen aus Furniersperrholz (4 bis 8 mm), Holzfaserplatten (3,5 bis 6 mm), Holzspanplatten (8 bis 10 mm) oder Rahmen mit Füllungen. Für stabile Rückwände von

freistehenden Schränken verwendet man auch dickere Holzspanplatten und Tischlerplatten. Für den Einbau der Rückwand gibt es verschiedene Möglichkeiten.

– **Eingefälzte Rückwände** können ausgewechselt werden, schließen bündig ab und lassen sich genau einpassen (**8.14**a);
– **eingenutete Rückwände** sind nicht passgenau und i.R. nicht auswechselbar (**8.14**b), jedoch schnell zu montieren (**8.14**b);
– **stumpf aufgesetzte Rückwände** sind rationell auszuführen, doch bleiben die Kanten seitlich sichtbar (**8.14**c);
– **Rahmen mit Vollholzfüllung** sind aufwendig in der Konstruktion und durch die Rahmenaufteilung gegliedert (**8.14**d);
– **in Profilschienen gehaltene Rückwände** sind einfach auszuführen (**8.14**f).

Für Einbauschränke müssen Rückwände aus Furnierplatten mindestens 6 mm, aus Holzspanplatten 8 mm dick sein. Vollholzfüllungen werden bei größeren Möbeln meist in einen Rahmen gesetzt und nach der Wandseite angefast oder abgeplattet.

> **Rückwand:** eingefälzt, eingenutet, stumpf aufgesetzt, Rahmen mit Füllung oder in Profilschienen

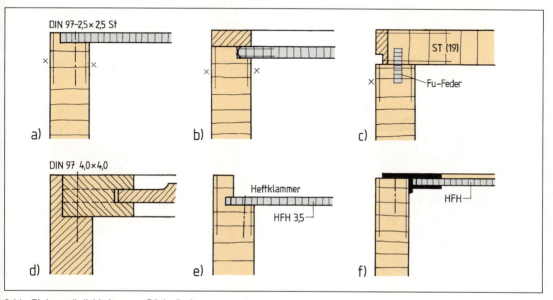

8.14 Einbaumöglichkeiten von Rückwänden
a) eingefälzt, b) eingenutet, c) aufgesetzte Platte, d) Rahmen mit Vollholzfüllung, e) eingenutet mit Falz, f) Kunststoffprofil

8.3.4 Türen

Drehtüren

Drehtüren werden mit Scharnieren oder Bändern rechts oder links am Korpus angeschlagen (Rechts- bzw. Linkstüren/-bänder). Sie erfordern Drehraum beim Öffnen und sollten eine Breite von 600 mm nicht überschreiten, um die Standsicherheit nicht zu gefährden und die Bänder nicht zu überlasten.

Nach der Lage zur Möbelfront unterscheiden wir aufschlagende, einschlagende und überfälzte Türen. Einschlagende Türen können zurückspringend, vorspringend oder bündig sein.

Türarten nach Lage zur Möbelfront

aufschlagende T.   einschlagende T.   überfälzte T.

vor-   bündige T.   zurückspringende T.   springende T.

Aufschlagende Türen liegen vor der Korpusseite, betonen und vergrößern damit optisch die Möbelfront. Die Herstellung ist einfach, das arbeitsauf-

wendige Einpassen entfällt, da die Tür aufschlägt. Um Maßtoleranzen auszugleichen und die Montage zu erleichtern, sollte die Tür an der Korpusseite 2 bis 3 mm zurückspringen. Da die Tür wenig Schutz vor Staub bietet, kann man eine innenliegende Staubleiste oder einen Falz vorsehen. Zum Anschlagen dienen Topf- oder Stangenscharniere, Winkel- oder Aufsatzbänder Kröpfung A. Stangenscharniere und Aufschraubbänder verlangen viel Drehraum an der Türkante, Winkelbänder ermöglichen einen Öffnungswinkel von 270° (**8.15**).

Zurückspringende (einschlagende) Türen zeigen die Möbelkanten, zwischen denen sie 4 bis 8 mm zurückspringend angeschlagen sind. Wenn wir Staubleisten anleimen oder die Korpuskante fälzen, ergibt sich eine gute Abdichtung und gleichzeitig ein Anschlag. Für diese Türen wählt man oft Aufsatzbänder Kröpfung B. Daneben eignen sich Stangenscharniere. Zapfenbänder oder Topfscharniere mit gekröpftem Montagearm oder einer erhöhten Montageplatte (**8.16**). Ein mit der Korpuskante bündiger Türanschluss ist zu vermeiden. Schon kleinste Maßdifferenzen und Fugenunterschiede werden dabei deutlich sichtbar.

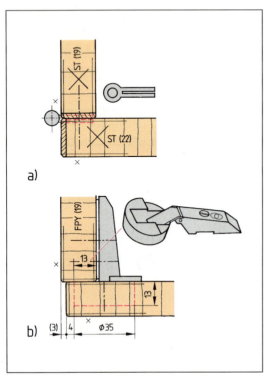

8.15   Aufschlagende Tür
a) Zylinderband, gerade (A)
b) Topfscharnier

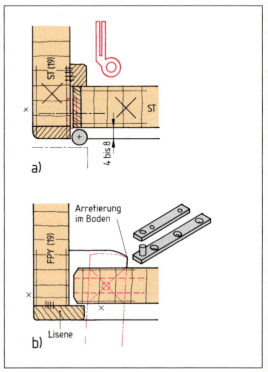

8.16   Zurückspringende Tür (stumpf einschlagend)
a) Kröpfung B
b) Zapfenbänder

Vorspringende (einschlagende) Türen liegen mit ihrer Front 4 bis 8 mm vor der Korpuskante. Durch ein Außenprofil oder eine umlaufende Beistoßleiste (Schattennut zwischen Korpus und Tür) erreicht man ein gefälligeres Aussehen. Für Abdichtung und Anschlag gilt das gleiche wie bei der zurückspringenden Tür. Zum Anschlagen dienen Aufsatzbänder Kröpfung C, Scharniere, Topfscharniere oder Einbohrbänder (**8.**17). Einschlagende Türen können in ihrer Beweglichkeit beeinträchtigt werden, wenn der Boden sich durchbiegt.

Überfälzte Türen schlagen wir mit der gefälzten Kante an der Korpusseite an. Die Tür schließt staubdicht ab und verdeckt die Korpusfuge, erfordert aber einen großen Herstellungsaufwand. Die Durchbiegung des Ober- oder Unterbodens kann die Beweglichkeit beeinträchtigen. Die Türkante können wir profilieren, abfasen oder stumpf lassen. Zum Anschlagen verwendet man Scharniere oder Aufschraubbänder Kröpfung D, die ein Falzmaß von 5, 7,5 oder 10 mm erfordern. Daneben finden wir Einbohrbänder, Topfscharniere und an

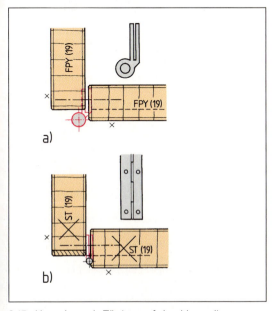

8.17 Vorspringende Tür (stumpf einschlagend)
   a) Zylinderband, Kröpfung C
   b) Stangenscharnier

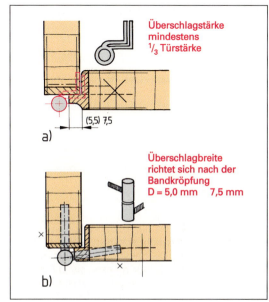

8.18 Überfälzte Tür
   a) Zylinderband, Kröpfung D
   b) Einbohrband

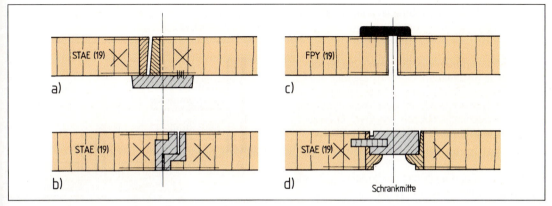

8.19 Mittelanschluss bei Drehtüren
   a) aufgeleimte Schlagleiste außen, b) Überfälzung mit Haarfuge, c) Kunststoffschlagleiste innen, d) Schlagleiste innen (Klotz)

alten Möbeln noch Einstemmbänder (Fitschen). Die Überschlagdicke richtet sich nach dem Durchmesser der Bandrolle (mindestens 5 mm), sollte aber wenigstens ein Drittel der Türstärke betragen (**8**.18). Bei geschlitzten Rahmentüren muss der Zapfen im Türfalz liegen und bündig sein – sonst gibt es am Überschlag störende Hirnholzflächen.

Mittelanschluss. Sind an einem Korpus ohne Mittelwand zwei Drehtüren anzuschlagen, können wir den *Mittelanschluss* überfälzen oder mit Schlagleiste ausführen. Der Anschluss muss staubdicht sein, die rechte Tür sich immer zuerst öffnen lassen. Bei der aufgeleimten Schlagleiste soll die aufgeleimte Fläche größer als die aufschlagende sein, da die Leiste sonst abreißen könnte. Für innenliegende Schlagleisten sind die Türzuschnittmaße gleich. Eine überfälzte Mittelpartie kann mit Schattennut oder Haarfuge ausgeführt werden. Die Wahl der Konstruktion hängt von der Bauweise und Gestaltung des Möbels sowie vom Türanschlag ab (**8**.19).

> **Beschläge** nennt man alle Elemente, die zum Bewegen, Verschließen und Verbinden von Möbelteilen dienen.

Drehbeschläge sollen die Tür so mit dem Möbel verbinden, dass sie dicht schließt, leicht zu öffnen ist und nicht hängt. Die gesamte Gewichtskraft der Tür lastet auf ihnen. Daher müssen sie in Funktion und Material (Stahl, Temperguss, Messing, Bronze, Leichtmetalllegierungen, Kunststoffe) den hohen Beanspruchungen entsprechen und in ausreichender Zahl angebracht werden. Niedrige, breite Türen belasten die Drehbeschläge stärker als hohe, schmale. Außerdem beeinflusst – wie wir gesehen haben – die Anschlagart die Wahl der Beschläge. Von den zahlreichen Drehbeschlägen wollen wir die wichtigsten kennenlernen.

> **Drehtüren** können mit Bändern oder Scharnieren angeschlagen werden. *Bänder* sind aushängbare Drehgelenke, die aus dem Stiftteil (Korpus) mit dem Lochteil (Tür) bestehen. *Scharniere* sind nicht aushängbare Drehgelenke mit einem mehrgliedrigen Gewerbe.

Bei Bändern unterscheiden wir Aufschraub-, Einbohr-, Einstemm-, Zapfen- und Winkelbänder.

Aufschraubbänder (Lappenbänder) bestehen aus dem zweigliedrigen Gewerbe mit Stift, dem aushängbaren Lochlappen an der Tür und dem Stiftlappen am Korpus. Sie

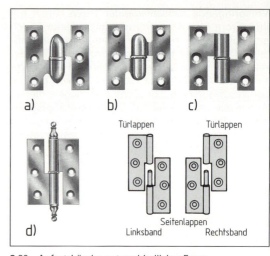

8.20   Aufsatzbänder unterschiedlicher Form
      a) Eiband, b) Nussband, c) Zylinderband, d) Stilband

sind für Rechts- und Linksanschlag unterschiedlich, haben gerade oder gekröpfte Lappen. Häufig werden die Bänder nach ihrer Form bezeichnet (z. B. Zylinder-, Ei-, Nuss-, Stilband, **8**.20). Beim Einbau befestigen wir zuerst den Lochlappen an der Tür, halten dann die Tür an den Korpus und reißen den Stiftlappen an. Bei abgerundeten Lappen benutzen wir meist die Handoberfräse (Schablone). Verwendet werden:

– Kröpfung A – zwei gerade Lappen, für aufschlagende Türen,
– Kröpfung B – ein gerader und ein gekröpfter Lappen, für zurückspringende Türen,
– Kröpfung C – ein gerader und ein gekröpfter Lappen, für vorspringende Türen,
– Kröpfung D – zwei gekröpfte Lappen, für überfälzte Türen mit einem Falzüberschlag von 5 bis 7,5 mm.

Einbohrbänder haben statt der Aufschraublappen zylinderförmige Einbohrzapfen mit dem Lochteil (Tür) und dem Stiftteil (Korpus). Die für die Einbohrzapfen erforderlichen Bohrungen werden mit Hilfe einer Bohrlehre schnell und genau ausgeführt. Die Bänder lassen sich für Links- und Rechtstüren verwenden und durch Drehen des Einbohrzapfens justieren (**8**.21).

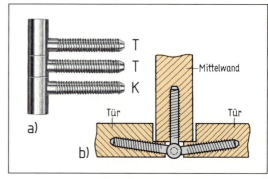

8.21   Einbohrband mit drei Gewindebolzen
      a) Ansicht, b) Schnitt

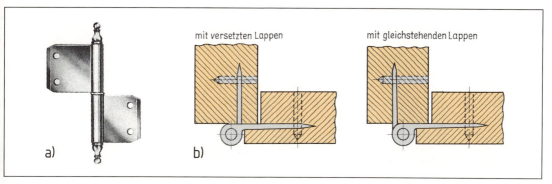

mit versetzten Lappen   mit gleichstehenden Lappen

a)   b)

8.22 Einstemmbänder (Fitschen) a) Ansicht, b) Schnitt

Einstemmbänder oder Fitschen (franz. *ficher* = einschlagen) werden heute nur noch selten für überfälzte Türen verwendet. Die Bänder sind aushängbar, die Lappen einzustemmen und mit Fitschbandstiften bzw. -schrauben von innen zu befestigen (**8.22**). Zwischen den Lappen liegt meist ein Laufring.

Zapfenbänder sind bei geschlossenen Türen verdeckt und eignen sich für einschlagende Türen und Klappen. Es gibt Eckzapfenbänder, Zapfenbänder mit und ohne Arretierung und Zwillingsbänder für zwei direkt nebeneinander ruhende Türkanten. Für den Einbau ist ein besonderes Anreißmodell nötig, um den Drehpunkt zu ermitteln. Oft verdeckt eine vorgeschobene Kante (Lisene) die offene Fuge, die beim Anschlag zwischen Tür und Korpus entsteht. Wir zeichnen (im Querschnitt) die Tür in geschlossener und geöffneter Stellung. Die etwa 90° geöffnete Drehtür berührt dabei nicht die Lisenenkante. Der Schnittpunkt beider Diagonalen ergibt den gesuchten Drehpunkt (**8.23**). Beim Einsetzen der Tür wird der untere Zapfenteil fest an die Tür geschraubt und unten in den Lochteil im Möbelkorpus eingeschoben. Oben wird die Tür auf den eingelegten Zapfenteil aufgeschoben und danach festgeschraubt. Muss die Tür ausgebaut werden, entriegelt man sie und baut das Band in umgekehrter Reihenfolge ab.

Winkelbänder (Kröpfung L) verwendet man bei Ecktüren und Türen rechts und links einer Mittelseite, die sich gegeneinander öffnen lassen (**8.24**). Sie eignen sich für stumpf aufschlagende Türen und sind an der Türkante und der Korpusseitenvorderkante anzuschlagen.

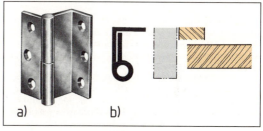

a)   b)

8.24 Winkelband mit Kröpfung L
a) Ansicht, b) Schnitt

Bänder bestehen aus einem zweiteiligen Gewerbe mit Stift, dem Lochlappen und dem Stiftlappen. Es gibt gerade und gekröpfte Bänder, die aushängbar sind.

Scharniere haben meist ein mehrteiliges Gewerbe und sind nicht aushängbar. Zu ihnen zählen Stangen-, Topf- und Spezialscharniere (z. B. Vici-, Sepa- und Zysa-Scharniere).

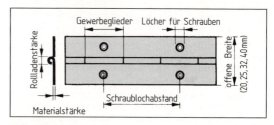

8.23 Zapfenbandanschlag und Zapfenbänder
a) gerade (Öffnungswinkel etwa 95°)
b) mit Anschlag (Öffnungswinkel bis 90°)
c) Eckzapfenband (Öffnungswinkel 180–200°)

Blindlisene
Schnittpunkt der Diagonalen = Drehpunkt
Seite
Arretierung am Boden
Tür geschlossen
Luft
Vorderlisene
Tür geöffnet

a)   b)   c)

Gewerbeglieder   Löcher für Schrauben
Rollladenstärke
offene Breite (20, 25, 32, 40mm)
Schraublochabstand
Materialstärke

8.25 Stangenscharnier

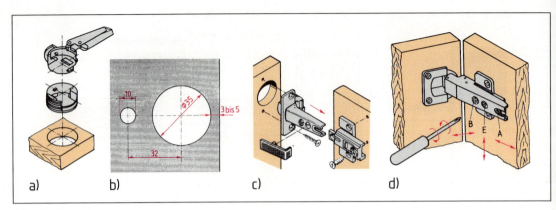

8.26 Topfscharnier
   a) Montageprinzip, b) Topfscharnier mit Dübel, c) Einbau Weitwinkelscharnier, d) Verstellbarkeit des Weitwinkel-
   scharniers, Seite mit Schraube B, Tiefe mit Schraube A, Höhe mit Schraube E.

Stangenscharniere (Klavierbänder) werden über die gesamte Länge der Türkante angeschraubt und können bis zu 3,50 m lang sein. Sie haben in aufgeklapptem Zustand die Breite von 12, 16, 20, 25, 32, 40 und 50 mm. Der Abstand der Löcher für Holzschrauben beträgt in der Regel 60 mm (**8.25**).

Topfscharniere sind bei geschlossener Tür nicht erkennbar und werden meist bei stumpf aufschlagenden Türen eingebaut. Sie haben zwei oder drei Drehgelenke (daher 2D- oder 3D-Scharniere) und bestehen aus Topf, Montagearm und -platten. Der Topf ($d = 26$ oder 35 cm) richtet sich in seiner Tiefe nach der Türstärke und wird als Schraub-, Dübel- oder Riegelbandtopf eingelassen. Der gerade bzw. gekröpfte Montagearm ist an der Korpusseite mit Montageplatten angeschraubt. Meist erlauben die Topfscharniere einen Öffnungswinkel von 90° (**8.26**). Die Anzahl der Topfscharniere richtet sich nach der Türhöhe (**8.27**).

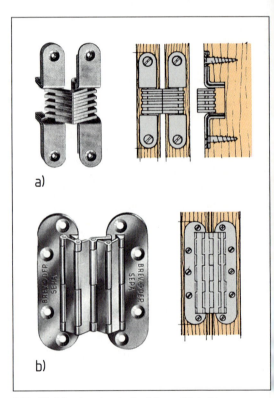

a)

b)

8.28 Einfrässcharniere in Ansicht und Schnitt
   a) Vici-Scharnier, b) Sepa-Scharnier

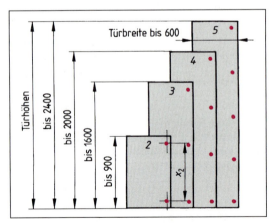

8.27 Anzahl der nötigen Topfscharniere für unterschiedliche Türhöhen (19-mm-Spanplatte)

Das Vici-Scharnier besteht aus zwei Platten und scherenartig wirkenden Gelenken. Die Lappen werden jeweils in die Tür und Seite eingelassen und öffnen die Tür bis 180° (**8.28 a**).

Beim Sepa-Scharnier werden die abgerundeten Lappen maschinell eingelassen. Sie sind durch sechs Scharnierplättchen verbunden, die drehbar befestigt sind und sich beim Öffnen ausbreiten. Schließen wir das Scharnier, drücken sich die miteinander drehbar befestigten Scharnierplättchen zusammen. Der Öffnungswinkel beträgt 180° (**8.28 b**).

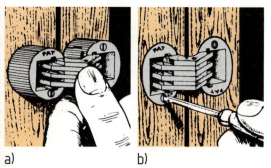

8.29 Einbohrscharnier Zysa
   a) Einstecken in die Löcher mit oder ohne Verleimen
   b) Befestigen mit Spreiz- und Holzschrauben

Zysa-Scharnier. Sein Lappen- und Stiftteil besteht aus Zylindern, die an der Außenseite längs- und quergerillt und mit lamellenförmigen Gelenkplättchen miteinander verbunden sind. Beide Zylinder werden bündig in die entsprechenden Löcher eingelassen, Spannschrauben pressen sie unten und oben gegen das Holz. Das Scharnier erlaubt eine Öffnung bis zu 180° (**8.29**).

Scharniere haben ein mehrteiliges Gewerbe, sind gerade oder gekröpft und nicht aushängbar.

Topfscharniere lassen sich im eingebauten Zustand in 2 oder 3 Richtungen verstellen.

Zum Verschließen der Türen dienen Schnäpper, Riegel, Schlösser und Magnetverschlüsse.

Schnäpper. *Kugel-* oder *Rollen*schnäpper stehen unter Federdruck und klemmen sich beim Schließen des Möbelelements in den Anschlag bzw. das Schließblech (**8.30** a, c). Die Fangmagnete der *Magnet*schnäpper montieren wir am Korpus, die beweglich gelagerten Haftplatten an die Tür (**8.29** b).

Riegel (gekröpfte oder gerade Schubriegel, Kantenriegel) an der Innenseite der Drehtür schließen durch Einschieben in das Schließblech. Häufig werden sie bei Möbeltüren ohne Zwischenwand montiert (**8.31**).

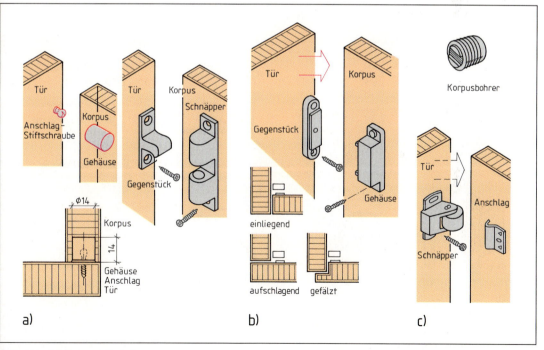

8.30 Verschließen von Drehtüren
   a) Kugel- und Doppelkugelkörper, b) Aufschraub- und Einbohr-Magnetschnäpper, c) Rollenschnäpper

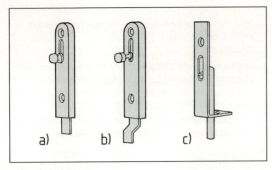

8.31 Schubriegel
a) gerade, b) gekropft, c) Kantenriegel

Möbelschlösser sichern Türen gegen unbefugtes Öffnen. Sie bestehen aus dem Schlosskasten mit Stulp und Decke, dem Riegel, der Schlüsselführung mit Dorn, den Schlüsselbüchsen bzw. Schildern und Schließblechen sowie dem Schlüssel. Für Möbeltüren verwenden wir Einlass-, Einsteck-, Aufschraub- oder Einbohrschlösser. Bei hohen Möbeltüren bauen wir Stangenschlösser ein.

Schlossteile: Schlosskasten, Riegel, Schlüssel, Sicherungseinrichtung

Das Einlassschloss ist an der Innenseite von einschlagenden oder überfälzten Drehtüren festzu-

schrauben. Sein Rückenblech liegt mit der Türinnenfläche bündig. Der Riegel des Schlosses muss ins Schließblech passen (**8.32** a).

Beim Einsteckschloss versenken wir den Schlosskasten so tief in die Türseite, bis nur noch der Stulp mit dem Riegel sichtbar ist (**8.32** b).

Das Aufschraubschloss wird auf die Türinnenseite stumpf einschlagender, aufschlagender oder überfälzter Drehtüren geschraubt. Die Tür behält ihre volle Dicke. Das Schließblech gibt dem Riegel eine feste Führung (**8.32** c).

Das Stangenschloss verschließt mit Schubstangen oder Drehstangen oben und unten hohe Möbeltüren. Der Stangenteil bewegt sich beim Verschließen nach oben und unten in die vorgesehenen Stangenschließbleche bzw. um die Rollkloben (**8.32** e). Beim *Drehstangenschloss* (Espagnolettenschloss) sind die Stangen an den Enden mit Fanghaken versehen. Sie drehen sich beim Verschließen um den Schließbolzen, der an Korpusboden und -decke befestigt ist (**8.32** f). Hohe Möbeltüren werden außer von Beschlägen zusätzlich von Stangenschlössern im Winkel gehalten.

Zum Schlosseinbau brauchen wir folgende Angaben: Links- oder Rechtstür, Schlosstyp, Schließart und vor allem das *Dornmaß*. Um das Dornmaß zu ermitteln, messen wir von der Stulpvorderkante des Schlosses bis zur Mitte des Schlüssellochs (Dorn).

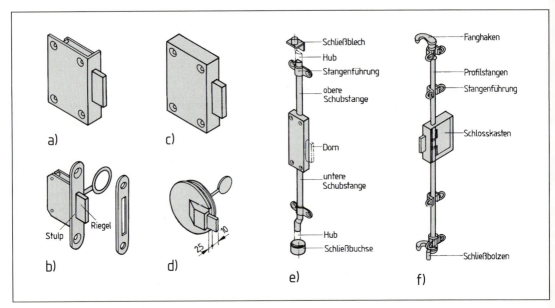

8.32 Schlösser in Ansicht und Schnitt
a) Einlassschloss, b) Einsteckschloss, c) Aufschraubschloss, d) Einbohrschloss, e) Hubstangenschloss, f) Drehstangenschloss

Der Schlüssel mit Ring, Halm und Bart verschließt das Schloss. Mit dem Ring drehen wir das Schloss, der Bart bewegt den Schlossriegel, der Halm verbindet Ring und Bart.

Es gibt verschiedene Schlüsselbartformen: Nutenbartschlüssel, Buntbartschlüssel, Zuhaltungseinrichtungen, Schlüssel für Zylinderschlösser.

Nutenbartschlüssel. Am Schlüsselloch befindet sich ein Zapfen im Schlosskasten, dem die Nut am Schlüsselbart entspricht (**8.33** a).

Buntbartschlüssel. Hier passen in ausgeschweifte Schlüssellochöffnungen Schlüssel mit entsprechend geschweiften Bärten (**8.33** b).

Zuhaltungseinrichtungen. Neben dem Schlossriegel liegen mehrere Zuhaltungsplättchen mit gleichen Ausschnitten übereinander. Die Plättchen bewegen sich bei Einführen des Schlüssels unter Federdruck und durch den Riegel (**8.33** c).

Schlüssel für Zylinderschlösser. In einem Schlosszylinder liegen Sperrstiftpaare hintereinander, die den Drehzylinder blockieren. Der richtige Schlüssel drückt mit seinen Kerben die Stiftchen hoch, so dass sich der Zylinder mit dem Schlüssel dreht und den Riegel bewegt (**8.33** d).

Klappen

Im Unterschied zu Drehtüren haben Klappen keine vertikale, sondern eine horizontale Drehachse. Nach Lage und Drehrichtung unterscheiden wir hängende, stehende und liegende Klappen. Sie werden wie Drehtüren aufschlagend, einschlagend oder überfälzt angeschlagen.

Hängende Klappen sind an der oberen Kante angeschlagen und lassen sich nach oben öffnen. Wir finden sie an Oberschränken von Küchen und Arbeitsplätzen. Im geöffneten Zustand halten Klappenstützen oder Scheren sie offen. Die üblichen Drehtürbeschläge sind so zu montieren, dass sich die Klappe nicht seitlich verschieben lässt und unbeabsichtigt aushängt. Bei Aufschraubbändern sind deshalb ein links und ein rechtes Band zu verwenden (**8.34**).

Stehende Klappen sind an der Unterkante angeschlagen und lassen sich nach unten bewegen. Sie dienen im geöffneten Zustand als Arbeitsfläche (Schreibschrank) und sollen möglichst mit dem anschließenden Boden bündig sein. Da sie im offenen Zustand durch Aufstützen oder Ablegen von Gegenständen zusätzlich belastet werden, sind Scheren oder andere Haltebeschläge nötig, um ein Abkippen und Ausreißen der Klappe zu verhindern. Bei größeren Klappen muss die Öffnungsgeschwindigkeit durch mechanisch oder pneumatisch wirkende Beschläge abgebremst werden. Der Winkel der Haltebeschläge ist wichtig für die Belastungen der Schrauben (mindestens 35° zur offenen Klappe). Die Anschlagpunkte sollte man (besonders bei Scheren) vorher zeichnerisch ermitteln und dann durch Schablonen auf das Werkstück übertragen. Als Drehbeschläge dienen hauptsächlich Zapfenbänder (mit und ohne Arretierung), Stangen- und Klappenscharniere (eingebohrt oder eingelassen (**8.35**).

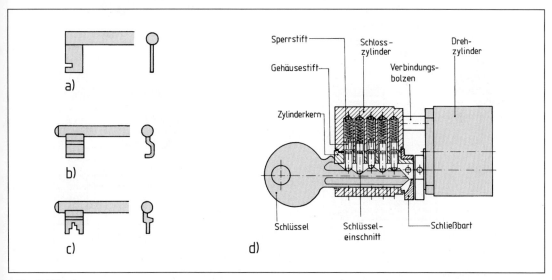

8.33 Schlüssel

a) Nutenbartschlüssel, b) Buntbartschlüssel, c) Schlüssel für Zuhaltungsschloss, d) Schlüssel für Zylinderschloss

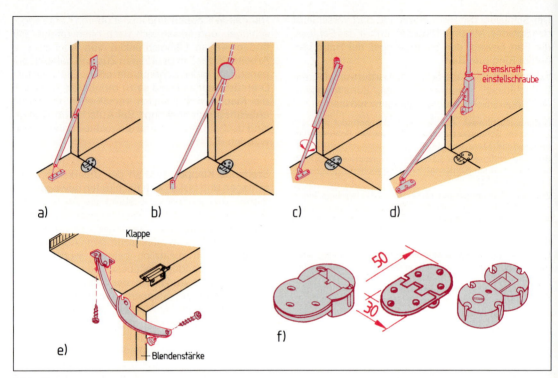

8.34 Klappen
a) Klappenschere, b) Klappenbremse mit Bremsgelenk, c) Bremsklappenhalter mit Bremszylinder, d) Klappenbremse mit Bremsschiene, e) Hochstellstütze, f) Klappenscharniere

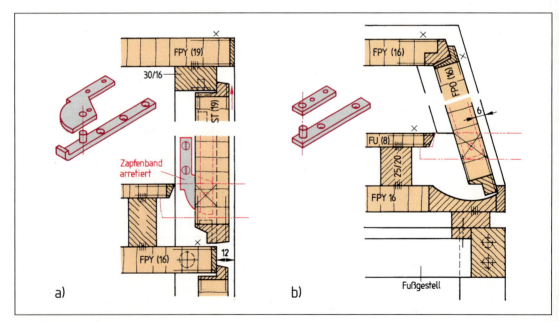

8.35 Stehende Klappen
a) senkrecht stehende Klappe, dreiseitig gefälzt, Zapfenband mit Arretierung, b) schräg zurückliegende Klappe, oben gefälzt, Zapfenband ohne Anschlag

Liegende Klappen decken den Korpus waagerecht ab und werden nach oben geöffnet. Klappenstützen oder Scheren halten sie offen. Sie können mit sichtbaren (z. B. Zylinderbändern) oder unsichtbaren in die Kante eingelassenen Drehbeschlägen (z. B. Vici-, Sepa-, Zysascharniere) angeschlagen werden.

> Nach Anordnung am Möbelkorpus und Drehrichtung unterscheidet man stehende, hängende und liegende Klappen.
>
> Neben Drehbeschlägen gibt es Klappenhalterungen, die eine zu starke Belastung der Bänder und Scharniere verhindern.

Schiebetüren

Schiebetüren brauchen wenig Bewegungsraum, öffnen jedoch immer nur eine Hälfte des Möbels und bieten wenig Schutz vor eindringendem Staub. Wir montieren sie, wenn der Raum nicht genügend Platz für Drehtüren bietet oder wenn die Breite der Tür größer ist als die Höhe (schmale hohe Türen verkanten leicht!). Im Gegensatz zur Drehtür gibt es beim Öffnen der Schiebetür keine Schwerpunktverlagerung, die die Standsicherheit beeinträchtigen kann. Der Kraftaufwand beim Betätigen hängt vom Türformat und von der Führung (Reibungswiderstand) ab. Es gibt stehende und hängende Schiebetüren auf Gleit- oder Rollen- (Kugellager-)führung. Bei hochformatigen Türen ist die hängende der stehenden Ausführung vorzuziehen.

Bei stehenden Schiebetüren liegt das Türgewicht auf der unteren Gleit- oder Rollenführung. Die obere Führung hält das Türblatt senkrecht. Eine Nut oder Profilschiene (aus Kunststoff oder Metall) im Oberboden führt das Türblatt. Das Türblatt muss einfach zu montieren sein und erhält z. B. einen innenliegenden Falz mit genügend Spielraum zum Aushängen oder einen Führungsriegel (**8.36**).

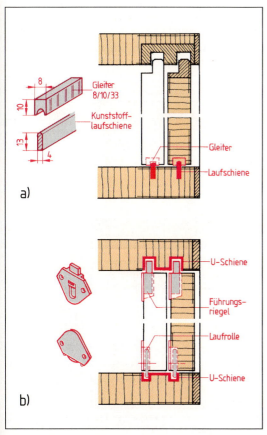

8.36 Stehende Schiebetür
a) gleitende, b) rollende Führung

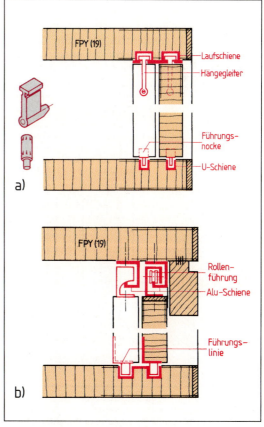

8.37 Hängende Schiebetür
a) gleitende, b) rollende Führung

Bei hängenden Schiebetüren nimmt eine Gleit- oder Rollenführung das Türgewicht an der oberen Türkante auf. Nach der Lage zur Möbelfront unterscheiden wir im oder vor dem Korpus laufende (vorgehängte) Schiebetüren. Bei vorgehängten Türen können die Elemente im geschlossenen Zustand durch Spezialbeschläge in einer Ebene angeordnet werden, so dass sich eine glatte Front ergibt.

Für leichte Türen reicht eine Gleitführung.

Großflächige, schwere und hohe Türen erfordern eine Rollen- oder Kugellagerführung. Das Laufwerk wird meist durch eine Blende verdeckt (**8.37**, **8.38**).

Führungsschubriegel an der Türunterkante oder ein Rollenlaufwerk dienen zur Blattführung im Unterboden (Nut oder Profilschiene erforderlich). Ein staubdichter Mittelschluss zwischen den Türblättern wird durch Bürsten oder abgeschrägte Leisten erreicht.

Zum besseren Türabschluss sollten die Korpusseiten eine Nut, einen Falz, eine Lisene oder eine eingeleimte Staubleiste erhalten.

Glasschiebetüren finden wir oft an Schaukästen und Vitrinen. Sie werden bei geringem Gewicht unten in Nuten oder Profilschienen geführt. Schwere Türen erfordern eine Lagerung auf Stahl-

kugeln oder einen Laufwagen, um die Reibungskräfte zu vermindern. Oben werden die Türen in Holznuten oder Nutschienen in der Lage gehalten (**8.39**).

Schiebetüren verschließen wir mit Hakenriegel- oder Druckzylinderschlössern. Um die äußere Tür nicht zu beschädigen, werden Griffmuscheln oder senkrechte Griffleisten eingelassen. Schiebetüren müssen ausreichend Abstand haben, damit keine Kratzspuren entstehen.

> Hängende und stehende Schiebetüren baut man ein, wenn der Raum für Drehtüren zu eng ist oder wenn die Breite der Tür größer als ihre Höhe ist.

Faltschiebetüren bestehen aus schmalen meist schrankhohen Elementen, die sich mit einem speziellen Beschlagsystem harmonikaartig nach einer oder zwei Seiten schieben lassen. Sie nehmen im geöffneten Zustand nur halb so viel Platz ein wie Drehtüren. Der Schrankraum ist gut zugänglich. Die Anzahl der Faltelemente wirkt sich auf Aussehen und Dichtigkeit aus.

Die Schrankfront wird in schmale Elemente aufgeteilt, die harmonikaartig zusammengeschoben werden.

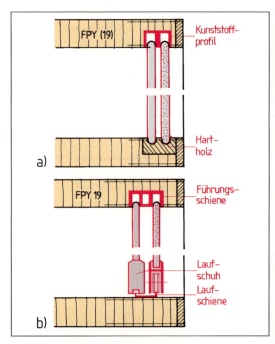

8.38   Schwere hängende Schiebetür mit Rollenführung

8.39   Ganzglasschiebetür
    a) auf Hartholzführung gleitend
    b) auf Laufschiene rollend

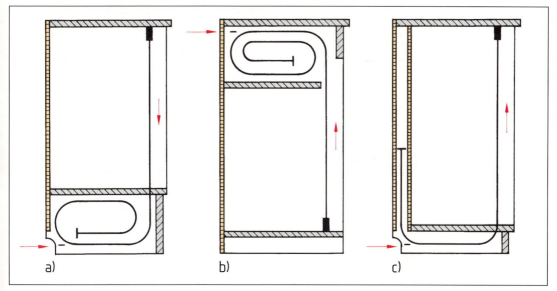

8.40 Vertikal laufender Rollladen
    a) Sockelführung, b) Kranzführung, c) Rückwandführung

Rollläden

Rollläden dienten schon im 18. Jahrhundert als Verschlussmöglichkeit von Schreibsekretären. Heute verwendet man sie sowohl im Büromöbelbau als auch bei Wohnmöbeln. Sie bestehen aus Holz- oder Kunststoffprofilen verschiedenster

Form und sind horizontal oder vertikal in Führungsnuten (Hartholz- oder Kunststoffschienen) zu bewegen. Rollläden schließen staubdicht, beeinträchtigen im geöffneten Zustand nicht den Verkehrsraum und eignen sich besonders für Schränke, die längere Zeit geöffnet bleiben.

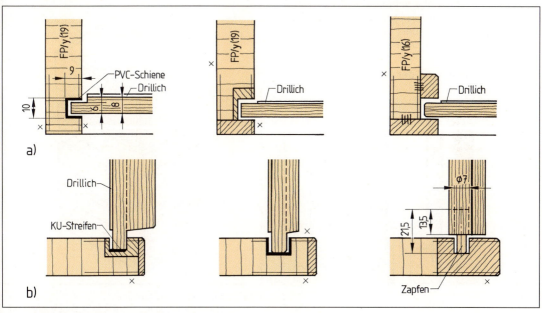

8.41 Rollladenführungen
    a) vertikal, b) horizontal laufend

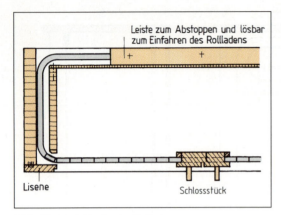

8.42   Horizontal laufender Rollladen

Vertikal öffnende Rollläden öffnen nach oben oder unten. Sie können in einer Schnecke, im Kranz oder Sockel eingerollt werden oder laufen hinter die Rückwand (**8**.40, **8**.41 a). Je nach Konstruktion entsteht ein Platzbedarf in der Höhe oder Tiefe.

Horizontal öffnende Rollläden werden seitlich hinter die Rückwand geführt. Die Führungsnut im Unterboden sollte mit Kunststoff ausgelegt werden, um den Reibungswiderstand zu verringern (**8**.41 b, **8**.42).

Der Radius für die Umlenkung und die Schnecke richtet sich nach der Breite der Stäbe. Ein zu kleiner Radius beeinträchtigt die Laufeigenschaften. Die Abmessung der Stäbe hängt von der Größe des Rollladens ab. Holzstäbe sollten eine Dicke von 6 bis 12 mm, eine Breite von 14 bis 25 mm und einen geraden Faserverlauf haben. In der Industrie stanzt man die Rollläden aus einer mit Stoff beleimten Holzplatte (**8**.43).

Hier eine Beschreibung der handwerklichen Herstellung:

Auf einer Grundplatte befestigt man seitlich eine Falzleiste, die als Anschlag dient und das Hochdrücken der auf Länge geschnittenen Stäbe verhindert. Die Stäbe werden rechtwinklig mit der Ansichtsseite nach unten eingelegt. Nach dem Zusammendrücken und Festspannen der Leisten bringt man von der Rückseite mittelkräftige Leinwand mit einem dickflüssigen, elastischen Leim auf. Bei überfälzten Stäben genügen Drillichstreifen. Die Bahnen oder Streifen müssen seitlich mindestens 20 mm Abstand haben, damit sie nicht in den Führungsnuten scheuern. Für die Befestigung des Schlossstücks wird die Leinwandbahn länger gelassen. Vor dem Leimaushärten nehmen wir den Rollladen aus der Vorrichtung und beseitigen Leimreste zwischen den Stäben. Die Führungsnuten müssen 1 mm breiter sein als die Rollladenstäbe und werden mit einer Oberfräse eingezogen. Zum Verschluss der Rollläden verwenden wir Jalousie- oder Hakenriegelschlösser. Das Schlossstück muss zur Aufnahme des Schlosses ausreichend dick sein (18 bis 24 mm) und wird an der überstehenden Leinwandbahn des Rollladens befestigt.

8.3.5   Schubkästen

Schubkästen sind waagerecht in Richtung der Möbeltiefe bewegliche Behälter, in denen man Gegenstände übersichtlich, leicht zugänglich und gut greifbar aufbewahren kann (**8**.44). Wir können

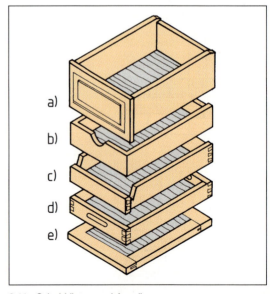

8.44   Schubkästen und Auszüge
        a) Schubkasten aufgedoppelt, b) Innenschubkasten,
        c) Englischer Zug, d) Tablettauszug, e) einfacher
        Schieber

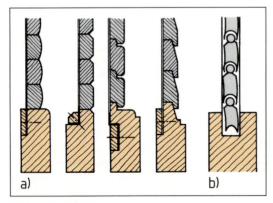

8.43   Rollladenstäbe
        a) Holzstäbe, b) Kunststoffprofile

sie in der Möbelfront sichtbar anordnen oder auch nicht sichtbar hinter Möbeltüren, Klappen oder Rollläden. Bleiben sie sichtbar, sind sie ein wichtiges äußeres Gestaltungselement.

Schubkästen müssen gut zugänglich und so eingebaut sein, dass man in den offenen Kasten hineinsehen kann. Wesentlich ist die gute Gängigkeit. Damit Schubkästen in der Führung gut laufen und nicht verkanten, soll die Tiefe des Kastens größer als die Breite sein. Die Reibungsflächen müssen glatt sein. Griff oder Knopf montieren wir etwas oberhalb der Schubkastenmitte.

> Je länger der Schubkasten und je kleiner sein Spiel, desto gängiger ist der Kasten.

Teile des Schubkastens. Ein Schubkasten besteht aus dem Vorderstück, den Seiten, dem Hinterstück und dem Boden (**8**.45). Nach der gewünschten Möbelfront passt man ihn vorspringend, zurückspringend, überfälzt oder aufschlagend in den Korpus ein. Vorderstück und Seiten können aus Vollholz, Holzwerkstoffen oder Kunststoffprofilen gefertigt werden. Die folgende Beschreibung bezieht sich auf den klassischen Schubkasten mit Führung in Vollholz. Bei der Holzauswahl ist auf den Jahresringverlauf (Stammmittellage) und die richtige Holzfeuchte zu achten (6 bis 10 %).

Das Vorderstück ist der sichtbare Teil des Schubkastens. Meist wird es dicker als die Seiten ausgeführt (16 bis 20 mm), weil an ihm Schloss und Griff angebracht werden. Bei einer Aufdopplung kann die Zinkung offen, sonst muss sie halbverdeckt ausgeführt werden. Wenn wir auf das Vorderstück ein Doppel aus Vollholz leimen, müssen beide Hölzer die gleiche Holzrichtung haben (gleiches Schwindverhalten, **8**.46, **8**.48).

Die Schubkastenseiten sind 10 bis 14 mm dick und werden zur Rückseite oben und unten leicht angefast, damit der Kasten einfacher einzusetzen ist. Vorder- und Hinterstück erhalten die Zinken, die zugbeanspruchten Seiten die Schwalben. Die Schwalben sind so anzuordnen, dass die durchgehende Bodennut des Vorderstücks verdeckt wird. Das Holz für die Seiten verarbeitet man mit der rechten Seite nach außen. Bei etwaigem Werfen bleibt die Verbindungsfuge am Eckzinken dicht und der Kasten klemmt nicht. Wegen der erhöhten Beanspruchung sollten die Seiten aus Hartholz bestehen.

Das Hinterstück schließt den Schubkasten zur Rückseite ab. Oft wird es dünner ausgeführt als die Seiten, weil es keine Nut zur Bodenaufnahme bekommt. Außerdem ist es schmaler als die Seiten, da der Boden von dieser Seite eingesetzt wird. Damit die Luft beim Hineinschieben des Kastens entweichen kann, führt man das Hinterstück etwa 8 mm niedriger als die Seiten aus.

Der Schubkastenboden steift den gesamten Kasten aus, hält ihn winkelstabil und trägt den Schubkasteninhalt. Er wird in die Seite und in das Vorderstück eingenutet und am Hinterstück verschraubt. Ein Nachpassen und Auswechseln ist möglich. Heute stellt man den Boden meist aus Furniersperrholz, bei einfacherer Ausführung aus Hartfaserplatte her; Vollholzböden finden wir nur noch bei älteren Möbeln. Die Faserrichtung muss parallel zum Vorderstück verlaufen, damit beide Teile das gleiche Schwindverhalten haben und sich der Boden nicht aus der Nut zieht (**8**.47).

Schubkastenarten. Nach der Lage zur Möbelfront unterscheiden wir vier Schubkastenarten: zurückspringende, vorspringende, überfälzte und aufschlagende Kästen (**8**.48).

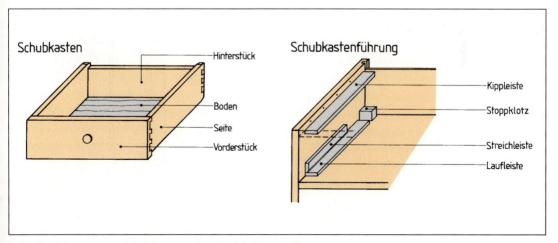

8.45 Bezeichnungen am Schubkasten und an der Schubkastenführung

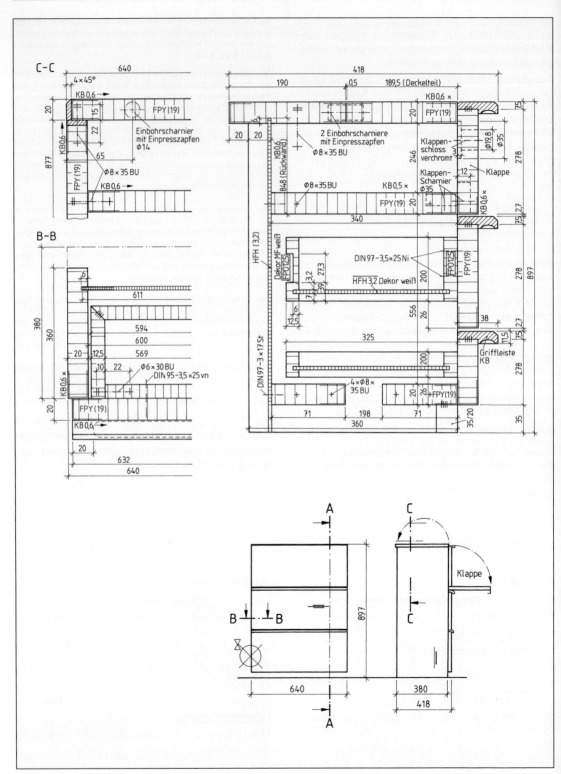

8.46   Flurmöbel mit Klappen und Schubladen nach DIN 919

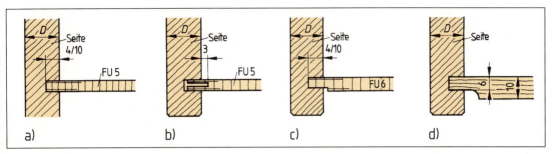

8.47 Schubkastenboden
  a) Bodenkante eingenutet, b) eingenutet und geschlitzt, c) gefälzt, d) Vollholzboden

– **Bei zurückspringenden Schubkästen** springt das Vorderstück 4 bis 7 mm zurück. Dadurch ergibt sich die Plastizität in der Möbelfront.
– **Bei vorspringenden Schubkästen** springt das Vorderstück 4 bis 7 mm vor. Die Ansicht wirkt weniger plastisch, der Innenraum ist staubanfällig. Wegen der sichtbaren Fuge muss der Kasten genau eingepasst werden.
– **Bei überfälzten Schubkästen** erhält das Vorderstück einen Falz oder wird aufgedoppelt. Der Kasten schließt staubdicht, die Kastenfuge wird verdeckt. Wenn das Doppel aufgeleimt wird, müssen Material und Holzrichtung aufeinander abgestimmt werden. Ein Holzwerkstoffdoppel ist auf das Vollholz-Vorderstück aufzuschrauben.
– **Bei stumpf aufschlagenden Schubkästen** schlägt das Vorderstück in voller Dicke auf die Korpuskante. Ein genaues Einpassen des Vorderstücks ist nicht erforderlich.

Für die Eckverbindung des Vorderstücks mit der Seite gibt es verschiedene Möglichkeiten. Die Ausführung richtet sich nach Belastung, Qualitätsansprüchen und betrieblicher Ausstattung. Möglich sind offene oder halbverdeckte Zinkung, Nut und Federverbindung, gedübelt, gegratet oder auf Gehrung gefedert (**8.49**).

Eine Sonderform ist der in der Möbelfront liegende *Schieber*. Die herausziehbaren Platten dienen als Abstellflächen bei Anrichten und Büroschränken (**8.44** e).

Schubkastenführung. Der gute Lauf eines Schubkastens hängt wesentlich von der Schubkastenführung ab. Die Reibungskräfte sollen möglichst klein sein, der Schubkasten darf nicht verkanten. Wir unterscheiden die klassische Führung, Nutleistenführung und mechanische Führung (**8.50**).

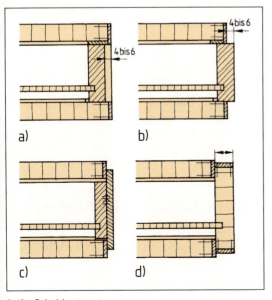

8.48 Schubkastenarten
  a) zurückspringend, b) vorspringend, c) überfälzt
  (aufgedoppelt), d) aufschlagend

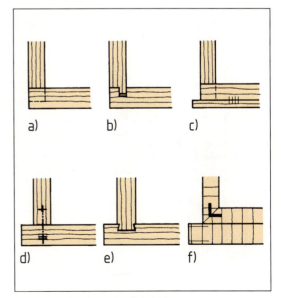

8.49 Eckverbindung von Schubkästen
  a) halbverdeckt gezinkt, b) genutet, c) offen gezinkt,
  d) gedübelt, e) gegratet, f) auf Gehrung gefedert

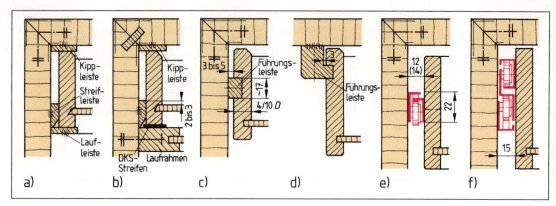

8.50 Schubkastenführungen

a) klassische Führung, b) Streichleiste aus DKS, c) hängende Führung mit Nutleiste, d) hängende Führung mit Falzleiste, e) mechanischer Teilauszug, f) mechanischer Vollauszug

Die klassische Führung besteht aus Lauf-, Streich- und Kippleisten (**8.51**). Für die *Laufleisten* soll ein hartes Material verwendet werden, das einen geringen Reibungswiderstand aufweist (z.B. 3 bis 5 mm dicke feinporige Hartholzleisten aus Buche oder Ahorn oder ein 1 mm dicker Schichtpressstoffstreifen). Durch die *Streichleisten* erhält der Schubkasten seine seitliche Führung. Die Leistenlänge beträgt etwa $^2/_3$ der Kastentiefe. An der Unterkante soll die Streichleiste eine Fase haben, damit Leimreste und Staub den Lauf nicht beeinträchtigen. Die *Kippleisten* geben dem Schubkasten die obere Führung und verhindern das Abkippen beim Herausziehen des Kastens. Damit der Kasten besser gleitet, reibt man die Schubkastenführungen oft mit

Wachs ein. Ein *Stoppklotz* stoppt den Schubkasten ab. Er wird hinter der Seite mit etwa 3 mm Abstand von der Schrankrückwand befestigt (sonst besteht Resonanzgefahr). Die Stoppfläche soll Hirnholz sein.

Bei der Nutleistenführung läuft der Schubkasten mit seinen genuteten Seiten in Führungsleisten. Sie bestehen meist aus Hartholz oder Kunststoff und übernehmen die Aufgaben der Kipp-, Streich- und Laufleisten. Jedoch sind sie schneller zu montieren und erfordern weniger Einpassarbeit als die klassische Führung. Wir können sie auch unter dem oberen Boden befestigen, so dass der Schubkasten in einer ausgefälzten Leiste hängend läuft (**8.50** c, d).

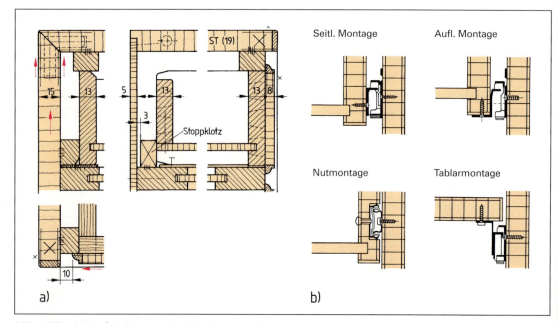

8.51 a) Klassischer Schubkasten mit aufgedoppeltem Vorderstück
b) Mechanische Schubkastenführungen

Bei der mechanischen Führung übernehmen Metallschienen mit Rollen oder Kugellagern die Schubkastenführung. Die hier statt der Gleitreibung auftretende Rollreibung verbessert die Laufeigenschaften. Mechanische Führungen eignen sich besonders für schwere, breite Schubkästen. Wir unterscheiden Teil- und Vollauszug (8.50, 8.51). Beim Vollauszug kann der Schubkasten bis vor die Möbelfront gezogen werden. Für die Bestellung sind folgende Angaben wichtig: Teil- oder Vollauszug, Einbaulänge, Belastung, Art der Anbringung (seitlich oder unter dem Boden), Kugellager- oder Rollenauszug.

Um handwerkliches Können zu zeigen, finden wir heute bei Einzelstücken statt des mechanischen Vollauszugs teilweise wieder den herkömmlichen Kulissenauszug aus Holz.

Innenschubkästen. Hinter der Möbelfront (Türen, Klappen, Rollläden) werden oft Innenschubkästen, Englische Züge oder Tablettauszüge eingebaut. Sie müssen sich bei einem Öffnungswinkel der Tür von 90° ohne anzuecken bewegen lassen.

Innenliegende Schubkästen erhalten bei großen Schränken oft ein eigenes Schubkastengehäuse. Für den Bau des Schubkastens gelten die beschriebenen allgemeinen Konstruktionsgrundsätze. Um den Schrankinnenraum gut zu nutzen, sollte man eingelassene Griffnuten, -muscheln oder Hängegriffe vorsehen.

Englische Züge haben ein niedriges Vorderstück, das gleichzeitig als Griff dient. Der Inhalt ist einsehbar und beim offenen Möbel zugänglich. Man baut die Züge bevorzugt als Papier- oder Wäscheauszüge in Büromöbeln oder Schränken ein. Das zum Unterfassen tiefergezogene Vorderstück sollte mindestens mit zwei Schwalben verbunden werden (8.44 c).

Tablettauszüge sind ausziehbare Fachböden in Anrichten und Geschirrschränken, die oft auch zum Servieren benutzt werden (8.52 b).

> Die klassische Schubkastenführung besteht aus Lauf-, Streich- und Kippleiste.
>
> Bei der Nutleistenführung läuft der Schubkasten in zwei Führungsleisten.
>
> Mechanische Führungen montiert man bei schweren, breiten Schubkästen mit Teil- oder Vollauszug in Rollen- oder Kugellagerführung.

Schubkastenschlösser sichern den Schubkasteninhalt und schützen als Einzelverschluss die Schublade (8.53). Für Einzelschubkästen baut man in der Regel dieselben Schlossarten wie bei den Möbeltüren ein. Liegen mehrere Schubladen übereinander, baut man häufig Zentralverschlüsse ein. Sie bestehen aus einem Zylinderschloss mit einer Verschlussstange, durch die sich alle Schubkästen gleichzeitig arretieren lassen.

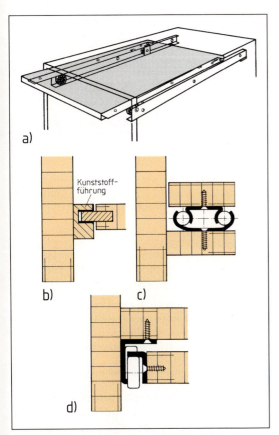

8.52 a) Tablettauszug in Ansicht, b) Gleitführung,
c) Kugellagerführung, d) Rollenführung

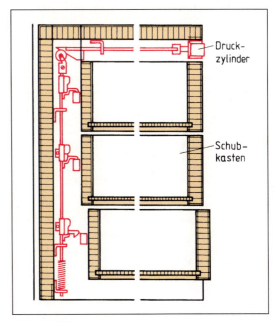

8.53 Schließanlage

8.3.6 Fachböden

Fachböden nehmen Gegenstände unterschiedlicher Größe und Gewichte auf. Dabei sollen sie sich nicht verformen. Der Verwendungszweck und die Spannweite beeinflussen die Materialauswahl und Konstruktion. DIN 68874 unterscheidet drei Belastungsgruppen und legt maximale Werte für die Durchbiegung fest. Für die Dicke der Böden gilt als Richtwert 16 bis 20 mm. Die Spannweite soll bei normaler Belastung 1 000 mm und bei hoher Belastung (z. B. Bücher) 800 bis 900 mm nicht überschreiten. Fachböden aus Vollholz oder Tischlerplatte biegen sich weniger durch als Böden aus Holzspanplatte. Die Mittellage der Tischlerplatte und die Faserrichtung des Deckfurniers von Spanplatten sollen parallel zur Öffnungsbreite verlaufen. Bei Vollholzböden wirken sich außerdem die Holzart und der Jahresringverlauf auf die Durch-

biegung aus. Durch Vorleimer oder eingelassene Metallprofile lässt sich die Tragfähigkeit der Böden erhöhen.

Die Fachböden sollten höhenverstellbar montiert werden. Statt der früher üblichen Zahnleiste für Vollholzböden verwendet man heute Bodenträgerstifte und -stecker. Für die Bohrungen in der Korpusseite hat sich das rationelle *32-System* bewährt:

Im Abstand von 32 mm bohrt man eine Lochreihe von 5 mm Durchmesser, die außer den Bodenträgerstiften auch Beschläge für Türen und Schubkästen aufnehmen kann (**8.**54). In die Korpusseiten eingelassene Bodenträgerschienen aus Metall oder Kunststoff haben die Vorteile guter Verstellmöglichkeit und hoher Belastbarkeit. Glasböden erfordern spezielle Bodenträger, die ein Verrutschen verhindern.

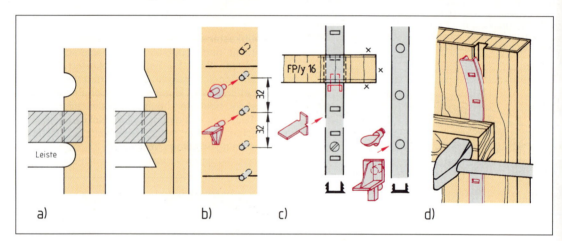

8.54   Fachböden
  a) auf Zahnleiste, b) 32er Lochreihe, c) Bodenträgerschiene, d) Montage der Bodenträgerschiene

---

Aufgaben zu Abschnitt 8.1 bis 8.3

1. Woher kommt das Wort Möbel?
2. Worauf beziehen sich Möbelmaße?
3. Aus welchen Teilen besteht der Rahmenbau?
4. Welche Holzverbindungen wählt man im Rahmenbau und im Gestellbau?
5. Was sind Stollen?
6. Nennen Sie Holzverbindungen beim Plattenbau.
7. Durch welche Gestaltungselemente können wir dem Möbel eine gute Form geben?
8. Zeichnen Sie eine Tür und teilen Sie die Fläche im Goldenen Schnitt.
9. Nennen Sie Kontrastmöglichkeiten für die Möbelgestaltung.
10. Welchen Eindruck macht ein asymmetrisch angeordnetes Möbel?
11. Aus welchen Elementen besteht ein Möbelkorpus?
12. Welche Möglichkeiten gibt es für die Ausführung des Schrankunterteils?
13. Welche oberen Schrankabschlüsse sind möglich?
14. Wie kann ein Kranz konstruiert sein?
15. Welche Arten von Drehtüren sind zu unterscheiden?
16. Welche Vor- und Nachteile haben die verschiedenen Ausführungen der Drehtüren?
17. Für welche Drehtüren verwendet man die Kröpfungen A, B, C und D?
18. Welche Anforderungen sind an Beschläge zu stellen?
19. Wodurch unterscheiden sich Bänder und Scharniere?
20. Welche Aufgaben hat die Lisene?
21. Beschreiben Sie den Einbau eines Zapfenbands.
22. Aus welchen Teilen besteht ein Topfscharnier?

23. Nennen Sie die Vorteile eines Topfscharniers.
24. Was ist ein Stulp?
25. Welche Angaben müssen Sie beim Kauf eines Tür-schlosses machen?
26. Wodurch unterscheiden sich Nutbart- und Buntbart-schlüssel?
27. Nennen Sie die Klappenarten.
28. Welche Drehbeschläge kann man für Klappen verwenden?
29. Wodurch kann eine Klappe offen gehalten werden?
30. Vergleichen Sie Vor- und Nachteile von Schiebe- und Drehtüren.
31. Welche Arten von Schiebetüren unterscheidet man?
32. Wie werden hohe Schiebetüren geführt?
33. Nennen Sie die Gründe für den Einbau von Rollläden.
34. Welche Arten von Rollläden gibt es?
35. Welche wichtigen Konstruktionsregeln sind beim klassischen Schubkasten mit Führung zu beachten?
36. Nennen Sie die Vorteile der Nutleistenführung gegenüber der herkömmlichen Führung.
37. In welchen Fällen verwenden wir mechanische Führungen? Was ist bei der Bestellung anzugeben?
38. Welche Schubkasteneckverbindungen gibt es?
39. Was ist ein Englischer Zug? In welchen Fällen verwendet man ihn?
40. Auf ein Schubkastenvorderstück leimen wir ein Doppel aus Vollholz. Worauf ist dabei zu achten?
41. Welche Befestigungsmöglichkeiten gibt es für Fachböden?
42. Was ist zu beachten, um die Durchbiegung der Böden geringzuhalten?

8.4   Kleine Stilkunde des Möbels

Lange Zeit bildeten Truhen und Kasten die einzige bewegliche Einrichtung. Sie dienten als Gebrauchsgegenstände und Gestaltungselemente im Wohnbereich. Erst später entwickelten sich andere Möbelformen.

Stil. Die Geschichte des Möbels ist eng mit der Entwicklung der Architektur verbunden. Die Möbel zeigen typische Stilmerkmale der einzelnen Epochen, die wir kennen müssen, um heutige Formen (das Design) zu verstehen und künftig mitzuentwickeln. Unter Stil versteht man die für eine bestimmte Zeit (z. B. Romanik, Gotik, Renaissance) typische Formausprägung auf allen Gebieten künstlerischen Schaffens.

Die folgenden Abschnitte geben Einblick in die Epochen und ihre wichtigsten Stilmerkmale.

8.4.1   Altertum und Antike

Im alten Ägypten (etwa 2800 bis 300 v. Chr.), dem Land der monumentalen Pyramiden und Tempel, schufen Handwerker aus kostbaren Hölzern wie Zeder, Zypresse, Ebenholz oder Johannisbrotbaum ihre Möbel. Sie schmückten sie mit kunstvollen Ornamenten, Darstellungen aus dem täglichen Leben oder Sinnbildern aus dem religiösen Bereich (**8.55**). Einige der als Grabbeigabe verwendeten kostbaren Möbel sind erhalten geblieben. Konstruktive Holzverbindungen und Dekorationstechnik waren bereits hoch entwickelt. Die Drechselkunst und Furniertechnik waren bereits bekannt. Intarsien dienten als wichtiges Gestaltungselement.

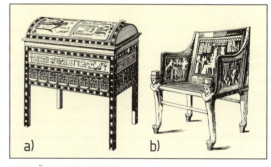

8.55   Ägyptische Möbel
a) Schmuckkasten, b) Sessel des Pharao

Griechenland. Mit den Griechen (etwa 1000 bis 150 v. Chr.) beginnt die Antike. Die Griechen strebten

8.56   Poseidon-Tempel, Paestum

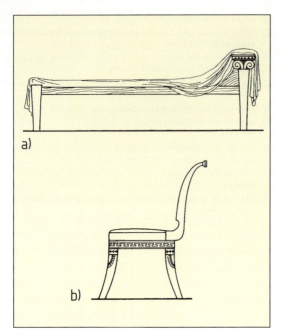

8.57   Griechische Möbel
         a) Ruhelager, b) Klismos-Stuhl

nach Harmonie in allen Dingen und Maßen. Der „klassische" Tempel mit dem Querbalken (Architrav), Fries und Dreieckgiebel entsteht (**8**.56). Aus der dorischen Säulenordnung entwickeln sich die ionische und die korinthische Ordnung.

Auch die in Vasenbildern und Steinreliefs überlieferten Möbel zeigen ausgewogene, „klassische" und einfache Grundformen wie Mäander, Eierstab und Tiersymbole (**8**.57). Dübel, Verzapfung, Überblattung, Zinkung und auch Leimfugen sind bereits geläufig.

Die Römer (etwa 750 v. Chr. bis 450 n. Chr.) entwickeln die griechische Formenwelt vor allem technisch weiter.

Viele „Ingenieurbauten" entstehen – Thermen, Arenen, Aquädukte, Brücken und Straßen. Neben den Tempeln entstehen öffentliche Markt- und Gerichtsgebäude (Forum und Basilika) sowie Theater (**8**.59).

Aus der griechischen Säulenordnung bildet sich das römische Kompositkapitell.

8.59   Römisches Bauwerk, Colloseum in Rom

Die Möbel werden in Brett- und Stollenbauweise geschaffen. Gedrechselte Stollen zeigen das handwerkliche Können der Römer. Als Schmuck dienen Pflanzenornamente und Tiersymbole (**8**.58).

Als Möbelgrundtypen waren Bett, Sitzmöbel, Tisch, Truhe und Schrank bekannt.

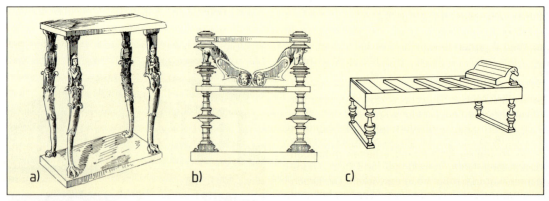

8.58   Römische Möbel
         a) Tisch, b) Ehrensitz, c) Ruhelager

8.4.2 Mittelalter

An die Antike und die frühchristliche Zeit schließt sich das Mittelalter an. Es umfasst die Romanik und Gotik.

Die Romanik (etwa 800 bis 1250)

Es ist die Epoche der Reichsgründungen in Mitteleuropa (Karl der Große, Friedrich I. Barbarossa). Im Schutz der Kaiserpfalzen und Adelsburgen oder in Klosternähe entwickeln sich Städte. Burgen, Kirchen und Klöster dienen als Wohn-, Sakral-(kirchliche) und Wehrbauten zugleich.

Baustile. Dicke schwere Mauern mit kleinen Fenstern und Rundbogen kennzeichnen diesen Stil. Aus der röm. Basilika entwickelt sich die Kreuzform der Klosterkirchen und Kaiserdome (z.B. Maria Laach, Dome in Speyer, Worms und Mainz, **8.**60). Die römischen Kompositkapitelle weichen gedrungenen Würfel-, Figuren- und Pflanzenkapitellen.

Möbelbau. In der Einrichtung beschränkt man sich auf wenige Gebrauchsmöbel. Sie sind wuchtig und schwer, haben aber oft kunstvoll gedrechselte Teile. Als Sitzgelegenheit werden Faltstuhl, Kastensitz und Bänke benutzt. Truhen und einfache Schränke sind wuchtige Brett- oder Stollenkonstruktionen mit einfachem Keil- und Kerbschnittmuster oder Ritzlinien (**8.**61). Dübel, Zapfen und

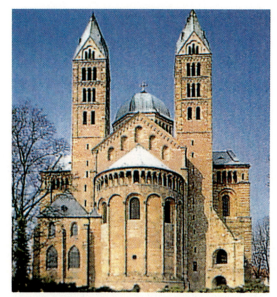

8.60 Romanisches Bauwerk, Dom zu Speyer

Metallband dienen als Verbindungs- und Gestaltungselemente (**8.**62). Die Säulenfüße und Blendarkaden der Möbel werden aus der Architektur übernommen. Die Möbel des Adels zeigen Klauenfüße und Löwenkopfknauf.

8.61 Romanische Möbel
a) Faltstuhl, b) Kastenstuhl, c) Truhe mit Rundbogenarkaden

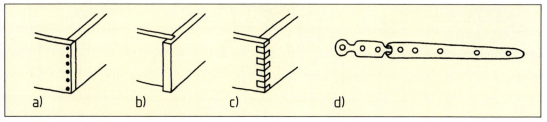

8.62 Romanische Holzverbindungen und Beschlag
a) gedübelt, b) eingelassen, c) gezinkt, d) schmiedeeiserner Beschlag

Die Gotik (etwa 1250 bis 1500)

Ihr Ursprung liegt in Frankreich. Ein tiefempfundener religiöser Glaube prägt diese Epoche. Es ist die Zeit der Städtegründungen, Gilden und Zünfte erleben ihre Blütezeit.

Baustil. Die Bauwerke sind feingliedrig, mit Betonung der senkrechten Linie. Kathedralen und Dome erheben sich fast schwerelos in den Himmel – denken wir nur an die französischen Kathedralen,

8.63   Gotisches Bauwerk

den Wiener Stephansdom oder die Münster in Ulm, Freiburg und Straßburg. Die Wände der Kirchen öffnen sich dem Licht. Kunstvolles Maßwerk ziert die großen Spitzbogenfenster und Fensterrosetten (**8.63**).

Möbelbau. Die massive Brettbauweise der Romanik weicht mehr und mehr dem Stollenbau und Rahmenbau mit großen Flächen und Füllungen. Die in dieser Zeit aufkommenden Sägemühlen erleichtern den Zuschnitt und die Verarbeitung (1322 – erste Sägemühle in Augsburg). Die meisten der heute gebräuchlichen Holzverbindungen wie Graten, Zinken und Schlitzen werden entwickelt und angewendet. Sie schaffen die technische Voraussetzung für eine reichere Formgebung bei Sitzmöbeln (Falt-, Scheren-, Dreibeinstuhl, Kastensitz), Betten und Tischen (Kastentisch mit Schubladen). Aus zwei übereinander gesetzten Truhen entsteht der Schrank. Die aus Eiche, Esche oder Nadelhölzer gefertigten Möbel erhalten Ornamente in Flach- oder Kerbschnitzerei. Das Schmuckwerk wird reichhaltiger und zeigt neben Naturmotiven (Ranken, Blüten, Blättern) auch Zierprofile. Bänderwerk, Rankenreliefs, Tier- und Fabelwesen wechseln mit filigraner Maßwerkschnitzerei und Wappen. Rahmenkonstruktionen erhalten oft Füllungen mit Faltwerk oder X-Ornamenten (**8.64**).

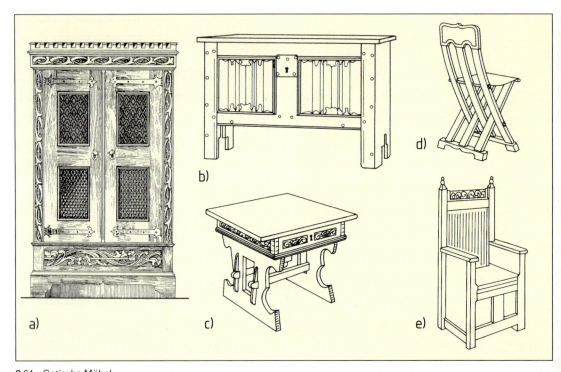

8.64   Gotische Möbel
a) Schrank, b) Truhe, c) Tisch, d) Scherensitz, e) Kastenstuhl

8.4.3   Neuzeit

Die Neuzeit beginnt mit der Erfindung des Buchdrucks mit beweglichen Lettern. Durch diese Erfindung Gutenbergs wird es möglich, Literatur und Wissen rasch zu verbreiten und damit Wissenschaft und Technik voll zu entfalten.

Die Renaissance (etwa 1500 bis 1600)

Die Epoche geht von Italien aus mit dem Bestreben, die Antike wiederzubeleben (Renaissance = Wiederbelebung). Griechische und römische Stilelemente werden aufgenommen und zu neuen Schöpfungen verarbeitet. Nicht mehr die Kirche steht im Mittelpunkt, sondern der Mensch. Die selbstbewussten Bürger bauen sich stolze Wohnhäuser und kunstvolle Rathäuser, die Fürsten errichten weitläufige Schlösser und prachtvolle Paläste. Rasch verbreitet sich die Renaissance über ganz Europa. Beispiele in Deutschland sind das Heidelberger Schloss sowie die Rathäuser in Augsburg und Bremen (**8.**65). Der gewaltige Aufschwung von Wissenschaft und Technik hat viele Erfindungen und Entdeckungen zur Folge. Handel und Gewerbe blühen, Stolz und Macht der Bürger wachsen.

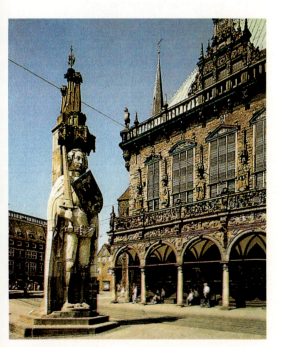

8.65   Renaissance-Bauwerke, Bremer Rathaus und Roland

Baustile. Die Bauwerke sind klar und harmonisch gegliedert mit Betonung der waagerechten Linien. Die quadratischen und rechteckigen Fensteröffnungen erhalten oft eine schmückende Umrahmung sowie dreieckige oder halbrunde Giebelfenster.

Unter den Händen der Handwerker entstehen Parkettböden aus vielfarbigen Hölzern. Kassettendecken aus Holz mit kunstvoll gestalteten Profilen und Verkröpfungen geben Zeugnis vom künstlerischen Schaffen.

Möbelbau. Antike Ornamente der Baukunst erscheinen auch auf den Möbeln, die in Rahmenkonstruktionen aus Eiche, Nussbaum, Kastanie oder Ebenholz gefertigt werden. Aus der Truhe entwickelt sich die Truhenbank, reich verziert mit Blumenranken, Tierköpfen oder Fabelwesen (**8.**66).

An die Stelle des gotischen Kastentisches tritt ein Tisch mit schwerem Untergestell und reichen Ornamenten, dessen vasenförmige Balusterbeine sich allmählich zur Kugelform wandeln. Die Flächen der Wangentische dekoriert man mit Eierstab, Zahnschnitt, Blattwerkfries, Gesimsprofil, Palmetten, Masken und Fruchtgirlanden. Als Vorläufer des Prunkbüfetts kommt die Kredenz auf, ein kastenähnlicher Aufbau mit geschnitzten Türen auf meist offenem Untergestell.

Eine Abwandlung ist das Kabinettschränkchen, ein Querschrank auf hohem Fußgestell mit kleinen Schüben und Fächern. Kostbare Intarsien und Arabesken (plastisches Blatt- und Rankenwerk) zieren diese Schränke. Bei den Stühlen herrscht die Stollenkonstruktion vor, wobei Stollen und Zargen ebenfalls Formen aus der Baukunst zeigen: Ziergiebel, Säulen und Kapitelle. Die Stege sind gedrechselt. Auch gepolsterte Sitze kommen auf. Aus anfangs vereinzelt eingelegten farbigen Hölzern entwickelt sich die Intarsie.

Der Barock (etwa 1600 bis 1730)

Es ist das unruhige Zeitalter der Gegenreformation (des Religionszwists zwischen Katholiken und Protestanten) und des verheerenden 30jährigen Krieges, der mit dem Westfälischen Frieden 1648 endet. Der Wunsch nach Repräsentation von Fürsten, wohlhabenden Kaufleuten und kirchlichen Würdenträgern fördert das darniederliegende Handwerk und die Künste.

Rasch greift der in Italien entstehende Barock (ital. *barocco* = schiefrund, sonderbar) mit seinen bewegten Linien, seiner Schmuck- und Prunkfreude auf ganz Europa über. Mitgeprägt wird der Barockstil vom Hof König Ludwigs XIV. von Frankreich, dem „Sonnenkönig".

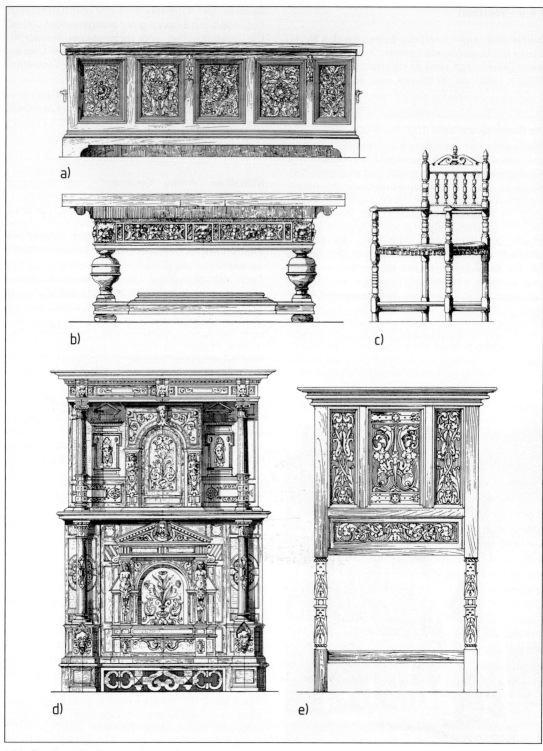

8.66 Renaissancemöbel
a) Truhe, b) Tisch, c) Stuhl, d) Büffet, e) Kredenz

Baustil. Es entstehen Schlösser mit verschwenderischer Ausstattung: säulengegliederte Fassaden, große Repräsentationssäle und Spiegelkabinette, ausgedehnte Gärten, die wir noch heute in Versailles bewundern können.

Andere europäische Fürsten ahmen diesen Louis-XIV.-Stil nach (Beispiele sind die Würzburger Residenz, das Ludwigsburger Schloss und der Dresdner Zwinger, **8.**67 a). Prunk bestimmt auch die Kirchenbauten dieser Zeit, vor allem in Süddeutschland und Österreich (etwa Vierzehnheiligen (**8.**67 b), Weingarten, Fulda).

Möbelbau. Die Kommode mit Schubkästen zur Aufbewahrung löst die Truhe ab. Durch die Ergänzung mit einem Aufsatz entsteht der Kommodenschrank. Die gepolsterte Sitzbank (Kanapee) kommt auf, geschwungene Säulen stützen Tische und Schränke. Die schweren Schränke werden meist von Kugelfüßen getragen, darüber finden wir im Sockel große Schubladen (Hamburger Schapp). Das weit ausladende Kranzgesims wird geschweift und erhält Kröpfungen. Die spitzovalen Türfüllungen sind gewölbt und reich profiliert. Die Möbelfronten zeigen oft Portalmotive. Aus dem Möbelhandwerk wird immer mehr eine Möbelbaukunst.

Berühmte Kunsttischler sind *André Boulle* (Boulletechnik) am französischen Hof, *Abraham* und *David Roentgen* sowie *François Cuvilliés* in Deutschland. Aus dem Rollwerk der Spätrenaissance entwickeln sich Knorpel- und Rollenwerk (**8.**68).

Alle gängigen Konstruktionen werden beherrscht. Man verarbeitet kostbare Hölzer, deren Oberfläche mit hochwertigen Lacken, Politur und Lackmalerei dekoriert wird. Für Intarsien verwendet man neben Edelhölzern auch Metalle, Perlmutt, Schildpatt und Elfenbein.

a)

b)

8.67 Barockbauwerke
    a) Dresdner Zwinger (M. D. Pöppelmann), b) Vierzehnheiligen (B. Neumann)

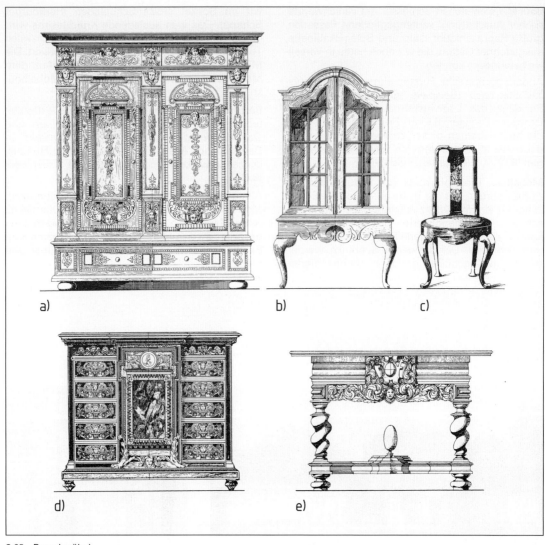

8.68   Barockmöbel
    a) Schrank, b) Kabinettschrank, c) Stuhl (Queen Anne), d) Kommode, e) Tisch

Rokoko (etwa 1730 bis 1770)
Der wirtschaftliche Aufschwung ermöglicht den
Fürstenhöfen eine aufwendige, repräsentative Le-
bensweise.

Baustil. Im Rokoko vollendet sich das Barock.
Seine schwere und wuchtige Würde weicht einer
leichten, zierlichen Ornamentik. Muschelwerk
(Rocaille, **8**.69), Stuckaturen und feines Zierwerk in
schwingenden Linien kennzeichnen diese Epoche,
in der Friedrich der Große Schloss Sanssouci (frz. =
ohne Sorge, sorgenfrei) erbauen lässt.

8.69   Rocaille-Ornament

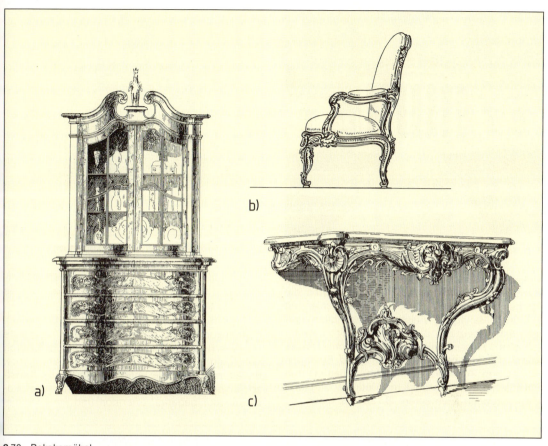

8.70 Rokokomöbel
   a) Kommodenschrank, b) Sessel (Zopfstil), c) Konsoltischchen (Zopfstil)

Möbelbau. Man verarbeitet alle verfügbaren Holzarten, die konstruktiven Verbindungen bleiben weitgehend verborgen. Möbeloberflächen werden oft deckend lackiert oder vergoldet. Das Rokoko bevorzugt kleine Möbeltypen. Es entstehen kleine Kommoden, Schreibtische, zierliche Spieltische und graziöse Sitzmöbel, deren Polster mit Seide bezogen sind. Man dekoriert die Möbel mit spielenden Putten, stilisierten Vögeln, Rosengirlanden, Fruchtgehängen und Rautenmustern (**8.70**). Eckpilaster und Giebelkrönungen werden gern mit Rocaillen versehen.

In England schafft der Kunsttischler (cabinetmaker) *Thomas Chippendale* eine ganz neue Möbelkunst.

Klassizismus (etwa 1770 bis 1830)
Das nüchterne Denken der Aufklärung stärkt die Zweifel an der absolutistischen Gesellschaftsordnung des Barock und Rokoko. *„Zurück zur Natur!"*,

fordert *J. Rousseau*. „Freiheit, Gleichheit, Brüderlichkeit" heißt der Leitspruch der Französischen Revolution 1789, mit der eine neue Epoche beginnt. Napoleons Eroberungsfeldzüge in Mittel- und Südeuropa finden ein Ende durch die Befreiungskriege.

Baustil. In diesen Zeiten der politischen Erschütterungen orientiert sich die Kunst erneut an der Antike. In griechischen und römischen Formen errichten die Baumeister monumentale tempelartige Bauten (z. B. Brandenburger Tor und Alte Wache in Berlin sowie Glyptothek in München (**8.71**). Klar gegliederte Fassaden, antike Säulen und Kapitellformen und Giebelfelder prägen das Bild.

Möbelbau. Auf einen klaren konstruktiven Aufbau und eine handwerklich saubere Verarbeitung wird großer Wert gelegt. Vorherrschend sind ebene Flächen mit antiken Motiven. Die Tisch- und Stuhlbeine laufen konisch zu und enden häufig in Säu-

8.71   Glyptothek in München (L. v. Klenze)

8.72   Zylinderschreibtisch von David Roentgen

lenkapitellen. Rechteck, Kreis, Oval und Symmetrie werden betont, Mäanderfriese unterbrechen die Flächen. Bevorzugt arbeitet der Kunsttischler mit Ebenholz, Mahagoni, Nussbaum, Kirschbaum und schwarz gebeiztem Birnbaumholz. Bronzemanschetten, Messingteile und vergoldete Dekors schmücken die dunklen Möbel. *David Roentgen* schafft nun Zylinderschreibtische, Toiletten- und Spieltische sowie Schränke mit Metallbändern und antikisierenden Elementen (**8.**72). Als einer der

ersten beginnt er in dieser Zeit, „Typenmöbel" herzustellen und die Fürstenhäuser ganz Europas damit zu beliefern.

In England entstehen Wandtische (side-boards), Schreibkommoden, Klapptische und verglaste Bücherschränke. Dabei werden die Flächen durch gotisierende Bögen, durch Rocaille-Ornamente, Rosetten und Profile unterteilt. Berühmte Kunstschreiner sind Thomas *Chippendale* (der als Rokoko-Künstler begann), *Sheraton* und *Hepplewhite*

8.73   Englischer Klassizismus
a) Chippendale-Büffet, b) Chippendale-Stuhl, c) Chippendale-Schreibtisch, d) Hepplewhite-Schrank

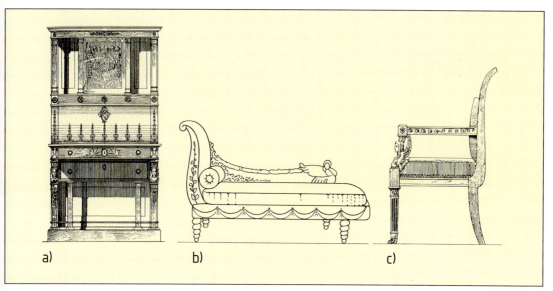

8.74 Empiremöbel
   a) Schrank, b) Ruhebett (Méridienne), c) Sessel

(sprich Scheraton und Hepplwait). Durch ihre Möbel- und Vorlagebücher werden sie in ganz Europa bekannt (**8.73**).
Im Möbelbau sind 3 Richtungen erkennbar.

Louis-Seize-Stil entstand am französischen Königshof. In Deutschland entwickelt sich daraus der Zopfstil. Die Möbel wirken leicht und grazil, die Konstruktion wird betont. Die Schönheit des Holzes und seine Maserung bringt man durch Politur zur besonderen Geltung. Die Beschläge aus Bronze, Messing und Silber schmücken das Möbel (s.g. Bronzen). Beliebte Ornamente sind Girlanden, Kränze, Schleifen, Medaillons und Perlstäbe.

Empire-Stil bezeichnet die französische Möbelbaukunst der napoleonischen Zeit. Sphinxköpfe und -krallen, römische Rutenbündel, Adler- und Löwenköpfe, Palmetten und Säulenkapitlche sind die Kennzeichen dieser glanzvollen Kaiserzeit (**8.74**).

Biedermeier (etwa 1820 bis 1850). Diese nachklassizistische Stilrichtung findet ihren besonderen Ausdruck in einer bürgerlichen Wohnkultur der Beschaulichkeit und Behaglichkeit. Nach den Kriegsjahren zwingen die wirtschaftlichen Verhältnisse zu einer bescheidenen Lebensweise und einer schlichten, zweckmäßigen Gestaltung der Möbel. Die klar gegliederten Möbel sind einfach und funktionsgerecht gestaltet. Die Hölzer (Esche,

8.75 Biedermeiermöbel
   a) Schrank, b) Sofa, c) Tisch, d) Sessel

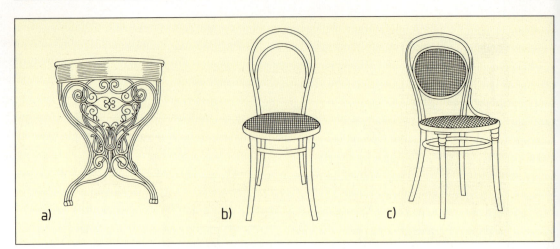

8.76 Bugholzmöbel
  a) Tisch, b) Stuhl Nr. 14, c) Stuhl mit Rohrgeflecht und Rückenlehne (alle M. Thonet)

Birke, Birn-, Kirsch-, Nussbaum, Mahagoni) wirken oft durch ihre schöne Maserung. Man bevorzugt einheimische Hölzer und helle Polituren.

Historismus oder Gründerzeit nennt man die verschiedenen Stilrichtungen zwischen 1850 und 1890. Die Industrialisierung nimmt zu, die „Revolution der Technik" verändert die Welt und ihre Gesellschaft von Grund auf. Neue Entdeckungen und Erfindungen, vor allem in den Naturwissenschaften, leiten eine fortschrittliche Entwicklung ein. 1871 gründet Bismarck das Deutsche Reich. In den Großstädten entstehen die Slums der Fabrikarbeiter, und es flackern soziale Unruhen auf. Die Weltausstellung 1851 offenbart einen bestürzenden Niedergang des europäischen Kunsthandwerks.

Baustil. Das schnelle Wachstum der Städte führt zu hemmungsloser Bautätigkeit. Bei der Gestaltung der Gebäude beschränkt man sich auf die Nachahmung früherer Stilrichtungen. Kirchen in neuromanischer oder neugotischer Art werden errichtet, Theater baut man in Neubarock, Ministerien in Neurenaissance (Altdeutsch).

Möbelbau. Das Maschinenzeitalter beginnt und ermöglicht die industrielle Möbelfertigung. Vielfach verdrängt die billige Massenware der Fabriken handgefertigte massive Möbel. Stilformen vergangener Epochen werden nachgeahmt, nicht selten wahllos untereinander gemischt. Nur *Michael Thonet*, der in Wien mit der Serienproduktion von Möbeln beginnt, verzichtet auf Stilimitationen.

Seine Möbel zeigen sachlich-zeitlose Formen. Sie werden meist in einem Stück aus massivem Bugholz (Biegeholz) über Wasserdampf geformt. Von der Stuhlform Nr. 14 (**8.76** b) werden zwischen 1859 und 1930 allein rund 50 Millionen Stück hergestellt und verkauft!

Der Jugendstil (etwa 1890 bis 1914)
Dieser Stil bringt eine Wende in Kunst und Kunsthandwerk. Betonung der Linie, Zweckmäßigkeit und dekorative Elemente werden die Merkmale des Jugendstils, der sich auf alle Bereiche der Bildenden Kunst erstreckt. Künstler sagen sich von vergangenen Stilepochen los und schließen sich zusammen, Werkkunstschulen entstehen.

Baustil. Der Architekt strebt nach Helligkeit und verwendet daher besonders gern Glas als Gestaltungselement. Treppenhausfenster, Oberlichte, Kuppeln und Spiegel finden besondere Beachtung. Eisen bevorzugt man für hufeisenförmige Portale und Geländer; Fassaden erhalten schwungvolle Dekorationen, Gesimse Wellenlinien (**8.77**).

Bekannte Baumeister sind *Victor Horta, Henry van de Velde, Richard Riemerschmid*. Sie beschränken sich jedoch nicht auf die Architektur, sondern planen und erarbeiten auch die Inneneinrichtung bis zu den Vasen, Bestecken und Mustern.

8.77   Jugendstilfassaden in Prag

Möbelbau. Man strebt eine stilistisch einheitliche Raumgestaltung an. Die Möbel dienen der Raumdekoration, sind Gebrauchsgegenstände und Schmuckstücke zugleich. Die Forderung nach Sachlichkeit, Zweckmäßigkeit, Betonung der Werkstoffe und Ehrlichkeit bei ihrer Verarbeitung ist bestimmend für die Gestaltung. Hauptmerkmal dieses dekorativen Stils ist die Betonung der Linie (gerade, asymmetrisch, verschlungen). Die Natur dient als Vorbild bei Ornamenten und Formen. Die Gestaltung zeigt rustikale Motive neben stilisierten Ornamenten und pflanzlich-organische Formen (z. B. Wellenlinien, Ranken, besondere Lilien und Seerosen). Die Sitzmöbel sind funktions- und körpergerecht gebaut; Schreibtische und Schränke werden zweckmäßig konstruiert und kunstvoll ausgeführt (**8**.78). Bei den Möbeln lassen sich eine mehr dekorative (*van de Velde*) und eine mehr konstruktive geradlinige Gestaltung (*Hoffmann*) unterscheiden.

8.78   Jugendstilmöbel
a) Schrank (R. Riemerschmid), b) Sofa (J. M. Olbricht), c) Schreibtisch (H. van de Velde), d) Stuhl (H. Guimard), e) Tisch (E. Kleinhempel)

Moderne

Zwei furchtbare Weltkriege, Wirtschaftskrisen und zunehmende Automatisierung der industriellen Fertigung prägen die Gesellschaft des 20. Jh. Das Hitler-Regime unterdrückte die fortschrittlichen Ideen der 20er Jahre. Nach 1945 entstanden unterschiedliche Gesellschafts- und Wirtschaftssysteme in Deutschland, was sich auf die kulturelle Entwicklung auswirkte. Mit der Wiedervereinigung begann ein Prozess des Zusammenwachsens, Unterschiede treten immer mehr zurück.

Baustil. Eine funktionsgerechte Gestaltung mit großen Glasflächen, neuen Fensterwerkstoffen sowie der Einsatz von Stahl, Stahlbeton und anderen neuen Bauwerkstoffen kennzeichnen den Stil der Moderne (**8**.79).

Möbelbau (1. Hälfte 20. Jh.). Mit Gründung der niederländischen Bewegung „Stijl" 1917 entsteht ein neues Wohn- und Gestaltungskonzept (**8**.80 a). 1919 gründet *Walter Gropius* das Bauhaus und strebt gemeinsam mit Vertretern aller Kunstgattungen eine Einheit von Kunst, Handwerk und Leben an. Klare Verhältnisse in Form, Maß und Funktion unter Beachtung der Material- und Konstruktionseigenart sind die Grundforderungen der neuen Sachlichkeit. Die Funktionalität ist bestimmend, auf Zierrat wird verzichtet, neue Werkstoffe werden für die Gestaltung gefunden. In den Hellerauer Werkstätten entwickelt man gestalterisch anspruchsvolle Serienprodukte. Als Werkstoffe verwendet man bevorzugt einheimische Werkstoffe und Furnier sowie Plattenwerkstoffe. Die Plat-

a)

b)

8.79   a) Bauhaus in Dessau (W. Gropius), b) Wohnhaus in Berlin (A. Rossi)

a)   b)

8.80
Bauhausmöbel von M. Breuer

a) Wassily-Stuhl
b) Stahlrohr-Flechtwerk-
   stuhl

8.81   Sitzmöbel von Rietveld
       a) Zickzackstuhl, b) Rot-Blau-Stuhl

8.82   Sessel von A. Jacobsen

tenwerkstoffe ermöglichen größere Holzausbeute und preisgünstige Serienproduktion. *Marcel Breuer, Mies van der Rohe, Le Corbusier* u. a. verwenden für ihre Möbel Stahlrohr, Leichtmetall, Lagenholz, Leder und andere Materialien (**8.**80 b). Das Hitler-Regime vertreibt die meisten Bauhaus-Künstler aus Deutschland, die künstlerische Gestaltung findet einen Niedergang.

2. Hälfte 20. Jh. Nach 1945 beginnt der Siegeszug der Kunststoffe. Mit ihnen kommen neue Möbelformen auf, etwa in Spritzgusstechnik aus einem Stück gegossene Stühle aus Formschalen (**8.**82). Daneben zeigt sich ein starker Trend zu „Sitzmöbeln", die repräsentieren sollen. Wieder greift man auf Formen der Vergangenheit zurück. Rustikale Eichenmöbel finden ihre Käufer. Der individuelle

8.83   Moderne Möbelgestaltung
       a) Dielenschrank, b) Schubladenstapel (Röthlisberger), c) Stapelkommode

Geschmack, den die Marktforschung der Möbelindustrie sorgfältig beobachtet und zu erfüllen sucht, kennzeichnet unsere Zeit. Statt einheitliche Stilepochen sind kurzlebige Modeströmungen zu beobachten.

Anfang der 80er Jahre wird die Bauhausforderung nach formvollendeter Funktion von einer Gruppe Designer in Frage gestellt. Formen, Farbe und Materialien werden zum bestimmenden Gestaltungselement (Memphis-Möbel). Es folgt sowohl in Architektur als auch in der Möbelgestaltung eine Design-Bewegung, die ihre Ausdrucksmittel in einer „postmodernen" Formensprache finden (geometrische Gestaltungselemente wie Kreis, Dreieck, Kugel, Prisma sowie Symmetrie).

Heute findet das Einzelmöbel mit edlen Materialien, interessanten Details, sauber verarbeitet und ansprechend in der Form wieder besondere Beachtung neben abwechslungsreichen variablen Möbelsystemen mit neuen hochwertigen Werkstoffen und Lacksystemen.

Häufig finden wir eine Materialmischung aus Holz, Metall und Glas sowie anderen Werkstoffen, wodurch ein kontrastreiches Bild entsteht. Neue Plattenwerkstoffe (dünnes Sperrholz, Tropan) erleichtern die Herstellung von Möbeln mit gewölbten Fronten und Seiten (**8**.83 a). Durch die Entwicklung besonderer Furnierherstellungsverfahren ergeben sich neue Oberflächendekore (finline, Streifenfurniere, **8**.83 b). Die CNC-Maschinentechnik ermöglicht die Realisierung von ausgefallenen Gestaltungs- und Konstruktionswünschen, auch in der Serie. Als ein neuer Möbeltyp entstehen Behältnismöbel (Containermöbel), die man ähnlich einer Möbelskulptur frei im Raum – allseitig zugängig – aufstellt (**8**.83 c).

9 Oberflächenbehandlung

Unser Werkstoff Holz wird sehr vielseitig verwendet – im Außenbau und Innenausbau, im Kunsthandwerk, für Möbel und Gegenstände des täglichen Bedarfs. In keinem Bereich können wir das Holz nach der Fertigung im Rohzustand belassen. Erst die fachgerechte Veredlung der Oberfläche

- schützt vor Feuchtigkeit, Schmutz und Staub,
- schützt vor mechanischen und chemischen Einflüssen,
- zeigt die natürliche Schönheit.

Holz im Außenbereich muss besonders vor tierischen und pflanzlichen Holzzerstörern, vor Nässe und starker Sonneneinstrahlung bewahrt werden. Deshalb wird es mit Schutzlasuren versehen, wie wir in Abschnitt 3.6.4 gelernt haben. Hier wollen wir die beschichtenden Techniken von Holzober-

flächen im Innenausbau behandeln. Die transparente Behandlung lässt die natürliche Schönheit des Holzes, seine Textur und Farbe, erst voll zur Geltung kommen, ja verstärkt sie oft noch.

Durch die Oberflächenbehandlung schützt man das Holz und bringt seine natürliche Schönheit voll zur Wirkung.

9.1 Vorbehandlungen

Die Qualität einer Oberflächenbehandlung hängt in erster Linie von der Prüfung des Untergrunds und den Vorbehandlungsmaßnahmen ab.

Wir wissen, dass jedes Holz über ihm eigene Eigenschaften verfügt. Farbe, Härte, Struktur, Dichte und Inhaltsstoffe wirken sich auf das spätere Gesamtbild aus. Mängel in der Verleimung furnierter Flächen, Art und Aufbau des Trägermaterials, Klebstoffe, Einfluss der Feuchtigkeit u.a. können die Oberfläche beeinträchtigen. Beachten Sie auch genau die Vorschriften und Richtlinien der Hersteller von Oberflächenmaterialien.

Die nachträgliche Beseitigung von Fehlern ist – wenn überhaupt – nur mit erheblichem Aufwand an Zeit und Kosten verbunden.

9.1.1 Vorbereiten der Oberfläche

Fehlerhafte Stellen in der Holzoberfläche müssen vor dem Holzschliff ausgebessert werden.

Das Entharzen der Oberfläche ist bei Nadelhölzern notwendig, damit die Beize gleichmäßig aufgenommen wird und bei lackierten Flächen kein Harz austritt. Zum Entharzen sollten möglichst alkalifreie Entharzungsmittel verwendet werden, um das Holz im Farbton nicht zu verändern. Lösungsmittel wie Aceton oder Terpentinöl sind aus haut- und umweltverträglichen Gründen nicht zu empfehlen. Die Industrie bietet eine Reihe von Entharzungsmitteln an. Entharzt wird in der Regel das schon geschliffene Holz. Die Oberfläche wird mit der Flüssigkeit satt benetzt und während der

Einwirkzeit mehrmals kräftig durchgebürstet. Reste des Entharzungsmittels entfernen wir mit Schwamm oder Lappen und reiben die Fläche ab. Bei alkalischen Mitteln erfolgt das Nachwaschen mit reinem Wasser, bei Lösungsmitteln sind die Herstellerangaben genau zu befolgen.

Leimdurchschlag der vorwiegend verwendeten chemisch abbindenden Klebstoffe lässt sich nicht entfernen (s. Abschn. 6.3). Bei Holzarten grober Struktur ist wiederum der Leimdurchschlag nicht zu verhindern. Hier empfiehlt es sich, den Klebstoff im gewünschten Beizton einzufärben. Leimdurchschläge von Glutin- oder PVAC-Leimen können wir dagegen unmittelbar nach dem Pressvorgang mit Holzseifelösung und einer Bürste entfernen.

Dunkle Streifen an Stellen, wo vorher das *Fugenpapier* aufgeklebt war, kommen leider häufig vor. Diese Verfärbungen vermeiden wir nur, wenn wir sie rechtzeitig erkennen und die Stellen mit der speziellen Bronzebürste gründlich durchbürsten. Am besten wählt man möglichst dünnes Papier von neutraler Beschaffenheit und beseitigt es durch Abschleifen. Auch Fugenpapier als Lochpapier auf der Leimseite schließt eine spätere Markierung auf der Oberfläche aus.

Öl-, Wachs- und Fettflecke verhindern die gleichmäßige Benetzung der Holzoberfläche. Je nach Stärke der Verschmutzung lassen sie sich mit den üblichen Entharzungs- oder Lösungsmitteln entfernen. Bei Zelluloselack-Verdünnung bearbeiten wir die ganze Fläche mit einer Wurzelbürste aus Pflanzenfasern und reiben sie mit einem Lappen ab.

Kalk-, Gips- und Zementspritzer sind die Folgen ungenügender Schutzmaßnahmen bei schon verbauten Holzteilen. Hier müssen wir die *gesamte* Holzfläche mit verdünnter Salzsäure (1:10) sorgfältig abbürsten, die Flüssigkeit einige Minuten einwirken lassen und dann mit reinem Wasser gründlich abwaschen. Dazu dürfen Sie keine metallischen Arbeitsgeräte verwenden, denn sie können mit der Salzsäure reagieren und zu *Oxidationsflecken* führen. Gerade auf gerbstoffhaltigen Hölzern (z.B. Eiche) verursachen Metalle und Metalloxide dunkle Oxidflecken. Solche Flecken entfernt man mit gängigen Bleichmitteln und spült gründlich ab, damit die Stellen nicht bleichen. Um eine fleckenartige Aufhellung zu vermeiden, sollte die gesamte Fläche behandelt werden.

Wässern. Durch Einsatz mangelhafter Werkzeuge oder mechanische Einwirkung wie Schlag und Stoß entstehen leicht Druckstellen im Holz. Beim Wässern mit heißem bzw. warmem Wasser quellen die eingedrückten Fasern wieder auf. Nach dem Trocknen wird die Fläche mit Schleifpapier in Längsrichtung ohne starken Druck geschliffen und sorgfältig entstaubt. Nadelhölzer können wir beim Wässern durch Salmiakzugabe zugleich leicht entharzen.

Durch Auskitten werden kleinere Schadstellen beseitigt. Dazu wählen wir möglichst Holzkitt oder Holzpaste im Farbton des Holzes. In der Praxis bereitet man sich diese Kitte oft selbst zu. So stellt man *Leimkitt* (Hirnholzkitt) her, indem man Hirnholz abschabt und mit verdünntem Leim zu einem Brei vermischt. *Flüssiges Holz* besteht aus Holzmehl, das mit Nitrozelluloselack zu einer Paste vermengt wird. *Wachskitt* bietet der Handel in Stangenform an. Mit ihm beseitigt man kleine Schadstellen auch in fertigen Oberflächen. *Kitte* werden mit einem Spachtel oder einem Stecheisen gut eingedrückt und nach dem Austrocknen beigeschliffen. Bei größeren Vertiefungen empfiehlt sich eine Vorbehandlung mit Zelluloselack-Verdünnung. In jedem Fall ist sparsam mit Kitten umzugehen, weil die ausgebesserten Stellen weniger Oberflächenmaterial aufnehmen als das andere Holz und sich in der Farbe von ihm unterscheiden.

Abbeizen. Vor dem Auffrischen alter Möbel ist in der Regel das vorhandene Oberflächenmaterial zu entfernen. Abbeizmittel lösen alte Öl-, Lack- und Dispersionsanstriche. *Alkalische* Mittel wirken chemisch durch Verseifen ölhaltiger Anstrichstoffe. Sie erfordern ein Nachwaschen mit heißem Wasser und Wurzelbürste. Gerbstoffhaltige Hölzer werden braun und sind mit verdünnter Säure zu neutralisieren (wieder aufzuhellen). *Abbeizfluide* wirken physikalisch durch Erweichen, Lösen, Ab- und Hochheben alter Anstriche. Man nimmt sie für Dispersions-, Öl- und Lackfarben. Fluide verfärben gerbstoffhaltige Hölzer nicht. Mit besonderen Zusätzen lösen sie jeden Altanstrich. Stets müssen Sie die Schutzvorschriften beachten und mit Lösungsmitteln (Testbenzin, Nitroverdünnung) nachwaschen, um die Paraffinreste zu entfernen. Der Einsatz neutraler Abbeizer wird den Farbton der abzubeizenden Holzfläche erhalten.

9.1.2 Schleifen

Der Holzschliff ist die wichtigste Voraussetzung für eine einwandfreie Oberfläche. Der *Vorschliff* ebnet die Holzfläche ein, entfernt leichte Leimdurchschläge und das Fugenleimpapier. Der *Nachschliff* gibt dem Holz die nötige Glätte und Sauberkeit. Wir schleifen ohne stärkeren Druck, damit hochstehende Fasern nicht niedergedrückt, sondern sauber abgeschliffen werden. Nach jedem Schleifgang ist die Oberfläche zu reinigen, weil die Poren mit Schleifstaub angereichert sind. Dazu eignen sich Reinigungsbürsten, aber auch das Absaugen oder Ausblasen der Poren mit Pressluft. Bei der Fließbandfertigung werden hierzu meist Bürstenmaschinen mit Luftabsaugung eingesetzt.

Geschliffen wird von Hand, mit Handschleifgeräten (Schwing-, Band-, Tellerschleifer) oder Schleifmaschinen (s. Abschn. 5.2.8). Die Schleifmittel bestehen aus der Unterlage und dem Schleifbelag (**9.1**).

Wichtig ist, dass zwischen den einzelnen gewählten Körnungen keine allzu großen Unterschiede liegen – sonst werden die Riefen des gröberen Schleifpapiers nicht ausreichend eingeebnet.

Tabelle **9.1** Korngrößen von Schleifmitteln

Nummer	Bezeichnung	Verwendung
16 bis 40	grob	Fußböden, Abzahnen, Aufrauhen
50 bis 90	mittel	Vorschliff gehobelter und furnierter Flächen
80 bis 120	fein	Vorschliff von Hand und Maschine
120 bis 280	fein bis sehr fein	Fertigschliff von Hand und Maschine
240	sehr fein	Nachschliff von Hand nach Grundieren
220 bis 320	sehr fein	Vorschliff von Lackmaschinen
280 bis 500	sehr fein	Lackschliff von Hand und Maschine

9.1.3 Strukturieren

Durch Bleichen erreicht man ein einheitliches Farbbild bei Hölzern mit unterschiedlicher Farbgebung. Helle Hölzer können zusätzlich aufgehellt, Flecken (z. B. Oxidationsflecken) aus Furnieren entfernt werden. Beim Bleichen ist Vorsicht geboten, um die Oberflächenstruktur des Holzes nicht nachteilig zu verändern und die Gesundheit des Benutzers nicht zu gefährden.

Als Bleichmittel dienen Zitronensäure und Wasserstoffperoxid. Oxalsäure und Chlorbleichlauge sollten wegen der Giftigkeit dieser Stoffe nicht zur Anwendung kommen.

Zitronensäure (aus Zitronen oder synthetisch hergestellt) hellt gerbstoffreiche Hölzer auf und entfernt Oxidationsflecken, indem sie den Sauerstoff entzieht (reduzierendes Mittel). Zitronensäure ist ungiftig.

Oxalsäure und Chlorbleichlauge sind giftig und können bei mangelnder Vorsicht zu schweren Gesundheitsschäden führen. Bitte deshalb vermeiden!

Wasserstoffperoxid (H_2O_2) ist ein oxidierendes Bleichmittel. Seine Bestandteile sind flüchtig. Vorwiegend wird es zum Bleichen von gerbstoffarmen, feinporigen Hölzern verwendet (Ahorn, Buche, Esche, Kirschbaum). Es hinterlässt keine Rückstände und erspart so das Nachwaschen. Durch den Zusatz von Salmiak wird der Bleichvorgang beschleunigt und verstärkt. Zum Aufhellen von gerbstoffreichen Hölzern darf Wasserstoffperoxid nur in einer 5- bis 10%igen Lösung verwendet werden. Als Verdünnungsmittel dient reines Wasser. Auf ausreichende Trockenzeiten ist zu achten. Eiche kann strohig werden, daher Vorsicht.

Neben den genannten Bleichmitteln bietet die Industrie Spezialbleichmittel, Bleichzusätze und Bleichbeizen an (bleichen und beizen in einem Arbeitsgang). Sie sind nach Herstellerangaben zu verarbeiten.

Egalisieren des Saugvermögens. Hirnholz und Längsholz haben, wie wir wissen, unterschiedliches Saugvermögen. Dadurch ergeben sich kontrastreiche Farbunterschiede. Ist ein solcher Unterschied unerwünscht, können wir das Saugvermögen egalisieren, ausgleichen. Früher bestrich man dazu das Holz mit einer dünnen Leimlösung. Heute verwenden wir vorwiegend Kunstharzdispersionen, die einen wasserunlöslichen, aber durchlässigen Film auf der Holzoberfläche bilden, oder klares Wasser bei Verwendung von Wasserbeizen.

Strukturierte, plastisch wirkende Oberflächen finden wir besonders bei Nadelhölzern wie Fichte, Kiefer, Lärche und Tanne. Dabei wird das Weichholz (Frühholz) abgetragen. Die harten Jahresringteile (Spätholz) bleiben stehen und treten dunkler, plastischer hervor. Furniere sollten eine Mindestdicke von 2,5 mm haben. Strukturieren kann man durch Sandstrahlen (Sandeln), Bürsten und Brennen.

Beim Sandstrahlen (Sandeln) wird die gut geschliffene linke Holzseite mit geeigneten Strahlmitteln in der Körnung von 0,5 bis 0,8 mm bestrahlt. Verwendet wird dazu ein Drucksandstrahlgebläse mit 6 bar Luftdruck. Die rechte Holzseite eignet sich nicht zum Sandeln – sie würde aufsplittern.

Gebürstet wird von Hand mit einer Stahlbürste in Faserrichtung oder mit Maschinen (Stahlbürstenwalzen). Dabei wird jeweils das weiche Frühholz herausgebürstet, so dass eine relieffartige Wirkung entsteht.

Zum Brennen wird eine Lötlampe benutzt (**9.2**). Wir führen die breite Flamme schnell am Holz vorbei und kohlen so die Oberfläche etwas an. Beim anschließenden Ausbürsten bleiben die harten

Holzteile (Spätholz) stehen, die weichen Teile des Jahresrings (Frühholz) werden dagegen abgetragen.

Die Brennwirkung lässt sich durch Einstreichen der Oberfläche mit Wasserstoffperoxid oder verdünnter Salzsäure unmittelbar vor dem Brennen verstärken. Hierbei empfiehlt es sich, wegen der Strukturbildung die *rechte Holzseite* zu behandeln.

Beim Arbeiten mit Luftdruck und der Lötlampe ist Vorsicht am Platz!

Vorschriften der Berufsgenossenschaft beachten!

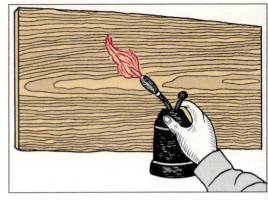

9.2 Mit der Lötlampe strukturierte Oberfläche

9.2 Beizen

Die Kunst des Holzbeizens hat ihren Ursprung in der alten Werkstattpraxis. Zum Holzfärben nahm man früher einfache Mittel wie Kalk, Farbholzextrakte, gelöste Eisenfeilspäne in Essig, Walnussschalenabsud, Pottasche oder aufgeschlämmte Erdfarben. Ende des 19. Jahrhunderts entwickelten sich mit der Herstellung synthetischer Farbstoffe modernere Beiztechniken. Heute ist das Beizen zur Oberflächenveredlung üblich geworden. Mitte der 60er Jahre begannen sich auch die in Skandinavien entwickelten buntfarbigen Beizen durchzusetzen.

Beizen sind keine Anstrichstoffe, sondern dienen zum Anfärben des Holzes in der Faser. Der Handel bietet eine große Anzahl unterschiedlicher Holzbeizen an. Sie lassen sich in vier Gruppen einteilen:

9.2.1 Arten und Anforderungen

Farbstoffbeizen (Wasserbeizen) bestehen aus synthetischen, fertig gebildeten Farbstoffen mit Ergänzungsmitteln wie Pigmenten oder Spezialzusätzen, die ein gutes Eindringen und eine gleichmäßige Netzfähigkeit ermöglichen (z. B. Salmiakgeist bei harz- und fettreichen Hölzern). Die Farbstoffe werden von der Holzfaser aufgenommen und „eingelagert". Nur die oberste Holzschicht färbt sich bei diesem physikalischen Vorgang ein. Bei Nadelhölzern kommt es dabei zu einem *negativen Beizbild*: Der im natürlichen Zustand helle und porige (weitlumige) Frühholzanteil (**9.3**) nimmt eine größere Menge Farbstofflösung auf als die dunklere und dichtere (englumige) Spätholzzone. So kommt es zu einer Umkehrung des ursprünglichen Holzbildes (**9.4** a).

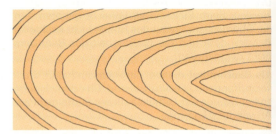

9.3 Unbehandelt (helleres Frühholz, dunkleres Spätholz)

a)

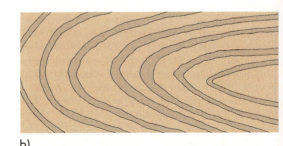

b)

9.4 a) negatives Beizbild
(dunkleres Frühholz, helleres Spätholz)
b) positives Beizbild
(wie **9.3**, jedoch durch Beize verstärkt)

Farbstoffbeizen eignen sich für jede Holzart. Sie sind einfach anzuwenden, farbstark und weitgehend lichtbeständig. In jedem Fall ist ein Lacküberzug erforderlich, denn die Farbstoffe sind auch in trockenem Zustand wasserlöslich. Wasserspritzer auf unlackierten Beizflächen hinterlassen Flecken. Handelsbezeichnungen sind im Wesentlichen Wasser-, Hartholz-, Nadelholz-, Spiritus-, Color- und Rustikalbeizen.

Chemische Beizen enthalten neben synthetischen Farbstoffen auch Metallsalze. Die metallsalzhaltigen wässrigen Beizen färben zusätzlich durch chemische Reaktion mit Gerbstoffen des Holzes oder gerbstoffhaltigen Vorbeizen (Zwei-Komponenten-Beizen). Beim Ein-Komponenten-Beizen wird die Beize direkt auf gerbstoffhaltige Hölzer aufgetragen (z. B. Eiche). Beim Zwei-Komponenten-Beizen trägt man zunächst *gerbstoffhaltige Vorbeize* auf und nach dem Trocknen *metallsalzhaltige Nachbeize*. Diese kommt jedoch heute nur noch wenig zum Einsatz. Bei Nadelhölzern entsteht durch diese Behandlung ein *positives Beizbild*: Die ohnehin dunkleren Spätholzzonen werden noch dunkler hervorgehoben (**9.**4b). Chemische Beizen sind lichtbeständiger.

Kombinationsbeizen enthalten synthetische Farbstoffe. Ihr Vorzug liegt darin, dass sie Farbkraft und Holzstruktur optimal betonen. Zu ihnen zählen in erster Linie die Nadelholzbeizen und die Wachsbeizen, bei denen Farbstoffe und Pigmente in einer wässrigen Wachsemulsion eingebettet sind. Sie werden meist flüssig und gebrauchsfertig angeboten und eignen sich besonders für Eichenholz. Die Deckwirkung ist hervorragend. Trotzdem entsteht nicht der Eindruck eines gestrichenen Holzes. Leider sind Kombinationsbeizen nur gering kratzfest und lassen Lacküberzüge wegen des Wachsgehalts nur schlecht trocknen. Beizen mit Kunststoffdispersion statt Wachs oder Harz nennt man Dispersionsbeizen oder „kratzfeste Beizen". Räucherbeizen werden nur noch selten verarbeitet.

Substratbeizen bestehen aus Farbstoffen, Chemikalien und einer geringen Menge Substrat aus Kunststoff (dispergierende Kunstharze), das sich beim Auflösen der Beize im gewünschten Farbton einfärbt und in den Holzporen ablagert.

Anforderungen an Holzbeizen

- **Gleichmäßiges Aufziehen auf die Holzfaser,** so dass ein einheitlicher Beizton bei gleichzeitiger Belebung der Beizstruktur entsteht.
- **Feste Bindung der färbenden Bestandteile an die Holzfaser.** Diese Forderung erfüllen zahlreiche Holzbeizen, vorwiegend chemische Beizen, da sie mehr in der Faser ver-

ankert sind. Ausreichende Abrieb- und Wasserfestigkeit der gebeizten Flächen erhält man nach der Trocknung durch sorgfältiges Grundieren und Lackieren.
- **Eine gute Tiefenwirkung,** damit Widerstandsfähigkeit gegen mechanische Einwirkungen.
- **Gute Lichtbeständigkeit.** Die Farbstoffe und Pigmente unserer Beizen sind lichtecht. Doch das Trägermaterial Holz ist es nicht. Vom Tages- oder Sonnenlicht getroffene Stellen vergilben, bleichen aus oder dunkeln nach – das wirkt sich besonders bei hellen oder schwachen Beiztönen störend aus.
- **Einwandfreie Porenbeizung** – bei manchen Holzarten ein Problem, weil die Poren nur ungenügend benetzt werden oder Einlagerungen in den Poren eine Einfärbung verhindern. In solchen Fällen bürsten wir die Beize mit einer Bronzedrahtbürste längs in Holzstrukturrichtung ein.
- **Beständigkeit gegen Chemikalien.** Die verarbeitungsfertigen Holzbeizen enthalten vereinzelt etwas Salmiakgeist (Ammoniakwasser), der die Farbstoffe während der Lagerung nicht verändern darf.

Verarbeitungsregeln

- Beize vor Entnahme aus dem Gebinde gut aufschütteln bzw. aufrühren. Nur kalte Beizlösung verarbeiten – auch bei den in heißem Wasser gelösten Pulverbeizen. Warme Beize dringt tiefer ins Holz ein und ergibt dadurch einen dunkleren Beizton.
- Niemals direkt aus dem Vorratsgefäß beizen, sondern stets eine Beizschale verwenden! Beim Eintauchen des Pinsels würden Holzteilchen in den Kanister gelangen, die die Beize verderben. Beizrest in der Beizschale nach der Beizarbeit umweltfreundlich entsorgen. Auf keinen Fall in das Vorratsgefäß zurückschütten!
- Zum Beizen nur einen Beizpinsel (ohne Metallzwinge) und metallfreie Arbeitsgefäße (Glas, Porzellan, Kunststoff) verwenden. Beschläge vor dem Beizen abnehmen. *Grund:* Metalle reagieren mit der Beize.
- Ein Werkstück oder eine Inneneinrichtung nur von *einem* Beizer bearbeiten lassen, um ein gleichmäßiges Beizbild zu gewährleisten.
- Beize auf senkrechten Flächen immer gleichmäßig von unten nach oben in Holzfaserrichtung auftragen. Umgekehrt entstehen Ablaufstreifen, die sich später nicht mehr beseitigen lassen.
- Die gebeizte Fläche nach Herstellerangaben, mindestens 8 Stunden, besser über Nacht zur intensiven Trocknung abstellen.

9.2.2 Auftragen und Trocknen

Probebeizung. Da kein Holz wie das andere ist und auch innerhalb einer Holzart große Unterschiede auftreten, empfiehlt sich vor dem Beizen eine Probebeizung. Wenn Sie damit den richtigen Beizton erreicht haben, können Sie die Beize nach einem der folgenden Verfahren satt auftragen, einwirken lassen und in Faserrichtung vertreiben.

Beizauftrag

Beize quer und längs satt auftragen – einwirken lassen – Überschuss abnehmen – in Faserrichtung vertreiben.

Beizpinsel, Beizschwamm. Im Handwerks- und Innenausbaubetrieb werden Holzbeizen von Hand, also mit Pinsel oder Schwamm verarbeitet, in zunehmendem Maße jedoch im Spritzverfahren. Auf die vorbereitete Oberfläche wird die Beize satt aufgetragen, kreuz und quer gestrichen, der Überschuss nach kurzer Einwirkzeit mit dem ausgetupften Pinsel oder ausgedrücktem Schwamm abgenommen. Anschließend wird längs in Strukturrichtung vertrieben.

Das Spritzverfahren erfordert einen erfahrenen Beizer. Wird die Beize nach dem Spritzen vertrieben, muss sie etwas satter aufgetragen werden. Entfällt das Vertreiben, wird sie gleichmäßig und nicht zu satt aufgetragen. Beim Beizen mit automatischen Spritzanlagen stimmt man die Bandgeschwindigkeit auf die Spritzpistolen und die speziell zusammengesetzten Spritzbeizen mit guter Netzfähigkeit ab. Der Spritznebel muss abgesaugt werden. Nadelholzbeizen werden heute vorteilhaft im Spritzverfahren verarbeitet. Der Auftrag erfolgt durch das Aufdüsen der Beize, bis ein geringer Überschuss vorhanden ist; nicht vertreiben.

Das Tauchverfahren finden wir in Industriebetrieben, die Kleinteile wie Spielzeug oder Sitzmöbel aus Holz herstellen. Die gut entstaubten Werkstücke werden in die Beize getaucht, nach kurzer Einwirkzeit herausgenommen und 2 Minuten später mit einem Vertreiber nachbehandelt. So können keine dunklen Läufer oder Staustellen an den Kanten entstehen.

Walzen. Für den automatischen Durchlauf bei hoher Produktivität gibt es moderne Walzenbeizmaschinen mit Zusatzgeräten. Sie unterstreichen die natürliche Schönheit der Maserung optimal. Walzbeizen enthalten Farbstoffe und/oder Pigmente und kommen als Lösungsmittel-, Wasser- oder Spiritusbeizen in den Handel. Alle drei Beizarten – „klassisch", „farbig" und „rustikal" – führt die Walzenbeizmaschine einwandfrei aus. Die Lösungsmittelbeizen sorgen für sehr gleichmäßige Farbgebung, schließen ein Aufrauhen des Holzes aus und ermöglichen eine schnelle Überlackierung.

Mit Walz-Rustikalbeizen erzielen wir auf tiefporigen Hölzern (z.B. Eiche, Esche) besonders dunkel eingefärbte Poren, die sich kontrastreich von den hellen Oberflächenspiegeln abheben. Bedingung ist eine feingeschliffene Holzoberfläche, die mit einer Drahtbürstenwalze vorbehandelt wird. Dabei werden die Poren geöffnet, gereinigt oder auch erweitert, was bei schlechten Furnieren zu einer aus-

geprägten Porenstruktur mit großer Tiefenwirkung führt. Die Auftragsmenge liegt zwischen 15 und 60 g Beize je m². Für die sichere Einfärbung sehr tiefer Poren haben sich dünnflüssige Lösungsmittelbeizen auf einer offenporigen Moosgummiwalze bewährt. Überschüssige Beize vertreiben die Vertreiberbürsten. Durch Nachbehandlung mit dem Wischlappen (Papiervlies) wird der letzte Beizüberschuss beseitigt.

Das Gießen von Holzbeizen spielt nur eine untergeordnete Rolle. Es erfordert Gießmaschinen, die absolut gleichmäßig laufen, einen sauberen und einwandfreien Gießkopf haben und geringen Beizauftrag (etwa 40 g/m²) ermöglichen.

Besondere Verfahren der Farbgebung

Das Räuchern ist eine einfache, aber wirkungsvolle Methode zum Färben von Eichenholz. Man stellt das Werkstück mehrere Stunden lang in einen Raum, dessen Luft mit Ammoniakgas angereichert ist (Aufstellen größerer Schalen mit Salmiakgeist). Das Ergebnis ist eine deutliche Braunfärbung der Holzoberfläche, die wir durch Beizen kaum so schön erhalten.

Antike Farbeffekte sind für Schränke, Truhen und nachgebaute Stilmöbel gefragt, um sie auch farblich „alt" erscheinen zu lassen. Antikbeize wird bevorzugt für Massiv-Eiche verwendet, wobei wir auf spiegelhaltigem Holz die kontrastreichste, wirkungsvollste Beizung erzielen. Furniere müssen mindestens 1,2 mm stark und wasserfest verleimt sein. Die Beize wird wie üblich aufgetragen und nach der Trocknung mit einer Nachwaschlösung behandelt. Etwa nach einer Stunde wäscht man die so neutralisierte Fläche mit Wasser ab.

Eiche gekalkt ist ein modernes, nicht gerade billiges System. Voraussetzung ist ein tiefporiges Eichen- oder Eschenholz mit ausgeprägten Poren. Die gebeizten oder unbehandelten Flächen werden sorgfältig grundiert und nach einem leichten Zwischenschliff mit einer Kalkeichenpaste eingefärbt. Erst nach guter Trocknung entfernen wir den Pastenrückstand außerhalb der Poren durch vorsichtiges Schleifen, entstauben sorgfältig und spritzen einen Mattlack auf. Die Holzporen lassen sich in den unterschiedlichsten Farben einfärben, so dass sich mit entsprechenden Beizen zahlreiche Farbkombinationen ergeben.

Patinieren. Für Farbschattierungen bei Möbeln, zum Korrigieren von Beiztönen oder zum Färben schlecht beizbarer Materialien (z.B. Rohrgeflechte, Spanplatten, Hartfaserplatten) nimmt man Patinierfarben. Die Filme dieser gebrauchsfertigen Farbstofflösungen auf Nitro-Kombi-Basis sind lichtecht und völlig transparent. Die Fläche wird grundiert, sauber geschliffen und sorgfältig entstaubt, bevor man die Patinierfarbe mit feiner Düse (0,5 bis 1,0 mm) und 2,5 bar bei gedrosseltem Materialausstoß aufnebelt. Farbschattierungen (Übergänge von hell zu dunkel) erzielt man durch geschickte Bewegung der Pistole, indem man die dunkler gewünschten Stellen öfter oder stärker dem Farbnebel aussetzt. Zu beachten ist, dass die Behandlung stets von außen nach innen vorgenommen wird. Zum Schluss bringt man auf die patinierte Fläche im Spritzverfahren einen Seidenmattlack oder Mattlack auf.

Eingefärbte Grundierungen oder Lacke ergeben ebenfalls eine transparente Färbung. Dazu dienen Abfärbtinkturen in zahlreichen Holzfarbtönen. Voraussetzung ist eine sauber grundierte, geschliffene und entstaubte Oberfläche. Das Material wird im Spritzverfahren gleichmäßig, normal stark aufgetragen, weil sonst Farbschattierungen oder -streifen entstehen. Der Einfärbeeffekt hängt nicht nur von der Auftragsstärke ab, sondern auch von der Eigenfarbe des Holzuntergrunds.

Trocknen gebeizter Holzteile. Die Trocknung des vom Beizen durchfeuchteten Holzes geschieht schonend, am zweckmäßigsten durch die Luft. An einem gut belüfteten Ort beträgt die Trockenzeit 1 bis 3 Stunden. In der industriellen Fertigung verkürzt man diese Zeiten durch höhere Raumtemperaturen, in einem Warmluftkanal sogar bis auf wenige Minuten.

Chemische Beizen und Kombinationsbeizen müssen auf natürliche Weise, also durch normaltemperierte Luft getrocknet werden.

Unfallschutz

Lösemittelbeizen entwickeln beim Trocknen gesundheitsschädliche Dämpfe und explosive Gase. Der Trockenplatz ist darum gut zu belüften. Offenes Feuer und Rauchen sind verboten.

Die Weiterbearbeitung gebeizter Hölzer geschieht erst nach völliger Trocknung.

9.3 Lackieren

Sicher haben Sie schon einmal lackiert. Welche Lackeigenschaften sind Ihnen aufgefallen? Wozu lackiert man überhaupt? Wie verhält sich eine lackierte Holzfläche gegen Wasserspritzer, Schmutz, Kratzer?

9.3.1 Lackarten und Anforderungen

Mit dem Lackieren oder Beschichten der Oberflächen werden die Holzveredlungsarbeiten abgeschlossen. Beide Verfahren schützen und verschönern die Holzoberfläche.

Lacke sind harzhaltige Anstrichmittel mit besonderen Eigenschaften (z.B. in Verlauf, Durchhärtung und Widerstand). Sie bestehen aus Bindemitteln (Filmbildnern), die in flüchtigen Lösemitteln gelöst sind. Lacke sind farblos, enthalten keine Pigmente

oder Farbstoffzusätze. (Im Unterschied dazu sind Lackfarben pigmentierte Lacke.) Lacke werden in einer bestimmten Schichtdicke aufgetragen und bilden einen festen Film.

Vom Filmbildner hängen Zähigkeit, Elastizität, Widerstandskraft und Aussehen des getrockneten Lacks ab. Man verwendet dazu veredelte Naturprodukte (z.B. Kolophonium, Schellack, Kopal) oder rein synthetisch hergestellte Kunstharze (Alkyd-, Acryl-, Polyester- und Polyurethanharze) sowie Weichmacher, Nitrozellulose (Zellulosenitrat) und spezielle Additive.

Als Lösemittel dienen: Ester, Alkohole, Glykolether, Benzinkohlenwasserstoffe und Benzolkohlenwasserstoffe (Toluol, Xylol), Ketone.

Tabelle **9**.5 Einteilung der Lacke

Rohstoffbasis (Filmbildner)	Ölhaltige Lacke	Ölfreie Lacke	Kunstharz- und Kunststofflacke
	Öllack Alkydharzlack	Nitrozelluloselack Nitrokombinationslack	PVC-Lack Acrylharzlack Phenol- und Melaminharzlack DD-Lack Epoxidharzlack Polyesterlack
Verarbeitung	Streichlack, Spritzlack, Tauchlack, Gießlack, Ballenmattierung		
Trocknung	oxidativ	physikalisch	chemisch
Oberflächeneffekt	Glanzeffekt Mattlack Seidenglanzlack Hochglanzlack	Farbeffekt Decklack, farbig Lasurlack Transparentlack Klarlack	Oberflächeneffekt Tauchlack Strukturlack u. a.
Beständigkeit	mechanische kratzfest abriebfest schlagfest	chemische säurebeständig alkalibeständig	Hitze
Verwendung	Holzlack, Möbellack, Bootslack, Fußbodenlack		
Anstrichaufbau	Grundierung, Decklack, Schichtlack, Einschichtlack, Spritzfüller		

Aus gesundheitlichen Gründen sowie im Hinblick auf die Umweltverträglichkeit werden Methanol, Benzol verschiedene Glykole sowie chlorierte Kohlenwasserstoffe nicht mehr in Lacken verwendet. Auch ist die mitverwendete Menge an Aromaten beschränkt. Zusätze von Mattierungs-, Feinschliff-, Verlauf- und Entgasungsmitteln verbessern die Eigenschaften.

Anforderungen und Arten. Lacke sollen leicht zu verarbeiten sein, gut verlaufen, schnell trocknen, einwandfrei durchhärten, ferner transparent, wasser- und chemikalienfest, kratz- und abriebbeständig, elastisch und gut schleifbar sein, Glanz- oder Matteffekt zeigen. Einteilen können wir sie nach verschiedenen Gesichtspunkten (**9**.5).

Lack

– schützt die Holzoberfläche vor mechanischen und chemischen Angriffen,
– verschönt die Holzoberfläche durch matten oder glänzenden, farblosen Überzug,
– besteht aus Filmbildner und Lösemittel.

Lacktrocknung. Der Film bildet sich durch physikalische, chemische oder oxidative Trocknung des Lacks.

– **Bei der physikalischen Trocknung** bildet sich der Lackfilm durch Verdunsten des Lösemittels. Dazu gehören Schellack und Nitrozelluloselacke.
– **Bei der chemischen Trocknung** härtet der Lack nach Mischen von Lack und Härter (Komponenten) und die damit ausgelöste chemische Reaktion. Zu diesen „Reaktionslacken" zählen Polyurethan (z. B. DD-Lack), säurehärtende und Polyesterlacke (Zwei-Komponenten-Lacke).
– **Bei der oxidativen Trocknung** härten die Öllacke durch Oxidation mit dem Luftsauerstoff.

Bei der Werkstatt-Trocknung, die in Klein- und Mittelbetrieben überwiegt, sollte die Raumtemperatur mindestens 20 °C betragen. Wegen der relativ langen Trockenzeiten müssen die Räume staubfrei sein und wegen der verdunstenden Lösemittel über eine ausreichende Absaugung und Frischluftzufuhr verfügen. Auf *Lacktrockenwagen* (Hordenwagen) lassen sich große Mengen plattenförmiger Werkstücke auf engstem Raum stapeln und trocknen.

In Großbetrieben, besonders in der Serienfertigung, braucht man kürzere Trockenzeiten. Die lackierten Flächen werden in Kammern oder Kanälen unter Wärme- und Luftzufuhr getrocknet, entweder in erhitzter Luft (Konvektion) oder durch

Strahlung (Infrarotstrahlung) – häufig direkt im Anschluss an das automatische Lackauftragsverfahren. Für die Elektronenstrahl-Trocknung müssen speziell entwickelte Lacke eingesetzt werden. Bei physikalisch trocknenden Lacken lässt sich die Trockenzeit bei 30 bis 40 °C auf wenige Minuten herabsetzen. Da die Trockentemperaturen und Mindesttrockenzeiten der Lacke unterschiedlich sind, müssen die Angaben der Hersteller beachtet werden.

Viskosität. Der Festkörpergehalt des Lacks (Filmbildner) wird in Prozent angegeben. Für die verschiedenen Auftragsverfahren muss das Verhältnis zwischen Festkörpergehalt und Lösemittelanteil entsprechend eingestellt werden. Vom Fließverhalten (Viskosität, s. Abschn. 6.3) hängt es ab, wie dick die getrocknete Lackschicht wird. Zähflüssige (hochviskose) Lacke ergeben dickere, dünnflüssige (niedrigviskose) Lacke dagegen dünnere Schichten. Körperarme Lacke sind in der Regel dünnflüssiger als körperreiche und eignen sich vor allem zum Spritzen und Gießen. Körperreiche Lacke dagegen wählen wir zum Streichen, Walzen und Tauchen. Passen Viskosität und Auftragsverfahren nicht zusammen, ergeben sich Lackierfehler. Bei der *Auftragsmenge* richten wir uns nach den Herstellerangaben. 100 g/m² entsprechen etwa einer Nassfilmdicke von 100 μm.

Das Angebot an Lacken ist sehr groß und erfüllt praktisch alle Anforderungen. Die für uns Wichtigsten zeigt Tabelle **9**.6.

Wasserlacke/Aqualacke (Wasserbasis-Lacke bzw. Lasuren). Nach wissenschaftlichen Untersuchungen haben Lösemittel einen hohen Anteil an der Luftverschmutzung. Forschung und Entwicklung in der Lackindustrie werden daher stark beeinflusst durch Gesetze für den Umweltschutz. Außerdem spielen der Gesundheitsschutz der Lackverarbeiter und die problematische Beseitigung von Lackresten eine große Rolle bei der Entwicklung wasserverdünnbarer Lacksysteme. Inzwischen haben die Wasserlacke einen erheblichen Stellenwert und stehen im Programm aller großen Lackhersteller.

Wasserlacke werden auf Ein- oder Zwei-Komponenten-Basis angeboten. Sie bestehen aus wasserverdünnbaren Emulsionen (Alkyden) oder Dispersionen (Acrylat, Polyurethan). Ihr Lösemittelzusatz beträgt weniger als 10 %, ihr Festkörpergehalt liegt bei 30 bis 35 %.

Um Lackierfehler zu vermeiden, müssen wir die Eigenschaften und Verwendungsmöglichkeiten der wichtigsten Lacke kennen und stets die Herstellerangaben befolgen.

Tabelle **9.6** Wichtige Lacke (E = Eigenschaften, ! = zu beachten, A = Auftrag, V = Verwendung)

Nitro(zellulose)lacke NC-Lacke (CN-Lacke)	E körperarm (~ 25 % Filmbildner), schnelle physikalische Trocknung (staubtrocken ca. 10 min., Durchtrocknung einige Std.) wasser- und trinkalkoholbeständig, kratzfest, aber nicht wetterbeständig; meist seidenmatt bis matt, schlecht streichbar, da das Lösemittel den Grundierungsfilm stark anlöst und die Lösemittel schnell verdunsten Lagerung kühl mehrere Jahre ! **nicht mit anderen Bindemitteln mischen! feuergefährlich! Dämpfe schädlich!** A spritzen, walzen, gießen und tauchen in 1 bis 3 Schichten V bevorzugter Lack für Möbel- und Innenausbau sowie dort, wo schnelle Trocknung bei geringerer Beanspruchung gewünscht wird
Säurehärtende Lacke SH-Lacke	E Ein- oder Zwei-Komponentenlacke (Mischung im vorgegebenen Verhältnis unmittelbar vor der Verarbeitung); körperreich (40 bis 45 % Filmbildner), durch chemische Reaktion härtend (staubtrocken 30 min., Durchtrocknung 1 bis 3 Tage bei mind. 18 °C und guter Durchlüftung) sehr füllig (halbgeschlossene Poren), hart, kratz- und abriebfest, nicht witterungsfest, Wasser-, verdünnte Säuren- und Laugenbeständigkeit Lagerung kühl ! **Beim Trocknen wird das stechend riechende Formaldehydgas frei und reizt bei ungenügender Absaugung die Schleimhäute!** A spritzen, streichen (einige Sorten sind nicht tropfend), gießen in 2 bis 3 Schichten; Reste nach Eindicken nicht mehr verwendbar V Da der Härter aggressive Säuren enthält, dürfen die Werkstücke keine Metallteile (Beschläge) haben. Airlessgeräte und Gießmaschinen müssen aus säurebeständigem Material bestehen. Weil der Härter die Holzoberfläche beim Direktauftrag verfärbt, muss vorher grundiert werden. SH-Lacke enthalten Formaldehyd und setzen dieses Gas während der An- und Durchtrocknung frei. Im Handwerk ist daher der Einsatz nicht zu empfehlen.
Polyurethanlacke DD-Lacke	E aus den beiden Komponenten **D**esmophen (als Stammlack) und **D**esmodur als Härter, Zwei-Komponenten-Lack (Mischung im vorgegebenen Verhältnis unmittelbar vor der Verarbeitung); körperreich (40 bis 50 % Filmbildner), chemisch härtend durch Polyaddition der Komponenten (staubtrocken 15 bis 30 min., Durchtrocknung ein bis mehrere Tage, durch Wärmeeinwirkung zu verkürzen) Lagerung kühl A spritzen oder streichen in 2 bis 3 Schichten; Reste nach Eindicken unbrauchbar V für besonders beanspruchte Objekte (z. B. Treppen, Parkettböden, Laboratorien, Gaststätten, Läden). Polyurethan-Klarlacke nicht für außen verwenden
Polyesterlacke UP-Lacke	E aus Stammlack (Polyesterharze und Monostyrol) und Härter (Peroxide und Lösemittel), meist mit Paraffinzusatz; sehr körperreich (bis 96 % Filmbildner!), chemische Trocknung (Polymerisation; staubtrocken 20 min., Durchtrocknung 8 Std. bis 2 Tage) besonders füllig (porenschließend), glashart, außerordentlich beständig gegen Chemikalien, Wasser und mechanische Einflüsse, aber nicht wetterfest; unbrennbar; Nacharbeit erforderlich (Abschleifen der Wachsschicht und Polieren) Lagerung kühl etwa 6 Monate ! **Der peroxidhaltige Härter ist explosiv und wirkt ätzend – Schutzbrille tragen! Das Lösemittel reizt die Schleimhäute!** A spritzen oder gießen, schon bei einer Schicht große Schichtdicke; Holzfläche muss grundiert und absolut fettfrei sein (nur an den Kanten anfassen), Gelierphase genau einhalten V als Klarlack und Lackfarbe zum Beschichten von Holz, vorwiegend bei starker Beanspruchung (Hotel-, Kaufhaus- und Laboreinrichtungen) sowie im Schiff- und Möbelbau eingeschränkt durch Schwierigkeiten bei bestimmten exotischen Hölzern (Palisander, Teak, Kambala u. a.) durch erforderliche polyesterfeste Beizen und kurze Verarbeitungszeit (pot-life), außerdem wird porenschließender Überzug heute weniger gefragt

9.3.2   Lackiertechniken

Bei der Darstellung der Lackarten wurde verschiedentlich eine Grundierung als Voraussetzung für den Lacküberzug gefordert. Warum? Polyester-

lacke verlangen eine Nachbehandlung durch Schleifen und Polieren. Gibt es noch andere Gründe für eine Nachbehandlung?

Die *Grundierung* bildet die Basis für die nachfolgende Lackierung bzw. den Lackaufbau. Nach Zwischenschliff und Entstauben sind die Voraussetzungen gegeben, dass die folgende Lackierung griffglatt auftrocknet. Manche Lacke sind gegen Inhaltsstoffe eines Holzes empfindlich (z. B. UP-Lacke). In diesem Fall kann über die *Grundierung* eine Isolierung der Schadstoffe erfolgen, ohne die Poren ganz zu sperren. Für dieses *Isolieren* verwendet man verdünnte DD-Lacke (Zwei-Komponenten-Basis).

Anforderungen. Ein Grundiermittel muss sich mit dem folgenden Lacküberzug „vertragen". Gegen Holzinhaltsstoffe soll es unempfindlich sein. Außerdem verlangen wir, dass es schnell trocknet, schleierfrei und lichtecht ist, sich gut schleifen lässt. Dünn, dennoch körperhaltig soll die Grundierung sein, um die Poren auszukleiden und die obere Holzschicht zu festigen. Bei allen diesen Eigenschaften bildet der dünne Grundfilm auch im festen Zustand keine widerstandsfähige Oberfläche, sondern verlangt stets einen Überzug. SH-Lacke setzen auch eine Grundierung voraus. Wenn NC-Hartgrund verwendet werden soll, sind die Herstellervorschriften genau zu beachten. Auf NC-Basis sind Grundierungen im Handel

- als Einlassgrund mit guter Tiefenwirkung und Saugverringerung,
- als Aufhellgrund, für Ahorn, Eiche hell und Esche mit Aufhellwirkung,
- als Haftgrund zur Verbesserung der Haftfähigkeit z. B. bei feinporigen Hölzern,
- als Haftgrund mit guter Verfestigung der oberen Zellschicht und mit füllkräftiger, guter Filmbildung,
- als Schnellschliffgrund, gut schleifbar und schnelltrocknend.

Auftrag. Je nach Holzart grundieren wir ein- oder zweimal in den üblichen Auftragsverfahren (s. Abschn. 9.3.3).

Zwischenschliff. Grundierte Flächen fühlen sich durch hochstehende Fasern etwas rauh an. Deshalb schleifen wir die gut getrocknete Fläche mit 240er Körnung. Nach diesem Zwischenschliff wird die Oberfläche sorgfältig entstaubt und damit für den Lacküberzug vorbereitet.

> **Grundieren – Zwischenschliff – Lackieren**
> Grundiermittel bewirken eine gute Verbindung zwischen Untergrund und Anstrich.
> Gut grundiert ist halb lackiert!

Mattieren. Mattierungen sind schnell trocknende, unpigmentierte Präparate, vorwiegend aus Nitrozellulose mit Hartharzen, Alkydharzen und Weichmachern. Der Festkörpergehalt liegt bei 25% gegenüber 75% flüchtigen Verdünnungsmitteln.

Schellackmattierungen bestehen aus Schellack und Lösemitteln (Alkoholen, vorwiegend Ethanol) unter Zusatz von Spindelöl.

Neben der üblichen Spritzmattierung wird vereinzelt noch die Ballenmattierung angewendet. Mit einem ballenförmigen zusammengelegten Trikottuch wird die Mattierung Strich an Strich mit leichtem Druck in Faserrichtung aufgetragen, bis die gewünschte Filmstärke erreicht ist.

Polieren. Zur Herstellung hochglänzender, geschlossener und ebener Oberflächen ist nach wie vor das Polieren erforderlich. Dabei spielt das Handpolieren mit Schellackpolituren nur noch in der Möbelrestauration eine Rolle. Sonst polieren wir im *Abbauverfahren*, bei dem aufgetragene Lacke durch Schleifen nachbearbeitet werden.

Beim **Nitropolierlack-Verfahren** (Spritzauftrag) arbeitet man mit Lacken und Polituren; erstere auf NC-Basis, letztere auf Schellack-Basis. Grobporige Hölzer bearbeiten wir dabei zuerst mit Porenfüllern, bevor wir die Fläche in mehreren Arbeitsgängen lackieren. Zwischen den Verfahren muss die zuerst aufgetragene Schicht vollständig durchhärten. Nach völliger Durchtrocknung wird trocken oder nass geschliffen. Zum Auspolieren der Fläche tragen wir Polituren mit dem Ballen auf, bis Hochglanz erzielt ist.

Beim Schwabbel-Polierverfahren wird die völlig durchgehärtete Lackschicht plan- und feinstgeschliffen und erst dann mit einer Schwabbelscheibe auf Hochglanz geschwabbelt (poliert). Dabei bewegen wir die rotierende Scheibe ohne Druck so lange, bis Hochglanz entsteht.

Lackieren nennt man das Auftragen von Holzlacken. Es kann durch Auftrag mit dem Pinsel, durch Aufspritzen mit Spritzgeräten, durch Walzen,

Tabelle **9**.7   Löse- und Verdünnungsmittel

Wasser	Wasserlacke
Testbenzin (Terpentin)	Kunstharzlacke Urethan-Alkydharzlacke
Alkohole	Schellack-Mattierungen Schellack-Polituren Nitrozellulose- Kombinationslacke
Ester	Nitrozellulose- Kombinationslacke Acryl-DD-Lacke, DD-Lacke
Ketone	Nitrozellulose- Kombinationslacke Acryl-DD-Lacke, DD-Lacke
Toluol, Xylol (Aromate)	Kunstharzlacke Nitrozellulose- Kombinationslacke Acryl-DD-Lacke, DD-Lacke Urethan-Alkydharzlacke
Glykolether	Wasserlacke Nitrozellulose- Kombinationslacke Acryl-DD-Lacke, DD-Lacke
Spezialbenzine	Nitrozellulose- Kombinationslacke

Gießen, Tauchen oder Fluten, unter bestimmten Voraussetzungen auch durch elektrostatisches Spritzen geschehen. Für die verschiedenen Auftragsverfahren (Applikationsverfahren) müssen die Lacke entsprechend eingestellt sein (Viskosität).

Löse- und Verdünnungsmittel tragen entscheidend zur Umweltbelastung bei. Ihr Einsatz muss daher drastisch verringert werden. Neuentwicklungen (s. Abschn. 9.3.1, Wasserlacke) und überlegter Einsatz können bei der Problemlösung helfen.

Löse- und Verdünnungsmittel machen Beschichtungsstoffe verarbeitungsfähig. Nach dem Auftrag der Beschichtung verdunsten sie je nach Flüssigkeit schnell, normal oder langsam (**9.7**).

> Zum Anstrichstoff das richtige Verdünnungsmittel wählen, Herstellerangaben beachten.
>
> Nur die nötige Lösemittelmenge zusetzen. Ein „Zuviel" oder „Zuwenig" beeinflusst den Anstrichstoff nachteilig; fehlerhafte Oberflächen sind die Folge.
>
> **Lösemittel sind feuergefährlich. Beachten Sie die Kennzeichnungsschilder (s. Abschn. 1.3) und das absolute Rauchverbot.**
>
> **Lösemitteldämpfe sind gesundheitsschädlich. Schützen Sie sich dagegen.**

9.3.3 Lackierverfahren

Durch Beschichten mit dem Pinsel wird der Lack noch gelegentlich in kleinen bis mittleren Handwerksbetrieben aufgetragen. Dazu eignen sich Pinsel mit feinen, biegsamen Borsten. Die Größe richtet sich nach der zu lackierenden Fläche. Der Pinsel muss sauber sein und nach Gebrauch sorgfältig mit Lösemittel gereinigt werden.

Der Auftrag mit der Spritzpistole ist in der handwerklichen Fertigung das wichtigste Verfahren. Vorteile gegenüber dem Pinselauftrag: kürzere Arbeitszeit (Kostenfrage), höhere Oberflächenqualität, gleichmäßigerer Lackauftrag (durch Regulierung der Lackabgabe). Beim Spritzen wird der Lack zu feinsten Tröpfchen zerstäubt, die auf der behandelten Oberfläche zu einem Lackfilm ineinanderfließen (**9.8**). *Nachteil:* 40 bis 50 % des Lackes gehen verloren. Die Spritzverfahren unterscheiden sich danach, ob und in welcher Weise Luft eingesetzt wird.

Beim Niederdruckspritzen wird nur mit einem geringen Betriebsdruck (bis 1,5 bar) gearbeitet. Die

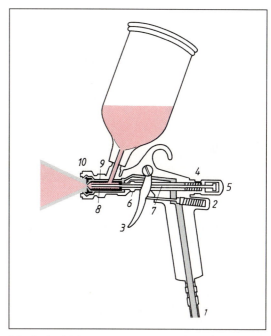

9.8 Spritzpistole
  1 Griff mit Zuleitung
  2 Luftkolben mit Feder und Dichtungskappe
  3 Abzugsbügel
  4 Nockenstange mit Feder
  5 Farbreguliermutter
  6 Feststellmutter
  7 Düsen- oder Farbnadel
  8 Farbdüse
  9 Luftdüsen mit Verschlusskappen
  10 Strahlkopf

Luft wird über ein Gebläse erzeugt (Staubsaugerprinzip) und der Niederdruck-Spritzpistole zugeführt. Dieses Verfahren eignet sich z. B. für DD-Lacke. Im Niederdruck-Heißspritzverfahren wird das Spritzgut über ein elektrisches Heizgerät im Becher erhitzt.

Bei der HVLP-Niederdruck-Spritztechnik handelt es sich um ein Verfahren mit reduzierter Farbnebelentwicklung, verringertem Lösungsmittelausstoß und damit verbesserter Umweltverträglichkeit sowie einer Materialübertragungsrate von mindestens 65 %. (Konventionelle Hochdruckpistolen liegen bei 35 %!) Der Eingangsfließdruck wird durch ein entsprechendes System in ein hohes Luftvolumen umgewandelt (HVLP = High Volume Low Pressure = hohes Volumen niedriger Druck). Daneben lassen erhebliche Materialeinsparungen von 10 bis 30 % und geringerer Spritzabstand von ca. 13 bis 18 cm zum Objekt die HVLP oder auch NR-Technik (nebelreduziert) an Bedeutung gewinnen.

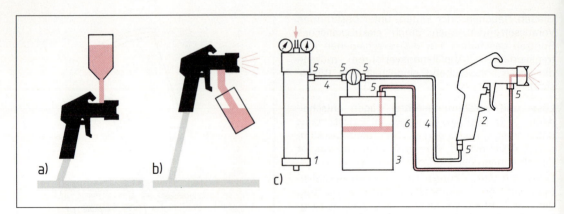

9.9   Arbeitsweise der Spritzpistolen
   a) Fließbecherpistole, b) Saugbecherpistole, c) Druckkesselpistole

1 Luftreiniger
2 Spritzpistole
3 Farbdruckgefäß

4 Druckluftschlauch
5 Schlauchkupplungen
6 Farbschlauch

Beim Hochdruckspritzen, dem häufigsten Verfahren, wird die Zerstäubungsluft (Druckluft) mit einem Betriebsdruck von 2 bis 6 bar dem Spritzgut über die Luftdüse zugeführt.

Beide Verfahren arbeiten nach dem Fließ-, Saug- und Drucksystem. Danach unterscheiden wir:

– Fließbecherpistolen zum Spritzen von liegenden und stehenden Werkstücken (**9**.9a),
– Saugbecherpistolen zum Spritzen von Innenflächen, Unterseiten und Fußgestellen (**9**.9b),
– Druckkesselpistolen zum Spritzen großer Mengen (9.9c; rationeller lassen sich größere Lackmengen mit der Lackgießmaschine verarbeiten).

Bei allen Lackierpistolen hängen Strahlform und Qualität der Lackzerstäubung davon ab, dass Farbdüse, Farbnadel und Luftdüse übereinstimmen. Die Düsenweiten liegen je nach dem Spritzgut zwischen 0,8 und 3 mm. Die Strahlbreite lässt sich innerhalb der vorgewählten Luftdüseneinstellung stufenlos einstellen (**9**.10).

Moderne Spritzpistolen verfügen heute über eine im Pistolenkörper integrierte Bedieneinheit, die eine stufenlose Rund-/Breitstrahlregulierung ohne Lösen der Luftdüse ermöglicht.

So kann der Spritzstrahl ohne Arbeitsunterbrechung mühelos an das zu lackierende Objekt angepasst werden.

Beim Höchstdruckverfahren (Airless-Verfahren) wird der Lack über eine Pumpe in ein hydraulisches System befördert und unter hohem Spritzdruck von 100 bis 250 bar erst beim Austritt aus der Düse luftlos (engl. = airless) zerstäubt (**9**.11). Die

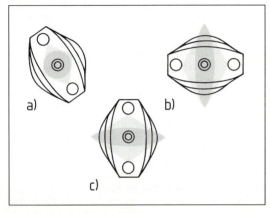

9.10   Stellung des Strahlkopfs
   a) beim Rundstrahl, b) beim senkrechten Flachstrahl, c) beim waagerechten Flachstrahl

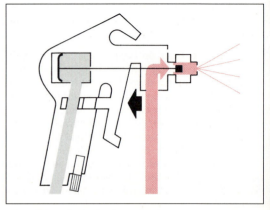

9.11   Airless-Spritzpistole

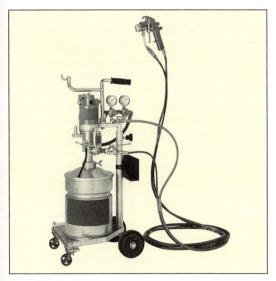

9.12 Mischverfahren

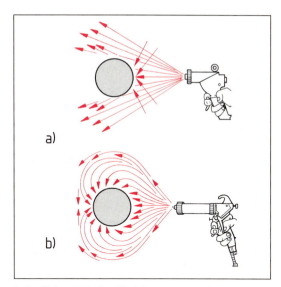

9.13 Elektrostatisches Verfahren
a) normal, b) elektrostatisch

Nebelbildung ist hier erheblich vermindert, weil es keine Zerstäubungsluft gibt.

Beim Mischverfahren kombiniert man die Hochdruck-Spritztechnik mit dem Höchstdruckverfahren. Das Spritzgut wird einem Materialdruck von 40 bis 50 bar ausgesetzt und nach dem Airlessprinzip an der Spritzpistole vorzerstäubt (**9**.12). Über spezielle Hornbohrungen trifft Zerstäubungsluft von 1 bis 1,5 bar an der Luftklappe auf den vorzerstäubten Airless-Spritzstrahl, der dadurch feinst zerstäubt. Durch die geringen Luftverbrauchswerte (40 bis 60 l/min) entsteht keine zusätzliche Nebelbildung (umweltfreundlich).

Beim elektrostatischen Verfahren werden die Lackteilchen nach dem Verlassen der Pistole elektrisch aufgeladen und gelangen durch ein elektrisches Feld (Kraftfeld) zum geerdeten Werkstück (**9**.13). Dieses Verfahren wendet man vorwiegend bei Metall-Lackierungen an. Um bei Holz ein entsprechendes Kraftfeld aufbauen zu können, ist eine Holzfeuchte von 8 bis 10 % erforderlich. Der Lackauftrag ist auf allen Seiten gleichmäßig dick.

Nach dem Spritzen muss die Pistole gereinigt werden. Wir spülen sie mit Verdünnung durch und reinigen die Luftdüse mit einem Pinsel, einer Bürste oder Reinigungsnadel. Niemals die ganze Spritzpistole in Verdünnung legen, weil dadurch die Dichtungen zerstört werden!

Spritzstörungen entstehen durch Farbreste, defekte Dichtungen oder beschädigte Bohrungen (**9**.14).

Tabelle **9**.14   Spritzstörungen

Störung	Ursache	Abhilfe
Pistole tropft	Farbnadel nicht angezogen Fremdkörper in der Farbdüse	festschrauben Farbdüse in Verdünnung reinigen oder auswechseln
Farbe tritt an Farbnadel-Stopfbüchse aus	Stopfbüchse zu schwach angezogen Stopfbüchsenpackung defekt oder verloren	anziehen ersetzen
Luftkolben klemmt oder kommt nur langsam	Stopfbüchse zu stark angezogen oder Feder defekt	lösen bzw. ersetzen
Luft strömt am Luftkolben aus	verschlissene oder fehlende Packung Stopfbüchse zu schwach angezogen	ölen oder auswechseln anziehen
Spritzbild sichelförmig	Hornbohrung verstopft	in Verdünnung einweichen und mit Düsenreinigungsnadel reinigen

Fortsetzung s. nächste Seite

Tabelle **9**.14, Fortsetzung

Störung	Ursache	Abhilfe
Strahl tropfenförmig oder oval	Farbdüsenzäpfchen oder Luftkreis verschmutzt	Luftdüse um 180° drehen wenn Störung anhält, beide reinigen
Strahlspaltung (Schwalbenschwanz)	zu hoher Zerstäubungsdruck nicht genügend Material zu dünnes Material	Zerstäubungsdruck verringern Düsenweite korrigieren Mengenregulierung zudrehen
Auftrag in der Mitte zu stark	zu viel Material zu dick eingestelltes Material zu wenig Zerstäubungsdruck	Materialzufuhr verringern oder andere Düsenweite Material verdünnen Zerstäubungsdruck erhöhen
Strahl flattert	nicht genügend Material im Behälter Farbdüse oder Stopfbüchse nicht angezogen Farbdüse verschmutzt oder beschädigt	Material nachfüllen Teile anziehen reinigen oder auswechseln
Material sprudelt oder „kocht" im Farbbecher	Zerstäubungsluft gelangt über Farbkanal in den Farbbecher Farbdüse oder -nadel nicht genügend angezogen Luftdüse nicht vollständig aufgeschraubt Luftkreis verstopft oder Sitz defekt	Teile anziehen Teile reinigen oder ersetzen

Spritztechnik. Beim Spritzen ist stets auf den richtigen *Abstand* zwischen der Spritzpistole und dem Werkstück zu achten (20 bis 25 cm). Ist der Abstand zu gering, kommt es infolge zu großer Materialmenge häufig zum Lacklauf. Ist der Abstand zu groß, kann das Lackmaterial schon etwas vortrocknen, starke Spritznebel entstehen und die Oberfläche wird durch schlecht verlaufenden Lack rauh und glanzlos.

Um eine *gleichmäßige Schichtstärke* zu erzielen, führen wir die Lackpistole parallel zum Werkstück – niemals bogenförmig (**9**.15). Dabei wird der Lack im *Kreuzgang* aufgetragen (**9**.16). Das gleichmäßi-

ge Hin- und Herführen der Pistole und ein sich überschneidender Lackstrahl sind sehr wichtig. Begonnen wird bei waagerechten Flächen mit dem ersten Spritzgang an der vorderen Fläche außerhalb des Plattenrands, bei senkrechten Flächen am oberen Plattenrand.

Spritzpistole niemals gegen Personen richten! Lösemittel führen zu Verätzungen! An Kesselpistolen nicht unter anstehendem Materialdruck montieren!

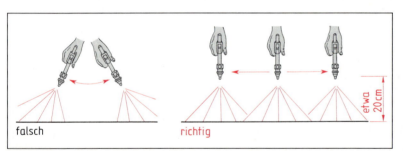

falsch   richtig

9.15   Haltung und Abstand der Spritzpistole

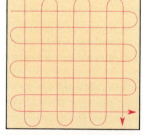

9.16   Kreuzgang-Spritzauftrag

gereinigte Luft

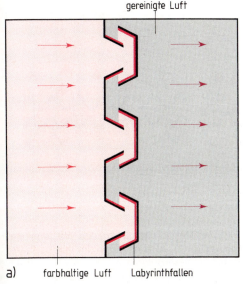

a)   farbhaltige Luft   Labyrinthfallen

Wasservorhang   gereinigte Luft

farb-
haltige
Luft

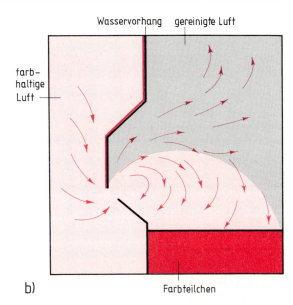

b)   Farbteilchen

9.17 Spritzkabine
a) Trockenabscheidung, b) Nassabscheidung

Die Druckluftanlage (Kompressor) ist heute in jedem Handwerks- und Industriebetrieb zu finden (s. Abschn. 5.2.9). Bei den mit Kompressor betriebenen *Spritzständen* unterscheiden wir nach der Lacknebelabscheidung Trocken- und Nassspritzstände.

Bei der *Trockenabscheidung* wird der Lacknebel mittels Ventilator durch schmale Spalten (Labyrinthe) in der Blechkonstruktion geblasen (**9**.17 a). Die Lackteilchen bleiben dabei in den Wegwerf-Trockenfiltern (Glasfasermatten) hängen, die gereinigte Luft wird aus der Kabine abgesaugt. In der Regel sind die Arbeitsflächen 2 bis 3 m breit und 2 m hoch.

Wesentlich wirkungsvoller ist die *Nassabscheidung*. Hier erlauben wasserberieselte Spritzwände mit Wasserwanne die intensive Lacknebel-Auswaschung durch Sprühdose, Prallbleche und Wirbelwäscher (**9**.17 b).

Vornehmlich wird der maschinelle Lackauftrag in der industriellen Möbelfertigung (Serienfertigung) genutzt. *Gieß-* und *Walzmaschinen* setzt man dabei für ebene, flache Werkstücke ein. *Spritzmaschinen* eignen sich auch zum Lackieren von profilierten oder anderen unebenen Teilen. Alle Maschinenverfahren sind rationell und tragen den Lack bei geringstem Verlust gleichmäßig auf.

Holzfußböden werden meist *versiegelt*. Der Lack füllt die Poren des Untergrunds und bildet auf der Oberfläche einen widerstandsfähigen Film. Dabei bleibt die Holzstruktur erhalten, die Pflege ist einfach, die Lebensdauer des Holz-

fußbodens wird erhöht. Versiegelungen können wir nur auf trockenes, sauber und planeben geschliffenes Holz auftragen (s. Abschn. 9.3.4).

Lackschäden und Anstrichfehler zeigt Tabelle **9**.18.

Tabelle **9**.18   Lackierfehler

Fehler	Ursache
Luftblasen	zu dicker Lack, zu hoher Spritzdruck oder zu feuchtes Holz (**9**.19), zu großer Temperaturunterschied zwischen Werkstück, Lack und Raum
Apfelsinenschalenhaut (Orangenhaut)	zu dicker Lackauftrag (Lack verläuft nicht) falsch eingestellter Spritzdruck
graue Flecken (Anlaufen)	Reste von Porenfüllern Trockenzeiten zwischen einzelnen Arbeitsgängen nicht eingehalten Lackauftrag in zu feuchten oder zu kalten Räumen Lack zu stark verdünnt zu geringe Schichtdicke falsche Lösemittel verwendet Erzeugnisse verschiedener Hersteller verarbeitet

Unfallgefahren und -verhütung. Wir wissen, dass Lacke und Beizen Lösemittel enthalten, dass Säuren, Laugen und Holzstäube ebenfalls die Gesundheit gefährden. Deshalb prägen wir uns ein:

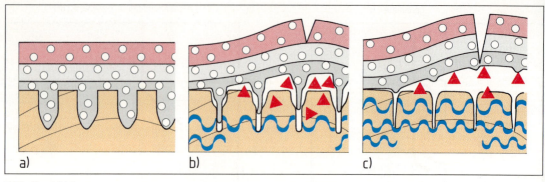

9.19   Beschichtung
    a) bei trockenem, b) bei feuchtem, c) bei nassem Anstrichgrund

9.3.4   Natürliche Mittel zur Oberflächenbehandlung

Im Mittelpunkt aller baubiologischen Überlegungen stehen die Wohnumwelt und der darin lebende Mensch. Die öffentlichen Auseinandersetzungen über das Gas Formaldehyd in Holzwerkstoffen, Pentachlorphenol (PCP) und Lindan (HCH) in sogenannten Holzschutzmitteln, das Waldsterben, der Anstieg der CO_2-Belastung in der Atmosphäre, die Entsorgungsproblematik chemisch-synthetischer Stoffe, die Zunahme der allergischen Erkrankungen und vieles andere mehr, haben u. a. die Forderung nach einem stärkeren Einsatz von Naturerzeugnissen im Wohnbereich zur Folge.

Uns geht diese Forderung nach Naturprodukten im Bereich der Holzbe- und -verarbeitung in besonderer Weise an. Schließlich ist unser Werkstoff Holz ein idealer, umweltfreundlicher Baustoff. Wie können wir dieses giftfreie, schöne Material „biologisch" veredeln und erhalten?

Dazu gibt es z. B. natürliche Harze und Wachse. Ihre Verarbeitung ist einfach und im Allgemeinen für Gesundheit und Umwelt unproblematisch. Aber auch natürliche Mittel enthalten Gifte, die bei unsachgemäßer Anwendung Gesundheitsrisiken in sich bergen. So sind in jedem Fall die Angaben der Hersteller genau zu beachten.

Zur Herstellung der Produkte werden fast ausschließlich Substanzen aus der Pflanze verwendet.

Natürliche Bindemittel sind Öle, Harze, Gummi, Wachse und Casein.

Leinöl ist dabei der wichtigste Grundstoff der Pflanzenchemie. Als Grundieröl für Lacke und Lasuren bildet es den Untergrund, der den anschließenden Oberflächenfilm fest verankert. Der Gehalt an Leinöl bewirkt außerdem die Elastizität des Anstrichfilms bzw. die hohe Wasserdampfdurchlässigkeit der Lasuren.

Harze sind pflanzlichen Ursprungs (Baumharze wie Lärchenharz, Kolophonium u.a.) oder tierischen Ursprungs (Schellack oder Propolis).

Natur-Latex = Naturkautschukmilch verleiht Anstrichmitteln und Klebern einen elastischen, wasserabweisenden, aber luftdurchlässigen Film.

Pflanzenwachse dienen als Bindemittel bei Polituren und Pflegemitteln. *Carnaubawachs* ist mechanisch hoch belastbar und wird wegen des hohen Härtungsvermögens z.B. weichen Wachsen und Polituren zugesetzt. Fußbodenwachse erhalten so ihre Trittfestigkeit.

Mit Bienenwachs pflegt und veredelt man Oberflächen im Innenbereich. Das wohlriechende Wachs wird von den Bienen durch ihre Bauchdrüsen ausgeschieden und zum Bau der Waben benutzt.

Casein ist der wichtigste Eiweißbestandteil der Milch und dient als Bindemittel für Anstrichstoffe im Innenbereich. Durch Zusatz von Kalkmilch erhält man wetterfeste Kalkcaseinfarben für den Außenbereich.

Lösemittel bestimmen die Konsistenz oder Viskosität von Farben und Lacken. In der Pflanzenchemie werden Wasser, Alkohol, ätherische Öle und Isoaliphate als Verdünnungsmittel eingesetzt.

Aufgaben zu Abschnitt 9

1. Nennen Sie Gründe, warum die Oberflächenbehandlung des Holzes eine wichtige Rolle spielt.
2. Welche Bedeutung hat der Holzschliff für die anschließende Behandlung mit Oberflächenmaterialien?
3. Was sind Schleifmittel?
4. Schleifmittel werden nach der Streuung unterschieden. Wann spricht man von einer geschlossenen und wann von einer offenen Streuung?
5. Welche Angaben enthält die Rückseite des Schleifpapiers?
6. Warum und wann wird Holz gewässert?
7. Nennen Sie Mittel zum Bleichen des Holzes.
8. Was müssen Sie beim Umgang mit Bleichmitteln beachten?
9. Nennen Sie Verfahren zum Herstellen strukturierter Oberflächen.
10. Welche Arten von Holzbeizen gibt es? Wodurch unterscheiden sie sich?
11. Was versteht man unter einem negativen Beizbild? Wie kommt es dazu?
12. Welche Anforderungen stellt man an Holzbeizen?
13. Was haben Sie beim Verarbeiten von Holzbeizen zu beachten?
14. Nennen Sie die Beizauftragsverfahren.
15. Was versteht man unter Räuchern des Holzes?
16. Erläutern Sie das Trocknen gebeizter Holzteile.
17. Welche Anforderungen müssen Holzlacke erfüllen?
18. Nennen Sie Eigenschaften und Verwendungsmöglichkeiten der Nitrozelluloselacke (NC-Lacke).
19. Woraus bestehen DD-Lacke?
20. Wofür verwenden Sie DD-Lacke?
21. Erläutern Sie die Eigenschaften und Einsatzmöglichkeiten von Polyesterlacken.
22. Wozu grundiert man?
23. Nennen Sie Grundierungen und ihre Eignung.
24. Was versteht man unter Ballenmattierung?
25. Erläutern Sie die Auftragsverfahren für Holzlacke.
26. Welche Vor- und Nachteile hat die Spritzlackierung?
27. Wie wirkt das Airless-Verfahren? Welche Vorteile bietet es?
28. Wozu dienen Löse- und Verdünnungsmittel? Nennen Sie 5 Lösemittel und ihre Anwendungen.
29. Was tun Sie, wenn der Spritzauftrag in der Mitte zu stark ist?
30. Wie kann es beim Lackieren zu einer „Apfelsinenschalenhaut" kommen?
31. Wodurch entstehen beim Lackieren graue Flecken?
32. Was ist beim Umgang mit Lacken und Beizen zu beachten, um Unfälle zu vermeiden?
33. Welche Vorteile haben natürliche Mittel zur Oberflächenbehandlung?

10.1   Maßordnung im Hochbau

Der Tischler fertigt nicht nur Möbel an, sondern arbeitet am Innenausbau und Außenbau eines Gebäudes mit.

Zum *Innenausbau* gehören: Wand- und Deckenverkleidungen, leichte Trennwände, Einbaumöbel, Innentüren, Treppen.

Dem *Außenbau* (Bautischlerarbeiten) ordnet man zu: Fenster, Außentüren.

Die Errichtung eines Gebäudes erfordert die sinnvolle Zusammenarbeit verschiedener Berufsgruppen. Um einen problemlosen Arbeitsablauf zu gewährleisten, sind alle an bestimmte Vorschriften, Normen und Bedingungen gebunden. Die Verdingungsordnung für Bauleistungen (VOB) als verbindliches Gesetzeswerk für alle am Bau Beteiligten regelt diese Zusammenarbeit. Sie ist Grundlage für Angebot, Ausführung und Abrechnung von Bauleistungen. Damit sie jedoch wirksam wird, muss im Vertrag auf die Geltung der VOB verwiesen werden.

Die **VOB** enthält drei Teile:
- **Teil A:** Allgemeine Bestimmungen über die Vergabe von Bauleistungen (DIN 1960)
- **Teil B:** Allgemeine Vertragsbedingungen für die Ausführung von Bauleistungen (DIN 1961)
- **Teil C:** Allgemeine Technische Vorschriften für die Bauleistungen

Wichtig für die holzverarbeitenden Berufe sind:

DIN 18355 Tischlerarbeiten
DIN 18361 Verglasungsarbeiten
DIN 18357 Beschlagarbeiten

> Die Normen der VOB regeln die Zusammenarbeit der verschiedenen Berufe am Bau. Sie legen die Mindestanforderungen an Bauleistungen und einzelne Arbeiten fest. Um wirksam zu werden, muss auf die Geltung der VOB im Vertrag hingewiesen werden.

Früher genügten für das Bauen und Ausbauen eines Hauses wenige Grundregeln, viel Zeit und handwerkliches Können. Heute muss ein Bau in wenigen Wochen oder Monaten bezugsfertig errichtet sein. Jede Stunde zählt und schlägt sich im Baupreis nieder. Nur rationelles, genormtes Bauen macht es möglich, Bauteile in kürzester Zeit bereitzustellen oder auszuwechseln und stets passend einzubauen.

Die Maßordnung im Hochbau (DIN 4172) schafft die Voraussetzungen dafür. Sie bildet die Grundlage für die Abmessung von Gebäuden, Bauteilen und Bausteinen. Durch die Verbindlichkeit der Norm für das Baugewerbe ergeben sich Zeit- und Kosteneinsparungen sowie rationelles Bauen: Die Standardsteinformate sind festgelegt, für die genormten Öffnungsmaße können Fenster, Türen und andere Bauelemente vorgefertigt und in Großserie preisgünstig hergestellt werden.

Grundlage der Maßordnung ist der achte Teil eines Meters, das *Achtelmeter* (am) mit 12,5 cm. Alle weiteren Maße ergeben sich als Vielfache oder Teile von 12,5 cm. Zu unterscheiden sind Rohbau-Richtmaße und Nennmaße.

Rohbau-Richtmaße (RR), auch Baurichtmaße genannt, sind Ausgangspunkt für alle Rohbau- und Ausbaumaße. Sie betragen ein Vielfaches von 12,5 cm (am). Die Breite eines Mauersteins (Normalformat) mit Fuge stimmt damit überein. RR werden zur Vereinfachung und Übersichtlichkeit besonders für vorgefertigte Bauelemente durch Kennziffern angegeben (z. B. 8/10). Multipliziert man die Kennziffern mit 12,5 cm, erhält man das Rohbaurichtmaß der Öffnung. Nach DIN 18050 und 18100 gibt man bei den Abmessungen zuerst die Breite, dann die Höhe an.

Beispiel   Kennziffer 8/10 bedeutet ein RR von:

$$8 \cdot 12,5 \text{ cm} = 100 \text{ cm Breite}$$
$$10 \cdot 12,5 \text{ cm} = 125 \text{ cm Höhe}$$

Nennmaße, auch Baulichtmaße genannt, sind die tatsächlich vorhandenen Maße am Bau. Im Mauerwerksbau ergeben sie sich aus den RR ab- oder zuzüglich der Mörtelfuge. Die Dicke der Stoßfuge wird mit 1 cm angenommen. Die Nennmaße sind in Bauplänen und Zeichnungen eingetragen. Bei der Vermaßung unterscheiden wir drei Möglichkeiten (**10.**1):

- **Außenmaß** bei einer an beiden Seiten frei endenden Mauer (z. B. Pfeiler) *Nennmaß* = RR – 1 cm
- **Öffnungsmaß** bei einer beiderseits angebauten Mauer (z. B. Tür- oder Fensteröffnung) *Nennmaß* = RR + 1 cm
- **Anbaumaß** bei einer einseitig angebauten Mauer (z. B. Maueranschluss) *Nennmaß* = RR

Bei Bauten ohne Mörtelfuge (z. B. Betonbauten) entsprechen die Nennmaße den RR.

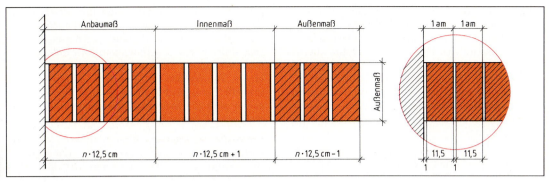

10.1 Nennmaße

Höhenmaße. Für uns ist wichtig, dass die Höhe des Nennmaßes immer von der Oberkante des Fertigfußbodens (OFF) aus gemessen wird. Bei den Maueröffnungen für Fenster erhalten wir so die Brüstungshöhe und das *lichte* Maß. Wenn wir ein Türfutter einbauen, müssen wir uns nach dem *Meterriss* richten, weil meist noch kein Fußboden eingebaut ist (**10**.2). Der Meterriss kennzeichnet die vorgesehene Oberkante des fertigen Fußbodens. Der Maurer oder Bauführer (Polier) bringt diese Markierung in jedem Stockwerk an.

10.2 Meterriss

> **Die Maßordnung im Hochbau DIN 4172 ist Baugrundlage.**
>
> Baurichtmaße für den Rohbau werden durch das Achtelmeter bestimmt.
>
> Nennmaße sind die tatsächlichen Maße und Abmessungen am Rohbau.

10.2 Wärme-, Schall- und Feuerschutz

10.2.1 Wärme, Temperatur und Wärmeausdehnung

> Was ist Wärme? Wie entsteht sie? Gibt es eine Höchst- und eine Niedrigsttemperatur? Warum schwimmt Eis? Wodurch entsteht Regen?

Wärmequellen. Wärme erhalten wir auf natürliche Weise, durch mechanische Arbeit oder chemische Reaktion. Der natürliche Wärmespender ist die Sonne, ohne die kein Leben auf unserer Erde möglich wäre. Durch Reibung oder Elektrizität wird ebenfalls Wärme frei (z. B. Heizstrahler). Schließlich wärmen wir die Wohnung auf chemischem Weg durch Verbrennen von Brennstoffen. Wärme wird also durch Umwandlung von Energien frei und ist damit selbst eine Energieform. Ursache ist die Bewegung der Moleküle.

■ **Versuch** Füllen Sie je eine Schüssel mit heißem, kaltem und lauwarmem Wasser. Tauchen Sie eine Zeit lang eine Hand ins heiße, die andere ins kalte Wasser, danach beide Hände in die lauwarme Flüssigkeit. Empfinden Sie an beiden Händen die gleiche Wärme?

Temperatur und Thermometer. Der Wärmezustand eines Körpers heißt Temperatur. Unsere Empfindung für Temperatur ist subjektiv, wie der Versuch gezeigt hat. Um die Temperatur objektiv festzustellen, brauchen wir ein Messgerät, ein Thermometer (griech. *thermos* = warm, *metron* = Maß). Die meisten Thermometer enthalten Quecksilber oder Alkohol, die erst bei großer Kälte erstarren. Halten wir ein Quecksilberthermometer in Eis-

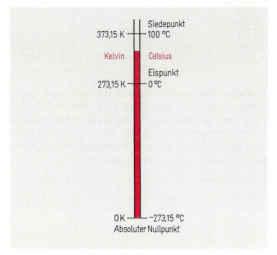

10.3   Thermometerskalen von Celsius und Kelvin

wasser, zeigt es den Gefrierpunkt (*Eispunkt*) an = 0 °C. Halten wir es in siedendes Wasser, dehnt sich das Quecksilber in der luftleeren Röhre aus und zeigt den *Siedepunkt* (Dampfpunkt) = 100 °C an. Über diese beiden Punkte geht die Skala hinaus – nach oben praktisch unbegrenzt, nach unten bis zum absoluten Nullpunkt = − 273,15 °C. Bei dieser tiefsten Temperatur beginnt die Skala nach Lord Kelvin mit 0 K. Den Siedepunkt zeigt sie entsprechend mit 373,15 K an. Die Einheiten der Celsius- und Kelvinskala sind gleich groß, so dass wir Temperatur*unterschiede* in K oder °C angeben können (z. B. 15 °C ≙ 15 K). Bei den Temperatur*punkten* erhalten wir jedoch andere Werte (z. B. 15 °C ≙ 288,15 K; **10**.3). Gleich ist das Messprinzip beider Skalen – die Ausdehnung der Flüssigkeit bei Erwärmung und das Zusammenziehen bei Abkühlung.

Wärmeausdehnung. Feste, flüssige und gasförmige Körper dehnen sich (bis auf wenige Ausnahmen) bei Erwärmung aus und ziehen sich bei Abkühlung zu größerer Dichte zusammen. In der Regel dehnen sich Flüssigkeiten mehr als feste Körper, Gase wiederum mehr als Flüssigkeiten. Doch auch die einzelnen Werkstoffe dehnen sich unterschiedlich stark aus – Holz z. B. weniger als Mauerwerk, Mauerwerk weniger als Metall. Werden solche Festkörper fugenlos aneinander

geschlossen oder Gase im Behälter verschlossen, können sie sich bei Erwärmung nicht ausdehnen – der Verband oder der Behälter platzt auseinander. Dies müssen wir beachten, wenn wir unterschiedliche Werkstoffe zusammen verarbeiten (z. B. bei einem Aluminium-Holz-Fenster). Jedes Material braucht genügend Dehnungsraum! Im Holzbau selbst sind die Wärmeausdehnungen so gering, dass wir sie vernachlässigen können.

Anomalie des Wassers. Eine Ausnahme im Dehnverhalten macht das Wasser. Es zieht sich bei Abkühlung bis +4 °C zusammen, hat dann aber sein geringstes Volumen und seine größte Dichte erreicht. Bei weiterer Abkühlung bis auf 0 °C dehnt es sich wieder aus. Deshalb schwimmt Eis auf dem Wasser, deshalb sprengt eingesickertes und gefrorenes Wasser Steine auseinander.

> Körper dehnen sich bis auf wenige Ausnahmen (Wasser) bei Erwärmung aus und ziehen sich bei Abkühlung zusammen. Diese Volumen- und Dichteänderung ist bei jedem Werkstoff unterschiedlich.

Wärmemenge Q. Um einen Körper zu erwärmen, brauchen wir eine bestimmte Menge Wärme oder Wärmeenergie. Einheit der Wärmemenge Q ist das Joule (J, sprich dschuhl).
Wärmemenge, Energie und Arbeit sind gleichartige Größen (**10**.4). Um 1 kg Wasser um 1 °C zu erwärmen, müssen wir 4187 J, Nm oder Ws aufwenden.

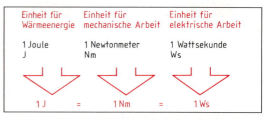

10.4   Wärmemenge, Arbeit und Energie sind gleichartige Größen

> Einheit der Wärmemenge ist das Joule.
> 1 Joule (J) = 1 Wattsekunde (Ws) = 1 Newtonmeter (Nm)

Luftfeuchtigkeit. Flüssigkeiten gehen bei Erwärmung auf den Siedepunkt in Dampf über. So verdampft die Sonne die Feuchtigkeit der Erde und sorgt dafür, dass die Luft immer eine gewisse Menge Wasserdampf enthält. Warme Luft kann mehr Feuchtigkeit aufnehmen als kalte – wir mer-

ken das bei schwülem Wetter. Ist der Sättigungspunkt erreicht, kann die Luft keinen Wasserdampf
mehr aufnehmen (maximale Luftfeuchte, gemessen in g/m³). Wird der Sättigungspunkt überschritten oder kühlt die Luft ab, fällt der Dampf in Form
von Regen oder Tau (Taupunkt) nieder. Auf diese
Beziehung zwischen Luftfeuchte und Lufttemperatur haben wir schon in Abschn. 3.3.5 hingewiesen.

10.2.2 Wärmeausbreitung und -speicherung

Wärme breitet sich durch Wärmeleitung, Wärmeströmung oder Wärmestrahlung aus. Was versteht
man darunter?

■ **Versuch** Halten Sie einen Eisenstab, einen Glas- und
einen Holzstab von gleicher Länge und gleichem Querschnitt an eine Wärmequelle. Was stellen Sie fest?

Wärmeleitung. Wärme überträgt sich innerhalb
eines Körpers auf weniger warme Teile. Die
Moleküle geben die Wärme weiter, ohne ihre Lage
zu verändern – sie leiten die Wärme. Wie unser Versuch zeigt, leiten einige Werkstoffe die Wärme
schnell (gut), andere langsam (schlecht) oder
kaum. Metalle sind die besten Wärmeleiter. Flüssigkeiten (außer Quecksilber und geschmolzenen
Metallen), Holz, Glas und ruhende Gase sind
schlechte Wärmeleiter. Doch auch beim gleichen
Werkstoff ergeben sich noch Unterschiede durch
den Gehalt an Feuchtigkeit (Wasser leitet 25mal
besser als Luft) und Poren (porige Stoffe leiten
schlecht, **10.5**).

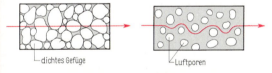

10.5 Poren verzögern den Wärmeabfluss

Schlechte Wärmeleiter sind gute Dämmstoffe.

Wärmeleitzahl λ (klein lambda = griech. Buchstabe l). Die Wärmeleitfähigkeit der Stoffe gibt man
durch die Wärmeleitzahl an. Sie nennt die Wärmemenge Q in Joule je Sekunde (= Watt), die durch
1 m² Fläche eines 1 m dicken Körpers geleitet wird,
wenn der Temperaturunterschied der Oberflächen
1 K (oder 1 °C) beträgt (**10.8**). Einheit ist Watt durch
Meter mal Kelvin (W/mK). Je größer die Wärmeleitzahl, desto besser die Wärmeleitung und desto
geringer die Wärmedämmung (**10.6**).

Tabelle **10**.6 Wärmeleitzahl λ verschiedener Stoffe in
W/mK

0,04 Glaswolle, Hartschaum	0,81 Glas
0,14 Fichte, Spanplatten	2,03 Normalbeton
0,17 Buche	58,00 Stahl
0,21 Eiche	203,00 Aluminium

Wärmeströmung. Flüssigkeiten und Gase leiten
die Wärme schlecht. Sobald wir sie erwärmen,
dehnen sie sich aus, werden leichter und steigen
deshalb hoch. Dabei verlagern sich ihre Moleküle.
Weil immer wieder kältere Flüssigkeit bzw. Gase
nachfolgen und erwärmt werden, entsteht eine
Molekül- oder Wärmeströmung (Konvektion). Wir
nutzen sie z. B. bei der Warmwasserheizung.

Als Wärmestrahlung durch die Sonnenstrahlen
erhalten wir die lebensnotwendige Sonnenenergie. Wir spüren sie, wenn sie auf einen Körper trifft,
der sie aufnimmt. Die Luft wird nicht von den
Sonnenstrahlen erwärmt, sondern erst durch die
Wärmeströmung des wärmebestrahlten Körpers
(**10.7**).

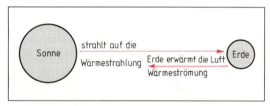

10.7 Wärmestrahlung und Wärmeströmung

Wärmeleitung = Wärmeübertragung von
Molekül zu Molekül eines Körpers, ausgedrückt durch die Wärmeleitzahl λ
Wärmeströmung = Wärmeübertragung
durch Molekülverlagerung bei Flüssigkeiten
und Gasen
Wärmestrahlung = Wärmeübertragung
ohne Mitwirkung eines Stoffs

Wärmedurchlasszahl oder -koeffizient Λ (groß
lambda). Bei der Wärmeleitzahl λ sind wir von
einem 1 m dicken Körper ausgegangen. Viele Bau-
materialien und Bauteile sind aber erheblich dünner. Deshalb drückt man das Verhältnis von Wärmeleitfähigkeit λ und Dicke d eines Stoffs durch die
Wärmedurchlasszahl (Wärmedurchlasskoeffizient)
Λ aus. Sie gibt an, welche Wärmemenge in Joule
je Sekunde (= Watt) durch 1 m² eines Werkstoffs
mit der Dicke d in m bei 1 K (1 °C) Temperaturgefälle strömt (**10.8**). Einheit ist Watt durch Quadratmeter mal Kelvin (W/m²K).

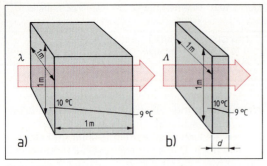

10.8   Wärmeabfluss

  a) nach der Wärmeleitfähigkeit λ
  b) nach dem Wärmedurchlasskoeffizienten Λ

Wärmedurchlasswiderstand   (Wärmeleitwider-stand) 1/Λ. Jeder Werkstoff setzt dem Wärmedurchlass Widerstand entgegen. Dieser Widerstand ist der Kehrwert (die Umkehrung) des Wärmedurchlasskoeffizienten in m²K/W. Wir brauchen ihn zum Beurteilen der Wärmedämmung und nennen ihn darum auch *Wärmedämmwert*. Bei einem mehrschichtigen Bauteil setzt sich der Gesamtwärmedurchlasswiderstand aus den Wärmedurchlasswiderständen der einzelnen Schichten zusammen.

Wärmedurchlasskoeffizient

$$\Lambda = \frac{\lambda}{d} \quad \text{in} \quad \frac{W}{m^2\,K}$$

Wärmedurchlasswiderstand

$$\frac{1}{\Lambda} = \frac{d}{\lambda} \quad \text{in} \quad \frac{m^2 K}{W} \qquad \frac{1}{\Lambda} = \frac{d_1}{\Lambda_1} + \frac{d_2}{\Lambda_2} + \frac{d_3}{\Lambda_3}$$

Je größer der Wärmedurchlasswiderstand (Wärmedämmwert), desto besser dämmt der Bauteil bzw. wirkt der Dämmstoff.

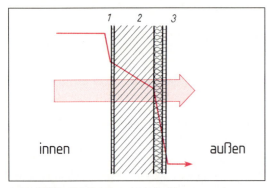

10.9   Wärmedurchgang

  1 Wärmeübergang Luft → Innenwandfläche
  2 Wärmeübertragung durch die Wand
  3 Wärmeübergang Außenwandfläche → Außenluft

Wärmeübergang und -durchgang. Den Wärmetransport zwischen zwei Körpern nennen wir Wärmeübergang. Der Wärmeübergang zwischen der Luft und einem Bauteil ist abhängig von dem Bewegungszustand der Luft, der Oberflächenbeschaffenheit des Bauteils (Material, Farbe, Rauigkeit) und der Temperatur. Der Wärmedurchgang durch einen Körper begegnet uns vor allem bei der technischen Nutzung der Wärmeübertragung. Er geschieht in drei Phasen, wie Bild **10**.9 zeigt.

Auch der Wärmeübergang und der Wärmedurchgang sind jeweils durch eine „Zahl" benannt. Und wiederum sind Widerstände vorhanden.

Wärmeübergangszahl oder -koeffizient α (alpha = griech. Buchstabe a). Auch Luft ist ein Körper und muss daher bei der Wärmeübertragung berücksichtigt werden. Der Übergangskoeffizient α ist das Maß für die Berechnung dieses Wärmeaustausches in W/m²K. Weil die Bedingungen an der Innenfläche anders sind als an der Außenfläche, unterscheiden wir nach DIN 4108 α_i und α_a (**10**.10).

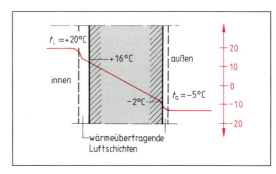

10.10   Wärmeübergangszahl α

Der Wärmeübergangswiderstand 1/α ist, wie das Formelzeichen besagt, der Kehrwert der Wärmeübergangszahl in m²K/W. DIN 4108 gibt dafür vereinheitlichte Werte (**10**.11).

Tabelle **10**.11   Wärmeübergangswiderstand nach
                       DIN 4108

innen	Wandfläche, Fensterfläche, Decken und Fußböden	$\dfrac{1}{\alpha_i} = 0{,}13 \;\dfrac{m^2 K}{W}$
außen	Außenwand	$\dfrac{1}{\alpha_a} = 0{,}04 \;\dfrac{m^2 K}{W}$

Die Wärmedurchgangszahl (-koeffizient, _k_-Wert) _k_ gibt die Wärmemenge in Joule je Sekunde (= Watt) an, die durch 1 m² Bauteilfläche bei einem Temperaturgefälle von 1 K (1 °C) hindurchströmt. Einheit ist Watt durch Quadratmeter mal Kelvin (W/m²K). Der _k_-Wert ist die wichtigste Kenngröße für den baulichen Wärmeschutz (DIN 4108, Wärmeschutzverordnung). Wir brauchen ihn, um die Wärmedämmfähigkeit eines Bauteils zu beurteilen. Je kleiner der _k_-Wert, desto weniger Wärme geht verloren.

Der Wärmedurchgangswiderstand 1/_k_ in m²K/W ist die Summe der Wärmeübergangs- und Wärmedurchlasswiderstände oder der Kehrwert der Wärmedurchgangszahl.

Wärmedurchgangskoeffizient _k_ =

$$\frac{1}{\text{Wärmeübergangs- + Wärmedurchlasswiderstände}} \quad \text{in } \frac{W}{m^2K}$$

Wärmedurchgangswiderstand 1/_k_ =

$$\frac{\text{Wärmeübergangs- + Wärmedurchlasswiderstände}}{} \quad \text{in } \frac{W}{m^2K}$$

Je kleiner der _k_-Wert, desto weniger Wärme geht verloren. Je größer der _k_-Wert, desto größer der Wärmedurchgang und schlechter das Dämmvermögen des Bauteils.

■ **Versuch** Erwärmen Sie gleiche Massen Wasser und Glyzerin nach Temperaturmessung gleich lange mit gleich starken Tauchsiedern. Messen Sie die Endtemperaturen und berechnen Sie die Temperaturerhöhung für beide Stoffe.

Spezifische Wärmekapazität _c_. Der Versuch zeigt, dass die Temperaturerhöhung nicht nur von der Wärmemenge und Stoffmenge abhängt, sondern auch von der Stoffart: Wasser erwärmt sich langsamer als Glyzerin, braucht also mehr Wärmeenergie für die Temperatursteigerung um 1 K. Diese Beziehung von Wärmeenergie zur Masse und Temperaturerhöhung eines Stoffs heißt spezifische Wärmekapazität und hat die Einheit J/kg · K. Je größer die spezifische Wärmekapazität _c_ eines Stoffs, desto langsamer erwärmt er sich. Stahl hat eine spezifische Wärmekapazität von 0,503 J/kg · K, Glas 0,75, Aluminium 0,96, Holz 1,7, Luft 1,01 – Wasser 4,187!

Spezifische Wärmekapazität _c_

$$= \frac{\text{Wärmemenge } Q}{\text{Masse } m \cdot \text{Temperaturerhöhung}} \quad \text{in } \frac{J}{kg \cdot K}$$

Wärmespeicherfähigkeit. Wasser erwärmt sich zwar sehr langsam, ist aber ein guter Wärmespeicher. Deshalb benutzt man es zum Wärmetransport in der Zentralheizung. Daraus schließen wir, dass ein Werkstoff mit hoher spezifischer Wärmekapazität auch ein guter Wärmespeicher ist.

10.2.3 Wärmeschutz

> Schon immer war der Mensch bestrebt, warm und behaglich zu wohnen. Die Feuerstelle war einst Mittelpunkt der Familie: Kochstelle, Essensplatz, Versammlungsort und Schlafstelle. Heute können wir durch die moderne Heizungstechnik mit Thermostatregelung eine gleich bleibende Temperatur in der ganzen Wohnung erreichen und Behaglichkeit schaffen.

Am wohlsten fühlen wir uns in Wohnräumen mit Lufttemperaturen von 20 Grad C, bei 17 bis 18 Grad C Oberflächentemperatur der Wände, Decken und Fußböden, bei geringer Luftbewegung und ausreichender Luftfeuchtigkeit. Im Winter müssen wir darum Wärme speichern, ihren Durchlass nach draußen verhindern. Im Sommer dagegen sollen die Sonnenstrahlen nicht die Räume erhitzen. Starke Luftbewegungen (etwa durch Ventilator) führen zu Zugerscheinungen und stören. Zu viel Luftfeuchtigkeit ist für unseren Organismus ungesund, führt zu Fäulnis und Schimmelpilzen. Zu wenig Luftfeuchte macht dagegen die Luft „trocken" und wirkt sich auf die Atemwege aus.

Energie ist knapp und teuer! Beginnend mit der Energiekrise der 70er Jahre hat die Bedeutung des baulichen Wärmeschutzes zugenommen. War anfangs der ökonomische Aspekt vordergründig, haben heute ökologische Gesichtspunkte mindestens den gleichen Stellenwert.

Ein besserer Wärmeschutz führt zu geringerem Energieverbrauch, zu verminderter Nutzung fossiler Energieträger, zu geringerer Belastung der Erdatmosphäre durch Schadstoffe und zur Einsparung von Heizkosten.

Es gilt durch richtige Werkstoffauswahl und bauliche (konstruktive) Maßnahmen Wärmeenergie zu sparen und zu speichern. Vorschriften und Richtlinien dazu finden wir in DIN 4108, dem Energieeinsparungsgesetz (EnEG) von 1976 und in der Wärmeschutzverordnung von 1995.

DIN 4108 enthält die Anforderungen (Mindest- bzw. Höchstwerte) an einzelne Bauteile.

Anforderungen nach der WSVO (1995). Zum rechnerischen Nachweis des Einhaltens der Anforderungen an den Wärmeschutz eines Gebäudes dient die Ermittlung des erforderlichen jährlichen Heizenergiebedarfs. Der Jahres-Heizenergiebedarf bei neu zu errichtenden Gebäuden muss in Abhängigkeit der Gebäudegeometrie unter einem festgesetzten Wert liegen (54 bis 100 kWh pro m² Nutzfläche). Im Wärmeaustausch mit der Umgebung verliert und gewinnt ein Haus Energie auf unterschiedliche Weise. Neben den Wärmeverlusten werden die Wärmegewinne rechnerisch berücksichtigt (Energiebilanz eines Hauses).

Der geforderte rechnerische Nachweis des Wärmeschutzes berücksichtigt

Wärmeverluste

– Transmissionswärmelust
– Lüftungswärmeverlust (Öffnen)

Wärmegewinne

– solaren Wärmegewinn (Sonneneinstrahlung)
– internen Wärmegewinn (Kochen, Beleuchtung)

Für kleinere Wohngebäude und bei der Erneuerung von Altbauten genügt der Nachweis, dass für Außenbauteile der max. k-Wert nicht überschritten wird. Der Fenster-k-Wert im Falle der Altbaurenovierung darf unter der Voraussetzung, dass nicht weniger als 20 % der Fensterfläche pro Fassadenseite erneuert wird, einen k-Wert von 1,8 W/m²K nicht überschreiten.

Tabelle **10**.11 a Maximale Wärmedurchgangskoeffizienten k max (W/m² · K) bei kleinen Gebäuden und Sanierungsmaßnahmen

	Kleine Gebäude	Sanierungsmaßnahmen
Außenwände	0,5	0,5
Außenliegende Fenster, Fenstertüren, Dachfenster	0,7	
Decken unter nicht ausgebauten Dachräumen oder unter belüftetem Raum	0,22	0,3
Kellerdecken, Wände und Decken gegen unbeheizte Räume	0,35	0,5
Wärmedämmstoffe bleibt Konstruktive Maßnahmen bleibt		

Wärmedämmstoffe haben eine geringere Wärmeleitfähigkeit (viel Luft) und einen möglichst hohen Durchlasswiderstand. Besonders eignen sich Faserdämmstoffe (z. B. Torffaserplatten, Holzwolle-Leichtbauplatten, Glas- und Steinwolle) und porige Kunststoffe (z. B. Styropor, Polystyrol, Polyurethan, Phenolharzschaum; s. Abschn. 6.2).

Konstruktive Maßnahmen verbessern die Wärmedämmung erheblich. Dazu gehören die Dämmung der Dächer, Außenwände, Decken und erdberührenden Böden durch Dämmschichten und hinterlüftete Außenhaut (**10**.12). Im Fensterbau verwendet man Doppelscheiben.

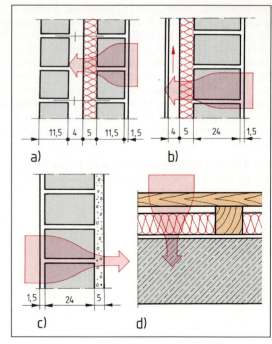

10.12 Konstruktive Dämm-Maßnahmen

a) mehrschalige Außenwand, b) aufgesetzte Außendämmung, c) dämmender Außenputz, d) Dämmschicht zwischen den Decken-/Boden-Holzlagern

10.2.4 Schall

Was ist Schall? Wie entsteht er? Wie breitet er sich aus? Was verstehen Sie unter einem Knall und einem Ton? Wie misst man den Schall?

■ **Versuch 1** Wir spannen eine Stahlnadel in den Schraubstock, biegen sie und lassen sie los (**10**.13). Sie schwingt, und wir hören einen feinen Ton. Je kräftiger die Schwingungen sind, desto höher ist der Ton.

■ **Versuch 2** Wir schlagen eine Stimmgabel an, an deren einem Ende ein Stück Stahldraht befestigt ist, und führen sie über eine berußte Glasplatte. Welches Bild ergibt sich?

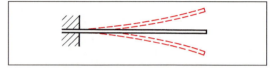

10.13 Schwingung einer eingespannten Nadel

Schall nennen wir alles, was mit dem Gehör wahrnehmbar ist. Schall entsteht, wie der erste Versuch zeigt, durch Schwingungen eines Körpers (Schallerreger oder -quelle), die sich wellenförmig im

Raum ausbreiten (Versuch 2). Feste, flüssige und gasförmige Stoffe leiten den Schall sehr unterschiedlich. Wasser und Eisen leiten ihn besser als Luft. Im luftleeren Raum gibt es keine Schallausbreitung – es fehlen die Moleküle eines Schallträgers, die die Schwingungen an ihre Nachbarmoleküle weiterleiten. Regelmäßige Schwingungen erzeugen einen Ton, unregelmäßige ein *Geräusch*. Mehrere Töne zusammen ergeben einen *Klang*, ein heftig schwingender Körper verursacht einen *Knall* (**10.14**).

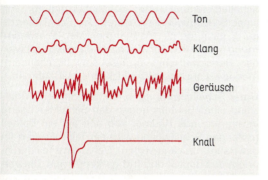

10.14 Schwingungswahrnehmung

Schallgeschwindigkeit. Aus Erfahrung wissen wir, dass der Schall zur Ausbreitung eine gewisse Zeit braucht. Die Schallgeschwindigkeit in der Luft beträgt bei 15 °C 340 m/s. In flüssigen Körpern breitet sich der Schall erheblich schneller aus: Wasser 1500 m/s. Noch höher ist die Schallgeschwindig-

keit in festen Körpern: Mauerwerk bis 4000 m/s, Holz bis 5000 m/s, Glas etwa 5100 m/s, Stahl bis 5500 m/s.

> **Schall** entsteht durch mechanische Schwingungen eines Schallerregers und breitet sich als Druckwellen allseitig in festen, flüssigen und gasförmigen Körpern aus.

Frequenz. Die Anzahl der Schwingungen in einer Sekunde heißt Frequenz (lat. frequentia = Häufigkeit). Ihre Einheit ist das Hertz (Hz). 1 Hz = 1 Schwingung in der Sekunde, 1 000 Hz = 1 kHz (Kilohertz), 1 000 000 Hz = 1 MHz (Megahertz). Wie der Versuch 1 gezeigt hat, steigt mit zunehmender Frequenz die Tonhöhe. Frequenzen unter 16 Hz nennt man Infraschall. Das menschliche Ohr nimmt nur Schwingungen zwischen 16 und 20 000 Hz wahr (Normalschall), Tiere dagegen weitaus höhere Frequenzen. Solche hohen Frequenzen heißen *Ultraschall*.

> **Frequenz** = Anzahl der Schwingungen je Sekunde in Hertz (Hz)

Schallpegel. Die Wahrnehmung eines Tons hängt von seiner Frequenz und dem Schallpegel (Lautstärke) ab. So wie unser Ohr den Schall aufnimmt,

Tabelle **10**.15 Lautstärkebeispiele in dB(A)

Geräuschart		Schallintensität in dB(A)
Düsenmotor		140
Niethammer		130
- - - - - - - - - - - - - Schmerzschwelle - - - - - - - - - - - - - - - - - - -		
Propellermaschine		120
Bohrmaschine		110
Bandsäge, Astlochbohrmaschine		80 bis 95
Dickenhobelmaschine		85 bis 105
Tischkreissäge, Abrichthobelmaschine		90 bis 115
Oberfräse		95 bis 105
- - Gehörschutzmaßnahmen müssen ergriffen werden (UVV) - - - - - - - - -		*85*
Schweres Fahrzeug		90
Starker Straßenverkehr		80
Personenwagen		70
Normales Gespräch		50
Leise Radiomusik		40
Flüstern		30
Blätterrauschen		10
- - - - - - - - - - - - - - - Hörschwelle - - - - - - - - - - - - - - - - - - -		*0*

gibt es auch Geräte, die den Schall aufnehmen und messen. Sie zeigen den Schallpegel an. Die internationale Messeinheit dafür ist das Dezibel (dB – $^1/_{10}$ Bel, benannt nach dem Amerikaner G. Bell). Um die Schallstärken (-intensitäten) vergleichen zu können, geht man von der Hörschwelle 1 000 Hz als Normfrequenz aus. Das menschliche Gehör nimmt Schalldrücke hoher und tiefer Töne unterschiedlich auf – tiefe Töne gleichen Schalldrucks hören wir leiser als hohe Töne. Dagegen zeigen die Messgeräte die wirklichen Größen der Schalldrücke an. Um diese Messwerte dem menschlichen Hörempfinden anzupassen, enthalten die Geräte ein Bewertungsfilter. Der so gemessene Schallpegel ist der „bewertete Schallpegel" dB(A). Tabelle **10**.15 zeigt solche Werte. Die Hörschwelle beginnt bei 0 dB(A), die Schmerzschwelle liegt bei etwa 130 dB(A). Schon bei 85 dB(A) Dauerbelastung aber wird das menschliche Nervensystem geschädigt.

> **Die Lautstärke des Schalls hängt von den Druckschwankungen und der Frequenz ab.**

10.2.5   Schallschutz

> Schon 85 dB(A) Dauerbelastung führt, wie wir erfahren haben, zu Nervenschäden. Dieser Wert ist bei unserem Verkehrs- und Arbeitslärm, aber auch z. B. beim Lärm in Diskotheken schnell erreicht und überschreitet nicht selten die Schmerzschwelle. Wenn Sie sich mit Ihrem Freund auf ein Meter Entfernung nur noch schwer unterhalten können, beträgt der Schallpegel mit Sicherheit 85 bis 90 dB(A)!

Lärmschäden. Lärm beeinträchtigt nicht nur unser Wohlbefinden, sondern kann unsere Gesundheit dauerhaft schädigen. Gehörschäden, Störungen des Nervensystems, Schlaflosigkeit, nachlassende

Leistungsfähigkeit und Konzentration sind die Folgen. Deshalb legt DIN 4109 Mindestanforderungen für Schalldämmung in Bauteilen fest. Nach Art der Schallausbreitung unterscheiden wir (**10**.16):

– **Luftschall** breitet sich in der Luft aus.
– **Körperschall** pflanzt sich in festen Körpern fort (z. B. Wände, Decken, Rohre) und geht von dort aus in die Luft über (→ Luftschall).
– **Trittschall** entsteht beim Begehen des Fußbodens und breitet sich in der Decke als Körperschall aus.

Der Schallschutz umfasst Maßnahmen gegen Schallentstehung und Schallübertragung von einer Schallquelle zum Hörer. Vor Schallübertragung kann durch Maßnahmen der *Schalldämmung* oder durch *Schallschluckung* geschützt werden. Der Schallschutz umfasst sowohl schalldämmende als auch schallschluckende Maßnahmen.

Unter Schalldämmung versteht man den Widerstand eines Bauteils gegen den Schalldurchgang in angrenzende Räume. Von den auf ein Bauteil treffenden Schallwellen wird ein Teil reflektiert (in den Raum zurückgeworfen). Der andere Teil durchdringt das Bauteil und tritt gedämpft aus. Die Verminderung des Schallpegels beim Durchgang ist die Schalldämmung des Bauteils und wird in db gemessen.

Schallschluckende Maßnahmen dienen der Verringerung des Schallpegels innerhalb eines Raumes. Sie sind weitgehend wirkungslos gegen die Ausbreitung des Schalls in angrenzende Räume (Schalldämmung). *Der Schallschluckgrad* gibt an, welcher Anteil der Schallenergie absorbiert (verschluckt) wird. Ein Schallschluckgrad von 0,7 bedeutet, dass 70 % der Schallenergie absorbiert werden. Bei den schallschluckenden Maßnahmen unterscheidet man zwei grundsätzliche Möglichkeiten, die einen Teil der Schallenergie in Wärme-

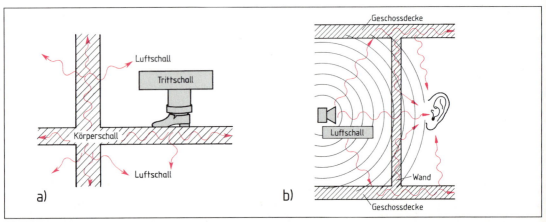

10.16   Schallarten
   a) Körperschall, b) Luftschall; Trittschall = Körperschall + Luftschall

und Bewegungsenergie umformen und dadurch den Schallpegel im Raum verringern:

– **Poröse Schallschlucker** zur Absorption vorwiegend hoher Töne. Verwendet werden leichte Werkstoffe mit offenporiger rauer Oberfläche (Mineralfaserplatten, poröse Holzfaserplatten)

– **Resonanzschallschlucker** zur Absorption vorwiegend tiefer Töne. Verwendet werden dünne Plattenwerkstoffe, die durch die Schallwellen schwingen.

Beide Maßnahmen können auch kombiniert angewendet werden.

In **DIN 4109** – Schallschutz im Hochbau – sind Anforderungen zum Schallschutz von Bauteilen festgelegt. Durch die Norm sollen Menschen in Aufenthaltsräumen vor unzumutbarem Lärm aus fremden Räumen, haustechnischen Anlagen und vor Außenlärm geschützt werden. Außerdem regelt sie das Verfahren zum Nachweis des geforderten Schallschutzes. Für diesen Nachweis gibt es zwei grundsätzliche Möglichkeiten.

– **Rechnerischer Nachweis** mit Hilfe von Tabellenwerten der DIN

– **Eignungsprüfung** durch bauakustische Messung in Prüfständen oder an ausgeführten Bauten.

Kennzeichnende Größe für die Anforderungen an den Schallschutz ist das Schalldämmmaß in dB – der R_w-Wert (bewertetes Schalldämmmaß). Mit dem R_w-Wert erfasst man jedoch nur den unmittelbar am Bauelement (Fenster, Tür) übertragenen Schall, nicht die Schallübertragung über Nebenwege (z. B. Wand, Decke). Da bei einer Eignungsprüfung im Labor die Flankenübertragungen (z. B. Bauanschlussfuge) nicht erfasst werden, muss der im Prüfstand ermittelte Wert noch mit dem sogenannten Vorhaltemaß korrigiert werden (Fenster – 2 dB, Türen – 5 dB).

Beispiel	Schalldämm-rechenwert	= Schalldämmwert Prüfstand	– Vorhaltemaß
	$R_{w,r}$	= $R_{w,p}$	– 2 db (Fenster)

Außenbauteile. Grundlage für die Festlegung der erforderlichen Luftschalldämmung der *Außenbauteile* ist der Außenlärmpegel (z. B. durch Messung, Lärmkarte, Nomogramm). In die weitere Ermittlung gehen als Einflussgrößen Raumnutzung, Raumabmessungen und Außenwandanteil ein. Zur schalltechnischen Beurteilung von Außenbauteilen ist das mittlere Schalldämmmaß des Gesamtbauteils (resultierendes Schalldämmmaß) wesentlich. Da die Anforderungswerte für das Gesamtbauteil erhoben werden (Fenster und Wand), ist ein Ausgleich der Bauteile mit unterschiedlicher Schalldämmung möglich. In die Berechnungen gehen Raumgröße, Außenwandfläche, Fensteranteil ein. Das erforderliche mittlere Schalldämmmaß richtet sich nach dem Außen-

lärmpegel, der z. B. durch Messungen, Berechnungen oder mit einem DIN-Nomogramm ermittelt werden kann.

Anders als bei Fenstern, werden an *Türen* spezielle Bauteilanforderungen gestellt. Der im Prüfstand ermittelte Wert der Luftschalldämmung einer betriebsfertigen Tür muss mit 5 db (Vorhaltemaß) über dem Anforderungswert liegen.

Wände. Einschalige leichte Wände geraten beim Auftreffen der Luftschallwellen in Schwingung und geben den Schall in den nächsten Raum ab. Biegefeste Wände mit Flächenmasse ab 350 kg/m³ verhindern dies, wie das Diagramm **10.**17 zeigt. Vo-

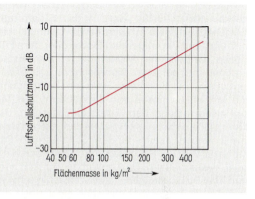

10.17 Zunehmende Flächenmasse verbessert den Luftschallschutz

raussetzung ist allerdings, dass Poren, Luftspalten, undichte Fugen, Risse und Löcher durch Putz verstopft sind. Noch besser dämmen zweischalige Wände mit einer Luftschicht oder weich federnden Dämmschicht zwischen einer schweren, biegesteifen Wand und einer dünnen, biegeweichen Wand aus Holzfaserplatten oder Gipskartonplatten (**10.**18).

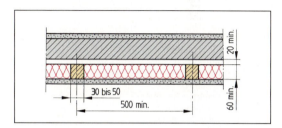

10.18 Optimaler Schallschutz durch zweischalige Wand

Decken. Auch hier hängt die Dämmwirkung von der Dichtigkeit und Biegefestigkeit des Materials ab. Eine 14 cm dicke Betonplatte bietet guten

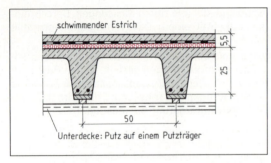

10.19   Guter Luftschallschutz durch eine Rippendecke mit
           Unterschale

Schallschutz. Bei Hohlkörper- und Stahlbetonrip-
pendecken ist eine zweite Deckenschale (Unterdecke) nötig (**10**.19). Gute Trittschalldämmung
erreichen wir durch schwimmenden Estrich – eine
nicht fest mit der tragenden Decke oder dem Fußboden verbundene Mörtelschicht. Der Estrich
„schwimmt" auf einer Dämmschicht (z. B. Glasfa-
serplatten), nur durch eine Folie zum Schutz gegen
die Mörtelfeuchtigkeit von ihr getrennt. Ein Tep-
pichbelag mindert den Trittschall zusätzlich. Her-
kömmliche einschalige Holzbalkendecken erzielen
meist keinen ausreichenden Schallschutz. Eine
Verbesserung der Schalldämmung kann durch ein-
oder zweischaligen Deckenaufbau erreicht werden. Den Fußboden bildet eine vollflächig schwimmend verlegte Spanplatte oder ein Estrich. Die
Unterdecke ist durch Federbügel und Latten von
der Balkenlage getrennt, der Balkenhohlraum wird
mit Mineralwolle gefüllt (**10**.20).

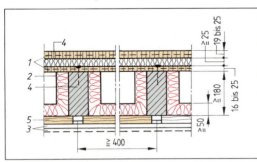

10.20   Gute Trittschalldämmung durch schwimmende
           Ausführung
           1 Spanplatte mit Nut und Feder
           2 Holzbalken
           3 Gipskarton-Bauplatte
           4 Faserdämmstoff
           5 Holzlatten, Federbügel

Im Maschinenraum schlucken Platten mit rauher
und poröser Oberfläche an Wänden und Decken
den Lärm. Auch gelochte Leichtbauplatten eignen
sich. Poröse Schallschlucker werden direkt an
Wand oder Decke befestigt, geschlossenporige

dagegen in einigem Abstand davon. Maschinen-
schwingungen (Erschütterungen) fängt man durch
eine schwingende oder elastische Unterlage aus
Kork, Hartgummi oder Stahlfedern auf.

Persönlicher Lärmschutz. Der Lärm laufender
Maschinen ist besonders groß und erfordert nach
den Bestimmungen der Holzberufsgenossenschaft
ab 85 db(A) für und von jedem Mitarbeiter einen
Gehörschutz (**10**.21). Bei der Beschreibung dieser
Maschinen haben wir jeweils darauf hingewiesen.

10.21   Gebotsschild für persönlichen Schallschutz

Lärm beeinträchtigt unser Wohlbefinden und
schadet unserer Gesundheit. Deshalb legt
DIN 4109 Mindestanforderungen an Bauteile
fest, die wir durch geeignete Werkstoffe und
konstruktive Maßnahmen erreichen.

10.2.6   Feuerschutz

Jährlich entstehen erhebliche Personen- und Sach-
schäden durch Unachtsamkeit, unzureichenden oder
mangelhaften Brandschutz. Um Menschenleben zu
schützen und Sachwerte zu erhalten wurden Gesetze,
Verordnungen und Bestimmungen zum Brandschutz
erlassen. Für den Tischler, der neben Holz und Holzwerkstoffen eine große Anzahl brennbarer Baustoffe
beim Ausbau verarbeitet, sind Kenntnisse und Beachtung der einschlägigen Vorschriften von besonderer
Bedeutung.

In den Abschnitten 3.6.3 und 3.6.4 haben wir gelernt
(erfahren), wie Holz vor Feuer geschützt wird. Sehen
Sie sich noch einmal die Tabelle **3**.82 mit den Feuerwiderstandsklassen an.

Aufgabe des Brandschutzes ist es, der Brandent-
stehung und -ausbreitung vorzubeugen und bei
einem dennoch entstandenen Brand eine wirksame Bekämpfung zu ermöglichen. Dies kann durch
konstruktive Maßnahmen oder durch Verwendung
geeigneter Baustoffe und einen chemischen Feuerschutz erreicht werden.

Die DIN 4102 unterscheidet zwischen dem Brandverhalten von Baustoffen und Bauteilen.

Baustoffe werden im Prüflabor nach genormten
Verfahren auf Brandverhalten, Entzündbarkeit,
Wärme- und Rauchentwicklung sowie Flammen-

ausbreitung an der Oberfläche geprüft und nach ihrem Brandverhalten in Klassen eingeteilt. Das Ergebnis wird durch ein Prüfzeugnis bzw. -zeichen bestätigt. Nach DIN 4102 werden sie in *nichtbrennbare* (Kl. A) und *brennbare* (Kl. B) eingeteilt. Bei den brennbaren Baustoffen unterscheidet man zwischen schwer, normal und leicht entflammbaren. Beispiele für die Zuordnung enthält die Tab. **3**.82, S. 94. Für alle in der DIN erfassten und eingeordneten Baustoffe kann eine besondere Zulassungsprüfung entfallen.

Bauteile werden ebenfalls auf ihr Brandverhalten hin geprüft. Decken, Wände und Stützen müssen dabei eine „Feuerprobe" bestehen. Die im Prüfstand ermittelte *Feuerwiderstandsdauer* eines Bauteils gibt an, welche Zeit in Minuten der Branddurchgang mindestens verhindert wird. Die *Feuerwiderstandsfähigkeit* des gesamten Bauteils ist vom Zusammenwirken einzelner Baustoffe abhängig.

Beispiel In den ersten 5 Minuten wird das Bauteil einer Temperatur von 556 °C ausgesetzt, in den weiteren 25 Minuten etwa 822 °C, in den folgenden 60 Minuten 986 °C.

(Die geprüften Bauteile werden entsprechend ihrer Feuerwiderstandsdauer in Feuerwiderstandsklassen eingeteilt.)

Je nach Dauer in Minuten, die ein Bauteil dem Feuer widersteht, teilt man es den Feuerwiderstandsklassen 30, 60, 90, 120 oder 180 zu. Nach Art der Bauteile werden die Feuerwiderstandsklassen unterschiedlich gekennzeichnet und der Zeitangabe vorangestellt:

F   Wände, Decken, Stützen, Unterzüge, Treppen
W   nichttragende Außenwände, Brüstungen, Schürzen
T   Feuerschutzabschlüsse, Türen, Klappen, Rollläden
L   Lüftungsleitungen
G   Verglasungen

Bei Kennzeichnung der Bauteile ist neben der Angabe der Feuerwiderstandsklasse auch die Baustoffklasse (Brennbarkeitsklasse) notwendig (s. Tab. **10**.22).

Beispiel F 90-A: Das Bauteil entspricht der Feuerwiderstandsklasse F 90 und ist in allen Teilen aus Baustoffen der Brennbarkeitsklasse „A".

Sonderbauteile erhalten besondere Feuerwiderstandsklassen.

Brandverhalten des Holzes. Im Vergleich zu anderen brennbaren Stoffen verhält sich brennendes Holz günstig. Ausreichend dimensionierte Holzteile können ohne chemischen Holzschutz die Feuerwiderstandsklassen F 30 oder F 60 erreichen. Bei 100 Grad verdampft nämlich das freie Wasser im Holz, und bei 200 °C beginnt die thermische Zersetzung unter Bildung von Holzkohle und brennbaren Gasen. Der Brennpunkt liegt zwischen 260 und 290 °C. Je geringer nun die Wärmeleitfähigkeit eines Werkstoffs ist, um so langsamer erreicht er hohe Temperaturen. Stahl hat die Wärmeleitzahl 60, Holz 0,14. Daraus ergibt sich, dass sich die Wärme im Stahl 400mal schneller ausbreitet als im Holz. Über 500 °C lässt die Gasbildung des Holzes nach, während die Holzkohlenbildung zunimmt. Diese Holzkohleschicht schützt für längere Zeit den Holzkern vor dem Verbrennen, erhält die Tragfähigkeit der Holzkonstruktion, verzögert die Einsturzgefahr und erhöht die Rettungsmöglichkeiten.

Die Einsturzgefahr von Holzteilen kündigt sich vorher durch Knistern an.

Feuerschutz des Holzes. Durch konstruktive Maßnahmen und chemische Feuerschutzmittel verbessern wir die vorbeugenden Schutzmaßnahmen.

Konstruktive Maßnahmen

– Verwendung von Hölzern mit großer Rohdichte,
– Verwendung von Holzquerschnitten mit geringer Oberfläche,
– glatte Oberflächen, gerundete Ecken und Kanten,
– rissfreies Holz (Risse leiten den Sauerstoff ins Holzinnere),
– Verkleidung der Bauteile z.B. mit Gipskarton-, Brandschutz- oder Leichtbauplatten aus Holzwolle,
– Einbau von Brandschutzgläsern.

Tabelle **10**.22   Feuerwiderstandsklassen nach DIN 4102

Feuerwiderstandsklasse	Kurzbezeichnung	DIN-Benennung	Baurechtliche Benennung
F 30, 60, 90, 120, 180 für Wand- und Deckenbauteile, Stützen, Unterzüge, sonstige Tragwerke	F 30-B	F 30	feuerhemmend
	F 30-AB	F 30 und wesentliche Teile aus nichtbrennbaren Stoffen	feuerhemmend und tragende Teile aus nichtbrennbaren Stoffen
	F 30-A	F 30 und aus nicht-brennbaren Baustoffen	feuerhemmend und aus nicht-brennbaren Baustoffen
	F 90-AB	F 90 und wesentliche Teile aus nichtbrennbaren Baustoffen	feuerbeständig
	F 90-A	F 90 und aus nichtbrennbaren Baustoffen	feuerbeständig und aus nichtbrennbaren Baustoffen
W 30, 60, 90, 120, 180 für nichttragende Außenwände, Brüstungen und Schürzen			
T 30, 60, 90, 120, 180 für Feuerschutzabschlüsse (z.B. Türen, Klappen, Rollläden und Tore)			

Chemischer Feuerschutz macht das Holz schwer entflammbar. Die organischen oder anorganischen Schutzmittel werden aufgestrichen und zersetzen sich bei etwa 200 °C. Sie bilden eine wärmedämmende Schaumschicht, die das Holz vollständig umhüllt und dem Sauerstoff den Zutritt verwehrt. Dadurch verzögert sich die thermische Zersetzung des Holzes. Ähnlich wirken *Brandschutzplatten* auf den Bauteilen, die außerdem feuerhemmende Zusatzstoffe enthalten. *Gips* besteht aus feinen Kristallgittern mit je zwei Wassermolekülen. Bei Feuer verdampft das Wasser, der Dampf legt sich als schützende Schicht zwischen das Feuer und den Gips. Die langsame Entwässerung verzögert die Ausbreitung des Feuers. Selbst der völlig trockene Gips hemmt als mehlige Schicht noch den Brand.

Fenster aus mehreren Silikatscheiben schützen vor Rauch und Flammen, weil zwischen den Scheiben eine Brandschutzschicht eingelagert ist. Im Brandfall springt das Glas, das dem Feuer zugekehrt ist. Die nun freiliegende Schutzschicht schäumt und nimmt Wärme auf.

Tabelle **10.23**   Feuerwiderstandsklasse G nach DIN 4102 (feuerfeste Verglasungen)

G 30 $\geq$	30 Minuten
G 60 $\geq$	60 Minuten
G 90 $\geq$	90 Minuten
G 120 $\geq$	120 Minuten
G 180 $\geq$	180 Minuten

Mit solchen Verglasungssystemen erreichen wir sogar die Feuerwiderstandsklasse 90. Sie sind besonders dort einzubauen, wo im Gebäude Schutzwege zu schützen und freizuhalten sind (**10.**23).

G-Gläser verhindern den Flammen- und Brandgasdurchtritt, unterbinden aber nicht die Wärmestrahlung. Gegen Feuer sind sie widerstandsfähig.

Feuerschutz im Betrieb. Feuerausbruch muss sofort gemeldet werden (Telefon, Feuermelder). Kleinere Brände löscht man mit dem Feuerlöscher. (Wo hängen die Feuerlöscher in Ihrem Betrieb?) Erst am Brandherd wird der Feuerlöscher betriebsbereit gemacht. Die Fluchtwege müssen bekannt sein und freigehalten werden.

Erste Hilfe bei Verbrennungen

- Brennende Kleider ablegen, Flammen durch Abdecken ersticken.
- Brandverletzungen mit kaltem Wasser behandeln, bis der Schmerz nachlässt – kein Gelee oder Salbe auftragen! Brandblasen nicht öffnen.
- Bei Rauchvergiftung für frische Luft sorgen; künstliche Beatmung und Wiederbelebungsversuche.

Regeln für den Einsatz von Feuerlöschern

- Flammen und Rauch behindern das Löschen, deshalb immer mit dem Wind löschen.
- Nicht sinnlos, sondern von unten nach oben löschen.
- Bei Kleinbränden den Löscher nicht ganz entleeren, sondern durch kurze Pulverstöße löschen und Löschmittelreserve behalten.
- Größere Brände nicht allein löschen, sondern gemeinsam mit mehreren Feuerlöschern zugleich angreifen.
- Nicht von der Mitte aus, sondern von vorn nach hinten ablöschen.
- Brennendes Öl oder Benzin in offenen Behältern nicht mit vollem Pulverstrahl von oben bekämpfen, sondern Pulverwolke sanft über das ganze brennende Objekt legen.

Aufgaben zu Abschnitt 10.1 und 10.2

1. Was regelt die VOB?
2. Was legt die Maßordnung im Hochbau fest?
3. Erläutern Sie Begriff und Bedeutung des Achtelmeters.
4. Welche Möglichkeiten sind bei Nennmaßen zu unterscheiden?
5. Von wo aus wird die Nennmaßhöhe gemessen?
6. Wie wirkt sich die Wärmeausdehnung im Holzbau und im Zusammenbau von Holz mit Metall aus?
7. Was versteht man unter der Anomalie des Wassers?
8. Was bedeutet maximale Luftfeuchte?
9. Auf welche drei Arten wird Wärme übertragen?
10. Erläutern Sie das Prinzip der Wärmeströmung.
11. Was drückt die Wärmeleitzahl aus?
12. Zwei Werkstoffe haben die Wärmeleitzahl 0,8 bzw. 3,75. Welcher Stoff dämmt die Wärme besser, welcher leitet sie besser?
13. Welches Verhältnis gibt der Wärmedurchlasskoeffizient an?
14. Wozu brauchen Sie den Wärmedurchlasswiderstand? Wie nennt man ihn deshalb auch?
15. Welcher Wert zeigt die Wärmeverluste an?
16. Dämmt ein Bauteil besser, wenn diese Zahl groß oder klein ist?
17. Nach welcher Formel berechnet man die spezifische Wärmekapazität?

18. Unter welchen Bedingungen fühlt sich der Mensch am wohlsten in einem Raum?
19. Nennen Sie Stoffe mit guter Wärmedämmung und begründen Sie diese Eigenschaften.
20. Welche baulichen Maßnahmen verbessern den Wärmeschutz?
21. Wodurch entsteht Schall?
22. Was versteht man unter Schall?
23. Welche Schallarten gibt es?
24. Was bedeutet Frequenz? Welche Einheit hat sie?
25. Erläutern Sie die Begriffe Hör- und Schmerzschwelle.
26. In welchen Stoffen breitet sich Schall gut aus?
27. Welcher Schall dringt durch die Wände von Zimmer zu Zimmer?
28. Wie ist ein schalldämmender Werkstoff beschaffen?
29. Was versteht man unter Schallschluckung?
30. Welche schalldämmenden Maßnahmen trifft man an Wänden und Decken?
31. Die Tür zum Sprechzimmer eines Arztes muss schalldicht sein. Welche Maßnahmen schlagen Sie vor?
32. Nennen Sie Maßnahmen des Gehörschutzes im Werkstattbereich.
33. Nennen Sie Beispiele für die drei Gruppen brennender Baustoffe.
34. Warum verhält sich Holz beim Brand verhältnismäßig günstig?
35. Nennen Sie konstruktive Möglichkeiten des Holzschutzes im Brandfall.
36. Wie verhält sich Gips bei Brand?
37. Wie wirken chemische Feuerschutzmittel?
38. Sie entdecken einen kleineren Brand im Betrieb. Was tun Sie?

10.3 Wand- und Deckenverkleidungen

Durch Verkleiden der Wände und Decken können wir einen Raum verschönern und behaglicher machen. Auch der Raumeindruck kann durch geschickte Anordnung der Verkleidung verändert werden (z. B. wirkt er größer oder kleiner, höher oder niedriger). Gleichzeitig werden Rohre und Leitungsführungen verdeckt sowie die Schall- und Wärmedämmung verbessert.

> Wand- und Deckenverkleidungen sind nicht nur wesentliches Gestaltungselement und verdeckten Installation, sondern verbessern auch die Wärme- und Schalldämmung eines Raumes.

10.3.1 Wandverkleidungen

Wandverkleidungen mit Profilbrettern und -stäbe, Rahmen- oder Plattentäfelungen ergeben durch die lebendige Holzstruktur und die Anordnung der Fugen ein natürlich-schönes Flächenbild und beeinflussen die Wirkung eines Raumes (**10.24**):

– Verkleiden wir zwei gegenüberliegende Wände, wirkt der Raum kürzer;
– montieren wir die Profilbretter vertikal, wirkt der Raum höher;
– befestigen wir die Vertäfelung horizontal, wirkt der Raum breiter;
– wählen wir nur für eine Wand Paneele, betonen wir diese Fläche;
– durch großflächige Wandelemente verkleinern, durch kleine Aufteilungen vergrößern wir einen Raum optisch.

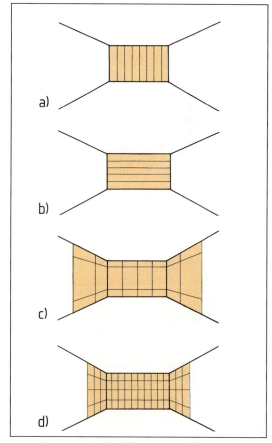

a)

b)

c)

d)

10.24 Veränderung der Raumwirkung durch Elementanordnung und Aufteilung
a) wirkt höher, b) wirkt breiter (niedriger), c) wirkt kleiner, d) wirkt größer und schmäler

Allgemein können wir sagen:

> Durch senkrechte Verkleidung wirkt ein Raum höher, kürzer und schmäler.
> Durch waagerechte Verkleidung wirkt er niedriger, länger und breiter.

Daneben haben auch Holzart und -farbe Einfluss auf die Raumwirkung. Dunkle Hölzer wirken schwerer und meist gediegener, helle Hölzer leichter und freundlicher.

Bei der Höhe der Wandverkleidung sollte man sich aus gestalterischen Gründen an Bezugshöhen im Raum orientieren, z.B. Fensterbrüstung, Fenstersturz, Tür- oder Deckenhöhen (**10.**25).

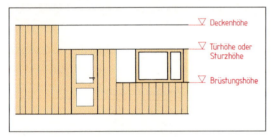

10.25 Bezugshöhen für Verkleidungen

Durch eine entsprechende Wahl des Werkstoffs, der Konstruktion und Anordnung der Wand- und Deckenverkleidung lässt sich die Akustik verändern. Unterbrochene, d.h. geschlitzte oder gelochte Akustikplatten oder hinterlegte Mineralwolle verringern die Schallreflexion und die Lautstärke.

Je größer die Schallabsorptionsfläche, desto niedriger der Schallpegel.

Meist können wir die Verkleidungen als Halbfertigerzeugnisse montagefertig kaufen. Wie montiert man sie?

Unterkonstruktion. Direkt an die Wand können wir die Verkleidung nicht befestigen. Meist ist die Wand uneben und oft stören auch auf den Putz verlegte Leitungen. Außerdem entsteht infolge unterschiedlicher Temperaturen an der Außen- und Innenwand leicht Schwitzwasser, wenn keine Luftzirkulation (*Hinterlüftung*) möglich ist. Durch eine Unterkonstruktion aus Latten erhalten wir den erforderlichen Abstand zwischen Raumwand und Verkleidung. Bei senkrechter Verkleidung montieren wir die Latten waagerecht, bei querlaufender Verkleidung senkrecht laufend auf der Wand.

Die Latten sollten einen Querschnitt von 24/48 oder 30/50 haben (Normmaße) und gehobelt sein. Ihr Abstand hängt von der Dicke des Bekleidungsmaterials ab und beträgt 500 bis 800 mm. Um eine ausreichende Hinterlüftung zu erreichen, erhält die Verkleidung Lüftungsschlitze – möglichst unsichtbar über den Fußboden und unter der Decke. Die Luftzirkulation bei einer waagerechten Unterlattung erreicht man durch Bohrungen oder Aussparungen in den Latten (1 qm Wandfläche erfordert mind. 20 cm^2 Lüftungsquerschnitt). Die Montage einer zusätzlichen Grundlattung ermöglicht zwar auch eine Luftzirkulation, erfordert aber Platz und sollte nur bei Raumbedarf für eine notwendige Dämmmatte vorgesehen werden.

Die Unterkonstruktion richtet man mit Wasserwaage sorgfältig aus. Sie wird in der Regel im Abstand

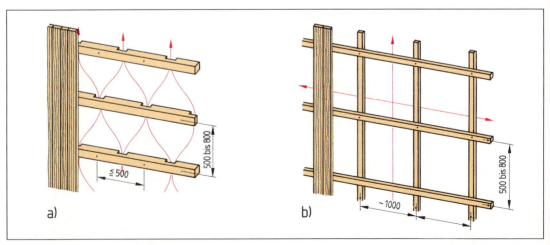

10.26 Ausführung der Unterkonstruktion
  a) waagerechte Lattung mit Lüftungsschlitzen, b) senkrechte Grundlattung, waagerechte Feinlattung (Konterlattung)

von 600 mm mit Schrauben in Spreizdübel aus Kunststoff oder Metall befestigt. Kunststoffdübel mit verlängertem Schaft erleichtern die Montage. Die Bohrung in der Unterkonstruktion und der Wand wird in einem Arbeitsgang ausgeführt, das Schaftende sitzt in der Lattung. Neben Latten können auch Rahmen als Unterkonstruktion montiert werden (häufig bei Platten- und Rahmentäfelungen). Weil Schäden an der Unterkonstruktion später nur unter großen Kosten behoben werden können, müssen die Wände völlig trocken sein. In Räumen mit hoher Luftfeuchtigkeit und an Außenwänden ist ein vorbeugender chemischer Holzschutz notwendig.

Die Unterkonstruktion gleicht Wandunebenheiten aus, verdeckt Installationen und dient der Befestigung und Hinterlüftung.

Montage. Zunächst befestigen wir die Randlatten rechtwinklig zur Verkleidungsrichtung an der Wand. Danach montieren wir die Lattung der Unterkonstruktion im Abstand von 500 bis 800 mm fluchtrecht (**10.26** a).

Wenn Dämmmaterial vorzusehen ist, sollten wir zuerst eine Grundlattung anschrauben, zwischen der die Dämmung eingebaut werden kann. Die mit Aluminiumfolie kaschierte Seite kommt zur Raumseite. Die Beschichtung dient als Dampfsperre, die ein Durchfeuchten der Dämmung verhindert. Anschließend montieren wir rechtwinklig dazu die Feinlattung (Konterlattung) zur Aufnahme der Verkleidung (**10.26** b). Das oberste und unterste, rechte oder linke Profilbrett dient als Wand- oder Deckenabschluss und als feste Unterfütterung der Stirnkanten. Die weitere Arbeit hängt von der Art der Verkleidung ab.

Beim Befestigen der Paneele sind die Abstände vom Boden einzuhalten. Ein Holzklotz im gewünschten Abstandsmaß erleichtert die regelmäßige Montage. Das erste Brett wird mit der Wasserwaage ausgerichtet und nur leicht angeschraubt, um die Stellung (genau senkrecht) justieren zu können.

Jede Ungenauigkeit und Nachlässigkeit bei der Montage wird später in der Gesamtverkleidung sichtbar.

Bei Wandanschlüssen können wir dafür vorgesehene Schienenprofile wählen oder Endkanten (Schattenkanten) befestigen, die einen sauberen Abschluss erlauben. An den Ecken sind entsprechende Profile, Nut- und Federverbindungen möglich (**10.27**).

Verkleidung aus Brettern (Verbretterung, Brett-Täfelung). Die Anordnung der Bretter (waagerecht, senkrecht, diagonal), Holzfarbe und Oberflächenbehandlung sowie ihre Profilierung (Schattenfuge, Fase, Kehle) bestimmen die Gliederung und Gesamtwirkung der Wand. Sie werden gespundet, gefedert, überfälzt, überschoben oder überluckt (aufgesetzt) miteinander verbunden (**10.28**). Nicht sichtbare Spreiz- und Heftklammern oder Fugenkrallen halten die Bretter auf der Unterkonstruktion fest. Möglich ist auch eine Befestigung mit Nägeln oder sichtbaren Zierschrauben. Niedrige Verkleidungen können durch eine Nut in der Sockel- und Abdeckleiste gehalten werden. Bild **10.30** zeigt Innen- und Außenecken sowie den Vertikalschnitt einer Brettverkleidung.

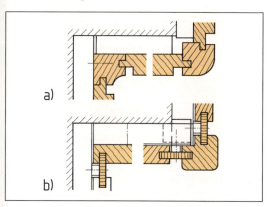

a)

b)

10.27 Eckverbindung der Paneele durch Profilklammern
　　a) Eckprofil mit Schattennut
　　b) Feder mit Fugenkralle

a)　　　　　　　　　　　b)

10.28 Montage von Paneelen
　　a) das Paneel wird mit einer Klammer befestigt,
　　b) nach Einsatz der Feder wird das nächste Paneel eingesetzt

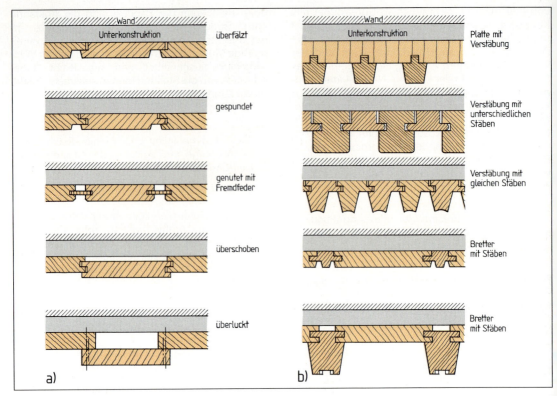

10.29   a) Verbretterung, b) Verstäbung (offen und geschlossen)

Durch die Verstäbung erreicht man eine stärkere Wandgliederung. Für die Verstäbung der Wände montiert man schmale profilierte Leisten (max. 60 mm breit) als fortlaufende Stabform (geschlossene Verstäbung) oder abwechselnd schmale Profilleisten und Bretter/Platten (offene Verstäbung, **10**.29). Schmale Profilstäbe eignen sich besonders für die Verkleidung gewölbter Flächen und Säulen.

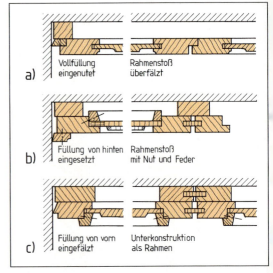

10.31   Rahmentäfelung
a) Vollholzfüllung eingenutet, Rahmenstoß überfälzt
b) Füllung von hinten eingesetzt, Rahmenstoß mit Nut und Feder
c) Füllung von vorn eingefälzt, Unterkonstruktion als Rahmen

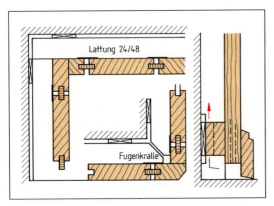

10.30   Verbretterung einer Innen- und Außenecke mit Sockelanschluss

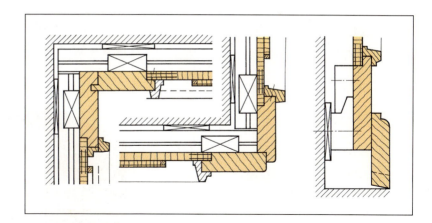

10.32
Rahmentäfelung einer
Innen- und Außenecke mit
Sockelausbildung

Rahmentäfelungen (Rahmen mit Füllung) verwendet man, wenn eine starke Gliederung der Wandfläche in rechteckige oder quadratische Felder erwünscht ist. Als Unterkonstruktion dienen neben einer Lattung oft auch Rahmenelemente. Die Füllungen bestehen meist aus furnierten Holzwerkstoffplatten, selten aus Vollholz. Wir legen sie in Nuten, in Fälze oder überschoben ein. Die eingelegten Füllungen können von der Rückseite oder von der Sichtseite her verleistet werden (**10**.31, **10**.32). Bei einer Verleistung von der Sichtseite mit stark profilierten Stäben lässt sich das Rahmenelement betonen und ausdrucksvoll gliedern. Neben dieser Konstruktion gibt es vorgefertigte kassettenartige Platten, die wie Rahmentäfelungen wirken.

Verkleidungen aus Plattentäfelungen bestehen aus furnierten oder beschichteten Holzwerkstoffen (Sperrholz, Spanplatten) oder anderen Materialien und werden auf Latten oder Rahmen befestigt (**10**.35). Platten können ebenso wie Rahmen auch an eine horizontale Lattung eingehängt werden (**10**.33 d).

Neben Platten mit unterschiedlichen Formaten verwendet man auch vorgefertigte, oberflächenbehandelte Streifenelemente (Paneele) für die Verkleidung. Die genuteten oder gefälzten Stöße erhalten schmale oder breite Fugen. Dadurch wirkt die Fläche geschlossen oder gegliedert. Zur Befestigung der Elemente dienen Leisten oder Einhängevorrichtungen (**10**.34).

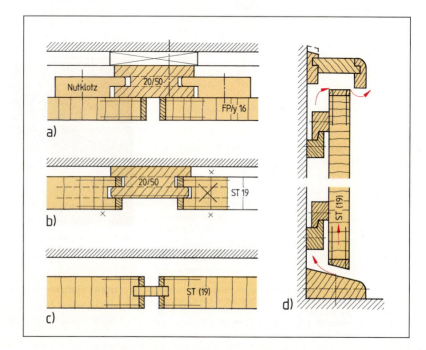

10.33
Plattentäfelung

a) Befestigung mit Nutklotz,
b) mit Nutleiste, c) eingehängt, Kante genutet mit
Feder, d) eingehängt in Falzleisten (Vertikalschnitt)

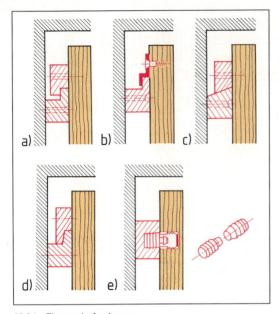

10.34 Elementbefestigung
a) Falzleisten, b) Falzleiste mit Haken, c) konische Leisten, d) konische Falzleiste, e) Steckverbindung

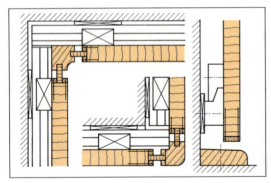

10.35 Plattenvertäfelung einer Innen- und Außenecke mit Eckprofil, Sockelanschluß

Technische Verkleidungen empfehlen sich als zusätzliche Dämmungen, um den hohen Anforderungen an Wärme- und Schallschutz zu genügen. Eine Gips-Vorsatzschale erhöht den *Wärmeschutz*. Der Gipsmörtel wird im Punktklebeverfahren (kleine Häufchen) aufgebracht (**10**.37). Dann drücken wir die Tafel gegen die Mauer, bis der Gips haftet. Zwischen den Gipsballen zirkuliert die Luft und verhindert Stockflecken oder Schwitzwasser. Die Fugen werden mit Fugenmassen verspachtelt.

Zur Dämmung der Außenwand kann eine Dämmstoffschicht aus Polystyrol, Glas- oder Steinwolle zwischen der Gipsbauplattenwand und der Außenwand dienen. Eine zusätzliche Kunststoff- oder Aluminiumfolie auf der raumseitig gelegenen Dämmschicht wirkt als Dampfbremse und

verhindert Schwitzwasser (**10**.36). Zum Befestigen nehmen wir nur nichtrostendes Material. Im Handel erhältlich sind auch Verbundplatten (Gipskartonplatten mit Polystyrolbeschichtung)

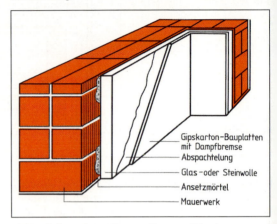

Gipskarton–Bauplatten mit Dampfbremse
Abspachtelung
Glas –oder Steinwolle
Ansetzmörtel
Mauerwerk

10.36 Aufbau einer wärmegedämmten Wand (Vorsatzschale)

Auch zur *Schalldämmung* verwendet man Dämmstoffe zwischen Wand und Vorsatzschale. Wenn keine starren, steifen Verbindungselemente dazwischenliegen, gibt es auch keine Schallbrücken. Daher wird die Unterkonstruktion mit Metallbügeln und federnden Profilen aus nichtrostenden Metallen befestigt. Auch eine Randdämpfung aus Filz an Boden, Decke und Wand unterbindet die Schallleitung. Andere schalldämmende Maßnahmen: schweres Plattenmaterial; Vorsatzschalen nicht fest miteinander verbinden, damit sich der Schall nicht über Decken, Fußboden und Wände fortpflanzen kann (biegeweiche Stoffe).

10.37 Die Gipskartonplatte erhält im Punktverfahren Gipsmörtel und wird mit versetzten Stößen angeklebt

Wandverkleidung: Verbretterung, Verstäbung, Rahmentäfelung, Plattentäfelung
zusätzliche Wärme- und Schalldämmung durch Vorsatzschalen

10.3.2 Deckenverkleidungen

Auch bei Deckenkonstruktionen ist die Verkleidung ein wesentliches Element. Sie verändert die Raumwirkung, verdeckt Leitungen und Lüftungskanäle, verbessert die Schall- und Wärmedämmung. Durch abgehängte Verkleidungen wirken hohe und lange Räume niedriger und harmonischer. Man kann sie als Balken-, Bretter-, Platten- oder Kassettendecke gestalten, die an einer Unterkonstruktion befestigt ist (**10**.38).

Die Unterkonstruktion wird entweder direkt an der tragenden Decke befestigt oder mit einem bestimmten Abstand abgehängt. Sie kann aus Metallschienen mit Abhängevorrichtung oder einer Holzkonstruktion bestehen. Die auf Zug belastete Unterkonstruktion muss sicher befestigt

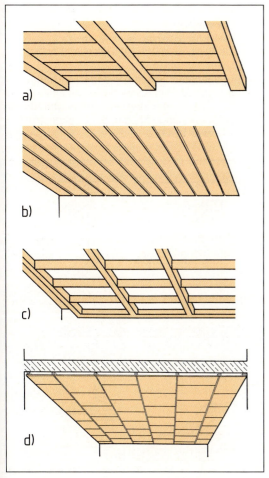

10.38 Deckenarten

a) Balkendecke, b) Bretterdecke, c) Kassettendecke, d) Plattendecke

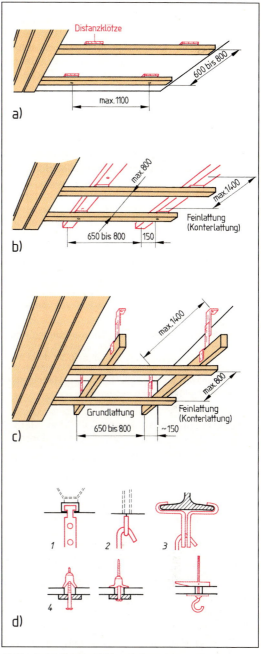

10.39 Befestigung der Unterkonstruktion

a) direkt: Unterlattung (50/30 oder 60/40)
b) direkt: Grundlattung (50/30 oder 60/40), Feinlattung (Konterlattung, 48/24 oder 50/30)
c) abgehängt: Grundlattung (60/40 hochkant), Feinlattung (Konterlattung, 48/24 oder 50/30)
d) Befestigung der Abhänger: 1 einbetonierte Ankerschiene, 2 Spreizdübel mit Öse, 3 Stahlträger mit Lasche, 4 Patentdübel zur Hohlraumbefestigung

werden, um ein Herabstürzen der Verkleidung auszuschließen (DIN 18168). Bei schweren Konstruktionen müssen die verwendeten Dübel eine Zulas-
sung haben. Das Anschießen an die Decke ist nicht
erlaubt. Lattenquerschnitte, -abstände und Befestigungspunkte richten sich nach dem Deckenge-
wicht und der Elementanordnung. Wenn die
Stützweiten zu groß gewählt werden, kann es zum
Durchhängen der Decke und zu Schäden kommen.
Das Holz der Unterkonstruktion muss den Gütebedingungen nach DIN 4074 entsprechen und in
Räumen mit hoher Luftfeuchtigkeit mit vorbeugen-
dem Holzschutzmittel behandelt sein. Bild **10.39**
zeigt unterschiedliche Befestigungsmöglichkeiten
für die Unterkonstruktion. Bei Betondecken benutzt
man Ankerschienen, Spreizdübel mit passenden
Schrauben, für Hohlraumdecken Kippdübel oder
Hohlraumdübel.

Bei der direkten Befestigung der Decke wird die Unterkonstruktion unmittelbar an der Rohdecke befestigt. Unebenheiten werden durch Distanzklötze oder Abstandmonta-
geschrauben ausgeglichen. Eine zusätzliche Grundlattung
unter der Feinlattung ermöglicht das Einlegen von Dämmmaterial und Leitungen.

Bei der abgehängten Decke wird die Grundlattung wegen
des besseren Tragverhaltens hochkant gestellt. Sinnvoll ist
eine seitliche Befestigung der Abhängung an den Latten,
damit die Schrauben keine Zugbelastung erhalten. Der
Deckenraum kann für Installationsleitungen, Lüftungsrohre
und Dämmmaßnahmen genutzt werden.

> Decken-Unterkonstruktionen werden stark
> auf Zug beansprucht und müssen darum
> sicher befestigt werden.

Balkendecke. Ursprünglich hatten Balken die Aufgabe, die Deckenlast zu tragen. Die schweren Hölzer wirken rustikal, behaglich und geben dem
Raum zusammen mit passender Inneneinrichtung
eine warme, gemütliche Atmosphäre. Die Decken-
flächen zwischen den Balken können verputzt, mit
Platten oder mit einer quer laufenden Verbretterung verkleidet sein. Wegen der rauen Oberfläche
und vorhandener Schwundrisse verkleidet man
alte Balken oft mit Brettern zur Verschönerung.

Häufig sind Holzbalken jedoch keine tragenden
Bauelemente, sondern nur aus Brettern gefügte
Scheinbalken und dienen rein dekorativen
Zwecken (Balkendeckenwirkung). Sie sollten in
Querrichtung des Raumes angeordnet werden,
wie es den statischen Regeln für Tragbalken entspricht. Dazu wird ein Montageholz mit Dübeln an
die Decke geschraubt. Um dieses Kantholz werden
die Seiten und die Abdeckplatten des Scheinbal-
kens geleimt, geschraubt oder festgestiftet (**10.40**).

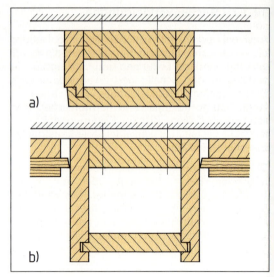

10.40   Balkendecke
  a) flacher Scheinbalken mit Putzdecke
  b) hoher Scheinbalken mit Deckenverkleidung

Bei abgehängten *Scheinbalkendecken* hängt das
Montageholz für den Scheinbalken an einem Trag-
rost aus Latten oder Brettern. Abhangbandeisen
(Schlitzbandabhänger) halten die Tragkonstruktion
an der Decke (**10.41**).

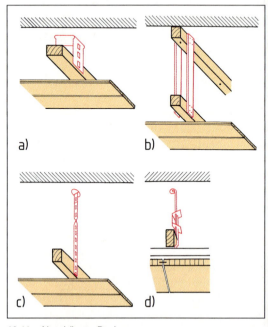

10.41   Abgehängte Decken
  a) mit Federbügelhalter, b) mit Holzleisten, c) mit
  Schlitzbandabhänger, d) mit Federspannabhänger

Bretterdecke. Die Verkleidung besteht aus Profilbrettern, die gespundet, gefedert, überfälzt, überschoben, überluckt oder mit Fuge verlegt werden können. Die Brettbreiten liegen bei 85 bis 160 mm, die Brettdicken bei 12,5 bis 22 mm. Beidseitig genutete Profilbretter mit einer Fremdfeder sparen Holz und sind besonders bei teuren Holzarten vorteilhaft. Neben Profilbrettern verwendet man auch im Handel erhältliche furnierte oder beschichtete Holzwerkstoffpaneele. Die Unterkonstruktion (Lattenabstand 600 bis 800 mm) befestigt man direkt an der Decke oder an einer Abhängung. Klammern oder Profilkrallen halten die einzelnen Bretter zusammen (**10.**42). Durch eine Schattennut oder eine Profilleiste erreicht man einen sauberen Wandanschluss. Wenn wir Bretter oder Platten hochkant montieren, erhalten wir *Lamellendecken*. Sie verringern optisch die Raumhöhe und betonen die Längsrichtung (**10.**43). Der Deckenraum über den Lamellen wird offen gehalten, so dass ein größeres Luftvolumen zur Verfügung steht. Den angehängten Bereich streicht man einschließlich Installation dunkel, damit er nicht einsehbar ist.

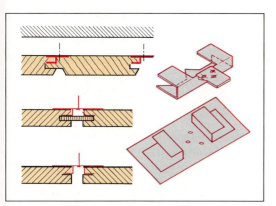

10.42 Die einzelnen Bretter werden mit Profilklammern oder Fugenkrallen zusammengefügt

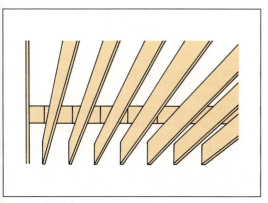

10.43 Lamellendecke

Plattendecke. Die rechteckigen oder quadratischen Platten aus furnierten oder beschichteten Holzwerkstoffen sind meist montagegerecht vorgefertigt. Sie werden auf einer Unterkonstruktion an der Decke befestigt. Die Plattenstöße erhalten meist eine Nut zur Aufnahme einer Feder. Den Wandanschluss bilden Randleisten, umlaufende Friese oder Schattennuten. Zum Befestigen an der Unterkonstruktion dienen unsichtbare Profilklammern, Metallschienen, Randkrallen oder Nutklötze (**10.**44).

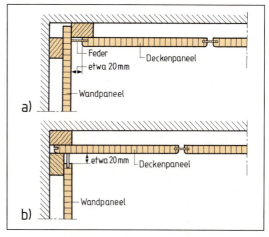

10.44 Plattendecke, Decken/Wand-Anschluss
    a) Das Deckenpaneel wird mit Federn gegen die durchgehende Wandpaneele geschoben
    b) Wandpaneele mit Feder schließt gegen durchgehende Deckenpaneele ab

Kassettendecken setzen sich meist aus quadratischen, rechteckig oder geometrisch anders geformten Feldern zusammen. Rahmenfriese, Profilleisten, Zargen oder Scheinbalken begrenzen sie (**10.**45). In der Regel wird man nur große Räume mit Kassetten verkleiden, wo die plastische Wirkung der Konstruktion deutlich wird.

Die Wahl der Konstruktion hängt von der beabsichtigten Wirkung ab. Flache Kassetten stellt man als Rahmen mit Füllung oder durch eine Grundplatte mit aufgeleimten Profilleisten her. Tiefe Kassetten erhalten eine Zarge mit Füllung oder werden durch sich kreuzende Scheinbalken mit eingesetzter Füllung gebildet. Furniert man die Füllungen, muss dies auf beiden Seiten geschehen. Als Unterkonstruktion wählt man Rahmenelemente oder Lattung aus Längs- und Querlatten (Konterlattung). Schwere Kassetten müssen als Einzelelemente an der Decke montiert werden. In Sälen finden wir auch Kassettendecken mit Feldern aus offenen Kastenformen, die eine sehr plastische Wirkung haben.

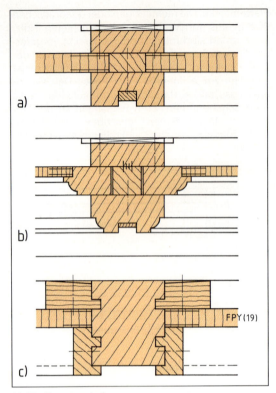

10.45   Kassettendecke
        a) Eingelegte Füllung mit Deckleiste
        b) Eingelegter Rahmen durch Profilleiste gehalten
        c) Zarge mit umgelegter Füllung und Falzleiste

Bei der Ausführung von Decken- und Wandverkleidungen ist darauf zu achten, dass beides zusammenpasst. Wir erreichen dies, indem wir z. B. die hervorstechenden Gestaltungselemente der Decke an der Wandtäfelung wieder erscheinen lassen und harmonisch mit der Deckenverkleidung abstimmen. Wo Wand und Decke Fugen bilden, sind entsprechende Eckanschlüsse wie Profilleisten, besondere Fälze oder zusätzliche Friese zu befestigen oder betonte Schattenfugen vorzusehen (**10.**45).

Zur Kassettendecke muss die Wandverkleidung passen, d. h., die Hauptgestaltungselemente müssen wiederkehren. Zuerst wird die Decke, dann die Wand verkleidet.

Technische Deckenverkleidungen. Decken sind besonders trittschallempfindlich. Deshalb mindert man die Schallwellen durch zusätzliche Maßnahmen: durch Akustikbretter, gelochte Gipskartonplatten (Anteil der Lochung 15 % und mehr), Lamellendecke oder Röhrenspanplatten (**10.**46 c). Abgehängte Decken bieten die Möglichkeit, noch Resonanzschallschlucker und Dämmstoffschichten einzulegen, die zusammen mit der Luftschicht schallschluckend wirken. Wie bei Wandverkleidungen sind sie außerdem wärmedämmend.

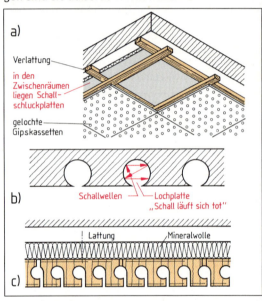

10.46   Schalldämmende und schluckende Deckenverkleidungen. a) Gipskarton-Lochplatte, b) Prinzip der Schallschluckung, c) geschlitzte Röhrenspanplatte, Mineralwolle hinterlegt.

Aufgaben zu Abschnitt 10.3

1. Wozu dienen Wand- und Deckenverkleidungen?
2. Welche Möglichkeiten gibt es, einen Raum optisch zu verkürzen?
3. Warum befestigt man Wand- und Deckenverkleidungen nicht direkt an der Mauer bzw. Decke?
4. Erklären Sie die Montage einer Verbretterung.
5. Wie verhindern Sie, dass die Füllungen von Rahmentäfelchen nicht aus dem Falz fallen?
6. Wie werden Plattenverkleidungen befestigt?
7. Nennen Sie zusätzliche wärme- und schalldämmende Maßnahmen bei Wänden und Decken.
8. Nennen Sie die Möglichkeiten der Deckenverkleidung.

9. Wie werden Scheinbalken befestigt und montiert?
10. Warum dürfen Bretter bei einer Deckenverkleidung nicht genagelt werden?
11. Was versteht man unter einer Lamellendecke?
12. Was müssen Sie bei Kassettendecken beachten?
13. Welche Maßnahmen treffen Sie, wenn Wand und Decke Fugen bilden?
14. Wodurch lässt sich die Trittschalldämmung bei einer Decke verstärken?
15. Nennen Sie vier Maßnahmen, um bei Deckenverkleidungen die Schallwellen zu verringern.
16. Welche Aufgabe hat die Lochung einer Akustikplatte?

10.4 Trennwände

Ihr Betrieb erhält den Auftrag, einen großen Büroraum in mehrere kleinere Zimmer zu unterteilen. Die neue Raumaufteilung soll veränderbar (variabel) sein. Warum wird nicht der Maurer damit beauftragt? Wie löst Ihr Betrieb die Aufgabe?

Trennwände dienen dazu, große Räume dauernd oder zeitweilig in kleinere Raumeinheiten aufzuteilen. Sie werden gewöhnlich in Leichtbauweise erstellt.

Arten. Wir unterscheiden *feststehende* und *bewegliche* Trennwände. Die beweglichen sollen leicht zu transportieren und zu montieren sein. Die festen Trennwände sind in der Regel schwerer, besonders wenn sie auch schalldämmend wirken sollen.

> Trennwände teilen dauernd oder zeitweilig große Räume in kleinere Einheiten. Es sind statisch nichttragende Wände in Leichtbauweise.

10.4.1 Feststehende Trennwände

Gerippewände. Sie bestehen aus einer Tragkonstruktion (Metall oder Holz), die mit Winkeleisen, Metallprofilen oder Langschrauben direkt mit dem Boden oder der Decke verbunden wird (Gerippewand, **10**.47). Für die Beplankung kann man Bretter, Holzwerkstoff- oder Gipskartonplatten aufnageln oder aufschrauben.

10.47 Rahmenkonstruktion einer Trennwand

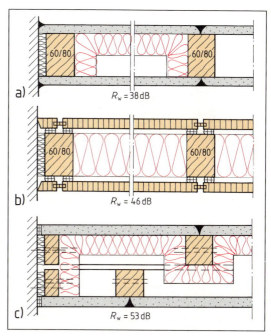

10.48 Trennwandkonstruktionen
  a) Holzständer mit Gipskartonplatten beplankt, innen Mineralwolle
  b) Holzständer mit FP-y 16 federnd beplankt, innen Mineralwolle
  c) Doppelständerwand mit Gipskartonpl. beplankt, Mineralwolle

Bei der Holzgerippewand montieren wir zunächst die Decken- und Bodenschwelle auf Dämmstreifen (z. B. Filz), anschließend die senkrechten Pfosten aus Kanthölzern mit der Schmalseite zur Beplankung. Der Pfostenabstand (600 bis 800 mm) richtet sich nach dem Beplankungsmaterial und den Plattenformaten (Plattenstoß am Pfosten). Die Verarbeitungsvorschriften für Gipskartonplatten und andere Materialien müssen berücksichtigt werden. Die Räume zwischen den Pfosten können mit wärme- oder schalldämmenden Mineralfasermatten ausgefüllt werden. Zwischen den Pfosten montieren wir zur Aussteifung Riegel. Zur besseren Schalldämmung können wir die Pfosten auch versetzt als Doppelständerwand aufstellen. Dadurch werden Schallbrücken vermieden. In dem Ständerzwischenraum kann eine durchlaufende Dämmmatte wellenförmig montiert werden (**10**.48 d).

Wo die Wandteile aneinander treffen, werden sie mit Spezialprofilen am Unterbau und an den Kanthölzern befestigt. Besonders geformte Profile stabilisieren die Wandfläche (**10**.49). Die Wand-,

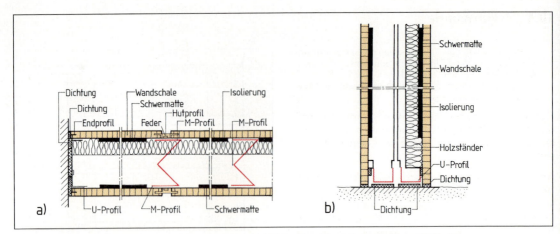

10.49   Zweischalige Trennwand a) mit Metallständer und M-Profilen, b) mit Holzständer und U-Profilen

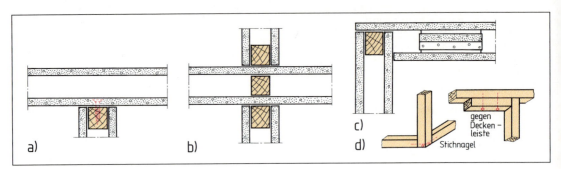

10.50   Wandanschlüsse und -übergänge
a) T-Anschluss, b) zweiseitiger Anschluss, c) Eckübergang, d) Übergang gegen Boden und Deckenleiste

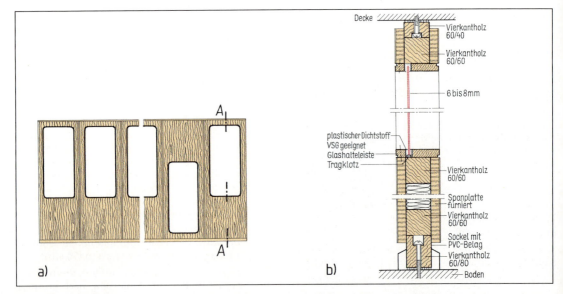

10.51   Elementwände
a) Ansicht, b) Schnitt mit Decken- und Bodenanschluss

Decken- und Bodenanschlüsse einer Holzgerippewand zeigt **10**.50. Bei Holzwerkstoffplatten wird die Stoßfuge meist durch eine Fase oder Schattennut betont, bei Gipskartonplatten verspachtelt man die Fuge und kann die Wand anschließend tapezieren.

Außer diesen Trennwänden gibt es Innenwände aus montagefertig hergestellten Einzelelementen (Elementwände oder Montagewände).

Elementwände (Montagewände). Montagewände bestehen aus vorgefertigten Wandelementen, die auf der Baustelle zusammengesetzt werden. Die

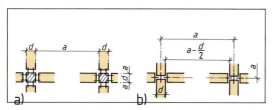

10.52 Rastersysteme
a) Bandraster, b) Achsraster

Elemente müssen einfach zu transportieren und schnell aufzustellen sein. Sie enthalten bereits Oberlichter, Türen oder ganze Glasfronten. Um die Vorfertigung zu erleichtern und das Auswechseln und Versetzen zu ermöglichen, wird ein Rastersystem festgelegt (Achs- oder Bandraster **10**.52). Die Elemente gibt es sowohl als Holzkonstruktion als auch aus Aluminium, Stahl oder als Verbundwerkstoff (**10**.51).

10.4.2 Bewegliche Trennwände

Wir finden sie vor allem in Großraumbüros, Restaurants und Ausstellungshallen, Schulen und Turnhallen. Aufgebaut sind sie aus Fertigelementen mit beweglichen Verbindungen – es sind fahr-

bare Wände. Sie begegnen uns als Schiebe-, Falt-, Harmonika-, Roll-, Hub- und Versenkwände und bewegen sich in festen Führungen und Schienen in der Decke, häufig auch im Fußboden. Besondere Anforderungen werden an den Schall- und Feuerschutz gestellt. So montiert man z. B. zweischalige, schwer entflammbare Wandelemente unter Verwendung von Metall- und Stahlrohrprofilen (**10**.53). Bewegliche Trennwände mit einem mittleren Schalldämmwert von 45 dB wirken nur schallschützend, wenn Schallnebenwege vermieden werden. Je höher die Schalldämmung, um so bedeutender ist die Nebenwegübertragung des Schalls.

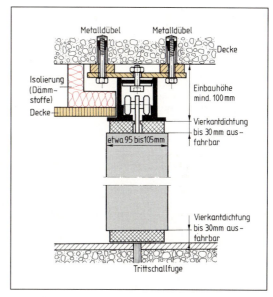

10.53 Boden- und Deckenanschluss mit Isolierung

10.5 Systemmöbel und Einbaumöbel

Systemmöbel werden heute aus Kostengründen meist industriell und aus vorgefertigten Normbauteilen hergestellt. Regale, Schränke, Schrankwände und Raumteiler können den räumlichen Gegebenheiten angepasst werden. Das Lochreihensystem mit verschiedenen Grundabständen (z. B. 20, 25, 30 oder 32 mm) ermöglicht dabei

– höchste Anpassungsfähigkeit.
– einfache Befestigung von Schrankverbindern, Beschlägen und Bodenträgern,
– mühelose Zerlegbarkeit.

Obwohl genaue Bauanleitungen dem Bezieher den Zusammenbau ermöglichen, bleibt für den

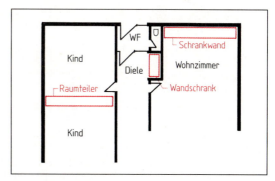

10.54 Einbaumöbel

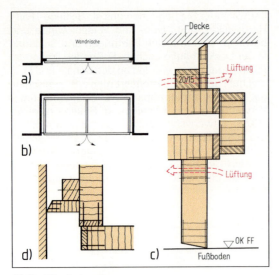

10.55 Wandschrank
a) einfache Ausführung mit Frontrahmen und daran angeschlagenen Türen, b) Schrank mit Böden, Seiten und Rückwand, c) Hinterlüftung, d) Vorderer Wandanschluss

Tischler noch ein weiteres Betätigungsfeld. So kann er dem Interessenten die Gestaltungsvielfalt der verschiedenen Systeme erläutern, ihn beraten und den Auf- und Einbau an Ort und Stelle übernehmen.

Einbauschränke sind mit dem Gebäude verbundene Schrankwände und Raumteiler (**10.54**).

Der Wandschrank füllt meist Nischen oder Ecken aus. Durch den bündigen Boden-, Wand- und Deckenanschluss nutzt er den Raum optimal aus. Erforderlich ist ein Frontrahmen (Blendrahmen) aus Holz mit den angeschlagenen Türen. Die Träger der Einlegeböden können im Mauerwerk befestigt sein. Neben dieser einfachen Ausführung gibt es Schränke aus Kastenelementen (Unter- und Oberboden, Seiten- und Rückwände, **10.55**).

Die Schrankwand füllt eine ganze Wandfläche aus. Wir können sie auf die verschiedenste Weise aufteilen und damit Einfluss auf die räumliche Gestaltung nehmen (z. B. Betonen der Waagerechten oder Senkrechten).

Der Raumteiler ist eine Schrankwand, die zwei Räume trennt bzw. einen Raum aufteilt. Auch hierbei bieten sich viele Möglichkeiten für individuelle Raumgestaltung (z. B. geschlossenen, teilweise offen oder transparent)-

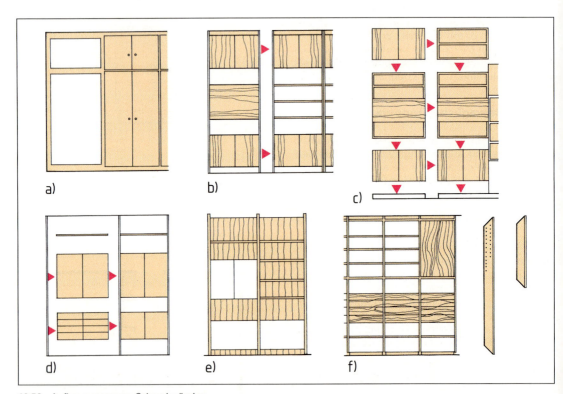

10.56 Aufbausystem von Schrankwänden
a) Frontrahmen mit Türen, b) raumhohe Schrankelemente aneinander gereiht, c) Kastenelemente, zusammengesetzt, d) raumhohe Seiten oder Stollen mit eingehängten Elementen, e) Wandträger mit Elementen, f) Einzelteile mit Schrankverbinder (z. B. 32-System)

Wandschränke verdecken einen Teil der Wandfläche, Schrankwände füllen die ganze Wandfläche aus, Raumteiler trennen oder unterteilen Räume.

Eingebaute Schränke müssen zu den umgebenden Bauteilen (Wände, Boden, Decke) einen Mindestabstand von 20 mm haben. Boden- und Deckenanschlüsse sind mit Löchern oder Schlitzen zu versehen, damit Feuchtigkeit abziehen kann (Hinterlüftung, **10.**55 c).

Aufbau. Einbaumöbel werden in leicht transportierbaren Einzelteilen oder kleineren Kastenelementen geliefert und an Ort und Stelle zusammengebaut. Dabei unterscheiden wir mehrere Aufbausysteme:

– lauter Einzelteile, die durch zeitaufwendige Montage von Schrankverbindern verbunden werden;
– getrennter Aufbau von Korpus und Frontrahmen mit schon angeschlagenen Türen;
– Kombination von fertigen Kastenelementen und einzelnen Teilen;
– Aufeinander stellen gleich breiter Kastenelemente, daher leichte Montage, aber jeweils doppelte Böden und Seiten (**10.**56).

Vereinfacht wird der Aufbau durch das *Rastermaß* (Modul). Der Bohrloch-Achsabstand beträgt je nach System 16 bzw. 32 mm oder (Euro) 25 mm. So ist ein ganzes Programm von Hänge-, Kompakt-, Raumteiler-, Regal- und Singlewänden aufeinander abgestimmt und kombinierbar (**10.**57).

Beispiel Schrankwände in einer Einraum-Wohnung mit schwenkbarem Klapptisch, TV-Fächern mit ausziehbaren Drehtüren, Kleiderschrank, Toilettentisch, die alle in die Schrankwand zu klappen sind und bei Bedarf herausgezogen werden können.

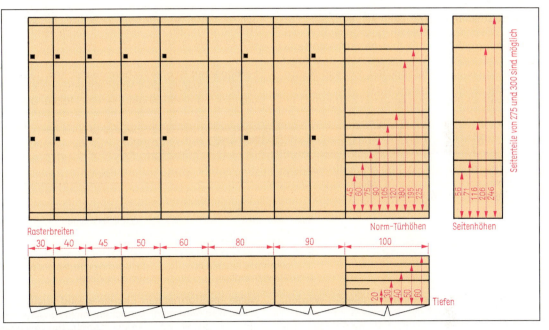

10.57   Modul Euro 25

Aufgaben zu Abschnitt 10.4 und 10.5

1. Welche beiden Arten von Trennwänden unterscheidet man grundsätzlich?
2. Woraus bestehen feststehende Trennwände?
3. Nennen Sie Vorteile beweglicher Trennwände.
4. Welche bauphysikalischen Anforderungen stellt man an Trennwände?
5. Auf welche Weise gelingt es der Möbelindustrie, trotz maschineller und vollautomatischer Fertigungsverfahren die Wünsche des einzelnen Kunden zu erfüllen?
6. Was sind Einbauschränke, Schrankwände und Wandschränke? Nennen Sie die wesentlichen Unterschiede.
7. Was ist beim Montieren eines Einbauschranks zu beachten?
8. Welche Aufbausysteme gibt es bei Einbaumöbeln?
9. Was bedeuten die Begriffe System 32, Eurosystem, System 25?
10. Welche Ziele will man durch Möbelsysteme erreichen?

10.6 Holzfußböden

Seit Jahrhunderten ist der Holzfußboden ein raum-
gestaltendes Element im Innenausbau. Wohl kein
anderes Belagsmaterial vereint so viele Vorzüge in
sich. Holzfußböden

- haben eine außergewöhnlich hohe Lebensdauer (geringer Abnutzungsfaktor),
- sind fußwarm, preiswert und wirtschaftlich,
- sind in Verbindung mit Oberflächenversiegelungen
  leicht zu reinigen und zu pflegen,
- laden sich nicht elektrisch auf,
- strahlen Wärme aus und fördern das Wohlbefinden, da
  sie ein Stück Natur im Wohnbereich bedeuten,
- können jederzeit wieder abgeschliffen und somit erneuert werden.

Trotzdem liegt der Anteil der Holzfußböden weit
hinter Belagstoffen aus Stein und Kunststoff
zurück. Dabei unterscheiden wir zwischen Dielenfußböden, Parkettböden und Holzpflaster.

Dielenfußboden. Das Verlegen von einfachen Dielenfußböden aus gehobelten, gespundeten Nadel-
holzbrettern gehört nur noch zu den seltenen Tätigkeiten des Tischlers. Das verwendete Holz muss
trocken (8 bis 12 % Holzfeuchte), frei von Rissen,
möglichst astfrei und gesund sein. Vor der Verlegung sollte es über einen längeren Zeitraum (1 bis

normaler Beanspruchung (z. B. im Wohnbereich)
ist eine Erneuerung der Versiegelung frühestens
nach 10 Jahren erforderlich. Obwohl Parkett aus
Vollholz besteht, haben Tischler oder Holzmechaniker wenig mit seiner Verarbeitung zu tun. Dies
gehört zum Aufgabenbereich des Parkettlegers,
eines seit 1966 eingeführten Vollhandwerks.

Nach DIN 280 ist „Parkett ein Holzfußboden, der aus Par-
kettstäben, Tafeln für Tafelparkett, Mosaikparkettlamellen,
Parkettriemen, Parkettdielen, Parkettplatten und industriell
hergestellten Fertigparkett-Elementen besteht". Verwendet
werden von den einheimischen Harthölzern vorwiegend
Eiche, Rotbuche, Esche, Nussbaum, Rüster und Nadelhölzer wie Kiefer und Lärche. Von ausländischen Harthölzern
Mahagoni, Wenge, Nuhuhu, Afrormosia, Afzelia sowie
Nadelhölzer wie Pitchpine, Oregon pine (Douglasie), Caro-
lina pine und Seestrandkiefer. Das Holz muss gesund und
frei von Fraßstellen durch Insekten sein. Je nach Güteklasse (z. B. Exquisit, Standard oder Rustikal) dürfen Äste,
Splintholz oder kleinere Risse nicht oder in geringem
Umfang vorhanden sein. Der Gehalt an Holzfeuchte soll
zum Zeitpunkt der Lieferung zwischen 6 und 11 % liegen.

Fertigparkett ist oberflächenbehandeltes, geschliffenes und versiegeltes Holz, aufgebaut als zwei-
oder auch dreischichtiges Element (**10**.59). Die teil-

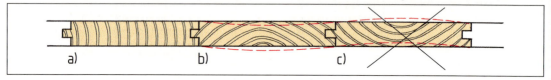

10.58   Verlegen von Fußbodenbrettern

a) stehende Jahresringe	b) liegende Jahresringe linke Seite oben	c) liegende Jahresringe rechte Seite unten
gut	möglich	schlecht
gutes Stehvermögen, geringes Schwindmaß (gleichmäßig)	durch „Hohlwerden" keine saubere und plane Oberfläche, unangenehmes Knarren der Dielen unvermeidbar	durch „Rundwerden" der Oberseite Gefahr, dass mittig flach angeschnittene Jahresringe heraussplittern

2 Wochen) am Verwendungsort gelagert werden.
Bei der Holzauswahl ist Brettware mit stehenden Jahresringen vorzuziehen. Wenn Seitenbretter
verwendet werden, muss die linke Seite oben liegen, weil auf der rechten leicht Jahresringe heraus-
splittern können (**10**.58). Holzfußböden sind gegen
aufsteigende Bodenfeuchtigkeit zu schützen und
mit chemischen Holzschutzmitteln zu behandeln
(Insekten- und Pilzschutz). Ein Abstand der Dielen
von etwa 20 mm zur Wand verhindert die Schallübertragung in die umgebenden Bauteile und lässt
dem Holz genügend Raum zum „Arbeiten".

Parkettböden erfreuen sich zunehmender Beliebt-
heit. Durch die mehrfache Versiegelung der Holzoberfläche gehören Pflegemethoden wie das
Spänen und Schrubben der Vergangenheit an. Bei

weise großformatigen Elemente sind leicht und
schnell zu verlegen, brauchen nicht geschliffen
und versiegelt zu werden. Durch die geringe

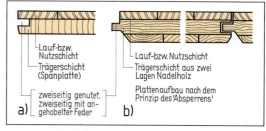

10.59   Fertigparkett
  a) zweischichtig, b) dreischichtig

Gesamtdicke des Elements (z. B. 9 mm) bietet Fertigparkett eine echte Alternative zu Teppichböden oder PVC-Belägen.

Holzpflaster wird vorwiegend für Industriefußböden (Kiefer, Lärche, Rotbuche, Eiche) sowie für Verwaltungs-, Kirchen-, Sport- und Schulbauten verwendet (polnische Kiefer, Eiche, Oregon pine = Douglasie). Vorteile:

– Fußwärme,
– verbesserte Akustik, dazu schalldämmend, weil keine Erschütterungen übertragen werden,
– gute Elastizität, schöne Maserung (Hirnholz),
– lange Lebensdauer bei höchster Beanspruchung.

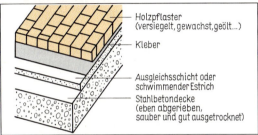

10.60 Holzpflasterverlegung

Holzpflaster besteht aus scharfkantig geschnittenen Holzklötzen mit unterschiedlichen Abmessungen, bei denen eine Hirnholzfläche als Laufffläche dient (**10.60**). Je nach dem Zweck werden die Klötze mit chemischen Holzschutzmitteln vorbehandelt. Der Feuchtegehalt darf in repräsentativen Räumen zwischen 8 und 12 % liegen. Die Verle-

gung erfolgt in eine hartplastische Kunststoffklebemasse. Untereinander werden die einzelnen Holzklötze nicht verklebt. Nach dem Abschleifen kann die Oberfläche durch Versiegelung, heißes Wachs oder mit entsprechenden Ölen geschützt werden.

Trockenunterböden nach DIN 68771 sind „Unterböden aus Holzspanplatten". Die Verlegeplatten sollen dem Plattentyp V 100 entsprechen, in Feuchträumen V 100 G. Sie werden mit umlaufendem Randprofil aus Nut und Feder in Dicken von 10 bis 38 mm hergestellt und finden Verwendung in der Althaussanierung zum Abdecken und Ausgleichen alter Holzfußböden, bei Neubauten zur Aufnahme von Belägen aus Parkett, Teppichboden oder PVC.

Die Platten sollen einen Abstand zur Wand von mindestens 15 mm haben, um Ausdehnungen ausgleichen zu können und die Belüftung der Plattenrückseite zu gewährleisten. Für die Befestigung auf Holzbalkendecken oder alten Holzfußböden sind Spanplattenschrauben zu verwenden. Über Massivdecken sind unter den Verlegeplatten Feuchtesperren aufzubringen. Die Lagerhölzer werden auf einem Dämmstreifen (Filz) gelegt. Bei der schwimmenden Verlegung (hier werden die Verlegeplatten ohne Befestigung vollflächig auf eine Zwischenschicht aufgebracht sind die Platten untereinander (z. B. mit PVAC-Leim) zu verleimen. Die Platten müssen mindestens 19 mm dick sein. Die Zwischenschicht kann aus einer Trockenschüttung (z. B. Dämmstoffkörnung), Mineralfaserdämmplatten oder Holzfaserdämmplatten bestehen (**10.61**).

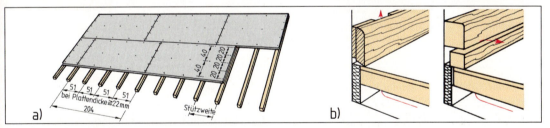

10.61 Trockenunterboden
a) Anordnung der Lagerhölzer und Verlegeplatten, Abstände der Schrauben (in cm)
b) Belüftung durch Fußleiste mit Abstandsklötzchen oder doppelte Fußleiste

Aufgaben zu Abschnitt 10.6

1. Zählen Sie Vorzüge von Holzfußböden auf.

2. Warum ist die Verwendung von Holzfußböden gegenüber zu Stein- und Kunststoffbelägen so gering?

3. Warum soll bei Dielenfußböden die rechte Seite von Seitenbrettern oben liegen?

4. Welche Vorteile bietet die Verwendung von Brettern mit stehenden Jahrringen?

5. Warum sollen Fußbodenbretter mit Abstand zur Wand verlegt werden?

6. Welche Holzarten eignen sich für die Herstellung von Parkett?

7. Was versteht man unter Fertigparkett?

8. Erläutern Sie die Vorteile eines Fußbodenbelags aus Holzpflaster.

9. Welche Plattentypen werden für Trockenunterböden eingesetzt?

10. Warum müssen die Verlegeplatten in einem Mindestabstand zur Wand verlegt werden?

10.7   Türen

Türen geben uns Zugang zu Gebäuden, Wohnungen oder Zimmern. Sie lassen sich absperren und bieten damit Sicherheit und Schutz. Welche Aufgaben haben Türen noch zu erfüllen? Welche Konstruktionen sind zu unterscheiden?

Türen bestehen aus dem Türblatt, der Türumrahmung und den Türbeschlägen. Die Türumrahmung ist fest mit der Wand verbunden und trägt das Türblatt, das sich durch Bänder bewegen lässt. Türmaße sind in der Regel genormt.

10.7.1   Türarten

Wir können Türen nach verschiedenen Gesichtspunkten unterscheiden, wie die Tabelle **10**.61 zeigt.

Tabelle **10**.61   Türarten

Unterscheidung	Türen
nach der Lage im Gebäude	Innentür, Außentür
nach dem Verwendungszweck	Außentür, Innentür, Zimmertür, Wohnungstür, Windfangtür, WC- und Badezellentür, schall- und wärmedämmende Tür, feuerhemmende Tür, Strahlenschutztür, Hotel- und Krankenhaustür
nach der Bewegungsrichtung	Drehflügeltür, Pendeltür, Schiebetür, Falttür, Harmonikatür, Drehkreuztür
nach der Türumrahmung	Blendrahmen, Block- oder Stockrahmen, Zargenrahmen, Tür mit Futter und Bekleidung
nach der Form des Türblatts	Stichbogentür, Rundbogentür, Korbbogentür, Rechtecktür
nach der Konstruktion des Türblatts	Rahmentür, Brettertür, Lattentür, Sperrtür, aufgedoppelte Tür
nach dem Material	Holztür, Glastür, Metalltür, Kunststofftür
nach Anzahl der Türflügel	einflügelige Tür, mehrflügelige Tür, Tür mit feststehendem Seitenteil
nach dem Anschlag	Links-, Rechtstür, überfälzte Tür, stumpf einschlagende Tür

10.7.2   Innentüren

(Wohnungstüren, Zimmertüren) sind in der Regel nicht der Feuchtigkeit ausgesetzt und daher einfacher konstruiert als Außentüren. Konstruktion,

Werkstoff und Beschläge der Tür bestimmen die Atmosphäre eines Raumes mit. In ihrer Ausführung sollen sich die Türen dem Stil der Umgebung anpassen. Oft erfüllen Türen besondere Aufgaben, z. B. als Schall-, Feuer- und Strahlenschutztüren.

Drehtüren sind bei den Bewegungsrichtungen am häufigsten und können ein- oder zweiflüglig sein. Sie sind rechts oder links am Türrahmen angeschlagen und drehen um eine Längskante des Flügels. Betrachtet man die Tür von der Öffnungsseite, so drehen eine DIN-Rechtstür nach rechts (rechtes Band und Schloss) und eine DIN-Linkstür nach links (linkes Band und Schloss **10**.62). Drehtüren bestehen aus der Türumrahmung, dem Türblatt und den Beschlägen.

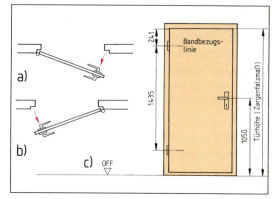

10.62   Drehtür
a) Linkstür (linkes Band und Schloss)
b) Rechtstür (rechtes Band und Schloss)
c) Sitz der Bänder und Drückerhöhe nach DIN 18101

Die Türumrahmung ist fest mit der Wand verbunden und trägt das Türblatt, das sich durch Bänder bewegen lässt. In die Türumrahmung kann unten eine Schwelle oder eine Metallschiene eingebaut werden, die dem Türblatt als Anschlag dient. Wir unterscheiden Blend-, Block-, Zargenrahmen und Futterrahmen mit Bekleidung.

Der Blendrahmen aus zwei aufrechten und einem oberen Querfries liegt meist in einem Maueranschlag und wird in der Leibung mit Mauerdübel, Flacheisen, Bankeisen, Steinoder Blendrahmenschrauben befestigt. Als Eckverbindungen für den rechteckigen Rahmenquerschnitt dienen Schlitz und Zapfen oder Dübel, selten ein gestemmter Zapfen. Die Blendrahmendicke entspricht meist der Türflügeldicke. Wegen der großen Stabilität und dichten Fuge am Maueranschlag verwendet man Blendrahmen vorzugsweise für Außentüren (Haus-, Windfang-, Kellertüren), selten im Innenbereich (**10**.63).

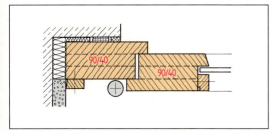

10.63   Blendrahmen, Tür überfälzt

Beim Blockrahmen hat die Türumrahmung einen annähernd quadratischen Querschnitt. Sie liegt stumpf in der Mauerleibung, meist auf dem Putz oder Sichtmauerwerk, und wird mit Wanddübeln, Winkeleisen oder auf einer Grundleiste befestigt. Durch den großen Rahmenquerschnitt verringern sich die Durchgangsbreite und -höhe erheblich. An den Ecken wird der Blockrahmen durch Doppelschlitz und -zapfen oder Dübel verbunden. Den Blockrahmen verwendet man wegen seiner großen Stabilität für Pendeltüren, große Türen in Durchgängen, Windfang- und Außentüren. Eine an der Wand befestigte Grundleiste und ein Außenfalz des Blockrahmens ermöglichen eine saubere Montage. Nach dem Einsetzen wird die Montagefuge durch eine Leiste verdeckt (**10.**64).

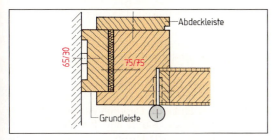

10.64   Blockrahmen mit Grundleiste, Tür stumpf einschlagend

Der Zargenrahmen liegt flach in der Maueröffnung und verdeckt die Mauerleibung. Seine Breite entspricht der Dicke der verputzten Wand mit einer geringen Maßzugabe. Meist besteht er wegen der großen Breite aus Holzwerkstoffen. Vollholz lässt sich zum Zargenrahmen nur verarbeiten,

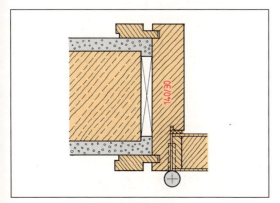

10.65   Zargenrahmen mit Deckleiste

wenn es stehende Jahresringe aufweist und 150 mm nicht überschritten werden. Wanddicke und Zargenmaß sind genau abzustimmen, um einen sauberen Anschluss zu erreichen. Nur wenn ausreichend Luft zwischen Zarge und Maueröffnung vorhanden ist, lässt sich das Zargenfutter genau ausrichten. Die Zargenteile werden an den oberen Ecken mit Nut und Feder verbunden, gedübelt oder geschraubt (**10.**65).

Türzargen aus Stahl gibt es als Umfassungs- oder Eckzargen. Sie erhalten eine Nut zur Aufnahme einer Dichtung und werden in unterschiedlichen Abmessungen für gefälzte und ungefälzte Türblätter hergestellt. Sie werden vom Maurer eingesetzt und eignen sich für Links- und Rechtstüren (**10.**66).

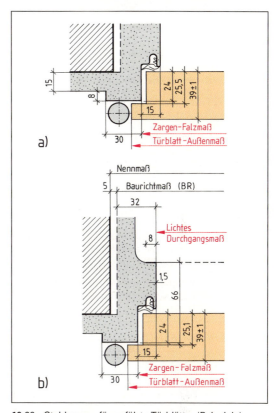

10.66   Stahlzargen für gefälzte Türblätter (Beispiele)
     a) Umfassungszarge
     b) Eckzarge

Futterrahmen mit Bekleidung ist eine Konstruktion, die die Innenseite der Türleibung und die Mauerecke verkleidet. Das Türfutter liegt in der Maueröffnung, die beidseitig aufgesetzte Bekleidung deckt die Montagefuge zwischen Futter und Bekleidung ab. Das Futter besteht aus den beiden aufrechten Seiten, dem Kopfstück und – falls vorhanden – der Türschwelle aus Hartholz. Die Futtertiefe richtet sich nach der Wanddicke einschließlich Putz und hat Auswirkung auf die Materialwahl. Schmale Futter (bis 150 mm) können aus Vollholz hergestellt werden, für breite Futter verwendet man Holzwerkstoffe (ST, STAE, FP-Y, MDF) oder profilierte Rahmen mit Füllungen. Anstelle der früher üblichen Zinkung verwendet man heute als Eckverbindung Nut

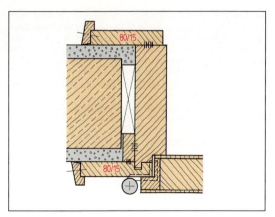

10.67   Türfutter mit Bekleidung

und Feder, Falz oder Dübel, die zusätzlich verleimt und genagelt werden. Bei der 100 bis 150 mm breiten Bekleidung unterscheidet man zwischen Falz- und Zierbekleidung. Die Falzbekleidung wird meistens vor der Montage am Futter befestigt. Für überfälzte Türen entspricht mitunter die Dicke der Falzbekleidung der Falztiefe im Türflügel (25 mm). Eine Falzleiste oder eine Schattennut an der Bekleidung ermöglicht einen sauberen Wandanschluss. Sowohl beim Futter als auch bei der Bekleidung soll wegen der Gefahr des Werfens die rechte Brettseite außen sein. Für die Gehrungsverbindung verwendet man neben der Überblattung hauptsächlich Form- oder Furnierfedern als Verbindungsmittel (10.67).

Türzargen und -futter sind heute meistens vorgefertigte Bauelemente, die eine Mauerdickenanpassung und unsichtbare Montage ermöglichen.

Türrahmenbefestigung. Die Türumrahmung muss fest mit dem Mauerwerk verbunden werden. Zur

Befestigung von Futter oder Zarge werden häufig vor der Montage Dübelklötze oder Telleranker in der Leibung befestigt. Nach dem Einsetzen, Ausrichten und Festkeilen des Futters (Tür dabei einhängen) folgt die Befestigung durch Schrauben, Dübel oder Stahlnägel, Montageschaum dichtet die Wandanschlussfuge und gibt der Türumrahmung zusätzlich Halt (**10.68**).

> Bei den Türumrahmungen unterscheiden wir nach der Konstruktion Blendrahmen, Blockrahmen, Zargenrahmen und Türfutter mit Bekleidung.

Konstruktion der Türblätter

Türblätter können nach Verwendungszweck und Anforderungen als Latten-, Bretter-, Rahmen- oder Sperrtüren hergestellt werden. Für spezielle Anforderungen gibt es Sonderausführungen wie Schallschutz-, Brandschutz- und Strahlenschutztüren.

Latten- und Brettertüren dienen meist zum Abschluss von Keller- und Abstellräumen zur Einfriedung von Grundstücken. Die Gestaltung ist oft untergeordnet.

Bei *Lattentüren* werden die einzelnen Latten im Abstand ihrer Breite auf die Querriegel genagelt oder geschraubt. (Außenbretter breiter wählen!) Eine diagonale Strebe verläuft von der oberen Querleiste an der Schlossseite zur unteren Querleiste an der Bandseite. Dadurch wird ein Teil des Türgewichts als Druckkraft auf das untere Band übertragen und ein Absenken des Flügels auf der Schlossseite vermieden.

Brettertüren zeigen dieselbe Grundkonstruktion. Die Bretter werden stumpf gefügt (mit Deckleiste über der Fuge), mit Wechselfalz oder Nut- und Federverbindung auf Strebe und Querleisten be-

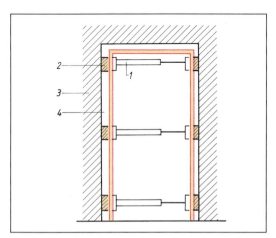

10.68   Befestigen der Türrahmung
   1 Spreizen
   2 Hölzer für Ausfütterung
   3 Mauerwerk
   4 Ausschäumen

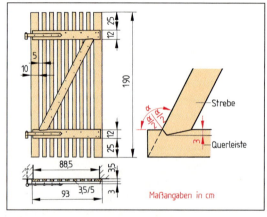

10.69   Lattentür mit Strebe

festigt. Wenn die Bretter flächig verleimt werden sollen, ist die Querleiste als Gratleiste auszubilden. Um das Arbeiten einzuschränken, ist auf eine Breite unter 80 mm und auf den Jahresringverlauf zu achten. Zum Anschlagen der Tür verwendet man gewöhnlich zwei Langbänder mit Kloben für Mauerwerk oder Türpfosten. Aufschraubkastenschloss mit Drücker oder Überfallklappe mit Vorhängeschloss dienen zum Verschließen (**10.69**).

Sperrtüren sind nach DIN 68 706 glatte Türblätter aus Holz oder Holzwerkstoffen. Sie haben ein geringes Gewicht, gutes Stehvermögen und sind kostengünstig. Die in der Regel industriell hergestellten Türen bestehen aus Rahmen, Einlage und Deckplatten und müssen beidseitig gleichmäßig aufgebaut sein, damit sie sich nicht verformen.

Der Rahmen mit den aufgeleimten Deckplatten umschließt die Einlage und erhält in Höhe der Bänder und des Schlosses Verstärkungen (**10.70**). Zusätzliche Querriegel mit Lüftungsschlitzen oder Bohrungen verbessern die Stabilität und verhindern das Verziehen.

Die Einlage als innerer Teil der Tür hält den Abstand zwischen den Deckplatten, gibt der Tür Stabilität und hat Einfluss auf die Schalldämmung. Sie besteht aus Leisten, Furnier- oder Spanplattenstreifen, Kartonwaben, Röhrenplatten oder Hartschaumelementen (**10.71**). Kantenanleimer oder ein von der Deckplatte beidseitig überdeckter Kanteneinleimer bilden die Außenkante der Tür. Die mit dem Rahmen und der Einlage verleimten *Deckplatten* bestehen aus Furnier-, Span- oder Hartfaserplatten, die auch mit einer beidseitigen Decklage aus Furnier, Schichtpressstoffplatten, Folien oder fertigen Oberflächenbehandlung geliefert werden. Für den Außenbereich müssen Sperrtüren wasserfest verleimt sein.

Sperrtüren werden als Halbfertig- (Rohlinge) oder Fertigprodukte angeboten. Durch aufgeleimte Zierleisten oder Lichtausschnitte ergeben sich weitere Variationsmöglichkeiten. Zimmertüren können stumpf um Türblattdicke einschlagend oder mit Falz angeschlagen werden. Nach der DIN 68 706 betragen die Falzmaße 13 mm in der Tiefe und 25 mm in der Breite (**10.72**).

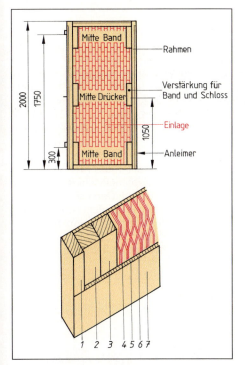

10.70 Aufbau einer Sperrtür
  1 Anleimer
  2, 3 Rahmenfriese
  4 Wabenmittellage
  5 Sperrfurnier
  6 Holzfaserhartplatte als Deckplatte
  7 Decklage

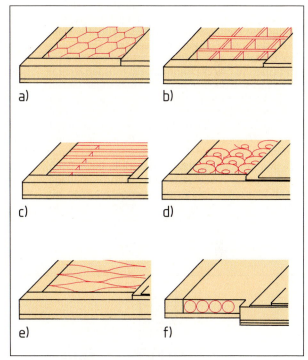

10.71 Sperrtür mit verschiedenen Einlagen
  a) Pappwaben, b) Holzraster, c) Holzleisten, d) Holzspan, e) Furnierstreifen, f) Röhrenplatte

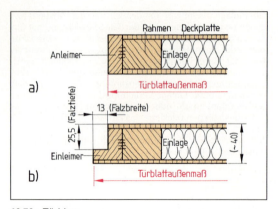

10.72 Türblatt
a) ungefälzt mit Anleimer (stumpf), b) gefälzt mit Einleimer

Rahmentüren bestehen aus senkrechten und waagerechten Rahmenfriesen mit Füllungen. Die in der Herstellung aufwendige aber qualitativ hochwertige Bauart ermöglicht eine Vielzahl gestalterischer und konstruktiver Lösungen. Durch die unterschiedliche Anordnung der Rahmenfriese lassen sich Türblätter aufteilen und gliedern. Für die gestalterische Wirkung der Tür ist die harmonische Teilung der Türfläche, die Profilierung der Rahmen, Falzleisten und Füllungen wesentlich. Die Füllungen bestehen aus Vollholz, Holzwerkstoffplatten oder Glas (**10**.74). Die Rahmenteile müssen so breit sein, dass sich die Beschläge gut befestigen lassen. Die Dicke der Rahmentür hängt von dem Verwendungszweck (innen oder außen) und der gewählten Füllung (z.B. Isolierglas) ab. Als Breite gelten 100 bis 150 mm, als Dicke 40 bis 60 mm im Innenbereich als Richtwert. Für die Rahmentüren eignet sich nur gesundes, fehlerfreies Holz (kein Drehwuchs, keine Risse) aus der Stammmittellage. Durch stehende Jahresringe vermeidet man ein Werfen. Die harte Kernkante sollte wegen der Beschläge und besonderen Beanspruchung außen sein. Die *Eckverbindung* kann gestemmt oder gedübelt ausgeführt werden (**10**.73).

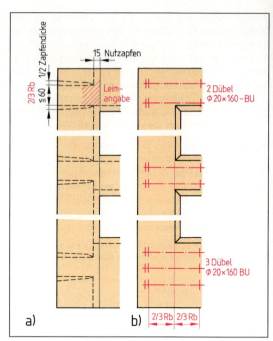

10.73 Rahmenverbindung
a) gestemmte, b) gedübelte Rahmenecke

Gestemmte Rahmenecke. Die waagerechten Friese erhalten durchgehende Zapfen. Die Zapfenbreite beträgt 2/3 der Friesbreite, wobei 60 mm nicht überschritten werden sollen – durch starkes Schwinden könnte sonst der Zapfen locker werden. Die Zapfenlöcher werden für die zwei Keile außen konisch erweitert. Der äußere Keil soll zuerst anziehen, damit die Gehrungsfuge dicht bleibt. Wenn man die Zapfenlöcher auf der Langlochbohrmaschine herstellt, muss man die Zapfen außen runden. Zwei Zapfeneinschnitte nehmen die symmetrischen Keile auf. Den Leim geben wir nur im inneren Drittel des Zapfens an. Dadurch bleibt die Brüstungsfuge dicht, das Holz schwindet von außen nach innen. Der Zapfen muss im Außenfalz liegen. Endet er im Türaufschlag, wird

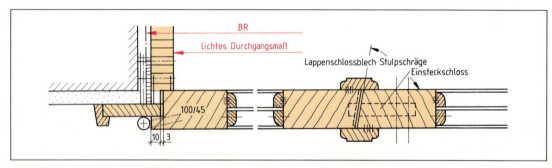

10.74 Schnitt durch eine zweiflügelige Rahmentür (innen) mit Futter und Bekleidung

nicht nur das Aussehen beeinträchtigt, sondern es besteht auch die Gefahr der Feuchtigkeitsaufnahme am Hirnholz. Ein Nutzapfen von 15 mm hält die Brüstungsfuge dicht und verhindert das Werfen des Rahmenholzes. Sockel über 200 mm Höhe führt man zweiteilig aus.

Gedübelte Rahmenecke. Heute werden Rahmentüren wegen der Holzeinsparung (10 bis 15 %) und rationellen Fertigung vielfach gedübelt. Bei genauer Ausführung, richtiger Anordnung und Bemessung der Dübel ist diese Verbindung ebenso haltbar wie die gestemmte Rahmenecke. Ein Profil an der Rahmeninnenkante und ein entsprechendes Konterprofil im Rahmenquerstück verbessern die Haltbarkeit. Bei Rahmen mit glatter Innenkante soll zusätzlich zur Dübelung noch ein Nutzapfen angeordnet werden. Die Dübelabmessungen und -abstände richten sich nach dem Querschnitt des Rahmenholzes:

Dübelzahl:	2 Stück bis 150 mm Rahmenholzbreite
	3 Stück über 150 mm Rahmenholzbreite
Dübellänge:	4/3 der Rahmenbreite
Dübeldurchmesser:	2/5 der Rahmendicke

Beispiel Der Rahmenquerschnitt beträgt 120/50 mm. Gewählt werden:
Dübelzahl: 2 Stück, da Rahmenbreite unter 150 mm
Rahmenbreite 120 mm: Dübellänge 4/3 x 120 = 160 mm
Rahmendicke 50 mm: Dübeldurchmesser 2/5 x 50 = 20 mm

Der Dübelabstand soll mindestens den dreifachen Durchmesser betragen, damit das Holz zwischen den Dübeln nicht abschert. Die Dübelbohrung an den senkrechten Rahmenhölzern muss ca. 10 mm tiefer gebohrt werden, damit die Brüstungsfuge beim Schwinden dicht bleibt.

Türmaße. Um Türen rationell herstellen und einbauen zu können, sind die Größen für Öffnungen und Blätter ein- oder zweiflügeliger Türen genormt und gelten für gefälzte wie ungefälzte Türblätter (**10.**75). Bei den Außenmaßen gehen wir von den Rohbaurichtmaßen aus (**10.**76). Die Kennnummer gibt das Öffnungsmaß in Achtelmeter (am) an.

Wir rechnen von der Oberfläche Fußboden (OFF) bis zum Türblatt mit einem Zwischenraum von 7,5 mm. Die Maße für den Sitz der Bänder und des Schlosses sind durch DIN 18 101 festgelegt (**10.**76).

Beispiel für eine normgerechte Türblattbezeichnung (gefälzt)
Türblattgröße 7 x 16 – 860 x 1985 DIN 18 101

Pendeltüren schwingen ein- oder zweiflüglig nach jeder Raumseite und kommen selbsttätig wieder in die geschlossene Türblattstellung zurück. Die dafür notwendige Schließkraft muss vom Benutzer beim Öffnen zusätzlich aufgebracht werden. Der Kraftaufwand ist dadurch höher als bei Normaltüren. Sie werden dort eingebaut, wo in häufig begangenen Fluren und Durchgängen vor Zugluft geschützt werden soll (z. B. in Krankenhäusern und Verwaltungsgebäuden **10.**77). Durch eine Glasfüllung in den Türblättern muss ein Durchblick möglich sein. Zur Bruchsicherheit verwendet man ESG oder Drahtglas.

Tabelle **10.**75 Türblattgrößen nach DIN 18101

gefälzt	Türblattaußenmaß/Breite	Rohbaurichtmaß – 15 mm (2 x 7,5 mm)
	Türblattaußenmaß/Höhe	Rohbaurichtmaß – 15 mm (2 x 7,5 mm)
	Falzbreite = 13 mm	Falztiefe = 25 mm
ungefälzt	Türblattaußenmaß/Breite	Breite des gefälzten Türblatts – 26 mm (2 x 13 mm)
	Türblattaußenmaß/Höhe	Höhe des gefälzten Türblatts – 13 mm

Tabelle **10.**76 Türblattgrößen nach DIN 18101

	Kenn-nummer	Rohbau-Richtmaße nach DIN 18 100		Türblatt-Außenmaße gefälzt		ungefälzt	
		Breite	Höhe	Breite	Höhe	Breite	Höhe
einflügelige Türen	5 x 15	625	1875	610	1860	584	1847
	6 x 15	750	1875	735	1860	709	1847
	7 x 15	875	1875	860	1860	834	1847
	5 x 16	625	2000	610	1985	584	1972
	6 x 16	750	2000	735	1985	709	1972
	7 x 16	875	2000	860	1985	834	1972
	8 x 16	1000	2000	985	1985	959	1972

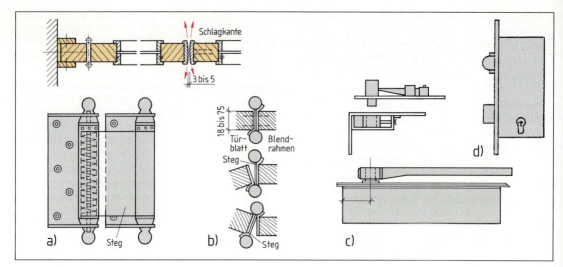

10.77 Pendeltür zweiflüglig mit Bommerband, Horizontalschnitt
a) Bommerband, Ansicht, b) in Funktion, c) Bodentürschließer, d) Einsteckschloss mit Rollfalle

Die Türblätter erhalten eine Glasfüllung aus ESG oder Drahtglas, um einen Durchblick zu ermöglichen.

Zum Verschließen dienen Einsteckschlösser mit Rollfalle oder Bodentürschließer.

Als Türrahmen dienen Blend- oder Blockrahmen, die wegen der großen Kräfte ausreichend dimensioniert und sicher befestigt sein müssen. Damit sich die Türblätter bei der Bewegung nicht berühren, muss ein gleichmäßiger Abstand von 2 bis 5 mm eingehalten werden. Pendeltüren werden mit besonderen Bändern angeschlagen, die das Schwingen und selbsttätige Schließen der Tür ermöglichen.

Bommerbänder. In den durch einen Steg verbundenen Rollen mit Bandlappen befinden sich Spannfedern, die das Türblatt nach jedem Öffnen in die Ausgangsstellung zurückdrücken. Die Türen schließen hart federnd ohne Bremsung, der Federdruck lässt sich an einem Stellring verändern.

Pendulobänder erhalten einen Bandteil an der Türober- und -unterkante. Durch das untere Bandelement pendelt die Tür entsprechend der mechanisch eingestellten Spannschraube.

Hawgoodband. An einem im Blendrahmen eingelassenen runden Federzapfen befindet sich drehbar ein U-förmiger Schuh, der das Türblatt trägt. Die Federkraft lässt sich nicht regulieren.

Bodentürschließer ermöglichen ein langsames abgebremstes Schließen der Tür. Das in den Boden eingelassene Gehäuse enthält die Schließmechanik. Die Pendelbewegung wird hydraulisch gebremst, die Schließgeschwindigkeit ist einstellbar (Schließverzögerung, Türfeststellung, Öffnungsdämpfung sind möglich). Die Beschlagteile stören nicht die Türansicht.

Schiebetüren verwendet man, wenn für das Öffnen einer Drehtür kein Raum vorhanden ist, die Öffnung sehr breit ist und Räume zeitweilig offen bleiben können. Die Türen sind aufgrund der etwas schwierigen Betätigung für stark begangene Durchgangstüren ungeeignet und lassen sich

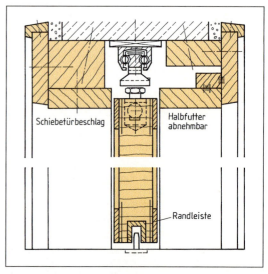

10.78 Schiebetür

nur ungenügend abdichten. Schiebetüren können ein-, zwei- oder mehrflügelig ausgeführt werden. Für die Türblätter wählen wir Rahmenkonstruktionen mit verschiedenartigen Füllungen, Sperr-, Holzwerkstoff- oder Ganzglastüren. Eine Schiebetür kann sichtbar vor der Wand, unsichtbar in einer Mauernische (-tasche) oder hinter Wandtäfelungen oder Einbauschränken geschoben werden. Als Türumrahmung verwendet man meistens zwei Halbfutter mit Bekleidung (**10**.78).

Beschläge. Gewöhnlich wird an der OK der Türblätter das höhenverstellbare Rollen- oder Kugellaufwerk montiert, das in einer Führungsschiene läuft (**10**.79). Die waagerecht anzubringende Führungsschiene kann an der Decke oder vor der Wand montiert werden. Durch ein abnehmbares Halbfutter muss das Laufwerk für Reparatur- und Wartungsarbeiten zugängig sein.

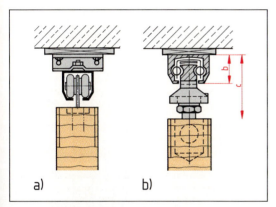

10.79   Laufwerk für Schiebetüren

a) Laufrohr mit Rollenführung, b) Kugelschiebetürbeschlag

Die Schiebetür muss sich geräuscharm und ohne zu verkanten bewegen lassen. Eine umlaufende Randleiste auf beiden Seiten schützt das Türblatt vor Beschädigung durch das Futter. Als untere Führung dienen Nocken oder eine Führungsschiene. Die Türpuffer zum Abstoppen werden in Höhe des Schwerpunktes montiert. Als Schließbeschläge verwendet man Flügelriegel-, Hakenriegel- oder Hakenfallenschlösser (**10**.80) und anstelle von Drückern Griffmuscheln. Schlüssel haben einen umklappbaren Griff (Gelenkschlüssel).

> Ein Innenausbaubetrieb steht vor folgender Aufgabe:
>
> In einer Gaststätte soll durch eine zeitweilige Raumunterteilung ein separater Bereich für Veranstaltungen geschaffen werden. Welche Möglichkeiten bieten sich dafür an? Wie sind Konstruktion, Bedienbarkeit und schalltechnische Bewertung?

Für größere Türöffnungen oder Raumunterteilungen verwendet man Harmonika-, Falttüren oder Schiebewände.

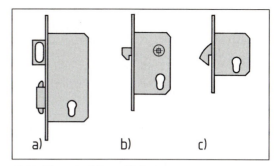

10.80   Einsteckschlösser für Schiebetüren.

a) Flügelriegelschloss mit Ziehgriff, b) Hakenfallenschloss, c) Zirkelriegelschloss

Harmonikatüren haben Türblattbreiten von 700 bis 1000 mm. Das Wandelement hat halbe Flügelbreite. Jedes zweite Türblatt ist mittig an der Oberkante mit Laufrollen in der an der Decke befestigten Laufschiene aufgehängt. Durch die Aufhängung in der Schwerachse kann auf eine Bodenführung verzichtet werden. Scharniere verbinden die Flügel, die geschlossene Tür muss durch Einlassriegel an der Türunterkante festgestellt werden (**10**.81).

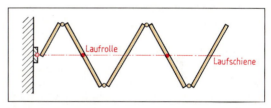

10.81   Harmonikatür

Durch Fälzen oder Profilieren der Türkanten erreicht man eine bessere Abdichtung (**10**.82). Industriell gefertigte Harmonikatüren haben eine scherenartige Metalltragkonstruktion, die mit Kunststoff oder schmalen furnierten Holzwerkstoffplatten verkleidet ist. Zusätzliche Schleifdichtungen und besondere Türeinlagen erhöhen die Schalldämmwerte.

Falttüren haben annähernd gleiche Türblätter zwischen 600 und 900 mm, die beim Öffnen seitlich zu einem Paket gefaltet werden. Jeder zweite Flügel ist an der oberen Ecke mit einer Laufrolle am waagerecht ausgerichteten Laufrohr aufgehängt

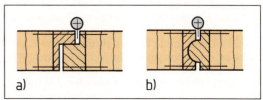

10.82   Kantenausbildung bei Falt- und Harmonikatüren

a) Falz, b) Kehle

(**10**.83). Das Laufrohr kann unter der Decke oder vor der Wand montiert werden, die Verkleidung muss abnehmbar sein. Zur Stabilisierung der nicht mittig aufgehängten Flügel benötigt man an der unteren Ecke einen Führungszapfen und eine U-Führungsschiene. Scharniere verbinden die Türflügel. Zum Verschließen dienen Einsteckschlösser.

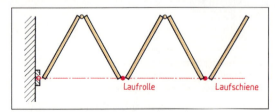

10.83 Falttüren

Schiebewände dienen der Raumunterteilung. Die raumhohen einzelnen Elemente sind nicht miteinander verbunden. Sie werden durch Laufrollen an den Ecken in zwei nebeneinander angeordneten Führungsschienen eingehängt. Diese Führungskonstruktion ermöglicht das paketartige Aufbewahren der Elemente vor der Wand oder in Taschen. Beim Schließen erreicht man durch in die Kanten eingelassene Magnetstangen einen dichten Abschluss der Elemente.

Drehkreuztüren kennen wir vor allem von Geschäftshäusern. Sie haben meist vier Flügel und drehen sich in einem zylindrischen Futter um die Mittelachse.

Glastüren bestehen aus 8 bis 12 mm dickem Einscheiben-Sicherheitsglas und sind rahmenlos. Verbundsicherheitsglas liegt dagegen in einem Rahmen, um den offenen Glasrand (Folie) zu schützen. Die Maße der Glastüren entsprechen den Baurichtmaßen. Ganzglastüranlagen für ein- oder mehrflügelige Türblätter werden oben und unten durch Zapfenbänder oder Bodentürschließer gehalten.

Sondertüren

Schall- und wärmedämmende Türen. Die Schalldämmung unserer Zimmertüren ist meist gering und liegt bei 12 bis 20 dB. Für besondere Zwecke (z. B. Arzt- oder Anwaltspraxis, Studio, Sitzungssaal, Konferenzraum) reichen diese Werte nicht aus. Um den Dämmwert zu erhöhen, müssen wir Türblatt, Türrahmen und die Verbindung von Mauerleibung und Türumrahmung konstruktiv verbessern. Damit vermindern sich zugleich Wärmeverluste. Oft füllt man den Türblatt-Hohlraum mit Sand oder Dämmplatten (einschalige Türblätter). Andere Türblätter in Sandwichbauweise erhalten biegeweiche dünne Schalen mit punktueller Verbindung und ausgepolsterter Türinnenseite

sowie mehrere Lagen von Holzfaser-, Gipskarton- oder Mineralfaserdämmplatten in den Hohlräumen (mehrschalige Türblätter). Auch Doppeltüren oder doppelschalige Stahlblechtüren mit ausgefülltem Hohlraum lassen sich montieren. Doppelfälze, mehrere Dichtungen sowie die besondere Ausbildung der Türunterkante und der Schlösser vergrößern den Dämmwert. Den Schalldurchgang zwischen Türfutter und Mauerwerk unterbinden wir durch Ausstopfen mit Mineralfaser oder Ausschäumen (**10**.84).

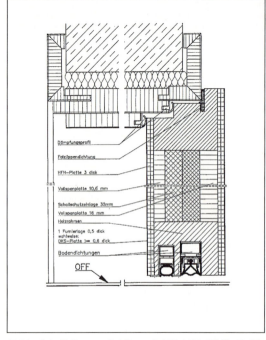

10.84 Schalldämmende Tür nach DIN 4109, SK III, 42 dB

> Schall- und wärmedämmende Türen sind ein- oder mehrschalig konstruiert. Sie haben Dichtungen im Falz und Boden sowie zwischen Türumrahmung und Mauerwerk.

Feuerschutztüren verhindern das Ausbreiten des Feuers. Feuerhemmende Türen (Fh) werden der Feuerschutzklasse T 30, feuerbeständige Türen (Fb) der Klasse T 90 zugeordnet (s. Abschn. 10.2.6). Einzelheiten über Art und Einbau sind den Bestimmungen der zuständigen Bauaufsichtsbehörde zu entnehmen.

Strahlenschutztüren verringern durch Bleieinlagen gefährliche Strahlungen in Arztpraxen, Laboratorien und Luftschutzanlagen.

Feuerschutztüren verhindern den Durchtritt des Feuers. Feuerwiderstandsklassen für Türen geben in Minuten an, wie lange der Bauteil dem Feuer Widerstand leisten muss. Strahlenschutztüren erhalten Bleieinlagen.

Türbeschläge und -verschlüsse

Beschläge. Durch Beschläge aus Stahl, Kunststoff oder Aluminium drehen, öffnen, schließen und sperren oder dichten wir die Türen ab. Das sorgfältige Einbauen (Montage) ist wichtig, um die Funktion nicht zu beeinträchtigen.

Türbänder und -scharniere ermöglichen das Drehen des Türblattes und damit das Öffnen und Schließen. Nach DIN 107 werden Rechts- und Linkstüren unterschieden (**10.**62). Sind Bänder einer aufschlagenden Tür rechts zu sehen, handelt es sich um eine Rechtstür mit Rechtsschloss. Bei der Linkstür ist es umgekehrt. DIN 18 101 und 18 268 enthält Angaben über die Anordnung der Bänder und des Drückers. Bezugspunkt ist der obere Zargenfalz, von dem die Bandbezugslinien abzumessen sind. Für Zimmertüren bis 2,20 m Höhe bauen wir zwei Bänder ein, darüber drei.

Langbänder. Die Lappen werden an die Querriegel von Latten- oder Brettertüren geschraubt. Sie bewegen sich um den Dorn des Klobens, der in der Mauer verankert wird (**10.**85).

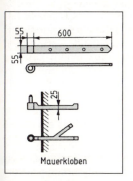

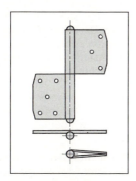

10.85 Langband   10.86 Einstemmband
                                              (Fitschen)

Einstemmbänder (Fitschen) verwendet man für gefälzte Türen. Sie bestehen aus einem Ober- und Unterlappen zum Einstemmen (**10.**86). Bei der Bestellung ist die Drehrichtung der Tür anzugeben. Wegen der aufwendigen Montage sind diese Bänder außer bei Reparaturarbeiten kaum noch im Einsatz.

Einbohrbänder lassen sich schnell und genau anschlagen. Sie eignen sich für überfälzte und stumpfe Türen mit Rechts- oder Linksanschlag. Bei gefälzten Türen muss der Überschlag mindestens 16 mm betragen. Die Ausführung ist zwei- oder mehrteilig. Die Zapfen können eingedreht, eingeschlagen, verstiftet oder verschraubt werden (**10.**88).

Mit besonderen Bohrlehren bohren wir die Löcher in das Türblatt und die Türumrahmung. Schwere Türen erhalten drei Bänder. Bei steigenden Einbohrbändern hebt sich das Türblatt beim Öffnen und senkt sich beim Schließen.

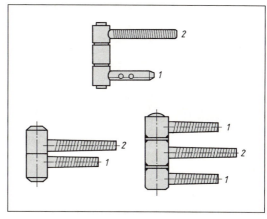

10.87 Einbohrbänder, zwei- und dreiteilig
            1 Türumrahmung, 2 Türblatt

Kombibänder bestehen aus einem Einbohr- und einem Aufschraubelement (**10.**88). Den Bandlappen schraubt man an die Türumrahmung, den Zapfen in das Türblatt.
Sie sind meistens links und rechts zu verwenden.

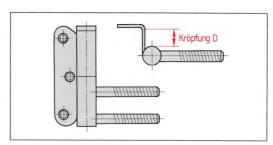

10.88 Kombibänder

Türscharniere bestehen aus einem mehrgliedrigen Gewerbe und einem losen und festen Stift. Das Scharnier ist aushängbar, wenn der lose Stift herausgezogen wird. Es kann rechts oder links angeschlagen werden (**10.**89).

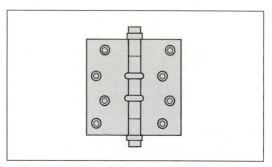

10.89 Türscharnier (Rollband mit Kugellagerringen)

Aufschraubbänder (Lappenbänder) mit Kröpfung D bauen wir bei gefälzten Türen ein. Bänder mit geraden Lappen (A) wählen wir für stumpf angeschlagene Türen (**10**.90). Vorstehende Türen erhalten Kröpfung C, zurückspringende Kröpfung B. Angeboten werden sie für Links- oder Rechtsanschlag. Die Lappen können maschinell bündig eingelassen werden.

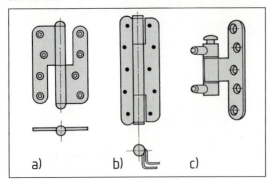

10.90   Aufschraubband
        a) gerader Lappen (A) für stumpfe Tür
        b) gekröpfter Lappen (D) für überfälzte Tür
        c) für Stahlzarge (DIN L u. R)

Türverschlüsse verschiedener Systeme und Drückergarnituren gibt es aus Stahl und Kunststoff.

Einsteckschlösser sind die Regel (**10**.91). Sie sind nach DIN 18251 genormt und werden für Rechts- und Linkstüren, gefälzte und ungefälzte sowie aufgedoppelte Türen verwendet. Für Feuer- und Strahlenschutztüren, Krankenhaus-, Hotel- und Notausgangstüren gibt es besondere Einsteckschlösser.

Beim Kauf und Einbau von Einsteckschlössern müssen wir das Dornmaß (Vorderkante Stulp bis Mitte Schlüsselloch) und die Entfernung kennen. In der Regel beträgt das Dornmaß 55 oder 60 mm. Unter Entfernung verstehen wir den Abstand zwischen Mitte Nuss und Mitte Schlüsselloch. Der Wechsel erlaubt eine Betätigung der Falle mit dem Schlüssel. Es gibt Buntbartschlösser, Zuhaltungsschlösser und Profileinsteckschlösser (s. Abschn. 8.1).

> Nach DIN 18251 haben Buntbartschlösser die Bezeichnung A1, Zuhaltungsschlösser A2 und Profilzylinder-Einsteckschlösser A3.
>
> Die wichtigsten Angaben eines Türschlosses sind das Dornmaß und „die Entfernung".

Schließbleche. Winkelschließbleche für Falztüren und Lappenschließbleche für stumpfe Türen nehmen die Falle und den Schließriegel des Türschlosses auf.

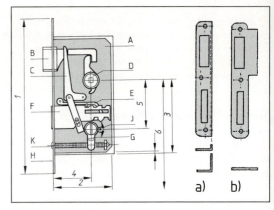

10.91   Einsteckschloss
        a) Winkel- und b) Lappenschließblech

A	Schlosskasten	1	Stulplänge
B	Falle	2	Kastenbreite
C	Wechsel	3	Kastenhöhe
D	Nuss mit quadrati-	4	Dornmaß
	schem Vierkantloch	5	Entfernung
E	Zuhaltung		Dorn – Nuss
F	Riegel	6	Drückerhöhe von
G	Schlüsselloch oder		OK Fußböden
	Zylinder-Ausführung		bis Mitte Drücker-
H	Stulp		maß = 1050 mm
I	Schlossbart		
K	Schlupschraube = Zylindersicherung		

Türdrückergarnituren. Hierzu gehören die beiden Drücker mit Stift- und Lochteil, die Lang- oder Kurzschilder und Drückerrosetten mit Schlüsselschildern. Die beiden Drücker aus Stahl oder Kunststoff werden durch einen Vierkantstift verbunden. Wechselgarnituren bestehen aus einem Drücker mit Schild und Rosette und einem nicht drehbaren Knopf. Beide verbindet ein Wechselstift. Durch einen besonderen Federhebel im Vierkantstift werden die Türdrücker bewegt. Dieser Federbolzen rastet nach dem Aufsetzen des Drückers ein (**10**.92 a, b).

Türdichtungen dienen dazu, Schließgeräusche zu dämpfen, die Wärme- und Schalldämmung zu verbessern und Zugluft zu verringern. Als Falzdichtung dienen Hohlkammerdichtungen, Lippendichtungen und Dichtungen in Aluminiumschienen. Die Profile sind hochelastisch und haben rechteckige oder profilierte Querschnitte. Für Bodendichtungen gibt es verschiedene Ausführungen. Neben Auflaufdichtungen finden wir Dichtungsautomaten, die beim Schließen absenken (**10**.93).

> Anschlag- und Bodendichtungen dämpfen Schließgeräusche, verbessern die Wärme- und Schalldämmung und verringern Zugluft.

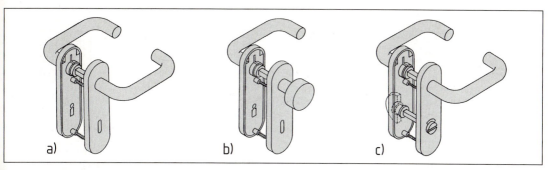

10.92 Drückergarnituren
a) Zimmertürgarnitur, b) Wohnungs- oder Haustür-Wechselgarnitur, c) Badezellen- oder Toilettengarnitur

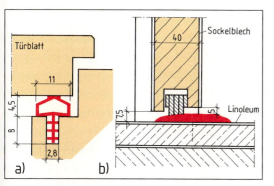

10.93 Türdichtungen
a) Falz- oder Anschlagdichtung (Hohlkammer)
b) Bodendichtung mit Dichtungsprofil in der Türunterkante

10.7.3 Außentüren

Für Außentüren bestehen gegenüber Innentüren zusätzliche Anforderungen. Wesentlich sind eine ansprechende, mit der Hausfassade abgestimmte Gestaltung, Einbruchsicherheit, Witterungsbeständigkeit, Wärme- und Schallschutz sowie Formbeständigkeit bei unterschiedlichen klimatischen Bedingungen.

Werkstoff. Außentüren bestehen aus Vollholz, Holzwerkstoffen, Metall oder Kunststoff. Bei der Holzauswahl und Ausführung sind DIN 68360 (Gütebedingungen für Holz) und DIN 18355 (Tischlerarbeiten) besonders zu beachten. Es eignen sich nur Hölzer mit großer Festigkeit, gutem Stehvermögen sowie Beständigkeit gegen Witterung und Holzschädlinge. Geeignete inländische Hölzer sind Kiefer, Lärche und Eiche; geeignete ausländische Hölzer sind Pitch Pine, Meranti, Sipo, Afromosia, Afzelia und Teak. Die Rahmenteile sollen stehende Jahresringe aufweisen. Die Holzfeuchtigkeit muss bei der Verarbeitung 11 bis 15 % betragen. Die Verleimung soll der Qualität D3 oder D4 (DIN 68602)

und bei Furniersperrholz AW 100 entsprechen. Außentüren sind durch chemischen Holzschutz und eine witterungsbeständige Oberflächenbehandlung (deckend oder nichtdeckend) ausreichend zu schützen. Dachüberstand und Nischen bieten zusätzlichen Witterungsschutz.

Die Türumrahmung bestehen aus Blend- oder Blockrahmen, selten aus einer Zarge. Eine in den Blendrahmen eingelassene Schiene (gerade oder winklig) bilden den unteren Türanschlag und trennt den Innen- vom Außenbereich. Die Rahmenecke wird geschlitzt, gestemmt oder gedübelt.

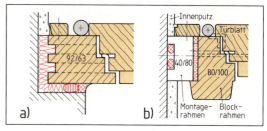

10.94 Türumrahmung für Außentüren
a) Blendrahmen mit Maueranschlag
b) Blockrahmen mit Montageholz ohne Maueranschlag

Konstruktion des Türblatts

Das Türblatt soll einen Doppelfalz erhalten. Der innere Falz hinter dem Aufschlag muss so breit sein, dass der Stulp des Türschlosses gut montiert werden kann (etwa 25 mm). Einbohrbänder erfordern mindestens 16 mm Blattaufschlag. Der Wetterschenkel auf der Außenseite des Türblatts dient dazu, abfließendes Wasser nach außen abzuleiten. Die obere Schräge beträgt 15 bis 20 Grad. Die Wasserabreißnut an der Unterseite muss ausreichend bemessen sein.

Rahmentür mit Füllung

Entsprechend ihrer Funktion und der Bedeutung für das Aussehen des Hauses werden Rahmentüren besonders sorgfältig gegliedert und durch Füllungsstäbe und Profile ansprechend gestaltet (**10.**95). Die Rahmendicke wird bestimmt durch die Füllungsart, den Platzbedarf für Dämmmaterial und dem Doppelfalz an der Türumrahmung. Die

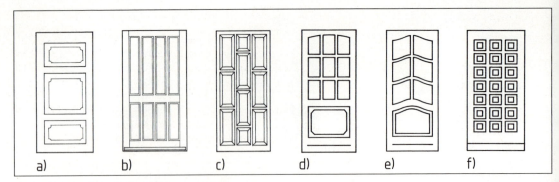

10.95   Gestaltung von Rahmentüren
a) bis c) Füllungsaufteilung, f) Kassettentür

Rahmendicke beträgt 55 bis 80 mm, bei der Rahmenbreite sollen 150 mm nicht überschritten werden, um Schwindrisse zu vermeiden. Da für die Fertigung meist Fensterwerkzeuge mitbenutzt werden, orientiert man sich an diesen Profilmaßen. Breitere Sockel müssen zweiteilig ausgeführt werden (**10.**96). Für Fenstertüren gelten die Profilmaße der DIN 68 121, die ab 140 mm Breite ein zweiteiliges unteres Querholz vorschreibt. Die Rahmenhölzer werden durch Zapfen oder Dübel verbunden. Für die Verleimung sind Klebstoffe der Beanspruchungsgruppe D 3 und D 4 zu verwenden.

Die Beschläge müssen auf die Rahmenquerschnitte abgestimmt werden.

Eine besondere Art der Ausführung ist die *Kassettentür*. Die Aufteilung in kleine Flächen hat neben der gestalterischen Wirkung vor allem konstruktive Bedeutung. Bei kleinformatigen Vollholzfüllungen vermeidet man starkes Schwinden und Rissbildung.

Ausführung und Befestigung der Füllung: Füllungen müssen sich im Rahmen frei bewegen können. Wenn sie der Witterung ausgesetzt sind, muss der Regen sofort ablaufen, denn durch Wassernester würde das Holz zerstört. Der Anschluss an das Rahmenholz ist so auszubilden, dass sich kein Wasser sammelt. An der Außenseite sind die Füllungen zu versiegeln. Bild **10.**97 zeigt unterschiedliche Möglichkeiten, die Füllung einzubauen.

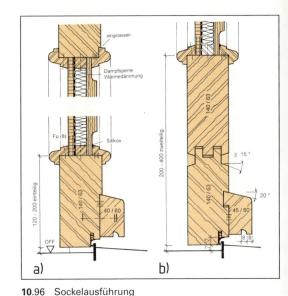

10.96   Sockelausführung
a) einteilig, Wetterschenkel eingefälzt, Querfries mit eingelassener Profilleiste
b) zweiteilig, Wetterschenkel in Gratnut eingelassen

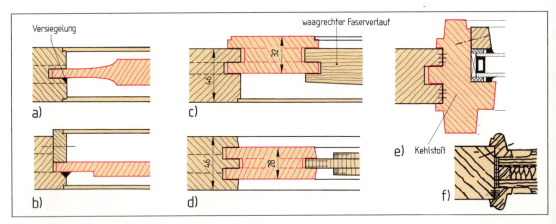

10.97   Ausführung der Füllung
a) eingenutet, b) eingelegt, c) Rahmen überschoben, d) Rahmen eingeschoben, e) Kehlstoß, f) beidseitig Profilleisten

Die **eingelegte Füllung** setzt man von der Innenseite ein. Sie kann aus Vollholz, Holzwerkstoffen oder Glas bestehen. Vollholzfüllungen sollen kleinformatig sein (und mit waagerechtem Faserverlauf eingebaut werden).

Die **überschobene Füllung** sitzt in einer umlaufenden Nut und muss beim Zusammenbau des Rahmens gleichzeitig mit eingesetzt werden. Ein späteres Auswechseln ist nicht möglich. Um die Hirnholzflächen zu schützen, ist auf einen waagerechten Faserverlauf zu achten. Eine weitere Ausführung ist der *Doppelrahmen*, der übergeschoben oder eingeschoben wird. Er muss vor dem Zusammenbau des Türrahmens verleimt werden.

Der **überschobene Kehlstoß** wird auf Gehrung geschnitten und mit eingeleimter Feder oder Dübel verbunden. Er eignet sich zur Aufnahme dicker Füllungen oder Isolierglas.

Die aufgedoppelte Tür

besteht aus dem tragenden Teil (Rahmen oder Holzwerkstoffplatte), der Außenschale (Bretter, Stäbe, Holzwerkstoffe) und einer Innenschale oder Füllung. Die Vorteile liegen in den gestalterischen Möglichkeiten, in der Dauerhaftigkeit und Formbeständigkeit sowie im hohen Wärme- und Schallschutz durch den mehrschaligen Aufbau.

Tragendes Teil. Verwendet man einen Rahmen als tragendes Konstruktionsteil, lässt sich in den Rahmenfeldern die Wärmedämmung einfügen. Eine Dampfsperre vermindert die Gefahr der Schwitzwasserbildung im Dämmmaterial (**10**.98 und **10**.99). Der Rahmen gewährleistet bei geringem Gewicht hohe Stabilität und Formbeständigkeit. Die Aufdopplung ist einfach zu befestigen, bei senkrechter Brettanordnung müssen Mittelfriese vorhanden sein. Die Rahmenecke wird gestemmt oder gedübelt. Die tragende Konstruktion kann auch aus einem Sperrtürblatt oder einer Holzwerkstoffplatte (z.B. Tischlerplatte) bestehen. Die Plattenkante erhält einen Umleimer. Eine aufgeleimte umlaufende Randleiste in der Türebene ermöglicht die Montage einer Dämmschicht (**10**.100).

Außenschale. Durch die unterschiedliche Anordnung der Bretter (z.B. waagerecht, senkrecht, strahlenförmig) oder eine Kombination von Brettern und Profilstäben ergeben sich viele gestalterische Möglichkeiten (**10**.98). Die Außenschale befestigt man sichtbar mit Ziernägeln oder Schrauben oder unsichtbar durch Klammern oder Nägel in der Brettnut.

Innenschale. Eine aufgedoppelte Innenschale aus Holzwerkstoffplatten oder Profilbrettern verdeckt den Rahmen. Soll die Rahmenkonstruktion sichtbar bleiben und die Türinnenseite harmonisch gegliedert werden, verwendet man eingelegte Füllungen aus Vollholz oder Holzwerkstoffen (**10**.101).

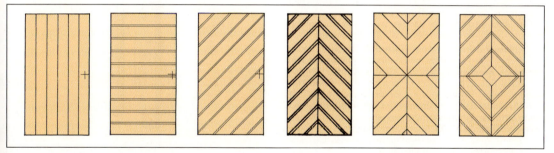

10.98 Gestaltung von aufgedoppelten Türen

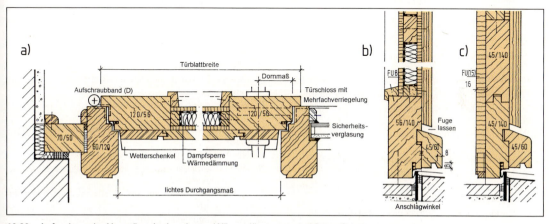

10.99 Aufgedoppelte Haustür mit eingelegter Wärmedämmung und Dampfsperre

    a) Horizontalschnitt: Aufdopplung aus vertikale verlaufenden gesundeten Brettern, fest verglastes Seitenteil. Montagerahmen als Wandanschluss

    b) Vertikalschnitt: Einteiliger Sockel (Querholz), Wetterschenkel schräg eingenutet

    c) Vertikalschnitt: Alternative Ausführung mit Innenschale aus Furniersperrholz, zweiteiligem Sockel, Wetterschenkel eingenutet.

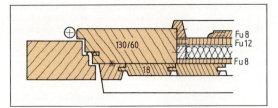

10.100   Vollholzrahmen mit einseitiger Aufdoppelung
außen: senkrechte Profilbretter, innen: Füllung

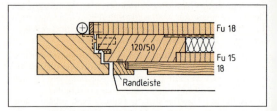

10.101   Vollholzrahmen mit beidseitiger Aufdoppelung
außen: waagerechte Profilbretter, innen: Fußsperr-
holz

Bei der glatten Tür wird die Wirkung der Türfläche und ihre
farbliche Gestaltung zum besonderen Ausdrucksmittel. Bei
einer Kompaktbauweise besteht das Türblatt aus einem
Holzwerkstoff (meist Stäbchenplatte, AW 100 verleimt). Bei
einer Rahmenbauweise beplankt man beide Seiten symmetrisch (in Materialart und Dicke) mit einer Holzwerkstoffplatte (meist Furniersperrholz, AW 100 verleimt).

Haustürbeschläge. Wegen des großen Gewichts der Tür-
blätter, der erhöhten Anforderungen und Belastungen (z. B.
Einbruchsicherheit, Winddruck) sind Beschläge für
Außentüren stabiler als für Innentüren.

Als **Bänder** verwendet man Einbohrbänder, Aufsatzbänder
(DIN L oder R) oder Kombibänder auch mit zusätzlichen
Tragzapfen. Leichte Türen erhalten zwei, schwere oder breite Türblätter erhalten drei Bänder, wobei die Entfernung
vom oberen zum mittleren Band ca. 300 mm beträgt.

Als **Schlösser** dienen schwere Einstecktürschlösser, meist
mit Wechsel (die Falle kann mit Schlüssel betätigt werden)
und einer Aussparung für den Schließzylinder (Profil-,
Oval- oder Rundzylinder). Zur Einbruchsicherheit sind Tür-
schilder oder Rosetten von innen verschraubt; der
Schließzylinder darf nicht überstehen. Für Außentüren mit
einem erhöhten Einbruchschutz verwendet man einen ver-
längerten Türstulp mit Mehrfachverriegelung (Riegel oder
Rollzapfen) und Sicherheitsschließbleche (**10**.102). Für
erhöhte Anforderungen können die Schließbleche zusätzlich mit Schwerlastdübeln im Beton oder Mauerwerk befestigt werden. Gegen das Aushebeln der Tür auf der Band-

seite montiert man Hintergreifhaken in Höhe der Bänder.

Bei einbruchhemmenden Türen unterscheidet DIN 18054
die Widerstandsklassen ET 1, ET 2 und ET 3. Auswirkung
auf die Sicherheit haben Werkstoffart und -dicke, Verglasung, Beschlag, Falzausbildung, Anschluss an Baukörper.

Beim **Einbau** der Außentür sind die Regeln für den Fenster-
einbau sinngemäß anzuwenden. Der Meterriss dient dabei
als Bezugshöhe. Auf das Einhalten der vorgeschriebenen
Band- und Drückerhöhen ist zu achten.

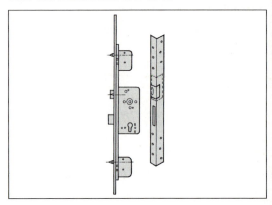

10.102   Sicherheitsschloss mit Mehrfachverriegelung,
Sicherheitsschließblech

1. Nach welchen Gesichtspunkten unterscheiden wir
   Türen?
2. Erklären Sie die Begriffe Rechts- und Linkstür!
3. Nennen Sie die 4 Bauarten von Türumrahmungen!
4. Wodurch unterscheiden sich Blendrahmen von Blockrahmen?
5. Wie werden Türumrahmungen an der Mauerleibung
   befestigt?
6. Erläutern Sie den Futterrahmen mit Bekleidung!
7. Welche Vorteile haben Türzargen aus Stahl?
8. Wie muss die Strebe an Latten und Brettertüren angeordnet werden?
9. Beschreiben Sie den Aufbau einer Sperrtür!
10. Aus welchen Materialien kann die Einlage bestehen?
11. Welche Möglichkeiten der Eckverbindung gibt es für die
    Rahmentür?
12. Warum soll eine gedübelte Rahmentür einen Nutzapfen
    oder ein Konterprofil haben?

13. Wovon leiten sich die Normgrößen der Türblätter ab?
14. Warum müssen Pendeltüren Glasfüllungen haben?
15. Welche Laufkonstruktion hat eine Schiebetür?
16. Nennen Sie die Unterschiede zwischen einer Harmoni-
    katür und einer Falttür.
17. Was bedeuten die Abkürzungen FH und FB bei Feuer-
    schutztüren?
18. Wie sind schall- und wärmedämmende Türen aufge-
    baut?
19. Nennen Sie die gebräuchlichsten Türbeschläge.
20. Welche Angaben müssen beim Kauf eines Schlosses
    gemacht werden?
21. Was versteht man unter dem Dornmaß, was unter der
    Entfernung?
22. Aus welchen Teilen besteht eine Drückergarnitur?
23. Beschreiben Sie den Aufbau einer aufgedoppelten Tür!
24. Wie können Füllungen einer Rahmentür ausgeführt
    werden?
25. Wodurch lässt sich die Einbruchsicherheit bei einer
    Außentür erhöhen?

10.8 Fenster

Nach 1945 begann für den Fensterbau eine neue Entwicklung. Die Fensterflächen wurden größer, neue Konstruktionen, Beschläge und Werkstoffe brachten Veränderungen und ermöglichten technisch bessere Lösungen. Die bauphysikalischen Vorgänge wurden exakt erforscht und fanden Eingang in konstruktive Vorschriften und technische Richtlinien. Der Fortschritt in der Maschinen- und Werkzeugtechnik rationalisierte die Fertigung.

Welche Aufgaben muss ein modernes Fenster übernehmen? Welche Bauarten unterscheiden wir? Was ist bei der Konstruktion zu beachten?

10.103   Fenster als Gestaltungsmittel einer Hausfassade

10.8.1 Aufgaben und Anforderungen

Fenster lassen nicht nur das Tageslicht ein, sondern schützen auch vor Wärmeverlust, Straßenlärm und Witterung. Sie dienen zum Lüften und gewähren uns Aussicht auf die Umwelt. Fenster beeinflussen auch wesentlich die Hausfassade, gliedern die Flächen und lockern die Baumasse auf (**10**.103).

Architektonisches Gestaltungsmittel. Fenster müssen zur Fassade des Gebäudes passen. Anordnung, Größe und Gliederung sind wesentliche Gestaltungsmittel und prägen das Fassadenbild. Großflächige Fenster lassen ein Haus einladender und offen erscheinen. Fensterunterteilungen durch Pfosten, Kämpfer und Sprossen beleben das Aussehen und lockern die Fassade auf. Auf das Fenster als wesentliches Stilmerkmal haben wir im Abschn. 8.3 hingewiesen (z. B. Spitzbogenfenster der Gotik, Fenstergliederung der Renaissance).

Raumbelichtung. Aufenthaltsräume müssen durch Fensterflächen ausreichend mit Tageslicht versorgt werden. Der Lichteinfall wirkt sich auf die Raumqualität aus. Die Raumnutzung ist maßgebend für die Anforderung an die Belichtung. Die Belichtung des Raumes hängt ab von:

– Fenstergröße,
– dem Anteil der Glasfläche,
– Lage des Fensters nach Himmelsrichtung und in der Wand (oben oder unten),
– Art der Verglasung.

Die Lüftung soll schnell und zugleich zugfrei sein, damit nur wenig Wärme verloren geht und das Wohlbefinden des Menschen nicht beeinträchtigt wird. Sie ist nicht nur nötig um Frischluft und Sauerstoff zuzuführen, sondern auch um die Raumfeuchte sowie Geruchs- und Schadstoffe abzuführen. Während bei einer Stoßlüftung der Luftaustausch in kurzer Zeit erfolgt und die Raumwände nicht abkühlen, entstehen bei einer Dauerlüftung leicht Zugerscheinungen und in der Heizperiode ein erhöhter Wärmebedarf. Die Öffnungsart der Fenster hat Auswirkungen auf den Lüftungsgrad.

Der Wärmeschutz hat heute gestiegene Bedeutung. Man versteht darunter alle Maßnahmen, die den Wärmedurchgang zwischen Bereichen unterschiedlicher Temperatur wirksam einschränken. Beispielsweise geht durch ein einfach verglastes Holzfenster rund fünfmal mehr Wärme verloren als durch ein 36,5 cm dickes Mauerwerk aus Lochziegel. An der Glas- und Rahmenfläche sowie an den Fugen des Fensters kommt es bei einem Temperaturunterschied zwischen innen und außen zu einem Wärmeaustausch. Der Wärmeverlust hängt ab von:

– der Bauart des Fensters,
– der Verglasungsart,
– dem Rahmenmaterial,
– der Dichtigkeit der Fälze und Fugen.

In der DIN 4108 und der Wärmeschutzverordnung von 1995 sind Mindestanforderungen für den Wärmeschutz festgelegt. Angegeben wird der Wärmeverlust durch den Wärmedurchgangskoeffizienten k (k-Wert).

> Zur Beurteilung der Wärmedämmeigenschaften eines Fensters dient der k-Wert. Je kleiner der k-Wert, desto geringer ist der Wärmeverlust.

Abschn. 6.4.2 weist auf den Zusammenhang zwischen Verglasungsart und Wärmedämmung hin.

Während mit herkömmlichem Zweischeibenisolierglas ein K-Wert von 2,8 erreicht wird, lässt sich durch Wärmeschutzglas mit Edelgasfüllung und wärmereflektierende Edelmetallbeschichtung an der Scheibeninnenseite ein K-Wert von 0,6 erzielen. Wärmeverlust entsteht außerdem durch den Wärmedurchgang an Fugen und am Fensterrahmen. DIN 4108 unterscheidet bei dem Rahmenmaterial drei Gruppen (s. Tab. unten).

Da k-Werte von Verglasung und Rahmenmaterial unterschiedlich sind, ist zur Beurteilung das gesamte Fensterelement zu betrachten.

K-Werte		k-Wert in W/m² · K
EV	(4)	5,8
IV	(4 + 12 LZ + 4)	2,8
Wärmeschutzglas mit 2 Scheiben, Edelgasfüllung und Reflexionsschicht		1,3
Wärmeschutzglas mit 3 Scheiben		2,1
Wärmeschutzglas mit 3 Scheiben, Edelgasfüllung und Reflexionsschicht		0,6
Gruppe	Rahmenmaterial	k-Werte in W/m²K
1	Holz/Kunststoff	2,0
2	Aluminium, wärmegedämmt	2,0 bis 4,5
3	Stahl und Aluminium ohne bes. Nachweis	≤ 4,5

Nach der neuen *Wärmeschutzverordnung* WSVO III (gültig seit 1.1.95) darf bei Sanierungsmaßnahmen ein k-Wert von 1,8 W/m nicht überschritten werden. Für Neubauten muss der Jahresheizwärmebedarf ermittelt werden, der je nach Gebäudegeometrie 54 bis 100 KWh pro m² Wohnfläche nicht überschreiten darf. In einem Bilanzierungsverfahren berücksichtigt man alle Bauteile und auch Wärmegewinne (z. B. durch Sonneneinstrahlung).

Der Schallschutz gewinnt mit dem zunehmenden Außenlärmpegel (z. B. Verkehrs- und Fluglärm) und den gestiegenen Ansprüchen immer mehr an Bedeutung. Unter Schallschutz verstehen wir Maßnahmen zur Verminderung der Schallübertragung von außen nach innen. (In Wohngebieten darf auch kein Gewerbelärm von innen nach außen dringen). Die Schalldämmung ist die Differenz zwischen Außen- und Innenschallpegel, gemessen in dB (Dezibel). DIN 4109 legt Mindestanforderungen fest (s. Abschn. 10.2.5).

Die erforderliche Luftschalldämmung richtet sich nach der Gebäudenutzung, dem Schallpegel außerhalb des Gebäudes und dem zulässigen Schallpegel innerhalb eines Raumes. Für den Nachweis der geforderten Schalldämmung gibt es zwei Möglichkeiten.

Auswahl einer geeigneten Konstruktion: Um die Mindestanforderungen zu erfüllen, muss eine geeignete Fensterkonstruktion gewählt werden. Zur schalltechnischen Beurteilung eines Fensters enthält die DIN 4109 Ausführungsbeispiele mit bewerteten Schalldämmaßen (25 bis 47 dB). Eignungsprüfung: Die Auswahl kann außerdem aufgrund einer Fensterprüfung erfolgen (im Labor oder durch Messung am Bauwerk). Im Wesentlichen hängt die Schalldämmung eines Fensters ab von:

– der Konstruktion des Fensters,
– dem Material und der Abmessung der Rahmenhölzer,
– der Anzahl der Fälze und Dichtungen,
– der Verglasungsart (mehrere Scheiben, unterschiedlicher Dicken), Randeinspannung
– den Wandanschlüssen und der Fugendichtigkeit.

In der Praxis verwendet man meistens zur Beschreibung der schalltechnischen Anforderungen an Fenster die Schallschutzklassen 1 bis 6 mit Abstufungen von jeweils 5 dB (VDI-Richtlinie 2719, Ausg. 1987).

Schallschutzklasse	Schalldämmung in dB
1	25 bis 29
2	30 bis 34
3	35 bis 39
4	40 bis 44
5	45 bis 49
6	50 und mehr

Windbelastung. Fenster müssen die auftretenden Windkräfte aufnehmen und an den Baukörper abgeben. Dabei dürfen sich die Rahmenhölzer nicht mehr als 1/300 der Öffnungshöhe bzw. -breite durchbiegen. Die Windbelastung hat Auswirkung auf die Glasdicken (s. Glasdickendiagramm).

Schlagregensicherheit (DIN 18055). Bei Schlagregen wirken Wind und Regen gleichzeitig auf das Fenster ein. Sturmböen peitschen den Regen mit 100 km/h und mehr gegen die Außenwände freistehender Gebäude! Ein Fenster im 20. Stockwerk eines Hochhauses (also in etwa 50 m Höhe) muss einen Winddruck von etwa 100 daN/m² (1 KN/m²) aushalten. Bei diesen Windlasten biegt sich der Fensterflügel durch, so dass der Regen bei konstruktiven Mängeln durch die Rahmenfälze eindringen kann (**10.104**). Tabelle **10.**105 zeigt die Abhängigkeit des Winddrucks von der Gebäudehöhe. Das Fenster setzt dem Eindringen des Regenwassers einen Widerstand entgegen, den man als Schlagregensicherheit bezeichnet. Um sie zu gewährleisten, sind die Rahmenquerschnitte richtig zu dimensionieren (s. Abschn. 10.8.5), genügend Verschlusspunkte und ausreichende Falzdichtungen vorzusehen. Wichtig sind außerdem eine räumliche Trennung von Regen- und Winddichtung sowie ein umlaufender Spalt zum Druckausgleich.

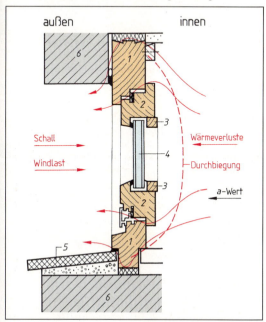

10.104   Beanspruchung des Fensters

1 Blendrahmen   4 Isolierverglasung
2 Flügelrahmen   5 Fensterbank außen
3 Glasleiste   6 Mauer

Tabelle **10.**105   Windbeanspruchung bei normaler Gebäudelage (Regelfall)

Beanspruchungsgruppe [1])	A	B	C	D
Gebäudehöhe in m	bis 8	bis 20	bis 100	Sonder-
Prüfdruck in Pa (N/m²)	bis 150	bis 300	bis 600	regelung
Windstärke [2])	bis 7	bis 9	bis 11	

[1]) im Leistungsverzeichnis anzugeben
[2]) nach Beaufort-Skala

Fugendurchlässigkeit (DIN 18055). Ein Fenster besteht aus beweglichen Flügelrahmen mit Verglasung und feststehendem Blendrahmen. Das geschlossene Fenster muss so dicht sein, dass zwar ein geringer Luftwechsel stattfinden kann (keine Schwitzwasserbildung), jedoch möglichst wenig Wärme verloren geht, keine Zugluft entsteht und Schlagregen nicht eindringt. Den Luftaustausch zwischen den Fugen des Flügels und Blendrahmens nennt man Fugendurchlässigkeit und misst ihn mit dem *Fugendurchlasskoeffizienten*, dem *a*-Wert (**10**.106). Die Prüfung erfolgt nach DIN EN 42.

Tabelle **10**.106 Beanspruchungsgruppen nach DIN 18055 Maximale *a*-Werte für Fenster und Fenstertüren

Beanspru-chungsgruppe	A	B	C	D
Gebäude-höhe in m	bis 8	bis 20	bis 100	Sonder-regelung
a-Wert m³/mh	2,0	1,0	1,0	

Der *a*-Wert (Fugendurchlasskoeffizient) ist die Luftmenge in m³, die in 1 Stunde durch eine 1 m lange Fuge zwischen Flügel- und Blendrahmen, bei einem Luftdruckunterschied von 10 N/m² hindurchtritt. Je kleiner der *a*-Wert, desto weniger Wärme geht verloren.

Der erforderliche *a*-Wert ergibt sich aus der jeweiligen Beanspruchungsgruppe nach DIN 18055. Sie unterscheidet (in Abhängigkeit von der Einbauhöhe) 4 Beanspruchungsgruppen. Diese haben Auswirkung auf die Anforderung an Fugendurchlässigkeit sowie Schlagregensicherheit und damit auf Rahmenquerschnitte, Verschlusspunkte, Falzdichtung und Verglasung.

Fensterprüfung. Die Güte eines fertig verglasten Fensters kann man auf dem Prüfstand kontrollieren. Durch Simulieren unterschiedlicher Witterungsbedingungen lassen sich Schlagregensicherheit, Fugendurchlässigkeit, Schallschutz und Wärmeschutz ermitteln. Bei der Prüfung auf Schlagregensicherheit erzeugt man an der Fensteraußenseite, entsprechend der Beanspruchungsgruppe, künstlichen Winddruck, bei gleichzeitigem Regen. Die Schlagregensicherheit gilt als erfüllt, wenn bei gleich bleibendem Prüfdruck und Beregnung während der Prüfzeit kein Wasser durch die Fälze dringt. Bei der Prüfung der Fugendurchlässigkeit wird der Prüfdruck von 10 Pa in der Prüfzeit konstant gehalten. Die über die Fälze entweichende Luft wird durch einen Strömungsmesser ermittelt.

Einbruchsicherheit. Erhöhte Sicherheitsanforderungen haben Auswirkungen auf die Fensterkonstruktion. Einbruchhemmende Verglasung und Beschläge (abschließbare Griffe, Mehrfachverriegelung) verringern die Gefahr des gewaltsamen Eindringens und des Diebstahls.

DIN 52290 unterscheidet bei der Verglasung:

– Durchwurfhemmende Verglasung Widerstandsklasse A (A 1 bis A 3)
– Durchbruchhemmende Verglasung Widerstandsklasse B (B 1 bis B 3)
– Durchschusshemmende Verglasung Widerstandsklasse C (C 1 bis C 5)

Innerhalb der Widerstandsklassen wird nach Anforderungen differenziert.

DIN V 18054 enthält Anforderungen und Konstruktionsmerkmale für einbruchhemmende Fensterkonstruktionen. Entsprechend der Wirkung unterscheidet man die Klassen EF 0 bis EF 3. Einfluss haben: Verglasung, Rahmenabmessung und -material, Beschläge, Falzausbildung, Anschluss am Baukörper.

Aufgaben und Anforderungen an Fenster

– Raumbelichtung, Sichtkontakt,
– Bautengliederung
– Wärme- und Schallschutz, Lüftung
– Schlagregensicherheit, Fugendichtheit,
– Einbruchsicherheit.

10.8.2 Bezeichnungen am Fenster

Fenster bestehen in der Regel aus dem am Bauwerk befestigten Blendrahmen und einem oder mehreren Flügelrahmen.

Der Blendrahmen kann durch Pfosten oder Riegel unterteilt werden (**10**.107). Er trägt die beweglich angebrachten Flügelrahmen mit den Glasscheiben, dient der Befestigung und überträgt die auftretenden Kräfte (z. B. Winddruck, Flügelgewicht).

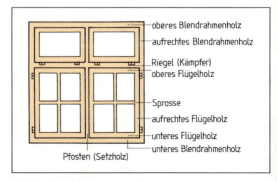

10.107   Bezeichnungen am Fenster

10.108   Eckausbildung am Blend- und Flügelrahmen eines
Einfensters

auf das Gebäude. Die Anschlussfuge zur Wand
muss gut gegen Regen und Wind abgedichtet,
aber auch elastisch sein, um Bewegungen und
Erschütterungen aufnehmen zu können. Das Fenster kann ohne Maueranschlag oder mit einem
Anschlag an der Innen- oder Außenseite eingebaut
werden.

Der Blendrahmen besteht aus den aufrechten, den
oberen und unteren Blendrahmenhölzern mit
Schlitz und Zapfen als Verbindung. Oberes und
unteres Blendrahmenholz erhalten den Schlitz, die
aufrechten Hölzer den Zapfen (**10**.108).

Der Flügelrahmen ist der mit dem Blendrahmen
beweglich verbundene Teil des Fensters. Er ist
meist zu öffnen und besteht aus den aufrechten,
dem oberen und unteren (Wetterschenkel) Flügelholz (**10**.107). Wir unterscheiden für die Fenster-
unterteilung Sprossen, Pfosten und Riegel.

– Sprossen sind Profilleisten zum Unterteilen des Flügel-
rahmens in horizontaler oder vertikaler Richtung. Sich
kreuzende Sprossen heißen Kreuzsprossen.
– Pfosten oder Setzhölzer unterteilen ein mehrteiliges
Fenster in der Breite. Sie stabilisieren das Element und
können zur Flügelbefestigung dienen.
– Riegel bzw. Kämpfer unterteilen das Fenster in der Höhe.
Sie stabilisieren den Blendrahmen und ermöglichen den
Einbau von Flügeln im oberen Bereich (Oberlicht) oder
unten liegende Kippflügel. Pfosten und Riegel wirken als
aussteifendes Element gegen Windlasten.

10.8.3 Fensterarten

Nach der Bauart unterscheiden wir Einfachfenster,
Verbundfenster und Kastenfenster (**10**.109).

Einfachfenster bestehen aus dem Blendrahmen
und einem oder mehreren nebeneinander angeordneten Flügeln. Sie können mit Einfach- oder Isolierverglasung ausgeführt werden.

Bei Einfachverglasung (Kurzzeichen: EV) liegt nur eine
Scheibe im Kittfalz des Fensterflügels. Einfachverglaste
Fenster dämmen Schall und Wärme schlecht und beschlagen leicht. Sie sind nur noch für untergeordnete unbe-
wohnte Räume zulässig (z. B. Keller, Abstell- und Dachräu-
me).

Bei Isolierverglasung (Kurzzeichen: IV) ist der Flügel mit
einem Element aus zwei oder mehreren Scheiben verglast
(**10**.109). Die trockene Luft oder Edelgasfüllung zwischen
den Scheiben wirkt wärmedämmend. Die Isolierverglas-
sung erfordert einen entsprechend großen Glasfalz und ist
von der Rauminnenseite her verleistet. Die Mindestaufla-
gebreite dieser Leisten beträgt bei einer Befestigung durch
Schrauben 12 mm und bei Nägeln oder Klammern 14 mm.
Das Flügelrahmenprofil ist dicker als bei der Einfachverglasung und hat Doppelfalz an der Blendrahmenseite.

Tabelle **10**.109   Fensterarten

Unterscheidung	Fenster				
Lage	Außen-, Innen-, Dachflächenfenster				
Funktion	Fenster mit Festverglasung oder mit Flügeln, Fenstertüren				
Bauart	Einfachfenster, Verbundfenster, Kastenfenster				
Verglasungsart	Einfach-, Doppel- oder Isolierverglasung				
Anschlag des Flügels	Drehflügel nach innen	Drehflügel nach außen	Kippflügel	Klappflügel	Wendeflügel
	Hebedrehflügel	Schwingflügel	Schiebeflügel vertikal	Hebeschiebeflügel	
Werkstoff	Holz-, Kunststoff-, Aluminium-, Stahlfenster und Kombinationen				

Beispiel   Holzfenster DIN 68 121   IV   63   –   78   –   1
        Isolierverglasung ⏋
        Profildicke
        Profilbreite
        Anzahl der Falzdichtungen

Beim Verbundfenster liegen zwei einfachverglaste Flügelrahmen hintereinander (**10**.110). Wegen der zwei Glasebenen spricht man von einer *Doppelverglasung* (Kurzzeichen: DV). Der Außenflügel ist mit 1 mm Abstand so angeordnet, dass eine Luftzirkulation möglich wird, um Tauwasserbildung und Beschlagen weitgehend zu verhindern. Außen- und Innenflügel sind durch einen Beschlag miteinander verbunden (gekoppelt) und haben einen gemeinsamen Drehpunkt. Die Flügelrahmen liegen in einem Doppelfalz des breiten Blendrahmens. Beide Flügel haben gewöhnlich Einfachverglasung. Wenn der innere Flügel zur besseren Wärmedämmung isolierverglast wird, vergrößern sich die Profilabmessungen. Verbundfenster haben

eine gute Wärme- und Schalldämmung, die sich durch eine dickere Verglasung des Außenflügels noch verbessern lässt. Nachteilig sind der hohe Material- und Arbeitsaufwand.

Beispiel   Holzfenster DIN 68 121   DV 32 / 44 – 51 / 78 – 1
        Doppelverglasung
        Profildicke (Außen-/Innenflügel)
        Profilbreite (Außen-/Innenflügel)
        Anzahl der Falzdichtungen

Beim Kastenfenster sind äußerer und innerer Blendrahmen durch ein Kastenfutter miteinander verbunden (**10**.112). Außen- und Innenflügel haben eigene Drehachsen und i. R. Einfachglas. Die Schalldämmung des Fensters ist sehr gut, die Wärmedämmung wegen des großen Scheibenabstands (Luftzirkulation) geringer als beim Verbundfenster, lässt sich aber durch Isolierverglasung des Außenflügels verbessern. Nachteilig sind auch hier

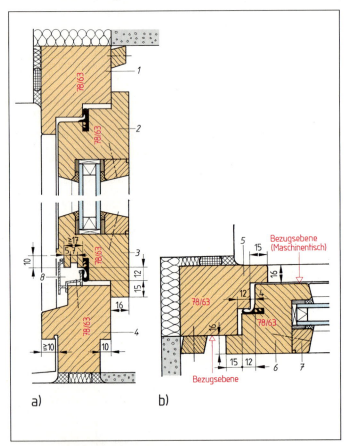

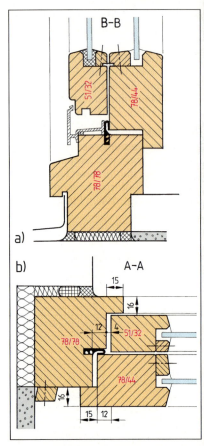

10.110 Einfachfenster mit Isolierverglasung

  1 oberes Blendrahmenholz   *5* aufrechtes Blendrahmenholz
  2 oberes Flügelholz   *6* Aufrechtes Flügelholz
  3 unteres Flügelholz   *7* Glashalteleiste
  4 unteres Blendrahmenholz   *8* Regenschutzschiene

10.111 Verbundfenster DV 32/44 mit Doppelverglasung

der hohe Material- und Arbeitsaufwand. Der Zwischenraum zwischen Außen- und Innenflügel muss ausreichend Platz für die Olive des Außenflügels bieten (55 bis 60 mm). Puffer am Außenflügel verhindern das Gegeneinanderschlagen der Flügel.

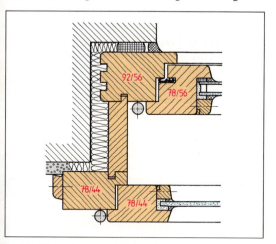

10.112 Kastenfenster mit Doppelverglasung

10.8.4 Profilquerschnitte und Konstruktionsmaße für Holzfenster

Gestiegene Anforderungen und Rationalisierungen fanden Eingang in Normen und technische Richtlinien für den Fensterbau. Man vereinheitlichte Maße, Abmessungen und Profile. Die Norm zeigt als verbindliches Regelwerk die konstruktiv richtige Lösung auf und sichert die Gebrauchstauglichkeit. So legt DIN 68121-1 die Profilquerschnitte für Dreh-, Drehkipp- und Kippfenster (-türen) in Abhängigkeit von der Beanspruchungsgruppe und Flügelabmessung fest (**10**.113). Der Teil 2 der Norm enthält Grundsätze zur Konstruktion.

Werkzeuge, Beschläge und Schnittholzmaße sind auf die Norm abgestellt. Die Normmaße sind

Nennabmessungen und gelten für eine Holzfeuchtigkeit von 11 bis 15 %, bezogen auf das Darrgewicht. Als Bezugsebene für den Flügelrahmen dient beim Fälzen die äußere Seite des Profils, beim Blendrahmen dagegen die innere.

Profilabmessungen für Holzfenster. Um den unterschiedlichen technischen Anforderungen zu genügen, müssen Mindestabmessungen eingehalten werden. Den einzelnen genormten Profilabschnitten sind Diagramme zugeordnet (DIN 68121-1). Sie gelten sowohl für Fenster als auch Fenstertüren. Bei Dreh- und Drehkippfenstern (-türen) sind die Flügelbreiten durch die Beanspruchungsgruppen A, B und C nach DIN 18055 begrenzt. Aus dem Größendiagramm sind erforderliche Zusatzverriegelungen zu entnehmen (**10**.114).

Erforderliche Zusatzverriegelung für Dreh- und Drehkippflügel

in der Höhe:	ab 1100 mm	1
	ab 2000 mm	2
in der Breite:	ab 1100 mm Breite	1
	ab 2000 mm	2

Vorgehen bei der Wahl der Profil- und Konstruktionsmaße

– Ermitteln der Beanspruchungsgruppe,
– Festlegen der Profilmaße und Anzahl der Verschlusspunkte unter Berücksichtigung der Beanspruchungsgruppe, Öffnungsart (Dreh-, Drehkipp-, Kippflügel) und Flügelabmessungen.

Beispiel Ein Drehkippfenster mit der Flügelgröße 1300 mm Breite und 1600 mm Höhe soll in einem 18 m hohen Gebäude eingebaut werden. (Bis 20 m Gebäudehöhe gilt Beanspruchungsgruppe B.)

Lösung Nach dem Größendiagramm für den Querschnitt IV 63 kann das Fenster mit diesem Profil ausgeführt werden. Wegen der Flügelmaße ist eine Zusatzverriegelung in der Breite und in der Höhe erforderlich (**10**.114).

Tabelle **10**.113 Normfensterprofile für Holzfenster nach DIN 68121
(Die Angaben in Klammern sind nicht zu unterschreitende Mindestmaße.)

Einfachfenster mit Isolierverglasung (IV)				
Profilbezeichnung	IV 56	IV 63	IV 68	IV 78	IV 92
Dicke des Flügel- und Blendrahmens	56(55)	63(62)	68(66)	78(76)	92(90)
Breite des Flügel- und Blendrahmens	78, 92	78, 92	78, 92	78, 92	92
Verbundfenster mit Doppelverglasung (DV)				
Profilbezeichnung	DV 32/44	DV 36/56	DV 44/44		
Dicke in mm					
– Außenflügel	32(30)	36(34)	44(42)		
– Innenflügel	44(42)	56(54)	44(42)		
Breite in mm					
– Außenflügel	51, 65*	51, 65*	51, 65*		
– Innenflügel	78, 92*	78, 92*	78, 92* *Fenstertüren		

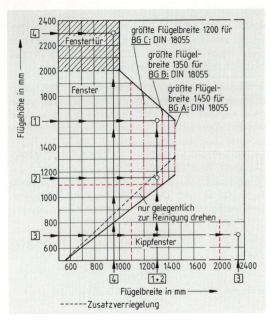

10.114 Diagramm zum Ermitteln der Flügelmaße und Anwendungsbereiche bei Holzfenstern IV 63-78-1 (DIN 68121)

Überprüfen Sie den Lösungsweg an weiteren Beispielen.

Benennung	Flügelbreite	BG	Zusatzverriegelung in der	
Pos.	Flügelhöhe		Breite	Höhe
2 Drehkipp	1300/1150	B		1
3 Kippfenster	2200/700	B	2	
4 Fenstertür	950/2300	C		2

Fragen:
– Können die Pos. 2 und 3, BG B und die Pos. 4, BG C mit IV 63-78 ausgeführt werden?
– Welche Zusatzverriegelungen in der Höhe und Breite sind für die drei Positionen erforderlich?

Ergebnis:
Die Elemente können ausgeführt werden, die notwendigen Zusatzverriegelungen enthält die Tabelle.

Den Zusammenhang zwischen Flügelabmessung und Belastung der Beschläge zeigt Bild **10**.115. Bei flach liegenden Fensterformaten kann das obere Band die auftretenden großen Zugkräfte nicht mehr aufnehmen. Möglich ist nur noch eine Ausführung als Kippfenster (**10**.114, unterer Bereich). Im Größendiagramm wird deshalb die zulässige maximale Flügelbreite für Dreh- und Drehkippfenster festgelegt.

Konstruktionsgrundsätze und -maße. Um Material- und Funktionsschäden an Holzfenstern zu vermeiden, enthält die DIN 68 121 - 2 Ausführungsgrundsätze.

Wasserabreißnut und Falzdichtung. Am unteren Flügelholz ist eine mindestens 7 mm breite und 5 mm tiefe Wasserabreißnut vorzusehen. Die Wange soll eine Mindesttiefe von 5 mm haben. Um das Eindringen von Schlagregen zu erschweren, soll die Trennung zwischen Regen- und Windsperre mindestens 17 mm betragen. Wegen der geringen Profildicke ist das IV 56 davon ausgenommen (**10**.116).

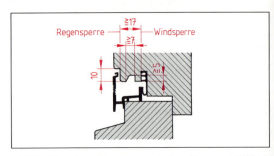

10.116 Räumliche Trennung zwischen Regen- und Windsperre, Ausführung der Wasserabreißnut

Wasserabführung. Der Flügel soll außen nicht dicht am Blendrahmen anliegen, damit eine Belüftung des Falzraumes möglich ist. Der auch an der Regenschutzschiene vorhandene Lüftungsspalt dient außerdem dem Druckausgleich zwischen Außenklima und Falzbereich. Auch bei starker Windbelastung soll das Regenwasser in der Sammelkammer der Regenschiene abfließen können.

Zum Schutz des Blendrahmens ist die Wetterschutzschiene seitlich mit einer Endkappe oder durch elastischen Dichtstoff abzudichten (**10**.117).

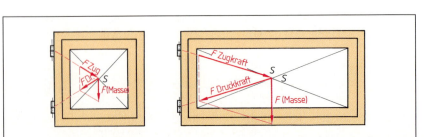

10.115
Auswirkung der Flügelabmessung auf die Bänderbelastung

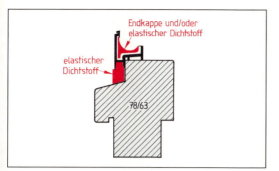

10.117   Abdichten der Wetterschutzschienen zum Blendrahmen

Die Befestigung kann mit Schrauben an der Innenseite oder Klemmverbindungen (Tannenzapfen) erfolgen. Die unteren Querstücke von Flügel- und Blendrahmen müssen an der Außenseite wenigstens 15° Ablaufneigung haben. Alle der Witterung ausgesetzten Kanten sind mit einem Radius von mindestens 2 mm zu runden. Ausgenommen ist die Wasserabreißnut.

Der Innen- und Außenfalz des Flügels soll 15, der Mittelfalz 12 mm sein. Die Falzluft von 4 mm kann auf 11 mm, zur Aufnahme von verdeckter Schere und Schließplatten, vergrößert werden (Eurofalz). Eine zusätzliche Nut (Euronut) erleichtert die Montage der Schließplatten (**10**.118).

Falzdichtungen. Anzahl und Ausführung der Dichtungen haben besonderen Einfluss auf die Fugendurchlässigkeit und Schlagregensicherheit. Während die Beanspruchungsgruppe A keine Dichtung erfordert, sind für B und C Dichtungen vorgeschrieben. Die aus elastomeren Kunststoffen (meist Kunstkautschuk) hergestellten Dichtungen werden als Lippendichtungen oder Quetschdichtungen (großes Rückstellvermögen) am Flügel oder Blendrahmen befestigt. Sie müssen in einer Ebene, mindestens 17 mm hinter der Regensperre liegen und umlaufend so ausgeführt werden, dass eine Entwässerung in die Regenschiene möglich ist. Die Ecken sind dauerhaft zu verschweißen oder zu verkleben. Die Dichtungen sollen weich federnd, alterungsbeständig und leicht auswechselbar sein (**10**.116).

Eckverbindungen für Holzfenster. Die Fensterverbindungen müssen den hohen Beanspruchungen standhalten, dauerhaft dicht sein und dürfen die Formstabilität nicht beeinträchtigen. Häufigste Verbindung ist Schlitz und Zapfen. Bei IV-Fenstern sind grundsätzlich wegen der erforderlichen Holzdicke Doppelzapfen notwendig. Wegen des Schwind- und Quellverhaltens des Holzes sollen Schlitz- und Zapfenmaß 15 mm nicht überschreiten. Die Rahmenteile werden beim Verleimen zusätzlich mit Sternnägeln (Leichtmetallstiften) oder Klammern verbunden.

In der industriellen Fensterfertigung verwendet man immer häufiger Keilzinken auf Gehrung für die Rahmeneckverbindung. Alle Eckverbindungen lassen sich mit dem gleichen Werkzeug rationell und holzsparend herstellen, Innenecken müssen jedoch verspachtelt werden. Durch Präzision und Passgenauigkeit der Anschlussfuge erreicht man eine hohe Festigkeit. Der geringe Hirnholzanteil an den Ecken erschwert das Eindringen von Feuchtigkeit. Für den Anschluss von Riegel, Pfosten und Sprossen verwendet man häufig neben Zapfen die fertigungstechnisch günstigere Dübelverbindung.

DIN 68121-2 enthält Beispiele für die Dübelanordnung einzelner Elemente. Für die Dichtigkeit der Stoßfuge ist es vorteilhaft, wenn die Dübel möglichst weit außen angeordnet werden (**10**.119). Die Leime müssen den jeweiligen Beanspruchungsgruppen (D 3 oder D 4) und genormten Anforderungen an Holz- Leimverbindungen (DIN EN 204) entsprechen.

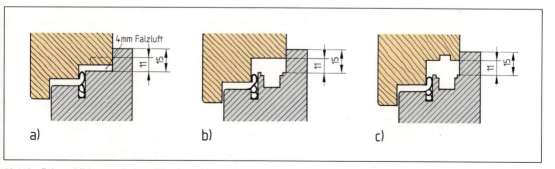

10.118   Falzausbildung zwischen Flügel- und Blendrahmen
a) Falz mit 4 mm Luft, Schließplatten und Schere eingelassen, b) Eurofalz mit 11 mm Luft vergrößerter Falz für Schließplatten, c) Euronut mit 11 mm Luft, vergrößerter Falz mit Führungsnut für Schließplatten

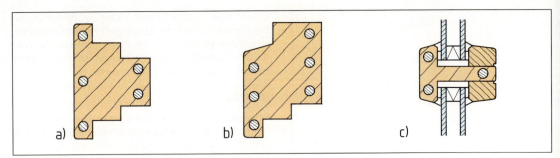

10.119   Dübelverbindungen bei a) Pfosten, b) Riegel, c) Sprossen

Sockelausbildung. Bei Fenstertüren kann das untere Querholz bis 140 mm Breite ungeteilt ausgeführt werden. Bei geteiltem Sockel muss der Regen ungehindert ablaufen können, ohne in die Konstruktion einzudringen. Die äußere Querfuge erhält eine Abdichtung (**10**.120).

10.120   Unteres Querholz; Ausbildung und Ausrichtung der Querfuge

Mehrteilige Fenster. Eine Unterteilung der Fensterfläche erreicht man durch Pfosten und Riegel oder die Anordnung von 2 Flügeln nebeneinander mit Mittelschluss anstelle eines Pfostens (Stulpfenster).

Stulpfenster. Das zweiflügige Fenster ohne Pfosten ermöglicht eine größere Öffnungsbreite. Die Doppelfälze der beiden Flügel sind so angeordnet, dass sich der rechte Flügel zuerst öffnen lässt. Schlagleisten verdecken die Stoßfuge der Flügel. Die äußere am linken Flügel wird aufgeleimt, die innere am rechten Flügel aufgeschraubt, sie verdeckt die Stoßfuge. Auf gleiche Ansichtsflächen

der Flügelrahmen innen und außen ist zu achten (**10**.121).

Herstellen eines Holzfensters

Eine Tischlerei erhält den Auftrag, für einen Neubau Einfachfenster mit Isolierverglasung in Holz herzustellen. Obwohl Ausschreibung und Bauzeichnungen genaue Maßangaben enthalten, müssen alle Öffnungsmaße am Bau überprüft werden, um Abweichungen bei der Ausführung festzustellen.

Arbeitsvorbereitung. Nach Auftragserteilung sind die baulichen Verhältnisse sowie die Anforderungen an das Fenster zu überprüfen und die konstruktiven Einzelheiten festzulegen. Die Maßaufnahme am Bau trägt man in ein Maßbuch ein. Nach einer Fertigungszeichnung wird die *Stückliste* erstellt, die für die Herstellung benötigt wird.

Aufmaß auf der Baustelle

– Leibungen auf Waagerechtig- und Lotrechtigkeit überprüfen.

– Öffnungsmaße an mehreren Stellen messen (zuerst die Breite unten, oben und in der Mitte, dann die Höhe links, rechts und in der Mitte).

– Anschlagart überprüfen (die Anschlagart hat Auswirkung auf das Blendrahmenmaß, der Abstand zwischen Blendrahmen und Mauerwerk sollte an jeder Seite 10 bis 15 mm betragen).

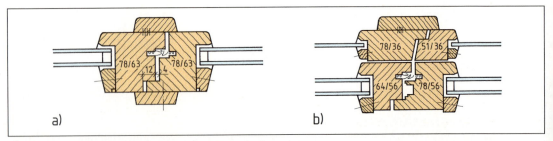

10.121   Stulpfenster als a) Einfachfenster und b) Verbundfenster

– Brüstungs- und Sturzhöhe kontrollieren. Meterriss beachten.
– Transport- und Einbaumöglichkeiten überprüfen.
– Zum Aufzeichnen der Messergebnisse dient ein Maßbuch. Die Messergebnisse werden in der Reihenfolge und möglichst mit Skizze festgehalten.

Arbeitsablauf in der handwerklichen Fertigung
– Holzauswahl:
Berücksichtigung der Gütebedingungen DIN 68360
Überprüfen der Holzfeuchte bei Arbeitsbeginn (11 bis 15 %)
– Holzzuschnitt:
Ablängen der Bohlen (Kappsäge, Pendelsäge, Kreissäge), Maßzugabe für Weiterbearbeitung ca. 50 mm
Breitenzuschnitt (Kreissäge), Maßzugabe für Weiterbearbeitung ca. 5 mm.
– Aushobeln der Rahmenhölzer:
Abrichten der Bezugsflächen im rechten Winkel (breite Seite und Winkelkante)
Holzbreite und Holzdicke aushobeln
– Blendrahmenfälze und Flügelinnenfälze herstellen, Kanten abrunden.

– Schlitz- und Zapfenverbindung am Blend- und Flügelrahmen fräsen, Dübel- und Zapfenlöcher herstellen.
Beachte: Beim Blendrahmen erhalten die senkrechten Hölzer den Zapfen! (Hirnholz ist dadurch verdeckt)
– Verleimen der Rahmen mit D4 Klebstoff, bei deckendem Anstrich ist auch D3 zulässig (DIN 68602). Eine Rahmenpresse erleichtert die Arbeit, garantiert Rechtwinkligkeit und hohen Pressdruck.
– Fräsen der Flügelaußenfälze
– Schleifen der Oberfläche
– Imprägnieren und Grundieren
– Beschläge montieren, Dichtprofile einbauen
– Verglasung.

Fertigung auf der Fensterstraße (10.122)
Die CNC-Technik ermöglicht eine rationale Fensterfertigung auf automatischen Fertigungsstraßen innerhalb weniger Minuten. Das Fertigungsprogramm umfasst alle Arbeitsschritte vom Zuschnitt bis zur Beschlagmontage in optimierter Folge auf kombinierten Produktionsmaschinen einschließlich dem automatischen Materialtransport.

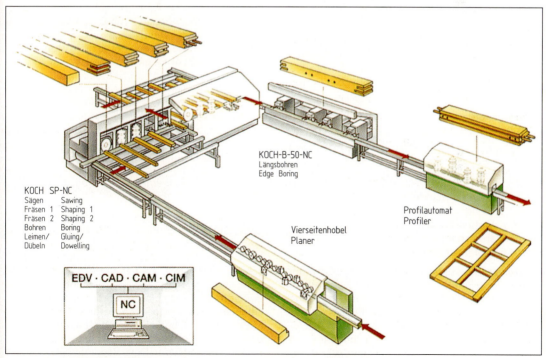

10.122 Fertigungsstraße für Fenster und Türen

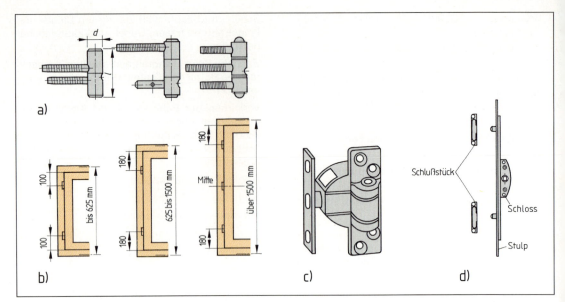

10.123   a) Einbohrbänder für leichte und schwere Flügel, b) Sitz und Anzahl der Bänder nach DIN 18 051, c) Topfscharnier, d) Kantengetriebe

10.8.5 Flügelöffnung und Fensterbeschläge

Durch technischen Fortschritt in der Beschlagindustrie ergaben sich neue Öffnungsmöglichkeiten für Fenster und mehr Bedienungskomfort.

Beschläge verbinden Flügel- und Blendrahmen und ermöglichen das Öffnen und Schließen des Fensters. Die Auswahl ist abhängig von der Flügelöffnung, der Fenstergröße, dem Zweck und Werkstoff sowie der Beanspruchungsart.

Fensterbänder verbinden den Flügelrahmen drehbar mit dem Blendrahmen. Als Drehbeschläge verwendet man (anstelle der früher üblichen Einstemmbänder **10**.122), wegen der einfachen Montage und Justierbarkeit, hauptsächlich Einbohrbänder oder Topfscharniere (**10**.121). Die Bohrungen für die Einbohrbänder führt man mit Hilfe von Bohrschablonen und Stufenbohrern aus. Die Flügel der Verbundfenster werden mit speziellen Verbundfensterbändern oder -scharnieren und einer Kupplung verbunden.

Fensterverschlüsse sind zum Verschließen und Verriegeln des Flügels. Nach der Konstruktion unterscheiden wir: Einreiberverschluss, Kantengetriebe mit Rollzapfen oder Nocken, Einlassgetriebe mit Stangenverschluss, Ein- oder Mehrpunktverschluss. Bis auf das Bedienelement sind die Funktionselemente heute weitgehend verdeckt in das Rahmenholz eingelassen.

Öffnungsarten der Fensterflügel (nach DIN 18059)

Drehflügelfenster können ein- oder mehrteilig ausgeführt werden.

Für kleine einfache Fensterflügel nimmt man vielfach Einreiberschlösschen mit Zunge oder Rollzapfen. Aufliegende Verschlüsse wie Vorreiber und Ruderverschlüsse werden heute nicht mehr eingebaut. Für größere Flügel verwendet man *Kantengetriebe*. Sie haben einen Getriebekasten zur Aufnahme des Bediengriffs, eine flach liegende Stulpschiene und mehrere Verriegelungspunkte mit Rollzapfen oder Nocken. Für großflächige Fenster nimmt man Zentralverschlüsse mit Eckumlenkung und zusätzlicher oberer und unterer sowie bandseitiger Verriegelung. Für zweiflüglige Fenster ohne Mittelpfosten (Stulpfenster) eignen sich Kanten- oder *Einlassgetriebe* mit Treibstangen, die man nach Bedarf abhängt.

Kippflügelfenster werden am unteren Flügelholz angeschlagen und meist als Oberlichtfenster verwendet. Bevorzugte Formate sind Quadrate oder flach liegende Rechtecke. Die Außenflächen sind schwer zu reinigen, die Fenster ermöglichen eine gute, zugfreie Belüftung. Beim Einbau oberhalb der Griffhöhe sollte ein verdeckt oder aufliegender Oberlichtöffner vorgesehen werden. Beschläge für Kippflügel als Oberlichtfenster erhalten eine verdeckt oder aufliegende Schubstange mit Querstänge und Schere. Den Bedienhebel montiert man gut erreichbar auf dem Blendrahmen.

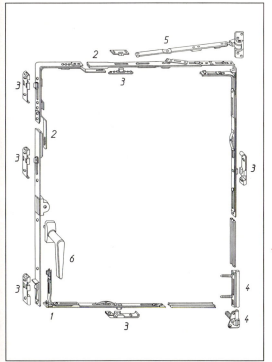

10.124   Drehkippbeschlag
- *1* Schlossstück mit Einstiegsicherung
- *2* veränderbarer Verbindungsteil
- *3* Verriegelung
- *4* Eckband mit Ecklager
- *5* Ausstellschere
- *6* Halbolive für Einhandbedienung

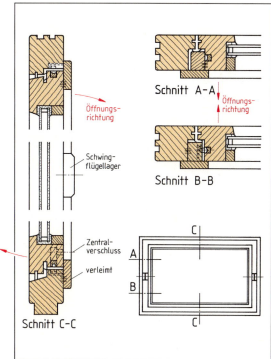

10.125   Schwingflügelfenster

Das Drehkippflügelfenster ist am verbreitetsten und verbinden die Vorteile von Dreh- und Kippflügel.

Drehkippbeschläge drehen den Flügel zum Öffnen und Schließen um die senkrechte Achse oder kippen ihn am unteren Blendrahmenholz um die waagerechte Achse. So erreichen wir in der Kippstellung eine gute, zugfreie Lüftung (**10.**124). Üblich ist heute die verdeckt liegende Ausführung.

Schwingflügelfenster. Der Flügelrahmen ist horizontal in der Flügelmitte (Querachse) an beiden Seiten so gelagert, dass der untere Flügelteil nach außen und der obere nach innen schwingt. Die Drehung nach innen und außen erfordert Wechselfälze mit Deckleisten. Verbrauchte Raumluft strömt oben aus, Frischluft unten zu (Zweiweglüftung). Die Außenflächen lassen sich bei einer Flügeldrehung um 180° reinigen.

Anwendung: Großflächige Fenster, günstig sind liegende Rechteckformate.

Schwingbeschläge halten das Fenster in verschiedenen Drehpunkten um eine waagerechte Achse und erlauben damit eine genau einstellbare Belüftung bis zur Spaltöffnung (zugfreie Dauerlüftung **10.**125).

Wendeflügelfenster. Der Flügelrahmen ist vertikal meist in Flügelmitte gelagert und dreht sich nach außen bzw. innen. Das obere bzw. untere Wendelager ermöglichen durch Bremsvorrichtung eine windsichere Fixierung in jedem Öffnungswinkel. Wendeflügel eignen sich besonders für stehende großformatige Flügel (**10.**126).

Hebedrehflügelfenster und -türen. Den Flügel kann man nur im angehobenen Zustand durch Drehen öffnen. Auf das untere Blendrahmenholz ist eine Sattelschiene montiert, auf der der Flügel dicht aufsitzt (**10.**127).

Hebeschiebefenster und -türen öffnen seitlich durch Verschieben der Flügel auf Rollen.

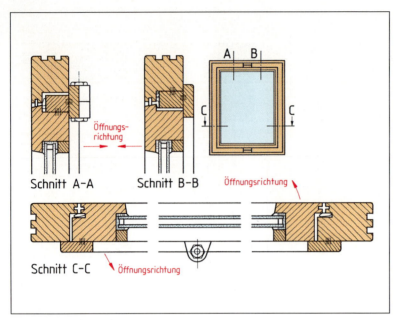

10.126 Wendeflügelfenster

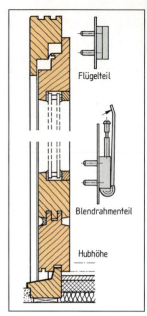

10.127 Hebedrehtür

10.8.6 Werkstoffe im Fensterbau

Fenster stellt man aus Holz, Aluminium, Kunststoff und Stahl sowie aus Kombinationen dieser Werkstoffe her.

Für Holzfenster eignen sich Hölzer mit hoher Festigkeit und gutem Stehvermögen, Beständigkeit gegen Pilze- und Insektenbefall, günstiges Trock-

Tabelle **10**.128   Hölzer für den Fensterbau, Klassifizierung nach Eigenschaften[1]

Holzart	Trocknung	Bearbeitung	Punkte
Kiefer	schnell	leicht, gut zu verleimen; Harzausfluss kann jedoch Anstrich lösen	6,00
Fichte	schnell	leicht, gut zu verleimen, beizen und lackieren	6,10
Lärche	schnell	gut, harzreich	6,10
Eiche	langsam	gut, gerbsäurehaltig, Verfärbung bei Eisen	6,15
Teak	langsam	sauber; filmbildende Oberflächenbehandlung kaum zweckmäßig, einölen genügt; befriedigend zu verleimen	9,00
Afzelia	langsam, aber gut	sauber, Verschraubungen und Nagelungen vorbohren; befriedigend zu verleimen	8,65
Afrormosia	langsam	gut, Eisen verfärbt feuchtes Holz	8.15
Sipo	neigt zum Werfen	gut, befriedigend zu verleimen, korrodierte Metalle	7,30
Dark Red Meranti	nicht zu hohe Temperatur	gut, ausgetretenes Harz entfernen	7,30
Pitch Pine	schnell	gut, jedoch häufig schmierend, schwierige Oberflächenbehandlung, Verleimung befriedigend	7,15
Oregon Pine	schnell	leicht, befriedigend zu verleimen	7,10
Niangon	gut, aber langsam	befriedigend, vor Oberflächenbehandlung entfetten, sonst dringen Leim und Anstrich schlecht ein	6,60

[1] Zur Klassifizierung wurden die für Holzfenster wichtigen Eigenschaften (z.B. Festigkeit, Stehvermögen) verglichen und bewertet.

nungsverhalten und guter Lackhaftung. Außerdem müssen sie gut zu bearbeiten sein (**10.**128). Die einheimischen Holzarten im Fensterbau sind heute Fichte, Kiefer, Lärche, Douglasie und in geringem Maße Eiche. Die Gütebedingungen für Fensterholz legt DIN 68360 fest. Man unterscheidet zwischen Fensterholz mit deckend und nichtdeckend behandelter Oberfläche (z. B. lasiert, **10.**129).

In den letzten Jahren wird zunehmend *lamelliertes* Fensterholz verarbeitet. Die mehrschichtigen wasserfest verleimten Kanteln haben einen symmetrischen Aufbau und an den Außenflächen weitgehend astfreies, qualitativ hochwertiges Holz. Die Leimfugen der einzelnen Holzlagen dürfen der Witterung nicht direkt ausgesetzt sein.

Holzschutz. Fensterholz muss vor Witterungseinflüssen, Schädlingen und dem organischen Abbau geschützt werden. Durch konstruktive Maßnahmen erhöhen wir die Wetterbeständigkeit der Hölzer, z. B. durch abgerundete Kanten an den Profilen, schnelles kontrolliertes Ableiten von Wasser, Schutz der Brüstungsfugen. Nach DIN 68800 sind Holzfenster vor dem Einbau allseitig durch chemische Holzschutzmittel gegen Pilze und Insekten zu schützen. Der *chemische Holzschutz* kann entfallen, wenn zwischen Auftraggeber und -nehmer eine Übereinkunft besteht. Zum *vorbeugenden Holzschutz* verarbeitet man hauptsächlich lösungsmittelhaltige Holzschutzmittel. Außenlasuren enthalten in der Regel Holzschutzmittel.

Tabelle **10.**129 Gütebedingungen für Fensterholz nach DIN 68360-1

Merkmale	deckend behandelte Oberfläche	nichtdeckend behandelte Oberfläche
Allgemein	Das Holz muss gesund (frei von holzzerstörenden Pilzen und Insekten) und frei von Markröhre sein.	
Oberfläche	Die Oberfläche muss eben sein. Zulässig ist eine nur geringe Faseraufrichtung. Unzulässig sind Sägespuren und Hobelschläge an den nach dem Einbau sichtbaren Flächen, soweit nicht eine bestimmte Oberflächenbearbeitung vereinbart ist.	
Farbunterschiede	zulässig	Zulässig sind nur naturbedingte Farbunterschiede, die durch die fertige anstrichtechnische Oberflächenbehandlung weitgehend ausgeglichen werden.
Bläue	zulässige Anbläue (geringe Bläue im Anfangsstadium	Zulässig geringe Bläue, soweit sie durch durch die fertige anstrichtechnische Oberflächenbehandlung weitgehend auszugleichen ist.
Splint	zulässig z. B. bei Kiefern und anderen in den Splinteigenschaften ähnlichen Holzarten unzulässig bei Holzarten, deren Kern- und Splintholz sich in den Eigenschaften wesentlich unterscheiden	
Faserneigung	Unzulässig sind Drehwuchs und Abweichungen des Faserverlaufs > 2 cm je m.	
Längsrisse	Zulässig sind kleine Risse und dauerhaft[1] ausgebesserte Risse, die in Faserrichtung laufen, nicht durchgehen und nach der Oberflächenbehandlung nicht mehr stören.	
Querrisse	unzulässig	
Harzgallen und Rindeneinschlüsse	Zulässig sind bis 5 mm Breite dauerhaft[1] ausgebesserte Rindeneinschlüsse, die sich nach der Oberflächenbehandlung bei AD nicht störend abzeichnen, und die bei AND in Farbe und Holzart mit dem umgebenden Holz übereinstimmen.	
Baumkante	zulässig ohne Rinde an Stellen, die nach dem Einbau nicht mehr sichtbar sind	
Insektenfraßgänge	unzulässig, ausgenommen vereinzelte Fraßgänge bis 2 mm Durchmesser von Frischholzinsekten	
Äste – nicht ausgebessert – ausgedübelt	Zulässig sind Punktäste (bis 5 mm Ø) und gesunde verwachsene Äste, die das Stehvermögen der Teile und ihre Gebrauchstauglichkeit nicht beeinflussen. Diese sind beeinträchtigt, wenn z. B. der größte Astdurchmesser größer als $1/_3$ der Breite eines Teils (etwa eines Rahmens) ist. Dübel müssen auch an den Kanten vollflächig verleimt sein. Verleimung entsprechend dem Anwendungsbereich des Teils nach Beanspruchungsgruppe B 3 oder B 4 (DIN 68602).	
	zulässig Dübel bis 25 mm Ø und Kettendübelungen bis 2 Dübel	zulässig Dübel bis 25 mm Ø

[1] dauerhaft = Ausbesserung mit Holz, das auch an den Kanten vollflächig eingeleimt ist. Verleimung entsprechend dem Anwendungsbereich des Teils nach Beanspruchungsgruppe B 3 oder B 4.

Tabelle **10**.130   Nichtdeckende Oberflächenbehandlungen

Oberflächen-behandlung	Wirkung	Mindestanforderungen an Untergrund und Anstrich
Lacklasuren	Sie dringen ins Holz ein und bilden einen Film auf der Holzoberfläche	Geeignetes, möglichst splintfreies Holz; Nadelhölzer nach DIN 68800 imprägnieren; Kittfälze durch alle Holzteile, die mit Dichtstoffen in Berührung kommen, mit einem abschließenden Lack behandeln; bei Harthölzern nach einem Jahr einen dritten Anstrich auftragen; Überholungsturnus etwa 2 bis 3 Jahre
Imprägnier-lasuren	Sie dringen tief ins Holz ein, bilden jedoch keinen Film an der Oberfläche	Geeignetes, splintfreies Holz; Kittfälze und alle Holzteile, die mit Dichtstoffen in Verbindung kommen, mit abschließendem Lack behandeln; innen möglichst abschließend lackieren; Nachbehandlung; je nach Holzart und Witterungseinflüssen, u. U. mehrmals im Jahr
Klarlack	Sie bilden auf der Holz-oberfläche einen Film, dringen jedoch nicht ins Holz ein und bieten wenig Schutz vor UV-Strahlung	Geeignetes splintfreies Holz; entharztes und getrocknetes Holz (max. 12 % Feuchtigkeit); fettige Harthölzer mit Nitroverdünnung auswaschen und mit Spezial-DD-Lack grundieren; nur geeignete Fensterlacke wählen; Lackierung bis zum völligen Porenschluss

Oberflächenbehandlungen dienen der farblichen Gestaltung des Fensters und schützen das Holz vor Feuchtigkeit, Schädlingsbefall, Schmutz und Verfärbungen. Verwendet werden als deckende Anstriche hauptsächlich Lacke auf Alkydharz- oder Acrylharzbasis, als nichtdeckende Anstriche pigmentierte Lasuren (**10**.130). Die Anstrichsysteme sind lösungsmittel- oder wasserverdünnbar. Aus Gründen des Umweltschutzes nimmt die Bedeutung der wasserdünnbaren Anstriche zu. Die Verträglichkeit der Anstriche mit Dichtstoffen und -profilen ist zu prüfen. Dunkle Anstriche sind zu vermeiden. Sie führen bei starker Sonneneinstrahlung zu einer hohen Oberflächentemperatur und möglichen Schäden. Farblose Außenanstriche haben sich als ungeeignet erwiesen, da sie nur unzureichend das Holz vor UV-Strahlung und Vergrauen schützen.

> Für Holzfenster eignen sich nur bestimmte Hölzer, die hohe Ansprüche erfüllen müssen. Die Rahmenecken werden vor allem durch Schlitz und Zapfen oder Keilzinken verbunden. Die Anstriche müssen von Zeit zu Zeit ausgebessert und erneuert werden.

Aluminiumfenster. Aluminium ist ein hartes, gut zu bearbeitendes, leichtes und sehr korrosionsbeständiges Metall, sieht gut aus und erfordert kaum Pflege. Es eignet sich daher besonders zum Fensterbau. Hinzu kommt eine große Passgenauigkeit der Profile. Verwendet werden Strangprofile mit Nuten, Vertiefungen und Stegen. Man verbindet sie

– durch Eckverbindungswinkel, die man in die Hohlkammern der Rahmenprofile schiebt und dort einstanzt bzw. einpasst oder durch verdeckte Keilstifte oder -bolzen fixiert.
– durch Kleben mit Zweikomponentenklebern.
– durch Schweißen, wobei man die Gehrungszonen schmilzt, zusammenpasst und den Schweißgrat entfernt.

Das Aluminiumprofil ist durch einen Kunststoffsteg in einen Innen- und Außenbereich getrennt. Durch dieses Zweikammernsystem erreicht man einen wesentlich günstigeren k-Wert, jedoch nicht den von Holz- und Kunststofffenstern (**10**.131).

Alufenster mit einem Polyurethankern als Profiltrennung, der gleichzeitig wärmedämmend wirkt, erzielen einen k-Wert von 1,5 (**10**.132).

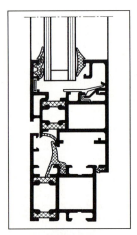

10.131   Wärmegedämmtes Aluminiumfenster

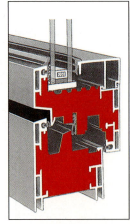

10.132   Aluminiumfenster mit PUR-Kern

Aluminiumfenster sind teurer als Holzfenster, aber dauerhafter und anspruchsloser in der Pflege. Beim Einbau müssen die eloxierten Profile durch Selbstklebe-Folien vor mechanischen Beschädigungen geschützt werden.
Verbindung der Rahmen durch Eckwinkel.

Beim Aluminium-Holz-Fenster ist das Trägermaterial Holz durch ein Außenprofil aus Aluminium geschützt. So ergänzen sich die gute Wärmedämmung des Holzes und die hohe Witterungsbeständigkeit des Metalls. Weil sich Aluminium jedoch bei Erwärmung ausdehnt und Holz arbeitet, dürfen beide nur an wenigen Punkten durch verschiebbare Laschen verbunden werden (**10**.133). Die Riegel dienen zum Einhängen der Aluminium-Elemente, die Laschen werden oberhalb der Riegel auf das Holz geschraubt. So haben beide Materialien ausreichend Platz, sich auszudehnen bzw. schwinden. Es ergibt sich eine „Hinterlüftung", die eine Bildung von Schwitzwasser verhindert. Die erforderlichen Anschlagdichtungen sind elastisch und in den Blendrahmenteil des Aluminiumprofils montiert.

Das Aluminium-Holz-Fenster verbindet die gute Wärmedämmung des Holzes mit der Wetterfestigkeit des Metalls. Bei der Herstellung ist zu beachten, dass Holz arbeitet und sich Aluminium bei Erwärmung ausdehnt.

Kunststofffenster bestehen überwiegend aus schlagzähen, witterungsbeständigen, pflegeleichten PVC-Profilen (Polyvinylchlorid) mit guten Schall- und Wärmedämmeigenschaften. Das Material lässt sich leicht bearbeiten und ist gegen Verunreinigungen durch Kalk, Zement oder Mörtel unempfindlich. Kratzer können ausgeschliffen und nachgearbeitet werden. PVC erreicht jedoch nicht die Temperaturbeständigkeit anderer Fensterbaumaterialien. Es dehnt sich bei Erwärmung erheblich aus (ca. 1 mm/m bei 12 °C Temperaturdifferenz), die Biegefestigkeit nimmt ab. Die Erweichungstemperatur liegt bei 80 °C. Weiße und hellfarbige Profile erwärmen sich in der Sonne deutlich weniger als dunkle. Wegen der verhältnismäßig großen Längenänderung muss im Falz zwischen Flügel und Blendrahmen ausreichend Luft bleiben (ca. 6 mm).

PVC-Fenster haben heute aufgrund einer verbesserten Herstellungstechnologie und Beschichtung eine gute Farbbeständigkeit.

Die Farbigkeit der Profile erreicht man durch:

– in der Masse durchgefärbte Profile,
– coextruierte Profile (weiße Kernmasse mit eingefärbtem PVC oder PMMA-Folie überzogen,
– PMMA-beschichtete Profile,
– Lackbeschichtung.

PVC-Profile sind in den Abmessungen und Ausformungen nicht genormt. Man findet flächenbündige und flächenversetzte Konstruktionen. Die Kunststoff-Hohlprofile stellt man als Einkammer- oder Mehrkammersysteme her (**10**.134).

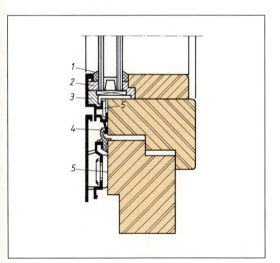

10.133 Aluminium-Holz-Fenster

1 Versiegelung   4 Anschlagdichtung
2 Vorlegeband   5 Halter
3 Dichtstoff

10.134 Kunststoff-Fenster

Die dickwandigen *Einkammersysteme* sind durch zusätzliche Stahl- oder Aluminiumprofile versteift. Eingedrungenes Wasser läuft über Ablauföffnungen nach außen ab. Wegen der unzureichenden Wärme- und Schalldämmung werden sie heute nur noch in Sonderfällen eingesetzt.

Mehrkammersysteme verzögern den Wärmedurchgang und verhindern Schwitzwasser. Sie sind durch einen Stahl- oder Aluminiumprofil verstärkt und erhalten durch die Kammern zusätzliche Stabilität. Beschläge lassen sich besser montieren. Die Materialdicke beträgt 2 bis 4 mm. Der Metallkern wird durch entsprechende Befestigungssysteme (z. B. Schrauben oder Stifte) am PVC-Profil fixiert.

Zum Verschweißen der auf Gehrung geschnittenen Kunststoffrahmenteile dienen elektrisch beheizte Schweißspiegel (240 bis 260 °C). Während des automatischen Schweißvorgangs liegen die Profile in einer Spann- und Vorschubvorrichtung des Maschinentisches. Die Schweißstellen werden maschinell nachgearbeitet. Zur Befestigung der Beschläge dienen Spezialschrauben (**10**.135).

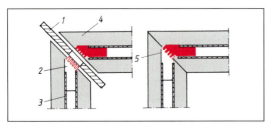

10.135   Verschweißen der Rahmenteile beim Kunststoff-Fenster

    1 Schweißspiegel mit Aussparung für Kammzinken
    2 verkämmter Metalleckverbinder, geöffnet
    3 Metallrohrrahmen
    4 PVC-Profil
    5 Rahmenecke nach der PVC-Schweißung, geschlossen (Kamm mit Metallkleber)

Nahezu alle in Deutschland eingesetzten Rohstoffe für PVC-Profile und die daraus hergestellten Fenstersysteme unterliegen der RAL-Güterichtlinie (GZ 716/1), die eine ständige inner- und außerbetriebliche Überwachung der Qualität einschließt. Über die bundesweit bestehenden Sammelsysteme können PVC-Fenster ebenso wie Abschnitte, die bei der Fensterproduktion anfallen, vollständig recycelt werden. Bei der Verarbeitung zu neuen Profilen werden zur Vereinheitlichung der unterschiedlichen Farben der Granulate die Oberfläche der Profile beschichtet.

Die Verglasung von Kunststoff-Fenstern erfolgt in der Regel mit elastischen Dichtungsprofilen als Trockenverglasung. Bei hohen Beanspruchungen führt man die Verglasung als Druckverglasung aus. Die mit Falz-, Aufschlag- und Mitteldichtungen versehenen Rahmenprofile werden abschließend versiegelt. Zur Befestigung der Beschläge dienen Spezialschrauben. Bei der Montage der Beschläge ist darauf zu achten, dass Bänder und Verriegelungen keine größeren Abstände als 60 bis 70 cm haben. Die Befestigungsdübel oder Anker setzen wir dort, wo die Beschläge am Rahmen angebracht sind. Fensterbefestigung und Abdichtung zum Baukörper müssen die temperaturbedingten Längenänderungen der Fensterelemente ermöglichen.

Kunststoff-Fenster bestehen in der Regel aus schlagfestem recycelfähigem Hart-PVC und sind pflegeleicht und sehr witterungsbeständig.

Verwendet werden heute hauptsächlich flächenversetzte oder bündige Mehrkammersysteme, die auf Gehrung verschweißt werden.

Zunehmend finden wir Kunststoff-Fenstersysteme aus Vollprofilen.

Profile aus *Polyurethanhartschaum* haben eine wesentlich bessere Wärmedämmung als Holz. Die Oberfläche ist wartungsfrei. Zur Stabilisierung des Rahmens ist ein Metallkernprofil erforderlich, das bei der Herstellung des Profils eingeschäumt wird. Metallwinkel verbinden die Rahmenteile an den Ecken winkelstabil.

PVC/Acrylglas-Fenster haben einen glasfaserverstärkten Kern aus einem wärmedämmenden PVC/Acrylglasgemenge. Die Oberfläche ist acrylbeschichtet.

10.8.7   Verglasungsarbeiten

Fäulnisschäden am Flügelrahmen oder Klemmen des Fensters haben oft die Ursache in einer mangelhaft ausgeführten Verglasung oder fehlerhaften Verklotzung. Eine fachgerechte und sorgfältig ausgeführte Verglasung ist Voraussetzung für die Funktionsfähigkeit des Fensters und dient einer langen Lebensdauer und Werterhaltung.

Verglasung nennt man die Lagerung der Scheibe im Fensterrahmen und die Abdichtung zwischen Glas und Flügelrahmen. Dabei dürfen im Glas keine mechanischen Spannungen entstehen – sonst gibt es Glasbruch!

Für die Verglasungsarbeiten sind festzulegen:
- Glasfalzabmessung,
- Glasdicke,
- Verglasungssystem,
- Verklotzung,
- Verbindung zwischen Scheibe und Rahmen.

Glasfalzabmessungen. Die Glasfalzmaße sind genormt. Sie richten sich nach Belastung, Verglasungsart (Einfach- und Isolierglas) und Scheibengröße (**10**.136). Die Breite des Glasfalzes besteht aus der Scheibendicke, dem Abstand Falzwange-Glasscheibe und Glashalteleiste-Glasscheibe. Der Spielraum zwischen Scheibenkante und Falzgrund muss ein Drittel Falzhöhe betragen (**10**.136). Die Scheibendicke richtet sich nach der Scheibengröße, Gebäudehöhe und Windbelastung.

Tabelle **10**.136   Mindestfalzhöhen nach DIN 68121-2

Längste Seite der Verglasungseinheit	Glasfalzhöhe *h* in mm	
	Einfachglas	Mehrscheiben-Isolierglas
bis 1000 mm	10	18
> 1000 bis 3500 mm	12	18
> 3500 bis 4000 mm	15	20

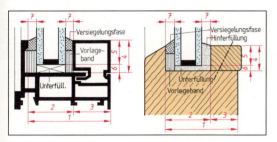

10.137   Bezeichnungen und Maße am Glasfalz
  1 Gesamtbreite
  2 Glasfalzbreite
  3 Auflagefläche der Glashalteleiste
  4 Glasfalzhöhe
  5 Auflagefläche der Scheibe 2/3 d)
  6 Luftzwischenraum = 3 mm für Verklotzung
  7 Kittvorlage bzw. Breite der Versiegelungsfuge = 3 mm

Bei Verglasung mit dichtstofffreiem Falzraum muss der Falzraum zum Dampfdruckausgleich zur Außenseite geöffnet werden. Dazu dienen Bohrungen (*d* = 8 mm) oder Schlitze an den Rahmenecken (mind. 5 x 12 mm). Das Bild **10**.138 zeigt Ausführungsbeispiele für Dampfdruck-Ausgleichsöffnungen an verschiedenen Fensterteilen.

Die erforderliche Glasdicke entnehmen wir den Tabellen oder Diagrammen der Glasindustrie. DIN 18056 enthält Angaben über die Mindestglasdicke.

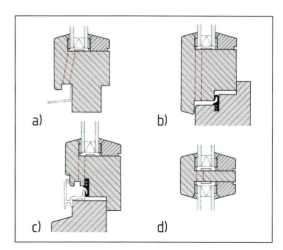

10.138   Dampfdruckausgleich a) bei Festverglasung, b) Riegeln, c) Flügeln (ab 63 mm), d) Sprossen

Die Glasdicke ist von der Scheibengröße und der Einbauhöhe abhängig. Die dem Diagramm entnommenen erforderlichen Glasdicken werden auf die handelsübliche Dicke aufgerundet. Für Einbauhöhen über 8 m sind Zuschlagfaktoren zu berücksichtigen.

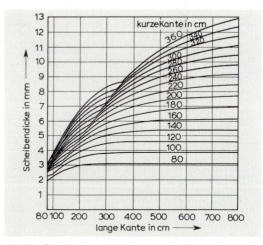

10.139   Glasdicken in Abhängigkeit von Scheibenflächen

Beispiel   Scheibengröße 1200 x 2000 mm, Einbauhöhe 18 m, ges. Glasdicke

Lösung   Kurve der „kurzen Kante" 1200 mm und Senkrechte über der Achse „lange Kante" ergeben Schnittpunkt. Ihm ist die Glasdicke 3,9 mm zugeordnet (Achse Scheibendicke). Umrechnungsfaktor aus Tab. **10**.138
8–20 m   = 1,26
1,26 x 3,9 = 4,9
gew. Handelsdicke 5 mm

Tabelle **10**.140   Faktoren zur Berücksichtigung der Verglasungshöhe

Verglasungshöhe	Faktor bei normalem Bauwerk
8	1
8 bis 20	1,26
20 bis 100	1,48
> 100	1,60

Verglasungssystem. Die unterschiedlichen Beanspruchungen der Fenster führen zu einer Bewegung der Scheiben im Rahmen. Einfluss darauf haben Scheibengrößen, Rahmenmaterial, Gebäudehöhe, Belastung der Glasauflage und Dichtstoffvorlage. Um Schäden an Rahmen und Scheibe zu vermeiden, muss die Beanspruchung bei der Wahl des Verglasungssystems berücksichtigt werden. Man unterscheidet 5 Beanspruchungsgruppen. Die Einflussgrößen sind in der Tabelle erfasst (**10**.141). Unterschieden werden Verglasungssysteme mit freiliegender Dichtstofffase (Beanspruchungsgruppe 1), mit Glashalteleiste und ausgefülltem Falzraum (Beanspruchungsgruppe 2 bis 5) sowie mit Glashalteleiste und dichtstofffreiem Falzraum (Beanspruchungsgruppe 3 bis 5). Das Verglasungssystem wird meist durch Kurzzeichen angegeben:

V = Verglasungssystem,

a = ausgefüllter Falzraum,

f = dichtstofffreier Falzraum.

Den Verglasungssystemen werden Dichtstoffgruppen zugeordnet, die man mit den Buchstaben A bis E bezeichnet (**10**.139).

Beispiel   Für ein 12 m hohes Wohnhaus sind Drehkippfenster aus Holz vorgesehen. Die größte Flügelabmessung beträgt 1,20 x 1,65 m.

Lösung   Flügelgröße 1,20 x 1,65 m
Öffnungsart: Drehkippfenster   → BG 1

Belastung von der raumseitigen Umgebung
normal oder erhöht   → BG 1

Beanspruchung aus Rahmenmaterial: Holz
Dichtstoffvorlage: 3 mm (gewählt)   → BG 4
größte Kantenlänge 1,65 m

Berücksichtigt wird die höchste ermittelte Beanspruchungsgruppe **BG 4**. Als Verglasungssystem kann gewählt werden:

– Va 4 mit Dichtstoffgruppe B für den Falzraum und D für die Versiegelung oder bei dichtstofffreiem Falzraum,

– Vf 4 mit Dichtstoffgruppe D für die Versiegelung.

Tabelle **10**.141   Beanspruchungsgruppen zur Fensterverglasung und Verglasungssysteme nach DIN 18545 (Rosenheimer Tabelle)

Beanspruchungsgruppe		1	2	3	4	5
Verglasungssystem		Va 1	Va 2	Va 3 Vf 3	VA 4 Vf 4	Va 5 Vf 5
Beansprucht durch **Art der Öffnung**		Festverglasung, Drehfenster, Drehkippfenster		Schwingfenster, Hebefenster und vergleichbar beanspruchte Fenster		
raumseitige Umgebung				Feuchtigkeit, drohende mechanische Beschädigung		
Scheibengröße bei						
Rahmenwerkstoff	Dichtstoffvorlage		Farbton	Kantenlänge bis (in m)		
Aluminium Aluminium-Holz Stahl	3 mm		hell	0,80	1,00	1,50
			dunkel	0,80	1,00	1,50
	4 mm		hell	1,50	2,00	2,50
			dunkel	1,25	1,50	2,00
	5 mm		hell	1,75	2,25	3,00
			dunkel	1,50	2,00	2,75
Holz	3 mm	0,80	1,00	1,50	1,75	2,00
	4 mm			1,75	2,50	3,00
	5 mm			2,00	3,00	4,00
Kunststoff	4 mm		hell	0,80	1,00	1,50
			dunkel	0,80	1,00	1,50
	5 mm		hell	1,50	2,00	2,50
			dunkel	1,25	1,50	2,00
	6 mm		dunkel	1,50	2,00	2,50

Fortsetzung s. nächste Seite

Tabelle **10**.141, Fortsetzung

Verglasungssysteme					
Beanspruchungsgruppe	1	2	3	4	5
mit ausgefülltem Falzraum					
Kurzzeichen	Va 1	Va 2	Va 3	Va 4	Va 5
Schematische Darstellung					
Dichtstoffgruppe nach DIN 18545					
für Falzraum	A oder B	B	B	B	B
für Versiegelung	–	–	C	D	E
mit dichtstofffreiem Falz					
Kurzzeichen	–	–	Vf 3	Vf 4	Vf 5
Schematische Darstellung	nicht möglich	nicht möglich			
Dichtstoffgruppe nach DIN 18545 für Versiegelung			C	D	E

Dichte des Falzraumes   Dichtstoff der Versiegelung   Vorlegeband

Vorbereiten der Fälze. Auf verschmutzten Fälzen haftet kein Dichtstoff. Nasse, fettige und staubige Fälze sind gründlich zu reinigen. Farbanstriche und Haftvermittler müssen gut durchgetrocknet sein. Bei Holzfenstern sind die Fälze so vorzubehandeln, dass die Holzsporen geschlossen und die Oberflächen abgesperrt sind, damit keine Öle und Weichmacher in das Holz abwandern können und die Feuchtigkeitsaufnahme verhindert wird.

Verklotzen. Jede Verglasungseinheit muss ausreichend Luft (Spielraum) zwischen der Glasscheibenkante und dem Falzgrund haben, um Spannungen und Glasbruch zu verhindern und die Gängigkeit des Flügels nicht zu beeinträchtigen. Das

Festsetzen der Scheibe (auch Verklotzen genannt) gehört zu den wichtigsten Aufgaben vor dem Abdichten. Wir unterscheiden zwischen Trag- und Distanzklötzen aus Hartholz, Kunststoff oder Hartgummi.

– **Tragklötze** tragen die Scheibe im Flügelrahmen. Sie werden so angeordnet, dass sie das Glasgewicht auf das untere Band übertragen. Die Klötze tragen die Scheibe im Rahmen, sorgen für Abstand zwischen Scheibenkante und Rahmen und steifen den Rahmen aus.

– **Distanz- oder Abstandsklötze** gewährleisten den notwendigen Abstand zwischen Glasscheibenkante und Rahmen. Sie sind etwa 1 mm dünner als Tragklötze (**10**.142). Der Abstand der Klötze von der Glasecke soll eine Klotzlänge, also 60 bis 100 mm betragen.

 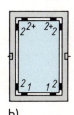     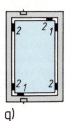

a)   b)   c)   d)   e)   f)   g)

10.142 Verklotzung der Fensterscheiben (a bis d symmetrische, e bis g asymmetrische Verklotzung)

1 Tragklotz, *2* Abstandsklotz + Abstandsklotz wird bei umgeschlagenem Flügel zum Tragklotz

a) feststehende Verglasung, b) Schwingflügel, c) Klapp-/Kippflügel, d) Wendeflügel mittig, e) Drehflügel, f) Drehkippflügel, g) Wendeflügel außermittig

Tabelle **10**.143   Anforderungen an Dichtstoffgruppen

Zeile	Eigenschaft	Anforderung für Dichtstoffgruppe				
		A	B	C	D	E
1	**Rückstellvermögen** in %	–	–	≥ 5	≥ 30	≥ 60
2	**Haft- und Dehnverhalten nach Lichtalterung** kein Adhäsions- oder Kohäsionsriss bei Dehnung in % um	–	≥ 5	≥ 50	≥ 75	≥ 100
3	**Haft- und Dehnverhalten nach Wechsellagerung** kein Adhäsions- oder Kohäsionsriss bei Dehnung in % um	–	≥ 5	≥ 50	≥ 75	≥ 100
4	**Kohäsion** Zugspannung bei Dehnung nach Zeile 3 in N/mm^2	–	–	$\leq 0,6$	$\leq 0,5$	$\leq 0,4$
5	**Volumenänderung** in %	≤ 5	≤ 5	≤ 15	≤ 10	≤ 10
6	**Standvermögen**, Ausbuchtungen in mm	≤ 2	≤ 2	≤ 2	≤ 2	≤ 2

Die Werte für Bindemittelabwanderung, Verarbeitbarkeit, Verträglichkeit mit anderen Baustoffen, mit anderen Dichtstoffen und mit Chemikalien sind vom Hersteller anzugeben.

Abdichten der Fuge zwischen Flügel und Glas. Eine gute Abdichtung darf weder Luft noch Feuchtigkeit durchlassen. Die Dichtungsmittel müssen daher alle Bewegungen der Glasscheibe auffangen und ausgleichen, ohne Risse oder Fugen zu bilden, einzusacken oder auszulaufen.

Nass- und Trockenverglasung. Bei der Verglasung unterscheiden wir aufgrund der Dichtstoffe und Dichtungsprofile zwischen Nass- und Trockenverglasung. Bei der Nassverglasung werden formbare Dichtstoffe (dauerelastisch bzw. elastisch) verarbeitet, bei der Trockenverglasung vorgefertigte Dichtungsprofile. Die Trockenverglasung eignet sich für Metall- und Kunststoff-Fenster (**10**.143). Für hohe Beanspruchungen durch Wind und Regen wird sie als Druckverglasung ausgeführt. Spannelemente bewirken dabei einen hohen Anpressdruck auf das Dichtprofil.

Arbeitsablauf einer Nassverglasung (Beispiel: Beanspruchungsgruppe, mit Versiegelung)

– Glasfalz vorbehandeln: Reinigen, Haftmittel (Primer) auftragen, Fugenränder schützen,
– Hinterfüllung: Vorlegeband einkleben bzw. plastischen Dichtstoff verarbeiten,
– Glasscheibe einsetzen: Verklotzen (nach DIN 18361),
– Glasfalzgrund mit plastischem Dichtstoff ausfüllen,
– Glashalteleisten feststiften,
– Zwischenraum (Glasscheibe – Glashalteleiste) mit plastischem Dichtstoff ausfüllen,
– Versiegelung: äußere Seite, Masse abschrägen und glätten.

Abdichtung. Eine Glasabdichtung entspricht den Vorschriften, wenn

– sie das Glas im Fensterrahmen wasser- und luftundurchlässig abschließt,

– die Glasscheibe in einem elastischen Kittbett lagert und so die verschiedenen Bewegungen zwischen Scheibe und Fensterrahmen ausgleicht,
– sie den Glasfalz vor Feuchtigkeit schützt.

Der Glasfalz muss so groß sein, dass Platz für die Glasdicke, Abdichtung und Auflagebreite der Befestigung vorhanden ist (DIN 18545, DIN 18361).

10.8.8   Dichtstoffe

Beim Verbinden der Bauelemente (z.B. Türen, Fenster) entstehen Fugen im Bau. Daraus können sich durch eindringende Feuchtigkeit, Temperaturschwankungen, Absetzen und Bewegung der Bauteile große Schadstellen entwickeln. Deshalb werden diese Verbindungsstellen sorgfältig abgedichtet. Voraussetzung dazu ist die Kenntnis der verschiedenen Dichtungsmaterialien und ihrer Eigenschaften.

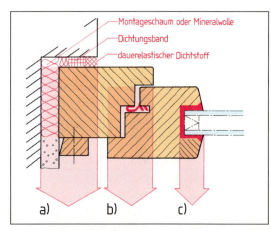

10.144   Die drei Dichtungsebenen

Bei der Verglasung und dem Einbau von Fenstern und Türen ist die Dichtung besonders wichtig. Wir unterscheiden drei Dichtungsebenen:

a) zwischen Blendrahmen und Maueranschluss
b) zwischen Flügelrahmen und Blendrahmen,
c) zwischen Glas und Flügelrahmen (**10.**145).

Dichtstoffe müssen abdichten und zugleich Bewegungen elastisch auffangen. Je größer die Belastungen eines Fensters sind und je häufiger sie auftreten, desto elastischer muss der Dichtstoff sein.

> Dichtstoffe dienen zur Befestigung, zur Abdichtung und elastischen Verbindung einzelner Bauteile.

Die Eigenschaften ergeben sich aus den Anforderungen (**10.**143). Dichtstoffe müssen

- gut an anderen Werkstoffen haften,
- beständig sein gegen Witterungs- und Temperatureinflüsse, aggressive Bestandteile der Luft, Fäulnis und Insekten,
- lange halten, dürfen nicht reißen, einsacken oder versprööen,
- elastisch und formbeständig sein (Kohäsionskräfte, Adhäsionskräfte),
- je nach Anwendungsgebiet eine Shore-A-Härte zwischen 15 und 30 haben (Maß für Härte von Gummi und gummielastischen Stoffen).

Arten. Nach der Anwendung unterscheidet man formbare und vorgeformte Dichtstoffe.

formbare Dichtstoffe
erhärtende
plastische
elastische

vorgeformte Dichtstoffe
Dichtungsstreifen
(Vorlegebänder)
Dichtungsprofile

Formbare Dichtstoffe

Erhärtende Kitte (Dichtstoffe) wie Leinölkitt auf Leinölbasis mit mineralischen Füllstoffen (etwa Schlemmkreide) trocknen vollkommen durch. Ein Teil des Leinöls zieht dabei ins Holz, der Leinölkitt oxidiert, verharzt und erhärtet. Durch die Bewegungen im Glasfalz bilden sich Risse im Kitt, und er bröckelt ab (**10.**145). Diese erhärtenden Kitte verwenden wir bei Verglasungsarbeiten, wo im Kittbett kaum Bewegungen stattfinden. Nach der Rosenheimer Tabelle dürfen Leinölkitte nur bei Holz- und Stahlfenstern mit einer Scheibengröße bis 0,6 m² und für Gebäude bis 8 m Höhe verarbeitet werden. Beachten müssen wir, dass Leinölkitt Aluminium angreift.

Plastische Kitte bestehen aus Leinölkitt mit plastomeren oder elastomeren Kunststoffen (Butylkautschuk oder Polyacrylat), Füllstoffen, Weichmachern, Primern und organischen Lösungsmitteln. Sie sind gut und lang andauernd verformbar, kehren aber nicht in die ursprüngliche Form zurück. Bewegungen bis 5 % der Fugenbreite werden aufgefangen. Nach dem Auftragen verdunsten die Lösungsmittel, die Massen binden ab und behalten ihren zähplastischen Endzustand. Beim Verdunsten schwinden die plastischen Materialien und bilden an der Oberfläche konkave (nach innen

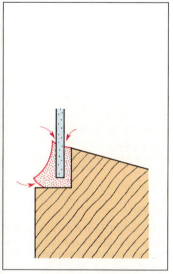

10.145 Dichtung mit abbröckelndem Leinölkitt

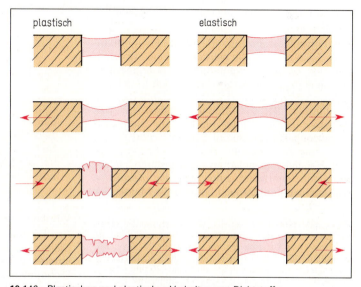

10.146 Plastisches und elastisches Verhalten von Dichtstoffen

gewölbte) Fugenquerschnitte aus. Durch Beimengung lufttrockener Öle entsteht eine dünne, klebfreie Haut, die bei Bewegungen reißt und eine neue Oberflächenhaut bildet. Infolge der wechselnden Beanspruchung (Reißen der Oberfläche, Neubildung, erneutes Reißen) verliert der Kitt im Lauf der Zeit seine Plastizität. Durch Erhärten und Schrumpfen entstehen undichte Stellen (**10**.146). Diese Durchhärtung verhindern wir durch einen dichten Anstrich, der aber so elastisch sein muss, dass er die durch den Schrumpfprozess entstehenden Bewegungen mitmacht. Die Anstrichschicht muss häufig erneuert werden. Die endgültige Versiegelung geschieht mit einer elastischen Dichtungsmasse.

> Erhärtende Kitte trocknen völlig und reißen bei Bewegungen im Falz.
> Plastische Kitte sind bis 5 % Fugenbreite verformbar, verlieren aber durch wechselnde Beanspruchung ihre Plastizität und müssen daher einen elastischen Anstrich erhalten.

Elastische Dichtungsmassen bestehen aus elastomeren Kunststoffen. Bei Bewegung verformen sie sich, gehen aber im Gegensatz zu den plastischen Dichtstoffen wieder in die Ausgangslage zurück (**10**.146). Sie werden in pastöser Form verarbeitet und erreichen durch chemische Reaktion (chemisch vernetzt) ihren elastischen Endzustand und gummiartigen Charakter. Um die Haftung zu verbessern, erhalten die Haftflächen teilweise einen Voranstrich mit einem Haftvermittler (Primer). Die höchstzulässige Dauerbewegung elastischer Dichtstoffe beträgt 25 % der Fugenbreite.

Die Polysulfidkautschuk- (Thiokol), Polyurethan- oder Silikon-Dichtstoffe werden als Einkomponenten- und Zweikomponenten-Produkte angeboten. Die Einkomponentenstoffe lassen sich in der Lieferform verarbeiten und vernetzen durch die Luftfeuchtigkeit. Bei 2-K-Massen müssen wir das Basisharz und den Härter mischen. Die chemische Vernetzung (Vulkanisation) beginnt sofort – deshalb muss die Masse innerhalb einer bestimmten, vom Hersteller festgelegten Zeit (zwischen 2 und 4 Stunden) verarbeitet und aus der Kartusche gedrückt werden! Danach beginnt die Masse dick zu werden.

Polysulfidmassen sind vielseitig einsetzbar und mit vielen Farben und Lacken überstreichbar. 1-K-Polysulfide lassen eine maximale Dauerbewegung von 15 bis 20 % zu, 2-K-Polysulfide 20 bis 25 %. Beide sind gut alterungsbeständig, elastisch und bei Temperaturen zwischen –30 und +100 °C einsetzbar. 1-K-Erzeugnisse reagieren langsamer als 2-K-Massen. Je nach Fugenquerschnitt dauert die Aushärtung 2 bis 4 Wochen.

Polyurethanmassen werden als 1-K- oder 2-K-Systeme erst seit einigen Jahren angeboten. Beide widerstehen recht gut organischen Lösungsmitteln, schwachen Laugen und Säuren, bei kurzzeitiger Einwirkung auch verschiedenen Ölen. Ihre hohe Elastizität entspricht den Polysulfidkautschukmassen. Die maximal mögliche Dauerbeanspruchung beträgt je nach Harzanteil 15 bis 25 % der Fugenbreite. Polyurethanmassen verwendet man hauptsächlich bei Anschlussfugen zwischen Fensterrahmen und Mauerwerk, aber auch beim Einpassen von Türen. Als 2-K-Systeme werden sie selten angeboten.

Silikonmassen sind bereits gemischt und vernetzen durch die Luftfeuchtigkeit zu einem elastischen Silikongummi. Silikonkautschuk hat im Gegensatz zu den anderen Kautschukarten (mit organischem Kohlenstoffgerüst) einen Silicium-Sauerstoff-Aufbau (Quarz), Silikone sind noch bei –10 °C spritzbar. Sie sind alterungsbeständig, wasser-, chemikalien- und temperaturbeständig (von – 60 °C bis + 200 °C), jedoch nicht überstreichbar. Vorteilhaft sind ihre hohe Elastizität, schnelle Aushärtung und besondere Kerbfestigkeit. Sie haften ohne Voranstrich gut auf glatten und dichten Oberflächen und werden daher auch bei Aluminium- und Kunststoff-Fenstern verwendet. Bei der Fensterversiegelung bilden sie die wichtigste Gruppe der Dichtungsmassen (**10**.147, **10**.148).

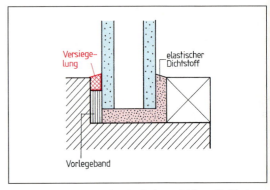

10.147 Verglasung mit elastischem Dichtstoff, Vorlegeband und Versiegelung

> Elastische Dichtstoffe nehmen Bewegungen zwischen 15 und 25 % der Fugenbreite auf und sind sehr alterungsbeständig. Sie werden als 1- und 2-Komponentenmassen angeboten.

Vorgeformte Dichtstoffe

Am Fenster oder bei Türen benutzt man außer Dichtungsmassen auch selbstklebende Dichtungsstreifen (Vorlegebänder) aus Weichgummi und Dichtungsprofile aus Kunststoff (PVC), Synthesekautschuk oder Silikonprofile (Profilabdichtung **10**.147).

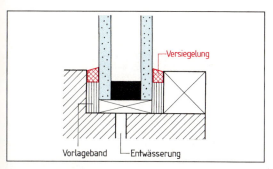

10.148 Verglasung mit Vorlegeband und Versiegelung

Dichtungsstreifen, Vorlegebänder. Elastische Flachprofile dienen als selbstklebende Vorlegebänder bei der Fensterversiegelung. Die Dichtungen aus Zellgummi sind ein- oder beidseitig mit Klebstoff beschichtet. Sie

- begrenzen die Fugentiefe und sichern eine gleich bleibende Fugenbreite,
- verhindern ein Festkleben der Versiegelungsmasse auf dem Fugengrund (bewegliche Dichtungsmasse),
- verteilen zusammen mit den anderen Dichtstoffen die Belastungen und verhindern eine Überbeanspruchung der Versiegelung,
- halten die Fugenränder sauber (**10**.148).

Dichtungsprofil aus Synthese-Kautschuk oder Kunststoffen verarbeitet man, wenn der Raum zwischen Glas und Flügelrahmen durch Trocken- oder Nassverglasung (Druckverglasung oder Verglasung mit formbaren Dichtstoffen) abgedichtet werden muss (**10**.149). Außerdem dienen diese Profile als Falzdichtung zwischen Flügel- und Blendrahmen. Sie sind gummielastisch und weisen eine gleich bleibende Shore-A-Härte auf.

Polychloropren, ein elastomerer Kautschuk, hat bei Temperaturen zwischen −40 und +120 °C gute Elastizität, soll aber nicht mit Öl oder Benzin in Berührung kommen.

Für APTK-Profile (**A**ethylen-**P**ropylen-**T**erpolymer-**K**autschuk) gilt das gleiche wie für Polychloroprene.

Polyvinylchlorid ist eigentlich ein harter, thermoplastischer Kunststoff. Je nach gewünschter Härte wird er mit 25 bis 50 % Weichmachern vermischt, so dass sich das Profil verformen kann. Als Weich-PVC zeigt es temperaturunabhängiges Verhalten und verformt sich bei Dauerbelastung („Kriechen" oder „kalter Fluss"). Der Anpressdruck lässt nach, die Dichtung ermüdet. Solche Profile schrumpfen bei Kälte und beginnen gleichzeitig zu verhärten. Wir verarbeiten dieses Dichtungsmaterial daher bei Falzdichtungen, die nicht der Witterung ausgesetzt sind.

Dichtungsprofile für die Verglasung (DIN 7715) verarbeiten wir für die Abdichtung zwischen Glasscheibe und Fensterrahmen. Flügelfalzabdichtungen bauen wir zwischen Flügelrahmen und Blendrahmen ein. Dabei drücken wir den unteren Teil (Profilfuß) der Lippendichtung in die Aufnahmenut. Der obere Teil (Dichtungskopf) des Dichtungsprofils arbeitet leicht federnd und kann auf Druck beansprucht werden.

> Vorgefertigte Dichtungsstreifen und -profile verwenden wir bei Trockenverglasung.

10.149

a) Verglasung mit Dichtprofil unter Anpressdruck, b) APTK-Profil

1 Wassersammelrinne
2 Glasfalzentwässerung/Belüftung
3 Abtropfnase
4 Luftspalt
5 Mitteldichtung am Flügelrahmen
6 Wassersammelkammer im Blendrahmen
7 Vorkammer (Zwangsentwässerung)
8 Stahlrohrverstärkung
9 Anschluss für Fensterbänke, -bänder
10 Glasfalzdichtung
11 Flügel
12 Mehrkammersystem
13 Verschraubung der Beschläge

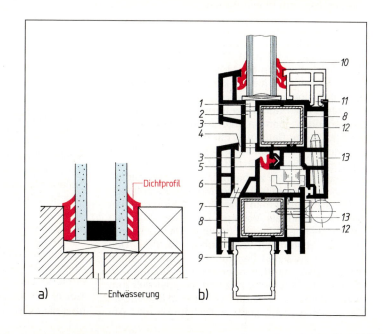

10.8.9 Fenstereinbau und Baukörperanschluss

Maueranschlag. Da das Fenster im eingebauten Zustand der Witterung, unterschiedlichen Belastungen und Bewegungen ausgesetzt ist, muss der Anschluss zwischen Blendrahmen und Mauerwerk besonders sorgfältig ausgeführt werden. Die Beanspruchungen dürfen nicht zum Bruch der Anschlussfuge und zum Eindringen von Wasser führen. Die Lage und Befestigung im Baukörper hängen vom Maueranschlag ab. Wir unterscheiden die Maueröffnung ohne Anschlag, mit Innen- und mit Außenanschlag.

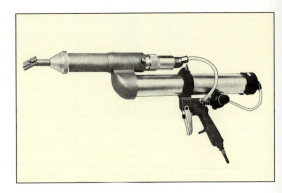
a)

> Die Anschlagart hat wesentlichen Einfluss auf den Wetterschutz, den Einbau und das Aussehen des Fensters in der Fassade.

Blendrahmenverankerung. Fenster müssen waagerecht, lotrecht und fluchtrecht in der vorgeschriebenen Höhe eingebaut werden. Als Befestigungsmittel zum Verankern des Blendrahmens dienen Maueranker, Stahllaschen, Fensterstifte oder Dübel aus Kunststoff oder Metall. Jede Blendrahmenseite soll an mindestens zwei Stellen befestigt werden. Der Abstand der Befestigungspunkte darf 80 cm nicht überschreiten. Der ausgerichtete Blendrahmen wird an den Ecken und Befestigungspunkten festgekeilt. Nach dem Einhängen des Flügels prüfen wir die Gangbarkeit und dichte Flügelauflage am Blendrahmen.

b)   c)

10.150 Zweikomponenten-Dichtung
    a) Verarbeitungspistole
    b) Verarbeitung an einer Tür
    c) Montage eines vorkomprimierten Dichtungsbands auf den Blendrahmen

Anschlussfuge. Auch für die Anschlussfuge (den Raum zwischen Blendrahmen und Mauerwerk) benutzen wir Dichtstoffe (DIN 18055). Legen wir den Blendrahmen in ein Mörtelbett, entsteht eine starre Abdichtung, die bei kleinsten Erschütterungen reißt und undicht wird. Fugenbewegungen entstehen auch durch die temperaturabhängigen Längenänderungen der unterschiedlichen Fensterwerkstoffe und Baustoffe. Für die Abdichtung der bewitterten Fuge (Blendrahmen/Wand) soll ein dauerelastischer Dichtstoff verwendet werden. Um die Fugentiefe zu begrenzen und den Blendrahmen nicht unmittelbar am Mauerwerk anliegen zu lassen, benutzt man eine Hinterfüllung oder ein Dichtungsband als Vorlage. Zunehmend finden selbstklebende, vorkomprimierte Dichtungsbänder aus Schaumstoff Verwendung (**10**.150 c). Den Hohlraum zwischen Fenster und Mauer dichten wir mit Dämmstoffen oder Dämmschäumen ab (**10**.150 a, b). Polyurethan-Schaum eignet sich zum Füllen, Dämmen, Isolieren, Kleben und Befestigen. Wir arbeiten damit beim Ausschäumen der An

schlussfuge, beim Einbau von Rollladenkästen, bei der Fenstermontage und dem Einpassen von Innen- und Außentüren. PUR-Schaum quillt als dünner Strahl aus einer Kunststoffdüse des Behälters mit einer Volumenzunahme bis 150 % auf. Achten Sie auf FCKW-freie Treibmittel! Die vollständige Aushärtung dauert mehrere Stunden. Auch andere Dämmstoffe verarbeiten wir bei der Anschlussfuge:

Mineralfaserdämmstoffe, Holzwolle-Leichtbauplatten, Platten aus Schaumkunststoff, Mehrschicht-Leichtbauplatten und Korkplatten. Der eigentliche Anschluss und die Abdichtung der Anschlussfuge gegen die Witterungseinflüsse erfolgt mit elastischen Dichtstoffen.

Tabelle **10**.151 gibt noch einmal einen Überblick über die besprochenen Dichtstoffe.

Tabelle **10**.151   Übersicht über die Dichtstoffe

	härtend	**plastisch**	**elastisch**
Basis	Leinöl	pflanzliche Öle, Kunststoffe (Acrylate, Butylkautschuk)	Acrylate, Polyurethane, Polysulfide, Silikone
Eigenschaften	härtet nach kurzer Zeit aus nimmt keine Erschütterungen und Bewegungen auf	geht nicht in Ausgangsform zurück, nimmt nur begrenzt Bewegung auf, max. Dauerbelastung 3 bis 10 %	geht wieder in die Ausgangsform zurück, nimmt bis zu 25 % Dauerbelastung auf
Schutzanstrich	erforderlich	z. T. erforderlich	nicht erforderlich
Verwendung (Rota = Rosenheimer Tabelle)	nach Rota nur für Beanspruchungs-Gr. 1 Einfachverglasung	nach Rota für Beanspruchungs-Gr. 2. bei Vermischung mit elastischen Dichtstoffen auch für Gr. 3 bis 5, Einfachverglasung und Isolierverglasung	nach Rota für Beanspruchungs-Gr. 3 bis 5 Einfachverglasung und Isolierverglasung
Unfallgefahr		**Primer und Reinigungsmittel enthalten brennbare Lösungsmittel – Feuergefahr!**	
Auftrag	mit Kittmesser	mit Kittspritze oder Handdruckversiegelungsspritze	mit Handpistole, Druckluftkittspritze oder Kittmesser
Schrumpfung	0 bis 3%	5 bis 20 % (je nach Mischung)	etwa 5%
Komponenten	1	1	2 oder 1
Lebensdauer	3 bis 5 Jahre	5 bis 15 Jahre (je nach Mischung)	Polyurethan 5 bis 10 Jahre Polysulfid 10 bis 20 Jahre Silikon 20 bis 30 Jahre

Aufgaben zu Abschnitt 10.8

1. Nennen Sie Aufgaben eines Fensters.
2. Was ist ein Schlagregen?
3. Worüber geben Beanspruchungsgruppen Auskunft?
4. Was versteht man im Fensterbau unter *a*-Wert und *k*-Wert?
5. Zählen Sie 5 Teile eines Fensters auf.
6. Worauf beruht die Wärmedämmung von Isolierglas?
7. Was bedeutet die Abkürzung V 56?
8. Nennen Sie 5 Arten von Fensterbeschlägen.
9. Nennen Sie 5 Fensterhölzer.
10. Welche Anstrichsysteme kennen Sie?
11. Welche Mindestanforderungen sind an Lacklasuren zu stellen?
12. Warum muss die natürliche Oxidschicht des Aluminiums entfernt werden?
13. Welchen Nachteil zeigt Aluminium als Fensterwerkstoff?
14. Welche Kammersysteme finden wir beim Kunststoff-Fenster?
15. PVC dehnt sich bei Wärme aus. Durch welche Maßnahmen lässt sich dieser Nachteil bei der Fensterherstellung erheblich verringern?
16. Welche Schäden können durch mangelnde Abdichtung am Fenster entstehen?
17. Nennen Sie mindestens 5 Anforderungen an Dichtstoffe.
18. Warum eignet sich Leinölkitt nicht als Dichtungsmaterial?
19. Warum dürfen Aluminiumfenster nicht mit Leinölkitt abgedichtet werden?
20. Welche Angaben enthält die Rosenheimer Tabelle (Rota)?
21. Für welche Beanspruchungsgruppe kann nach Rota Leinölkitt als Dichtstoff verwendet werden?
22. An welcher Seite wird die Glashalteleiste befestigt?
23. Durch welche Maßnahmen lassen sich die Belastungen ausgleichen, denen ein Fenster ausgesetzt ist?
24. Warum müssen die Fenster verklotzt werden?
25. Wie groß muss die Glasfalzhöhe bei einer Scheibengröße von 600 cm sein?
26. Zum Abdichten eignen sich auch plastische Massen. Was ist dabei zu beachten?
27. Erklären Sie den Begriff der Vulkanisation.
28. Vergleichen Sie Silikonmassen mit Polysulfidmassen.
29. Mit welcher Lebensdauer ist bei Silikon als Dichtstoff zu rechnen?
30. Jemand beklagt sich, dass seine Dichtstoffe nicht „halten". Welcher Irrtum besteht hier offensichtlich?
31. Auf welche Stoffe bezieht sich die Shore-A-Härte?
32. Vor einiger Zeit wurden absolut dichte Fenster angeboten. Warum hatten diese Angebote und Zielsetzungen keinen Erfolg?
33. Ein Gebäude liegt an einer Hauptverkehrsstraße. Die Belastungen an das Fenster sind sehr groß. Welche Dichtung ist hier zu wählen?

34. Was sind Primer?

35. Wovon hängt die Aushärtung von Polysulfidmassen ab?

36. Was ist ein 2-K-Erzeugnis?

37. Werden Polyurethane als 1-K- oder 2-K-System angeboten?

38. Was ist Thiokol?

39. Lassen sich Dichtungsmassen auf Silikonbasis überstreichen?

40. Bei welchen Dichtstoffen besteht Feuergefahr?

41. Sie haben mit einer Silikonmasse gearbeitet. Die Masse löst sich weder durch Seife, noch durch Verdünnung oder Benzin von den Händen. Können Sie sich helfen?

42. Was ist Nassverglasung?

43. Was bedeutet „kalter Fluss"?

44. Zeichnen Sie auf, wie eine ordnungsgemäße Glasabdichtung im Glasfalz aufgebaut ist (Beispiel: Isolierverglasung).

10.9   Treppen

Treppen helfen uns, verschiedene Ebenen oder Geschosse zu überwinden. Treppen lassen sich nach verschiedenen Gesichtspunkten einteilen (10.152).

Begriffe. Den waagerechten Teil der Treppe nennt man Trittstufe, den senkrechten Teil Setzstufe (10.155a). Die Höhe zwischen den einzelnen Stufen bezeichnen wir als *Steigung*. Folgen mindestens 3 Stufen hintereinander, sprechen wir von einem *Treppenlauf*, der mit einem *Treppenpodest* beginnen und enden kann. Oft werden Treppenläufe auch von Zwischenpodesten unterbrochen. Die *Lauflinie* liegt bei geraden Treppen in der Mitte, bei Wendel- und Spindeltreppen außermittig (10.154).

Tabelle 10.152   Treppen

Unterscheidung	Treppen
Lage	Außentreppen (Frei-, Hauseingangs-, Kelleraußentreppe), Innentreppen (Geschoss-, Dachbodentreppe)
Laufrichtung	Links- und Rechtstreppe
Grundrissform	gerade, viertel- und halbgewendelte, ein- und mehrläufige Treppe, Bogentreppe, Wendeltreppe (10.151)
Konstruktion	freitragende, freiaufliegende oder eingespannte Treppe
Werkstoff	Mauerwerk, Werkstein, Stahl, Holz

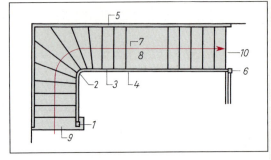

10.154   Treppenteile

1 Antrittspfosten	6 Austrittspfosten
2 Krümmling	7 Lauflinie
3 Handlauf	8 Podest
4 Freiwange (Innenwange)	9 Antritt
5 Wandwange	10 Austritt

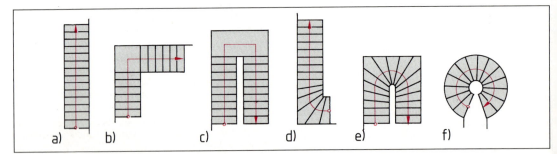

10.153 Treppengrundrisse
a) einläufige, gerade Treppe, b) zweiläufige Winkeltreppe mit Zwischenpodest, c) zweiläufige, gerade Treppe mit Halbpodest, d) einläufige, viertelgewendelte Treppe, e) einläufige, halbgewendelte Treppe, f) Wendeltreppe (alle dargestellten Beispiele sind Rechtstreppen)

Bei teilgewendelten und bei Wendeltreppen sind die Stufen verzogen (*Stufenverziehung*). Das *Treppengeländer* besteht aus dem Antritts- und Austrittspfosten, dem Handlauf und der Geländerfüllung. Der Handlauf aus Holz, Kunststoff oder Metall soll griffgerecht ausgebildet sein und sicheren Halt geben. Die Geländerfüllung kann aus Eisengitter, Füllbrettern, Holzstäben, Acryl- oder Sicherheitsglas bestehen. Der *Krümmling* verbindet als Zwischenstück die inneren Wangen einer gewendelten Treppe. *Kropfstück* (Wangenkrümmung) nennt man den Wangenteil in der Krümmung des Treppenlaufs. Der Freiraum zwischen Treppenläufen und Podest heißt *Treppenauge*.

Steigungsverhältnis. Die Unfallsicherheit und Bequemlichkeit einer Treppe hängt weitgehend vom Steigungsverhältnis und von der Stufenhöhe ab. Die Höhe aufeinander folgender Stufen muss immer gleich bleiben – sonst besteht Stolpergefahr. Als Steigungsverhältnis bezeichnet DIN 18064 das Verhältnis von Steigung s (Stufenhöhe) zu Auftritt a (**10.155** a). Der Quotient aus $s : a$ ist das Maß für die *Neigung*. Die Unfallgefahr wächst mit dem Neigungswinkel. Kellertreppen haben einen Neigungswinkel bis 45°, Wohnungstreppen nur etwa

30° (**10.155** b). Um das günstigste Steigungsverhältnis einer Treppe zu ermitteln, gehen wir von der Schrittlänge eines erwachsenen Menschen aus (60 bis 65 cm). Das mittlere Schrittmaß von 63 cm soll sich ergeben, wenn wir zur Auftrittsbreite a 2 Steigungen s addieren (**10.155** b).

> **Grundlage für die Ermittlung des Steigungsverhältnisses ist die Schrittmaßformel**
>
> **Auftrittsbreite + 2. Steigungshöhe = 630 mm**
>
> $$a \quad + \quad 2\,s \quad = 630\,\text{mm}$$

Beispiel Welche Auftrittsbreite ist bei einer vorgegebenen Stufenhöhe (Steigung) von 170 mm zu wählen?

Lösung $a = 630\,\text{mm} - 2\,s$
         $a = 630\,\text{mm} - 2 \cdot 170\,\text{mm} = \mathbf{290\,mm}$

Das Ergebnis unseres Beispiels ist z. B. das für Wohnungstreppen als günstig empfundene Steigungsverhältnis 170/290 mm. Dabei ist die Treppenneigung etwa 30°.

Für steile Treppen ergeben sich sehr schmale, für flache Treppen sehr breite Auftritte. Welches Steigungsverhältnis wir wählen, hängt vom Verwendungszweck der Treppe, der Art ihrer Benutzung, dem zur Verfügung stehenden Raum und der

10.155 Steigungsverhältnis und Neigung
a) Stufenteile, b) Einteilung der Treppen nach der Neigung, c) Steigungsverhältnisse

Tabelle **10.156**   Treppenabmessungen (landesunterschiedlich)

Laufbreite (Mindestmaße)	in 1- bis 2-geschossigen Wohnhäusern 0,90 m
	in sonstigen Gebäuden mit mehr als 2 Vollgeschossen 1,00 m bei Keller- und Dachgeschosstreppen 0,80 m
Stufenhöhe	(Steigung) höchstens 19 cm
Auftrittbreite	(Auftritt) mindestens 26 cm, bei Wendeltreppen und verzogenen Stufen im engsten Bereich gewendelter Treppen mindestens 10 cm
Lichte Durchgangshöhe	(Kopfhöhe) mindestens 2,00 m
Podest	(Treppenabsatz) nach 16 bis 18 Stufen; seine Länge muss mindestens gleich der Laufbreite, darf aber nicht kürzer als 1,00 m sein
Handlauf und Geländer	Mindesthöhe 0,90 m. Geländerhöhe 1,10 m, wenn die Absturzhöhe größer als 12,00 m ist und bei Innenseiten von Wendeltreppen
Öffnungen	in Geländern und Umwehrungen (z. B. lichter Abstand der Geländerstäbe) nicht breiter als 12 cm

Tabelle **10**.157   Treppenabmessungen (landesunterschiedlich)

Laufbreite (Mindestmaße)	in 1- bis 2geschossigen Wohnhäusern 0,90 m in sonstigen Gebäuden mit mehr als 2 Vollgeschossen 1,00 m bei Keller- und Dachgeschosstreppen 0,80 m
Stufenhöhe	(Steigung) höchstens 19 cm
Auftrittbreite	(Auftritt) mindestens 26 cm, bei Wendeltreppen und verzogenen Stufen im engsten Bereich gewendelter Treppen mindestens 10 cm
Lichte Durchgangshöhe	(Kopfhöhe) mindestens 2,00 m
Podest	(Treppenabsatz) nach 16 bis 18 Stufen; seine Länge muss mindestens gleich der Laufbreite, darf aber nicht kürzer als 1,00 m sein
Handlauf und Geländer	Mindesthöhe 0,90 m. Geländerhöhe 1,10 m, wenn die Absturzhöhe größer als 12,00 m ist und bei Innenseiten von Wendeltreppen
Öffnungen	in Geländern und Umwehrungen (z. B. lichter Abstand der Geländerstäbe) nicht breiter als 12 cm

Geschosshöhe ab. Das Steigungsverhältnis einer Treppe darf sich auf der „Lauflinie" nicht ändern.

Vorschriften und Bestimmungen über die Treppenabmessungen sind in den Bundesländern unterschiedlich. Tabelle **10**.156 zeigt uns Beispiele.

Treppenarten. Für Holztreppen eignet sich festes Holz wie Eiche, Kiefer, Buche, Esche, Ahorn, Afzelia, Sipo, Iroko oder Kambala. Um ein übermäßiges

Arbeiten des Holzes zu verhindern, soll die Holzfeuchte nicht mehr als 8 bis 10 % betragen. Verarbeiten wir bei den Treppenteilen Sperrholz, beträgt die Furnierdicke der Einzelstufe etwa 3 bis 6 mm. Da Holz ein brennbarer Werkstoff ist, gibt es für den Einbau von Holztreppen besondere Baurechtsbestimmungen.

Je nach Gestaltung der Stufen, Treppenwangen und den einzelnen Verbindungen der Treppenele-

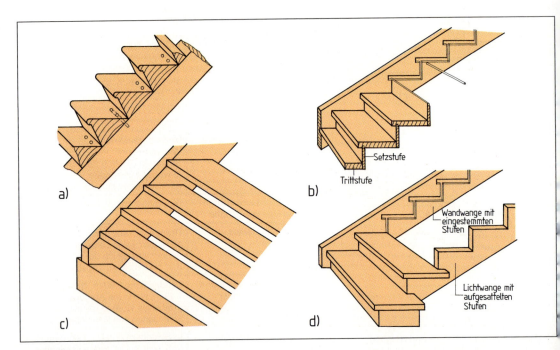

10.158   Treppenarten
a) Blocktreppe, b) eingestemmte Treppe, c) eingeschobene Treppe, d) aufgesattelte Treppe

mente unterscheidet man Block-, eingestemmte, eingeschobene und aufgesattelte Treppen.

Blocktreppen. Bei dieser ältesten Treppenart zeigen die massiven Stufen einen dreieckigen Querschnitt und sind auf Balken oder Trägern aufgelagert. Häufig werden die Stufen mit Holznägeln an der hinteren Kante befestigt, damit das Holz arbeiten kann (**10**.158a).

Eingestemmte Treppen. Die Stufen liegen in einzelnen Nuten der Treppenwangen und bestehen aus Trittstufe und Setzstufe (Futterstufe). Fehlt die Setzstufe, spricht man von einer halbgestemmten Treppe. Die eingestemmten Stufen liegen ca. 30 bis 40 mm vor der Wangenvorderkante. Tritt- und Setzstufen können miteinander vernutet sein, wobei die Trittstufe etwa 30 bis 40 mm über die Futterstufe ragt (Vortritt). Die Setzstufenverkeilung dient einer besseren Stabilisierung der Treppe (**10**.158b). Gestemmte Treppen eignen sich für gerade, gewendelte oder Wendeltreppen.

Eingeschobene Treppen. Die Trittstufen sind in die Wangen eingegratet. Die Gratnut geht nicht durch; es bleibt ein Vorholz (Besteck) stehen, das die Tragfestigkeit vergrößert. Die Trittstufen reichen häufig bis an die Wangenaußenkante oder stehen vor (Nase) und werden dann abgefast oder abgerundet. Eingeschobene Treppen verschalt man an der Unterseite. Bei eingestemmten und eingeschobenen Treppen sind die Stirnseiten der Trittstufen durch die Wangen verdeckt (**10**.158c).

Aufgesattelte Treppen. Die Wangen werden hier treppenartig ausgeschnitten. Auf diesen Ausschnitten liegen die einzelnen Stufen. Werden die Wangen zu Tragholmen der Stufen, setzt man dreieckige Hölzer darauf. Es ist auch möglich, die Stufen auf die Freiwange zu dübeln oder aufzuschrauben und sie in die Wandwange einzustemmen (**10**.158d). Oft liegen die einzelnen Stufen lediglich auf einem Tragholm unter der Lauflinie (oder auf einem Doppelholz) und sind verschraubt.

Wir unterscheiden Block-, eingestemmte, eingeschobene und aufgesattelte Treppen.

Stufenverziehung. Verläuft die Treppe nicht rechtwinklig, sondern gewendelt, müssen die Stufen allmählich der Wendelung angepasst werden. Diese Veränderung der Stufen nennt man Stufenverziehung und konstruiert sie u. a. durch die Abwicklungsmethode (Steigungslinienverfahren) oder die Verhältnismethode (Proportionalteilung).

Bei der Abwicklungsmethode werden zunächst die geraden Stufen und Auftritte entlang der Lauflinie im Auf- und Grundriss eingezeichnet (**10**.159a). Wenn der Radius der Innenwange (Krümmlingsmittelpunkt) bestimmt ist, werden im Grundriss die Vorderkante der ersten und letzten geraden Stufe festgelegt, mit Punkt A und Punkt B gekennzeichnet, durch eine Linie verbunden und in C das Mittellot darauf errichtet. Dieses Lot schneidet die Senkrechte von A im Punkt M_1 (bzw. von B in M_2). Schlagen wir um M_1 und M_2 jeweils Kreisbögen, schneiden ihre Schnittpunkte die Stufenhöhen und ergeben die Stufenvorderkanten.

Proportionalteilung. Die Eckstufe liegt in der Krümmung und ist an ihrem Kropfstück noch 10 cm breit. Die Vorderkante der ersten und letzten geraden Stufe werden verlängert (Punkt B). Ebenso verlängern wir die Vorderkanten der Eckstufe bis Punkt A. Der Abstand A–B wird danach im Verhältnis 1 : 2 : 3 : 4 geteilt (Stufenzahl). Die entsprechenden Punkte auf der Mittelachse werden mit den Punkten auf der Lauflinie verbunden (**10**.159b). Bei der Stufenverziehung müssen die Stufen auf der Lauflinie alle gleich breit sein.

Durch die Wendelung wechselt die Gehrichtung einer Treppe. Der allmähliche Übergang der Stufen erfolgt durch ein Verziehen der Stufen. Dabei geht man nach der Abwicklungs- oder Proportionalteilung vor.

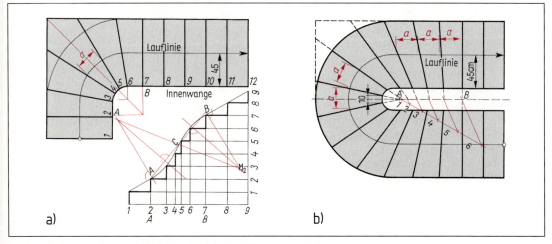

a) b)

10.159 Stufenverziehung, a) Abwicklungsmethode, b) Proportionalteilung

Aufgaben zu Abschnitt 10.9

1. Aus welchen Teilen besteht eine Treppe?
2. Auf welche Weise wird in einer Zeichnung die Gehrichtung einer Treppe angegeben?
3. Bei welcher Treppenart werden Stufen verzogen?
4. Aus welchen Teilen besteht eine Stufe?
5. Erläutern Sie die Begriffe Krümmling, Trittstufe, Lauflinie und Treppenlauf.
6. Erklären Sie den Begriff Steigungsverhältnis.
7. Ermitteln Sie das günstige Steigungsverhältnis für eine Wohnhaustreppe bei einer Geschosshöhe von 2,75 m und 15 bzw. 16 Steigungen.

8. Welchen günstigen Neigungswinkel sollen Wohnungstreppen haben?
9. Zählen Sie geeignete Hölzer für Holztreppen auf.
10. Vergleichen Sie die eingeschobene Treppe mit der eingestemmten Treppe.
11. Was kennzeichnet die aufgesattelte Treppe?
12. Welche Aufgaben hat ein Tragholm?

11 Betriebstechnik

Von alters her ist der Tischler ein „Hand-werker". Mit Hilfe seiner Werkzeuge verarbeitete er viele Jahrhunderte hindurch Holz auf Bestellung zu Einzelmöbeln und Innenausstattungen. Erst die sprunghafte Bevölkerungszunahme im 19. Jahrhundert steigerte den Bedarf an preiswerten Einzelmöbeln, der nur durch Einsatz von Maschinen zu decken war. Aus der Einzelanfertigung wurde eine industrielle Massenproduktion, aus der Werkstatt eine Fabrik. Neue Werkstoffe wie die Furnier-, Span- und Faserplatten (Holzwerkstoffe) förderten diese Entwicklung. Heute kommt selbst eine kleinere Schreinerei nicht mehr ohne Maschinen aus, weil sie rationell (schnell und preisgünstig) arbeiten muss.

> Welche Maschinen stehen in Ihrem Betrieb? Beschreiben und begründen Sie die Anordnung dieser Maschinen. Wie hoch ist der Anteil der Einzelaufträge Ihres Betriebs gegenüber den Aufträgen in der Serienfertigung?

11.1 Betriebsanlage

Die Anlage eines holzverarbeitenden Betriebs wird durch den rationellen Arbeitsablauf bestimmt. Lange Wege zwischen den einzelnen Bearbeitungsstationen sind unwirtschaftlich und stören den gesamten Arbeitsablauf. Vor jeder Betriebsgründung steht deshalb die Planung.

Betriebsplanung bedeutet die Berücksichtigung aller Informationen, die für das Errichten eines Betriebs nötig sind. Die Informationen bestehen aus *Vorgaben* (z. B. Grundstücksgröße, Verkehrsnetz) und aus *Annahmen*, die nur geschätzt werden können (z. B. Produktauswahl, Absatzmöglichkeiten, Verkaufspreise).

Alle Entscheidungen (z. B. welche Grundstücksfläche wie hoch überbaut wird) müssen aufeinander abgestimmt und in sich ausgewogen sein. Es wäre Unsinn, eine dreigeschossige Halle mit einer Grundfläche von 100 m x 50 m zu erstellen, um nachher mit 10 Mitarbeitern individuellen Möbelbau zu betreiben. Diese Erzeugnisse könnte sicher kein Mensch bezahlen.

Planungsstufen. Geplant wird in einer bestimmten Reihenfolge. Es wäre unlogisch, sich über das Fertigungsprogramm und den Fertigungsablauf Gedanken zu machen, wenn Absatzmarkt und Finanzierung noch nicht geklärt sind.

Durch Marktanalyse wird festgestellt, welche und wie viele Produkte absatzfähig sind, d. h. sich direkt oder über den Fachhandel verkaufen lassen. Durch Analyse des Arbeitsmarkts ist zu ermitteln, welche und wie viel Arbeitskräfte am Ort verfügbar sind.

Der Finanzierungsplan sagt aus, wie viel Eigenkapital vorhanden ist und welches Fremdkapital zu welchem Zinssatz in welchem Zeitraum zurückgezahlt werden muss.

Nun erst geht es an die Planung der Betriebsanlage.

Der Fertigungsbereich ist Mittelpunkt der Anlage, das Herz des Betriebs. Hier wird an Bänken und Maschinen produziert. Das Material wird zugeschnitten, gelangt in die Maschinen- und Bank-

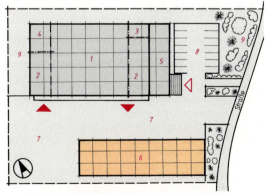

11.1 Betriebsanlage (M 1:500)

1 Fertigungsbereich	6 Schnittholzlager
2 Lagerräume	7 Verkehrsbereich
3 technischer Bereich	8 Parkflächen
4 sozialer Bereich	9 Grünflächen
5 Verwaltung	

werkstatt und nach der Oberflächenbehandlung ins Fertiglager bzw. zur Montage.

Der *Maschinenaufstellungsplan* richtet sich nach dem Fertigungsablauf. Er muss die unterschiedlichen Stückzahlen der verschiedenen Produkte und ihre Bearbeitungszeiten berücksichtigen. Die Maschinen sollen möglichst ausgelastet, die Transportwege dazwischen kurz sein. Bild **11**.1 zeigt die sinnvolle Anordnung einer Betriebsanlage.

Die Lagerräume sind den Fertigungsräumen zugeordnet, so dass keine langen Wege nötig sind. Die Lagergüter sind übersichtlich und geordnet aufzubewahren. An- und Auslieferung sollen reibungslos vor sich gehen. Verkehrs- und Fluchtwege sind freizuhalten, Fluchtwege deutlich zu kennzeichnen. Je nach Art des Lagerguts stellt der Gesetzgeber besondere Anforderungen an die Bauausführung, Installations- und Klimatechnik.

Beispiel   Das Furnierlager sollte klimatisiert sein.

In der industriellen Fertigung setzt man Hochregallager ein, wo das Lagergut über elektronisch gesteuerte Anlagen ein- und ausgestapelt wird. Nach den Lagergütern unterscheiden wir

– das Rohstofflager (Platten und Schnittholz),
– das Fertigteillager (Halbfabrikate, Beschläge und Schrauben)
– das Endlager (Fertigprodukte).

Das Schnittholzlager im Freien wird in Hauptwindrichtung und in geschützter Lage errichtet. Es sollte Anschluss an das öffentliche Verkehrsnetz (Straße, Bahn) haben. Für Stapler oder Kräne sind entsprechende Fahrstraßen einzuplanen. Die Höl-

zer lagert man nach Art und Dicke getrennt. Der Unterbau des Lagerplatzes soll trocken (Regenwasserabfluss), sauber und in den Verkehrsbereichen möglichst befestigt sein.

Der technische Bereich umfasst die Räume mit den technischen Anlagen (Heizung, Absaugung und Späneverwertung, Luft- und Wasserver- und -entsorgung).

Zum sozialen Bereich gehören Aufenthalts-, Wasch- und Duschräume, evtl. auch ein Sanitätsraum sowie Toiletten. Zahl und Größe dieser Räume richten sich nach der Anzahl der Mitarbeiter. Für Frauen und Männer sind getrennte Waschräume und Toiletten vorzusehen.

Zu den Verkehrsflächen gehören neben den Lagerplatz-Erschließungsstraßen alle innerbetrieblichen und fertigungsbedingten Wege und Flächen (z. B. zum Beladen und Abtransport durch Lkw oder Container). Für Kunden und Mitarbeiter sind Parkflächen einzuplanen.

Grünflächen in der Betriebsanlage erfreuen nicht nur Kunden und Mitarbeiter, sondern auch die Nachbarn. Oft erfüllt die Bepflanzung um die Fertigungshalle auch Lärmschutzaufgaben. Verwahrloste Grünflächen sind jedoch keine gute Werbung!

Eine sinnvoll geplante Betriebsanlage spart Wege und Zeit.
Ein richtig angelegtes, ordentliches Lager spart Verluste.

11.2   Arbeitsplatz

Zum Wohl und Schutz des Arbeitnehmers gelten Gesetze und Vorschriften für die Gestaltung und Einrichtung der Arbeitsplätze. Dazu gehören:

– das Betriebsverfassungsgesetz,
– die Arbeitsstättenverordnung,
– das Arbeitssicherheitsgesetz,
– die Verordnung über gefährliche Arbeitsstoffe,
– das Gesetz über gesundheitsschädliche oder feuergefährliche Arbeitsstoffe,

– das Jugendarbeitsschutzgesetz,
– die Unfallverhütungsvorschriften.

Betriebsverfassungsgesetz. Bei der Planung von Neu-, Um- oder Erweiterungsbauten, technischen Anlagen, Arbeitsverfahren und -abläufen sowie Arbeitsplätzen muss nach § 90 des Betriebsverfassungsgesetzes der Betriebsrat unterrichtet und zu Rate gezogen werden. Die Qualität des Arbeitsplatzes wird nach drei Gesichtspunkten beurteilt (**11**.2).

Tabelle **11**.2   Qualität des Arbeitsplatzes

Umgebung	Betriebsmittel (Maschinen, Werkzeuge)	Innerbetriebliche Arbeitsorganisation
Beleuchtung, Lärm, Klima, Vibration, Staub, Dämpfe, Gase	Anpassung an Körpermaße Lage im Seh- und Griffbereich Sicherheit	Arbeitszeitregelung Arbeitsablauf (Fertigungsweise) Leistungsvorgabe und -erfassung

Mit der optimalen Gestaltung des Arbeitsplatzes versucht man zwei Ziele zu erreichen:

– Wirtschaftliches Ziel. Der Arbeitnehmer soll möglichst zweckmäßig mit Werkzeugen, Werkstoffen und Hilfsmitteln umgehen, d.h. in einer vorgegebenen Zeit eine große Menge von Erzeugnissen mit den geforderten Eigenschaften herstellen.
– Humanitäres Ziel (menschenfreundliches Ziel). Der Arbeitnehmer soll dieses Ziel möglichst kraftsparend, ohne Überbelastung erreichen und dafür eine angemessene Vergütung erhalten.

Arbeitsstättenverordnung. Damit diese Ziele nicht zu einseitig unter wirtschaftlichem Gesichtspunkt betrachtet und ausgelegt werden, enthält z.B. die Arbeitsstättenverordnung klare Aussagen:

– In den Arbeitsräumen muss ausreichend gesundheitlich zuträgliche *Atemluft* vorhanden sein.
– Die *Raumtemperatur* muss gesundheitlich zuträglich sein.
– Türen mit Glaseinsätzen müssen *Schutzvorkehrungen* haben.
– Fußböden dürfen keine *Stolperstellen* haben.
– Je nach Betriebsart sind höchstzulässige Schallpegelwerte (*Lärmschutz*) festgelegt.
– Arbeitsräume müssen eine *Mindesthöhe* haben (bei einer Grundfläche von 10 m² mindestens 2,75 m).

Die Arbeitsplatzgestaltung

– hat ein wirtschaftliches und ein humanitäres Ziel.
– unterliegt Auflagen der Arbeitsstättenverordnung.

11.3   Förder- und Transportvorrichtungen, Spänebeseitigung

Bei jedem Arbeitsgang im Betrieb, ob an der Hobelbank oder an der Maschine, muss das Werkstück nicht nur bearbeitet, sondern auch aufgenommen, abgelegt und weggetragen werden. Diese Tätigkeiten gehören nicht unmittelbar zur Werkstückbearbeitung und sind daher nach REFA (Reichsverband für Arbeitszeitstudien) *Nebentätigkeiten*. Der Kostenaufwand für diese „unproduktiven" innerbetrieblichen Transporte macht bis zu 50 % der Gesamtlohnkosten aus! Deshalb ist jeder Betrieb bestrebt, die Transportzeiten durch einen rationellen Arbeitsablauf von Maschine zu Maschine zu verringern.

Welche Transportmittel für welchen Zweck? Die Antwort richtet sich nach den betrieblichen Gegebenheiten: nach dem Fabrikationsprogramm, der Fördermenge (Stückzahlen), den Räumlichkeiten, Wegen und Gebäudehöhen. Der Antrieb geschieht durch Muskelkraft, elektrisch, pneumatisch oder hydraulisch. Die 4 Kernfragen zum Werkstücktransport lauten:

---

1. **Was** soll transportiert werden? (Material)
2. **Wohin** soll es transportiert werden? (Wege, Raumverhältnisse)
3. **Wann** soll es transportiert werden? (Lagerhaltung, Zwischenlager)
4. **Womit** soll es transportiert werden? (Fördermittel)

Zu unterscheiden sind:

Flurförderer	**Stetigförderer**
– Transportwagen	– Hängeförderer
– Plattenroller	– Rollen- und
– Etagenwagen	– Röllchenförderer
– Hubwagen	– Flurkettenförderer
– Gabelstapler	– Plattenbandförderer
	– Fließbänder

Hebezeuge	**Rutschen**
– Hebebühnen	**Vorschubapparate**
– Hubtische	**und Beschickungs-**
– Kräne	**einrichtungen**

Vor allem werden in den Betrieben des handwerklichen und industriellen Möbelbaus Flurfördermittel eingesetzt.

Transportwagen sind sehr flexibel und auf kleinstem Raum einsetzbar, wenn sie mit vier Lenkgummirollen ausgestattet sind (**11.3**). Anordnung

11.3   Transportwagen

und Größe (Durchmesser) der Räder sind wichtig, denn sie werden am stärksten belastet. Jeder Arbeitnehmer sollte einen vollbeladenen Wagen noch allein transportieren können.

Plattenroller und Etagenwagen. Der zweirädrige Plattenroller dient zum Transport einzelner Platten. Den Etagenwagen setzt man häufig zur Aufnahme und zum Transport frischlackierter Korpusteile in der Serienfertigung ein.

Der Hubwagen arbeitet hydraulisch. Er hebt Lasten bis zu mehreren Tonnen auf Paletten und transportiert sie.

Den Gabelstapler verwendet man besonders im Plattenlager und auf dem Schnittholzplatz zum Be- und Entladen. Es gibt Front- und Seitenstapler; beide arbeiten hydraulisch.

Hängeförderer finden wir vorwiegend in der Großserienfertigung. Ihr Vorteil besteht darin, dass sie mit einer umlaufenden Kette *über* dem teuren Arbeitsraum fördern, also keine Flurwege brauchen. Sie werden in der Lackierung eingesetzt und zum Transport von einer Fertigungshalle zur anderen.

Auf Rollen- und Röllchenbahnen lassen sich einzelne Werkstücke oder ganze Stapel manuell schieben oder sie fördern die Last durch Schwerkraft selbst. Über querverfahrbare Gleiswagen können die Bahnen gewechselt und die Wagen zur

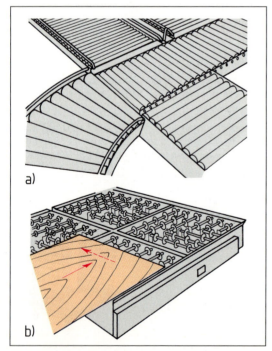

11.4   a) Rollenbahnen, b) Röllchenbahn (180°-Umlenkung)

nächsten Bearbeitungsstelle transportiert werden (**11.**4). Rollen- oder Röllchenbahnen brauchen eine Auslaufsperre. (*Warum?*)

Bei Flurkettenförderern ist die Transportkette im Flurboden eingelassen. Einzelne Rollenwagen werden über Mitnehmerbolzen transportiert und über Weichen selbsttätig zum nächsten Arbeitsplatz gebracht.

Plattenbandförderer und Fließbänder werden elektrisch betrieben und vor allem bei der Fertigungskontrolle, Nacharbeit, Endmontage und Sortierung eingesetzt (**11.**5).

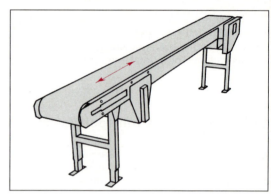

11.5   Bandförderer

Hebebühnen und Hubtische werden in Laderampen eingebaut (Be- und Entladen) oder in der Fertigung eingesetzt (Heben und Senken z. B. von Plattenstapeln bei vollautomatischer Beschickung und Abnahme, **11.**6).

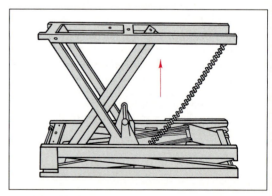

11.6   Hebebühne

Der fahrbare Hängekran wird beim Platten- und Vollholzzuschnitt eingesetzt. Eine elektrisch betriebene *Laufkatze* mit Haken, Plattengreifer oder Vakuumsaugheber kann quer und längs verfahren werden.

Rutschen erleichtern den manuellen Transport z. B. von Schränken. Voraussetzung ist, dass die Rutschen oberflächenbehandelt sind. (*Warum?*)

Vorschubapparate und Beschickungseinrichtungen sind selbstständige Geräte, die vorsortierte einzelne Werkstücke in meist regulierbaren Geschwindigkeiten den Bearbeitungsstellen zuführen.

Spänebeseitigung. Der Fachausschuss Holz der Holz-Berufsgenossenschaft hat in einer Sicherheitsregel die sicherheitstechnischen Anforderungen an Absaug- und Abscheideanlagen für Holzstaub und Holzspäne neu festgelegt. Von Holzstaub und Holzspänen gehen drei Gefahren aus:

– Brand- und Explosionsgefahr,
– Verletzungsgefahr (Augen),
– Gesundheitsgefahr (z. B. Allergien, Geschwulstbildung in den Atmungsorganen).

Nach der Einstufung von Eichen- und Buchenholzstaub in die Gruppe III/A1 der MAK-Werte-Liste (**m**aximale **A**rbeitsplatz-**K**onzentration) darf die Staubkonzentration der Atemluft am Arbeitsplatz beim Verarbeiten von Buchen- und Eichenholz den Wert von 2 mg/m³ bzw. 5 mg/m³ im Gesamtstaubgemisch nicht überschreiten.

In der Regel sind die Maschinen bereits mit wirksamen Späneabsauganschlüssen ausgestattet (**11.**7). Für Neuanlagen geben die Sicherheitsregeln Mindestabsaug-Geschwindigkeiten für die Anschlussstelle und die folgende Förderleistung vor.

Beispiel 20 m/s für Holzstaub, Hobel- und Feinspäne

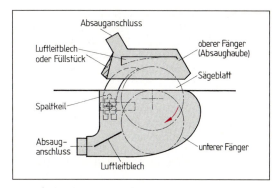

11.7 Späneabsauganschlüsse einer Tisch- und Formatkreissäge

Bei Abscheidern (Zyklonen) wird der Staub über Flieh- und Schwerkraft von der Luft getrennt (**11.**8 b). Die Späne fallen nach unten und sammeln sich im Bunker (Silo). Zyklone eignen sich nur bei geringem Staubanteil im Abfallgemisch. Wirksamere Abscheider arbeiten mit hintereinander geschalteten Filtern aus Baumwoll- und Kunststoffgeweben (Teflon), durch die die Staubluft hindurchströmt (**11.**8 a). Der feine Staub bleibt im Gewebe hängen und wird später durch Rütteln herausgelöst, in Kunststoffsäcken gesammelt und beseitigt. Moderne Filteranlagen reinigen die Gewebebahnen selbsttätig.

Bei festen Sammel- und Lagereinrichtungen (Silos) für Staub und Späne ist der Brandschutz besonders zu beachten. Es wird empfohlen, die Anlagen nachzurüsten bzw. bei Neuanlagen mit

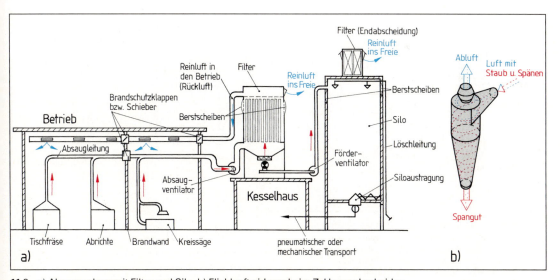

11.8 a) Absauganlage mit Filter und Silo, b) Fliehkraftwirkung beim Zyklonenabscheider

Druckentlastungs- (Berstscheiben) und Feuerlösch-
einrichtungen (Wasser und Schaum) zu versehen.
Sind im Kleinbetrieb keine Silos vorhanden, sondern werden Staub und Späne in den Arbeitsräumen gesammelt und gelagert, müssen die Vorschriften der Holzberufsgenossenschaft über Art
und Volumen der Behältnisse beachtet werden
(**11**.9 e). Aus Gründen der Energieersparnis wird
die gefilterte Luft in die Arbeitsräume zurückge-
führt. Der Reststaubgehalt der zurückgeführten
Umluft darf 0,2 mg/m^3 (nach BG-H1/H3) nicht überschreiten. Bei Abluft ins Freie darf ein Reststaubgehalt von 20 mg/m^3 nicht überschritten werden.

Absauganlagen im Tischlerbetrieb arbeiten als
Zentral, Einzel- oder Gruppenabsaugung (**11**.9). Sie
erfüllen folgende Aufgaben:

– Absaugen, Fördern, Hacken,
– Bunkern, Filtern, Luftrückführung,
– Späneaustragen, Heizen,
– Rauchgasreinigung (Umweltschutz).

Abgesaugte und gelagerte Späne kann man zur
Energiegewinnung verheizen. Dabei sind die Vorgaben der TA Luft (= Technische Anweisung, 1986)
hinsichtlich der Emissionswerte zu beachten. Die
gewonnene Wärmeenergie lässt sich für das
Betriebsgebäude oder eine Trockenkammer nutzen.

Brikettierpressen bieten eine weitere Möglichkeit,
den Abfall umweltfreundlich zu beseitigen. Sie
pressen die trockenen Späne unter hohem Druck
zu Strängen. Grobholzabfälle müssen dazu erst in
Restholzzerkleinern zerspant werden.

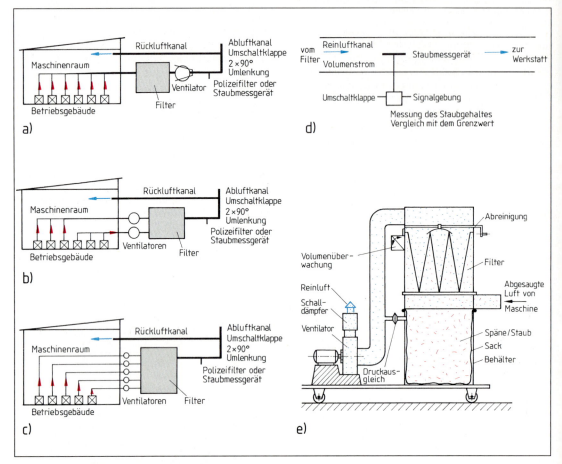

11.9 Späne- und Staubabsaugung mit Luftrückführung
  a) Zentralabsaugung mit Luftrückführung
  b) Gruppenabsaugung mit Luftrückführung
  c) Einzelabsaugung mit Luftrückführung
  d) Staubmessgerät im Reinluftkanal
  e) Ortsbewegliche Einzelabsaugung (schematisch)

11.4 Fertigungsablauf

Die Fertigung ist nach Art des Betriebs und der Produktion in einzelne Aufgaben- und Verantwortungsbereiche geteilt. Wir unterscheiden:

nach der Produktion
- Fertigung auf Bestellung
- lagerorientierte Fertigung
- Ein- und Mehrproduktfertigung

nach dem Fertigungsablauf
- Bandfertigung (große Betriebe mit kleinem Sortiment)
- Werkstattfertigung (mittlere und kleinere Betriebe mit großem Sortiment)
- Objektfertigung

Mechanisierung und Automatisierung. Bei unspezialisierten mittleren und kleinen Betrieben findet man meist die mechanisierte Fertigungsweise. Hier stellt der Tischler die Spanabnahme und den Vorschub an der Dickenhobelmaschine ein, legt das Werkstück auf und nimmt es nach der Bearbeitung wieder ab. Bei spezialisierten Großbetrieben ist die Fertigung automatisiert. Hier werden die Maschinen computergesteuert und vom Arbeitnehmer nur noch kontrolliert. Das Werkstück wird automatisch von einer Bearbeitungsstation zur nächsten transportiert, vom Breitenzuschnitt über die Verleimung und Profilierung bis zum End-

schliff. Werden in einem Maschinendurchlauf bis zu 10 verschiedene Arbeitsgänge auf beiden Seiten zusammengefasst, spricht man von einer „Fertigungsstraße" (**11**.10). Viel Zeit und größte Genauigkeit werden auf das Rüsten und Einstellen der Maschinen auf die bestimmten Werkstücke verwendet.

> Wenn der Schreiner ein Werkstück falsch bearbeitet, ist nur dieses Stück unbrauchbar. Wenn jedoch ein vollautomatisierter Betrieb einige Arbeitsstunden mit falsch eingestellten Maschinen läuft, ist der Schaden sehr groß. Das Rüsten der Maschine und die Endkontrolle der Werkstücke können nur Fachkräfte durchführen!

Der Handwerksbetrieb (Schreinerei) ist nach Mitarbeiterzahl und Umsatz (Jahresleistung) ein Kleinbetrieb, der jedoch durch entsprechenden Maschineneinsatz und durchdachte Arbeitsplatzgestaltung oft industrielle Arbeitsmethoden übernimmt. Konkurrenzdruck und Rationalisierungszwang führen auch handwerkliche Betriebe immer stärker zur Spezialisierung. Wenn sich ein Betrieb auf die Fertigung bestimmter Produkte beschränkt (spezialisiert), kann er größere, schnellere Spezialmaschinen einsetzen und damit die Herstellungskosten je Stück niedrig halten. Solche Maschinen sind teuer, lohnen sich aber, wenn sie ausgelastet werden. Nicht zu vergessen ist jedoch, dass ein spezialisierter Betrieb stärker vom Markt abhängt als ein nicht spezialisierter. Viele Handwerksbetriebe haben sich deshalb teilspezialisiert (**11**.11).

Beispiel Eine Schreinerei fertigt zu 60 bis 80 % ihrer Kapazität (Leistung) Türumrahmungen (Futter, Zargen, Blockrahmen) und kauft das Türblattmaterial ein. Die Restkapazität von 20 bis 40 % setzt sie im individuellen Innenausbau ein.

Dieser Betrieb arbeitet wirtschaftlich, denn er deckt durch seine Teilspezialisierung die gesamten Maschinenkosten und kann die Maschinen außerdem Gewinn bringend für Einzelaufträge einsetzen. Andere Schreinereien sind schon wie Großbetriebe industrialisiert.

Beispiel Ein moderner Fensterbaubetrieb stellt Holzfenster her und führt Verglasungen durch. Im Fertigungsablauf dieses ursprünglich handwerklichen Betriebes erzeugen Doppelendprofiler (Kehlautomaten) computergesteuert in einem Durchlauf aus rohen Kanthölzern fertig gefälzte und profilierte Fensterrahmen, die anschließend auf der doppelseitigen Schlitz- und Zapfenschneidmaschine abgelängt, Schlitz und Zapfen angefräst werden. Die Mitarbeiter müssen die Hölzer nur noch verleimen und die Scheiben einsetzen. Die verschiedenen Profile erzielt man durch stärkere Kanthölzer und Umrüsten des Verbundwerkzeugs.

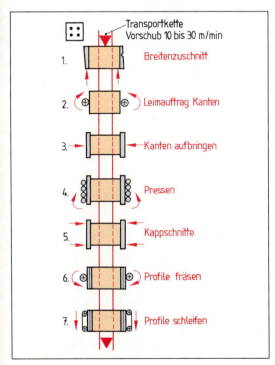

11.10 Fertigungsstraße (Industrie)

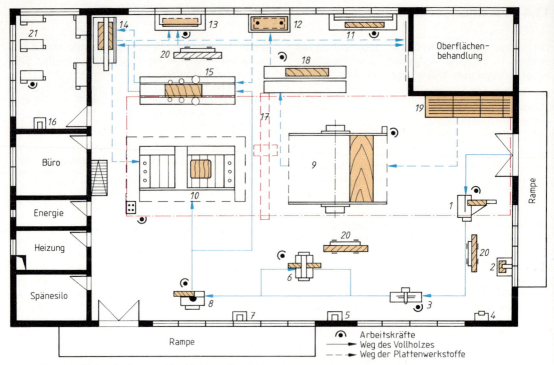

11.11 Handwerklicher Fertigungsablauf (8 bis 12 Beschäftigte)

1 Formatkreissäge		*12* Furnierpresse	
2 Tischbandsäge		*13* Reihenlochbohrmaschine	
3 Abrichthobelmaschine		*14* Bandschleifmaschine	
4 Kettenfräse		*15* Kantenanleimmaschine	
5 Oberfräse		*16* Ständerbohrmaschine	
6 Dickenhobelmaschine		*17* Brückenkran	
7 Astlochbohrmaschine		*18* Leimauftrag	
8 Tischfräse		*19* Plattenlager	
9 Plattenaufteilsäge (horizontal)		*20* Transportwagen	
10 CNC-Bearbeitungszentrum		*21* Werkbank	
11 Furnierschere			

Der Industriebetrieb (z.B. Möbelfabrik) ist häufig aus kleinen Schreinereien hervorgegangen. Durch immer strengere Beschränkung auf bestimmte Produkte konnte er Spezialmaschinen einsetzen, Förder- und Transportmittel wie Rollenbahn, Förderband und Hängeförderer zu Fertigungsstraßen verknüpfen. Die Arbeitnehmer legen die Werkstücke auf und nehmen sie am Ende der Straße wieder ab – eine sehr einseitige Tätigkeit, für die angelernte Kräfte genügen (**11**.12). Kontroll-, Nach- und Sonderarbeiten dagegen setzen auch hier noch handwerkliches Geschick voraus und bleiben daher Aufgabe des Facharbeiters, des Schreiners/Holzmechanikers oder Fensterbauers.

Austauschbau. Die Produktpalette einer Möbelfabrik besteht meist aus einigen von Innenarchitekten entworfenen Wohn-, Schlaf- oder Kinderzimmer-Anbauprogrammen, die über Möbelhäuser verkauft werden. Häufig werden sie im Austauschbau entworfen, so dass z.B. Böden, Schubkästen oder Türen einzelner Programme ausgetauscht und daher preisgünstig hergestellt werden können. Sie unterscheiden sich oft nur in Form und Farbe (Holzart, Oberflächenbehandlung). Auch die Beschläge und Verbindungen haben gleiche Abstände (Schablonen). Durch die höheren Stückzahlen verbilligt sich die Fertigung erheblich.

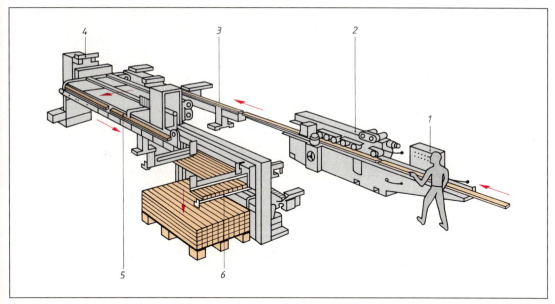

11.12 Industrialisierte Fertigung (Teil-Fertigungsstraße/Rahmenhölzer, Einmannbedienung)

1 Steuerpult
2 Kehlmaschine
3 Übergabevorrichtung

4 Doppelseitige Abkürz-Zapfenschneid- und Schlitzmaschine
5 Transportband
6 Stapelautomat

Arbeitsvorbereitung. Komplizierte Fertigungsanlagen wie Alleskönner oder Doppelendprofiler-Straßen erfordern viel Zeit zum Umrüsten (Umbauen) der Werkzeuge, Anschläge und Vorschubeinrichtungen auf andere Werkstücke. Ziel ist es deshalb, die Maschinenlaufzeit voll auszunutzen und so die Maschinenkosten je Stück niedrig zu halten. Dazu sind Planung und Kontrollen nötig. Zur Arbeitsvorbereitung eines Industriebetriebs gehören aber auch Terminplanung, Abstimmen von Lagerhaltung, Fertigung, Ein- und Verkauf. Diese Arbeiten werden in den Verwaltungsbüros vorgenommen. Nicht selten bietet diese Arbeits-teilung tüchtigen Facharbeitern Gelegenheit zu beruflichem Aufstieg.

> **Spezialisierte Produktion**
> – ermöglicht rationelle Serienfertigung mit Austauschbau,
> – erfordert bei automatisierter Fertigung genaue Arbeitsvorbereitung,
> – ist marktabhängiger als nicht- oder teilspezialisierte Produktion.

11.5 Wie wird ein Auftrag erteilt?

Bestellung. Betrachten wir zunächst den typischen Handwerksbetrieb. Hier kommt der Kunde in der Regel noch zum Schreiner und bestellt nach vorheriger Absprache mit dem Meister oder nach einem Preisangebot den Schrank oder die Wandverkleidung. Nach der Auftragserteilung plant der Meister den weiteren Fortgang der Arbeit. Er erstellt, falls nötig, eine Fertigungszeichnung und eine Stückliste oder bespricht die Konstruktion mit seinen Mitarbeitern. Er kauft nicht vorhandenes Rohmaterial ein, wie Beschläge oder Furniere. Er überwacht die Fertigung und macht sich Aufzeich-nungen über den Verlauf. Nach der Fertigstellung berechnet er den Auftrag anhand der Aufzeichnungen über Materialverbrauch und Arbeitszeit.

Ausschreibung. Öffentliche Bauherren, wie Landratsämter oder Gemeindeverwaltungen, aber auch Architekten erstellen ein *Leistungsverzeichnis* mit allen auszuführenden Arbeiten nach einzelnen Positionen (Art und Umfang der Arbeiten in m², lfm oder Stück). Diese Ausschreibung wird bei öffentlichen Bauvorhaben in der örtlichen Tagespresse bekanntgegeben, so dass sich jeder Handwerksbetrieb informieren kann. Interessiert ihn der Auftrag, fordert er die Leistungsbeschreibung an und bearbeitet sie, berechnet also seine Preise und setzt sie in das Leistungsverzeichnis ein. Der öffentliche Bauherr erhält diese Leistungsverzeichnisse in der festgesetzten Frist zurück, vergleicht sie und entscheidet sich für das ihm günstigste Angebot.

Nach der Auftragserteilung muss die Arbeit in der Regel innerhalb einer bestimmten Frist ausgeführt werden. Die Ausführung wird vom Bauherrn oder seinem Stellvertreter überwacht. Nach der Fertigstellung prüfen Bauherr bzw. Architekt und ausführender Handwerker gemeinsam die Arbeiten, wobei die DIN-Normen für die eingesetzten Werkstoffe oder Verfahren maßgebend sind. Nach Abnahme der Arbeiten (Übergabe an den Bauherrn) wird die Schlussrechnung erstellt und bezahlt.

VOB. Weil öffentliche Bauherren häufig umfangreichere Aufträge zu vergeben haben und sich dabei bestimmte Vorgänge wie Auftragsvergabe, Abnahme der Leistungen, Schadenersatz und Garantie wiederholen, wurden einheitliche Richtlinien geschaffen, sozusagen eine Einkaufsvorschrift von Bauleistungen – die **V**erdingungs**o**rdnung für **B**auleistungen (s. Abschn. 10.1).

Tischlerarbeiten werden nach der VOB Teil C, DIN 18355 aufgemessen und abgerechnet.

Die Industriebetriebe beraten sich vor der Fertigung mit dem Fachhandel und ihren Vertretern, entwerfen neue Produkte selbst oder lassen sich vom Innenarchitekten Entwürfe machen. Davon

wird ein Probestück gefertigt und auf der Möbelmesse ausgestellt. Hier hat der Fachhandel (in der Regel große Möbelhäuser) Gelegenheit, die Entwürfe zu begutachten und entsprechende Stückzahlen zu den bezeichneten Preisen zu bestellen. Diese Bestellungen werden in der Möbelfabrik zu Serien von 10 bis 100 Stück zusammengefasst. Erst wenn eine bestimmte Stückzahl an Bestellungen eingegangen ist, beginnt die Fertigungsplanung.

Fertigungsplanung bedeutet:
– Anfertigen von technischen Zeichnungen,
– Erstellen von Stück- und Materiallisten,
– Bereitstellen der Rohstoffe (evtl. Einkaufen),
– Aufstellen von Arbeitsablaufplänen, geordnet nach der Reihenfolge der Arbeitsgänge (Arbeitsvorbereitung) und Maschinenbelegung.
– Überwachung und Kontrolle der Fertigung, Abstimmung mit der Terminplanung,
– Endmontage (versandfertig).

Qualitäts-Management im Betrieb. Viele industrielle aber vereinzelt auch handwerkliche Betriebe streben an, ihre innerbetrieblichen Fertigungsabläufe und Fertigungskontrollen, wie auch ihre Entscheidungsebenen durchsichtiger, nachvollziehbarer und damit auch leichter überschaubar darzustellen. Ein wichtiges Hilfsmittel dazu ist die DIN EN ISO 9000 ff. Sie macht Aussagen darüber, wie dies innerbetrieblich zu erreichen und zu sichern ist. Betriebe, die die Anforderungen der DIN EN ISO 9000 ff. voll erfüllen, können dies durch unabhängige Sachverständige prüfen und zertifizieren lassen. Ein möglicher betrieblicher Weg ins Europa des Jahres 2000, wo die europäischen Betriebe grenzenlos um die Kundschaft konkurrieren.

Aufgaben zu Abschnitt 11

1. Welche Bereiche gehören zur Betriebsanlage?
2. Nach welchen Gesichtspunkten sind die Bereiche angeordnet?
3. Welche Bedingungen sollen Lagerräume erfüllen?
4. Was ist bei der Anlage des Schnittholzlagers zu beachten?
5. Wonach wird ein Arbeitsplatz beurteilt?
6. Nennen Sie einige Vorschriften, die bei der Gestaltung des Arbeitsplatzes beachtet werden müssen.
7. Wie werden moderne Fördermittel angetrieben?
8. Welchen Vorteil bietet der Hängeförderer gegenüber dem Flurkettenförderer?
9. Nennen Sie die hydraulisch betriebenen Fördermittel.
10. Welche Möglichkeiten der Späneabsaugung gibt es?
11. Warum hat die Frage des innerbetrieblichen Transports eine so große Bedeutung?
12. Welche Möglichkeiten des Fertigungsablaufs gibt es?
13. Was versteht man unter Mechanisierung und Automatisierung?

14. Worin bestehen die Unterschiede im Fertigungsablauf zwischen einem spezialisierten und einem nicht spezialisierten Tischlerbetrieb?
15. Schildern Sie den Arbeitsablauf im eigenen Ausbildungsbetrieb und vergleichen Sie ihn mit dem Ihrer Kameraden.
16. Welche Vorteile bietet die Teilspezialisierung?
17. Erläutern Sie den Austauschbau und seine Vorzüge.
18. Welche Vor- und Nachteile hat die spezialisierte Produktion?
19. Welche Vorbereitungen sind erforderlich, bevor die Serienproduktion eines Möbelprogramms anlaufen kann?
20. Was gehört zur Fertigungsplanung?
21. Welche Bauherren müssen gewünschte Bauleistungen öffentlich ausschreiben?
22. Nach welchem Teil der VOB werden Tischlerarbeiten abgerechnet?
23. Warum ist es für die Möbelfabrik kostengünstiger, in der Fertigung möglichst hohe Stückzahlen zu Serien zusammenzufassen?

Bildquellenverzeichnis

AEG, Frankfurt/Main: Bild **5**.13
Arbeitskreis Deutsche Stil-
  möbel, Detmold: Bild **8**.72,
  8.78 b bis d
Baubeschlag Taschenbuch,
  Wohlfarth Verlag, Duisburg:
  Bild **10**.102
Bäuerle, Böblingen: Bild **5**.33
  bis **5**.35, **5**.81
Bessey, Bietigheim-Bissingen:
  Bild **4**.60 bis **4**.65
R. Bürkle GmbH & Co, Maschi-
  nenfabrik, Freudenstadt:
  Bild **5**.105
Gebr. Bütfering, Beckum:
  Bild **5**.93, **5**.95
Centrale Marketingges. der dt.
  Agrarwirtschaft, Bonn: Titelbild
K. Danzer Furnierwerke, Reut-
  lingen: Bild **3**.18 a, b, **3**.114
  bis **3**.118
Desowag-Bayer Holzschutz
  GmbH, Düsseldorf: Bild **3**.70
  bis **3**.74, **3**.78 bis **3**.81
Deutsche Rockwool, Gladbeck:
  Bild **10**.36
DIN Deutsches Institut für
  Normung e.V., Berlin: Bild **1**.3
Festo Maschinenfabrik Gottlieb
  Stoll, Esslingen: Bild **5**.96
Flachglas AG, Gelsenkirchen:
  Bild **10**.51, **10**.137, **10**.146
Frick/Knöll/Neumann/
  Weinbrenner, Baukonstruk.-
  lehre 2: Bild **10**.124, **10**.140
GLOBUS-Kartendienst, Ham-
  burg: Bild **3**.1, **3**.2
Gußglas-Werbung, Köln:
  Bild **6**.66 c
J. Gympel, Geschichte der
  Architektur, Könemann-Verl.
  Köln: Bild **8**.63, **8**.71, **8**.79 b
Gyproc GmbH, Düsseldorf:
  Bild **10**.47, **10**.50
Häfele KG, Nagold: Bild **8**.28,
  8.29
Hahn + Kolb, Stuttgart: Bild **4**.3
  bis **4**.7, **4**.11, **6**.19, **6**.20
Hauptberatungsstelle für
  Elektrizitätsanwendung,
  Frankfurt/Main: Bild **5**.10a, **5**.12

Henselmann GmbH, Waldshut-
  Tiengen: Bild **10**.46 a, b
Hercynia, Harmonikatüren-Fabrik,
  Hambühren: Bild **10**.53
Hettich, Vlotho, Kirchlengern:
  Bild **8**.26, **8**.27, **8**.52
R. Hildebrand Maschinenbau
  GmbH, Oberboihingen:
  Bild **3**.52, **3**.55 b, **3**.61
Holzberufsgenossenschaft,
  München: Bild **1**.4 bis **1**.8, **10**.21
Holz-Her, K. M. Reich, Maschi-
  nenfabrik, Nürtingen:
  Bild **4**.78, **5**.46 bis **5**.49, **5**.63,
  5.82, **5**.83, **5**.89, **5**.90, **5**.97 bis
  5.101, **7**.4, **7**.5 b
Hornitex-Werke Gebr. Künne-
  meyer, Horn-Bad Meinberg:
  Bild **10**.28
Huga, H. Gaisendrees,
  Gütersloh: Bild **10**.84
Ibegla Glasverkauf GmbH, Köln:
  Bild **6**.66 d
Illbruck, Leverkusen:
  Bild **10**.145, **10**.150 c
Informationsdienst Holz,
  Düsseldorf: Bild **10**.103 oben
Informationsdienst Holz,
  München: Bild **10**.26, **10**.39,
  10.42
Interpane, Lauenförde: Bild **6**.65
Isolar-Glasberatung, Kirchberg:
  Bild **6**.64, **6**.68
Isover, Grünzweig + Hartmann
  und Glasfaser AG, Ludwigs-
  hafen: Bild **10**.36
G. Joos Maschinenfabrik GmbH
  & Co, Pfalzgrafenweiler:
  Bild **3**.128
Knauf Bauprodukte, Iphofen:
  Bild **10**.37
Koch Maschinenfabrik,
  Tauberbischofsheim:
  Bild **10**.122
Kölle, Esslingen: Bild **5**.37, **5**.44,
  5.57 bis **5**.61, **5**.64, **5**.88
Chem. Fabriken Kömmerling
  KG, Pirmasens: Bild **10**.150 a
Leitz, Oberkochen: Bild **5**.68 bis
  5.70, **5**.72, **5**.76
Maier, Fellbach: Bild **4**.70

Metzeler Schaum GmbH,
  Memmingen: Bild **6**.39, **6**.41
R. Montenegro, Möbel, Orbis-
  Verlag, München: Bild **8**.80
  bis **8**.82
Oni-Metallwarenfabriken
  Günter & Co, Vlotho:
  Bild **8**.20 bis **8**.22, **8**.24, **8**.28
Parador, Coesfeld: Bild **10**.45
Perenator, Alfred Hagen GmbH,
  Wiesbaden: Bild **10**.50 b
Reichenbacher Maschinen-
  fabrik, Dörfles Esbach:
  Bild **5**.125, **5**.144, **5**.146, **5**.147
E. Rettelbusch, Stilhandbuch.
  Julius Hoffmann Verlag,
  Stuttgart: Bild **8**.55, **8**.57, **8**.58
  a, b, **8**.64 a d, **8**.66, **8**.68, **8**.70,
  8.73, **8**.74 a, b
Röthlisberger, CH-Gümligen/
  Bern: Bild: **8**.83, b, c
Sata-Farbspritztechnik GmbH,
  Ludwigsburg: Bild **9**.12, **9**.14, **9**.15
C. F. Scheer & Cie GmbH,
  Stuttgart: Bild **5**.87
B. Schweitzer: Bild **3**.53, **3**.54,
  3.123, **3**.124
H. Seling, Jugendstil. Keyser-
  sche Verlagsbuchhandlung,
  München: Bild **8**.78 a, e
Tesa, S. A., Reningen (Schweiz):
  Bild **4**.5
Gebrüder Thonet GmbH,
  Frankenberg: Bild **8**.76
Tischler-Kolleg. Karl Kopp Verlag,
  Freiburg: Bild **8**.58 c, **8**.74 b
Ulmia, G. Ott, Ulm: Bild **4**.12, **4**.13,
  4.28 bis **4**.30, **4**.32, **4**.34 bis **4**.41,
  4.45, **4**.52, **4**.54 bis **4**.59, **4**.66
Vekaplast, Sendenhorst:
  Bild **10**.134
Verkehrsverein der Freien
  Hansestadt Bremen: Bild **8**.65
Vollmer, Biberach: Bild **5**.43
B. Wittchen, Berlin: Bild **7**.68, **8**.3
  bis **8**.6, **8**.77 b, **8**.83a, **10**.103
  unten
E. Zeiß und Robert E. Luedtke,
  Gießen: Bild **3**.7, **3**.9, **3**.11 bis
  3.16, **3**.19 bis **3**.48, **3**.63 bis **3**.68,
  3.75, **3**.76, **3**.113, **9**.2 bis **9**.4

Die übrigen Bilder wurden dem Verlagsarchiv entnommen.

Sachwortverzeichnis

(f. = und folgende Seite, ff. = und folgende Seiten)